普通高等教育“十二五”规划教材

控制理论与控制工程

王积伟　编著
何　钺　审阅

机 械 工 业 出 版 社

本书是普通高等教育“十二五”规划教材，是为适应机械类专业本科生学习“控制工程基础”课程而编著的，也适用于从事机械工程控制工作的工程技术人员。

全书共分九章，包括控制系统导论，连续控制系统的数学模型，控制系统的时域、根轨迹、频域分析法，线性连续系统的校正和控制，线性定常系统的状态空间分析与综合，线性离散系统的分析与设计，非线性控制系统。本书除控制系统导论外，还在各章系统地给出了基于 MATLAB 和 SIMULINK 的控制系统建模、分析与综合的内容。全书各章都有精选的习题，书末附有习题参考答案。

本书控制理论与控制工程并重，把经典控制理论与现代控制理论有机地结合起来，不苛求严格的数学推证，凸显清晰的物理概念，强调方法论，突出例题和习题的工程背景。

本书的编著力求概念清晰，深入浅出，层次分明，简繁适度，图文并茂，好教易学。

图书在版编目（CIP）数据

控制理论与控制工程/王积伟编著.—北京：机械工业出版社，2010.8（2018.2 重印）

普通高等教育“十二五”规划教材

ISBN 978-7-111-31337-3

Ⅰ.①控… Ⅱ.①王… Ⅲ.①控制论－高等学校－教材②自动控制理论－高等学校－教材 Ⅳ.①O231②TP13

中国版本图书馆 CIP 数据核字（2010）第 137797 号

机械工业出版社（北京市百万庄大街 22 号 邮政编码 100037）

策划编辑：冯春生 责任编辑：冯春生 程足芬 版式设计：霍永明

责任校对：刘志文 封面设计：张 静 责任印制：孙 炜

保定市中画美凯印刷有限公司印刷

2018 年 2 月第 1 版第 2 次印刷

184mm×260mm · 24.25 印张 · 597 千字

标准书号：ISBN 978-7-111-31337-3

定价：45.00 元

前　言

本书是普通高等教育“十二五”规划教材，是为适应机械类专业本科生学习其必修课程“控制工程基础”而编著的，也适用于从事机械工程控制工作并需要掌握控制理论基本内容的工程技术人员。

控制概念的萌生和控制理论的应用始于机械工程。控制理论自1948年形成以来，历经了经典控制理论、现代控制理论和智能控制理论等发展阶段，且始终紧随科学技术的发展，不断地与新理论、新技术相结合，凸显出越来越强大的生命力。20世纪五六十年代以后，机械制造技术的发展，迅速、深入地引入了控制理论，从而有力地推动着机械工业前进的步伐。到了21世纪，计算机和微电子产品更加成熟和廉价化，使控制理论在机械行业得到了前所未有的应用。因此，作为机械类专业学生掌握控制理论，并能较好地应用于工程实际，是完全必需的。

“控制工程基础”作为一门主干技术基础课，其教学内容几乎是固定的，但是内容相近的教材根据不同的专业设置、不同的教学要求和不同的教学经验会出现不同的编排方式。近年来，国内外出现了许多种有关控制理论的书籍，其中不乏非常优秀之作。本书正是作者在总结几十年教学和科研工作经验的基础上，吸取同类优秀教材之精华，精心编著而成，力求概念清晰、深入浅出、层次分明、简繁适度、图文并茂、好教易学。

本书淡化经典控制与现代控制的界限，把两者有机地结合起来，不苛求严格的数学推证，而赋予确切的物理概念和强调实用方法。突出书中例题和习题的工程背景，强化控制理论与控制工程学科的实践性，以利于培养学生理论联系实际的科学观点，提高学生提出问题、分析问题和解决问题的能力。

本书介绍了计算机辅助分析和设计的内容，在各章中系统地给出了基于MATLAB和SIMULINK的控制系统建模，时域（含状态空间）、复域和频域分析，系统校正与控制，离散系统与非线性系统分析以及系统的稳定性、能控性和能观性判别等。

考虑到本书是一本教材，不是学术专著，不宜旁征博引，求全求深；不是设计手册，不宜罗列数据，刊载规则；也不是科研论文，不宜详论机理，细议结论。本书只按课程要求，遵循认知规律，讲清楚基本内容、基本理论和基本方法，并顾及教和学两方面都应该有它的连续性，而不能脱离国内情况。因此，在教材内容的选取和章节体系的安排上，反复斟酌，采取慎重的态度。本书共分九章，各章之间相对独立，可以根据实际需要酌情选择。全书约需48~64教学学时。

本书由东南大学王积伟编著。西安交通大学何钺教授仔细审阅了全书，并提出许多宝贵意见和建议，对此表示衷心的感谢。

由于作者水平所限，书中难免有疏漏或欠妥之处，敬请广大读者指正。

作　者

于南京

主要符号表

A——面积
a——加速度
B——反馈信号（复域、离散）
b——反馈信号；阻尼系数；宽度
C——定常系数；液容
c——系数
D——直径；每弧度排量
d——直径
E——误差（复域、离散）；能量
e——误差
$\mathscr{F}$——傅氏变换
F——外力；作用力
f——频率；外力；作用力；摩擦因数
$G(s)$——元件、环节或系统传递函数
$G(z)$——脉冲传递函数
g——重力；重力加速度
H——高度
h——深度
I——电流（复域、离散）；动量
i——电流；杠杆比
J——惯性矩
j——虚数
K——放大系数（增益）
k——刚度；系数
$\mathscr{L}$——拉氏变换
l——长度
M——矩阵
m——质量
N——干扰（复域、离散）；矩阵
n——干扰
P——功率
p——极点、压力
Q——流量（复域、离散）
q——流量
R——调节范围
r——输入量或控制量；半径
s——复变量（拉氏算子）
T——周期
t——时间；温度
U——输入量或控制量（复域、离散）
u——输入量或控制量
V——体积；容积
v——速度
$W(s)$——传递函数矩阵
w——变量；面积梯度
X——变量或位移（复域、离散）
x——变量；位移
Y——输出量（复域、离散）
y——输出量
Z——Z 变换
z——变量；零点
α——系数
β——系数
β_e——液体体积模量
γ——相位裕量
δ——脉冲函数
ε——偏差（复域、离散）
ε——偏差
ζ——阻尼比
θ——离散系统零点；角度
λ——离散系统极点；特征值
ν——系统型号数（无差度）
ρ——密度
τ——时间常数
$\phi(s)$——反馈系统闭环传递函数
φ——角度
ω——角频率

目　　录

第一章　控制系统导论

第一节　控制理论与控制工程发展概况

控制理论与控制工程的发展互为因果，相互推动，相辅相成，与时俱进。早在三千多年前，我国就发明了铜壶滴漏计时器，两千多年前发明了指南针，一千多年前发明了地动仪和天文仪器等多种自动控制装置，这些发明促进了当时社会经济的发展。即使从 1788 年瓦特（J. Watt）发明蒸汽机飞球调速器算起，控制工程也已有了二百多年的历史。然而，控制理论作为一门工程学科，它的形成并迅速发展却是最近六七十年的事。

第二次世界大战前，控制系统的设计因缺乏系统的理论指导而多采用试凑法。第二次世界大战期间，由于建造飞机自动驾驶仪、雷达跟踪系统、火炮瞄准系统等军事装备的需要，推动了控制理论的飞跃发展。1948 年威纳（N. Wiener）发表了著名的《控制论》，从而基本上形成了经典控制理论，使控制工程有了扎实的理论支撑。经典控制理论以传递函数为基础，主要研究单输入-单输出系统的分析和控制问题。

除了威纳之外，在经典控制理论的形成和发展过程中作出重大贡献的还有：1868 年，马克斯威尔（J. C. Maxwell）发表了《论调速器》一文，首先提出了“反馈控制”的概念；1877 年劳思（E. J. Routh）和 1895 年赫维茨（A. Hurwitz）先后独立地提出了判别系统稳定性的代数判据；1932 年，尼奎斯特（H. Nyquist）提出了著名的尼奎斯特稳定性判据；此后，博德（H. W. Bode）总结了负反馈放大器，至 1945 年，控制系统设计的频域方法——“博德图”（Bode plots）方法已基本建立了；1948 年至 1950 年期间，埃文斯（W. R. Evans）提出了根轨迹法，进一步充实了经典控制理论。

第二次世界大战后，控制理论扩展到民用，在化工、炼油、冶金等工业部门得到了进一步的应用，控制理论也日渐成熟。1954 年，我国科学家钱学森发表了《工程控制论》这一名著，为控制工程这门技术科学奠定了理论基础。

20 世纪 50 年代末和 60 年代，控制理论与控制工程又出现了一个迅猛发展时期，这时由于导弹制导、数控技术、空间技术发展需要和电子计算机技术的成熟，控制理论发展到了一个新的阶段，产生了现代控制理论。它是以状态空间分析法为基础，主要分析和研究多输入-多输出、时变、非线性等系统的最优控制问题。

对现代控制理论作出贡献的有：1892 年，俄国的利亚普诺夫（A. M. Ляпунов）提出的判定系统稳定性的方法被广泛应用于现代控制理论；1956 年，苏联的蓬特里亚金（Л. С. Понтрягин）提出了极大值原理；1957 年，美国的贝尔曼（R. Bellman）提出了动态规划理论；1960 年，美国的卡尔曼（R. E. Kalman）提出了卡尔曼滤波理论。

20 世纪 70 年代以来，在计算机技术和现代应用数学高速发展的推动下，控制理论在大系统理论和智能控制理论方面有了新的突破，称为第三代控制理论或统称为智能控制理论。大系统就是包含有很多子系统、非常庞大的信息与控制系统。智能控制系统就是与人工智能相结合的信息与控制系统。

纵观控制理论与控制工程发展历程，它是与计算机技术、现代应用数学的发展息息相关，与工程应用的要求越来越高密不可分的。目前，控制理论正在与模糊数学、分形几何、混沌理论、灰色理论、人工智能、神经网络、遗传算法等学科的交叉、渗透和结合中不断发展。控制工程则在家用电器、机器人、医疗卫生、农业、工业、军事、航空、航天等领域发挥越来越大的作用。

第二节　控制系统概述

一、控制系统的基本原理

（一）控制系统的工作原理

下面以恒温控制系统为例，分析其控制过程。实现恒温控制有人工控制和自动控制两种方法。图 1-1 为人工控制的恒温箱简图。人工控制的任务是克服外界干扰（如电源电压波动、环境温度变化等），保持箱内温度恒定，以满足物体对温度的要求。操作者可以调整调压器改变通过加热电阻丝的电流，以达到控制温度的目的。箱内温度由温度计测量。人工调节过程如下：

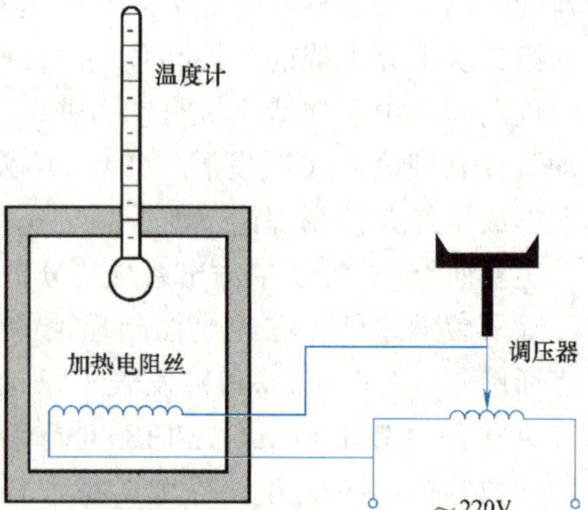

图 1-1　人工控制的恒温箱

1）观察由测量元件（温度计）测出的恒温箱内的温度（被控制量）。

2）与要求的温度值（给定值）进行比较，得出偏差的大小和方向。

3）根据偏差的大小和方向再进行控制。当恒温箱内温度高于所要求的给定温度值时，调整调压器使电流减小，温度降低。若温度低于给定的值，则调整调压器，使电流增加，温度升到给定值。

因此，人工控制的过程可归结为测量、求偏差、再控制以纠正偏差的过程，简单地说就是“检测偏差再纠正偏差”的过程。

这种人工控制要求操作者随时观察箱内温度的变化情况，随时进行调节。对于这样简单的控制形式，当然可以用一个控制器来代替人的职能，把人工控制系统变成一个自动控制系统。

图 1-2 是一个自动控制系统。其中，恒温箱的所需温度由电压信号 u_1 给定。当外界干扰引起箱内温度变化时，作为测量元件的热电偶，把温度转换成对应的电压信号 u_2，并反馈回去与给定信号 u_1 相比较，所得结果即为温度的偏差信号 $\Delta u = u_1 - u_2$。经过电压放大器、功率放大器放大后，用以改变执行电动机的转速和方向，并通过传动装置（减速器）拖动调压器动触头。当温度偏高时，动触头向着减小电流的方向运动，反之加大电流，直到温度达到给定值为止。即只有在偏差信号 $\Delta u = 0$ 时，电动机才停转。这样就完成了所要求的控制任务。

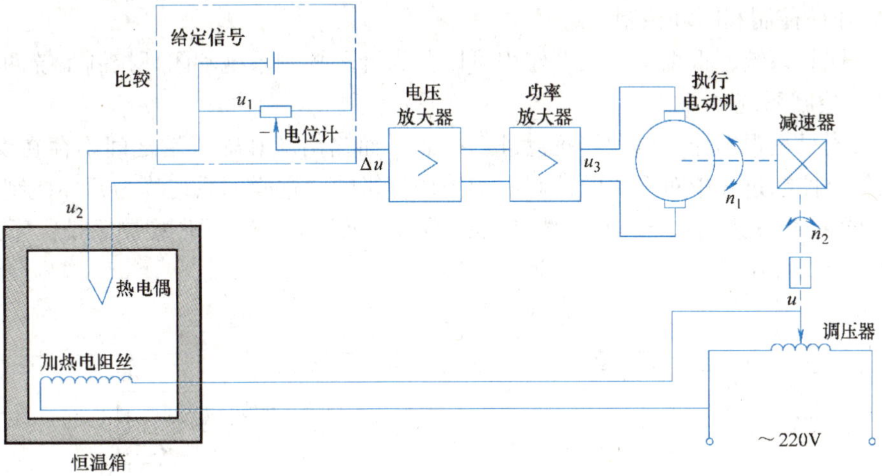

图 1-2 恒温箱的自动控制系统

分析上述恒温箱的两种工作过程可以看出，自动控制系统和人工控制系统非常相似。自动控制系统中，测量装置相当于人的眼睛，控制器类似于人脑，执行机构好比人手。它们的共同特点都是要检测偏差，并根据检测到的偏差去纠正偏差。因此，可以说没有偏差就不会有控制调节过程。

在控制系统中，给定量又称为系统的输入量，被控制量又称为系统的输出量。输出量的返回过程称为反馈，它表示输出量通过测量装置将信号的全部或一部分返回输入端，使之与输入量进行比较。比较产生的结果称为偏差。在人工控制中，这一偏差是通过人眼观测后，由人脑判断、决策得出的；而在自动控制中，偏差则是通过反馈，由控制器进行比较、计算产生的。

综上所述，可以归纳控制系统的工作原理如下：

1）检测输出量的实际值。

2）将实际值与给定值（输入量）进行比较得出偏差值。

3）用偏差值产生控制调节作用去消除偏差。

这种基于反馈原理，通过“检测偏差再纠正偏差”的系统称为反馈控制系统。可见，作为反馈控制系统至少应具备测量、比较（或计算）和执行三个基本功能。

控制系统的控制过程可以用系统框图清晰而形象地表示。图 1-3 所示为恒温箱温度自动控制系统框图。Ⓢ代表比较元件，箭头代表作用方向，每个方框代表一个环节，各环节的作用是单向的，其输出受输入控制。从图中可以清楚地看到反馈控制的基本原理。各种不同的控制系统实现自动控制的装置可以不尽相同，但反馈控制的原理却是相同的，可以说，反馈控制是实现自动控制最基本的方法。

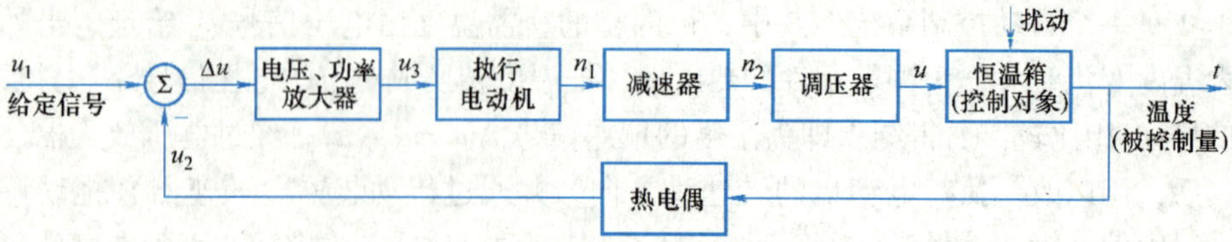

图 1-3 恒温箱温度自动控制系统框图

（二）开环控制和闭环控制

实际的控制系统，根据有无反馈作用可以分为开环控制系统和闭环控制系统两类。

1. 开环控制系统

如果系统只是根据输入量和干扰量进行控制，而输出端和输入端之间不存在反馈回路，输出量在整个控制过程中对系统的控制不产生任何影响，这样的系统称为开环控制系统。图 1-4 所示的数控机床进给系统，由于没有反馈通道，所以是一个开环控制系统。系统的输出量仅受输入量的控制。

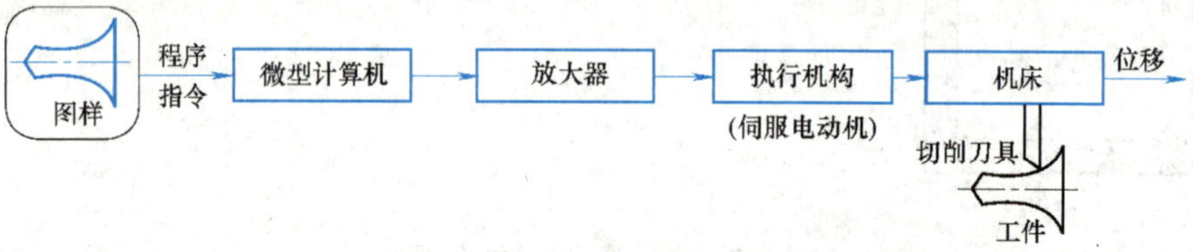

图 1-4 数控机床开环控制系统

开环控制系统用一定输入量产生一定的输出量，如果由于某种干扰作用使输出量偏离原始值，它没有自动纠正偏差的能力。要进行补偿，必须借助人工改变输入量。所以开环控制系统的控制精度较低。但是如果组成系统的元件特性和参数值比较稳定，而且外界的干扰也比较小，则这种控制系统也可以保证一定的精度。开环控制系统的最大优点是系统简单，一般都能稳定可靠地工作，因此对于要求不高的系统可以采用。

2. 闭环控制系统

如果系统的输出端和输入端之间存在反馈回路，输出量对控制过程产生直接影响，这种系统称为闭环控制系统。这里，闭环的作用就是应用反馈来减少偏差。因此，反馈控制系统必是闭环控制系统。例如，前述的恒温箱温度自动控制系统就是一个闭环控制系统。

闭环控制系统的突出优点是控制精度高，不管遇到什么干扰，只要被控制量的实际值偏离给定值，闭环控制就会产生控制作用来减小这一偏差。

闭环控制系统也有它的缺点，这类系统是靠偏差进行控制的，因此，在整个控制过程中始终存在着偏差，由于元件的惯性（如负载的惯性），若参数配置不当，很容易引起振荡，使系统不稳定而无法工作。所以，在闭环控制系统中精度和稳定性之间总存在着矛盾，必须合理地解决。

闭环控制系统根据反馈信号引出点的不同又可分为全闭环控制系统和半闭环控制系统。

（1）全闭环控制系统　如果控制系统的反馈信号是直接从系统输出端引出的，则这种系统称为全闭环控制系统。图 1-5 所示为数控机床全闭环控制系统，图中的位置检测装置大多使用光栅。因此，高精度数控机床都采用全闭环控制。

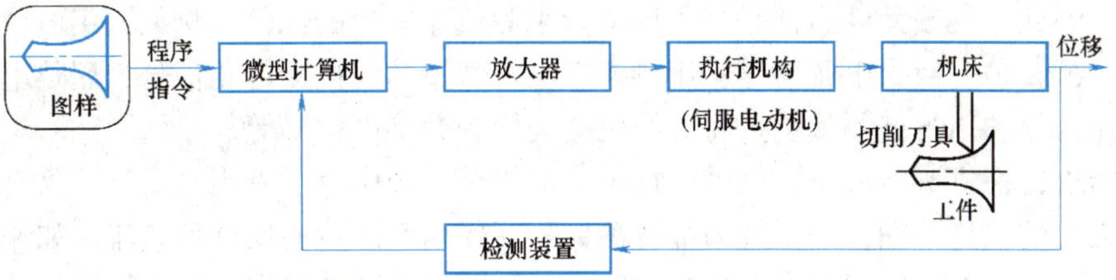

图 1-5　数控机床全闭环控制系统

（2）半闭环控制系统　如果控制系统的反馈信号不是直接从系统的输出端引出，而是间接地取自中间的测量元件，例如在数控机床的进给伺服系统中，若将位置检测装置安装在传动丝杠的端部，间接测量工作台的实际位移，则这种系统称为半闭环控制系统。图 1-6 所示的系统即为数控机床半闭环控制系统。

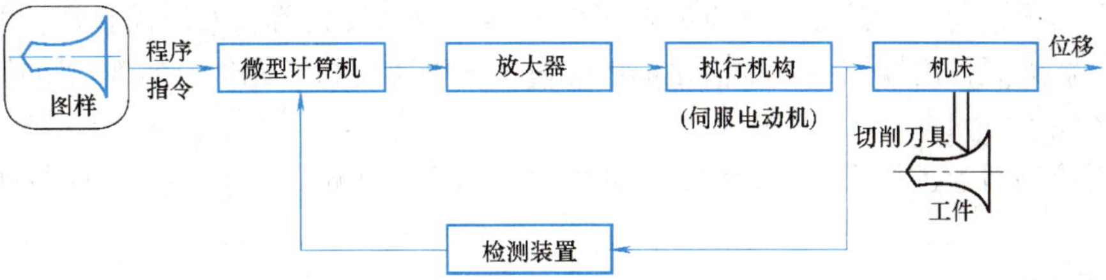

图 1-6　数控机床半闭环控制系统

半闭环控制系统可以获得比开环系统更高的控制精度，但比闭环系统要低，与闭环系统相比，它更易于实现系统的稳定。目前大多数一般精度的数控机床都采用这种半闭环控制系统，以降低制造成本。

二、闭环控制系统的组成

图 1-7 所示为一个较完整的闭环控制系统。由图可见，闭环控制系统一般应该包括给定元件、反馈元件、比较元件、放大元件、执行元件及校正元件等。

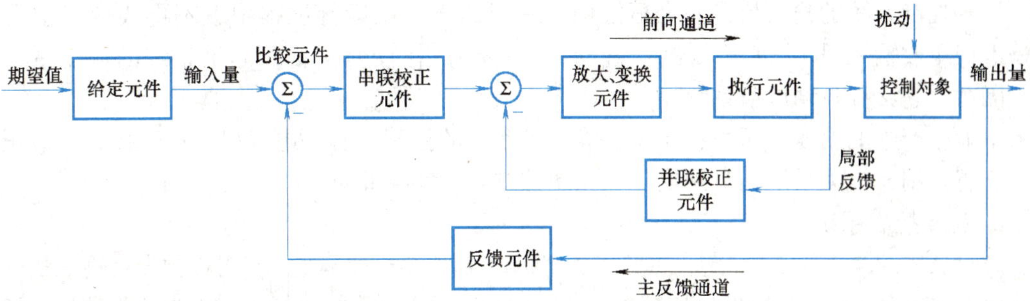

图 1-7　闭环控制系统的组成

1. 给定元件

主要用于产生给定信号或输入信号（输入量），例如图 1-2 中电位计里的可变电阻。

2. 反馈元件

它检测被控制量或输出量，产生主反馈信号。一般来说，为了便于传输，主反馈信号多为电信号。因此，反馈元件通常是一些用电量来测量非电量的元件。例如，用电位器或旋转变压器将机械转角变换为电压信号；用测速发电机将转速变换为电压信号；用热电偶将温度变换为电压信号和用光栅测量装置将直线位移变换为数字电信号等。

必须指出，在机械、液压、气动、机电、电机等系统中存在着内在反馈。这是一种没有专设反馈元件的信息反馈，是系统内部各参数相互作用而产生的反馈信息流，如作用力与反作用力之间形成的直接反馈。内在反馈回路由系统动力学特性确定，它所构成的闭环系统是一个动力学系统。例如，机床工作台低速爬行等自激振荡现象，都是由具有内在反馈的闭环系统产生的。

3. 比较元件

用来接收输入信号和反馈信号并对两者进行比较，产生反映两者差值的偏差信号，例如图 1-2 中的电位计。此外，运算放大器、自整角机等都可用作比较元件。

4. 放大元件

对偏差信号进行放大的元件，例如电压放大器、功率放大器、电液伺服阀、电气比例/伺服阀等。放大元件的输出一定要有足够的能量，才能驱动执行元件，实现控制功能。

5. 执行元件

直接对控制对象进行操纵的元件，例如伺服电动机、液压（气）马达、伺服液压（气）缸等。

6. 校正元件

为保证控制质量，使系统获得良好的动、静态性能而加入系统的元件。串接在系统前向通道上的称为串联校正元件，并接在反馈回路上的称为并联校正元件。校正元件又称校正装置。

三、控制系统的分类

控制系统的种类很多，在实际工程中，可以从不同的角度对控制系统进行分类。限于篇幅，本书仅划分其中最基本的系统类型。

（一）按控制输入量的特征分类

1. 恒值控制系统

这种控制系统的输入量是一个恒定值，一经给定，在运行过程中就不再改变（但可定期校准或更改输入量）。恒值控制系统的任务是保证在任何扰动作用下系统的输出量为恒值。因此，它又称自动调节系统。

工业生产中的温度、压力、流量、液面等参数的控制，有些电动机的速度控制，液压台面的位置控制，电力系统的电网电压、频率控制等，均属此类。

2. 程序控制系统

这种系统的输入量不为常值，但其变化规律是预先知道和确定的。可以预先将输入量的变化规律编成程序，由该程序发出控制指令，在输入装置中再将控制指令转换为控制信号，经过全系统的作用，使控制对象按指令的要求而运动。计算机绘图仪就是典型的程序控制系统。

工业生产中的过程控制系统按生产工艺的要求编成特定的程序，由计算机来实现其控制。这就是近年来迅速发展起来的数字程序控制系统和计算机控制系统。微型计算机控制将程序控制系统推向更普遍的应用领域。图 1-5 所示的数控机床全闭环控制系统和图 1-6 所示的数控机床半闭环控制系统即属此类。

3. 伺服系统

伺服系统输入量的变化规律是不能预先确定的。当输入量发生变化时，则要求输出量迅速而平稳地跟随着变化，且能排除各种干扰因素的影响，准确地复现控制信号的变化规律(此即伺服的含义)。控制指令可以由操作者根据需要随时发出，也可以由目标物或相应的测量装置发出。

机械加工中的仿形机床和武器装备中的火炮自动瞄准系统以及导弹目标自动跟踪系统等均属伺服系统。此外，多自由度控制器、机器人等也都是伺服系统。

（二）按系统中传递信号的性质分类

1. 连续控制系统

系统中各部分传递的信号都是连续时间变量的系统称为连续控制系统。连续控制系统又有线性系统和非线性系统之分。能用线性微分方程描述的系统称为线性系统，不能用线性微分方程描述、存在着非线性部件的系统称为非线性系统。

2. 离散控制系统

系统中某一处或数处的信号是脉冲序列或数字量传递的系统称为离散控制系统（也称数字控制系统）。在离散系统中，数字测量、放大、比较、给定等部件一般均由微型计算机实现，计算机的输出经 D/A 转换加给伺服放大器，然后再去驱动执行元件；或由计算机直接输出数字信号，经数字放大器放大后驱动数字式执行元件。因此，计算机控制系统就是离散控制系统。

由于连续控制系统和离散控制系统的信号形式有较大差别，因此在分析方法上也有明显的不同。连续控制系统以微分方程来描述系统的运动状态，并用拉氏变换法求解微分方程；而离散系统则用差分方程来描述系统的运动状态，用 Z 变换法引出脉冲传递函数来研究系统的动态特性。

四、对控制系统的基本要求

控制系统应用于不同场合，对它有不同的性能要求。但从控制工程的角度来看，对控制系统却有一些共同的要求，一般可归结为稳定、精确、快速。

1. 稳定性

由于控制系统都包含储能元件，若系统参数匹配不当，便可能引起振荡。稳定性就是指系统动态过程的振荡倾向及其恢复平衡状态的能力。对于稳定的系统，当输出量偏离平衡状态时，应能随着时间收敛并且最后回到初始的平衡状态。稳定性乃是保证控制系统正常工作的先决条件。

2. 精确性

控制系统的精确性即控制精度，一般以稳态误差来衡量。所谓稳态误差是指以一定变化规律的输入信号作用于系统后，当调整过程结束而趋于稳定时，输出量的实际值与期望值之间的误差值，它反映了动态过程后期的性能。这种误差一般是很小的，如普通数控机床的加工误差小于 0.02mm，一般恒速、恒温控制系统的稳态误差都在给定值的 1% 以内。

3. 快速性

快速性是指当系统的输出量与输入量之间产生偏差时，消除这种偏差的快慢程度。快速性好的系统，它消除偏差的过渡过程时间就短，就能复现快速变化的输入信号，因而具有较好的动态性能。

由于控制对象的具体情况不同，各种系统对稳定、精确、快速这三方面的要求是各有侧重的。例如，调速系统对稳定性要求较严格，而随动系统则对快速性提出较高的要求。

即使对于同一个系统，稳、准、快也是相互制约的。提高快速性，可能会引起强烈振荡；改善了稳定性，控制过程又可能过于迟缓，甚至精度也会变差。分析和解决这些矛盾，正是本书所要讨论的主要内容之一。

习　题

1-1　仓库大门自动控制系统的原理如图 1-8 所示。试说明自动控制大门开启和关闭的工作原理并画出系统框图。

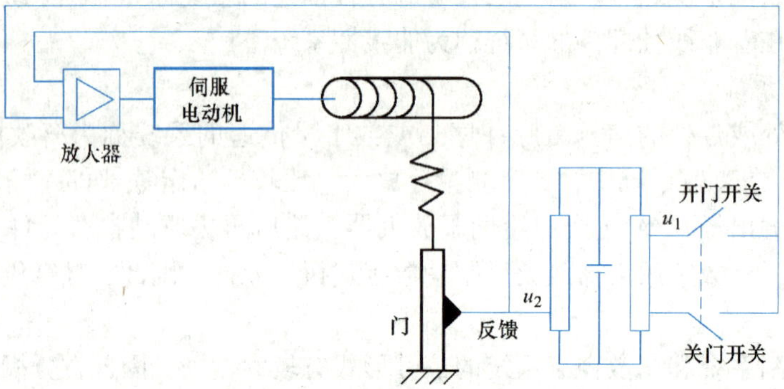

图 1-8　题 1-1 图

1-2　图 1-9 所示为两个液位控制系统，试分别绘出其组成框图，并说明其工作原理。

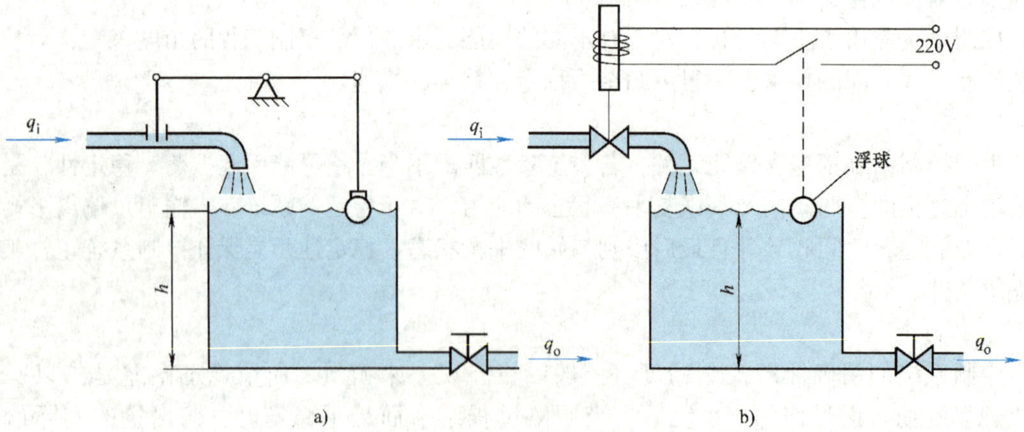

图 1-9　题 1-2 图

1-3　图 1-10 所示为伺服阀控制的机液伺服控制系统，试阐述其工作原理，画出系统框图，并求其输入 u 与输出 y 之比。

1-4　图 1-11 所示为离心式调速器控制系统，试说明蒸汽机转速控制的工作原理，指出控制系统的类型，并画出系统框图。

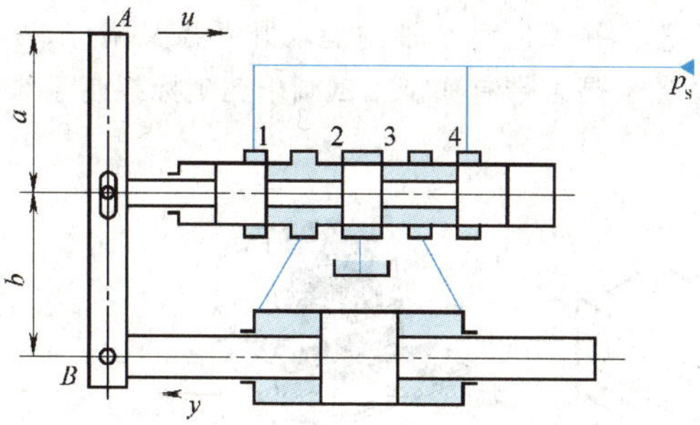

图 1-10　题 1-3 图

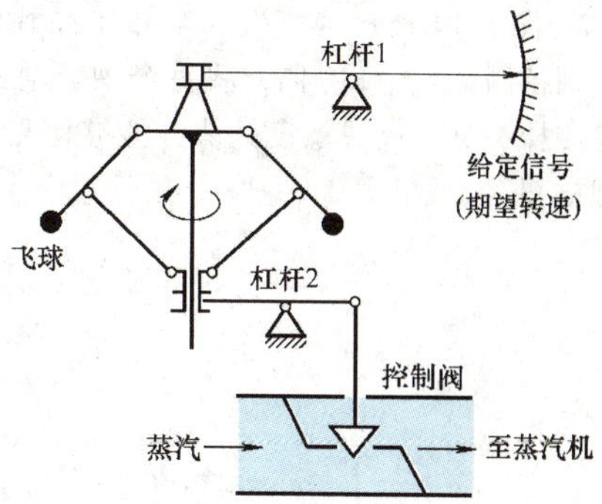

图 1-11　题 1-4 图

1-5　图 1-12 所示为带钢张力电液伺服控制系统，图中牵引辊 2 牵引钢带移动，加载装置 6 使钢带产生一定张力。试说明系统张力控制过程，并绘制系统框图。

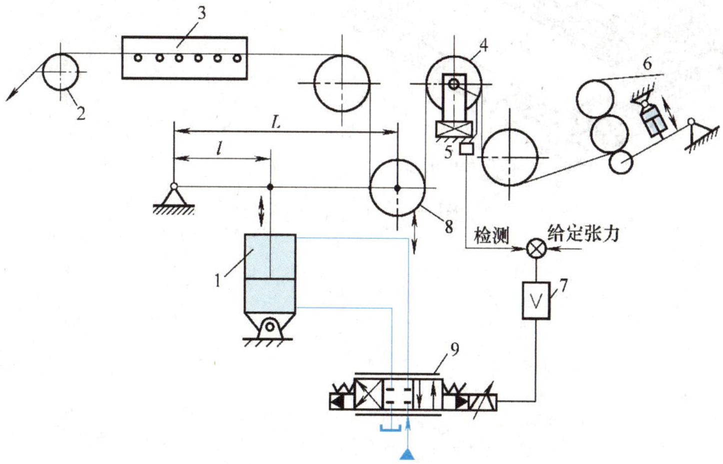

图 1-12　题 1-5 图

1—张力调整液压缸　2—牵引辊　3—热处理炉　4—转向辊　5—力传感器
6—加载装置　7—伺服放大器　8—浮动辊　9—电液伺服阀

1-6　图 1-13 所示为汽车在驾驶过程中，将预期的行车路径与实际的行车路径相比较的情况。试简述汽车的操纵过程及控制原理，并画出汽车驾驶控制系统框图。

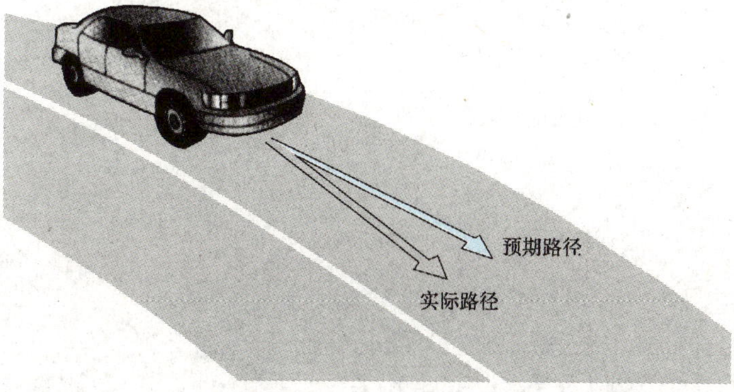

图 1-13　题 1-6 图

1-7 图 1-14 所示为三坐标半导体晶片镀膜层检测系统，该系统采用伺服电动机带动丝杠螺母副，分别控制 x、y、z 方向，将每个轴驱动到预定的位置，并保证每个轴的运动既平稳又精确。z 轴上的检测探头是一高灵敏度镜头，能够检测出半导体晶片上是否带有瑕疵。试画出三坐标控制系统控制原理框图。

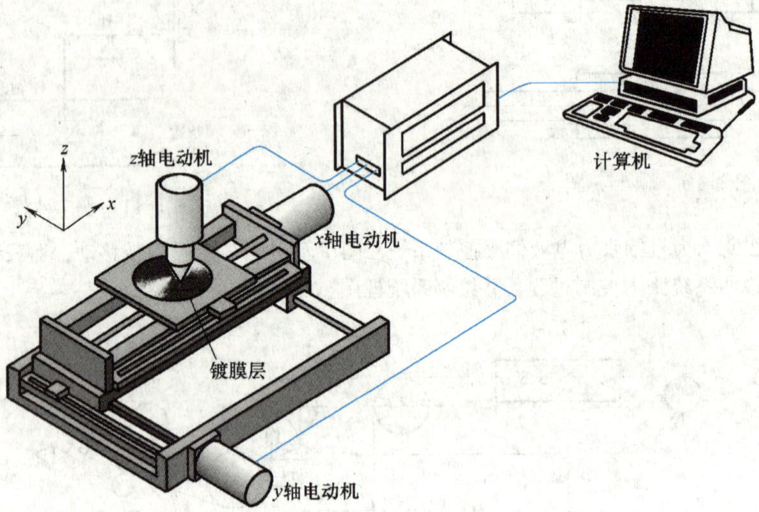

图 1-14 题 1-7 图

第二章　连续控制系统的数学模型

为了从理论上对控制系统进行性能分析，首先要建立系统的数学模型。系统的数学模型，是描述系统输入、输出量以及内部各变量之间关系的数学表达式，它揭示了系统结构及参数与其性能之间的内在关系。

系统数学模型有多种形式，这取决于变量和坐标系统的选择。在时间域，通常采用微分方程或一阶微分方程组（状态方程）的形式；在复数域，采用传递函数形式；而在频率域，则采用频率特性形式。

必须指出，建立合理的数学模型，对于系统的分析和研究极为重要。由于不可能将系统实际错综复杂的物理现象完全表达出来，因而要对模型的简洁性与精确性进行折中的考虑。一般是根据系统的实际结构参数和系统分析所要求的精度，忽略一些次要因素，建立既能反映系统内在本质特性，又能简化分析计算工作的模型。

建立系统数学模型，通常采用解析法或实验法。所谓解析法建模，即依据系统及元件各变量之间所遵循的物理学定律，理论推导出变量间的数学关系式，从而建立数学模型。本章仅讨论解析法建模，关于实验法建模将在后面的章节进行介绍。

第一节　数学工具——拉氏变换

控制理论所涉及的数学问题较多，经常要解算一些线性微分方程。按照一般传统的方法解算比较麻烦，如果用拉普拉斯变换（简称拉氏变换）求解线性微分方程，可将经典数学中的微积分运算转化为代数运算，又能够单独地表明初始条件的影响，并有变换表可查找，因而是一种较为简便的工程数学方法。更重要的是，由于采用了拉氏变换，能够把描述系统运动状态的微分方程很方便地转换为系统的传递函数，并由此发展出用传递函数的零极点分布、频率特性等间接地分析和设计控制系统的工程方法。

一、拉氏变换的定义

如果有一个以时间 t 为自变量的实变函数 $f(t)$，它的定义域是 $t\geqslant 0$，那么 $f(t)$ 的拉氏变换定义为

$$F(s)=\mathscr{L}[f(t)]\overset{\text{def}}{=\!=}\int_0^{\infty}f(t)\mathrm{e}^{-st}\mathrm{d}t \tag{2-1}$$

式中 s——复变数，$s=\sigma+j\omega$（σ、ω 均为实数）；

$\int_0^\infty e^{-st}$——拉普拉斯积分；

$F(s)$——函数 $f(t)$ 的拉氏变换，它是一个复变函数，通常称 $F(s)$ 为 $f(t)$ 的象函数，而称 $f(t)$ 为 $F(s)$ 的原函数；

$\mathscr{L}$——表示进行拉氏变换的符号。

式（2-1）表明：拉氏变换是这样一种变换，即在一定条件下，它能把一实数域中的实变函数 $f(t)$ 变换为一个在复数域内与之等价的复变函数 $F(s)$。

在拉氏变换中，s 的量纲是时间的倒数，即 T^{-1}，$F(s)$ 的量纲则是 $f(t)$ 的量纲与时间 t 量纲的乘积。

二、几种典型函数的拉氏变换

（一）单位阶跃函数 1(t)

单位阶跃函数是控制工程中最常用的典型输入信号函数之一，常以它作为评价系统性能的标准输入，这一函数定义为

$$1(t)\overset{\text{def}}{=\!=\!=}\begin{cases}0 & (t<0)\\ 1 & (t\geqslant 0)\end{cases}$$

图 2-1 单位阶跃函数

单位阶跃函数如图 2-1 所示，它表示在 $t=0$ 时刻突然作用于系统一个幅值为 1 的不变量。

单位阶跃函数的拉氏变换式为

$$F(s)=\mathscr{L}[1(t)]=\int_0^\infty 1(t)e^{-st}dt=-\frac{1}{s}e^{-st}\Big|_0^\infty$$

当 $\mathrm{Re}(s)>0$ 时，$\lim\limits_{t\to\infty}e^{-st}\to 0$。所以

$$\mathscr{L}[1(t)]=-\frac{1}{s}e^{-st}\Big|_0^\infty=0-\left(-\frac{1}{s}\right)=\frac{1}{s}\tag{2-2}$$

（二）指数函数 $f(t)=e^{-at}$

指数函数也是控制工程中经常用到的函数，其中 a 是常数。

$$F(s)=\mathscr{L}[e^{-at}]=\int_0^\infty e^{-at}e^{-st}dt=\int_0^\infty e^{-(s+a)t}dt$$

令

$$s_1=s+a$$

则与求单位阶跃函数同理，就可求得

$$F(s)=\mathscr{L}[e^{-at}]=\frac{1}{s_1}=\frac{1}{s+a}\tag{2-3}$$

（三）单位脉冲函数 $\delta(t)$

单位脉冲函数是在持续时间 $t=\varepsilon(\varepsilon\to 0)$ 期间幅值为 $1/\varepsilon$ 的矩形波。其幅值和作用时间的乘积等于 1，即 $\frac{1}{\varepsilon}\varepsilon=1$，如图 2-2 所示。

单位脉冲函数的数学表达式为

$$\delta(t)=\begin{cases}0 & (t<0 \text{ 和 } t>\varepsilon)\\ \lim\limits_{\varepsilon\to 0}\dfrac{1}{\varepsilon} & (0\leqslant t\leqslant\varepsilon)\end{cases}$$

其拉氏变换式为

$$\Delta(s)=\mathscr{L}[\delta(t)]=\int_0^{\infty}\lim_{\varepsilon\to 0}\frac{1}{\varepsilon}e^{-st}dt=\lim_{\varepsilon\to 0}\frac{1}{\varepsilon}\int_0^{\varepsilon}e^{-st}dt$$

此处因为 $t>\varepsilon$ 时，$\delta(t)=0$，故积分限变为 $0\to\varepsilon$。

$$\Delta(s)=\lim_{\varepsilon\to 0}\frac{1}{\varepsilon}\left.\frac{-e^{-st}}{s}\right|_0^{\varepsilon}=\lim_{\varepsilon\to 0}\frac{1}{\varepsilon s}(1-e^{-st})=\lim_{\varepsilon\to 0}\frac{1}{\varepsilon s}\left[1-\left(1-\varepsilon s+\frac{\varepsilon^2s^2}{2!}-\cdots\right)\right]$$

$$=\lim_{\varepsilon\to 0}\frac{1}{\varepsilon s}\left(\varepsilon s-\frac{\varepsilon^2s^2}{2!}+\cdots\right)=1 \qquad (2\text{-}4)$$

（四）单位速度函数

单位速度函数又称单位斜坡函数，其数学表达式为

$$f(t)=\begin{cases}0 & (t<0)\\ t & (t\geqslant 0)\end{cases}$$

如图 2-3 所示。

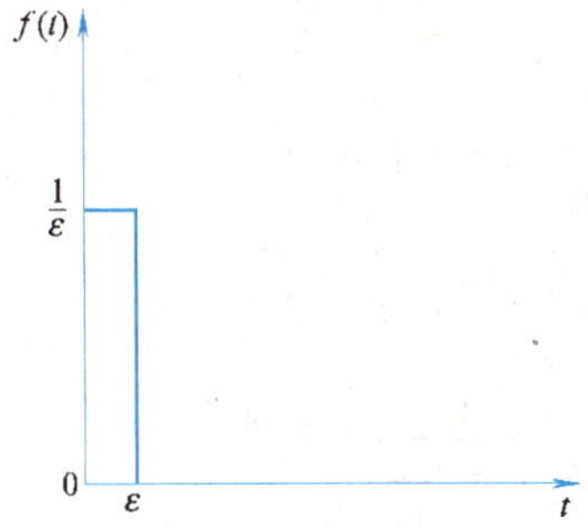

图 2-2　单位脉冲函数

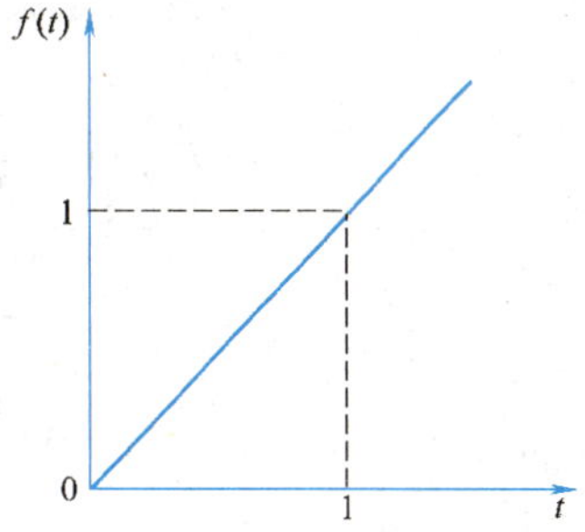

图 2-3　单位速度函数

单位速度函数的拉氏变换式为

$$F(s)=\mathscr{L}[t]=\int_0^{\infty}te^{-st}dt$$

利用分部积分法

$$\int_0^{\infty}u\,dv=uv\Big|_0^{\infty}-\int_0^{\infty}v\,du$$

令

$$t=u,\quad e^{-st}dt=dv$$

则

$$dt=du,\quad v=-\frac{1}{s}e^{-st}$$

所以

$$F(s)=-\frac{t}{s}e^{-st}\Big|_0^{\infty}-\int_0^{\infty}\left(-\frac{1}{s}e^{-st}\right)dt$$

当 $\mathrm{Re}(s)>0$ 时，$\lim\limits_{t\to\infty}e^{-st}\to 0$，则

$$F(s)=0+\frac{1}{s}\int_0^{\infty}e^{-st}dt=\frac{1}{s^2} \qquad (2\text{-}5)$$

（五）单位加速度函数

单位加速度函数的数学表达式为

$$f(t)=\begin{cases}0 & (t<0)\\ \dfrac{1}{2}t^2 & (t\geqslant 0)\end{cases}$$

如图 2-4 所示。

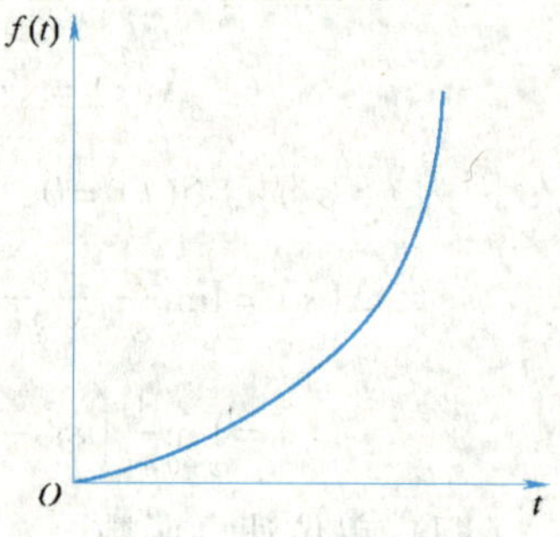

图 2-4 单位加速度函数

其拉氏变换式为

$$F(s)=\mathscr{L}\left(\frac{1}{2}t^2\right)=\frac{1}{s^3}\quad [\mathrm{Re}(s)>0] \tag{2-6}$$

（六）正弦函数和余弦函数

设 $f_1(t)=\sin\omega t$，$f_2(t)=\cos\omega t$，则

$$F_1(s)=\mathscr{L}[\sin\omega t]=\int_0^\infty \sin\omega t\mathrm{e}^{-st}\mathrm{d}t$$

由欧拉公式，有

$$\sin\omega t=\frac{\mathrm{e}^{\mathrm{j}\omega t}-\mathrm{e}^{-\mathrm{j}\omega t}}{2\mathrm{j}}$$

所以

$$\begin{aligned}F_1(s)&=\frac{1}{2\mathrm{j}}\left(\int_0^\infty \mathrm{e}^{\mathrm{j}\omega t}\mathrm{e}^{-st}\mathrm{d}t-\int_0^\infty \mathrm{e}^{-\mathrm{j}\omega t}\mathrm{e}^{-st}\mathrm{d}t\right)\\&=\frac{1}{2\mathrm{j}}\left(\int_0^\infty \mathrm{e}^{-(s-\mathrm{j}\omega)t}\mathrm{d}t-\int_0^\infty \mathrm{e}^{-(s+\mathrm{j}\omega)t}\mathrm{d}t\right)\\&=\frac{1}{2\mathrm{j}}\left(-\frac{1}{s-\mathrm{j}\omega}\mathrm{e}^{-(s-\mathrm{j}\omega)t}\Big|_0^\infty+\frac{1}{s+\mathrm{j}\omega}\mathrm{e}^{-(s+\mathrm{j}\omega)t}\Big|_0^\infty\right)\\&=\frac{1}{2\mathrm{j}}\left(\frac{1}{s-\mathrm{j}\omega}-\frac{1}{s+\mathrm{j}\omega}\right)=\frac{\omega}{s^2+\omega^2}\end{aligned} \tag{2-7}$$

同理

$$F_2(s)=\mathscr{L}[\cos\omega t]=\frac{s}{s^2+\omega^2} \tag{2-8}$$

通常并不根据定义来求解象函数和原函数，而可从拉氏变换表（见附录 A）中直接查出。

三、拉氏变换的主要定理

根据拉氏变换定义或查表能对一些标准的函数进行拉氏变换和反变换。对一般的函数，利用以下的定理，可以使运算简化。

1. 叠加定理

拉氏变换也服从线性函数的齐次性和叠加性。

（1）齐次性　设 $\mathscr{L}[f(t)]=F(s)$，则

$$\mathscr{L}[af(t)]=aF(s) \tag{2-9}$$

式中　a——常数。

（2）叠加性　设 $\mathscr{L}[f_1(t)]=F_1(s)$，$\mathscr{L}[f_2(t)]=F_2(s)$，则

$$\mathscr{L}[f_1(t)+f_2(t)]=F_1(s)+F_2(s) \tag{2-10}$$

式（2-9）、式（2-10）结合起来，就有

$$\mathscr{L}[af_1(t)+bf_2(t)]=aF_1(s)+bF_2(s)$$

式中　a，b——常数。这说明拉氏变换是线性变换。

2. 微分定理

设 $\mathscr{L}[f(t)]=F(s)$，则

$$\mathscr{L}\left[\frac{\mathrm{d}f(t)}{\mathrm{d}t}\right]=sF(s)-f(0)$$

式中 $f(0)$——函数 $f(t)$ 在 $t=0$ 时刻的值，即初始值。

同样，可得 $f(t)$ 的各阶导数的拉氏变换是

$$\left.\begin{aligned}\mathscr{L}\left[\frac{\mathrm{d}^2f(t)}{\mathrm{d}t^2}\right]&=s^2F(s)-sf(0)-f'(0)\\ \mathscr{L}\left[\frac{\mathrm{d}^3f(t)}{\mathrm{d}t^3}\right]&=s^3F(s)-s^2f(0)-sf'(0)-f''(0)\\ &\vdots\\ \mathscr{L}\left[\frac{\mathrm{d}^nf(t)}{\mathrm{d}t^n}\right]&=s^nF(s)-s^{n-1}f(0)-s^{n-2}f'(0)-\cdots-f^{(n-1)}(0)\end{aligned}\right\}\tag{2-11}$$

式中 $f'(0)$，$f''(0)$，…，$f^{(n-1)}(0)$——原函数各阶导数在 $t=0$ 时刻的值。

如果函数 $f(t)$ 及其各阶导数的初始值均为零（称为零初始条件），则 $f(t)$ 各阶导数的拉氏变换为

$$\left.\begin{aligned}\mathscr{L}[f'(t)]&=sF(s)\\ \mathscr{L}[f''(t)]&=s^2F(s)\\ \mathscr{L}[f'''(t)]&=s^3F(s)\\ &\vdots\\ \mathscr{L}[f^n(t)]&=s^nF(s)\end{aligned}\right\}\tag{2-12}$$

3. 复微分定理

若 $f(t)$ 可以进行拉氏变换，且 $\mathscr{L}[f(t)]=F(s)$，则除了在 $F(s)$ 的极点以外，有

$$\frac{\mathrm{d}F(s)}{\mathrm{d}s}=-\mathscr{L}[tf(t)]\tag{2-13}$$

同样有

$$\frac{\mathrm{d}^2F(s)}{\mathrm{d}s^2}=\mathscr{L}[t^2f(t)]$$

一般地，有

$$\frac{\mathrm{d}^nF(s)}{\mathrm{d}s^n}=(-1)^n\mathscr{L}[t^nf(t)]\qquad(n=1,\ 2,\ 3,\ \cdots,\ n)\tag{2-14}$$

4. 积分定理

设 $\mathscr{L}[f(t)]=F(s)$，则

$$\mathscr{L}\left[\int f(t)\mathrm{d}t\right]=\frac{1}{s}F(s)+\frac{1}{s}f^{(-1)}(0)\tag{2-15}$$

式中 $f^{(-1)}(0)$——积分 $\int f(t)\mathrm{d}t$ 在 $t=0$ 时刻的值。

当初始条件为零时

$$\mathscr{L}\left[\int f(t)\mathrm{d}t\right]=\frac{1}{s}F(s)\tag{2-16}$$

对多重积分是

$$\mathscr{L}\left[\underbrace{\int\cdots\int}_{n} f(t)(\mathrm{d}t)^n\right]=\frac{1}{s^n}F(s)+\frac{1}{s^n}f^{(-1)}(0)+\cdots+\frac{1}{s}f^{(-n)}(0) \tag{2-17}$$

式中 $f^{(-1)}(0)$，$f^{(-2)}(0)$，…，$f^{(-n)}(0)$——原函数的各重积分在 $t=0$ 时刻的值。

当初始条件为零时，则

$$\mathscr{L}\left[\underbrace{\int\cdots\int}_{n} f(t)(\mathrm{d}t)^n\right]=\frac{1}{s^n}F(s) \tag{2-18}$$

5. 延迟定理

设 $\mathscr{L}[f(t)]=F(s)$，且 $t<0$ 时，$f(t)=0$，则

$$\mathscr{L}[f(t-\tau)]=\mathrm{e}^{-\tau s}F(s) \tag{2-19}$$

函数 $f(t-\tau)$ 为原函数 $f(t)$ 沿时间轴延迟了 τ，如图 2-5 所示。

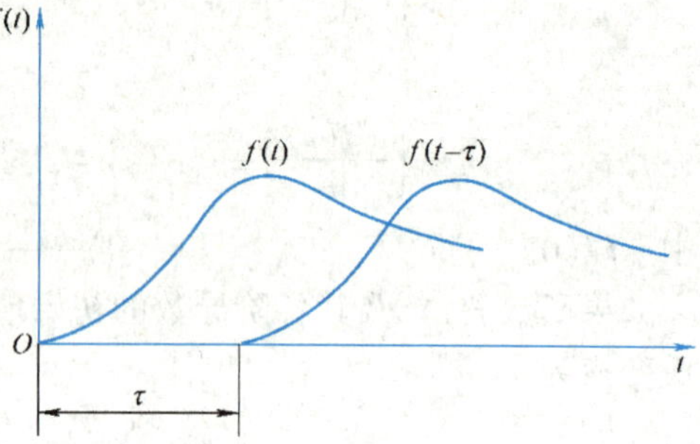

图 2-5 函数 $f(t-\tau)$

6. 位移定理

在控制理论中，经常遇到 $\mathrm{e}^{-at}f(t)$ 一类的函数，它的象函数只需把 s 用 $(s+a)$ 代替即可，这相当于在复数 s 坐标中，有一位移 a。

设 $\mathscr{L}[f(t)]=F(s)$，则

$$\mathscr{L}[\mathrm{e}^{-at}f(t)]=F(s+a) \tag{2-20}$$

例如，$\cos\omega t$ 的象函数 $\mathscr{L}[\cos\omega t]=\frac{s}{s^2+\omega^2}$，则 $\mathrm{e}^{-at}\cos\omega t$ 的象函数为

$$\mathscr{L}[\mathrm{e}^{-at}\cos\omega t]=\frac{s+a}{(s+a)^2+\omega^2}$$

7. 初值定理

它表明原函数在 $t=0^+$ 时的数值。

$$\lim_{t\to 0^+}f(t)=\lim_{s\to\infty}sF(s) \tag{2-21}$$

即原函数的初值等于 s 乘以象函数的终值。

8. 终值定理

设 $\mathscr{L}[f(t)]=F(s)$，并且 $\lim\limits_{t\to\infty}f(t)$ 存在，则

$$\lim_{t\to\infty}f(t)=f(\infty)=\lim_{s\to 0}sF(s) \tag{2-22}$$

即原函数的终值等于 s 乘以象函数的初值。

这一定理对于求瞬态响应的稳态值是很有用的。

9. 卷积定理

设 $\mathscr{L}[f(t)]=F(s)$，$\mathscr{L}[g(t)]=G(s)$，则有

$$\mathscr{L}[f(t)*g(t)]=F(s)G(s) \tag{2-23}$$

即两个原函数的卷积分的拉氏变换等于它们象函数的乘积。

式（2-23）中，$f(t)*g(t)$ 为卷积分的数学表示，定义为

$$f(t)*g(t)\overset{\text{def}}{=\!=}\int_0^t f(t-\tau)g(\tau)\mathrm{d}\tau$$

10. 相似定理

$$\mathscr{L}\left[f\left(\frac{t}{c}\right)\right]=cF(cs) \tag{2-24}$$

式中 c——比例系数。

上式表明，原函数 $f(t)$ 自变量 t 的比例尺改变时，其象函数 $F(s)$ 具有类似的形式。

例如，$f(t)=e^{-t}$的象函数 $\mathscr{L}[e^{-t}]=F(s)=\dfrac{1}{s+1}$，则 $f(t/2)=e^{-0.5t}$的象函数为

$$\mathscr{L}[f(t/2)]=\mathscr{L}[e^{-0.5t}]=2F(2s)=\frac{2}{2s+1}$$

四、拉氏反变换

拉氏反变换的公式为

$$f(t)=\mathscr{L}^{-1}[F(s)]=\frac{1}{2\pi j}\int_{c-j\infty}^{c+j\infty}F(s)e^{st}ds \tag{2-25}$$

式中 $\mathscr{L}^{-1}$——拉氏反变换的符号。

根据定义计算拉氏反变换，要进行复变函数积分，一般很难直接计算，通常用部分分式展开法将复变函数展开成有理分式函数之和，然后由拉氏变换表一一查出对应的反变换函数，即得所求的原函数 $f(t)$。

1. 部分分式展开法

在控制理论中，常遇到的象函数是 s 的有理分式

$$F(s)=\frac{B(s)}{A(s)}=\frac{b_0s^m+b_1s^{m-1}+\cdots+b_{m-1}s+b_m}{a_0s^n+a_1s^{n-1}+\cdots+a_{n-1}s+a_n}\quad(n\geqslant m)$$

为了将 $F(s)$ 写成部分分式，首先将 $F(s)$ 的分母因式分解，则有

$$F(s)=\frac{b_0s^m+b_1s^{m-1}+\cdots+b_{m-1}s+b_m}{(s-p_1)(s-p_2)\cdots(s-p_n)}$$

式中，p_1、p_2、…、p_n 是 $A(s)=0$ 的根，称为 $F(s)$ 的极点。按照这些根的性质，可分为以下几种情况来研究。

(1) $F(s)$ 的极点为各不相同的实数时的拉氏反变换

$$F(s)=\frac{B(s)}{A(s)}=\frac{b_0s^m+b_1s^{m-1}+\cdots+b_{m-1}s+b_m}{(s-p_1)(s-p_2)\cdots(s-p_n)}$$
$$=\frac{A_1}{s-p_1}+\frac{A_2}{s-p_2}+\cdots+\frac{A_n}{s-p_n}=\sum_{i=1}^{n}\frac{A_i}{s-p_i} \tag{2-26}$$

式中，A_i 是待定系数，它是 $s=p_i$ 处的留数，其求法如下：

$$A_i=[F(s)(s-p_i)]_{s=p_i} \tag{2-27}$$

再根据拉氏变换的叠加定理，求原函数

$$f(t)=\mathscr{L}^{-1}[F(s)]=\mathscr{L}^{-1}\left(\sum_{i=1}^{n}\frac{A_i}{s-p_i}\right)=\sum_{i=1}^{n}A_ie^{p_it}$$

例 2-1 试求 $F(s)=\dfrac{s^2-s+2}{s(s^2-s-6)}$的原函数。

解

首先将 $F(s)$ 的分母因式分解，则有

$$F(s)=\frac{s^2-s+2}{s(s^2-s-6)}=\frac{s^2-s+2}{s(s-3)(s+2)}=\frac{A_1}{s}+\frac{A_2}{s-3}+\frac{A_3}{s+2}$$

$$A_1=[F(s)s]_{s=0}=\left[\frac{s^2-s+2}{s(s-3)(s+2)}s\right]_{s=0}=-\frac{1}{3}$$

$$A_2=[F(s)(s-3)]_{s=3}=\left[\frac{s^2-s+2}{s(s-3)(s+2)}(s-3)\right]_{s=3}=\frac{8}{15}$$

$$A_3=[F(s)(s+2)]_{s=-2}=\left[\frac{s^2-s+2}{s(s-3)(s+2)}(s+2)\right]_{s=-2}=\frac{4}{5}$$

即得

$$F(s)=-\frac{1}{3}\frac{1}{s}+\frac{8}{15}\frac{1}{s-3}+\frac{4}{5}\frac{1}{s+2}$$

$$f(t)=\mathscr{L}^{-1}[F(s)]=\mathscr{L}^{-1}\left(-\frac{1}{3}\frac{1}{s}\right)+\mathscr{L}^{-1}\left(\frac{8}{15}\frac{1}{s-3}\right)+\mathscr{L}^{-1}\left(\frac{4}{5}\frac{1}{s+2}\right)$$

$$=-\frac{1}{3}+\frac{8}{15}e^{3t}+\frac{4}{5}e^{-2t}\qquad(t\geqslant 0)$$

（2）$F(s)$含有共轭复数极点时的拉氏反变换　如果 $F(s)$有一对共轭复数极点 p_1、p_2，而其余极点均为各不相同的实数极点。将 $F(s)$ 展成

$$F(s)=\frac{b_0s^m+b_1s^{m-1}+\cdots+b_{m-1}s+b_m}{(s-p_1)(s-p_2)(s-p_3)\cdots(s-p_n)}$$

$$=\frac{A_1s+A_2}{(s-p_1)(s-p_2)}+\frac{A_3}{s-p_3}+\cdots+\frac{A_n}{s-p_n}$$

式中，A_1 和 A_2 可按下式求解：

$$[F(s)(s-p_1)(s-p_2)]_{\substack{s=p_1\\ 或\, s=p_2}}=\left\{\left[\frac{A_1s+A_2}{(s-p_1)(s-p_2)}+\frac{A_3}{s-p_3}+\cdots+\frac{A_n}{s-p_n}\right](s-p_1)(s-p_2)\right\}_{\substack{s=p_1\\ 或\, s=p_2}}$$

即

$$[F(s)(s-p_1)(s-p_2)]_{\substack{s=p_1\\ 或\, s=p_2}}=(A_1s+A_2)_{\substack{s=p_1\\ 或\, s=p_2}}\tag{2-28}$$

因为 p_1（或 p_2）是复数，故式（2-28）两边都应是复数，令等号两边的实部、虚部分别相等，得两个方程式，联立求解，即得 A_1、A_2 两个系数。

例 2-2　已知 $F(s)=\dfrac{\omega_n^2}{s(s+\zeta\omega_n+j\omega_d)(s+\zeta\omega_n-j\omega_d)}$，试求其部分分式。

解

因为

$$F(s)=\frac{\omega_n^2}{s(s+\zeta\omega_n+j\omega_d)(s+\zeta\omega_n-j\omega_d)}\tag{2-29}$$

含有一对共轭复数极点 $p_1=-\zeta\omega_n-j\omega_d$，$p_2=-\zeta\omega_n+j\omega_d$ 和一个极点 $p_3=0$，故可将式（2-29）因式分解成

$$F(s)=\frac{A_1s+A_2}{(s+\zeta\omega_n+j\omega_d)(s+\zeta\omega_n-j\omega_d)}+\frac{A_3}{s}\tag{2-30}$$

以下求系数 A_1、A_2 和 A_3。

由式（2-29）和式（2-30）相等，有

$$\frac{\omega_n^2}{s(s+\zeta\omega_n+j\omega_d)(s+\zeta\omega_n-j\omega_d)}=\frac{A_1s+A_2}{(s+\zeta\omega_n+j\omega_d)(s+\zeta\omega_n-j\omega_d)}+\frac{A_3}{s}\tag{2-31}$$

用 $(s+\zeta\omega_n+j\omega_d)(s+\zeta\omega_n-j\omega_d)$ 乘以上式两边，并令 $s=-\zeta\omega_n-j\omega_d$，得到

$$\left(\frac{\omega_n^2}{s}\right)_{s=-\zeta\omega_n-j\omega_d}=(A_1s+A_2)_{s=-\zeta\omega_n-j\omega_d}$$

$$\frac{\omega_n^2}{-\zeta\omega_n-j\omega_d}=A_1(-\zeta\omega_n-j\omega_d)+A_2$$

上式可进一步写成

$$-\zeta\omega_n+j\omega_d=-A_1\zeta\omega_n+A_2-jA_1\omega_d$$

由上式两边实部和虚部分别相等，可得

$$\begin{cases}-\zeta\omega_n=-A_1\zeta\omega_n+A_2\\ \omega_d=-A_1\omega_d\end{cases}$$

联立以上两式，可求得

$$A_1=-1$$
$$A_2=-2\zeta\omega_n$$

为了求出系数 A_3，用 s 乘以方程(2-31) 两边，并令 $s=0$，将 $\omega_d=\omega_n\sqrt{1-\zeta^2}$代入，得

$$A_3=\left[\frac{\omega_n^2}{(s+\zeta\omega_n+j\omega_d)(s+\zeta\omega_n-j\omega_d)}\right]_{s=0}=\frac{\omega_n^2}{(\zeta\omega_n+j\omega_d)(\zeta\omega_n-j\omega_d)}=1$$

将所求得的 A_1、A_2、A_3 值代入式（2-31），整理后得 $F(s)$ 的部分分式

$$F(s)=\frac{1}{s}+\frac{-s-2\zeta\omega_n}{(s+\zeta\omega_n+j\omega_d)(s+\zeta\omega_n-j\omega_d)}$$
$$=\frac{1}{s}-\frac{s+\zeta\omega_n}{(s+\zeta\omega_n)^2+\omega_d^2}-\frac{\zeta\omega_n}{(s+\zeta\omega_n)^2+\omega_d^2}$$

查拉氏变换表便得 $\mathscr{L}^{-1}[F(s)]=f(t)$，结果见式（3-10）。

例 2-3　已知 $F(s)=\dfrac{s+1}{s(s^2+s+1)}$，试求 $f(t)$。

解

将 $F(s)$ 的分母因式分解，得

$$F(s)=\frac{s+1}{s\left(s+\frac{1}{2}+j\frac{\sqrt{3}}{2}\right)\left(s+\frac{1}{2}-j\frac{\sqrt{3}}{2}\right)}=\frac{A_0}{s}+\frac{A_1s+A_2}{s^2+s+1}$$

$$A_0=\left[\frac{s+1}{s(s^2+s+1)}s\right]_{s=0}=1$$

$$\left[\frac{s+1}{s(s^2+s+1)}(s^2+s+1)\right]_{s=-\frac{1}{2}-j\frac{\sqrt{3}}{2}}=[A_1s+A_2]_{s=-\frac{1}{2}-j\frac{\sqrt{3}}{2}}$$

$$\frac{-\frac{1}{2}-j\frac{\sqrt{3}}{2}+1}{-\frac{1}{2}-j\frac{\sqrt{3}}{2}}=A_1\left(-\frac{1}{2}-j\frac{\sqrt{3}}{2}\right)+A_2$$

利用方程两边实部、虚部分别相等得

$$\begin{cases}-\frac{1}{2}(A_1+A_2)=\frac{1}{2}\\ \frac{\sqrt{3}}{2}(A_1-A_2)=-\frac{\sqrt{3}}{2}\end{cases}$$

解得 $A_1=-1$，$A_2=0$。

所以

$$F(s)=\frac{s+1}{s(s^2+s+1)}=\frac{1}{s}-\frac{s}{s^2+s+1}$$

这种形式再作适当变换：

$$\begin{aligned}F(s)&=\frac{1}{s}-\frac{s}{s^2+s+1}\\&=\frac{1}{s}-\frac{s}{\left(s+\frac{1}{2}\right)^2+\left(\frac{\sqrt{3}}{2}\right)^2}\\&=\frac{1}{s}-\frac{s+\frac{1}{2}}{\left(s+\frac{1}{2}\right)^2+\left(\frac{\sqrt{3}}{2}\right)^2}+\frac{\frac{1}{2}}{\left(s+\frac{1}{2}\right)^2+\left(\frac{\sqrt{3}}{2}\right)^2}\\&=\frac{1}{s}-\frac{s+\frac{1}{2}}{\left(s+\frac{1}{2}\right)^2+\left(\frac{\sqrt{3}}{2}\right)^2}+\frac{\frac{1}{2}}{\frac{\sqrt{3}}{2}}\frac{\frac{\sqrt{3}}{2}}{\left(s+\frac{1}{2}\right)^2+\left(\frac{\sqrt{3}}{2}\right)^2}\end{aligned}$$

所以

$$\begin{aligned}f(t)&=\mathscr{L}^{-1}\left[\frac{s+1}{s(s^2+s+1)}\right]\\&=\mathscr{L}^{-1}\left[\frac{1}{s}-\frac{s+\frac{1}{2}}{\left(s+\frac{1}{2}\right)^2+\left(\frac{\sqrt{3}}{2}\right)^2}+0.57\frac{\frac{\sqrt{3}}{2}}{\left(s+\frac{1}{2}\right)^2+\left(\frac{\sqrt{3}}{2}\right)^2}\right]\\&=\mathscr{L}^{-1}\left(\frac{1}{s}\right)-\mathscr{L}^{-1}\left[\frac{s+\frac{1}{2}}{\left(s+\frac{1}{2}\right)^2+\left(\frac{\sqrt{3}}{2}\right)^2}\right]+\mathscr{L}^{-1}\left[0.57\frac{\frac{\sqrt{3}}{2}}{\left(s+\frac{1}{2}\right)^2+\left(\frac{\sqrt{3}}{2}\right)^2}\right]\end{aligned}$$

查拉氏变换表得

$$f(t)=1-e^{-\frac{1}{2}t}\cos\frac{\sqrt{3}}{2}t+0.57e^{-\frac{1}{2}t}\sin\frac{\sqrt{3}}{2}t\quad(t\geqslant 0)$$

（3）$F(s)$中包含有重极点时的拉氏反变换　设$A(s)=0$有r个重根p_0，则

$$F(s)=\frac{b_0s^m+b_1s^{m-1}+\cdots+b_{m-1}s+b_m}{(s-p_0)^r(s-p_{r+1})\cdots(s-p_n)}$$

将上式展开成部分分式

$$F(s)=\frac{A_{01}}{(s-p_0)^r}+\frac{A_{02}}{(s-p_0)^{r-1}}+\cdots+\frac{A_{0r}}{s-p_0}+\frac{A_{r+1}}{s-p_{r+1}}+\cdots+\frac{A_n}{s-p_n}\tag{2-32}$$

式中，A_{r+1}、A_{r+2}、…、A_n 的求法与单实数极点情况下相同。

A_{01}、A_{02}、…、A_{0r}的求法如下：

$$A_{01}=[F(s)(s-p_0)^r]_{s=p_0}$$

$$A_{02}=\left\{\frac{\mathrm{d}}{\mathrm{d}s}[F(s)(s-p_0)^r]\right\}_{s=p_0}$$

$$A_{03}=\frac{1}{2!}\left\{\frac{\mathrm{d}^2}{\mathrm{d}s^2}[F(s)(s-p_0)^r]\right\}_{s=p_0}$$

$$\vdots$$

$$A_{0r}=\frac{1}{(r-1)!}\left\{\frac{\mathrm{d}^{(r-1)}}{\mathrm{d}s^{(r-1)}}[F(s)(s-p_0)^r]\right\}_{s=p_0}$$

则

$$f(t)=\mathscr{L}^{-1}[F(s)]=\left[\frac{A_{01}}{(r-1)!}t^{(r-1)}+\frac{A_{02}}{(r-2)!}t^{(r-2)}+\cdots+A_{0r}\right]\mathrm{e}^{p_0t}+$$

$$A_{r+1}\mathrm{e}^{p_{r+1}t}+\cdots+A_n\mathrm{e}^{p_nt}\quad(t\geqslant 0)\tag{2-33}$$

例 2-4　设 $F(s)=\dfrac{\omega_{\mathrm{n}}^2}{s(s+\omega_{\mathrm{n}})^2}$，试求 $F(s)$ 的部分分式。

解

已知

$$F(s)=\frac{\omega_{\mathrm{n}}^2}{s(s+\omega_{\mathrm{n}})^2}\tag{2-34}$$

含有 2 个重极点。将式（2-34）的分母因式分解得

$$F(s)=\frac{A_{01}}{(s+\omega_{\mathrm{n}})^2}+\frac{A_{02}}{s+\omega_{\mathrm{n}}}+\frac{A_3}{s}\tag{2-35}$$

以下求系数 A_{01}、A_{02} 和 A_3

$$A_{01}=\left[\frac{\omega_{\mathrm{n}}^2}{s(s+\omega_{\mathrm{n}})^2}(s+\omega_{\mathrm{n}})^2\right]_{s=-\omega_{\mathrm{n}}}=-\omega_{\mathrm{n}}$$

$$A_{02}=\left\{\frac{\mathrm{d}}{\mathrm{d}s}\left[\frac{\omega_{\mathrm{n}}^2}{s(s+\omega_{\mathrm{n}})^2}(s+\omega_{\mathrm{n}})^2\right]\right\}_{s=-\omega_{\mathrm{n}}}=\left[-\frac{\omega_{\mathrm{n}}^2}{s^2}\right]_{s=-\omega_{\mathrm{n}}}=-1$$

$$A_3=\left[\frac{\omega_{\mathrm{n}}^2}{s(s+\omega_{\mathrm{n}})^2}s\right]_{s=0}=1$$

将所求得的 A_{01}、A_{02}、A_3 值代入式（2-35），即得 $F(s)$ 的部分分式

$$F(s)=\frac{-\omega_{\mathrm{n}}}{(s+\omega_{\mathrm{n}})^2}+\frac{-1}{s+\omega_{\mathrm{n}}}+\frac{1}{s}$$

查拉氏变换表可得 $\mathscr{L}^{-1}[F(s)]=f(t)$。

例 2-5　试求 $F(s)=\dfrac{s+3}{(s+2)^2(s+1)}$ 的拉氏反变换。

解

将 $F(s)$ 展开为部分分式

$$F(s)=\frac{A_{01}}{(s+2)^2}+\frac{A_{02}}{s+2}+\frac{A_3}{s+1}$$

上式中各项系数为

$$A_{01}=\left[\frac{s+3}{(s+2)^2(s+1)}(s+2)^2\right]_{s=-2}=\frac{-2+3}{-2+1}=-1$$

$$A_{02}=\left\{\frac{\mathrm{d}}{\mathrm{d}s}\left[\frac{s+3}{(s+2)^2(s+1)}(s+2)^2\right]\right\}_{s=-2}$$
$$=\left[\frac{(s+3)'(s+1)-(s+3)(s+1)'}{(s+1)^2}\right]_{s=-2}=-2$$
$$A_3=\left[\frac{s+3}{(s+2)^2(s+1)}(s+1)\right]_{s=-1}=2$$

于是

$$F(s)=\frac{-1}{(s+2)^2}-\frac{2}{s+2}+\frac{2}{s+1}$$

查拉氏变换表，得

$$f(t)=-(t+2)\mathrm{e}^{-2t}+2\mathrm{e}^{-t}\quad(t\geqslant0)$$

应当指出，对于在 $F(s)$ 分母中包含有较高阶次多项式的复杂函数时，用人工算法进行部分分式展开则相当费时费力。这种情况下，采用 MATLAB 工具就方便多了。

2. 用 MATLAB 展开部分分式

（1）概述　MATLAB 是一个功能十分强大的数值分析仿真软件系统，具有良好的可扩展性和开放性。科技界先后在 MATLAB 平台上开发了各种工具箱，使得 MATLAB 的应用越来越广泛。其中控制系统工具箱主要用于反馈控制系统的分析、设计和仿真。

SIMULINK 是 MATLAB 扩展的一种面向控制系统框图的仿真软件，SIMU（仿真）和 LINK（连接）是它的两个显著特点。这种软件使复杂控制系统的动态仿真变得可视、直观和简单。

MATLAB 和 SIMULINK 的应用大大简化了控制系统的分析和设计过程。

因此，本书将尽可能把 MATLAB 和 SIMULINK 工具应用于控制系统的分析和计算中。

（2）用 MATLAB 进行部分分式展开　MATLAB 有一个命令用于求 $B(s)/A(s)$ 的部分分式展开式。

设 s 的有理分式为

$$F(s)=\frac{B(s)}{A(s)}=\frac{\text{num}}{\text{den}}=\frac{b_0s^n+b_1s^{n-1}+\cdots+b_n}{s^n+a_1s^{n-1}+\cdots+a_n}$$

式中 $a_j(j=1,\ 2,\ \cdots,\ n)$ 和 $b_i(i=0,\ 1,\ \cdots,\ n)$ 的某些值可能为零。在 MATLAB 的行向量中，num 和 den 分别表示 $F(s)$ 分子和分母的系数，即

$$\text{num}=[b_0\quad b_1\quad\cdots\quad b_n]$$
$$\text{den}=[1\quad a_1\quad\cdots\quad a_n]$$

命令

```
[r, p, k] = residue(num, den)
```

MATLAB 将按下式给出 $F(s)$ 部分分式展开式中的留数、极点和余项：

$$F(s)=\frac{r(1)}{s-p(1)}+\frac{r(2)}{s-p(2)}+\cdots+\frac{r(n)}{s-p(n)}+k(s)$$

上式与式（2-26）比较，显然有 $p(1)=p_1$，$p(2)=p_2$，$\cdots$，$p(n)=p_n$；$r(1)=A_1$，$r(2)=A_2$，$\cdots$，$r(n)=A_n$；$k(s)$ 是余项。

例 2-6　试求下列函数的部分分式展开式：

$$F(s)=\frac{s^4+11s^3+39s^2+52s+26}{s^4+10s^3+35s^2+50s+24}$$

解

对此函数有

$$\text{num}=[1\quad 11\quad 39\quad 52\quad 26]$$
$$\text{den}=[1\quad 10\quad 35\quad 50\quad 24]$$

命令

```
[r, p, k] = residue(num, den)
```

于是得到下列结果：

```
[r, p, k] = residue(num, den)
r =
      1.0000
      2.5000
     -3.0000
      0.5000
p =
     -4.0000
     -3.0000
     -2.0000
     -1.0000
k =
      1
```

则得

$$F(s)=\frac{s^4+11s^3+39s^2+52s+26}{s^4+10s^3+35s^2+50s+24}=\frac{1}{s+4}+\frac{2.5}{s+3}+\frac{-3}{s+2}+\frac{0.5}{s+1}+1$$

如果 $F(s)$ 中包含有重极点，则部分分式展开式将包括下列诸项：

$$\frac{r(j)}{s-p(j)}+\frac{r(j+1)}{[s-p(j)]^2}+\cdots+\frac{r(j+q-1)}{[s-p(j)]^q}$$

式中，$p(j)$ 为一个 q 重极点。

例 2-7 试将下列函数展开成部分分式：

$$F(s)=\frac{s^2+4s+6}{(s+1)^3}=\frac{s^2+4s+6}{s^3+3s^2+3s+1}$$

解

对于该函数有

$$\text{num}=[0\quad 1\quad 4\quad 6]$$
$$\text{den}=[1\quad 3\quad 3\quad 1]$$

命令

```
[r, p, k] = residue(num, den)
```

将得到如下结果：

```
[r, p, k] = residue(num, den)
r =
```

```
           1.0000
           2.0000
           3.0000
p =
          -1.0000
          -1.0000
          -1.0000
k =
          [ ]
```

所以可得

$$F(s)=\frac{s^2+4s+6}{(s+1)^3}=\frac{1}{s+1}+\frac{2}{(s+1)^2}+\frac{3}{(s+1)^3}$$

注意，本例的余项 k 为零。

五、应用拉氏变换求解线性微分方程

应用拉氏变换求解线性微分方程时，采用下列步骤：

1）对线性微分方程中每一项进行拉氏变换，使微分方程变为 s 的代数方程。

2）解代数方程，得到有关变量 s 的拉氏变换表达式。

3）用拉氏反变换得到微分方程的时域解。

整个求解过程如图 2-6 所示。

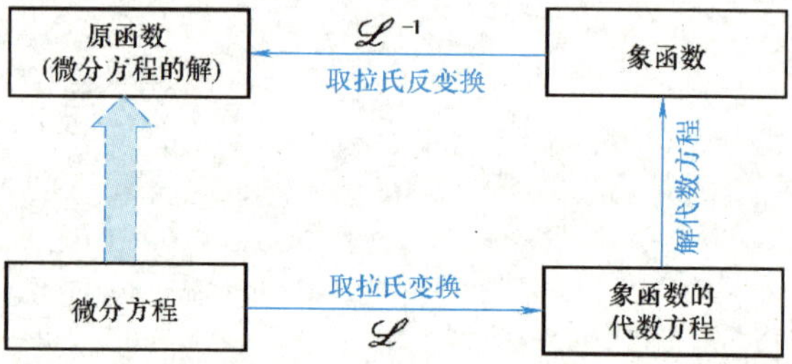

图 2-6　应用拉氏变换法求解线性微分方程的过程

例 2-8　设系统微分方程为

$$\frac{d^2y(t)}{dt^2}+5\frac{dy(t)}{dt}+6y(t)=u(t)$$

若 $u(t)=1(t)$，初始条件分别为 $y'(0)$、$y(0)$，试求 $y(t)$。

解

对微分方程左边各项进行拉氏变换

$$\mathscr{L}\left[\frac{d^2y(t)}{dt^2}\right]=s^2Y(s)-sy(0)-y'(0)$$

$$\mathscr{L}\left[5\frac{dy(t)}{dt}\right]=5sY(s)-5y(0)$$

$$\mathscr{L}[6y(t)]=6Y(s)$$

利用叠加定理将上式逐项相加，即得方程左边的拉氏变换

$$\mathscr{L}\left[\frac{d^2y(t)}{dt^2}+5\frac{dy(t)}{dt}+6y(t)\right]=(s^2+5s+6)Y(s)-[(s+5)y(0)+y'(0)]$$

对方程右边进行拉氏变换

$$\mathscr{L}[u(t)]=\mathscr{L}[1(t)]=\frac{1}{s}$$

得

$$(s^2+5s+6)Y(s)-[(s+5)y(0)+y'(0)]=\frac{1}{s}$$

$$Y(s)=\frac{1}{s^2+5s+6}\frac{1}{s}+\frac{(s+5)y(0)+y'(0)}{s^2+5s+6}$$

写成一般形式

$$Y(s)=\frac{1}{D(s)}U(s)+\frac{N(s)}{D(s)}$$

应该强调指出，$D(s)=s^2+5s+6=0$ 是微分方程的特征方程，也是该系统的特征方程。

利用部分分式将 $Y(s)$ 展开为

$$Y(s)=\frac{1}{s(s+2)(s+3)}+\frac{(s+5)y(0)+y'(0)}{(s+2)(s+3)}$$

$$=\frac{A_1}{s}+\frac{A_2}{s+2}+\frac{A_3}{s+3}+\frac{B_1}{s+2}+\frac{B_2}{s+3}$$

求待定系数 A_1、A_2、A_3、B_1、B_2：

$$A_1=\left[\frac{1}{s(s+2)(s+3)}s\right]_{s=0}=\frac{1}{6}$$

$$A_2=\left[\frac{1}{s(s+2)(s+3)}(s+2)\right]_{s=-2}=-\frac{1}{2}$$

$$A_3=\left[\frac{1}{s(s+2)(s+3)}(s+3)\right]_{s=-3}=\frac{1}{3}$$

$$B_1=\left[\frac{(s+5)y(0)+y'(0)}{(s+2)(s+3)}(s+2)\right]_{s=-2}=3y(0)+y'(0)$$

$$B_2=\left[\frac{(s+5)y(0)+y'(0)}{(s+2)(s+3)}(s+3)\right]_{s=-3}=-2y(0)-y'(0)$$

代入原式得

$$Y(s)=\frac{\frac{1}{6}}{s}+\frac{-\frac{1}{2}}{s+2}+\frac{\frac{1}{3}}{s+3}+\frac{3y(0)+y'(0)}{s+2}+\frac{-2y(0)-y'(0)}{s+3}$$

查拉氏变换表得

$$y(t)=\frac{1}{6}-\frac{1}{2}e^{-2t}+\frac{1}{3}e^{-3t}+[3y(0)+y'(0)]e^{-2t}-[2y(0)+y'(0)]e^{-3t}\quad(t\geqslant0)$$

当初始条件为零时，得

$$y(t)=\frac{1}{6}-\frac{1}{2}e^{-2t}+\frac{1}{3}e^{-3t}\quad(t\geqslant0)$$

第二节　时域模型——微分方程和状态方程

一、微分方程

工程中的控制系统，不管它是机械的、电气的、液压的、气动的，还是热力的、化学的，其运动规律都可以用微分方程加以描述。因此，用解析法建立系统或元件的数学模型就是从列写它们的运动微分方程开始，对这些微分方程求解，就可以获得系统在输入作用下的输出响应。

（一）建立数学模型的一般步骤

用解析法列写系统或元件微分方程的一般步骤是：

1）分析系统的工作原理和信号传递变换的过程，确定系统和各元件的输入、输出量。

2）从系统的输入端开始，按照信号传递变换过程，依据各变量所遵循的物理学定律，依次列写出各元件、部件的动态微分方程。

3）消去中间变量，得到一个描述元件或系统输入、输出变量之间关系的微分方程。

4）写成标准化形式。将与输入有关的项放在等式右侧，与输出有关的项放在等式的左侧，且各阶导数项按降幂排列。

（二）微分方程的列写

1. 机械系统

任何机械系统的数学模型都可以应用牛顿定律来建立。机械系统中以各种形式出现的物理现象，都可以使用质量、弹性和阻尼三个要素来描述。

（1）机械平移系统　图2-7所示为常见的质量-弹簧-阻尼系统，图中的 m、k、b 分别表示质量、弹簧刚度和粘性阻尼系数。以系统在静止平衡时的那一点为零点，即平衡工作点，这样的零位选择消除了重力的影响。设系统的输入量为外作用力 $f_i(t)$，输出量为质量块的位移 $x_o(t)$。现研究外力 $f_i(t)$ 与位移 $x_o(t)$ 之间的关系。

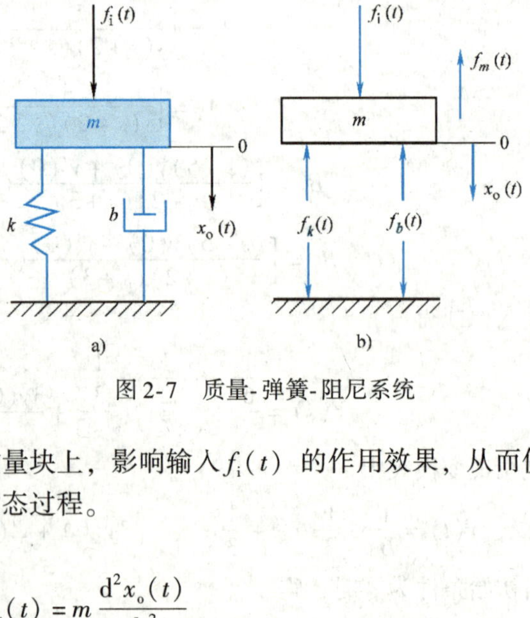

图2-7　质量-弹簧-阻尼系统

在输入 $f_i(t)$ 力的作用下，质量块 m 将有加速度，从而产生速度和位移。质量块的速度和位移使阻尼器和弹簧产生粘性阻尼力 $f_b(t)$ 和弹性力 $f_k(t)$。这两个力反馈作用于质量块上，影响输入 $f_i(t)$ 的作用效果，从而使质量块的速度和位移随时间发生变化，产生动态过程。

根据牛顿第二定律，有

$$f_i(t)-f_b(t)-f_k(t)=m\frac{d^2x_o(t)}{dt^2}$$

由阻尼器、弹簧的特性，可写出

$$f_b(t)=b\frac{dx_o(t)}{dt}$$

$$f_k(t)=kx_o(t)$$

由以上三个式子，消去 $f_b(t)$ 和 $f_k(t)$，并写成标准形式，得

$$m\frac{d^2x_o(t)}{dt^2}+b\frac{dx_o(t)}{dt}+kx_o(t)=f_i(t) \tag{2-36}$$

一般 m、b、k 均为常数，故式（2-36）为二阶常系数线性微分方程，它描述了输入

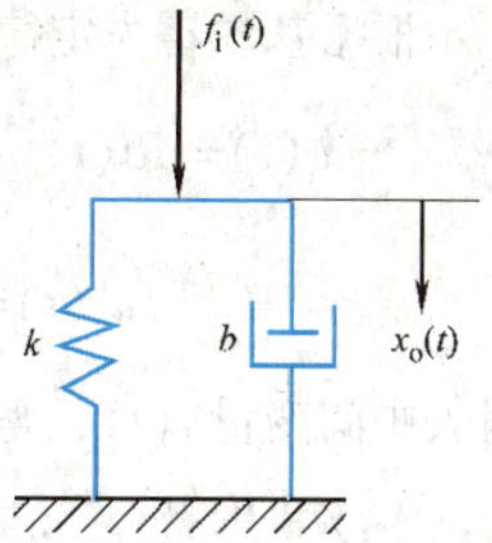

图 2-8　弹簧-阻尼系统力学模型

$f_i(t)$ 和输出 $x_o(t)$ 之间的动态关系。方程的系数取决于系统的结构参数，而方程的阶次等于系统中独立的储能元件（惯性质量、弹簧）的数量。

当质量 m 很小可忽略不计时，系统由并联的弹簧和阻尼器组成，如图 2-8 所示。

此时，系统的运动方程为一阶常系数微分方程

$$b\frac{dx_o(t)}{dt}+kx_o(t)=f_i(t)$$

这说明，同一系统由于简化程度的不同，可以有不同的数学模型。

（2）机械旋转系统　包含定轴旋转的机械系统用途极其广泛。其建模方法与平移系统非常相似，只是这里将质量、弹簧、阻尼分别变成转动惯量、扭转弹簧、旋转阻尼。

图 2-9 所示为一机械旋转系统，旋转体通过柔性轴（用扭转弹簧表示，其扭转刚度为 k）与齿轮连接。旋转体在粘性介质中旋转，因而承受与旋转速度成正比的阻尼力矩。

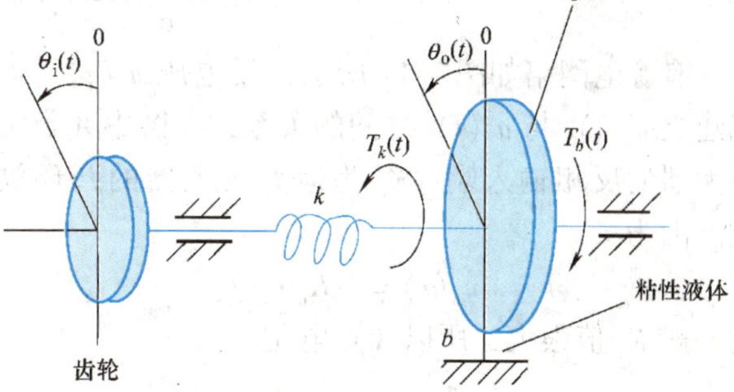

图 2-9　机械旋转系统力学模型

J—旋转体转动惯量　k—扭转刚度系数　b—粘性阻尼系数

设齿轮转角 $\theta_i(t)$ 为系统输入量，旋转体转角 $\theta_o(t)$ 为系统输出量，据此建立系统的运动微分方程（忽略轴承上的摩擦）。扭转弹簧左、右端的转角分别为 $\theta_i(t)$、$\theta_o(t)$，设它加给旋转体的扭矩为 $T_k(t)$（当 $\theta_i=\theta_o$ 时，弹簧的扭矩为零），则

$$T_k(t)=k[\theta_i(t)-\theta_o(t)]$$

旋转体上除了受弹簧的扭矩外，也受阻尼扭矩 $T_b(t)$ 作用，因而有扭矩平衡方程

$$J\frac{d^2\theta_o(t)}{dt^2}=T_k(t)-T_b(t)$$

和旋转阻尼特性方程

$$T_b(t)=b\frac{d\theta_o(t)}{dt}$$

由以上三式整理可得机械旋转系统运动微分方程

$$J\frac{d^2\theta_o(t)}{dt^2}+b\frac{d\theta_o(t)}{dt}+k\theta_o(t)=k\theta_i(t) \tag{2-37}$$

2. 电气系统

电阻 R、电感 L 和电容器 C 是电路中的三个基本元件。通常利用基尔霍夫定律来建立电气系统的数学模型。

RLC 无源电网络如图 2-10 所示，设输入端电压 $u_i(t)$ 为系统输入量，电容器 C 两端电压 $u_o(t)$ 为系统输出量。现研究输入电压 $u_i(t)$ 和输出电压 $u_o(t)$ 之间的关系。电路中的电流 $i(t)$ 为中间变量。

根据基尔霍夫定律，有

$$u_i(t)=Ri(t)+L\frac{di(t)}{dt}+\frac{1}{C}\int i(t)dt$$

$$u_o(t)=\frac{1}{C}\int i(t)dt$$

消去中间变量 $i(t)$，整理即得

$$LC\frac{d^2u_o(t)}{dt^2}+RC\frac{du_o(t)}{dt}+u_o(t)=u_i(t) \tag{2-38}$$

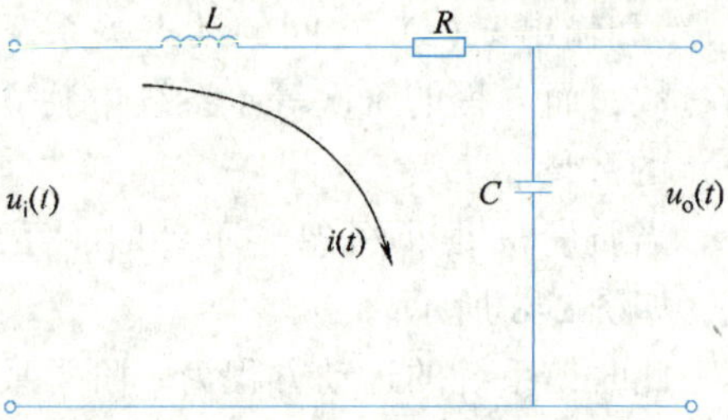

图 2-10 *RLC* 无源电网络

一般假定 R、L、C 都是常数，则上式为二阶常系数线性微分方程。若 $L=0$，系统也可简化为一阶常系数微分方程

$$RC\frac{du_o(t)}{dt}+u_o(t)=u_i(t) \tag{2-39}$$

有源电网络如图 2-11 所示，设电压 $u_i(t)$ 为系统输入量，电压 $u_o(t)$ 为系统输出量。现建立 $u_i(t)$ 与 $u_o(t)$ 之间的关系式。图中 A 点为运算放大器的反相输入端，K_o 为运算放大器的开环放大系数。因为

$$u_o(t)=-K_o u_A(t)$$

且一般 K_o 值很大，所以 A 点电位

$$u_A(t)=-\frac{u_o}{K_o}\approx 0$$

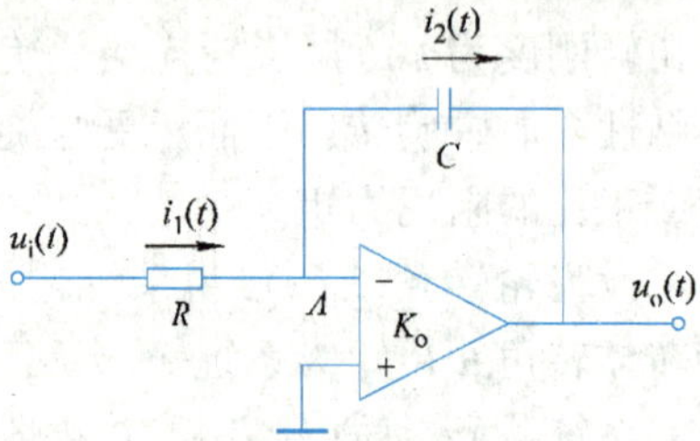

图 2-11 有源电网络

运算放大器的输入阻抗一般都很高，故可认为

$$i_1(t)\approx i_2(t)$$

因此，可以得到

$$\frac{u_i(t)}{R}=-C\frac{du_o(t)}{dt}$$

即

$$RC\frac{du_o(t)}{dt}=-u_i(t) \tag{2-40}$$

3. 流体系统

流体系统比较复杂，但经过适当的简化也可以用微分方程来加以描述。

图 2-12 所示为一简单的液位控制系统。在此系统中，箱体通过输出端的节流阀对外供液。设流入箱体的流量 $q_i(t)$ 为系统输入量，液面高度 $H(t)$ 为输出量，下面列写液位波动的运动微分方程。

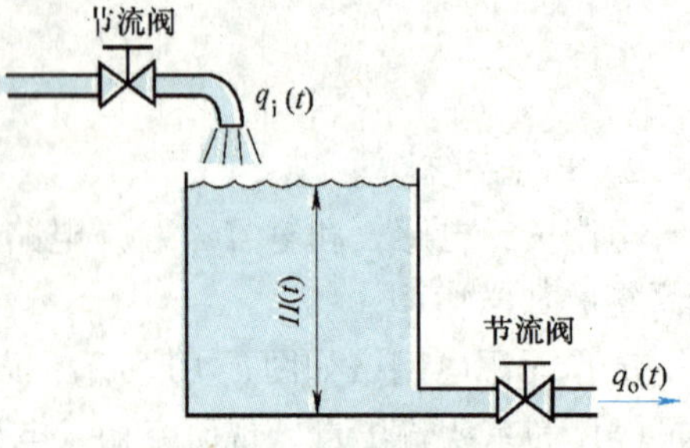

图 2-12 液位控制系统

根据流体连续方程，可得

$$A\frac{dH(t)}{dt}=q_i(t)-q_o(t) \tag{2-41}$$

式中 A——箱体的横截面积。

设液体是不可压缩的，且通过输出端节流阀的液流是湍流，则其流量公式为

$$q_o(t)=a\sqrt{H(t)} \tag{2-42}$$

式中 a——由节流阀通流面积和通流口结构形式决定的系数，通流面积不变时 a 为常数。

消去中间变量 $q_o(t)$ 得液位波动方程为

$$A\frac{\mathrm{d}H(t)}{\mathrm{d}t}+a\sqrt{H(t)}=q_i(t) \tag{2-43}$$

显然，式（2-43）是一个非线性微分方程。

以上通过对机械、电气和流体的简单物理系统建立数学模型的过程，阐述了解析法建模的基本思路和基本方法。

将式（2-36）和式（2-38）进行比较，可清楚地看到，物理性质不同的系统，可以有相同的数学模型。反之，同一数学模型可以描述物理性质完全不同的系统。因此，从控制理论来说，可抛开系统的物理属性，用同一方法进行普遍意义的分析研究，这就是信息方法，从信息在系统中传递、转换的方面来研究系统的功能。而从动态性能来看，在相同形式的输入作用下，数学模型相同而物理性质不同的系统其输出响应相似，若方程系数等值则响应完全一样，这样就可以利用电系统来模拟其他系统进行实验研究。这就是控制理论中的功能模拟方法的基础。

应强调指出：在通常情况下，元件或系统的微分方程的阶次等于元件或系统中所包含的独立储能元的个数。惯性质量、弹性要素、电感、电容、液感、液容都是储能元。每当系统中增加一个储能元时，其内部就增多一层能量的交换，即增多一层信息的交换，描述系统的微分方程将增高一阶。

分析式（2-36）和式（2-38）还可以看出，描述系统运动的微分方程的系数都是系统的结构参数及其组合，这就说明系统的动态特性是系统的固有特性，取决于系统结构及其参数。

以上建立的一些物理系统的数学模型还表明，按描述系统运动的微分方程，可将系统分成线性系统和非线性系统两类。

用线性微分方程描述的系统，称为线性系统。如果方程的系数为常数，则称为线性定常系统；如果方程的系数不是常数，而是时间 t 的函数，则称为线性时变系统。线性系统的特点是具有线性性质，即服从叠加原理。这个原理是说，多个输入同时作用于线性系统的总响应，等于各个输入单独作用时产生的响应之和。

在工程实践中，可实现的线性定常系统，均能用 n 阶常系数线性微分方程来描述其运动特性。设系统的输入量为 $u(t)$，系统的输出量为 $y(t)$，则单输入、单输出 n 阶系统常系数线性微分方程有如下的一般形式：

$$\begin{aligned}&a_0\frac{\mathrm{d}^n u(t)}{\mathrm{d}t^n}+a_1\frac{\mathrm{d}^{n-1}u(t)}{\mathrm{d}t^{n-1}}+\cdots+a_{n-1}\frac{\mathrm{d}u(t)}{\mathrm{d}t}+a_n u(t)\\&=b_0\frac{\mathrm{d}^m y(t)}{\mathrm{d}t^m}+b_1\frac{\mathrm{d}^{m-1}y(t)}{\mathrm{d}t^{m-1}}+\cdots+b_{m-1}\frac{\mathrm{d}y(t)}{\mathrm{d}t}+b_m y(t)\end{aligned} \tag{2-44}$$

式中 a_0，a_1，…，a_n 和 b_0，b_1，…，b_m——由系统结构参数决定的实常数。

由于实际系统中总含有惯性元件以及受到能源能量的限制，所以总是

$$m\leqslant n$$

用非线性微分方程描述的系统称为非线性系统，如前述的液位控制系统。非线性系统一般不能应用叠加原理，因此数学上处理比较困难。为了便于理论研究，通常将非线性问题在合理的条件下进行简化，或采用线性化方法处理成线性问题。

二、非线性数学模型的线性化

（一）问题的提出

自然界中并不存在真正的线性系统，而所谓的线性系统，也只是在一定的工作范围内保持其线性关系。实际上，所有元件和系统在不同程度上，均具有非线性的性质。例如，机械系统中的阻尼器，在低速时可以看做线性的，但在高速时，粘性阻尼力则与运动速度的平方成正比，而为非线性函数关系。又例如，电路中的电感，由于磁路中铁心受饱和的影响，电感值与流过的电流呈非线性函数关系。对于包含非线性函数关系的系统来说，非线性数学模型的建立和求解，其过程是非常复杂的。

为了绕过非线性系统在数学处理上的困难，对于大部分元件和系统来说，当信号或变量变化范围不大或非线性不太严重时，都可以近似地线性化，即用线性化数学模型来代替非线性数学模型。一旦用线性化数学模型来近似地表示非线性系统，就可以运用线性理论对系统进行分析和设计。

所谓线性化，就是在一定的条件下作某种近似，或者缩小一些工作范围，而将非线性微分方程近似地作为线性微分方程来处理。

（二）线性化

假设有一个输入为$u(t)$、输出为$y(t)$，其输入-输出关系为$y=f(u)$的系统，如图2-13所示，$y(t)$与$u(t)$之间具有非线性关系。$A(u_0, y_0)$为系统的工作点，即$y_0=f(u_0)$，在A点附近，当输入变量$u(t)$作Δu变化时，对应的输出变量的增量为Δy。而对于通过A点的切线，u变化Δu时，y的增量为$\Delta y'$。显然，当u在工作点A附近只作微小的变化Δu时，则$\Delta y \approx \Delta y'$，故可认为

$$\Delta y \approx \Delta y' = \Delta u \tan\alpha \tag{2-45}$$

式中　$\tan\alpha$——函数$y=f(u)$在$A(u_0, y_0)$点处的导数。

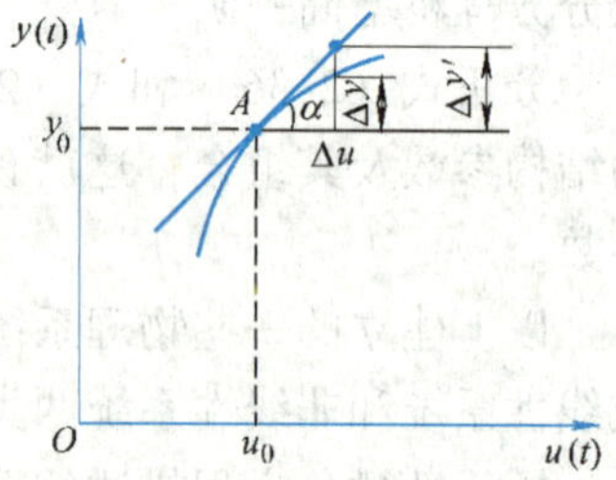

图2-13　非线性关系线性化

以增量为变量的微分方程，称为增量方程，故式（2-45）为线性增量方程。由此可见，在滑动范围内，Δy可用$\Delta y'$近似而和Δu有线性关系，即可用切线代替原来的非线性曲线，从而把非线性问题线性化了。这种线性化方法，称为滑动线性化法，或切线法。

滑动线性化的这种近似，对大多数控制系统来说都是可行的。首先，控制系统在通常情况下，都有一个正常的稳定的工作状态，称为平衡工作点。例如，恒温控制系统的正常工作状态是输入、输出为常值（输出为被控温度，输入为期望值）。其次，当系统的输入或输出相对于正常工作状态发生微小偏差时，系统会立即进行控制调节，力图消除此偏差，因此可以看出，这种偏差就是“小偏差”，不会很大。

滑动线性化这种近似，用数学方法来处理，就是将变量的非线性函数展开成泰勒级数，分解成这些变量在某工作状态附近的小增量的表达式，然后略去高于一次小增量的项，就可获得近似的线性函数。

对于以一个自变量作为输入量的非线性函数$y=f(u)$，在平衡工作点(u_0, y_0)附近展

开成泰勒级数，则有

$$y=f(u)=f(u_0)+\frac{\mathrm{d}f(u)}{\mathrm{d}u}\bigg|_{u=u_0}(u-u_0)+\frac{1}{2!}\frac{\mathrm{d}^2f(u)}{\mathrm{d}u^2}\bigg|_{u=u_0}(u-u_0)^2+\frac{1}{3!}\frac{\mathrm{d}^3f(u)}{\mathrm{d}u^3}\bigg|_{u=u_0}(u-u_0)^3+\cdots$$

略去高于一次增量 $\Delta u=u-u_0$ 的项，便有

$$y=f(u_0)+\frac{\mathrm{d}f(u)}{\mathrm{d}u}\bigg|_{u=u_0}(u-u_0) \tag{2-46}$$

或

$$y-y_0=\Delta y=K\Delta u \tag{2-47}$$

式中，$y_0=f(u_0)$ 称为系统的静态方程；$K=\frac{\mathrm{d}f(u)}{\mathrm{d}u}\Big|_{u=u_0}$。

式（2-46）或式（2-47）就是非线性系统的线性化数学模型。式（2-47）为增量方程。

若输出变量 y 与输入变量 u_1、u_2 有非线性关系，即 $y=f(u_1,u_2)$，那么同样地将这个方程式在工作点（u_{10}，u_{20}）附近展开成泰勒级数，并忽略二阶和高阶导数项，便可得到 y 的线性化方程为

$$y=f(u_{10},u_{20})+\frac{\partial f}{\partial u_1}\bigg|_{\substack{u_1=u_{10}\\u_2=u_{20}}}(u_1-u_{10})+\frac{\partial f}{\partial u_2}\bigg|_{\substack{u_1=u_{10}\\u_2=u_{20}}}(u_2-u_{20}) \tag{2-48}$$

写成增量方程，则有

$$y-y_0=\Delta y=K_1\Delta u_1+K_2\Delta u_2 \tag{2-49}$$

式中，$y_0=f(u_{10},u_{20})$ 为系统静态方程；$K_1=\frac{\partial f}{\partial u_1}\Big|_{\substack{u_1=u_{10}\\u_2=u_{20}}}$，$K_2=\frac{\partial f}{\partial u_2}\Big|_{\substack{u_1=u_{10}\\u_2=u_{20}}}$；$\Delta u_1=u_1-u_{10}$，$\Delta u_2=u_2-u_{20}$。

（三）线性化微分方程的建立

建立系统线性化数学模型的步骤是：首先确定系统处于正常工作状态（平衡工作点）时各组成元件的工作点，然后列出各组成元件在工作点附近的增量方程，最后消去中间变量，得到系统以增量表示的线性化微分方程。如果系统中的某些元件方程本来就是线性方程，为了变量统一，可对线性方程两端直接取增量，就可得到以增量表示的方程。增量方程的数学含义就是将参考坐标的原点移到系统或元件的平衡工作点上，对于实际系统就是以正常工作状态为研究系统运动的起始点，这时系统所有的初始条件均为零。

图 2-12 所示的液位系统的波动方程式（2-43）是一个非线性方程，即

$$A\frac{\mathrm{d}H(t)}{\mathrm{d}t}+a\sqrt{H(t)}=q_{\mathrm{i}}(t)$$

现在对它进行线性化，导出液位系统的线性化微分方程。在稳定工作状态，设 q_{i0} 为流入箱体的流量，q_{o0} 为流出的流量，而 H_0 为箱内稳态液位高度。系统的静态方程为

$$q_{\mathrm{o0}}=a\sqrt{H_0}=q_{\mathrm{i0}}$$

把式（2-43）中的非线性项 $\sqrt{H(t)}$ 展开成泰勒级数，则为

$$\sqrt{H}=\sqrt{H_0}+\frac{\mathrm{d}\sqrt{H}}{\mathrm{d}H}\bigg|_{H_0}(H-H_0)+\frac{1}{2!}\frac{\mathrm{d}^2\sqrt{H}}{\mathrm{d}H^2}\bigg|_{H_0}(H-H_0)^2+\cdots$$

略去高于一次小增量（$\Delta H=H-H_0$）的项，则有

$$\sqrt{H}=\sqrt{H_0}+\left.\frac{\mathrm{d}\sqrt{H}}{\mathrm{dH}}\right|_{H_0}\Delta H=\sqrt{H_0}+\frac{1}{2\sqrt{H_0}}\Delta H$$

式（2-43）中的变量用平衡工作点的值加增量表示，则为

$$\frac{\mathrm{d}(H_0+\Delta H)}{\mathrm{d}t}+\frac{a}{A}\left(\sqrt{H_0}+\frac{1}{2\sqrt{H_0}}\Delta H\right)=\frac{1}{A}(q_{i0}+\Delta q_i)$$

注意

$$\frac{\mathrm{d}(H_0+\Delta H)}{\mathrm{d}t}=\frac{\mathrm{d}H_0}{\mathrm{d}t}+\frac{\mathrm{d}\Delta H}{\mathrm{d}t}=\frac{\mathrm{d}\Delta H}{\mathrm{d}t}$$

由于

$$a\sqrt{H_0}=q_{i0}$$

所以

$$\frac{\mathrm{d}\Delta H}{\mathrm{d}t}+\frac{a}{A}\frac{1}{2\sqrt{H_0}}\Delta H=\frac{1}{A}\Delta q_i \tag{2-50}$$

这就是液位系统的线性化增量微分方程。在实际使用中，为简单计，常略去增量符号而写成

$$\frac{\mathrm{d}H(t)}{\mathrm{d}t}+\frac{a}{A}\frac{1}{2\sqrt{H_0}}H(t)=\frac{1}{A}q_i(t) \tag{2-51}$$

但必须明确，$H(t)$、$q_i(t)$ 均为平衡工作点的增量。

图2-14所示为一液压伺服机构。其工作原理是：当滑阀右移时液压缸左腔与高压油路连通，右腔则与回油管路连通，于是高压油进入液压缸左腔，而从右腔流出的油液则是低压的。在液压缸两腔的压力差作用下，活塞向右方运动。反之，当滑阀向左移动时，活塞将向左方运动。这样，便实现了活塞对滑阀的随动和功率放大。操纵滑阀只要很小的功率，而活塞可以输出很大的功率。

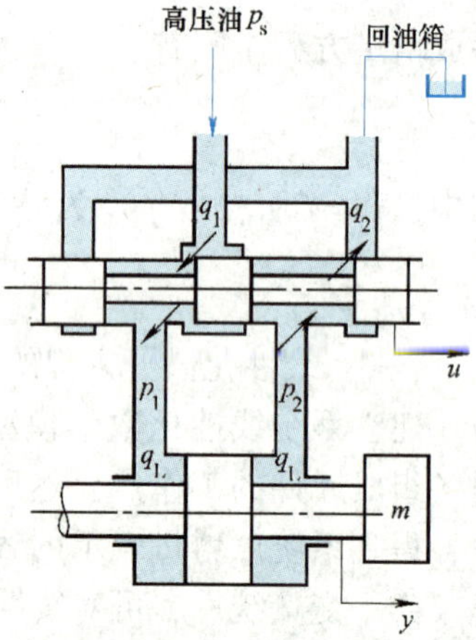

图2-14 液压伺服机构

u—滑阀的位移输入

y—液压缸活塞位移输出

q_L—负载流量 m—负载质量

对于滑阀来说，流经其阀口的流量 q_L 与阀的开口量 u 和负载压力 $p_L(p_L=p_1-p_2)$ 有关，即 q_L 是 u 和 p_L 的函数。一般地说，变量 q_L 与 u 和 p_L 间的关系，可以用下面的非线性方程表示：

$$q_L=f(u,\ p_L)$$

把这一非线性方程在平衡工作点（q_{L0}，u_0，p_{L0}）附近线性化，按式（2-49），可得

$$q_L-q_{L0}=\Delta q_L=\left.\frac{\partial f}{\partial u}\right|_{\substack{u=u_0\\p_L=p_{L0}}}\Delta u+\left.\frac{\partial f}{\partial p_L}\right|_{\substack{u=u_0\\p_L=p_{L0}}}\Delta p_L$$

上式可写成

$$\Delta q_L=K_q\Delta u-K_c\Delta p_L$$

即

$$q_L=K_q u-K_c p_L \tag{2-52}$$

上式即为滑阀的线性化微分方程。

式中 K_q——流量增益，它表示因滑阀位移而引起的流量变化，$K_q=\left.\dfrac{\partial f}{\partial u}\right|_{\substack{u=u_0\\p_L=p_{L0}}}$；

K_c——流量-压力系数，它表示因压力变化而引起的流量变化，$K_c = -\left.\dfrac{\partial f}{\partial p_L}\right|_{\substack{u=u_0 \\ p_L=p_{L0}}}$。

对于任何结构形式的阀来说，负载压力增大，负载流量 q_L 总是减小的，为使定义的系数本身为正，故 K_c 前冠以负号。

最后，必须指出，线性化处理应注意下列几点：

1）必须确定系统处于平衡状态时各组成元件的工作点，因为在不同的工作点，线性化方程的系数值有所不同，即非线性曲线上各点的斜率（导数）是不同的。

2）线性化是以直线代替曲线，略去了泰勒级数展开式中的二阶以上无穷小项，这是一种近似处理。如果系统输入量工作在较大范围内，所建立的线性化数学模型势必会带来较大的误差。所以，非线性数学模型线性化是有条件的。

3）对于某些典型的本质非线性，如继电特性、间隙特性、死区特性、摩擦特性等，其非线性特性是不连续的，则在不连续点附近不能得出收敛的泰勒级数，这时就不能进行线性化。当它们对系统影响很小时，可予简化而忽略不计；当它们不能不考虑时，只能作为非线性问题处理，就需应用非线性理论（见第九章）。

三、状态方程

列写状态方程就是将系统运动微分方程写成一阶微分方程组的形式，用它来分析研究控制系统具有许多显著的优点：

1）适用于单输入-单输出、多输入-多输出；定常、时变；线性、非线性；连续、离散；确定、随机等各类系统。

2）在对控制系统进行分析时，可以把系统的初始条件包括进去。

3）一阶微分方程组用计算机求解非常容易，且可写成向量矩阵形式，因而符号简洁，运算方便。

4）有利于采用计算机控制。

（一）基本概念

（1）状态　系统过去、现在和将来的状况。

（2）状态变量　完全确定系统状态的最小个数的一组变量。

同一个系统，选取哪些变量作为状态变量并不是唯一的，视所研究的问题而定。

重要的是这些变量必须相互独立，其个数应等于系统的阶数。对于一般物理系统来说，状态变量的个数就等于系统独立储能元件的个数。

（3）状态向量　由系统的 n 个状态变量 $x_1(t)$，$x_2(t)$，…，$x_n(t)$ 作为分量所构成的向量 $\boldsymbol{x}(t)$，称为状态向量。记作

$$\boldsymbol{x}(t)=\begin{pmatrix} x_1(t) \\ x_2(t) \\ \vdots \\ x_n(t) \end{pmatrix} \tag{2-53}$$

（4）状态空间　以系统的状态变量 $x_1(t)$，$x_2(t)$，…，$x_n(t)$ 为坐标轴所组成的 n 维空间，称为状态空间。

系统在任一时刻的状态都可用状态空间中的一个点来表示。

(5) 状态方程 描述系统状态变量与系统输入之间关系的一阶微分方程组，称为系统的状态方程。

(6) 输出方程 在指定系统输出的情况下，描述系统输出变量与状态变量、输入变量之间关系的数学表达式，称为系统的输出方程。

状态方程和输出方程一起，构成对系统动态行为的完整描述，称为系统的状态空间表达式或系统动态方程。

(二) 状态方程的列写

图 2-7 所示的质量-弹簧-阻尼系统，式 (2-36) 是该系统的运动微分方程，即

$$m\frac{\mathrm{d}^2x_o(t)}{\mathrm{d}t^2}+b\frac{\mathrm{d}x_o(t)}{\mathrm{d}t}+kx_o(t)=f_i(t)$$

系统中质量块 m 的位移 x_o 和速度 $\mathrm{d}x_o/\mathrm{d}t$ 这两个变量能够描述系统的状态，可以作为系统的一组状态变量。若令 $x_1(t)=x_o(t)$，$x_2(t)=\mathrm{d}x_o(t)/\mathrm{d}t$，则上式可改写为一阶微分方程组，即

$$\left.\begin{aligned}\frac{\mathrm{d}x_1}{\mathrm{d}t}&=x_2\\ \frac{\mathrm{d}x_2}{\mathrm{d}t}&=-\frac{k}{m}x_1-\frac{b}{m}x_2+\frac{1}{m}f_i\end{aligned}\right\}\quad 或\quad \left.\begin{aligned}\dot{x}_1&=x_2\\ \dot{x}_2&=-\frac{k}{m}x_1-\frac{b}{m}x_2+\frac{1}{m}f_i\end{aligned}\right\}\tag{2-54}$$

此时系统的输出量为

$$y=x_1\tag{2-55}$$

式 (2-54) 和式 (2-55) 就是图 2-7 所示机械平移系统的状态方程和输出方程，写成向量矩阵形式有

$$\begin{pmatrix}\dot{x}_1\\ \dot{x}_2\end{pmatrix}=\begin{pmatrix}0 & 1\\ -\frac{k}{m} & -\frac{b}{m}\end{pmatrix}\begin{pmatrix}x_1\\ x_2\end{pmatrix}+\begin{pmatrix}0\\ \frac{1}{m}\end{pmatrix}f_i\tag{2-56}$$

$$y=\begin{bmatrix}1 & 0\end{bmatrix}\begin{pmatrix}x_1\\ x_2\end{pmatrix}\tag{2-57}$$

对于图 2-10 所示的 RLC 无源电网络系统，如果取状态变量 $x_1=u_o$，$x_2=i$，则根据系统微分方程式 (2-38) 可得该系统的状态方程和输出方程为

$$\begin{pmatrix}\dot{x}_1\\ \dot{x}_2\end{pmatrix}=\begin{pmatrix}0 & \frac{1}{C}\\ -\frac{1}{L} & -\frac{R}{L}\end{pmatrix}\begin{pmatrix}x_1\\ x_2\end{pmatrix}+\begin{pmatrix}0\\ \frac{1}{L}\end{pmatrix}u_i\tag{2-58}$$

$$y=\begin{bmatrix}1 & 0\end{bmatrix}\begin{pmatrix}x_1\\ x_2\end{pmatrix}\tag{2-59}$$

以上两例表明，物理性质不同的系统，可以有相同形式的状态空间表达式。而且状态空间表达式不仅表示了系统内部的状态，同时又描述了其外部输出的特性。因此，它对系统行为的描述是完整的。

关于状态方程的其他列写方法，将在第七章作详细介绍。

第三节　复域模型——传递函数

在控制理论中，直接求解系统微分方程是研究分析系统的基本方法。系统微分方程的解就是系统的输出响应，通过方程解的表达式，可以分析系统的动态特性，绘出输出响应曲线，直观地反映系统的动态过程。但是，由于求解过程较为繁琐，手工计算复杂费时，而且难以直接从微分方程本身研究和判断系统的动态性能，因此，这种方法有很大的局限性。显然，仅用微分方程这一数学模型来进行系统分析设计，显得十分不便。

对于线性定常系统，传递函数是常用的一种数学模型，它是在拉氏变换的基础上建立的。用传递函数描述系统可以免去求解微分方程的麻烦，间接地分析系统结构及参数与系统性能的关系，并且可以根据传递函数在复平面上的形状直接判断系统的动态性能，找出改善系统品质的方法。因此，传递函数是经典控制理论的基础，是一个极其重要的基本概念。

（一）传递函数的概念和定义

对于线性定常系统，在零初始条件下，系统输出量的拉氏变换与引起该输出的输入量的拉氏变换之比，称为线性定常系统的传递函数。

图 2-7a 所示为质量-弹簧-阻尼系统，用二阶微分方程式（2-36）来描述它的动态特性，即

$$m\frac{\mathrm{d}^2x_o(t)}{\mathrm{d}t^2}+b\frac{\mathrm{d}x_o(t)}{\mathrm{d}t}+kx_o(t)=f_i(t)$$

在所有初始条件均为零的情况下，对上式进行拉氏变换，得

$$ms^2X_o(s)+bsX_o(s)+kX_o(s)=F_i(s)$$

按定义，传递函数为

$$G(s)=\frac{X_o(s)}{F_i(s)}=\frac{1}{ms^2+bs+k} \tag{2-60}$$

系统输出量的拉氏变换 $X_o(s)$ 为

$$X_o(s)=G(s)F_i(s)=\frac{1}{ms^2+bs+k}F_i(s) \tag{2-61}$$

同样，在零初始条件下，对式（2-38）进行拉氏变换，可得图 2-10 所示 RLC 无源电网络的传递函数为

$$G(s)=\frac{U_o(s)}{U_i(s)}=\frac{1}{LCs^2+RCs+1} \tag{2-62}$$

式（2-60）和式（2-62）表明，传递函数是复数 s 域中的系统数学模型，它仅取决于系统本身的结构及参数，而与输入、输出的形式无关。

由式（2-61）可知，如果 $F_i(s)$ 给定，则输出 $X_o(s)$ 的特性完全由传递函数 $G(s)$ 决定，因此，传递函数 $G(s)$ 表征了系统本身的动态本质。这是容易理解的，因为 $G(s)$ 是由微分方程式经过拉氏变换得来的，而拉氏变换是一种线性变换，只是将变量从时间域变换到复数域，将微分方程变换为 s 域中的代数方程来处理，所以不会改变所描述的系统的动态本质。

必须强调指出，根据传递函数的定义，传递函数是通过系统的输入量与输出量之间的关

系来描述系统固有特性的，即以系统的外部特性来揭示系统的内部特性，这就是传递函数的基本思想。之所以能够用系统外部的输入-输出特性来描述系统内部特性，是因为传递函数通过系统结构参数使线性定常系统的输出和输入建立了联系。传递函数的概念和基本思想在控制理论中具有特别重要的意义，当一个系统内部结构不清楚，或者根本无法弄清楚它的内部结构时，借助从系统的输入来看系统的输出，也可以研究系统的功能和固有特性。现在，对系统输入输出动态观测的方法，已发展成为控制理论研究方法的一个重要的分支，这就是系统辨识，即通过外部观测所获得的数据，辨识系统的结构及参数，从而建立系统的数学模型。

设线性定常系统的微分方程的一般形式为

$$a_0\frac{\mathrm{d}^n y(t)}{\mathrm{d}t^n}+a_1\frac{\mathrm{d}^{n-1}y(t)}{\mathrm{d}t^{n-1}}+\cdots+a_{n-1}\frac{\mathrm{d}y(t)}{\mathrm{d}t}+a_n y(t)$$
$$=b_0\frac{\mathrm{d}^m u(t)}{\mathrm{d}t^m}+b_1\frac{\mathrm{d}^{m-1}u(t)}{\mathrm{d}t^{m-1}}+\cdots+b_{m-1}\frac{\mathrm{d}u(t)}{\mathrm{d}t}+b_m u(t) \tag{2-63}$$

式中　$y(t)$——系统输出量；

$u(t)$——系统输入量；

a_0，a_1，…，a_n 及 b_0，b_1，…，b_m——系统结构参数所决定的实常数。

设初始条件为零，对式（2-63）进行拉氏变换，可得线性定常系统传递函数的一般形式

$$G(s)=\frac{Y(s)}{U(s)}=\frac{b_0s^m+b_1s^{m-1}+\cdots+b_{m-1}s+b_m}{a_0s^n+a_1s^{n-1}+\cdots+a_{n-1}s+a_n}\qquad(n\geqslant m) \tag{2-64}$$

（二）特征方程、零点和极点

若在式（2-64）中，令

$$M(s)=b_0s^m+b_1s^{m-1}+\cdots+b_{m-1}s+b_m$$
$$D(s)=a_0s^n+a_1s^{n-1}+\cdots+a_{n-1}s+a_n$$

则式（2-64）可表示为

$$G(s)=\frac{Y(s)}{U(s)}=\frac{M(s)}{D(s)}$$

$D(s)=0$ 称为系统的特征方程，其根称为系统特征根。特征方程决定着系统的稳定性。

根据多项式定理，线性定常系统传递函数的一般形式即式（2-64），也可写成

$$G(s)=\frac{b_0(s-z_1)(s-z_2)\cdots(s-z_m)}{a_0(s-p_1)(s-p_2)\cdots(s-p_n)}=\frac{M(s)}{D(s)} \tag{2-65}$$

式中，$M(s)=0$ 的根 $s=z_i(i=1,\ 2,\ \cdots,\ m)$，称为传递函数的零点；$D(s)=0$ 的根 $s=p_j$ $(j=1,\ 2,\ \cdots,\ n)$ 称为传递函数的极点。显然，系统传递函数的极点就是系统的特征根。零点和极点的数值完全取决于系统诸参数 b_0、b_1、…b_m 和 a_0、a_1、…、a_n，即取决于系统的结构参数。因此，式（2-65）被称为系统的零极点模型。

一般地，零点和极点可为实数（包括零）或复数。若为复数，必共轭成对出现，这是因为系统结构参数均为正实数的缘故。把传递函数的零点、极点表示在复平面上的图形，称为传递函数的零点、极点分布图，如图 2-15 所示。图中零点用“○”表示，极点用“×”表示。

(三) 传递函数的性质

1) 传递函数是经拉氏变换导出的，而拉氏变换是一种线性积分运算，因此传递函数的概念只适用于线性定常系统。

2) 传递函数中各项系数值和相应微分方程中各项系数对应相等，完全决定于系统的结构参数。传递函数本身是 s 的复变函数。

3) 传递函数是在零初始条件下定义的，即在零时刻之前，系统对所给定的平衡工作点是处于相对静止状态的。因此，传递函数原则上不能反映系统在非零初始条件下的全部运动规律。

4) 一个传递函数只能表示一个输入对一个输出的关系，而且系统内部的中间变量的变化情况，传递函数也无法反映。

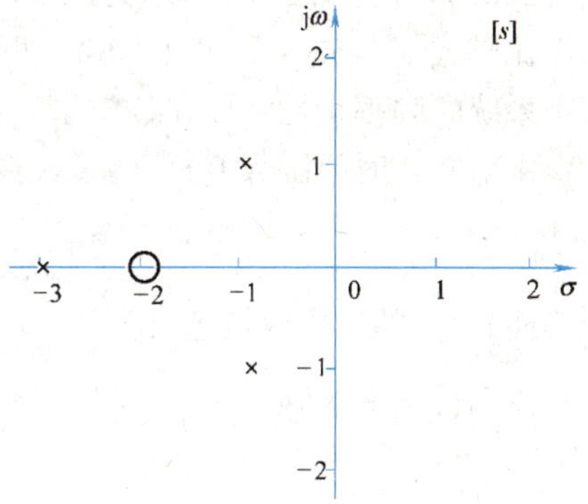

图 2-15 $G(s)=\dfrac{s+2}{(s+3)(s^2+2s+2)}$ 的零点、极点分布图

5) 当两个元件串联时，若两者之间存在负载效应，必须将它们归并在一起求传递函数；如果能够做到它们彼此之间没有负载效应（如在电器元件之间加入隔离放大器），则可以分别求传递函数，然后相乘。

第四节 频域模型——频率特性

在控制理论中，系统的频率域数学模型是指系统的频率特性。控制系统的频率特性反映了正弦信号作用下系统响应的性能，故频率特性又称频率响应。运用频域法分析和设计控制系统是一种重要而实用的工程方法。

一、频率特性的概念和定义

实验表明，对于稳定的线性定常系统，输入正弦信号产生的系统输出的稳态分量仍然是与输入同频率的正弦信号，而幅值和相位的变化则是频率 ω 的函数。

因此，定义正弦信号输入下，系统的稳态输出与系统的输入之比为系统的频率特性，并记作

$$G(\mathrm{j}\omega)=\frac{Y(\mathrm{j}\omega)}{U(\mathrm{j}\omega)} \tag{2-66}$$

式中 $G(\mathrm{j}\omega)$——系统的频率特性；

$Y(\mathrm{j}\omega)$——系统的稳态输出；

$U(\mathrm{j}\omega)$——系统的正弦输入。

图 2-10 所示的 RLC 无源电网络系统的频率特性 $G(\mathrm{j}\omega)$ 实际上就是正弦电压信号输入时，稳态输出电压与输入电压之比。根据电路理论中的复阻抗方法，不难求得

$$G(\mathrm{j}\omega)=\frac{U_o(\mathrm{j}\omega)}{U_i(\mathrm{j}\omega)}=\frac{\dfrac{1}{C\mathrm{j}\omega}}{L\mathrm{j}\omega+\dfrac{1}{C\mathrm{j}\omega}+R}=\frac{1}{LC(\mathrm{j}\omega)^2+RC\mathrm{j}\omega+1} \tag{2-67}$$

式（2-67）即为图 2-10 所示无源电网络的频率特性。

比较式（2-67）与式（2-62）可以知道，只要将系统传递函数中的 s 用 $j\omega$ 代替，便可获得系统的频率特性。而在数学里，系统的频率特性也可通过其微分方程的傅氏变换得到。

由前知，时间函数 $f(t)$ 的拉氏变换定义为

$$\mathscr{L}[f(t)] = F(s) = \int_0^{\infty} f(t)\,e^{-st}\,dt \tag{2-68}$$

而 $f(t)$ 的傅氏变换定义为

$$\mathscr{F}[f(t)] = F(j\omega) = \int_{-\infty}^{\infty} f(t)\,e^{-j\omega t}\,dt \tag{2-69}$$

从式（2-68）和式（2-69）可以看出，$f(t)$ 的拉氏变换和傅氏变换在形式上十分相似，并且 $f(t)$ 只在 $t \geqslant 0$ 时有定义，所以上述两式的积分下限实际上也一样。因此，若已知 $F(s)$，只要令 $s = j\omega$，即可求得 $F(j\omega)$。

系统的频率特性还可以用图形表示，能方便又直观地应用于控制系统的分析和设计之中，详细内容将在第五章阐述。

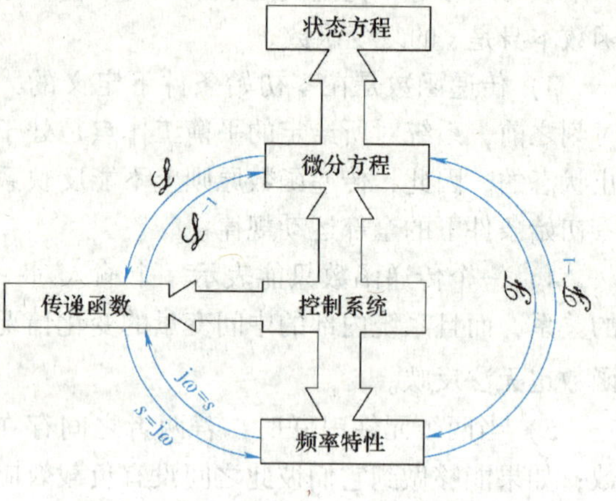

图 2-16　系统数学模型之间的转换关系

二、频域模型与时域、复域模型间的转换

时域模型、复域模型与频域模型三者之间转换关系如图 2-16 所示。

第五节　图示模型——系统框图和信号流图

系统图示模型是控制系统数学模型的图解形式，它是建立在传递函数基础之上的图形解析工具。系统的图示模型不仅能表示系统输入输出之间的关系、系统的结构和参数、元件在系统中的作用，而且还可以用于系统信号的某些运算。因此，它在控制工程中有着重要地位。

控制工程中常用的系统图示模型有两种：系统框图和信号流图。

一、系统框图

控制系统一般是由许多元件组成的，为了表明元件在系统中的功能，形象直观地描述系统中信号传递、变换的过程，以及便于进行系统分析和研究，经常要用到系统框图。系统框图是系统数学模型的图解形式之一，在控制工程中得到了广泛的应用。此外，采用系统框图更容易求取系统的传递函数。

（一）系统框图的组成元素

图 2-17 为一控制系统的框图。从图中可以看出，系统框图是由一些符号组成的，有表示信号输入和输出的通路及箭头，有表示信号进行加减的求和点，还有一些表示环节的方框和将信号引出的引出线。一般认为系统框图由四种基本元素组成，包括函数方框、比较点、引出点和信号线。

（1）函数方框　函数方框是传递函数的图解表示。如图 2-18 所示，方框两侧为输入量

和输出量，方框内写入该输入输出之间的传递函数。函数方框具有运算功能，即

$$X_2(s)=G(s)X_1(s)$$

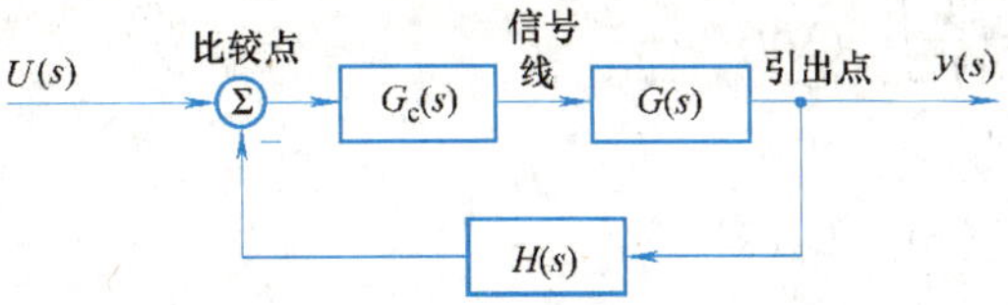

图 2-17　系统框图

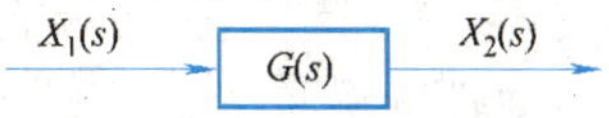

图 2-18　函数方框

应当指出，输出信号的量纲等于输入信号的量纲与传递函数量纲的乘积。

（2）比较点　比较点是信号之间代数加减运算的图解，用符号Ⓢ及相应的信号箭头表示，每一个箭头前方的“+”号或“-”号表示加上此信号或减去此信号，“+”号可省略不写，如图 2-19 所示。几个相邻的比较点可以互换、合并、分解，即满足代数加减运算的交换律、结合律、分配律，它们都是等效的。

（3）引出点　引出点又称测量点，它表示信号引出或测量的位置，如图 2-20 所示。从同一位置引出的信号，其性质、大小完全一样。

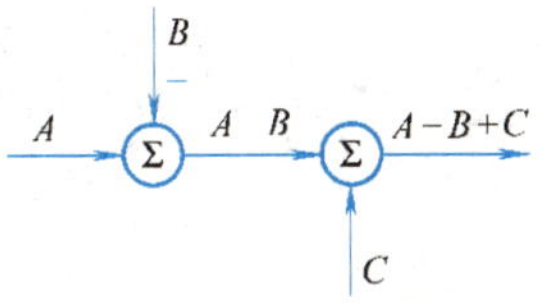

图 2-19　比较点

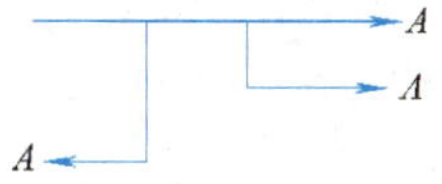

图 2-20　引出点

（4）信号线　信号线是带有箭头的直线，箭头表示信号的流向，如图 2-17 所示。

（二）系统框图的建立

建立系统框图的步骤如下：

1）建立系统各元部件的微分方程。列写方程时，应特别注意明确信号的因果关系，即分清元件方程的自变量（输入量）、因变量（输出量）。

2）对各元部件的微分方程进行拉氏变换，并绘出相应的函数方框。为便于绘制，一般规定原因（输入）项写在方程等式右侧，结果（输出）项写在等式左侧。

3）按照信号在系统中传递、变换的过程，依次将各元部件的函数方框连接起来（同一变量的信号通路连接在一起），系统输入量置于左端，输出量置于右端，便得到系统框图。

下面举例说明系统框图的绘制。

图 2-21 所示为无源 RC 电网络。设输入端电压 $u_i(t)$、输出端电压 $u_o(t)$ 分别为系统的输入量、输出量。

从电容 C 充电过程可知，输入端施加电压 $u_i(t)$ 后，在电阻 R 上将有压降，从而产生电流 $i(t)$，因此对电阻 R 而言，$u_i(t)$ 是因，$i(t)$ 是果。$i(t)$ 流经电容 C 后，电容两端才有电压 $u_o(t)$，即对于电容 C 来说，$i(t)$ 是因，$u_o(t)$ 是果。由于 $u_o(t)$ 的存在，将使电阻上的压降减小，从而使 $i(t)$ 减小，当 $u_o(t)$ 等于 $u_i(t)$ 时，$i(t)$ 等于零，系统达到稳态。

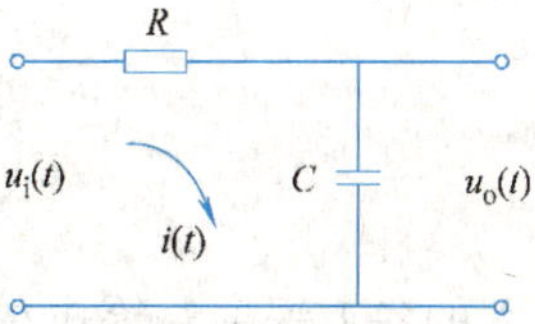

图 2-21　无源 RC 电网络

根据上述讨论，依据基尔霍夫定律，系统的因果方程组为

$$Ri(t)=u_{\mathrm{i}}(t)-u_{\mathrm{o}}(t)$$

$$u_{\mathrm{o}}(t)=\frac{1}{C}\int i(t)\,\mathrm{d}t$$

在零初始条件下，对上两式进行拉氏变换，得

$$RI(s)=U_{\mathrm{i}}(s)-U_{\mathrm{o}}(s)$$

$$U_{\mathrm{o}}(s)=\frac{1}{Cs}I(s)$$

为清楚起见，还可表示成

$$I(s)=\frac{1}{R}[U_{\mathrm{i}}(s)-U_{\mathrm{o}}(s)]$$

$$U_{\mathrm{o}}(s)=\frac{1}{Cs}I(s)$$

根据上两式，按其正确的因果关系，绘得相应的方框单元，如图 2-22 所示。

最后将各方框单元按信号传递关系正确连接起来，可得图 2-23 所示的无源 RC 电网络系统框图。

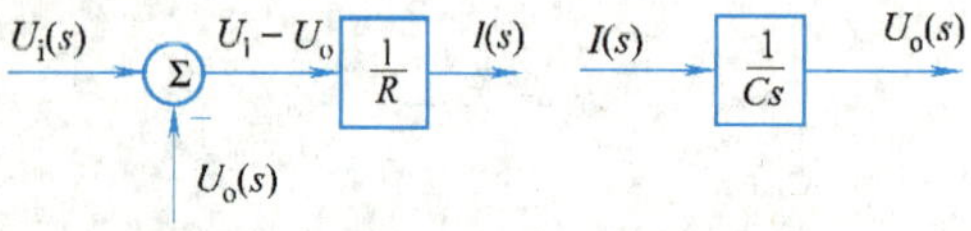

图 2-22　RC 电网络方框单元

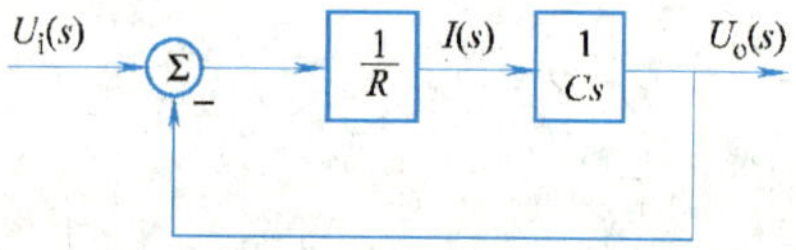

图 2-23　无源 RC 电网络系统框图

图 2-24 所示为一机械系统。设作用力 $f_{\mathrm{i}}(t)$、位移 $x_{\mathrm{o}}(t)$ 分别为系统的输入量、输出量。

外力 $f_{\mathrm{i}}(t)$ 的作用使 m_1 产生速度并有位移 $x(t)$，m_1 的速度和位移分别使阻尼器和弹簧产生粘性阻尼力 $f_{\mathrm{b}}(t)$ 和弹性力 $f_{\mathrm{k1}}(t)$。$f_{\mathrm{b}}(t)$、$f_{\mathrm{k1}}(t)$ 一方面作用于质量块 m_2，使之产生速度并有位移 $x_{\mathrm{o}}(t)$；另一方面，依牛顿第三定律，又反馈作用于 m_1，从而影响到力 $f_{\mathrm{i}}(t)$ 的作用效果。m_2 位移 $x_{\mathrm{o}}(t)$ 的结果是使刚度为 k_2 的弹簧产生弹性力 $f_{\mathrm{k2}}(t)$，它反作用于 m_2 上。

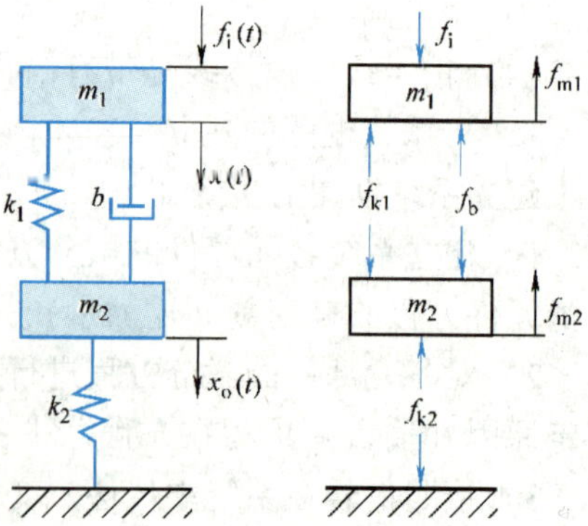

图 2-24　机械系统

根据以上分析，按牛顿定律，系统方程组为

$$m_1\ddot{x}(t)=f_{\mathrm{i}}(t)-f_{\mathrm{b}}(t)-f_{\mathrm{k1}}(t)$$

$$f_{\mathrm{k1}}(t)=k_1[x(t)-x_{\mathrm{o}}(t)]$$

$$f_{\mathrm{b}}(t)=b\left(\frac{\mathrm{d}x}{\mathrm{d}t}-\frac{\mathrm{d}x_{\mathrm{o}}}{\mathrm{d}t}\right)$$

$$m_2\ddot{x}_{\mathrm{o}}(t)=f_{\mathrm{k1}}(t)+f_{\mathrm{b}}(t)-f_{\mathrm{k2}}(t)$$

$$f_{\mathrm{k2}}(t)=k_2x_{\mathrm{o}}(t)$$

上面的各方程中，等式右边包含了原因项，等式左侧包含着结果项（各元件的输出）。

对系统方程组进行拉氏变换，得

$$X(s)=\frac{1}{m_1s^2}[F_i(s)-F_b(s)-F_{k1}(s)]$$

$$F_{k1}(s)=k_1[X(s)-X_o(s)]$$

$$F_b(s)=bs[X(s)-X_o(s)]$$

$$X_o(s)=\frac{1}{m_2s^2}[F_{k1}(s)+F_b(s)-F_{k2}(s)]$$

$$F_{k2}(s)=k_2X_o(s)$$

各方程对应的方框单元如图 2-25 所示 。然后将各单元方框按信号传递顺序及关系连接起来，如图 2-26 所示，即得到该机械系统的框图。

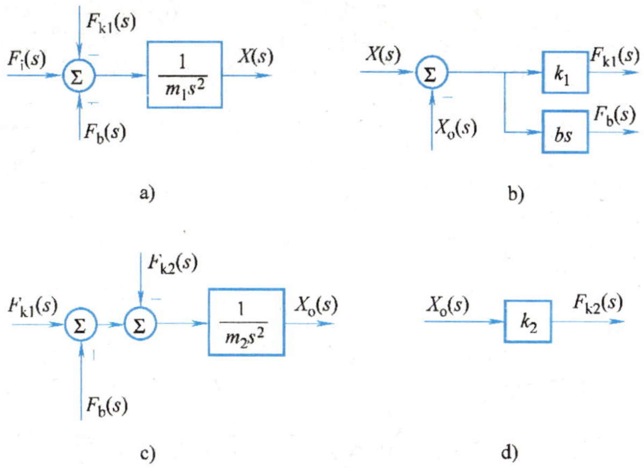

图 2-25　机械系统方框单元

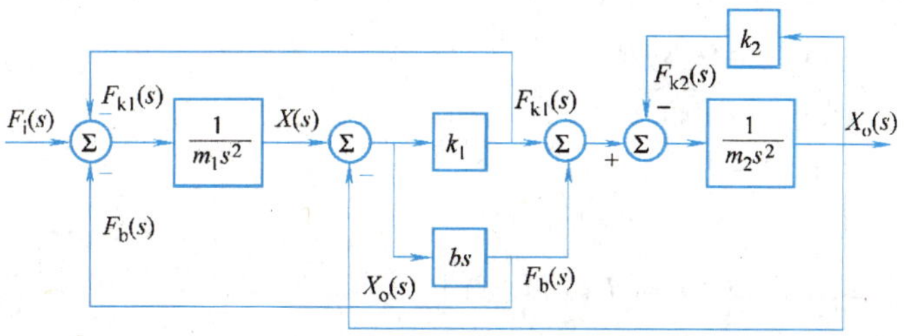

图 2-26　机械系统框图

最后必须指出，同一系统的框图不是唯一的，当选择的输入量、输出量不同时，系统框图可以变换。

（三）系统框图的运算和变换

为了分析系统的动态性能，需要对系统的框图进行运算和变换，求出总的传递函数。这种运算和变换，就是设法将系统框图化为一个等效的方框，而方框中的数学表达式即为系统的总传递函数。系统框图的变换应按等效原则进行。所谓等效，即对系统框图的任一部分进行变换时，变换前、后输入输出之间总的数学关系应保持不变。显然，变换的实质相当于对所描述系统的方程组进行消元，求出系统输入与输出的总关系式。

1. 方框的运算法则

从前述的一些示例中可以看出，方框的基本连接形式可分为三种：串联、并联和反馈连接。

（1）串联连接　方框与方框首尾相连，前一方框的输出就是后一方框的输入，如图 2-27a 所示，前后方框之间无负载效应。

方框串联后总的传递函数，等于每个方框单元传递函数的乘积，如图 2-27b 所示。

（2）并联连接　多个方框具有同一个输入，而以各方框单元输出的代数和作为总输出，如图 2-28a 所示。

方框并联后总的传递函数，等于所有并联方框单元传递函数之和，如图 2-28b 所示。

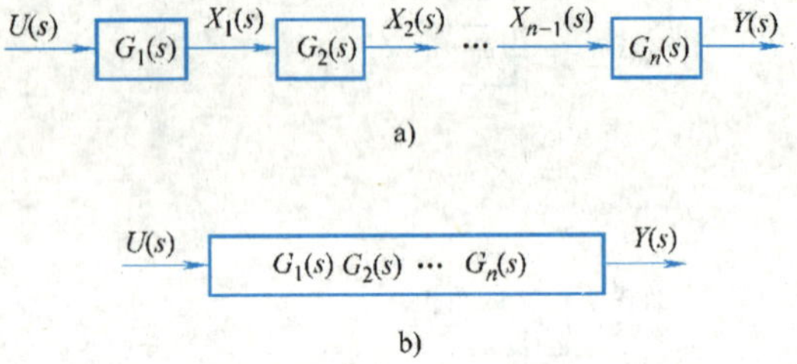

图 2-27　方框串联连接

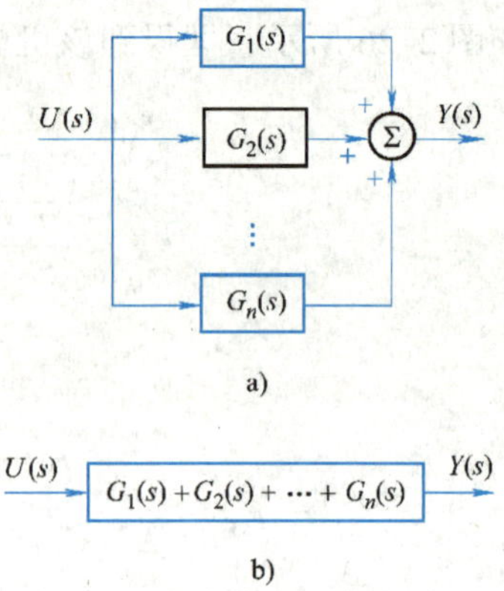

图 2-28　方框并联连接

（3）反馈连接　一个方框的输出，输入到另一个方框，得到的输出再返回作用于前一个方框的输入端，这种结构称为反馈连接，如图 2-29a 所示。

由图 2-29a，按信号传递的关系，可写出

$$Y(s)=G(s)\varepsilon(s)$$
$$\varepsilon(s)=U(s)\mp B(s)$$
$$B(s)=H(s)Y(s)$$

消去 $\varepsilon(s)$、$B(s)$，得

$$Y(s)=G(s)[U(s)\mp H(s)Y(s)]$$
$$[1\pm G(s)H(s)]Y(s)=G(s)U(s)$$

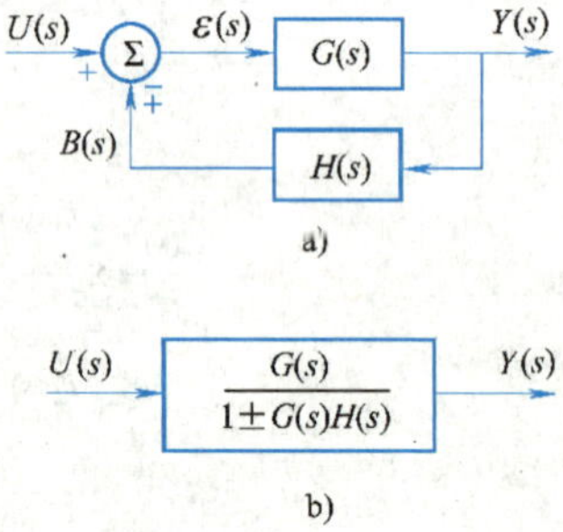

图 2-29　方框反馈连接

因此，得闭环传递函数

$$\Phi(s)=\frac{Y(s)}{U(s)}=\frac{G(s)}{1\pm G(s)H(s)}$$

式中，分母上的“+”号对应于负反馈，“-”号对应于正反馈。

方框反馈连接后，其闭环传递函数等于前向通道的传递函数除以 1 加（或减）前向通道与反馈通道传递函数的乘积，如图 2-29b 所示。

任何复杂系统的框图，都不外乎是由串联、并联和反馈三种基本连接方式交织组成的，但要实现上述三种运算，则必须将复杂的交织状况变换为可运算的状态，这就要进行方框的等效变换。

2. 方框的等效变换法则

方框变换就是将比较点或引出点的位置，在等效原则上作适当的移动，消除方框之间的

交叉连接，然后一步步运算，求出系统总的传递函数。

变换时必须注意：比较点和引出点之间一般不宜交换其位置；“ - ”号可以在信号线上越过方框移动，但不能越过比较点和引出点。

现将方框的运算和等效变换法则汇集于表 2-1，以供查用。

表 2-1　方框的运算和等效变换法则

原方框	等效方框	等效关系
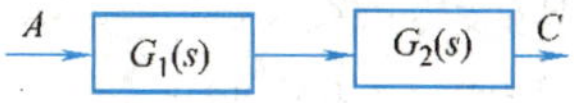	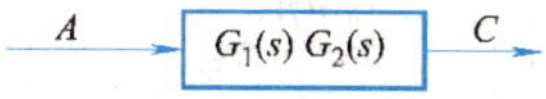	串联等效 $C(s)=G_1(s)G_2(s)A(s)$
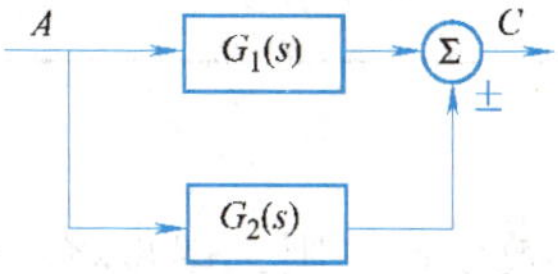	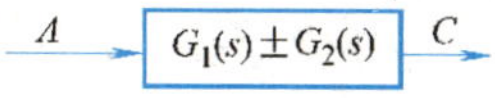	并联等效 $C(s)=[G_1(s)\pm G_2(s)]A(s)$
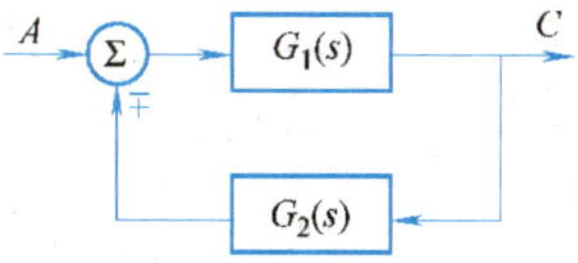	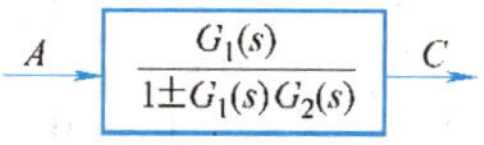	反馈等效 $C(s)=\dfrac{G_1(s)A(s)}{1\pm G_1(s)G_2(s)}$
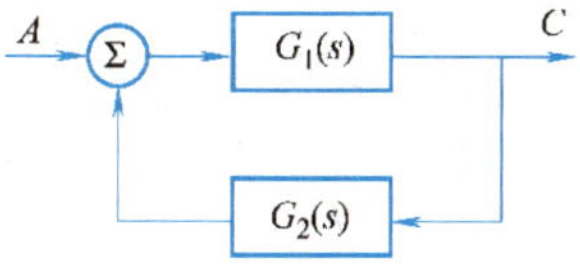	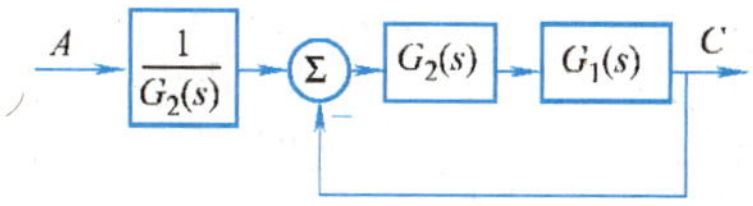	等效单位反馈 $\dfrac{C(s)}{A(s)}=\dfrac{1}{G_2(s)}\dfrac{G_1(s)G_2(s)}{1+G_1(s)G_2(s)}$
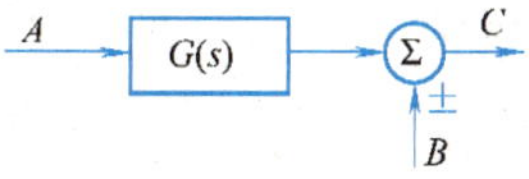	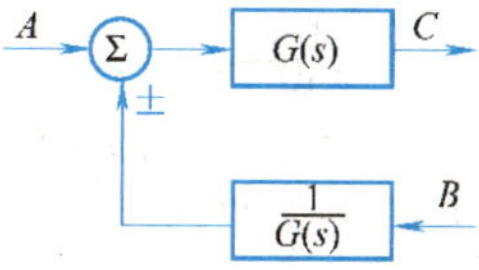	比较点前移 $C(s)=A(s)G(s)\pm B(s)$ $=\left[A(s)\pm\dfrac{B(s)}{G(s)}\right]G(s)$
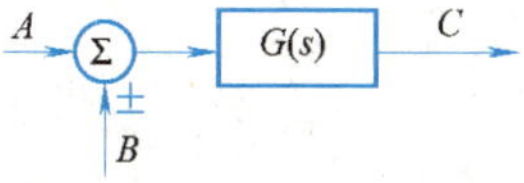	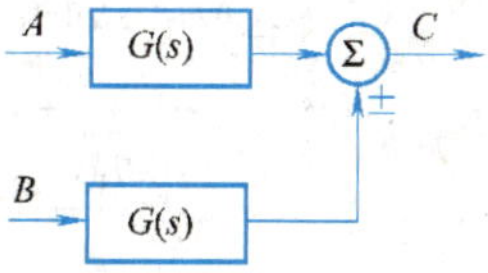	比较点后移 $C(s)=[A(s)\pm B(s)]G(s)$ $=A(s)G(s)\pm B(s)G(s)$
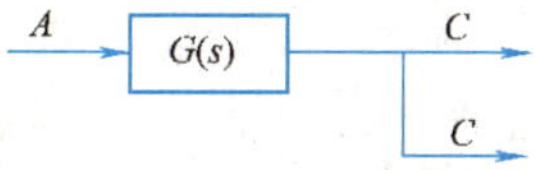	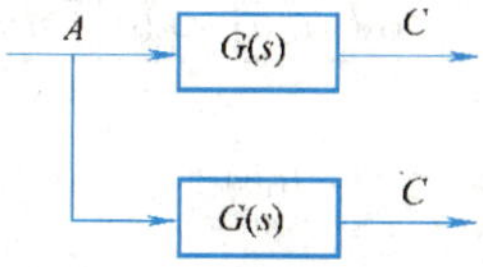	引出点前移 $C(s)=A(s)G(s)$
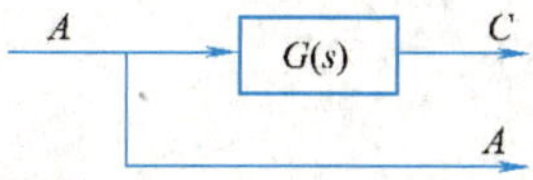	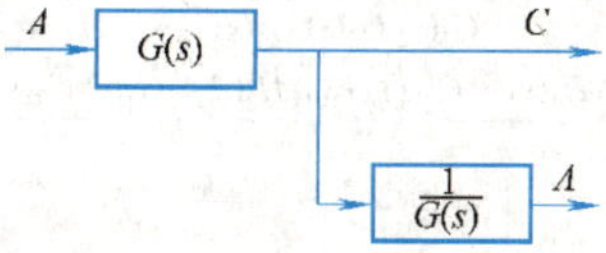	引出点后移 $A(s)=A(s)G(s)\dfrac{1}{G(s)}$ $C(s)=A(s)G(s)$

（续）

原 方 框	等 效 方 框	等 效 关 系
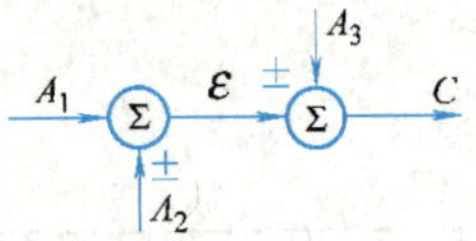	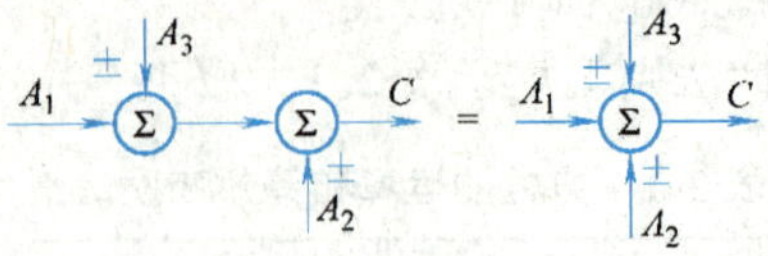	交换或合并比较点 $C(s)=\mathcal{E}(s)\pm A_3(s)$ $=A_1(s)\pm A_2(s)\pm A_3(s)$ $=A_1(s)\pm A_3(s)\pm A_2(s)$
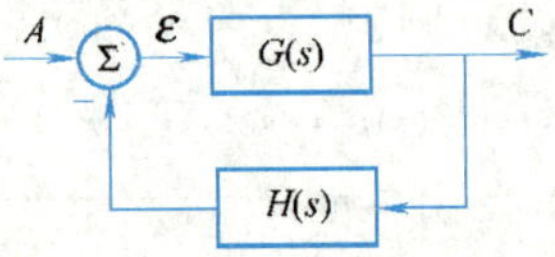	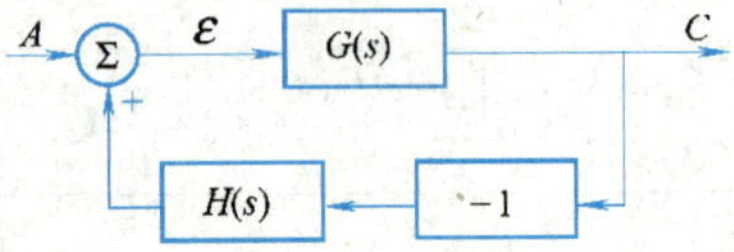	负号在支路上移动 $\mathcal{E}(s)=A(s)-H(s)C(s)$ $=A(s)+H(s)\times(-1)C(s)$

3. 由系统框图求传递函数

下面以图 2-30a 所示的多回路系统为例，具体说明如何运用等效变换法则，逐步将一个

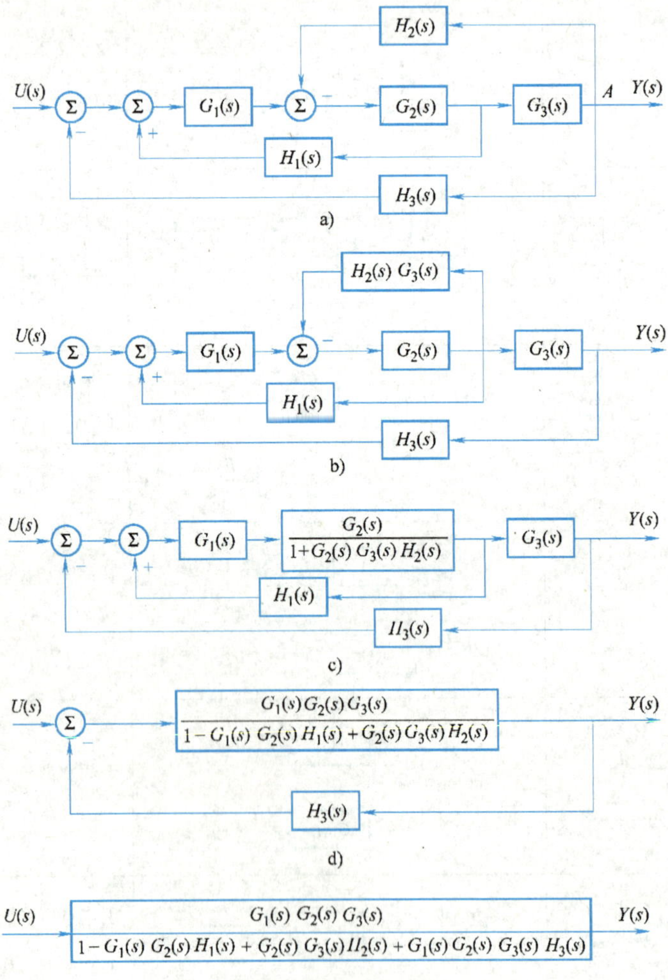

图 2-30 系统框图简化过程

比较复杂的系统简化为一个方框，最后求得其传递函数。简化的关键是移动比较点和引出点，消去交叉回路，变换成可以运算的反馈连接回路。

这里的步骤是：首先将引出点 A 前移到 $G_3(s)$ 输入端，消去交叉回路，得图 2-30b。然后，由里向外逐个消去内反馈回路，得图 2-30c、d。最后得图 2-30e 所示的系统传递函数，即

$$G(s)=\frac{Y(s)}{U(s)}=\frac{G_1(s)G_2(s)G_3(s)}{1-G_1(s)G_2(s)H_1(s)+G_2(s)G_3(s)H_2(s)+G_1(s)G_2(s)G_3(s)H_3(s)}$$

必须说明，系统框图简化的途径不是唯一的，但总有一条路径是最简单的。

（四）典型反馈控制系统的框图

反馈控制系统的框图往往是比较复杂的，但总可以简化为图 2-31 和图 2-32 所示的两种典型形式。下面介绍典型系统框图的一些基本术语及其传递函数。

图 2-31 所示为仅有输入信号 $U(s)$ 作用的系统；图2-32所示则是同时受到输入信号 $U(s)$ 和干扰信号 $N(s)$ 作用的系统。

1. 前向通道

图 2-31 和图 2-32 中 $\varepsilon(s)$ 到 $Y(s)$ 的信号传递通路。

2. 反馈通道

图 2-31 和图 2-32 中 $Y(s)$ 到 $B(s)$ 的信号传递通路。

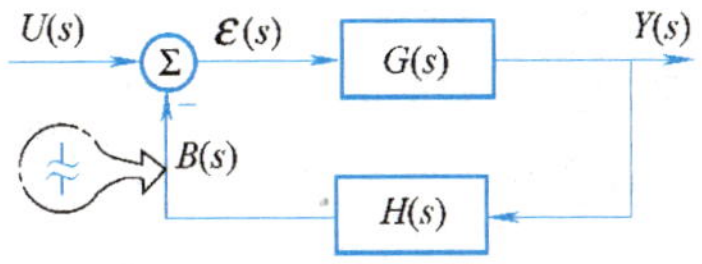

图 2-31 反馈控制系统框图的基本形式之一

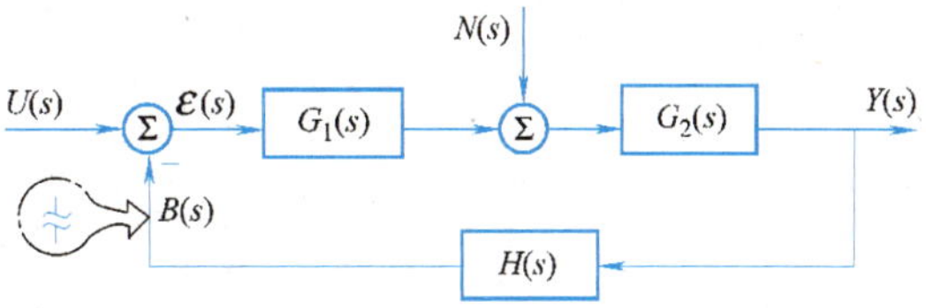

图 2-32 反馈控制系统框图的基本形式之二

3. 开环传递函数

在图 2-31 或图 2-32 中，将 $H(s)$ 的输出通道断开，亦即将系统的主反馈通道断开呈点画线中的情况，这时前向通道传递函数与反馈通道传递函数的乘积称为该系统的开环传递函数。因此，反馈控制系统的开环传递函数定义为偏差信号 $\varepsilon(s)$ 和反馈信号 $B(s)$ 之间的传递函数，即

$$\left.\begin{aligned}&\frac{B(s)}{\varepsilon(s)}=G(s)H(s) && \text{(图 2-31)}\\ \text{或}\quad &\frac{B(s)}{\varepsilon(s)}=G_1(s)G_2(s)H(s) && \text{(图 2-32)}\end{aligned}\right\} \tag{2-70}$$

式中 $G(s)H(s)$ 或 $G_1(s)G_2(s)H(s)$——闭环系统的开环传递函数。

必须强调指出，开环传递函数是反馈控制系统的一个重要概念，它并不是开环系统的传递函数，而是指闭环系统的开环。

以下讨论主要针对图 2-32 所示的系统，同样适用于图 2-31 所示的系统。

4. 闭环传递函数

令 $N(s)=0$，这时图 2-32 简化为图 2-33a。输入 $U(s)$ 与输出 $Y_1(s)$ 之间的传递函数

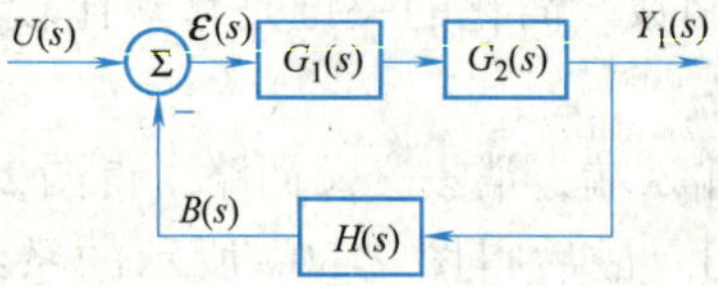

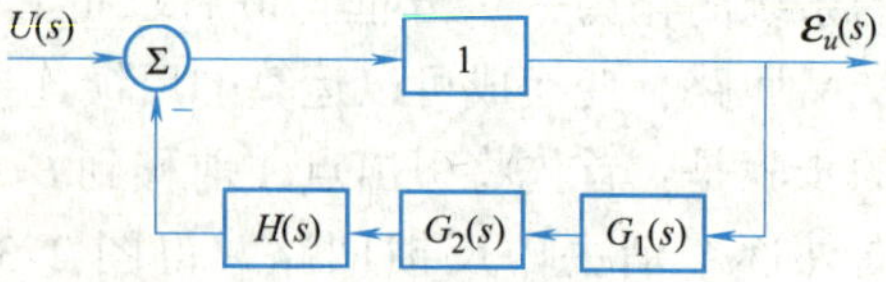

图 2-33　闭环系统图之一

a）$U(s)$ 作用下的闭环系统　b）偏差信号与输入之间的关系

$$\Phi_u(s)=\frac{Y_1(s)}{U(s)}=\frac{G_1(s)G_2(s)}{1+G_1(s)G_2(s)H(s)} \tag{2-71}$$

称 $\Phi_u(s)$ 为输入 $U(s)$ 作用下系统的闭环传递函数。而此时输出的拉氏变换式为

$$Y_1(s)=\Phi_u(s)U(s)=\frac{G_1(s)G_2(s)}{1+G_1(s)G_2(s)H(s)}U(s) \tag{2-72}$$

5. 干扰传递函数

令 $U(s)=0$，则图 2-32 简化为图 2-34a。由图可得

$$\Phi_n(s)=\frac{Y_2(s)}{N(s)}=\frac{G_2(s)}{1+G_1(s)G_2(s)H(s)} \tag{2-73}$$

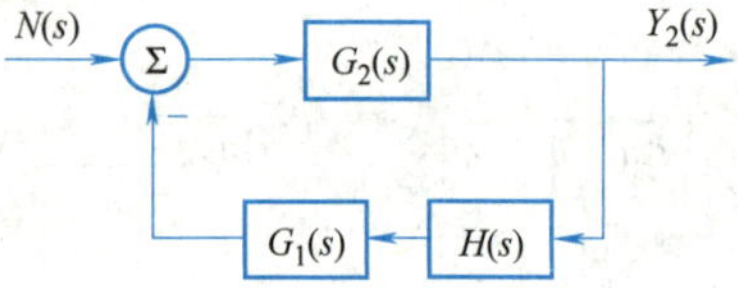

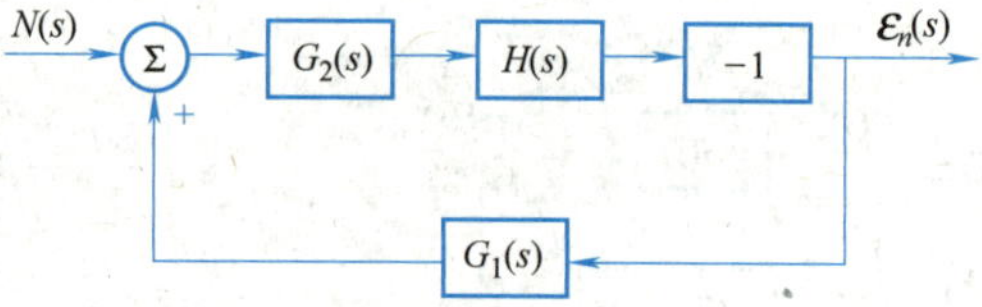

图 2-34　闭环系统图之二

a）$N(s)$ 作用下的闭环系统　b）偏差信号与干扰之间的关系

$\Phi_n(s)$ 为在扰动作用下的闭环传递函数，简称干扰传递函数。而系统在扰动作用下所引起的输出为

$$Y_2(s)=\Phi_n(s)N(s)=\frac{G_2(s)}{1+G_1(s)G_2(s)H(s)}N(s) \tag{2-74}$$

6. 偏差传递函数

将图 2-33a 变换成图 2-33b。列写出输入 $U(s)$ 与偏差$\varepsilon_u(s)$ 之间的传递函数，称为输入作用下的偏差传递函数，用 $\Phi_{\varepsilon u}(s)$ 表示，即

$$\Phi_{\varepsilon u}(s)=\frac{\varepsilon_u(s)}{U(s)}=\frac{1}{1+G_1(s)G_2(s)H(s)} \tag{2-75}$$

7. 干扰偏差传递函数

扰动作用下的偏差传递函数，称为干扰偏差传递函数，用 $\Phi_{\varepsilon n}(s)$ 表示。以 $N(s)$ 作为输入，$\varepsilon_n(s)$ 作为输出的系统框图，如图 2-34b 所示。由图可得

$$\Phi_{\varepsilon n}(s)=\frac{\mathcal{E}_n(s)}{N(s)}=\frac{-G_2(s)H(s)}{1+G_1(s)G_2(s)H(s)} \tag{2-76}$$

从式（2-71）、式（2-73）、式（2-75）及式（2-76）看出，控制系统的闭环传递函数 $\Phi_u(s)$、干扰传递函数 $\Phi_n(s)$、偏差传递函数 $\Phi_{\varepsilon u}(s)$ 及干扰偏差传递函数 $\Phi_{\varepsilon n}(s)$ 均具有相同的特征项 $1+G_1(s)G_2(s)H(s)$，其中 $G_1(s)G_2(s)H(s)$ 为系统的开环传递函数。因此，这些闭环传递函数的极点相同。这说明，系统的极点与外部输入信号的形式和在系统中的作用位置无关，同时也和输出信号的形式以及提取输出信号的位置无关。另一方面，这四个传递函数的分子各不相同，且与前向通道上的传递函数有关。因此，闭环传递函数的分子随着输入的作用点和输出量的引出点不同而不同。显然，同一个外作用加在系统不同的位置上，系统的响应是不同的，但决不会改变系统的固有特性。

8. 系统的总输出

根据线性系统的叠加原理，系统在同时受 $U(s)$ 和 $N(s)$ 作用时，其总输出应为各外作用分别引起的输出的总和，将式（2-72）和式(2-74）相加，即得总输出量

$$Y(s)=Y_1(s)+Y_2(s)=\frac{G_1(s)G_2(s)}{1+G_1(s)G_2(s)H(s)}U(s)+\frac{G_2(s)}{1+G_1(s)G_2(s)H(s)}N(s)$$

如果系统中的参数设置能满足 $|G_1(s)G_2(s)H(s)|\gg 1$ 及 $|G_1(s)H(s)|\gg 1$，则系统总输出的表达式可近似为

$$Y(s)\approx\frac{1}{H(s)}U(s)$$

上式表明，采用反馈控制的系统，适当选择元、部件的结构参数，系统就具有很强的抑制干扰的能力。同时，系统的输出只取决于反馈通道上的传递函数及输入信号，而与前向通道上的传递函数无关。特别是当 $H(s)=1$ 时，即系统为单位反馈时，$Y(s)\approx U(s)$，表明系统几乎实现了对输入信号的完全复现，即获得较高的工作精度。

二、信号流图

对于复杂的系统，其框图的简化过程是冗长的。梅森（S. J. Mason）提出了一种信号流图法，可以不需要经过任何简化，直接确定系统输入和输出变量间的联系，再利用梅森公式求出系统的传递函数。

（一）信号流图的一些术语

图 2-35 所示的系统框图对应的信号流图如图 2-36 所示。由图可以看出，信号流图中的网络是由一些定向线段将一些节点连接起来组成的。下面说明这些线段和节点的含义。

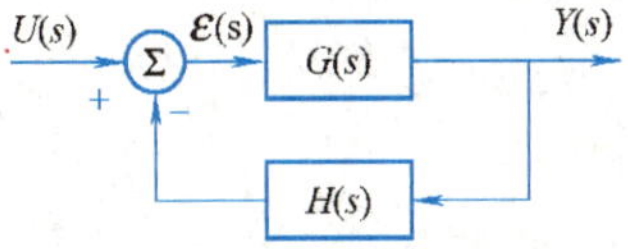

图 2-35 系统框图

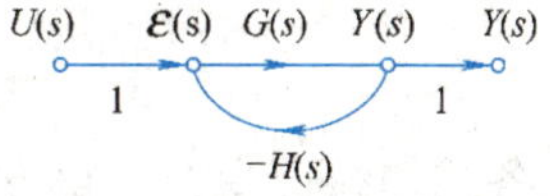

图 2-36 与图 2-35 对应的信号流图

（1）节点 表示变量或信号，其值等于所有进入该节点的信号之和。例如：$U(s)$、$\mathcal{E}(s)$ 和 $Y(s)$ 是图 2-36 中的节点。

（2）输入节点 它是只有输出的节点，也称源点。例如，图 2-36 中 $U(s)$ 是一个输入节点。

（3）输出节点　它是只有输入的节点，也称汇点。然而这个条件并不总是能满足的。为了满足定义的要求可引进增益为1的线段。例如，图2-36中右端点$Y(s)$为输出节点。

（4）混合节点　它是既有输入又有输出的节点。例如，图2-36中$\varepsilon(s)$是一个混合节点。

（5）支路　定向线段称为支路，其上的箭头表明信号的流向，各支路上还标明了增益，即支路的传递函数。例如，图2-36中从节点$\varepsilon(s)$到$Y(s)$为一支路，其中$G(s)$为该支路的增益。

（6）通路　沿支路箭头方向穿过各相连支路的路径称为通路。

（7）前向通道　从输入节点到输出节点的通路上通过任何节点不多于一次的通路称为前向通道。例如，图2-36中的$U(s)—\varepsilon(s)—Y(s)$是前向通道。

（8）回路　始端与终端重合且与任何节点相交不多于一次的通道称为回路。例如，图2-36中$\varepsilon(s)—Y(s)—\varepsilon(s)$是一条回路。

（9）不接触回路　没有任何公共节点的回路称为不接触回路。

（二）信号流图的绘制

绘制系统的信号流图，首先必须将描述系统的线性微分方程变换成以s为变量的代数方程；其次，线性代数方程组中每一个方程都要写成因果关系式，且在书写时将作为“因”的一些变量写在等式右端，而把“果”的变量写在等式左端。

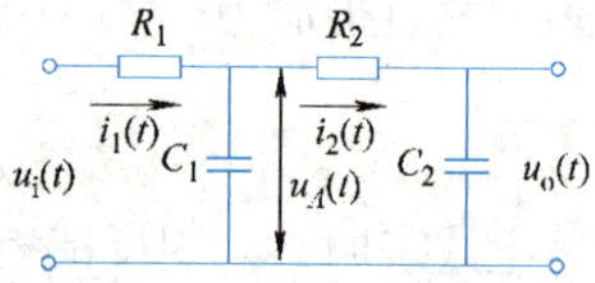

图2-37　二级RC电网络

下面以图2-37所示的二级RC电网络为例说明信号流图的绘制步骤。

对于由两个环节（这里是两个RC电路）串联而成的系统，由于后一环节的存在，影响前一环节的输出，因此两相邻环节间存在着负载效应。这时必须将它们视为一个整体来考虑。所以，根据基尔霍夫定律，可写出下列原始方程：

$$i_1(t)=\frac{u_i(t)-u_A(t)}{R_1}$$

$$u_A(t)=\frac{1}{C_1}\int[i_1(t)-i_2(t)]\mathrm{d}t$$

$$i_2(t)=\frac{u_A(t)-u_o(t)}{R_2}$$

$$u_o(t)=\frac{1}{C_2}\int i_2(t)\mathrm{d}t$$

将以上各式作拉氏变换，得方程组

$$I_1(s)=\frac{U_i(s)-U_A(s)}{R_1}$$

$$U_A(s)=\frac{1}{C_1 s}[I_1(s)-I_2(s)]$$

$$I_2(s)=\frac{U_A(s)-U_o(s)}{R_2}$$

$$U_o(s)=\frac{1}{C_2s}I_2(s)$$

取 $U_i(s)$、$I_1(s)$、$U_A(s)$、$I_2(s)$、$U_o(s)$ 为信号流图的节点，其中把 $U_i(s)$ 作为输入节点，$U_o(s)$ 作为输出节点。确定各节点的位置，如图 2-38a 所示。然后，按方程组中方程式的顺序逐个绘制其信号流向，分别示于图 2-38b、c、d 和 e 中。将这些图综合起来，就形成了完整的系统信号流图，如图 2-38f 所示。

三、梅森公式

对于一个确定的信号流图或系统框图，应用梅森公式可以直接求得输入变量到输出变量的系统传递函数。梅森公式可表示为

$$P=\frac{1}{\Delta}\sum_k P_k\Delta_k \tag{2-77}$$

式中 P——系统总传递函数；

P_k——第 k 条前向通路的传递函数；

Δ——流图特征式；

Δ_k——第 k 条前向通路特征式的余因子，即对于流图的特征式 Δ，将与第 k 条前向通路相接触的回路传递函数代以零值，余下的 Δ 即为 Δ_k。

其中流图的特征式

$$\Delta=1-\sum_a L_a+\sum_{b,c}L_bL_c-\sum_{d,e,f}L_dL_eL_f+\cdots$$

式中 $\sum\limits_a L_a$——所有不同回路的传递函数之和；

$\sum\limits_{b,c} L_bL_c$——每两个互不接触回路传递函数乘积之和；

$\sum\limits_{d,e,f} L_dL_eL_f$——每三个互不接触回路传递函数乘积之和。

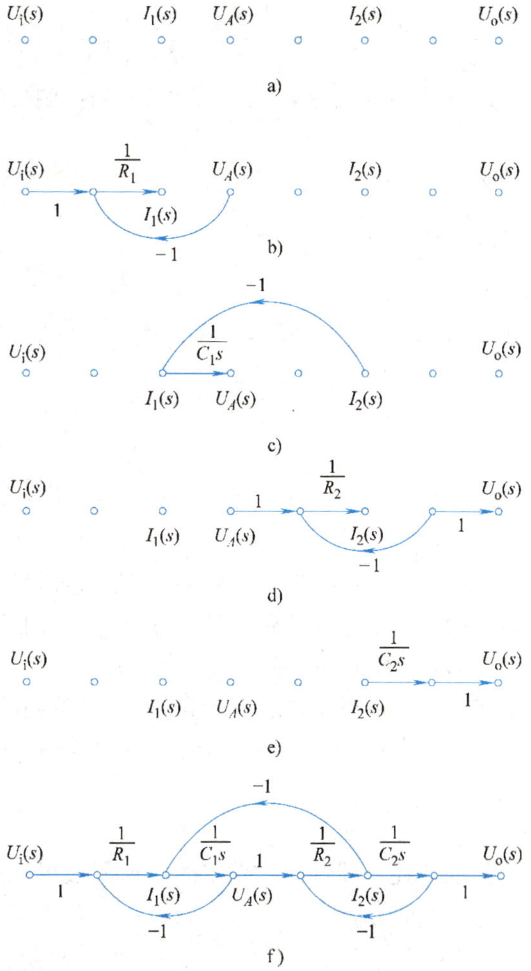

图 2-38 二级 RC 电网络信号流图的绘制步骤

下面通过求图 2-38f 所示二级 RC 电网络信号流图的传递函数来说明梅森公式的用法。

这个系统中，输入变量 $U_i(s)$ 与输出变量 $U_o(s)$ 之间只有一条前向通道，其传递函数为

$$P_1=\frac{1}{R_1}\frac{1}{C_1s}\frac{1}{R_2}\frac{1}{C_2s}$$

信号流图里有三个不同回路，它们的传递函数分别为

$$L_1=-\frac{1}{R_1}\frac{1}{C_1s}$$

$$L_2 = -\frac{1}{R_2}\frac{1}{C_2 s}$$

$$L_3 = -\frac{1}{R_2}\frac{1}{C_1 s}$$

回路 L_1 不接触回路 L_2（回路 L_1 接触回路 L_3，并且回路 L_2 接触回路 L_3），因此流图特征式为

$$\begin{aligned}\Delta &= 1-(L_1+L_2+L_3)+L_1L_2\\ &=1+\frac{1}{R_1C_1s}+\frac{1}{R_2C_2s}+\frac{1}{R_2C_1s}+\frac{1}{R_1C_1s}\frac{1}{R_2C_2s}\end{aligned} \tag{2-78}$$

从 Δ 中将与通道 P_1 接触的回路传递函数 L_1、L_2 和 L_3 都代入零值，即可获得余因子 Δ_1。因此，得到

$$\Delta_1 = 1$$

所以

$$\sum_k P_k\Delta_k = P_1\Delta_1 = \frac{1}{R_1}\frac{1}{C_1 s}\frac{1}{R_2}\frac{1}{C_2 s} \tag{2-79}$$

将式（2-78）和式（2-79）代入式（2-77）便可得到二级 RC 电网络的系统传递函数，即

$$\frac{U_o(s)}{U_i(s)} = \frac{1}{\Delta}\sum_k P_k\Delta_k = \frac{1}{R_1R_2C_1C_2s^2+(R_1C_1+R_2C_2+R_1C_2)s+1}$$

第六节　控制系统的典型环节

控制系统一般由若干元件以一定形式连接而成，这些元件的物理结构和工作原理可以是多种多样的，但从控制理论来看，物理性质和工作原理不同的元件，可以有完全相同的数学模型，亦即具有相同的动态性能。在控制工程中，常常将具有某种确定信息传递关系的元件、元件组或元件的一部分称为一个环节，经常遇到的环节则称为典型环节。这样，任何复杂的系统总可归结为由一些典型环节组成，从而给建立数学模型、研究系统特性带来方便，使问题简化。

一、典型环节分类

如前所述，线性定常系统的传递函数可用式（2-65）所示的零-极点形式表示，即

$$G(s) = \frac{b_0(s-z_1)(s-z_2)\cdots(s-z_m)}{a_0(s-p_1)(s-p_2)\cdots(s-p_n)} \quad (n \geqslant m)$$

假设系统有 b 个实数零点，c 对复数零点，d 个实数极点，e 对复数极点和 ν 个零极点，则

$$b+2c=m$$

$$\nu+d+2e=n$$

把对应于实数零点 z_i 和实数极点 p_j 的因式变换成如下形式：

$$s-z_i = \frac{1}{\tau_i}(\tau_i s+1)$$

$$s-p_j = \frac{1}{T_j}(T_j s+1)$$

式中

$$\tau_i = -\frac{1}{z_i},\ T_j = -\frac{1}{p_j}$$

同时，把对应于共轭复数零点、极点的因式变换成如下形式：

$$(s-z_L)(s-z_{L+1})=\frac{1}{\tau_L^2}(\tau_L^2 s^2+2\zeta_L\tau_L s+1)$$

式中

$$\tau_L=\frac{1}{\sqrt{z_L z_{L+1}}},\quad \zeta_L=-\frac{z_L+z_{L+1}}{2\sqrt{z_L z_{L+1}}}$$

而

$$(s-p_k)(s-p_{k+1})=\frac{1}{T_k^2}(T_k^2 s^2+2\zeta_k T_k s+1)$$

式中

$$T_k=\frac{1}{\sqrt{p_k p_{k+1}}},\quad \zeta_k=-\frac{p_k+p_{k+1}}{2\sqrt{p_k p_{k+1}}}$$

于是系统传递函数的一般形式可以写成

$$G(s)=\frac{K\prod_{i=1}^{b}(\tau_i s+1)\prod_{L=1}^{c}(\tau_L^2 s^2+2\zeta_L\tau_L s+1)}{s^\nu\prod_{j=1}^{d}(T_j s+1)\prod_{k=1}^{e}(T_k^2 s^2+2\zeta_k T_k s+1)} \tag{2-80}$$

式中　K——系统放大系数，即

$$K=\frac{b_0}{a_0}\prod_{i=1}^{b}\frac{1}{\tau_i}\prod_{L=1}^{c}\frac{1}{\tau_L^2}\prod_{j=1}^{d}T_j\prod_{k=1}^{e}T_k^2$$

由于传递函数这种表达式含有六种不同的因子，因此，一般说来，任何系统都可以看作是由这六种因子表示的环节的串联组合，这六种因子就是前面提到的典型环节。

与分子三种因子相对应的环节分别称为：

比例环节　K

一阶微分环节　$\tau s+1$

二阶微分环节　$\tau^2 s^2+2\zeta\tau s+1$

与分母三种因子相对应的环节分别称为：

积分环节　$\frac{1}{s}$

惯性环节　$\frac{1}{Ts+1}$

振荡环节　$\frac{1}{T^2 s^2+2\zeta Ts+1}$

实际上，在各类系统特别是机械、液压或气动系统中均会遇到纯时间延迟现象，这种现象可用延迟函数 $g(t-\tau)$ 描述，其时间起点在 τ 时刻，因而有

$$\mathscr{L}[g(t-\tau)]=\mathscr{L}[g(t)]e^{-\tau s}=G(s)e^{-\tau s}$$

所以延迟环节 $e^{-\tau s}$ 也是典型环节。另外，还有理想微分环节 τs。

二、典型环节示例

为了方便地研究系统，熟悉和掌握典型环节的数学模型是十分必要的。下面对各种环节分别进行研究。

（一）比例环节

输出量不失真、无惯性地跟随输入量，且两者成比例关系的环节称为比例环节。比例环节又称无惯性环节，其运动方程式为

$$y(t)=Ku(t) \tag{2-81}$$

式中　$y(t)$，$u(t)$——分别为环节的输出和输入量；

K——环节的比例系数，等于输出量与输入量之比。

比例环节的传递函数为

$$G(s)=\frac{Y(s)}{U(s)}=K \tag{2-82}$$

图 2-39 所示为一运算放大器。图中 $u_i(t)$ 为输入电压，$u_o(t)$ 为输出电压，R_1、R_2 为电阻。

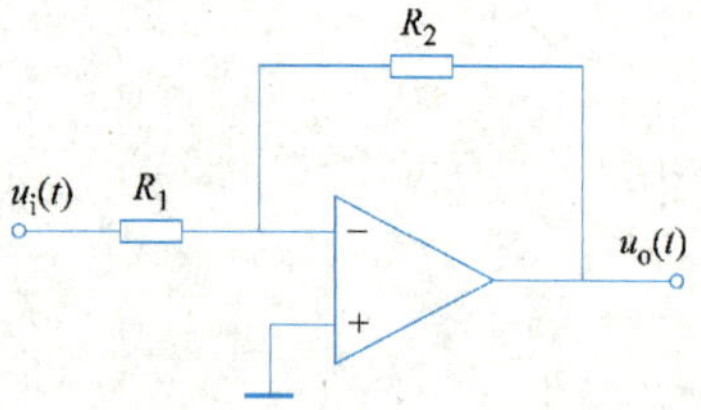

图 2-39　运算放大器

已知

$$u_o(t)=-\frac{R_2}{R_1}u_i(t)$$

将上式经拉氏变换后得

$$U_o(s)=-\frac{R_2}{R_1}U_i(s)$$

故

$$G(s)=\frac{U_o(s)}{U_i(s)}=-\frac{R_2}{R_1}=K$$

（二）微分环节

1. 理想微分环节

凡输出量正比于输入量的微分的环节都称为理想微分环节，其运动方程式为

$$y(t)=\tau\frac{\mathrm{d}u}{\mathrm{d}t} \tag{2-83}$$

传递函数为

$$G(s)=\frac{Y(s)}{U(s)}=\tau s \tag{2-84}$$

式中　τ——理想微分环节的时间常数。

在控制工程中，测量转速的测速发电机实质上是一台直流发电机，如图 2-40 所示。当以发电机转角 θ_i 为输入量，电枢电压 u_o 为输出量时，则有

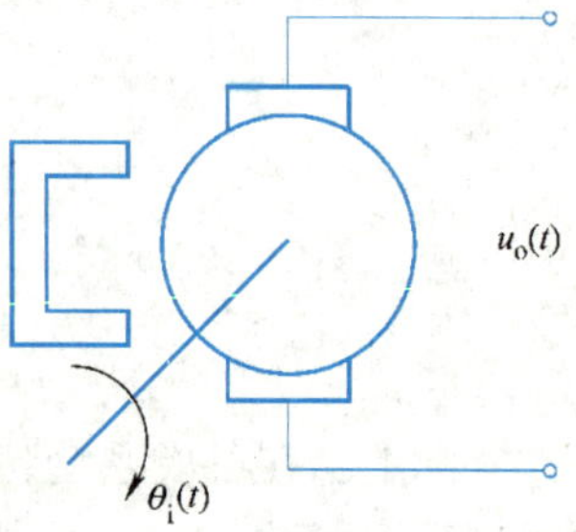

图 2-40　测速发电机

$$u_o(t)=K_i\frac{\mathrm{d}\theta_i}{\mathrm{d}t}$$

式中　K_i——发电机常数。

传递函数为

$$G(s)=\frac{U_o(s)}{\Theta_i(s)}=K_is$$

理想微分环节的输出是输入的微分，当输入为单位阶跃函数时，输出就是脉冲函数，这在实际中是不可能的。因此，理想微分环节难以实现，它总是与其他环节同时出现。

图 2-41 所示为微分电网络。设电压 $u_i(t)$ 为输入量，电阻 R 两端电压 $u_o(t)$ 为输出

量。现研究输入电压 $u_i(t)$ 和输出电压 $u_o(t)$ 之间的关系。电路中的电流 $i(t)$ 为中间变量。

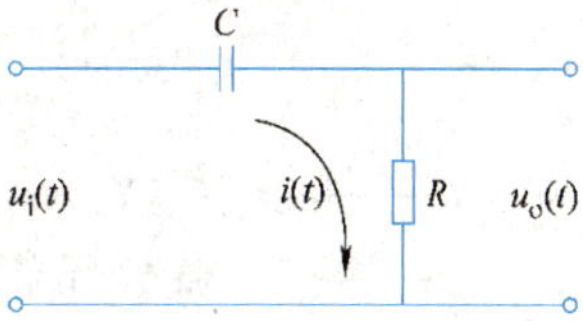

图 2-41 微分电网络

根据电压方程，可写出

$$\left.\begin{aligned} u_i(t) &= \frac{1}{C}\int i(t)\mathrm{d}t + i(t)R \\ u_o(t) &= i(t)R \end{aligned}\right\} \tag{2-85}$$

将式(2-85) 进行拉氏变换，消去 $I(s)$，整理后得

$$G(s) = \frac{U_o(s)}{U_i(s)} = \frac{RCs}{RCs+1} = \frac{\tau s}{\tau s+1}$$

式中 τ——时间常数，$\tau = RC$。

由上式知，该微分电网络仅当 $|\tau s| \ll 1$ 时，$G(s) \approx \tau s$，才近似成为理想微分环节。因此，当 $\frac{1}{C}\int i(t)\mathrm{d}t \gg i(t)R$，即 C 很小时，可得 $U_o(s) \approx \tau s U_i(s)$。故工程技术中经常将 CR 串联电路作微分器用。

2. 一阶微分环节

输出量中不仅包含有正比于输入量微分的分量，而且还包含与输入量成比例的分量的环节，称为一阶微分环节，其运动方程式为

$$y(t) = \tau\frac{\mathrm{d}u(t)}{\mathrm{d}t} + u(t) \tag{2-86}$$

式中 τ——一阶微分环节的时间常数。

传递函数为

$$G(s) = \frac{Y(s)}{U(s)} = \tau s + 1 \tag{2-87}$$

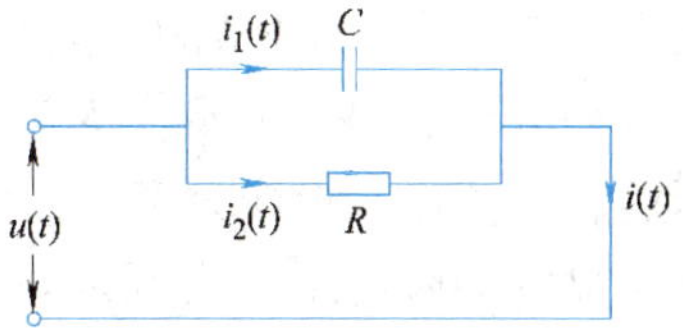

图 2-42 一阶微分电网络

图 2-42 所示为一阶微分电网络。设电压 $u(t)$ 为输入量，电流 $i(t)$ 为输出量。根据电流方程，有

$$\begin{aligned} i(t) &= i_1(t) + i_2(t) \\ &= C\frac{\mathrm{d}u(t)}{\mathrm{d}t} + \frac{1}{R}u(t) \\ &= \frac{1}{R}\left[RC\frac{\mathrm{d}u(t)}{\mathrm{d}t} + u(t)\right] \\ &= K\left[\tau\frac{\mathrm{d}u(t)}{\mathrm{d}t} + u(t)\right] \end{aligned} \tag{2-88}$$

式中 τ——一阶微分环节的时间常数，$\tau = RC$；

K——比例系数，$K = 1/R$。

则传递函数为

$$G(s) = \frac{I(s)}{U(s)} = K(\tau s + 1) \tag{2-89}$$

可见，这个一阶微分电网络由一阶微分环节和比例环节串联而成。

3. 二阶微分环节

二阶微分环节的输出量 $y(t)$ 不仅取决于输入量 $u(t)$ 本身，而且还取决于输入量的一阶和二阶导数。这种环节的微分方程式为

$$y(t)=K\left[\tau^2\frac{\mathrm{d}^2u(t)}{\mathrm{d}t^2}+2\zeta\tau\frac{\mathrm{d}u(t)}{\mathrm{d}t}+u(t)\right] \tag{2-90}$$

式中 K——比例系数；

τ——二阶微分环节的时间常数；

ζ——阻尼比。

其传递函数为

$$G(s)=\frac{Y(s)}{U(s)}=K(\tau^2s^2+2\zeta\tau s+1) \tag{2-91}$$

必须指出，只有当式（2-91）中 $\tau^2s^2+2\zeta\tau s+1=0$ 具有一对共轭复根时，才能称为二阶微分环节。如果上式具有两个实根，则可以认为这个环节是由两个一阶微分环节串联而成。

二阶微分环节在 PID 控制和校正电网络中会出现，主要用于改善系统的动态品质。

（三）积分环节

积分环节的输出量 $y(t)$ 与输入量 $u(t)$ 对时间的积分成正比，即

$$y(t)=\frac{1}{T}\int_0^t u(t)\,\mathrm{d}t \tag{2-92}$$

其传递函数为

$$G(s)=\frac{Y(s)}{U(s)}=\frac{1}{Ts} \tag{2-93}$$

式中 T——积分环节的时间常数。

积分环节的一个显著特点是输出量取决于输入量对时间的积累过程。输入量作用一段时间后，即使输入量变为零，输出量仍将保持在已达到的数值，故有记忆功能；另一个特点是有明显的滞后作用，从图 2-43 可以看出，输入量为常值 A 时，由于

$$y(t)=\frac{1}{T}\int_0^t A\mathrm{d}t=\frac{1}{T}At$$

$y(t)$是一斜线，输出量需经过时间 T 的滞后，才能达到输入量 $u(t)$ 在 $t=0$ 时的数值。因此，积分环节常被用来改善控制系统的稳态性能。

如图 2-44 所示的液压缸，A 为活塞面积，以流量 $q_i(t)$ 为输入，活塞位移 $x_o(t)$ 为输出，则有

$$x_o(t)=\frac{1}{A}\int q_i(t)\,\mathrm{d}t \tag{2-94}$$

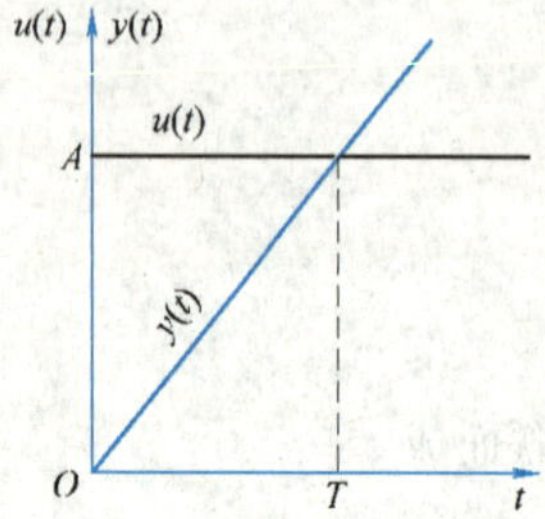

图 2-43 积分环节的性质

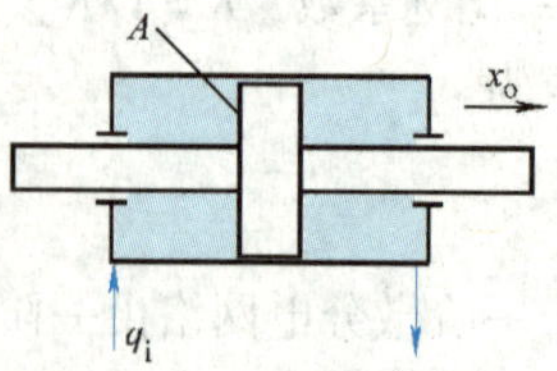

图 2-44 液压缸

其传递函数为

$$G(s)=\frac{X_o(s)}{Q_i(s)}=\frac{1}{As} \tag{2-95}$$

式（2-94）表明，图2-44所示液压缸可看做积分环节。

（四）惯性环节

凡运动方程为一阶微分方程

$$T\frac{dy(t)}{dt}+y(t)=Ku(t) \tag{2-96}$$

形式的环节称为惯性环节。显然，其传递函数为

$$G(s)=\frac{Y(s)}{U(s)}=\frac{K}{Ts+1} \tag{2-97}$$

式中 K——环节增益（放大系数）；

T——时间常数，表征了环节的惯性，它和环节结构参数有关。

由于惯性环节中含有一个储能元件，所以当输入量突然变化时，输出量不能跟着突变，而是按指数规律逐渐变化，惯性环节的名称就由此而来。

图2-45为弹簧（刚度为k）和阻尼器（阻尼系数为b）组成的一个环节，其运动方程为

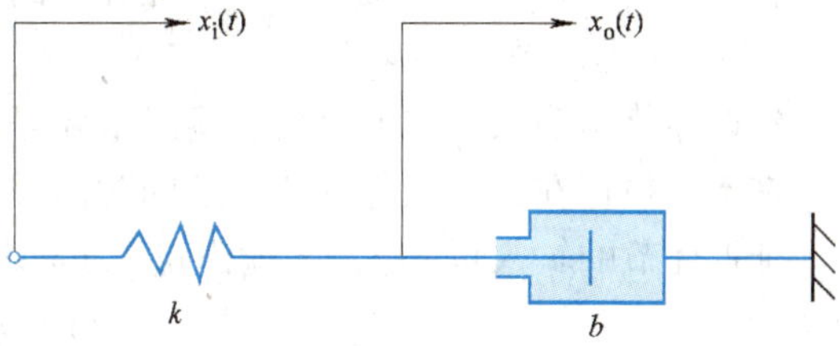

图2-45 弹簧-阻尼器组成的环节

$$b\frac{dx_o(t)}{dt}+kx_o(t)=kx_i(t)$$

传递函数为

$$G(s)=\frac{X_o(s)}{X_i(s)}=\frac{k}{bs+k}=\frac{1}{Ts+1}$$

式中 T——惯性环节的时间常数，$T=b/k$。

（五）振荡环节

振荡环节含有两个独立的储能元件，并且所储存的能量能够互相转换，从而导致输出带有振荡的性质。这种环节的微分方程式为

$$T^2\frac{d^2y(t)}{dt^2}+2\zeta T\frac{dy(t)}{dt}+y(t)=Ku(t) \tag{2-98}$$

其传递函数为

$$G(s)=\frac{Y(s)}{U(s)}=\frac{K}{T^2s^2+2\zeta Ts+1} \tag{2-99}$$

式中 T——振荡环节的时间常数；

ζ——阻尼比；

K——比例系数。

振荡环节传递函数的另一种常用标准形式（$K=1$）为

$$G(s)=\frac{Y(s)}{U(s)}=\frac{\omega_n^2}{s^2+2\zeta\omega_n s+\omega_n^2} \tag{2-100}$$

式中　$\omega_n = 1/T$——无阻尼固有频率。

第二节中讨论过的质量-弹簧-阻尼系统，如图 2-7 所示，其运动微分方程为

$$m\frac{d^2x_o(t)}{dt^2}+b\frac{dx_o(t)}{dt}+kx_o(t)=f_i(t)$$

故得传递函数为

$$G(s)=\frac{X_o(s)}{F_i(s)}=\frac{1}{ms^2+bs+k}=\frac{1/k}{T^2s^2+2\zeta Ts+1}$$

式中

$$T=\sqrt{\frac{m}{k}},\quad \zeta=\frac{b}{2\sqrt{mk}}$$

当 $b<2\sqrt{mk}$时，它是一个振荡环节。

在第二节中，图 2-9 和图 2-10 所示的系统都可看做振荡环节。但必须指出，只有当 $0<\zeta<1$ 时，二阶特征方程才有共轭复根。这时二阶系统才能称为振荡环节。当 $\zeta>1$ 时，二阶系统有两个实数根，该系统为两个惯性环节的串联。

（六）延迟环节

延迟环节是输入量加上以后，输出量要等待一段时间 τ 后，才能不失真地复现输入的环节。它不单独存在，一般与其他环节同时出现。

延迟环节的输入量 $u(t)$ 与输出量 $y(t)$ 之间有如下关系：

$$y(t)=u(t-\tau) \tag{2-101}$$

式中　τ——纯延迟时间；

$u(t-\tau)$——$u(t)$ 的延迟函数，或称平移函数。

延迟环节是线性环节，故其传递函数为

$$G(s)=\frac{\mathscr{L}[y(t)]}{\mathscr{L}[u(t)]}=\frac{\mathscr{L}[u(t-\tau)]}{\mathscr{L}[u(t)]}=\frac{U(s)e^{-\tau s}}{U(s)}=e^{-\tau s} \tag{2-102}$$

延迟环节与惯性环节的区别在于：惯性环节从输入开始时刻起就已有输出，仅由于惯性，输出要滞后一段时间才接近于所要求的输出值；延迟环节从输入开始之初，在 0 到 τ 的区间内，并无输出，但在 $t=\tau$ 之后，输出就完全等于输入，如图 2-5 所示。

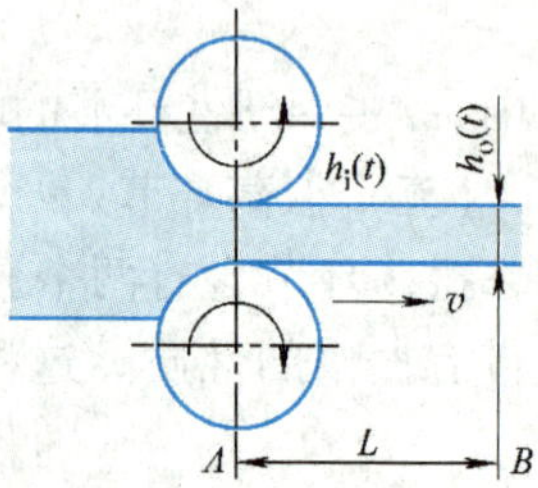

图 2-46　轧制钢板的厚度控制装置

延迟环节常见于液压、气动系统中，施加输入后，往往由于管道长度而延迟了信号传递的时间。图 2-46 是纯时间延迟的例子。图 2-46 所示为轧制钢板的厚度控制装置，带钢在 A 点轧出时，厚度为 h_i，但是这一厚度在到达 B 点时才被测厚仪检测到。测厚仪检测到的厚度 h_o 为输出量，A 点处厚度 h_i 为输入量。若测厚仪距 A 点的距离为 L，带钢速度为 v，则延迟时间 $\tau=L/v$。

输出量与输入量之间有如下关系：

$$h_o(t)=h_i(t-\tau)$$

此式表示，在 $t<\tau$ 时，$h_o(t)=0$，即测厚仪不反映 h_i 的值；$t\geqslant\tau$ 时，测厚仪在延时 τ 后，立即反映 h_i 在 $t=0$ 时的值及其以后的值。因而有

$$G(s)=\frac{H_o(s)}{H_i(s)}=e^{-\tau s}$$

综上所述，环节是根据运动微分方程划分的，一个环节不一定代表一个元件，也许是几个元件之间的运动特性才组成一个环节。此外，同一元件在不同系统中的作用不同，输入输出的物理量不同，可起到不同环节的作用。

第七节 工程控制系统的数学模型

以上论述了控制系统数学模型的基本概念、解析建模和图示建模的方法和步骤。下面通过实例进一步说明如何把工程实际系统抽象为数学模型，如何用解析方法和图解方法来建立系统的微分方程、状态方程和传递函数等数学模型。

一、机械系统

在工程控制系统中，经常要将旋转运动变换成直线运动。例如用电动机和丝杠螺母装置可控制工作台沿直线运动，如图 2-47a 所示，这时可以用一等效转动惯量直接连接到驱动电动机的简单系统来表示。工作台等直线运动部件的质量 m，按等功原理可折算到电动机轴上，如图 2-47b 所示，其等效转动惯量为

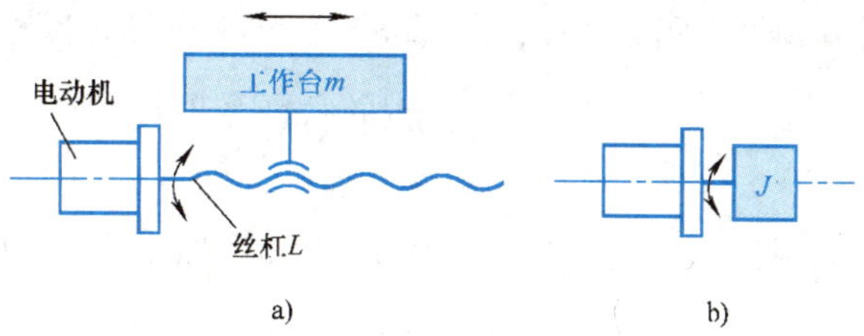

图 2-47 机械进给装置

a）实际系统 b）等效系统

$$J = m\left(\frac{L}{2\pi}\right)^2 \tag{2-103}$$

式中 L——丝杠螺距，定义为丝杠每转一周工作台移动的直线距离。

此外，在控制系统中常用齿轮传动装置来改变转矩、转速和角位移，使系统的能量从一处传递到系统的另一处。图 2-48a 表示一对啮合的齿轮副，在理想情况下，转动惯量和摩擦均忽略不计。显然，齿轮副中转矩 $T_1(t)$ 和 $T_2(t)$，角位移 $\theta_1(t)$ 和 $\theta_2(t)$，角速度 $\omega_1(t)$ 和$\omega_2(t)$，齿数 z_1 和 z_2 以及分度圆半径 r_1 和 r_2 间存在如下关系：

$$\frac{T_1}{T_2} = \frac{\theta_2}{\theta_1} = \frac{z_1}{z_2} = \frac{\omega_2}{\omega_1} = \frac{r_1}{r_2} \tag{2-104}$$

事实上，实际的齿轮副是具有转动惯量的，且啮合齿轮之间和支承中存在粘性阻尼，这些常常是不能忽略的。图 2-48b 是齿轮副的等效表示法，它把粘性阻尼、转动惯量都当成集中参数。图中符号的意义是：

θ_1，θ_2——角位移；

T_1，T_2——齿轮传递转矩；

J_1，J_2——齿轮(包括轴)转动惯量；

z_1，z_2——齿数；

b_1，b_2——粘性阻尼系数。

齿轮 2 的转矩方程可写成

$$T_2(t) = J_2\frac{d^2\theta_2(t)}{dt^2} + b_2\frac{d\theta_2(t)}{dt} \tag{2-105}$$

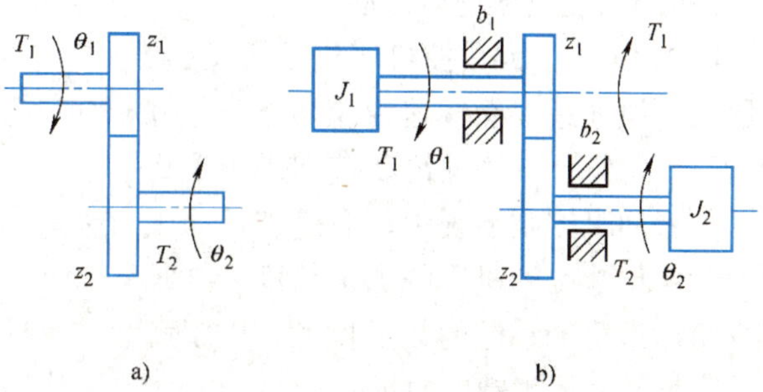

图 2-48 齿轮传动装置

a）齿轮副 b）等效齿轮副

齿轮 1 的转矩方程为

$$T(t)=J_1\frac{\mathrm{d}^2\theta_1(t)}{\mathrm{d}t^2}+b_1\frac{\mathrm{d}\theta_1(t)}{\mathrm{d}t}+T_1(t) \tag{2-106}$$

式中 $T(t)$——作用转矩，即齿轮 1 的输入转矩。

利用式（2-104）中 $T_1(t)=\frac{z_1}{z_2}T_2(t)$，$\theta_2(t)=\frac{z_1}{z_2}\theta_1(t)$ 可将式（2-105）变成

$$T_1(t)=\left(\frac{z_1}{z_2}\right)^2J_2\frac{\mathrm{d}^2\theta_1(t)}{\mathrm{d}t^2}+\left(\frac{z_1}{z_2}\right)^2b_2\frac{\mathrm{d}\theta_1(t)}{\mathrm{d}t} \tag{2-107}$$

式（2-107）表明，可以把转动惯量、粘性阻尼、转矩、转速和角位移从齿轮副的一侧折算到另一侧。因此，可以得出齿轮 2 折算到齿轮 1 的下列各量：

转动惯量 $\left(\frac{z_1}{z_2}\right)^2J_2$　　粘性阻尼系数 $\left(\frac{z_1}{z_2}\right)^2b_2$

转矩 $\frac{z_1}{z_2}T_2$　　角位移 $\frac{z_2}{z_1}\theta_2$

转速 $\frac{z_2}{z_1}\omega_2$

现将式（2-107）代入式（2-106），可得

$$T(t)=J_{\mathrm{I}}\frac{\mathrm{d}^2\theta_1(t)}{\mathrm{d}t^2}+b_{\mathrm{I}}\frac{\mathrm{d}\theta_1(t)}{\mathrm{d}t} \tag{2-108}$$

式中 J_{I}——齿轮 1 上的等效转动惯量，$J_{\mathrm{I}}=J_1+\left(\frac{z_1}{z_2}\right)^2J_2$；

b_{I}——齿轮 1 上的等效粘性阻尼系数，$b_{\mathrm{I}}=b_1+\left(\frac{z_1}{z_2}\right)^2b_2$。

如果考虑扭转弹性变形效应，则由齿轮 2 折算到齿轮 1 时，刚度系数也应乘以 $(z_1/z_2)^2$。也就是说，若齿轮 2 上的扭转刚度系数为 k_2，齿轮 1 上的扭转刚度系数为 k_1，则折算后齿轮 1 上的等效刚度 k_{I} 为

$$k_{\mathrm{I}}=\frac{1}{\frac{1}{k_1}+\frac{1}{(z_1/z_2)^2k_2}} \tag{2-109}$$

（一）数控机床进给传动链

图 2-49 所示为数控机床进给传动链，伺服电动机通过二级减速齿轮及滚珠丝杠螺母驱动工作台。这种传动链常用于工作台的位置伺服控制系统中。为研究机床工作台的定位精度和机床的加工精度，必须建立机床进给传动链的数学模型，以了解其动态性能对加工精度的影响。

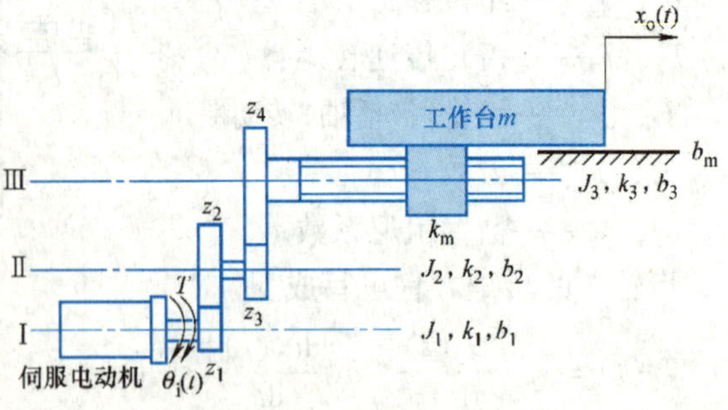

图 2-49 数控机床进给传动链

图中，J_1、J_2、J_3 分别为Ⅰ、Ⅱ、Ⅲ轴上的转动惯量；b_1、b_2、b_3 分别为Ⅰ、

Ⅱ、Ⅲ轴上的粘性阻尼系数；k_1、k_2、k_3 分别为Ⅰ、Ⅱ、Ⅲ轴的刚度系数；m 为工作台等移动部件的质量；b_m 为工作台移动时的粘性阻尼系数；k_m 为丝杠螺母副的刚度系数；T 为作用转矩。

下面推导以伺服电动机的转角 $\theta_i(t)$ 为输入量、工作台的位移 $x_o(t)$ 为输出量时该进给传动链的传递函数。为了推导其传递函数，首先可将其抽象为图 2-49 所示的一个简单的动力学系统模型。抽象的过程就是质量、转动惯量、粘性阻尼系数、刚度系数等的折算过程。

当负载为零时，Ⅰ轴的转矩平衡方程式为

$$J\frac{d^2\theta_m(t)}{dt^2}+b\frac{d\theta_m(t)}{dt}+k[\theta_m(t)-\theta_i(t)]=0 \tag{2-110}$$

式中　$\theta_i(t)$——伺服电动机输入至Ⅰ轴的转角；

$\theta_m(t)$——工作台位移 $x_o(t)$ 折算到Ⅰ轴上的等效当量转角，且为

$$\theta_m(t)=\frac{1}{i_1i_2}\frac{2\pi}{L}x_o(t) \tag{2-111}$$

其中　$i_1=z_1/z_2$；

$i_2=z_3/z_4$；

L——滚珠丝杠螺距。

$\theta_m(t)-\theta_i(t)$——Ⅰ轴在转矩作用下的相对转角；

J、b、k——工作台及各轴折算到Ⅰ轴上的等效总转动惯量、等效总粘性阻尼系数和等效总刚度系数，其值可分别按下式计算

$$J=J_1+i_1^2J_2+(i_1i_2)^2J_3+\left(\frac{L}{2\pi}i_1i_2\right)^2m$$

$$b=b_1+i_1^2b_2+(i_1i_2)^2b_3+\left(\frac{L}{2\pi}i_1i_2\right)^2b_m$$

$$k=\cfrac{1}{\cfrac{1}{k_1}+\cfrac{1}{i_1^2k_2}+\cfrac{1}{(i_1i_2)^2k_3}+\cfrac{1}{\left(\cfrac{L}{2\pi}i_1i_2\right)^2k_m}}$$

将式（2-111）代入式（2-110），可得系统微分方程

$$J\frac{d^2x_o(t)}{dt^2}+b\frac{dx_o(t)}{dt}+kx_o(t)=\frac{L}{2\pi}i_1i_2k\theta_i(t) \tag{2-112}$$

对式（2-112）两边取拉氏变换，整理后可得系统传递函数为

$$\frac{X_o(s)}{\Theta_i(s)}=\frac{\frac{L}{2\pi}i_1i_2k}{Js^2+bs+k}=\frac{\frac{L}{2\pi}i_1i_2}{\frac{J}{k}s^2+\frac{b}{k}s+1} \tag{2-113}$$

由式（2-113）可见，这是一个二阶系数，由比例环节和振荡环节组成。

若取系统状态变量 $x_1(t)=x_o(t)$，$x_2(t)=\dot{x}_o(t)$，则根据式（2-112）可得系统状态方程和输出方程为

$$\begin{pmatrix}\dot{x}_1\\ \dot{x}_2\end{pmatrix}=\begin{pmatrix}0 & 1\\ -\dfrac{k}{J} & -\dfrac{b}{J}\end{pmatrix}\begin{pmatrix}x_1\\ x_2\end{pmatrix}+\begin{pmatrix}0\\ \dfrac{Li_1i_2k}{2\pi J}\end{pmatrix}\theta_i \tag{2-114}$$

$$y=[1\quad 0]\begin{pmatrix}x_1\\ x_2\end{pmatrix} \tag{2-115}$$

（二）汽车悬架系统

图2-50所示为汽车悬架系统原理图。当汽车在道路上行驶时，轮胎的垂直位移是一个运动激励，作用在汽车的悬架系统上。该系统的运动，由质心的平移运动和围绕质心的旋转运动组成。要建立整个系统的精确模型相当复杂。下面仅建立车体在垂直方向上运动的简化的数学模型，如图2-50所示。

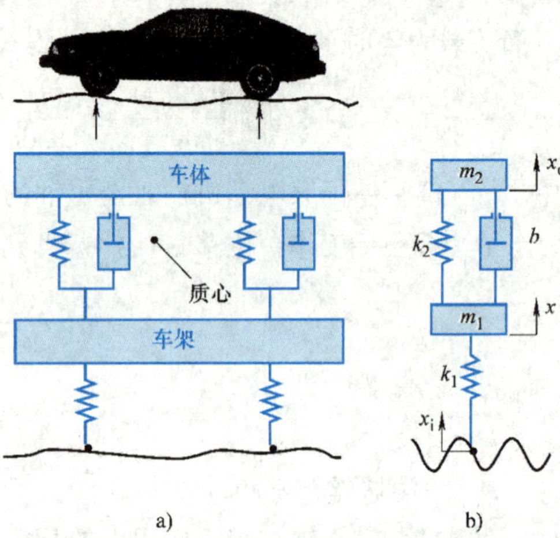

图2-50 汽车悬架系统
a）悬架系统原理图 b）简化的悬架系统

设汽车轮胎的垂直运动 x_i 为系统的输入量，车体的垂直运动 x_o 为系统的输出量，则根据牛顿第二定律，得到系统运动方程为

$$m_1\ddot{x}=b(\dot{x}_o-\dot{x})+k_2(x_o-x)+k_1(x_i-x)$$

$$m_2\ddot{x}_o=-b(\dot{x}_o-\dot{x})-k_2(x_o-x)$$

因此，有

$$m_1\ddot{x}+b\dot{x}+(k_1+k_2)x=b\dot{x}_o+k_2x_o+k_1x_i \tag{2-116}$$

$$m_2\ddot{x}_o+b\dot{x}_o+k_2x_o=b\dot{x}+k_2x \tag{2-117}$$

假设初始条件为零，对式（2-116）和式(2-117）进行拉氏变换，得到

$$[m_1s^2+bs+(k_1+k_2)]X(s)=(bs+k_2)X_o(s)+k_1X_i(s) \tag{2-118}$$

$$[m_2s^2+bs+k_2]X_o(s)=(bs+k_2)X(s) \tag{2-119}$$

将式（2-119）代入式（2-118)，消去中间变量 $X(s)$，整理后即得简化的汽车悬架系统的传递函数

$$\frac{X_o(s)}{X_i(s)}=\frac{k_1(bs+k_2)}{m_1m_2s^4+(m_1+m_2)bs^3+[k_1m_2+(m_1+m_2)k_2]s^2+k_1bs+k_1k_2} \tag{2-120}$$

由式（2-118）和式（2-119）可画出系统框图，如图2-51所示。

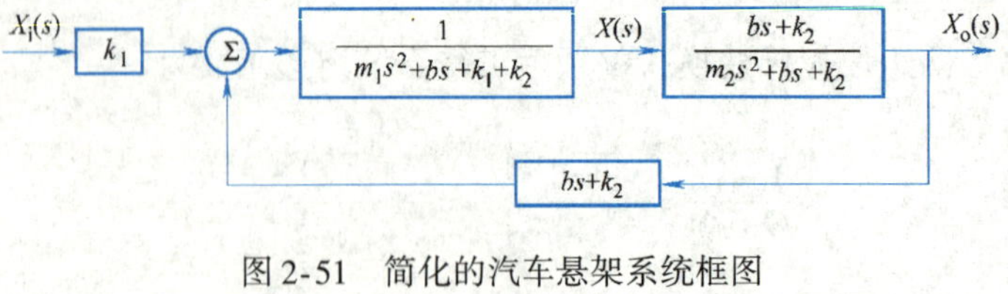

图2-51 简化的汽车悬架系统框图

由式（2-120）和图2-51可见，这个简化的汽车悬架系统是4阶系统。

如果取 $x_1=x$，$x_2=\dot{x}$，$x_3=x_o$，$x_4=\dot{x}_o$ 为四个状态变量，则由式（2-116）和式

(2-117) 可得系统状态方程和输出方程为

$$\begin{pmatrix}\dot{x}_1\\ \dot{x}_2\\ \dot{x}_3\\ \dot{x}_4\end{pmatrix}=\begin{pmatrix}0 & 1 & 0 & 0\\ -\dfrac{k_1+k_2}{m_1} & -\dfrac{b}{m_1} & \dfrac{k_2}{m_1} & \dfrac{b}{m_1}\\ 0 & 0 & 0 & 1\\ \dfrac{k_2}{m_2} & \dfrac{b}{m_2} & -\dfrac{k_2}{m_2} & -\dfrac{b}{m_2}\end{pmatrix}\begin{pmatrix}x_1\\ x_2\\ x_3\\ x_4\end{pmatrix}+\begin{pmatrix}0\\ \dfrac{k_1}{m_1}\\ 0\\ 0\end{pmatrix}x_i \tag{2-121}$$

$$y=[1\quad 0\quad 1\quad 0]\begin{pmatrix}x_1\\ x_2\\ x_3\\ x_4\end{pmatrix} \tag{2-122}$$

(三) 车削过程

图 2-52 所示为机床的车削过程。由图可知，实际背吃刀量 u 引起切削力 $f(t)$，切削力 $f(t)$ 作用于刀具、机床，引起刀具和机床、工件的变形，可将它们都折算到刀架上，看成是刀架产生位移 $x_o(t)$。刀架变形 $x_o(t)$ 又反馈回来引起背吃刀量 u 变化，从而使工件-刀具-机床构成一闭环系统。

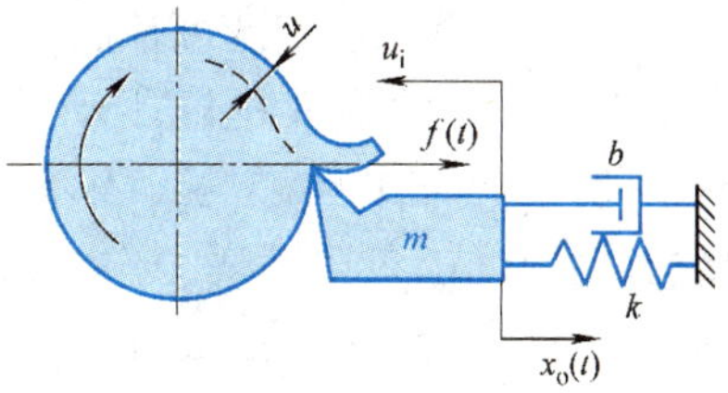

图 2-52　车削过程

忽略切削过程中工件上前次切纹对背吃刀量的影响，当以名义背吃刀量 u_i 作为输入量，以刀架变形 x_o 作为输出量，则车削过程的传递函数可推导如下：

实际背吃刀量为 $u=u_i-x_o$，其拉氏变换式为

$$U(s)=U_i(s)-X_o(s) \tag{2-123}$$

根据切削力动力学方程，实际背吃刀量 u 引起的切削力 $f(t)$ 为

$$f(t)=K_c u(t)+b_c\frac{du(t)}{dt} \tag{2-124}$$

式中　K_c——切削过程系数，表示相应的切削力与实际背吃刀量之比；

b_c——切削阻尼系数，表示相应的切削力与实际背吃刀量变化率 $du(t)/dt$ 之比。

将式 (2-124) 进行拉氏变换，可得实际背吃刀量 $U(s)$ 与切削力 $F(s)$ 之间的切削传递函数

$$G_c(s)=\frac{F(s)}{U(s)}=K_c(Ts+1) \tag{2-125}$$

式中　T——时间常数，$T=b_c/K_c$。

机床刀架可以抽象为一外力作用在质量上的质量-弹簧-阻尼系统。所以，$F(s)$ 为输入，$X_o(s)$ 为输出时的传递函数为

$$G_m(s)=\frac{X_o(s)}{F(s)}=\frac{1}{ms^2+bs+k} \tag{2-126}$$

根据式 (2-123)、式 (2-125) 和式 (1-126) 可绘出车削过程系统框图，如图 2-53 所示。

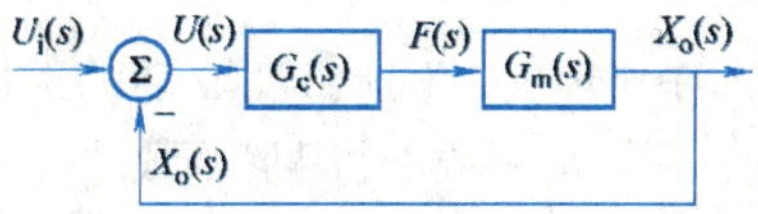

图 2-53　车削过程系统框图

对于车削加工过程这一系统来说，其开环传递函数为

$$G_K(s)=G_c(s)G_m(s)=\frac{K_c(Ts+1)}{ms^2+bs+k} \tag{2-127}$$

它由比例环节、一阶微分环节和二阶振荡环节组成。

系统闭环传递函数为

$$\Phi(s)=\frac{X_o(s)}{U_i(s)}=\frac{G_c(s)G_m(s)}{1+G_c(s)G_m(s)}=\frac{K_c(Ts+1)}{ms^2+(K_cT+b)s+(K_c+k)} \tag{2-128}$$

它是一个二阶系统。

将式（2-128）取拉氏反变换，整理后可得系统微分方程为

$$m\frac{d^2x_o}{dt^2}+(K_cT+b)\frac{dx_o}{dt}+(K_c+k)x_o=K_cT\frac{du_i}{dt}+K_cu_i \tag{2-129}$$

二、液压系统

采用液压传递动力的控制系统有很多，如仿形机床、加工中心、机械手、机器人等。各行各业中日益增多的自动生产线，以及柔性制造系统等，其中含有很多电液比例或液压伺服系统。液压系统的主要优点是功率质量比大，动作迅速灵敏。液压控制通常用于功率控制，但也常见于位置控制和速度控制。

图 2-54 所示为液压缸驱动外负载的系统简图。这个系统所要研究的问题是：当液压缸的输入流量不变、负载发生变化或负载不变、输入流量发生变化时，活塞运动速度产生变化的动态过程。为简单起见，假定液压缸回油腔直通油箱，而且进油管较短，只需考虑其容积的影响。

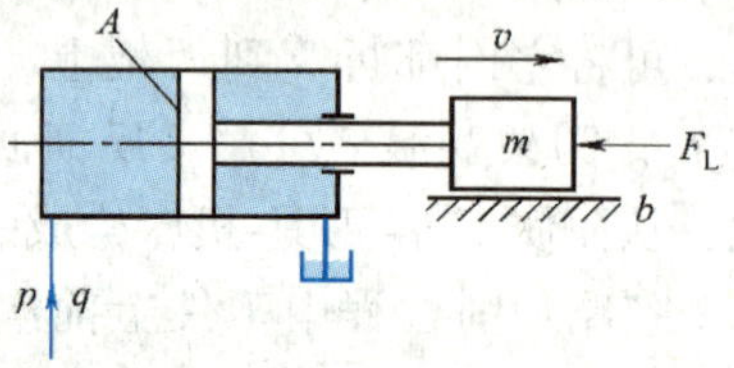

图 2-54 液压缸系统

根据液压缸工作腔的流量连续方程有

$$q=Av+k_1p+\frac{V}{\beta_e}\frac{dp}{dt} \tag{2-130}$$

式中 A——活塞有效工作面积；

v——活塞移动速度；

k_1——液压缸工作腔的泄漏系数；

p——液压缸工作腔压力；

V——液压缸工作腔和进油管内油液体积；

β_e——油液的体积模量。

式（2-130）中等号右边第一项 Av 是活塞移动所需流量，第二项 k_1p 是泄漏量，第三项 $\frac{V}{\beta_e}\frac{dp}{dt}$ 是因油液被压缩所引起的体积变化率。

活塞上的动力平衡方程为

$$Ap=m\frac{dv}{dt}+bv+F_L \tag{2-131}$$

式中 m——液压缸所驱动的工作部件质量（包括活塞、活塞杆等移动部件质量）；

b——粘性阻尼系数。

式（2-131）等号左边 Ap 为液压缸产生的推力；等号右边第一项 $m\frac{dv}{dt}$ 为惯性力，第二

项 bv 为阻尼力，第三项 F_L 为外负载力。

假设初始条件为零，将式（2-130）和式（2-131）取拉氏变换并整理后得

$$q(s)=Av(s)+\left(k_1+\frac{V}{\beta_e}s\right)p(s) \tag{2-132}$$

$$Ap(s)=(ms+b)v(s)+F_L(s) \tag{2-133}$$

根据式（2-132）和式（2-133）可作出液压缸系统的框图如图 2-55 所示，并综合成下式

$$v(s)=\frac{Aq(s)-\left(k_1+\frac{V}{\beta_e}s\right)F_L(s)}{\frac{V}{\beta_e}ms^2+\left(k_1m+\frac{V}{\beta_e}b\right)s+(A^2+k_1b)}=\frac{1}{A^2+k_1b}\frac{Aq(s)-\left(k_1+\frac{V}{\beta_e}s\right)F_L(s)}{\frac{s^2}{\omega_n^2}+\frac{2\zeta}{\omega_n}s+1} \tag{2-134}$$

上式中的 ω_n 和 ζ 分别代表液压缸系统的无阻尼固有频率和阻尼比，其值为

$$\omega_n=\sqrt{\frac{(A^2+k_1b)\beta_e}{Vm}} \tag{2-135}$$

$$\zeta=\frac{\omega_n}{2\beta_e}\frac{\beta_e k_1 m+Vb}{A^2+k_1b} \tag{2-136}$$

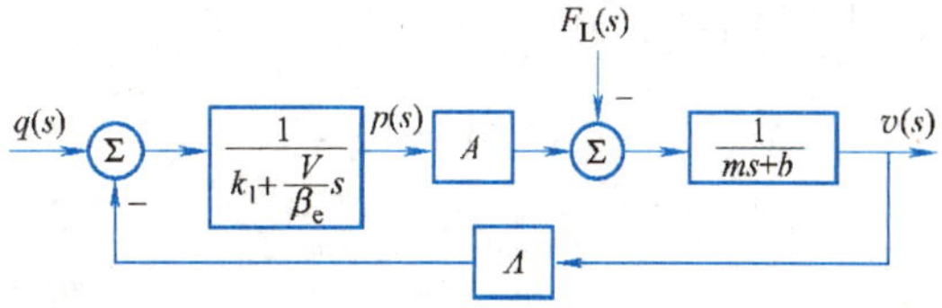

图 2-55　液压缸系统框图

由式（2-134）得出输入流量恒定，即 $q(s)=0$ 时，液压缸系统的闭环传递函数为

$$\Phi_1(s)=\frac{v(s)}{F_L(s)}=\left(\frac{-1}{A^2+k_1b}\right)\frac{k_1+\frac{V}{\beta_e}s}{\left(\frac{s}{\omega_n}\right)^2+2\frac{\zeta}{\omega_n}s+1} \tag{2-137}$$

外负载恒定，即 $F_L(s)=0$ 时，液压缸系统的闭环传递函数为

$$\Phi_2(s)=\frac{v(s)}{q(s)}=\left(\frac{A}{A^2+k_1b}\right)\frac{1}{\left(\frac{s}{\omega_n}\right)^2+2\frac{\zeta}{\omega_n}s+1} \tag{2-138}$$

由系统框图和传递函数可以看出，该液压缸系统是一个二阶系统。

若取状态变量 $x_1=p$，$x_2=v$，则式（2-130）和式（2-131）可改写成

$$q=Ax_2+k_1x_1+\frac{V}{\beta_e}\dot{x}_1 \quad 或 \quad \frac{V}{\beta_e}\dot{x}_1=-k_1x_1-Ax_2+q \tag{2-139}$$

$$Ax_1=m\dot{x}_2+bx_2+F_L \quad 或 \quad m\dot{x}_2=Ax_1-bx_2-F_L \tag{2-140}$$

由式（2-139）和式（2-140）即得液压缸系统的状态方程和输出方程为

$$\begin{pmatrix}\dot{x}_1\\ \dot{x}_2\end{pmatrix}=\begin{pmatrix}-\frac{\beta_e k_1}{V} & -\frac{A\beta_e}{V}\\ \frac{A}{m} & -\frac{b}{m}\end{pmatrix}\begin{pmatrix}x_1\\ x_2\end{pmatrix}+\begin{pmatrix}\frac{\beta_e}{V} & 0\\ 0 & -\frac{1}{m}\end{pmatrix}\begin{pmatrix}q\\ F_L\end{pmatrix} \tag{2-141}$$

$$y = [1 \quad 1]\begin{pmatrix} x_1 \\ x_2 \end{pmatrix} \tag{2-142}$$

三、液位系统

图 2-56 所示为具有两个容器的液位系统。由于容器之间相互有影响，因此必须作整体考虑。在稳定状态时，系统的输入和输出流量均为 $\overline{Q}$，而两个容器之间的流量为零。容器 1 和容器 2 的稳态液位高度分别为 $\overline{H}_1$ 和 $\overline{H}_2$。$t=0$ 时，输入流量从 $\overline{Q}$ 变化到 $\overline{Q}+q$，其中 q 为流量变化量。假设变量（h_1 和 h_2，q、q_1 和 q_2）相对于它们的稳态值的变化均很小，并假定液体流过阀门的液态为层流（即阀门的液阻与其压差成正比），那么就可以写出系统的下列方程：

对于容器 1，有

$$C_1 \mathrm{d}h_1 = q_1 \mathrm{d}t \quad 或 \quad C_1 \frac{\mathrm{d}h_1}{\mathrm{d}t} = q_1 \tag{2-143}$$

$$q_1 = \frac{h_2 - h_1}{R_1} \tag{2-144}$$

对于容器 2，有

$$C_2 \mathrm{d}h_2 = (q - q_1 - q_2)\mathrm{d}t \quad 或 \quad C_2 \frac{\mathrm{d}h_2}{\mathrm{d}t} = q - q_1 - q_2 \tag{2-145}$$

$$q_2 = \frac{h_2}{R_2} \tag{2-146}$$

式中 C_1，C_2——分别为容器 1、2 的液容，$C = \mathrm{d}V/\mathrm{d}H$，其中 V 为容器中液体的容积；

R_1，R_2——分别为两个容器之间阀门的液阻和输出端阀门的液阻，$R = \mathrm{d}H/\mathrm{d}Q$。

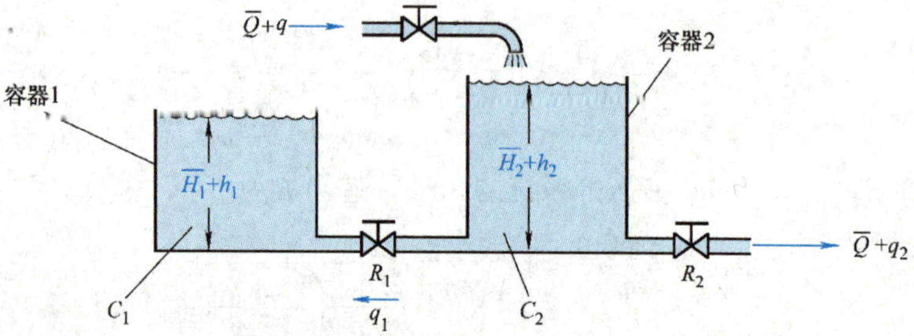

图 2-56 具有两个容器的液位系统

对式（2-143）~式（2-146）取拉氏变换，并假设初始条件为零，得

$$C_1 s H_1(s) = Q_1(s) \tag{2-147}$$

$$Q_1(s) = \frac{1}{R_1}[H_2(s) - H_1(s)] \tag{2-148}$$

$$C_2 s H_2(s) = Q(s) - Q_1(s) - Q_2(s) \tag{2-149}$$

$$Q_2(s) = \frac{1}{R_2} H_2(s) \tag{2-150}$$

通过式（2-147）~式（2-150），可以得到系统框图的各方框单元，如图 2-57a 所示。将各信号适当地连接起来，就构成了系统的框图，如图 2-57b 所示。将该系统框图进行等效变换，得到简化的系统框图，如图 2-57c 所示。

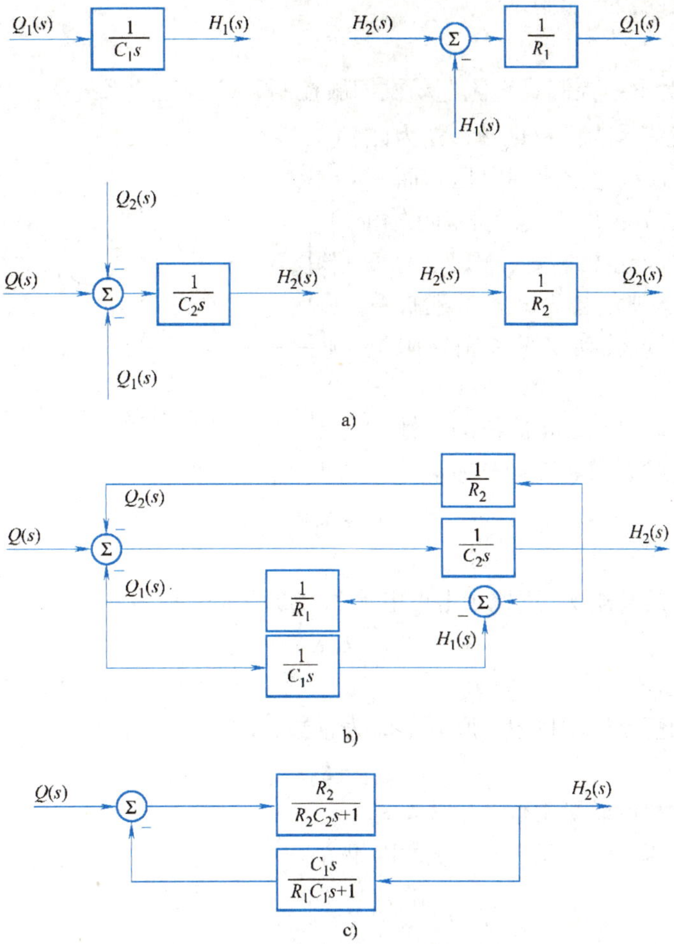

图 2-57 液位系统的方框单元和框图

由图 2-57c 便可得到以 q 为输入量、以 h_2 为输出量的系统传递函数

$$\frac{H_2(s)}{Q(s)}=\frac{R_2(R_1C_1s+1)}{R_1C_1R_2C_2s^2+(R_1C_1+R_2C_2+R_2C_1)s+1} \tag{2-151}$$

将式（2-150）代入式（2-151）可得以 q 为输入量、以 q_2 为输出量的系统传递函数

$$\frac{Q_2(s)}{Q(s)}=\frac{R_1C_1s+1}{R_1C_1R_2C_2s^2+(R_1C_1+R_2C_2+R_2C_1)s+1} \tag{2-152}$$

把式（2-147）代入式（2-148），整理后得

$$H_2(s)=(R_1C_1s+1)H_1(s) \tag{2-153}$$

将式（2-153）代入式（2-151）就可得到以 q 为输入量、以 h_1 为输出量的系统传递函数

$$\frac{H_1(s)}{Q(s)}=\frac{R_2}{R_1C_1R_2C_2s^2+(R_1C_1+R_2C_2+R_2C_1)s+1} \tag{2-154}$$

综观式（2-151）、式（2-152）和式（2-154）可知，这个具有两个容器的液位系统是二阶系统。输出量不同，系统传递函数的分子不同，即系统的零点不同；而传递函数的分母

是一样的，即系统的极点相同。

四、机电系统

图 2-58 所示为电枢控制式直流电动机伺服控制系统。在此系统中，R_a、L_a 分别为电枢绕组的电阻和电感；i_a 为电枢电流；i_f 为磁场励磁电流；e_i 为加到电枢上的电压，而 e_b 为电枢中的反电动势；θ_o 为电动机轴的角位移；T_M 为电动机产生的转矩，而 T_N 为负载转矩；J、b 则分别为电动机和负载折算到电动机轴上的等效转动惯量和粘性阻尼系数。

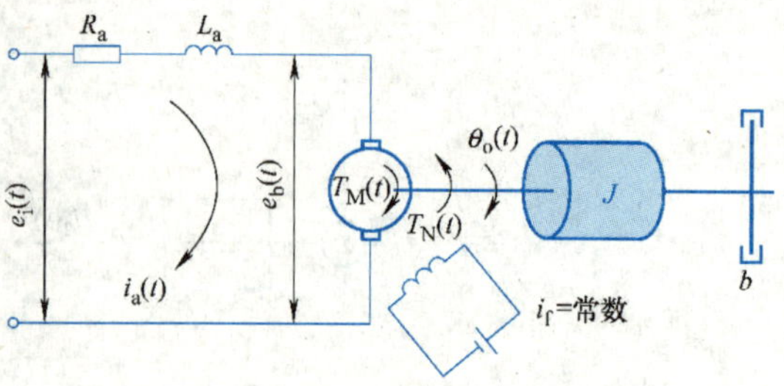

图 2-58 电枢控制式直流电动机伺服控制系统

通常，直流电动机在磁化曲线的线性范围内使用，因而气隙磁通 ϕ 正比于励磁电流，即

$$\phi = K_f i_f$$

式中 K_f——常数。

由电动机产生的转矩 T_M 正比于电枢电流和气隙磁通的乘积，即

$$T_M = K_1 K_f i_f i_a$$

式中 K_1——常数。

在电枢控制的直流电动机中，励磁电流为常数，故上式可写成

$$T_M = K_T i_a$$

式中 K_T——电动机的转矩常数，$K_T = K_1 K_f i_f$。

由控制输入电压 $e_i(t)$ 开始，系统的因果方程为

电枢电压方程 $$L_a \frac{\mathrm{d}i_a}{\mathrm{d}t} + R_a i_a = e_i - e_b$$

电动机转矩 $$T_M = K_T i_a$$

转矩平衡方程 $$J\frac{\mathrm{d}^2\theta_o}{\mathrm{d}t^2} + b\frac{\mathrm{d}\theta_o}{\mathrm{d}t} = T_M - T_N$$

电动机的反电动势正比于速度 $$e_b = K_b \frac{\mathrm{d}\theta_o}{\mathrm{d}t}$$

式中 K_b——反电动势常数。

显然，$e_i(t)$ 为全部起因，i_a 为 e_i 的直接结果，i_a 使电动机产生了转矩 T_M，而 T_M 引起角位移 θ_o（或角速度 $\dot{\theta}_o$），角速度又产生了反电动势 e_b。

假设零初始条件，系统因果方程的拉氏变换为

$$(L_a s + R_a)I_a(s) = E_i(s) - E_b(s)$$

$$T_M(s) = K_T I_a(s)$$

$$(Js^2 + bs)\Theta_o(s) = T_M(s) - T_N(s)$$

$$E_b(s) = K_b s\Theta_o(s)$$

由此，可绘得直流电动机伺服控制系统的框图和信号流图，如图 2-59 所示。

当负载转矩 $T_N(s) = 0$ 时，由上式消去中间变量，可得到该电动机伺服控制系统以 $e_i(t)$

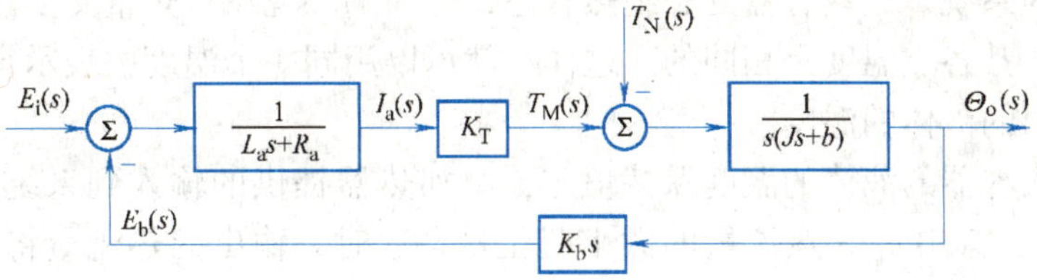

a)

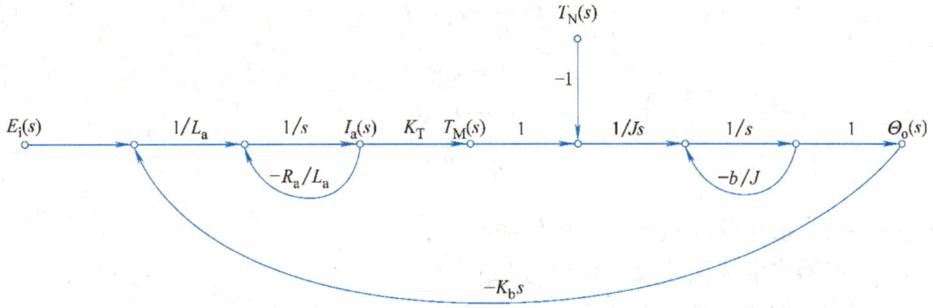

b)

图 2-59　直流电动机伺服控制系统框图和信号流图

a）系统框图　b）信号流图

为输入量、$\theta_o(t)$ 为输出量的闭环传递函数，即

$$\Phi_E(s)=\frac{\Theta_o(s)}{E_i(s)}=\frac{K_T}{s[(L_a s+R_a)(Js+b)+K_T K_b]} \tag{2-155}$$

令 $E_i(s)=0$，由图 2-59 则可得以 $T_N(t)$ 为输入量、$\theta_o(t)$ 为输出量的直流电动机伺服控制系统干扰传递函数为

$$\Phi_N(s)=\frac{\Theta_o(s)}{T_N(s)}=\frac{-(L_a s+R_a)}{s[(L_a s+R_a)(Js+b)+K_T K_b]} \tag{2-156}$$

五、热力系统

凡是能将热量从一种物质传递到另一种物质的系统，称为热力系统。为了简化分析，下面采用集中参数模型来表示图 2-60 所示的热力系统，并假定当用热阻描述物质的特性时，可以忽略热容；当用热容描述物质的特性时，可以忽略热阻。

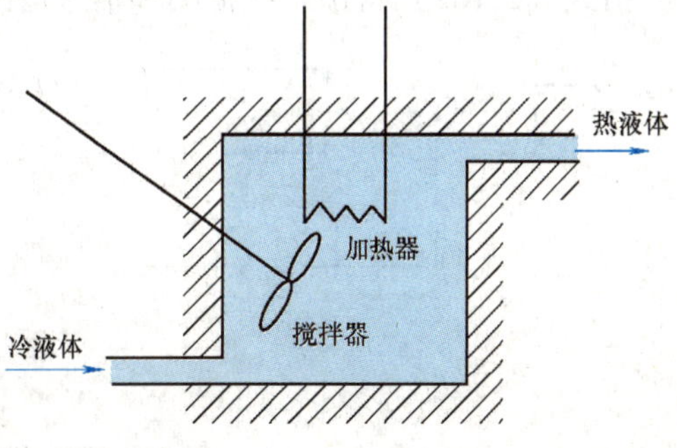

图 2-60　热力系统

热量从一种物质传递到另一种物质可以通过导热、对流和辐射 3 种不同途径，这里只考虑导热和对流。因为只有在辐射体的温度比接收体的温度高得多时，辐射热的传递才是值得考虑的。

图 2-60 所示的热力系统是一个通过液体

来传递热量的系统。假设容器处于绝热状态，与周围环境没有热量交换。又假设容器中的液体混合均匀，其各点温度是相同的。这样，就可以用同一个温度去表示容器中液体的温度和从容器中流出的液体的温度。

假设输入容器的液体的温度保持恒定，由加热器提供的输入到系统的热流量由 $\overline{Q}$ 突然改变到 $\overline{Q}+q_i$，其中 q_i 为热流量的微小变化量。这时，输出的热流量将逐渐地从 $\overline{Q}$ 改变到 $\overline{Q}+q_o$。输出液体的温度也将从 $\overline{\Theta}_o$ 上升到 $\overline{\Theta}_o+\theta_o$。在这种情况下，可以列出系统的微分方程如下：

$$C\frac{d\theta}{dt}=q_i-q_o \tag{2-157}$$

其中
$$C=mc \tag{2-158}$$

$$q_o=Q_m c\theta \tag{2-159}$$

而
$$R=\frac{\theta}{q_o} \tag{2-160}$$

式中 Q_m——稳态液体的质量流量，单位为 kg/s；

m——容器内液体的质量，单位为 kg；

c——液体的比热容，单位为 J/(kg · ℃)；

R——热阻，单位为℃ · s/J，R = 温度差的变化量/热流量的变化量；

C——热容，单位为 J/℃，C = 被存储的热量的变化量/温度的变化量。

将式（2-160）代入式（2-157）有

$$RC\frac{d\theta}{dt}+\theta=Rq_i \tag{2-161}$$

将上式取拉氏变换，得热力系统传递函数

$$\frac{\Theta(s)}{Q_i(s)}=\frac{R}{RCs+1} \tag{2-162}$$

式中 $\Theta(s)=\mathscr{L}[\theta(t)]$，$Q_i(s)=\mathscr{L}[q_i(t)]$。

从式（2-162）可以看出，该热力系统为一阶系统，由比例环节和惯性环节所组成，系统的时间常数等于 RC 即 m/Q_m。因此，容器内液体的质量越大，系统时间常数越大，温度的改变越慢；反之，输入容器的液体的稳态流量越大，系统时间常数越小，温度变化越快。

由式（2-162）得出系统框图和信号流图，如图 2-61 所示。

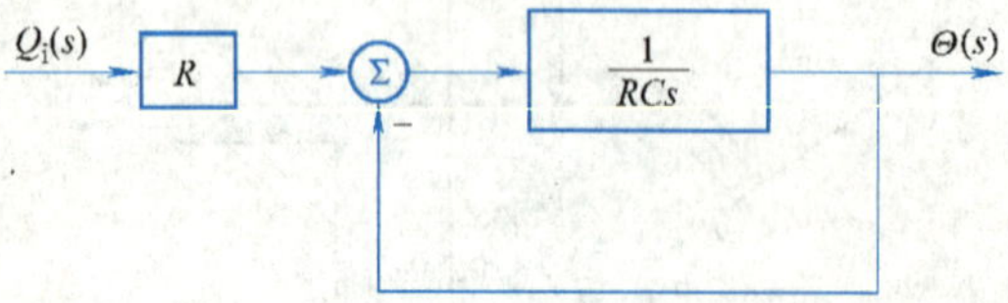

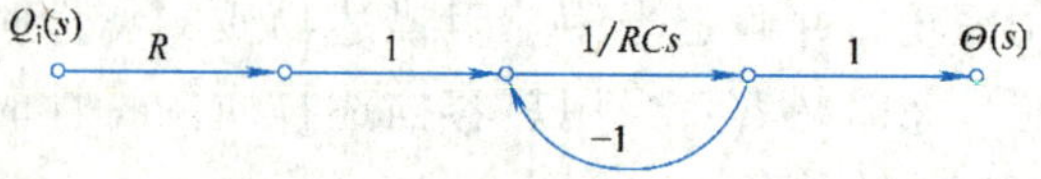

图 2-61 热力系统框图和信号流图

a）系统框图 b）信号流图

第八节 基于 MATLAB 与 SIMULINK 建立系统数学模型

一、基于 MATLAB 建模

在 MATLAB 中，常用的系统建模方法有：传递函数建模、零极点建模和状态空间建模等。

（一）系统模型描述

（1）传递函数模型描述　命令格式：sys = tf(num, den)，其中 num，den 分别表示传递函数分子分母多项式降幂排列的系数。

（2）零极点模型描述　命令格式：sys = (z, p, k)，其中 z，p，k 分别表示系统的零点、极点和增益；若零点或极点缺项，则用 [　] 表示。

（3）状态空间模型描述　将在第七章介绍。

（二）系统连接

（1）串联连接　命令格式：sys = series(sys1, sys2)，表示系统（sys1）和系统（sys2）串联构成系统（sys）。

（2）并联连接　命令格式：sys = parallel(sys1, sys2)，表示系统（sys1）和系统（sys2）并联构成系统（sys）。

（3）反馈连接　命令格式：sys = feedback(sysg, sysh, sign)，表示由前向通道（sysg）和反馈通道（sysh）构成系统（sys）。其中 sign 用于说明反馈性质；+1 为正反馈；-1 为负反馈；缺省默认为负反馈。

（三）模型转换

（1）由传递函数模型转换成零极点模型　命令格式：[z, p, k] = tf2zp(num, den)。

（2）由零极点模型转换成传递函数模型　命令格式：[num, den] = zp2tf(z, p, k)。

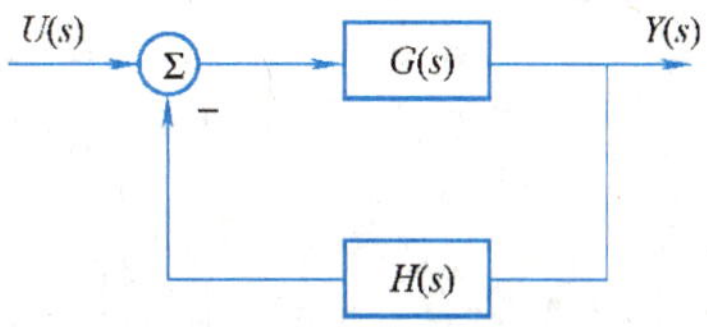

图 2-62　例 2-9 系统框图

例 2-9　试用 MATLAB 求图 2-62 所示系统的传递函数。其中

$$G(s)=\frac{10}{s^2+5s+6}\ ,\quad H(s)=\frac{1}{s+4}\ 。$$

解

MATLAB 程序：

```
numh = [1];
denh = [1  4];
sysh = tf(numh, denh);
numg = [10];
deng = [1  5  6];
sysg = tf[numg, deng];
sys = feed back(sysg, sysh);
```

MATLAB 运行结果为

Transfer function：

$$\frac{10s+40}{s^3+9s^2+26s+24}$$

即图 2-62 所示系统的传递函数为

$$\frac{Y(s)}{U(s)}=\frac{10s+40}{s^3+9s^2+26s+24}$$

二、基于 SIMULINK 建模

SIMULINK 中有多个关于连续系统建模的模块，如 Transfer Fcn，State-Space。在 SIMULINK-SOURCES中，则提供了 Impulse、Step、Ramp、Sine、Wave 等多种信号，故可在 SIMULINK 模型上进行系统仿真和分析。图 2-63 所示为例 2-9 系统的 SIMULINK 模型。

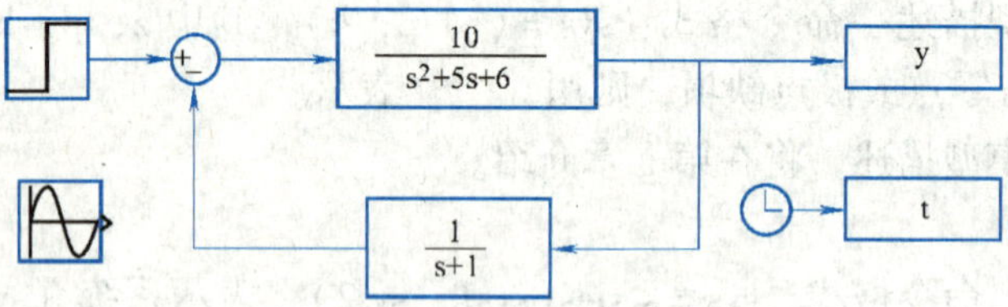

图 2-63　例 2-9 系统的 SIMULINK 模型

习　题

2-1　试建立图 2-64 所示各系统的动态微分方程，并说明这些动态方程之间有什么特点。图中，电压 u_1 和位移 x_1 为系统输入量；电压 u_2 和位移 x_2 为系统输出量；k、k_1 和 k_2 为弹簧刚度系数；b 为粘性阻尼系数；R、R_1 和 R_2 为电阻；C 为电容。

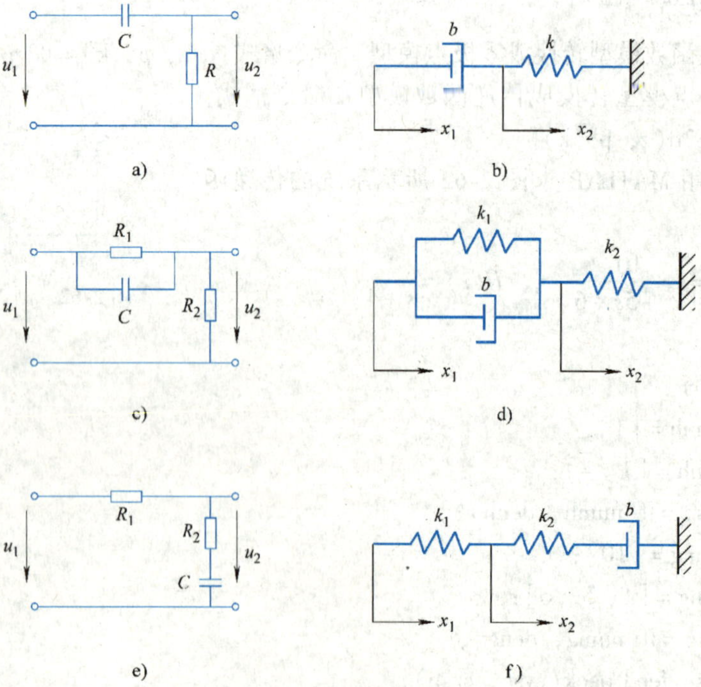

图 2-64　题 2-1 图

2-2 写出图 2-65 所示机械系统的运动微分方程式。图中，外加力 $f(t)$ 为输入，位移 x_2 为输出。

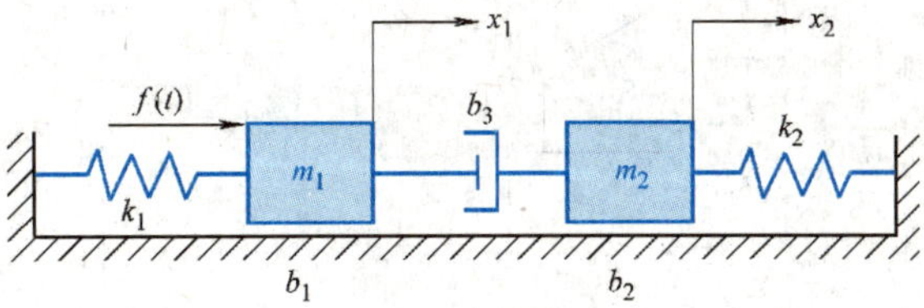

图 2-65 题 2-2 图

2-3 试用部分分式法求下列函数的拉氏反变换：

1) $G(s)=\dfrac{s}{(s+a)(s-b)}$ 2) $G(s)=\dfrac{s+3}{(s+1)(s+2)}$

3) $G(s)=\dfrac{s+c}{(s+a)(s+b)^2}$ 4) $G(s)=\dfrac{1}{(s+1)^2(s+4)}$

5) $G(s)=\dfrac{s}{(s+1)^2(s+2)}$ 6) $G(s)=\dfrac{10}{s(s^2+4)(s+1)}$

7) $G(s)=\dfrac{s+2}{s(s+1)^2(s+3)}$ 8) $G(s)=\dfrac{3s^2+2s+8}{s(s+2)(s^2+2s+4)}$

9) $G(s)=\dfrac{s+d}{s(s+a)(s+b)(s+c)}$ 10) $G(s)=\dfrac{s^2+a_1s+a_2}{s^2(s+a)}$

11) $G(s)=\dfrac{1}{s(s^2+s+2)}$ 12) $G(s)=\dfrac{2(s+1)}{s(s^2+s+2)}$

13) $G(s)=\dfrac{1}{s(s^2+\omega^2)}$ 14) $G(s)=\dfrac{2s+12}{s^2+2s+5}$

15) $G(s)=\dfrac{s^2+2s+3}{(s+1)^3}$ 16) $G(s)=\dfrac{(s+3)(s+4)(s+5)}{(s+1)(s+2)}$

17) $G(s)=\dfrac{s^3+5s^2+9s+7}{(s+1)(s+2)}$ 18) $G(s)=\dfrac{s^4+2s^3+3s^2+4s+5}{s(s+1)}$

2-4 使用拉氏变换求解下列微分方程：

1) $\ddot{x}(t)+3\dot{x}(t)+2x(t)=0$，$x(0)=a$，$\dot{x}(0)=b$，式中 a 和 b 均为常数

2) $\ddot{x}(t)-x(t)=4\sin t+5\cos 2t$，$x(0)=1$，$\dot{x}(0)=-2$

3) $\ddot{x}(t)+2\dot{x}(t)+5x(t)=3$，$x(0)=0$，$\dot{x}(0)=0$

4) $\ddot{x}(t)+3\dot{x}(t)+6x(t)=0$，$x(0)=0$，$\dot{x}(0)=3$

5) $\dddot{x}(t)+3\ddot{x}(t)+3\dot{x}(t)+x(t)=1$，$x(0)=\dot{x}(0)=\ddot{x}(0)=0$

2-5 试求下列传递函数的极点和零点：

1) $G(s)=\dfrac{5(s+1)}{s^2(s+2)(s+5)}$ 2) $G(s)=\dfrac{s^2(s+1)}{(s+2)(s^2+3s+2)}$

3) $G(s)=\dfrac{K(s+2)}{s(s^2+s+1)}$ 4) $G(s)=\dfrac{Ke^{-2s}}{(s+1)(s+2)}$

2-6 证明图 2-66a、b 所示系统具有相同形式的传递函数。

2-7 一齿轮系如图 2-67 所示。z_1、z_2、z_3 和 z_4 分别为各齿轮齿数；J_1、J_2 和 J_3 表示各传动轴上的转动惯量；θ_1、θ_2 和 θ_3 为各轴的角位移；T_m 是电动机输出转矩。试列写折算到电动机轴上的齿轮系的运动方程。

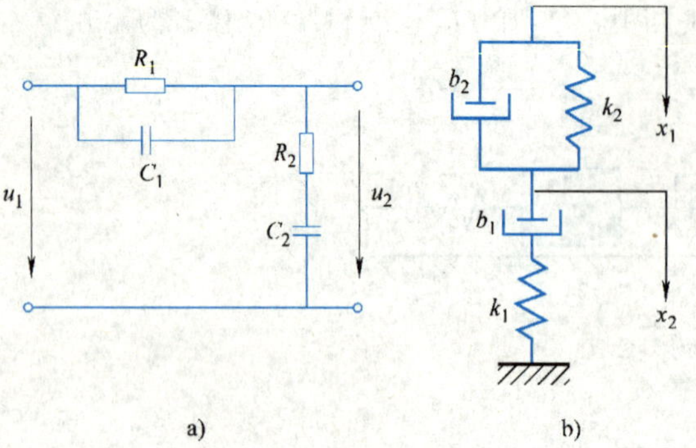

图 2-66　题 2-6 图

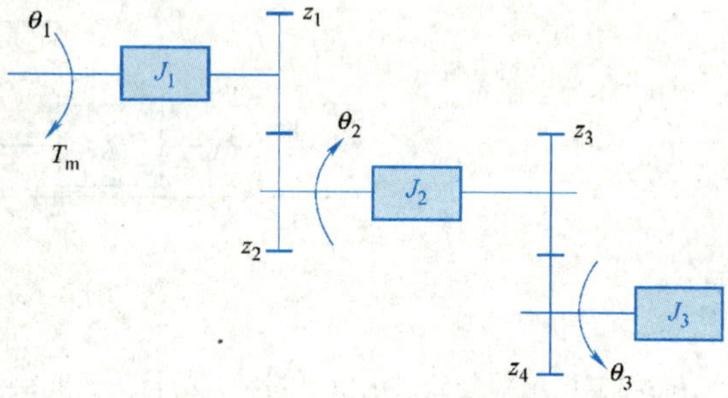

图 2-67　题 2-7 图

2-8　按信息传递和转换过程，绘出图 2-68 所示机械系统的框图。

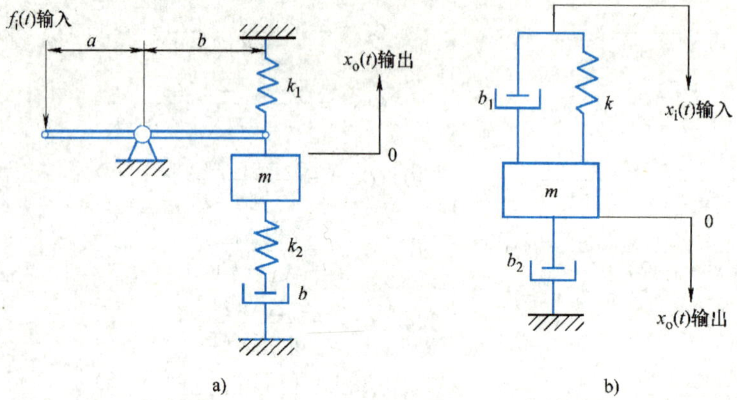

图 2-68　题 2-8 图

2-9　试求图 2-69 所示有源电网络各自的传递函数。

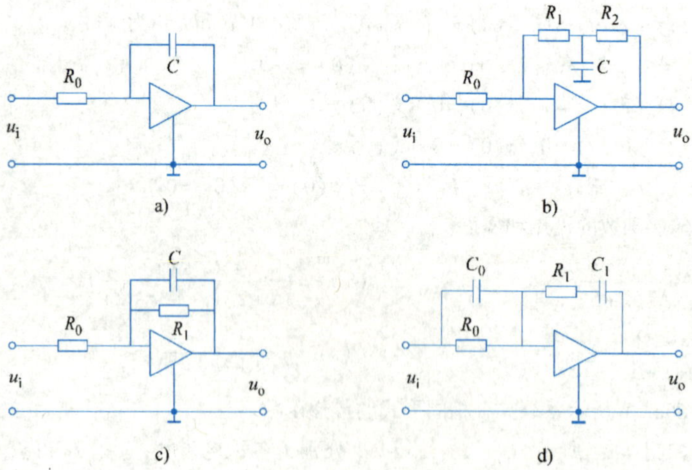

图 2-69　题 2-9 图

2-10　绘出图 2-70 所示无源电网络的系统框图，并求出各自的传递函数 $U_o(s)/U_i(s)$。

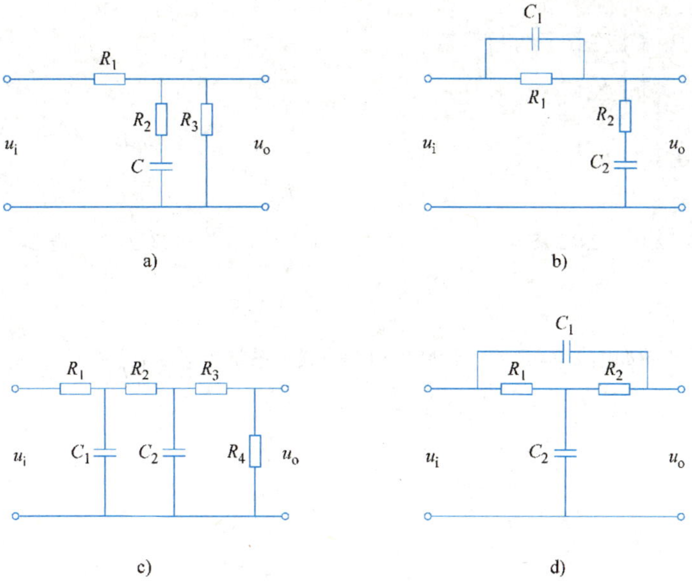

图 2-70　题 2-10 图

2-11　基于方框简化法则，求取图 2-71 所示系统框图对应的系统闭环传递函数。

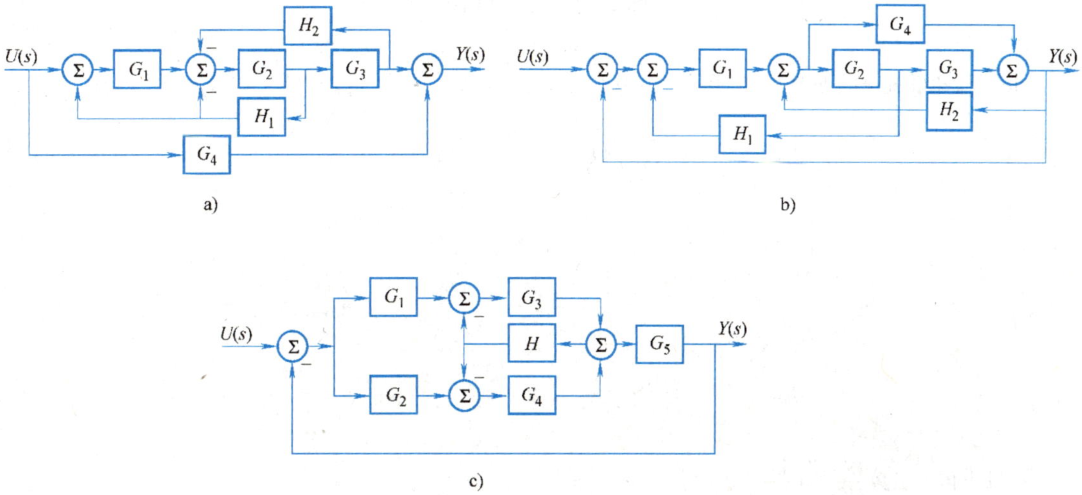

图 2-71　题 2-11 图

2-12　试求取图 2-72 所示系统的传递函数$\frac{Y_1(s)}{U_1(s)}$、$\frac{Y_2(s)}{U_1(s)}$、$\frac{Y_1(s)}{U_2(s)}$、$\frac{Y_2(s)}{U_2(s)}$。

2-13　系统的信号流图如图 2-73 所示，试应用梅森公式求其传递函数。

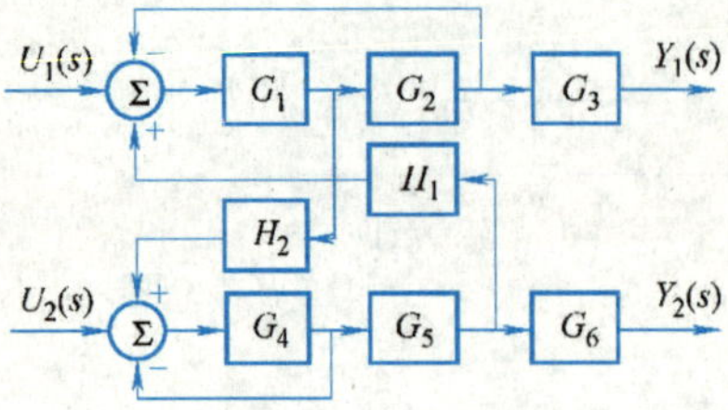

图 2-72　题 2-12 图

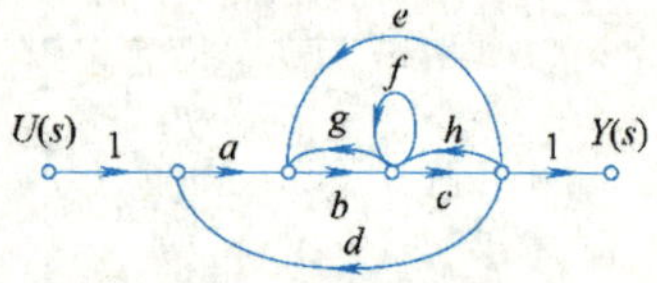

图 2-73　题 2-13 图

2-14　系统信号流图如图 2-74 所示，试应用梅森公式求系统传递函数$\dfrac{Y(s)}{U(s)}$和$\dfrac{Y(s)}{N(s)}$。

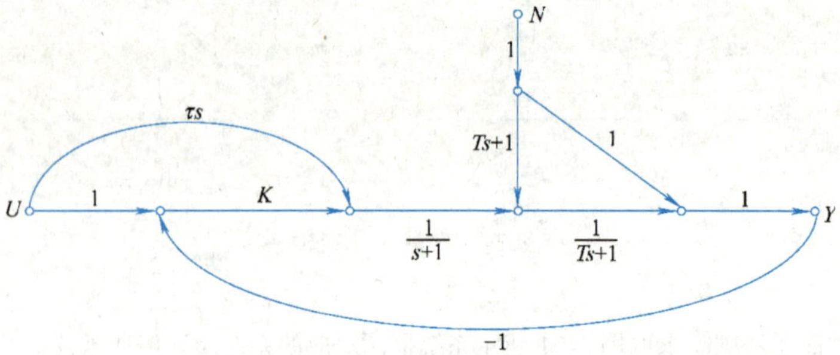

图 2-74　题 2-14 图

2-15　已知系统框图如图 2-75 所示，图中 $U(s)$ 为输入量，$Y(s)$ 为输出量，$N(s)$ 为扰动量。

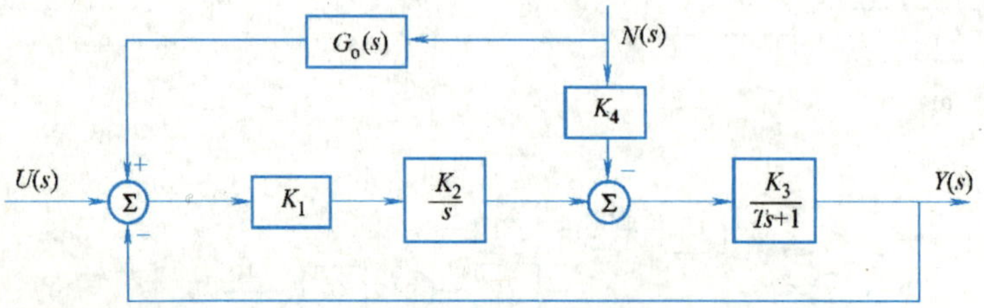

图 2-75　题 2-15 图

1）试求传递函数$\dfrac{Y(s)}{U(s)}$和$\dfrac{Y(s)}{N(s)}$。

2）若要消除扰动对输出的影响$\left(\text{即}\dfrac{Y(s)}{N(s)}=0\right)$，试求 $G_o(s)$ 值。

2-16　多回路反馈控制系统的框图如图 2-76 所示。图中：

$G_1(s)=\dfrac{1}{s+10}$，$G_2(s)=\dfrac{1}{s+1}$，$G_3(s)=\dfrac{s^2+1}{s^2+4s+4}$，$G_4(s)=\dfrac{s+1}{s+6}$，$H_1(s)=\dfrac{s+1}{s+2}$，$H_2(s)=2$，$H_3(s)=1$。

1）试应用 MATLAB 求系统闭环传递函数$\dfrac{Y(s)}{U(s)}$。

2）试用模型转换命令求系统的零极点模型。

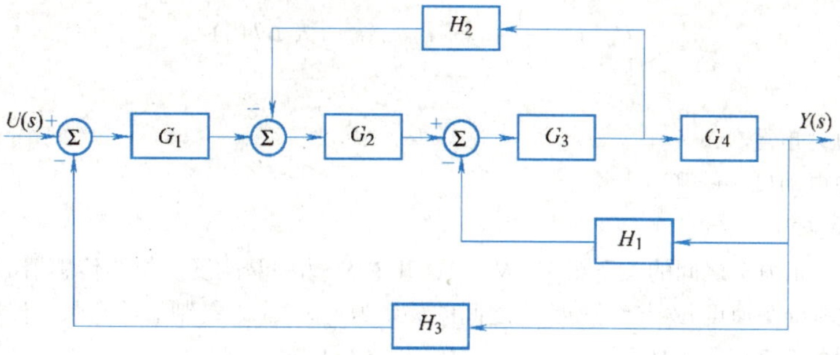

图 2-76　题 2-16 图

2-17　电视卫星天线的位置伺服控制系统原理图如图 2-77 所示。已知：输入、输出电位器的增益均为 $K_p = U/\theta_{max}$；忽略负载力矩影响后，电动机-负载的传递函数为

$$\frac{\Theta(s)}{U_2(s)} = \frac{K_m(N_1/N_2)}{s(\tau_L s + 1)}$$

其中，K_m、τ_L 分别为直流电动机的力矩常数和时间常数，N_1/N_2 为齿轮系速比。

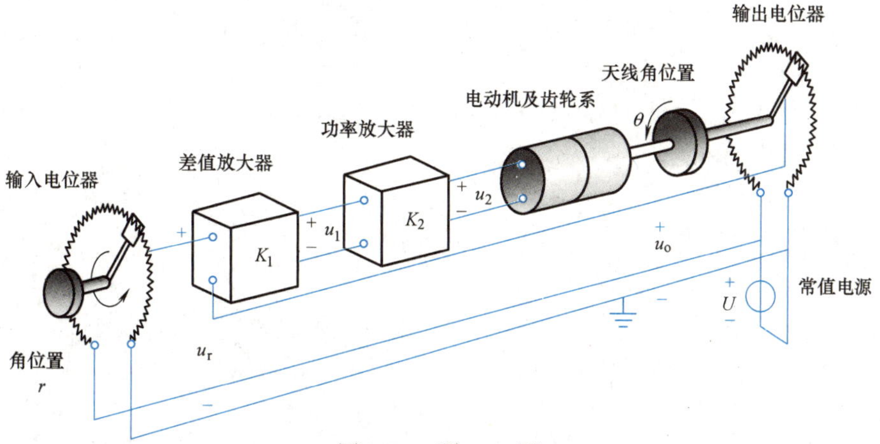

图 2-77　题 2-17 图

试画出系统框图和信号流图，并求系统传递函数$\frac{\Theta(s)}{R(s)}$，其中 $R(s) = \mathscr{L}[r(t)]$、$\Theta(s) = \mathscr{L}[\theta(t)]$。

2-18　图 2-78 所示为纸张张力控制系统原理图。纸张的张力随卷取半径的变化而变化，为此需要控制卷取机的转速，以保持纸张具有恒定的张力。卷取机转速 ω_0 受控制器输出电压 u_o 控制，满足如下关系：

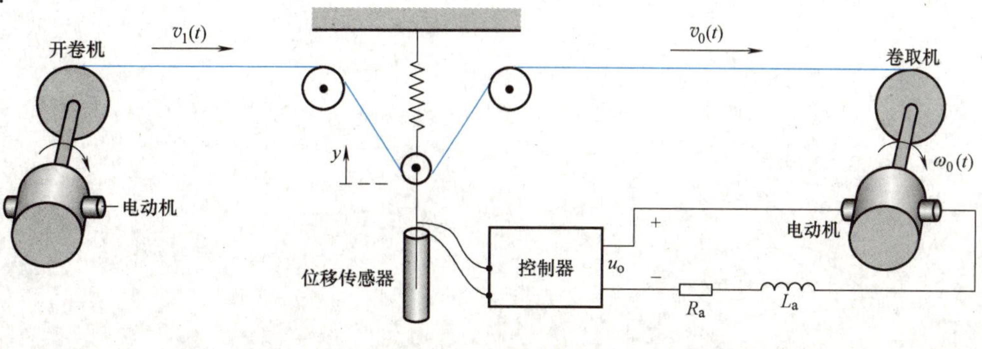

图 2-78　题 2-18 图

$$U_o(s)=\frac{1}{K_m}(\tau s+1)\omega_0(s)+K_3\Delta T(s)$$

式中 $\tau=L_a/R_a$；

K_m——电动机力矩常数；

$\Delta T(s)$——作用在电动机上的张力干扰量；

K_3——干扰增益。

弹簧压缩量 y 与张力 T 之间的关系为 $T=K_1y/2$，其中 K_1 为弹簧刚度。位移传感器的输出 $u_f=K_2y$，K_2 为比例系数。卷取机的角速度 ω_0 与线速度 v_0 之间的关系为 $v_0=2\omega_0$。控制器给定张力控制信号 $u_r(t)$ 与输出电压 $u_o(t)$ 之间的关系满足：$U_o(s)=[U_r(s)-U_f(s)]G(s)$。

试求：

1）建立包括张力干扰信号 $\Delta T(s)$、开卷机速度干扰 $\Delta V_1(s)$ 在内的闭环控制系统框图模型。

2）系统总输出 $T(s)$。

第三章　控制系统的时域分析法

系统分析是指对系统的稳定性、误差和动态特性等三方面的性能进行分析，即分析系统的稳定性、准确性和快速性。

时域分析是指在时间域内研究系统在一定输入信号的作用下，其输出信号随时间的变化情况。具体地说，如果系统可用以下的线性常系数微分方程来描述

$$a_0\frac{\mathrm{d}^n y(t)}{\mathrm{d}t^n}+a_1\frac{\mathrm{d}^{n-1} y(t)}{\mathrm{d}t^{n-1}}+\cdots+a_{n-1}\frac{\mathrm{d}y(t)}{\mathrm{d}t}+a_n y(t)$$

$$=b_0\frac{\mathrm{d}^m u(t)}{\mathrm{d}t^m}+b_1\frac{\mathrm{d}^{m-1} u(t)}{\mathrm{d}t^{m-1}}+\cdots+b_{m-1}\frac{\mathrm{d}u(t)}{\mathrm{d}t}+b_m u(t) \tag{3-1}$$

其中，$u(t)$ 为输入信号，$y(t)$ 为输出信号，a_0、a_1、…、a_n 及 b_0、b_1、…、b_m 为实常数，则该微分方程的解就是输出信号 $y(t)$，它表示系统在输入信号 $u(t)$ 作用下其输出信号随时间变化的过程，并且称输出信号 $y(t)$ 为系统对输入信号 $u(t)$ 的时间响应。根据 $y(t)$ 的表达式及其变化曲线就可以分析和研究系统的各项性能。

在控制理论发展的初期，由于计算工具的滞后，时域分析只限于阶次较低的控制系统。随着计算机的迅速发展，许多复杂的控制系统都可以在时域直接进行分析和计算，使得时域分析法在现代工程控制中得到了广泛的应用。

第一节　典型时域输入信号

控制系统的动态性能可以通过系统对输入信号的响应过程来评价，而系统的响应过程不仅取决于系统本身的特性，而且还与输入信号的形式有关。只有在一些特殊的情况下，控制系统的输入信号才是确定的。在一般情况下，控制系统的实际输入信号可能预先是不知道的，而且在大多数情况下是随机的。例如在金属切削过程中，工件材料硬度和切削余量的不均匀、切削刀具的磨损以及切削角度的变化等都会引起切削力的变化；又例如在机电设备的运行过程中，电网电压的变化、设备负载的波动以及环境因素的干扰等都是无法预先知道的。因此，控制系统的实际输入信号通常难以用简单的数学表达式表示出来。

在分析和设计控制系统时，需要有一个对各种控制系统的性能进行比较的基础，这个基

础就是预先规定一些具有典型意义的实验信号作为系统的输入信号，然后比较各种控制系统对这些典型输入信号的响应，来进行分析和评价。因此，系统的时域分析就是建立在系统接受典型输入信号的基础上的。

选取典型输入信号时，必须考虑下列原则：所选输入信号应当反映系统在工作过程中的大部分实际情况；应当在形式上尽可能简单，以便于对系统响应的分析；应当能够使系统工作在最不利的情况下；应当在实际中可以得到或近似地得到，等等。

在控制工程中，通常使用的典型输入信号有：阶跃信号、速度信号、加速度信号、脉冲信号和正弦信号等。这些典型输入信号都是简单的时间函数，数学处理很方便，而且在实际工程中也可以实现或近似地实现，即可以进行实验研究。

对于同一个系统，无论采用哪种输入信号，由时域分析所表示的系统本身所固有的特性是一致的，即

$$G(s)=\frac{Y_1(s)}{U_1(s)}=\frac{Y_2(s)}{U_2(s)} \tag{3-2}$$

或写成

$$u_1(t)*y_2(t)=u_2(t)*y_1(t) \tag{3-3}$$

式中 $G(s)$——系统的传递函数；

$u_1(t)$ 和 $u_2(t)$——输入信号 1 和输入信号 2；

$y_1(t)$ 和 $y_2(t)$——输出信号 1 和输出信号 2。

所以，只要知道系统对典型输入信号的响应，再利用式（3-2）或式（3-3），也能够方便地求出系统对任何输入信号的时间响应。

单位脉冲、单位阶跃、单位速度、单位加速度和正弦等典型输入信号的数学表达式、图形及其拉氏变换式已在第二章中详述，现将其汇集于表 3-1 中，以便查用。

表 3-1 典型输入信号

名 称	时域表达式	复域表达式
单位脉冲函数	$\delta(t)$，$t=0$	1
单位阶跃函数	$1(t)$，$t\geqslant 0$	$\frac{1}{s}$
单位速度函数	t，$t\geqslant 0$	$\frac{1}{s^2}$
单位加速度函数	$\frac{1}{2}t^2$，$t\geqslant 0$	$\frac{1}{s^3}$
正弦函数	$A\sin\omega t$	$\frac{A\omega}{s^2+\omega^2}$

第二节 系统时域响应

一、一阶系统时域响应

凡是能够用一阶微分方程描述的系统称为一阶系统，它的典型形式是一阶惯性环节，其传递函数为

$$G(s)=\frac{Y(s)}{U(s)}=\frac{1}{Ts+1}$$

式中 T——时间常数。

（一）一阶系统的单位阶跃响应

系统在单位阶跃信号作用下的输出称为单位阶跃响应。单位阶跃信号 $u(t)=1(t)$ 的拉氏变换为 $U(s)=\frac{1}{s}$，则一阶系统在单位阶跃信号作用下的输出的拉氏变换为

$$Y(s)=G(s)U(s)=\frac{1}{Ts+1}\frac{1}{s}=\frac{1}{s}-\frac{1}{s+\frac{1}{T}}$$

将上式进行拉氏反变换，得出一阶系统的单位阶跃响应为

$$y(t)=\mathscr{L}^{-1}[Y(s)]=1-e^{-\frac{1}{T}t}\quad(t\geqslant 0)\tag{3-4}$$

一阶系统在单位阶跃信号作用下的时间响应曲线如图3-1所示，它是一条单调上升的指数曲线，并且随着自变量的增大，其值趋近于1。从式（3-4）和图3-1中可以得出：

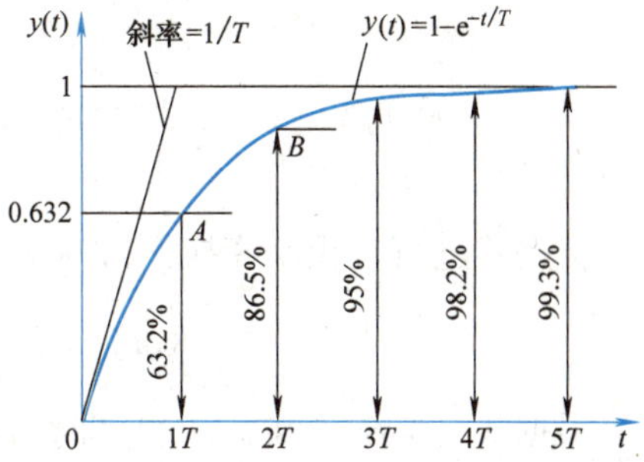

图3-1 一阶系统的单位阶跃响应曲线

1）一阶系统是稳定的，无振荡。

2）当 $t=T$ 时，$y(t)=0.632$，即经过时间 T，曲线上升到0.632的高度。反过来，如果用实验的方法测出响应曲线达到0.632高度点时所用的时间，则该时间就是一阶系统的时间常数 T。

3）经过时间 $3T\sim4T$，响应曲线已达稳态值的95%~98%，在工程上可以认为其瞬态响应过程基本结束，系统进入稳态过程。由此可见，时间常数 T 反映了一阶系统的固有特性，其值越小，系统惯性越小，响应越快。

4）因为

$$\left.\frac{dy(t)}{dt}\right|_{t=0}=\left.\frac{1}{T}e^{-\frac{1}{T}t}\right|_{t=0}=\frac{1}{T}$$

所以，在 $t=0$ 处，响应曲线的切线斜率为 $\frac{1}{T}$。

（二）一阶系统的单位速度响应

系统在单位速度信号作用下的输出称为单位速度响应。单位速度信号 $u(t)=t$ 的拉氏变换为 $U(s)=\frac{1}{s^2}$，则一阶系统在单位速度信号作用下的输出的拉氏变换为

$$Y(s)=G(s)U(s)=\frac{1}{Ts+1}\frac{1}{s^2}=\frac{1}{s^2}-\frac{T}{s}+\frac{T}{s+\frac{1}{T}}$$

将上式进行拉氏反变换，得出一阶系统的单位速度响应为

$$y(t)=\mathscr{L}^{-1}[Y(s)]=t-T+Te^{-\frac{1}{T}t}\quad(t\geqslant 0)\tag{3-5}$$

根据式（3-5），可以求得其时间响应曲线，如图3-2所示，仍是一条单调上升的指数曲线。一阶系统在单位速度信号作用下的输入 $u(t)$ 与输出 $y(t)$ 之间的误差 $e(t)$ 为

$$e(t)=u(t)-y(t)=t-(t-T+Te^{-\frac{1}{T}t})=T(1-e^{-\frac{1}{T}t})$$

则有 $\lim\limits_{t\to\infty}e(t)=T$。这就是说，一阶系统在单位速度信号作用下的稳态误差为 T。显然，

时间常数 T 越小，其稳态误差就越小。

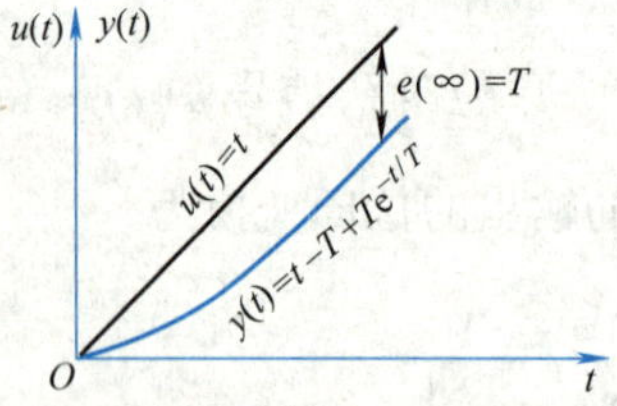

图 3-2　一阶系统的单位速度响应曲线

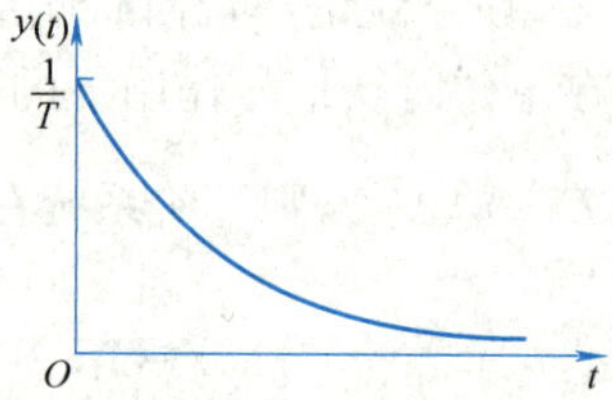

图 3-3　一阶系统的单位脉冲响应曲线

（三）一阶系统的单位脉冲响应

系统在单位脉冲信号作用下的输出称为单位脉冲响应。单位脉冲信号 $u(t)=\delta(t)$ 的拉氏变换为 $U(s)=1$，则一阶系统在单位脉冲信号作用下的输出的拉氏变换为

$$Y(s)=G(s)U(s)=\frac{1}{Ts+1}\times 1=\frac{\frac{1}{T}}{s+\frac{1}{T}}$$

将上式进行拉氏反变换，得出一阶系统的单位脉冲响应为

$$y(t)=\mathscr{L}^{-1}[Y(s)]=\frac{1}{T}\mathrm{e}^{-\frac{1}{T}t}\quad(t\geqslant 0)\tag{3-6}$$

根据式（3-6），可以求得其时间响应曲线，如图 3-3 所示，它是一条单调下降的指数曲线。

（四）线性定常系统时域响应的性质

已知单位脉冲信号 $\delta(t)$、单位阶跃信号 $1(t)$ 以及单位速度信号 t 之间的关系为

$$\left.\begin{aligned}\delta(t)&=\frac{\mathrm{d}1(t)}{\mathrm{d}t}\\1(t)&=\frac{\mathrm{d}t}{\mathrm{d}t}\end{aligned}\right\}\tag{3-7}$$

又已知一阶系统在这三种典型输入信号作用下的时域响应分别为

$$y_\delta(t)=\frac{1}{T}\mathrm{e}^{-\frac{1}{T}t}$$

$$y_1(t)=1-\mathrm{e}^{-\frac{1}{T}t}$$

$$y_t(t)=t-T+T\mathrm{e}^{-\frac{1}{T}t}$$

显然可以得出

$$\left.\begin{aligned}y_\delta(t)&=\frac{\mathrm{d}y_1(t)}{\mathrm{d}t}\\y_1(t)&=\frac{\mathrm{d}y_t(t)}{\mathrm{d}t}\end{aligned}\right\}\tag{3-8}$$

由式（3-7）和式（3-8）可见，单位脉冲、单位阶跃和单位速度三个典型输入信号之间存在着微分和积分的关系，而且一阶系统的单位脉冲响应、单位阶跃响应和单位速度响应之间也存在着同样的微分和积分的关系。因此，系统对输入信号导数的响应，可以通过系统对该输入信号响应的导数来求得；而系统对输入信号积分的响应，可以通过系统对该输入信号响应的

积分来求得，其积分常数由初始条件确定。这是线性定常系统时域响应的一个重要性质，即如果系统的输入信号存在微分和积分关系，则系统的时域响应也存在对应的微分和积分关系。

二、二阶系统时域响应

凡是能够用二阶微分方程描述的系统称为二阶系统。从物理上讲，二阶系统总包含两个独立的储能元件，能量在两个元件之间交换，使系统具有往复振荡的趋势。当阻尼不够充分大时，系统呈现出振荡的特性，所以，二阶系统也称为二阶振荡环节。二阶系统对控制工程来说是非常重要的，因为很多实际控制系统都是二阶系统，而且许多高阶系统在一定条件下也可以将其简化为二阶系统来近似求解。因此，分析二阶系统的时域响应及其特性具有重要的实际意义。

二阶系统的典型传递函数为

$$G(s)=\frac{Y(s)}{U(s)}=\frac{1}{T^2+2\zeta Ts+1}$$

式中 T——时间常数，也称为无阻尼自由振荡周期；

ζ——阻尼比。

令 $\omega_n=\frac{1}{T}$，ω_n 称为二阶系统的无阻尼固有频率，或称自然频率，则二阶系统的典型传递函数又可以写为

$$G(s)=\frac{Y(s)}{U(s)}=\frac{\omega_n^2}{s^2+2\zeta\omega_n s+\omega_n^2}$$

二阶系统的特征方程为

$$s^2+2\zeta\omega_n s+\omega_n^2=0$$

有两个极点

$$p_{1,2}=-\zeta\omega_n\pm\omega_n\sqrt{\zeta^2-1}$$

显然，二阶系统的极点与二阶系统的阻尼比 ζ 和固有频率 ω_n 有关，尤其是阻尼比 ζ 更为重要。随着阻尼比 ζ 取值的不同，二阶系统的极点也各不相同。

1）当 $0<\zeta<1$ 时，二阶系统称为欠阻尼系统，其特征方程的根是一对共轭复根，即系统具有一对共轭复数极点

$$p_{1,2}=-\zeta\omega_n\pm j\omega_n\sqrt{1-\zeta^2}$$

令 $\omega_d=\omega_n\sqrt{1-\zeta^2}$，$\omega_d$ 称为有阻尼振荡角频率，则有

$$p_{1,2}=-\zeta\omega_n\pm j\omega_d$$

2）当 $\zeta=1$ 时，二阶系统称为临界阻尼系统，其特征方程的根是两个相等的负实根，即系统具有两个相等的负实数极点

$$p_{1,2}=-\omega_n$$

3）当 $\zeta>1$ 时，二阶系统称为过阻尼系统，其特征方程的根是两个不相等的负实根，即系统具有两个不相等的负实数极点

$$p_{1,2}=-\zeta\omega_n\pm\omega_n\sqrt{\zeta^2-1}$$

4）当 $\zeta=0$ 时，二阶系统称为零阻尼系统，其特征方程的根是一对共轭虚根，即系统具有一对共轭虚数极点

$$p_{1,2}=\pm \mathrm{j}\omega_{\mathrm{n}}$$

5）当 $\zeta<0$ 时，二阶系统称为负阻尼系统，此时系统不稳定。

（一）二阶系统的单位阶跃响应

单位阶跃信号 $u(t)=1(t)$ 的拉氏变换为 $U(s)=\frac{1}{s}$，则二阶系统在单位阶跃信号作用下的输出的拉氏变换为

$$Y(s)=G(s)U(s)=\frac{\omega_{\mathrm{n}}^2}{s(s^2+2\zeta\omega_{\mathrm{n}}s+\omega_{\mathrm{n}}^2)}$$

将上式进行拉氏反变换，得出二阶系统的单位阶跃响应为

$$y(t)=\mathscr{L}^{-1}[Y(s)]=\mathscr{L}^{-1}\left[\frac{\omega_{\mathrm{n}}^2}{s(s^2+2\zeta\omega_{\mathrm{n}}s+\omega_{\mathrm{n}}^2)}\right] \tag{3-9}$$

下面根据阻尼比 ζ 的不同取值情况来分析二阶系统的单位阶跃响应。

1. 欠阻尼状态（$0<\zeta<1$）

在欠阻尼状态下，二阶系统在单位阶跃信号作用下的输出的拉氏变换可展开成部分分式，由例 2-2 可得

$$\begin{aligned}Y(s)&=\frac{\omega_{\mathrm{n}}^2}{s(s^2+2\zeta\omega_{\mathrm{n}}s+\omega_{\mathrm{n}}^2)}\\&=\frac{1}{s}-\frac{s+\zeta\omega_{\mathrm{n}}}{(s+\zeta\omega_{\mathrm{n}})^2+\omega_{\mathrm{d}}^2}-\frac{\zeta}{\sqrt{1-\zeta^2}}\frac{\omega_{\mathrm{d}}}{(s+\zeta\omega_{\mathrm{n}})^2+\omega_{\mathrm{d}}^2}\end{aligned}$$

将上式进行拉氏反变换，得出二阶系统在欠阻尼状态时的单位阶跃响应为

$$y(t)=1-\mathrm{e}^{-\zeta\omega_{\mathrm{n}}t}\cos\omega_{\mathrm{d}}t-\frac{\zeta}{\sqrt{1-\zeta^2}}\mathrm{e}^{-\zeta\omega_{\mathrm{n}}t}\sin\omega_{\mathrm{d}}t$$

即

$$y(t)=1-\frac{\mathrm{e}^{-\zeta\omega_{\mathrm{n}}t}}{\sqrt{1-\zeta^2}}(\sqrt{1-\zeta^2}\cos\omega_{\mathrm{d}}t+\zeta\sin\omega_{\mathrm{d}}t)\qquad(t\geqslant 0) \tag{3-10}$$

令 $\tan\varphi=\frac{\sqrt{1-\zeta^2}}{\zeta}$，根据图 3-4 的关系可知，$\sin\varphi=\sqrt{1-\zeta^2}$，$\cos\varphi=\zeta$，则有

$$\sqrt{1-\zeta^2}\cos\omega_{\mathrm{d}}t+\zeta\sin\omega_{\mathrm{d}}t=\sin\varphi\cos\omega_{\mathrm{d}}t+\cos\varphi\sin\omega_{\mathrm{d}}t=\sin(\omega_{\mathrm{d}}t+\varphi)$$

所以，式（3-10）可以写成

$$y(t)=1-\frac{\mathrm{e}^{-\zeta\omega_{\mathrm{n}}t}}{\sqrt{1-\zeta^2}}\sin(\omega_{\mathrm{d}}t+\varphi)\qquad(t\geqslant 0) \tag{3-11}$$

其中，$\varphi=\arctan\frac{\sqrt{1-\zeta^2}}{\zeta}$。

二阶系统在欠阻尼状态下的单位阶跃响应曲线如图 3-5 所示，它是一条以 ω_{d} 为频率的衰减振荡曲线。从图中可以看出，随着阻尼比 ζ 的减小，其振荡幅值增大。

2. 临界阻尼状态（$\zeta=1$）

在临界阻尼状态下，二阶系统在单位阶跃信号作用下的输出的拉氏变换可展开成部分分式，由例 2-4 可得

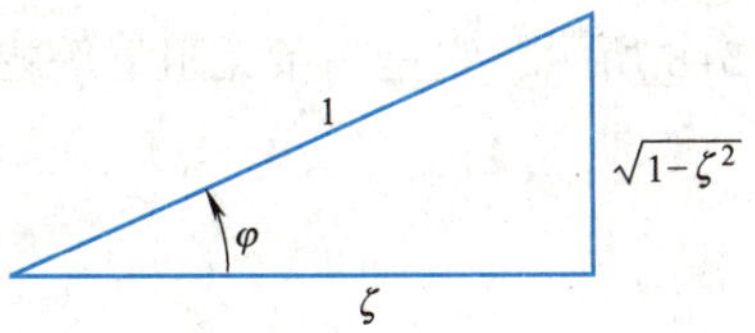

图 3-4 ζ 与 φ 的关系

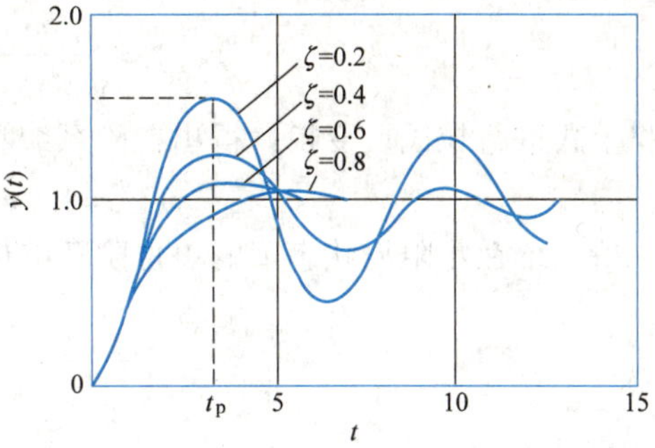

图 3-5 欠阻尼二阶系统的单位阶跃响应曲线

$$Y(s)=\frac{\omega_n^2}{s(s^2+2\omega_n s+\omega_n^2)}$$

$$=\frac{\omega_n^2}{s(s+\omega_n)^2}=\frac{1}{s}-\frac{1}{s+\omega_n}-\frac{\omega_n}{(s+\omega_n)^2}$$

将上式进行拉氏反变换，得出二阶系统在临界阻尼状态时的单位阶跃响应为

$$y(t)=1-e^{-\omega_n t}-\omega_n t e^{-\omega_n t}$$

即 $$y(t)=1-e^{-\omega_n t}(1+\omega_n t)\quad (t\geqslant 0) \tag{3-12}$$

二阶系统在临界阻尼状态下的单位阶跃响应曲线如图 3-6 所示，它是一条无振荡、无超调的单调上升曲线。

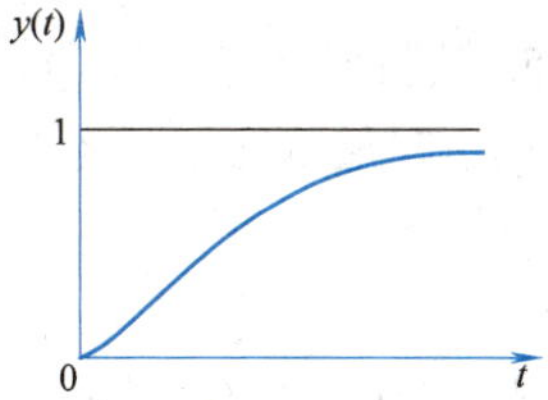

图 3-6 临界阻尼二阶系统的单位阶跃响应曲线

3. 过阻尼状态（$\zeta>1$）

在过阻尼状态下，二阶系统在单位阶跃信号作用下的输出的拉氏变换可展开成部分分式

$$Y(s)=\frac{\omega_n^2}{s(s^2+2\zeta\omega_n s+\omega_n^2)}$$

$$=\frac{1}{s}-\frac{1}{2(1+\zeta\sqrt{\zeta^2-1}-\zeta^2)(s+\zeta\omega_n-\omega_n\sqrt{\zeta^2-1})}-\frac{1}{2(1-\zeta\sqrt{\zeta^2-1}-\zeta^2)(s+\zeta\omega_n+\omega_n\sqrt{\zeta^2-1})}$$

将上式进行拉氏反变换，得出二阶系统在过阻尼状态时的单位阶跃响应为

$$y(t)=1-\frac{1}{2(1+\zeta\sqrt{\zeta^2-1}-\zeta^2)}e^{-(\zeta-\sqrt{\zeta^2-1})\omega_n t}-\frac{1}{2(1-\zeta\sqrt{\zeta^2-1}-\zeta^2)}e^{-(\zeta+\sqrt{\zeta^2-1})\omega_n t}\quad (t\geqslant 0) \tag{3-13}$$

二阶系统在过阻尼状态下的单位阶跃响应曲线如图 3-7 所示，仍是一条无振荡、无超调的单调上升曲线，而且过渡过程时间较长。

4. 无阻尼状态（$\zeta=0$）

在无阻尼状态下，二阶系统在单位阶跃信号作用下的输出的拉氏变换可展开成部分分式

$$Y(s)=\frac{\omega_n^2}{s(s^2+\omega_n^2)}=\frac{1}{s}-\frac{s}{s^2+\omega_n^2}$$

将上式进行拉氏反变换，得出二阶系统在无阻尼状态时的单位阶跃响应为

$$y(t)=1-\cos\omega_n t \quad (t\geqslant 0) \tag{3-14}$$

二阶系统在零阻尼状态下的单位阶跃响应曲线如图 3-8 所示，它是一条无阻尼等幅振荡曲线。

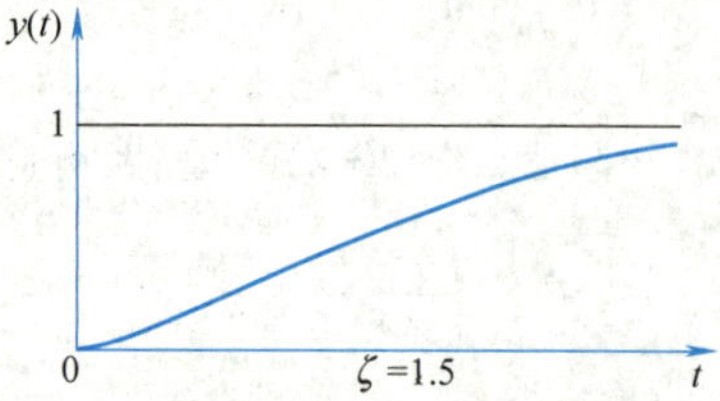

图 3-7 过阻尼二阶系统的单位阶跃响应曲线

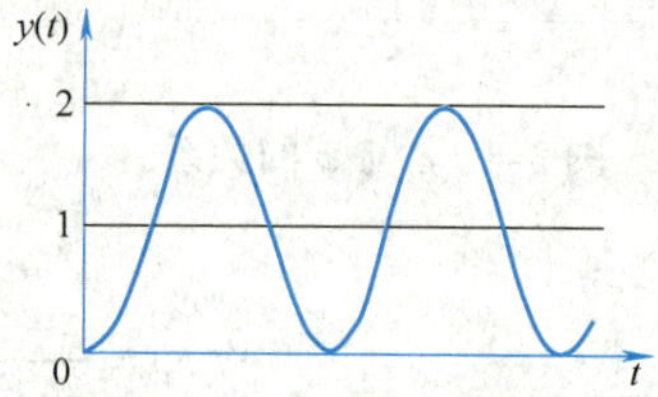

图 3-8 零阻尼二阶系统的单位阶跃响应曲线

5. 负阻尼状态（$\zeta<0$）

在负阻尼状态下，考察式（3-11）

$$y(t)=1-\frac{e^{-\zeta\omega_n t}}{\sqrt{1-\zeta^2}}\sin(\omega_d t+\varphi) \quad (t\geqslant 0)$$

当$\zeta<0$时，有$-\zeta\omega_n t>0$，因此当$t\to\infty$时，$e^{-\zeta\omega_n t}\to\infty$，这说明$y(t)$是发散的。也就是说，当$\zeta<0$时，系统的输出无法达到与输入形式一致的稳定状态。所以负阻尼的二阶系统不能正常工作，称为不稳定的系统。

综上所述，二阶系统的单位阶跃响应就其振荡特性而言，当$\zeta<0$时，系统是发散的，将引起系统不稳定，应当避免产生。当$\zeta\geqslant 1$时，响应不存在超调，没有振荡，但过渡过程时间较长。当$0<\zeta<1$时，产生振荡，且ζ越小，振荡越严重，当$\zeta=0$时出现等幅振荡。但就响应的快速性而言，ζ越小，响应越快。也就是说，阻尼比ζ过大或过小都会带来某一方面的问题。对于欠阻尼二阶系统，如果阻尼比ζ在 0.4～0.8 之间，其响应曲线能较快地达到稳态值，同时振荡也不严重。因此对于二阶系统，除了一些不允许产生振荡的应用情况外，通常希望系统既有相当的快速性，又有足够的阻尼使其只有一定程度的振荡，因此实际的工程系统常常设计成欠阻尼状态，且阻尼比ζ选择在 0.4～0.8 为宜。过阻尼状态响应迟缓，在实际控制系统中几乎不采用。

此外，当阻尼比ζ一定时，固有频率ω_n越大，系统能更快达到稳定值，响应的快速性越好。

二阶系统对单位脉冲、单位速度输入信号的时间响应，其分析方法相同，这里不再作详细说明，它们的响应表达式见表 3-2。

例 3-1 已知系统的传递函数为$G(s)=\dfrac{2s+1}{s^2+2s+1}$，试求系统的单位阶跃响应和单位脉冲响应。

表 3-2 二阶系统典型输入信号的时域响应

输入信号	阻尼比	时域响应函数
单位阶跃函数	$\zeta>1$	$y(t)=1-\dfrac{1}{2(1+\zeta\sqrt{\zeta^2-1}-\zeta^2)}e^{-(\zeta-\sqrt{\zeta^2-1})\omega_n t}-\dfrac{1}{2(1-\zeta\sqrt{\zeta^2-1}-\zeta^2)}e^{-(\zeta+\sqrt{\zeta^2-1})\omega_n t}\quad(t\geqslant0)$
	$\zeta=1$	$y(t)=1-e^{-\omega_n t}(1+\omega_n t)\quad(t\geqslant0)$
	$0<\zeta<1$	$y(t)=1-\dfrac{e^{-\zeta\omega_n t}}{\sqrt{1-\zeta^2}}\sin(\omega_d t+\varphi)\quad(t\geqslant0)$ $\omega_d=\omega_n\sqrt{1-\zeta^2},\ \varphi=\arctan\dfrac{\sqrt{1-\zeta^2}}{\zeta}$
	$\zeta=0$	$y(t)=1-\cos\omega_n t\quad(t\geqslant0)$
单位脉冲函数	$\zeta>1$	$y(t)=\dfrac{\omega_n}{2\sqrt{\zeta^2-1}}[e^{-(\zeta-\sqrt{\zeta^2-1})\omega_n t}-e^{-(\zeta+\sqrt{\zeta^2-1})\omega_n t}]\quad(t\geqslant0)$
	$\zeta=1$	$y(t)=\omega_n^2 te^{-\omega_n t}\quad(t\geqslant0)$
	$0<\zeta<1$	$y(t)=\dfrac{\omega_n}{\sqrt{1-\zeta^2}}e^{-\zeta\omega_n t}\sin\omega_d t\quad(t\geqslant0)$
	$\zeta=0$	$y(t)=\omega_n\sin\omega_n t\quad(t\geqslant0)$
单位速度函数	$\zeta>1$	$y(t)=t-\dfrac{2\zeta}{\omega_n}+\dfrac{2\zeta^2-1+2\zeta\sqrt{\zeta^2-1}}{2\omega_n\sqrt{\zeta^2-1}}e^{-(\zeta-\sqrt{\zeta^2-1})\omega_n t}-\dfrac{2\zeta^2-1-2\zeta\sqrt{\zeta^2-1}}{2\omega_n\sqrt{\zeta^2-1}}e^{-(\zeta+\sqrt{\zeta^2-1})\omega_n t}\quad(t\geqslant0)$
	$\zeta=1$	$y(t)=t-\dfrac{2}{\omega_n}+\dfrac{2}{\omega_n}\left(1+\dfrac{\omega_n t}{2}\right)e^{-\omega_n t}\quad(t\geqslant0)$
	$0<\zeta<1$	$y(t)=t-\dfrac{2\zeta}{\omega_n}+\dfrac{e^{-\omega_n t}}{\omega_d}\sin(\omega_d t+\varphi)\quad(t\geqslant0)$ $\omega_d=\omega_n\sqrt{1-\zeta^2},\ \varphi=\arctan\dfrac{2\zeta\sqrt{1-\zeta^2}}{2\zeta^2-1}$
	$\zeta=0$	$y(t)=t-\dfrac{1}{\omega_n}\sin\omega_n t\quad(t\geqslant0)$

解

1）当单位阶跃信号输入时，$u(t)=1(t)$，$U(s)=\dfrac{1}{s}$，则系统在单位阶跃信号作用下的输出的拉氏变换为

$$Y(s)=G(s)U(s)=\frac{2s+1}{s(s^2+2s+1)}=\frac{1}{s}+\frac{1}{(s+1)^2}-\frac{1}{s+1}$$

将上式进行拉氏反变换，得出系统的单位阶跃响应为

$$y(t)=\mathscr{L}^{-1}[Y(s)]=1+te^{-t}-e^{-t}$$

2）当单位脉冲信号输入时，$u(t)=\delta(t)$，由式（3-7）可知，$\delta(t)=\dfrac{\mathrm{d}1(t)}{\mathrm{d}t}$，根据线性

定常系统时域响应的性质，如果系统的输入信号存在微分关系，则系统的时域响应也存在对应的微分关系，因此系统的单位阶跃响应为

$$y(t)=\frac{\mathrm{d}(1+t\mathrm{e}^{-t}-\mathrm{e}^{-t})}{\mathrm{d}t}=2\mathrm{e}^{-t}-t\mathrm{e}^{-t}$$

（二）二阶系统的性能指标

1. 控制系统的时域性能指标

对控制系统的基本要求是其响应的稳定性、准确性和快速性。控制系统的性能指标是评价系统动态品质的定量指标，是系统定量分析的基础。性能指标往往用几个特征量来表示，既可以在时域提出，也可以在频域提出。时域性能指标比较直观，是以系统对单位阶跃输入信号的时间响应形式给出的，如图 3-9 所示，主要有上升时间 t_r、峰值时间 t_p、最大超调量 M_p、调整时间 t_s 以及稳态误差 e_{ss} 等。

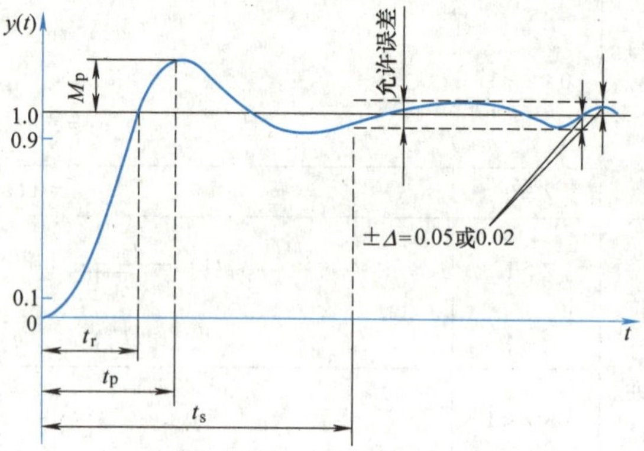

图 3-9　控制系统的时域性能指标

（1）上升时间 t_r　响应曲线从零时刻出发首次到达稳态值所需的时间称为上升时间 t_r。对于没有超调的系统，从理论上讲，其响应曲线到达稳态值的时间需要无穷大，因此，一般将其上升时间 t_r 定义为响应曲线从稳态值的 10% 上升到稳态值的 90% 所需的时间。

（2）峰值时间 t_p　响应曲线从零时刻出发超过稳态值，到达第一个峰值所需的时间称为峰值时间 t_p。

（3）最大超调量 M_p　响应曲线的最大峰值与稳态值的差称为最大超调量 M_p，即

$$M_p=y(t_p)-y(\infty)$$

或者用百分数（%）表示

$$M_p=\frac{y(t_p)-y(\infty)}{y(\infty)}\times 100\%$$

（4）调整时间 t_s　在响应曲线的稳态值上，用稳态值的 $\pm\Delta$ 作为允许误差范围，响应曲线到达并将永远保持在这一允许误差范围内所需的时间称为调整时间 t_s。允许误差范围 $\pm\Delta$ 一般取稳态值的 ±5% 或 ±2%。

（5）稳态误差 e_{ss}　当时间趋于无穷大时，系统响应的稳态值与期望值之差定义为稳态误差。有关这部分内容将在第三节详细介绍。

在以上各项性能指标中，上升时间 t_r、峰值时间 t_p 和调整时间 t_s 反映系统时间响应的快速性，最大超调量 M_p 反映系统时域响应的平稳性，而稳态误差 e_{ss} 则反映系统的稳态精度。

2. 二阶系统的时域性能指标

过阻尼状态的二阶系统，其传递函数可分解为两个一阶惯性环节的串联。因此，对于二阶系统，最重要的是研究欠阻尼状态的情况。以下推导在欠阻尼状态下，二阶系统各项时域性能指标的计算公式。

（1）上升时间 t_r　二阶系统在欠阻尼状态下的单位阶跃响应由式（3-11）给出，即

$$y(t)=1-\frac{e^{-\zeta\omega_n t}}{\sqrt{1-\zeta^2}}\sin(\omega_d t+\varphi)\quad (t\geqslant 0)$$

其中，$\omega_d=\omega_n\sqrt{1-\zeta^2}$，$\varphi=\arctan\dfrac{\sqrt{1-\zeta^2}}{\zeta}$。

根据上升时间 t_r 的定义，有 $y(t_r)=1$，代入上式，可得

$$1=1-\frac{e^{-\zeta\omega_n t_r}}{\sqrt{1-\zeta^2}}\sin(\omega_d t_r+\varphi)$$

即

$$\frac{e^{-\zeta\omega_n t_r}}{\sqrt{1-\zeta^2}}\sin(\omega_d t_r+\varphi)=0$$

因为 $e^{-\zeta\omega_n t_r}\neq 0$，且 $0<\zeta<1$，所以必须

$$\sin(\omega_d t_r+\varphi)=0$$

故有

$$\omega_d t_r+\varphi=k\pi,\ k=0,\ \pm 1,\ \pm 2,\ \cdots$$

由于 t_r 被定义为第一次到达稳态值的时间，因此上式中应取 $k=1$，于是得

$$t_r=\frac{\pi-\varphi}{\omega_d}\tag{3-15}$$

将 $\omega_d=\omega_n\sqrt{1-\zeta^2}$，$\varphi=\arctan\dfrac{\sqrt{1-\zeta^2}}{\zeta}$ 代入上式，得

$$t_r=\frac{\pi-\arctan\dfrac{\sqrt{1-\zeta^2}}{\zeta}}{\omega_n\sqrt{1-\zeta^2}}\tag{3-16}$$

由式（3-16）可见，当 ζ 一定时，ω_n 增大，t_r 就减小；当 ω_n 一定时，ζ 增大，t_r 就增大。

（2）峰值时间 t_p　根据峰值时间 t_p 的定义，有 $\left.\dfrac{dy(t)}{dt}\right|_{t=t_p}=0$，将式（3-11）求导并代入 t_p 可得

$$\frac{\zeta\omega_n}{\sqrt{1-\zeta^2}}e^{-\zeta\omega_n t_p}\sin(\omega_d t_p+\varphi)-\frac{\omega_d}{\sqrt{1-\zeta^2}}e^{-\zeta\omega_n t_p}\cos(\omega_d t_p+\varphi)=0$$

因为 $e^{-\zeta\omega_n t_p}\neq 0$，且 $0<\zeta<1$，所以

$$\tan(\omega_d t_p+\varphi)=\frac{\omega_d}{\zeta\omega_n}=\frac{\sqrt{1-\zeta^2}}{\zeta}=\tan\varphi$$

从而有

$$\omega_d t_p+\varphi=\varphi+k\pi,\qquad k=0,\pm 1,\pm 2,\cdots$$

由于 t_p 被定义为到达第一个峰值的时间，因此上式中应取 $k=1$，于是得

$$t_p=\frac{\pi}{\omega_d}=\frac{\pi}{\omega_n\sqrt{1-\zeta^2}}\tag{3-17}$$

由式（3-17）可见，当 ζ 一定时，ω_n 增大，t_p 就减小；当 ω_n 一定时，ζ 增大，t_p 就增

大。t_p 与 t_r 随 ω_n 和 ζ 的变化规律相同。

将有阻尼振荡周期 T_d 定义为 $T_d=\dfrac{2\pi}{\omega_d}=\dfrac{2\pi}{\omega_n\sqrt{1-\zeta^2}}$，则峰值时间 t_p 是有阻尼振荡周期 T_d 的一半。

（3）最大超调量 M_p　根据最大超调量 M_p 的定义，有 $M_p=y(t_p)-1$，将峰值时间 $t_p=\dfrac{\pi}{\omega_d}$代入上式，整理后可得

$$M_p=e^{-\frac{\zeta\pi}{\sqrt{1-\zeta^2}}} \tag{3-18}$$

由式（3-18）可见，最大超调量 M_p 只与系统的阻尼比 ζ 有关，而与固有频率 ω_n 无关，所以 M_p 是系统阻尼特性的描述。因此，当二阶系统的阻尼比 ζ 确定后，就可以求出相应的最大超调量 M_p；反之，如果给定系统所要求的最大超调量 M_p，则可以由它来确定相应的阻尼比 ζ。M_p 与 ζ 的关系见表 3-3。

表 3-3　不同阻尼比的最大超调量

ζ	0	0.1	0.2	0.3	0.4	0.5	0.6	0.7	0.8	0.9	1
M_p(%)	100	72.9	52.7	37.2	25.4	16.3	9.5	4.5	1.5	0.2	0

由式（3-18）和表 3-2 可知，阻尼比 ζ 越大，则最大超调量 M_p 就越小，系统的平稳性就越好。当取 $\zeta=0.4\sim0.8$ 时，相应的 $M_p=(25.4\sim1.5)\%$。

（4）调整时间 t_s　在欠阻尼状态下，二阶系统的单位阶跃响应是幅值随时间按指数衰减的振荡过程，响应曲线的幅值包络线为 $1\pm\dfrac{e^{-\zeta\omega_n t}}{\sqrt{1-\zeta^2}}$，整个响应曲线总是包容在这一对包络线之内，同时，这两条包络线对称于响应特性的稳态值，如图 3-10 所示。响应曲线的调整时间 t_s 可以近似地认为是响应曲线的幅值包络线进入允许误差范围 $\pm\Delta$ 之内的时间，因此有

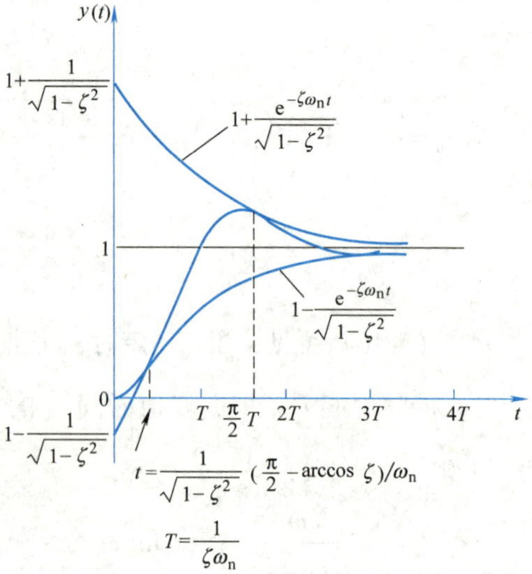

图 3-10　欠阻尼二阶系统单位阶跃响应曲线的幅值包络线

$$1\pm\frac{e^{-\zeta\omega_n t_s}}{\sqrt{1-\zeta^2}}=1\pm\Delta$$

也即

$$\frac{e^{-\zeta\omega_n t_s}}{\sqrt{1-\zeta^2}}=\Delta$$

或写成

$$e^{-\zeta\omega_n t_s}=\Delta\sqrt{1-\zeta^2}$$

将上式两边取对数，可得

$$t_s=\frac{-\ln\Delta-\ln\sqrt{1-\zeta^2}}{\zeta\omega_n} \tag{3-19}$$

在欠阻尼状态下，当 $0<\zeta<0.7$ 时，$0<-\ln\sqrt{1-\zeta^2}<0.34$，而 $0.02<\Delta<0.05$ 时，

$3<-\ln\Delta<4$。因此，$-\ln\sqrt{1-\zeta^2}$相对于$-\ln\Delta$可以忽略不计，所以有

$$t_s=\frac{-\ln\Delta}{\zeta\omega_n} \tag{3-20}$$

故取$\Delta=0.05$时，$t_s=\dfrac{3}{\zeta\omega_n}$；取$\Delta=0.02$时，$t_s=\dfrac{4}{\zeta\omega_n}$。

当ζ一定时，ω_n越大，t_s就越小，即系统的响应速度就越快。若ω_n一定，以ζ为自变量，对t_s求极值，可得$\zeta=0.707$时，t_s为极小值，即系统的响应速度最快。而当$\zeta<0.707$时，ζ越小则t_s越大；当$\zeta>0.707$时，ζ越大则t_s越大。

综上所述，二阶系统的固有频率ω_n和阻尼比ζ与系统过渡过程的性能有着密切的关系。要使二阶系统具有满意的动态性能，必须选取合适的固有频率ω_n和阻尼比ζ。增大阻尼比ζ，可以减弱系统的振荡性能，即减小最大超调量M_p，但是增大了上升时间t_r和峰值时间t_p。如果阻尼比ζ过小，系统的平稳性又不能符合要求。所以，通常要根据所允许的最大超调量M_p来选择阻尼比ζ。阻尼比ζ一般选择在0.4~0.8之间，然后再调整固有频率ω_n的值以改变瞬态响应时间。当阻尼比ζ一定时，固有频率ω_n越大，系统响应的快速性越好，即上升时间t_r、峰值时间t_p和调整时间t_s越小。

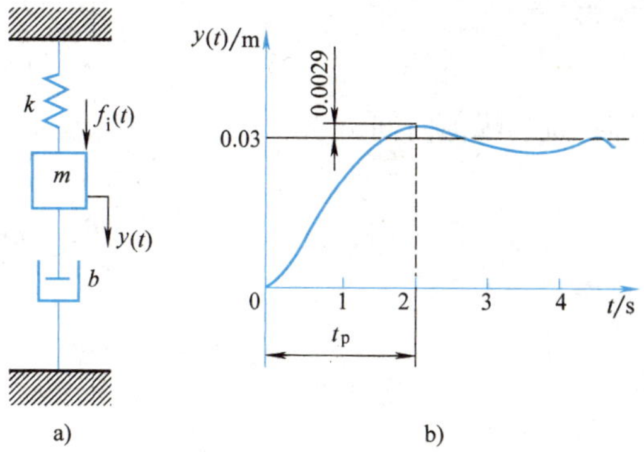

图3-11　例3-2图

a）机械系统　b）时间响应曲线

例3-2　图3-11a所示为一机械系统，当在质量m上施加8.9N的阶跃力后，其位移的时间响应曲线如图3-11b所示，试求系统的质量m、弹簧刚度k和粘性阻尼系数b。

解

根据牛顿第二定律，列出系统的微分方程

$$m\frac{d^2y(t)}{dt^2}=f_i(t)-ky(t)-b\frac{dy(t)}{dt}$$

在零初始条件下进行拉氏变换，整理后可得系统的传递函数

$$G(s)=\frac{Y(s)}{F_i(s)}=\frac{1}{ms^2+bs+k}=\frac{1}{k}\frac{\frac{k}{m}}{s^2+\frac{b}{m}s+\frac{k}{m}}$$

此系统为比例环节与二阶振荡环节的串联，其中

$$\frac{k}{m}=\omega_n^2$$

$$\frac{b}{m}=2\zeta\omega_n$$

已知系统的输入为阶跃力，其拉氏变换为

$$F_i(s)=\frac{8.9}{s}$$

又已知系统的稳态响应为

$$\lim_{t\to\infty} y(t) = 0.03$$

根据拉氏变换的终值定理，有

$$\lim_{t\to\infty} y(t) = \lim_{s\to 0} sY(s) = \lim_{s\to 0} sG(s)F_{\mathrm{i}}(s) = \lim_{s\to 0} s\frac{1}{ms^2+bs+k}\frac{8.9}{s} = 0.03$$

可解得

$$k = 297\mathrm{N/m}$$

已知系统的最大超调量

$$M_{\mathrm{p}} = \mathrm{e}^{-\frac{\zeta\pi}{\sqrt{1-\zeta^2}}} = \frac{0.0029}{0.03}$$

可解得

$$\zeta = 0.6$$

已知系统的峰值时间

$$t_{\mathrm{p}} = \frac{\pi}{\omega_{\mathrm{d}}} = \frac{\pi}{\omega_{\mathrm{n}}\sqrt{1-\zeta^2}} = 2\mathrm{s}$$

可解得

$$\omega_{\mathrm{n}} = 1.96\mathrm{rad/s}$$

则

$$m = \frac{k}{\omega_{\mathrm{n}}^2} = 77.3\mathrm{kg}$$

$$b = 2\zeta\omega_{\mathrm{n}} m = 181.8\mathrm{N \cdot s/m}$$

三、高阶系统时域响应

实际上，大量的系统都应该用高阶微分方程来描述。这种用高阶微分方程描述的系统称为高阶系统。一般来说，对于高阶系统的研究和分析是比较复杂的，这就要求在分析高阶系统时，抓住主要矛盾，忽略次要因素，使问题简化。

对于单输入单输出的线性定常高阶系统，其闭环传递函数 $\Phi(s)$ 一般可以表示为零极点模型，即

$$\Phi(s) = \frac{Y(s)}{U(s)} = \frac{b_0 s^m + b_1 s^{m-1} + \cdots + b_{m-1}s + b_m}{a_0 s^n + a_1 s^{n-1} + \cdots + a_{n-1}s + a_n}$$

$$= \frac{K\prod_{i=1}^{m}(s-z_{\mathrm{i}})}{\prod_{j=1}^{q}(s-p_j)\prod_{k=1}^{r}[s-(\sigma_k+\mathrm{j}\omega_k)][s-(\sigma_k-\mathrm{j}\omega_k)]} \quad (m \leqslant n,\ q+2r=n)$$

在单位阶跃信号 $U(s)=\frac{1}{s}$ 的作用下，该高阶系统的输出为

$$Y(s) = \frac{K\prod_{i=1}^{m}(s-z_i)}{s\prod_{j=1}^{q}(s-p_j)\prod_{k=1}^{r}[s-(\sigma_k+\mathrm{j}\omega_k)][s-(\sigma_k-\mathrm{j}\omega_k)]}$$

如果其极点互不相同，则上式可以展开成部分分式的形式

$$Y(s)=\frac{a}{s}+\sum_{j=1}^{q}\frac{a_j}{s-p_j}+\sum_{k=1}^{r}\frac{b_k s+c_k}{[s-(\sigma_k+j\omega_k)][s-(\sigma_k-j\omega_k)]}$$

其中，b_k、c_k 是与 $Y(s)$ 在复数极点 $p_{k1,k2}=\sigma_k\pm j\omega_k$ 处的留数有关的常系数。

对上式进行拉氏反变换，得该高阶系统的单位阶跃响应 $y(t)$ 为

$$y(t)=a+\sum_{j=1}^{q}a_j e^{p_j t}+\sum_{k=1}^{r}b_k e^{\sigma_k t}\cos\omega_k t+\sum_{k=1}^{r}c_k e^{\sigma_k t}\sin\omega_k t\quad(t\geqslant 0)\tag{3-21}$$

（一）高阶系统时域响应特点

1）由式（3-21）可以看出，高阶系统的单位阶跃响应是由一阶系统的单位阶跃响应和二阶系统的单位阶跃响应叠加而成的。

2）由式（3-21）可见，如果所有闭环极点都在［s］平面左半平面内，即所有闭环极点都具有负实部，也即 p_j 和 σ_k 都为负值，则随着时间 $t\to\infty$，指数项分量和阻尼指数项分量都将趋于零，则系统是稳定的，其稳态分量 $y(\infty)=a$。

3）稳定系统极点负实部的绝对值越大，即极点离［s］平面虚轴越远，与之对应的响应分量衰减得越快。因此，高阶系统的时域响应主要由其靠近虚轴的极点决定。

（二）主导极点

高阶系统中，距离［s］平面虚轴很近、对系统的时域响应起主导作用的极点被称为主导极点。在控制工程上，一般将高阶系统中距离虚轴最近、其实部的绝对值为其他极点绝对值的1/5或更小，且其附近不存在闭环零点的闭环极点作为主导极点。例如，某一系统的闭环极点在［s］平面上的分布如图3-12a所示，可见极点 p_1、p_2 即是系统的主导极点，图3-12b表示了该系统的单位脉冲响应的各个分量。

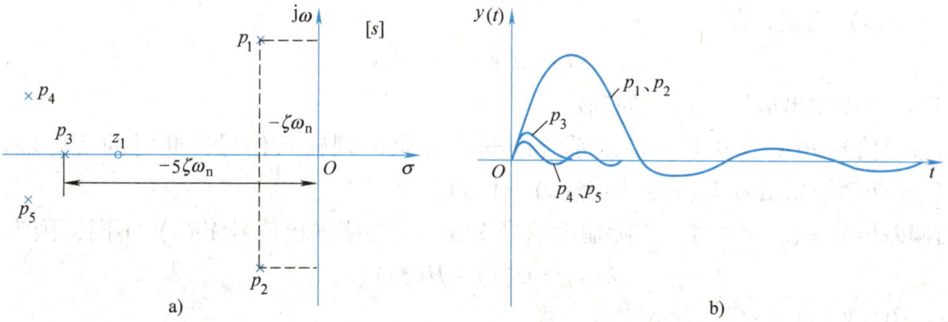

图3-12　高阶系统的零点、极点分布及其单位脉冲响应

a）零点、极点分布图　b）单位脉冲响应的各个分量

对于高阶系统，如果能够找到一对共轭复数主导极点，就可以忽略其他远离虚轴极点的影响，从而把它近似成二阶系统来处理，相应的性能指标都可以按二阶系统得到估计，这样就大大简化了系统的分析和设计工作。

（三）偶极子

由式（3-21）可见，高阶系统的各个闭环极点对系统时域响应的影响程度还取决于在各个闭环极点上的留数的相对大小。如果有一对靠得很近的零点和极点，那么就会使此极点上的留数很小。所以，一对靠得很近的零点和极点，在输出 $y(t)$ 中与该极点相对应的分量

可以忽略。这种彼此距离很近的零、极点称为偶极子。经验指出，如果闭环零点和极点之间的距离比它们本身的模值小一个数量级，则这一对零点和极点就构成了偶极子。偶极子的概念对控制系统的分析和设计是有用的，但要合理地加以应用。

第三节 误差分析与计算

准确性，即系统的精度，是对控制系统的基本要求之一。系统的精度是用系统的误差来度量的。系统的误差可以分为动态误差和稳态误差，动态误差是指误差随时间变化的过程值，而稳态误差是指误差的终值。本节只讨论常用的稳态误差。

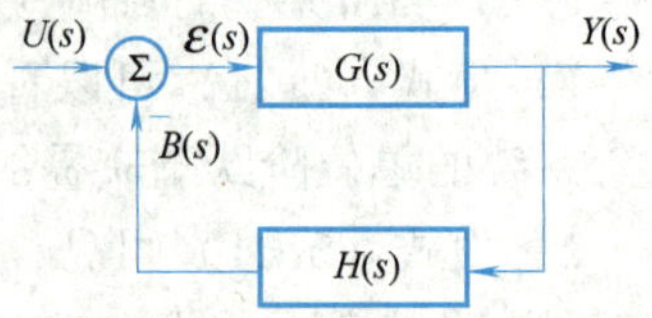

图 3-13 反馈控制系统

一、稳态误差的基本概念

与误差有关的概念都是建立在反馈控制系统基础之上的，反馈控制系统的一般模型如图 3-13 所示。

（一）偏差信号 $\varepsilon(s)$

控制系统的偏差信号 $\varepsilon(s)$ 被定义为控制系统的输入信号 $U(s)$ 与控制系统的主反馈信号 $B(s)$ 之差，即

$$\varepsilon(s)=U(s)-B(s)=U(s)-H(s)Y(s) \tag{3-22}$$

式中 $Y(s)$——控制系统的实际输出信号；

$H(s)$——主反馈通道的传递函数。

（二）误差信号 $E(s)$

控制系统的误差信号 $E(s)$ 被定义为控制系统的期望输出信号 $Y_r(s)$ 与控制系统的实际输出信号 $Y(s)$ 之差，即

$$E(s)=Y_r(s)-Y(s) \tag{3-23}$$

（三）期望输出信号 $Y_r(s)$ 的确定

当偏差信号 $\varepsilon(s)=0$ 时，控制系统的输出完全复现输入信号，此时的实际输出信号 $Y(s)$ 就是期望输出信号 $Y_r(s)$，即 $Y_r(s)=Y(s)$。

当偏差信号 $\varepsilon(s)\neq 0$ 时，实际输出信号 $Y(s)$ 与期望输出信号 $Y_r(s)$ 不同，因为

$$\varepsilon(s)=U(s)-H(s)Y(s)$$

将 $\varepsilon(s)=0$，$Y_r(s)=Y(s)$ 代入上式，得

$$0=U(s)-H(s)Y_r(s)$$

即

$$Y_r(s)=\frac{U(s)}{H(s)} \tag{3-24}$$

此式说明，控制系统的输入信号 $U(s)$ 是期望输出信号 $Y_r(s)$ 的 $H(s)$ 倍。

对于单位反馈系统，因为 $H(s)=1$，所以 $Y_r(s)=U(s)$

（四）偏差信号 $\varepsilon(s)$ 与误差信号 $E(s)$ 的关系

将式（3-24）代入式（3-23），并考虑式（3-22），得

$$E(s)=Y_r(s)-Y(s)=\frac{U(s)}{H(s)}-Y(s)=\frac{U(s)-H(s)Y(s)}{H(s)}=\frac{\varepsilon(s)}{H(s)}$$

即

$$E(s)=\frac{\mathcal{E}(s)}{H(s)} \tag{3-25}$$

这就是偏差信号 $\mathcal{E}(s)$ 与误差信号 $E(s)$ 之间的关系式。由式（3-25）可知，对于一般的控制系统，误差不等于偏差，求出偏差后，由式（3-25）即可求出误差。

对于单位反馈系统，因为 $H(s)=1$，所以 $E(s)=\mathcal{E}(s)$。

（五）稳态误差 e_{ss}

控制系统的稳态误差 e_{ss} 是系统误差信号 $e(t)$ 的稳态分量，即

$$e_{ss}=\lim_{t\to\infty}e(t)$$

根据拉氏变换的终值定理，得

$$e_{ss}=\lim_{t\to\infty}e(t)=\lim_{s\to0}sE(s) \tag{3-26}$$

二、稳态误差的计算

控制系统误差信号 $e(t)$ 的拉氏变换 $E(s)$ 与控制系统输入信号 $u(t)$ 的拉氏变换 $U(s)$ 之比为系统的误差传递函数，记作 $\Phi_e(s)$，即

$$\Phi_e(s)=\frac{E(s)}{U(s)} \tag{3-27}$$

根据控制系统的误差传递函数 $\Phi_e(s)$ 可以立即求出系统的稳态误差，将式（3-27）代入式（3-26），得

$$e_{ss}=\lim_{t\to\infty}e(t)=\lim_{s\to0}sE(s)=\lim_{s\to0}s\Phi_e(s)U(s) \tag{3-28}$$

对于图 3-13 所示的反馈控制系统，其误差传递函数 $\Phi_e(s)$ 根据式（3-25）可计算如下：

$$\Phi_e(s)=\frac{E(s)}{U(s)}=\frac{\mathcal{E}(s)}{H(s)U(s)}=\frac{U(s)-H(s)Y(s)}{H(s)U(s)}=\frac{1}{H(s)}-\frac{Y(s)}{U(s)}$$

$$=\frac{1}{H(s)}-\frac{G(s)}{1+G(s)H(s)}=\frac{1}{H(s)}\,\frac{1}{1+G(s)H(s)}$$

即

$$\Phi_e(s)=\frac{1}{H(s)}\,\frac{1}{1+G(s)H(s)} \tag{3-29}$$

将式（3-29）代入式（3-28）得该反馈控制系统的稳态误差 e_{ss} 为

$$e_{ss}=\lim_{s\to0}s\Phi_e(s)U(s)=\lim_{s\to0}s\frac{1}{H(s)}\,\frac{1}{1+G(s)H(s)}U(s) \tag{3-30}$$

由式（3-30）可见，控制系统的稳态误差 e_{ss} 取决于系统的结构参数 $G(s)$ 和 $H(s)$ 以及输入信号 $U(s)$ 的性质。

对于单位反馈系统，因为 $H(s)=1$，所以其稳态误差 e_{ss} 为

$$e_{ss}=\lim_{s\to0}s\frac{1}{1+G(s)}U(s) \tag{3-31}$$

例 3-3　某单位反馈控制系统如图 3-14 所示，试求在单位阶跃输入信号作用下的稳态误差。

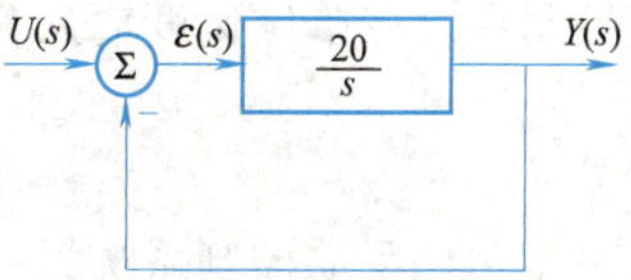

图 3-14　例 3-3 单位反馈控制系统

解

该单位反馈控制系统的误差传递函数 $\Phi_e(s)$ 为

$$\Phi_e(s)=\frac{1}{1+G(s)}=\frac{1}{1+\frac{20}{s}}=\frac{s}{s+20}$$

则在单位阶跃输入信号作用下的稳态误差为

$$e_{ss}=\lim_{s\to 0}s\frac{1}{1+G(s)}U(s)=\lim_{s\to 0}s\frac{s}{s+20}\frac{1}{s}=0$$

三、稳态误差系数

以上是运用拉氏变换的终值定理来求稳态误差。下面将引出稳态误差系数的定义，用稳态误差系数来表达稳态误差的大小，并进一步阐明稳态误差与系统结构参数及输入信号类型之间的关系。

(一) 稳态误差系数的定义

对于图3-13所示的反馈控制系统，当不同类型的典型信号输入时，其稳态误差不同。因此，可以根据不同的输入信号来定义不同的稳态误差系数，进而用稳态误差系数来表示稳态误差。

1. 单位阶跃输入

根据式（3-30），反馈控制系统在单位阶跃输入信号 $U(s)=\frac{1}{s}$ 作用下的稳态误差 e_{ss} 为

$$e_{ss}=\lim_{s\to 0}s\frac{1}{H(s)}\frac{1}{1+G(s)H(s)}\frac{1}{s}=\frac{1}{H(0)}\frac{1}{1+\lim\limits_{s\to 0}G(s)H(s)}$$

定义 $K_p=\lim\limits_{s\to 0}G(s)H(s)=G(0)H(0)$ 为稳态位置误差系数（K_p 是无量纲的），于是可用 K_p 来表示反馈控制系统在单位阶跃输入时的稳态误差，即

$$e_{ss}=\frac{1}{H(0)}\frac{1}{1+K_p} \tag{3-32}$$

对于单位反馈控制系统，有

$$K_p=\lim_{s\to 0}G(s)=G(0),\qquad e_{ss}=\frac{1}{1+K_p}$$

2. 单位速度输入

根据式（3-30），反馈控制系统在单位速度输入信号 $U(s)=\frac{1}{s^2}$ 作用下的稳态误差 e_{ss} 为

$$\begin{aligned}e_{ss}&=\lim_{s\to 0}s\frac{1}{H(s)}\frac{1}{1+G(s)H(s)}\frac{1}{s^2}\\&=\frac{1}{H(0)}\lim_{s\to 0}\frac{1}{s+sG(s)H(s)}=\frac{1}{H(0)}\frac{1}{\lim\limits_{s\to 0}sG(s)H(s)}\end{aligned}$$

定义 $K_v=\lim\limits_{s\to 0}sG(s)H(s)$ 为稳态速度误差系数（K_v 的量纲是 s^{-1}），于是可用 K_v 来表示反馈控制系统在单位速度输入时的稳态误差，即

$$e_{ss}=\frac{1}{H(0)}\frac{1}{K_v} \tag{3-33}$$

对于单位反馈控制系统，有

$$K_v=\lim_{s\to 0}sG(s),\qquad e_{ss}=\frac{1}{K_v}$$

3. 单位加速度输入

根据式（3-30），反馈控制系统在单位加速度输入信号 $U(s)=\frac{1}{s^3}$ 作用下的稳态误差 e_{ss} 为

$$e_{ss}=\lim_{s\to 0}s\frac{1}{H(s)}\frac{1}{1+G(s)H(s)}\frac{1}{s^3}=\frac{1}{H(0)}\lim_{s\to 0}\frac{1}{s^2+s^2G(s)H(s)}$$
$$=\frac{1}{H(0)}\frac{1}{\lim\limits_{s\to 0}s^2G(s)H(s)}$$

定义 $K_a=\lim\limits_{s\to 0}s^2G(s)H(s)$ 为稳态加速度误差系数（K_a 的量纲是 s^{-2}），于是可用 K_a 来表示反馈控制系统在单位加速度输入时的稳态误差，即

$$e_{ss}=\frac{1}{H(0)}\frac{1}{K_a} \tag{3-34}$$

对于单位反馈控制系统，有

$$K_a=\lim_{s\to 0}s^2G(s), \qquad e_{ss}=\frac{1}{K_a}$$

以上说明了反馈控制系统在三种不同的典型输入信号的作用下，其稳态误差可以分别用稳态误差系数 K_p、K_v 和 K_a 来表示。这三个稳态误差系数只与反馈控制系统的开环传递函数 $G(s)H(s)$ 有关，而与输入信号无关，即只取决于系统的结构和参数。

（二）系统的类型

稳态误差系数只与系统的结构和参数有关。下面对系统的类型作进一步的分析。

图 3-13 所示的反馈控制系统，其开环传递函数一般可以写成时间常数乘积的形式，即

$$G(s)H(s)=\frac{K\prod\limits_{i=1}^{m}(\tau_i s+1)}{s^{\nu}\prod\limits_{j=1}^{n-\nu}(T_j s+1)} \quad (n\geqslant m) \tag{3-35}$$

式中 K——系统的开环增益；

$\tau_i(i=1, 2, \cdots, m)$ 和 $T_j(j=1, 2, \cdots, n-\nu)$——时间常数。

式（3-35）的分母中包含 s^{ν} 项，其 ν 对应于系统中积分环节的个数。当 s 趋于零时，积分环节 s^{ν} 项在确定控制系统稳态误差方面起主导作用，因此，控制系统可以按其开环传递函数中的积分环节的个数来分类。

当 $\nu=0$，即没有积分环节时，称系统为 0 型系统，K_0 为 0 型系统的开环增益。

当 $\nu=1$，即有一个积分环节时，称系统为Ⅰ型系统，K_1 为Ⅰ型系统的开环增益。

当 $\nu=2$，即有两个积分环节时，称系统为Ⅱ型系统，K_2 为Ⅱ型系统的开环增益。

依此类推。但是，当 $\nu>2$ 时，除复合控制系统外，要使系统稳定是相当困难的。因此除航天控制系统外，Ⅲ型及Ⅲ型以上系统几乎不采用。

（三）不同类型系统在典型输入信号作用下的稳态误差系数与稳态误差

1. 单位阶跃输入

单位阶跃输入信号的作用下，不同类型单位反馈控制系统的稳态位置误差系数与稳态误差分别为

对于0型系统，$K_p = K_0$，则 $e_{ss} = \frac{1}{1+K_p} = \frac{1}{1+K_0}$

对于Ⅰ型系统，$K_p = \infty$，则 $e_{ss} = \frac{1}{1+K_p} = 0$

对于Ⅱ型系统，$K_p = \infty$，则 $e_{ss} = \frac{1}{1+K_p} = 0$

2. 单位速度输入

单位速度输入信号的作用下，不同类型单位反馈控制系统的稳态速度误差系数与稳态误差分别为

对于0型系统，$K_v = 0$，　则 $e_{ss} = \frac{1}{K_v} = \infty$

对于Ⅰ型系统，$K_v = K_1$，　则 $e_{ss} = \frac{1}{K_v} = \frac{1}{K_1}$

对于Ⅱ型系统，$K_v = \infty$，　则 $e_{ss} = \frac{1}{K_v} = 0$

3. 单位加速度输入

单位加速度输入信号的作用下，不同类型单位反馈控制系统的稳态加速度误差系数与稳态误差分别为

对于0型系统，$K_a = 0$，　则 $e_{ss} = \frac{1}{K_a} = \infty$

对于Ⅰ型系统，$K_a = 0$，　则 $e_{ss} = \frac{1}{K_a} = \infty$

对于Ⅱ型系统，$K_a = K_2$，　则 $e_{ss} = \frac{1}{K_a} = \frac{1}{K_2}$

以上计算表明：

1）0型系统能够跟踪单位阶跃输入，但是具有一定的稳态误差 $e_{ss} = \frac{1}{1+K_0}$，跟踪情况如图3-15所示。Ⅰ型系统和Ⅱ型系统能够准确地跟踪单位阶跃输入，因为其稳态误差均为0。

2）0型系统不能跟踪单位速度输入，因为其稳态误差为∞。Ⅰ型系统能够跟踪单位速度输入，但是具有一定的稳态误差 $e_{ss} = \frac{1}{K_1}$，跟踪情况如图3-16所示。Ⅱ型系统能够准确地跟踪单位速度输入，因为其稳态误差为0。

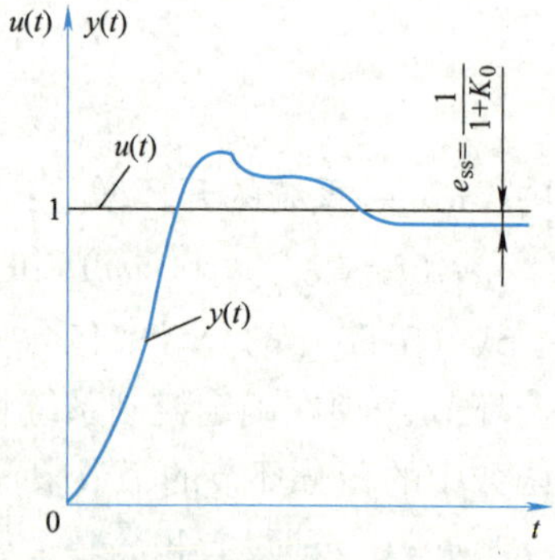

图3-15　0型系统的单位阶跃响应

3）0型系统和Ⅰ型系统都不能跟踪单位加速度输入，因为其稳态误差均为∞。Ⅱ型系统能够跟踪单位加速度输入，但是具有一定的稳态误差 $e_{ss} = \frac{1}{K_2}$，跟踪情况如图3-17所示。

表3-4汇集了0型、Ⅰ型和Ⅱ型单位反馈控制系统在不同输入信号作用下的稳态误差系数与稳态误差。

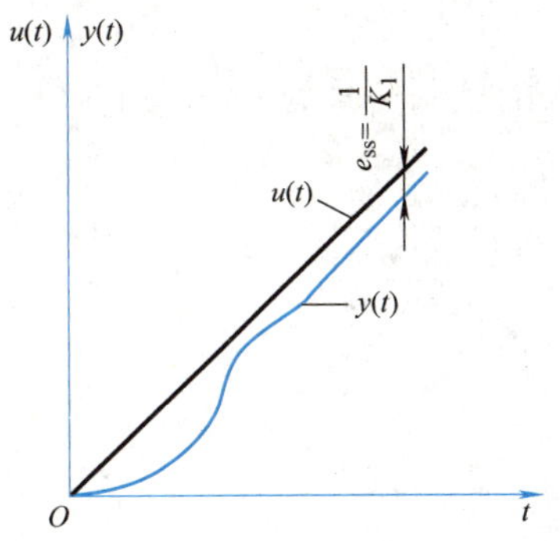

图 3-16　Ⅰ型系统的单位速度响应

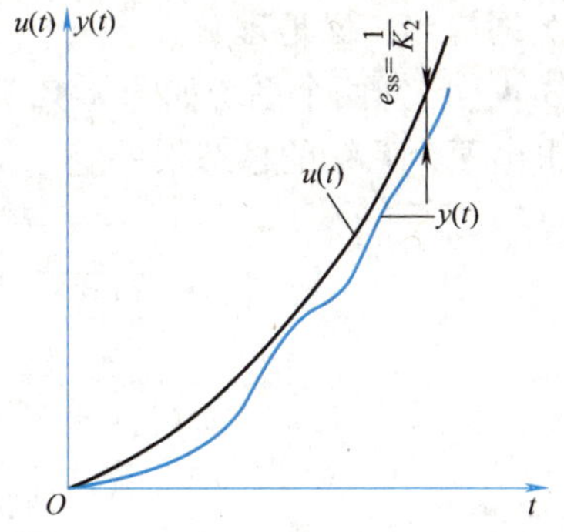

图 3-17　Ⅱ型系统的单位加速度响应

表 3-4　单位反馈控制系统在不同输入信号作用下的稳态误差系数与稳态误差

系统型别	稳态误差系数			单位阶跃输入	单位速度输入	单位加速度输入
	K_p	K_v	K_a	位置误差 $e_{ss}=\frac{1}{1+K_p}$	速度误差 $e_{ss}=\frac{1}{K_v}$	加速度误差 $e_{ss}=\frac{1}{K_a}$
0	K_0	0	0	$\frac{1}{1+K_0}$	∞	∞
Ⅰ	∞	K_1	0	0	$\frac{1}{K_1}$	∞
Ⅱ	∞	∞	K_2	0	0	$\frac{1}{K_2}$

由表 3-4 可以看出：

1）同一个系统，如果输入的控制信号不同，其稳态误差也不同。

2）同一个控制信号作用于不同的控制系统，其稳态误差也不同。

3）系统的稳态误差与其开环增益有关，开环增益越大，稳态误差越小；反之，开环增益越小，稳态误差越大。

4）系统的稳态误差与系统类型和控制信号的关系，可以通过系统类型的 ν 值和控制信号拉氏变换后拉氏算子 s 的阶次 L 值来分析。当 $L\leqslant\nu$ 时，无稳态误差；当 $L>\nu$ 时，有稳态误差，且 $L-\nu=1$ 时，$e_{ss}=$ 常数，$L-\nu=2$ 时，$e_{ss}=\infty$。

5）系统类型越高，无差地跟踪典型输入信号的能力就越强。所以，系统的类型反映了系统对典型输入信号无差的度量，故又称其为无差度。

下面再说明几个问题。

用稳态误差系数 K_p、K_v 和 K_a 表示的稳态误差分别称为位置误差、速度误差和加速度误差，都表示系统的过渡过程结束后，虽然输出能够跟踪输入，但是却存在着位置误差。速度误差和加速度误差并不是指速度上或加速度上的误差，而是指系统在速度输入或加速度输入时所产生的在位置上的误差。位置误差、速度误差和加速度误差的量纲是一样的。

在以上的分析中，习惯地称输出量是“位置”，输出量的变化率是“速度”，但是，对于误差分析所得到的结论同样适用于输出量为其他物理量的系统。例如在温度控制中，上述的“位置”就表示温度，“速度”就表示温度的变化率，等等。因此，对于“位置”、“速度”等名词应当广义地理解。

例 3-4 已知两个系统如图 3-18 所示，当系统输入的控制信号为 $u(t)=4+6t+3t^2$ 时，试分别求出两个系统的稳态误差。

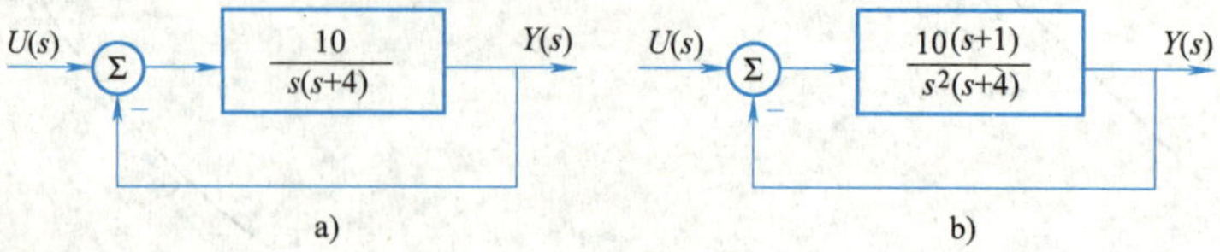

图 3-18 例 3-4 系统框图

解

1）由于系统的输入是阶跃函数、速度函数和加速度函数三种输入的线性组合，即

$$u(t)=4+6t+3t^2$$

根据线性叠加原理，系统的稳态误差为

$$e_{ss}=\frac{4}{1+K_p}+\frac{6}{K_v}+\frac{2\times3}{K_a}$$

2）系统 a 的开环传递函数的时间常数表达式为

$$G_a(s)=\frac{2.5}{s(0.25s+1)}$$

系统 a 为Ⅰ型系统，其开环增益为 $K_1=2.5$，则有 $K_p=\infty$，$K_v=K_1=2.5$，$K_a=0$，可得系统 a 的稳态误差为

$$e_{ss}=\frac{4}{1+\infty}+\frac{6}{2.5}+\frac{2\times3}{0}=\infty$$

因为 $K_a=0$，系统 a 的输出不能跟踪输入 $u(t)=4+6t+3t^2$ 中的加速度分量 $3t^2$，稳态误差为无穷大。

3）系统 b 的开环传递函数的时间常数表达式为

$$G_b(s)=\frac{2.5(s+1)}{s^2(0.25s+1)}$$

系统 b 为Ⅱ型系统，其开环增益为 $K_2=2.5$，则有 $K_p=\infty$，$K_v=\infty$，$K_a=K_2=2.5$，可得系统 b 的稳态误差为

$$e_{ss}=\frac{4}{1+\infty}+\frac{6}{\infty}+\frac{2\times3}{2.5}=2.4$$

四、扰动引起的稳态误差和系统总误差

如第二章所述，在实际的控制系统中，不但存在给定的输入信号 $u(t)$，而且还存在着扰动 $n(t)$，如图 2-32 所示。因此，在计算系统总误差时必须考虑扰动 $n(t)$ 所引起的误差。根据线性系统的叠加原理，系统总误差等于输入信号和扰动单独作用于系统时所分别引起的系统稳态误差的代数和。

（一）输入信号 $u(t)$ 单独作用下的系统稳态误差 e_{ssu}

假设扰动 $n(t)=0$，即 $N(s)=0$，图 2-32 所示的闭环控制系统在输入信号 $u(t)$ 单独作用下的误差传递函数 $\Phi_{eu}(s)$ 为

$$\Phi_{eu}(s)=\frac{E_u(s)}{U(s)}=\frac{\varepsilon_u(s)}{H(s)U(s)}=\frac{U(s)-H(s)Y(s)}{H(s)U(s)}=\frac{1}{H(s)}-\frac{Y(s)}{U(s)}$$

$$=\frac{1}{H(s)}-\frac{G_1(s)G_2(s)}{1+G_1(s)G_2(s)H(s)}=\frac{1}{H(s)[1+G_1(s)G_2(s)H(s)]}$$

则此时系统的稳态误差 e_{ssu} 为

$$e_{ssu}=\lim_{s\to 0}s\Phi_{eu}(s)U(s)=\lim_{s\to 0}s\frac{1}{H(s)[1+G_1(s)G_2(s)H(s)]}U(s) \tag{3-36}$$

（二）扰动 $n(t)$ 单独作用下的系统稳态误差 e_{ssn}

假设输入信号 $u(t)=0$，即 $U(s)=0$，图2-32所示的闭环控制系统在扰动 $n(t)$ 单独作用下的误差传递函数 $\Phi_{en}(s)$ 为

$$\Phi_{en}(s)=\frac{E_n(s)}{N(s)}=\frac{\varepsilon_n(s)}{H(s)N(s)}=\frac{U(s)-H(s)Y(s)}{H(s)N(s)}$$

$$=-\frac{Y(s)}{N(s)}=-\frac{G_2(s)}{1+G_1(s)G_2(s)H(s)}$$

则此时系统的稳态误差 e_{ssn} 为

$$e_{ssn}=\lim_{s\to 0}s\Phi_{en}(s)N(s)=-\lim_{s\to 0}s\frac{G_2(s)}{1+G_1(s)G_2(s)H(s)}N(s) \tag{3-37}$$

（三）系统总误差 e_{ss}

根据线性叠加原理，系统总误差 e_{ss} 为

$$e_{ss}=e_{ssu}+e_{ssn} \tag{3-38}$$

例3-5　图3-19所示为一他励直流电动机调速系统，其中 K_1、K_2 为放大系数，T_M 为时间常数，K_c 为测速负反馈系数。若 R 是电动机电枢电阻，C_M 是力矩系数，试求系统在常值阶跃扰动力矩 $n(t)=-\frac{R}{C_M}1(t)$ 作用下所引起的稳态误差。

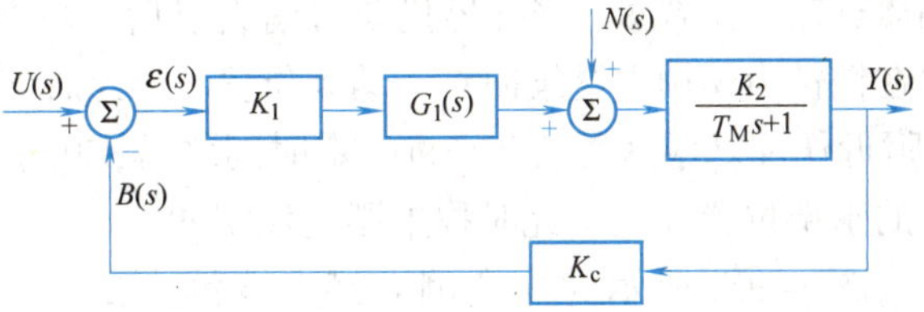

图3-19　例3-5系统框图

解

该系统是一个非单位反馈控制系统，在扰动力矩单独作用下的误差传递函数 $\Phi_{en}(s)$ 为

$$\Phi_{en}(s)=\frac{E_n(s)}{N(s)}=-\frac{\dfrac{K_2}{T_Ms+1}}{1+K_1G_1(s)\dfrac{K_2}{T_Ms+1}K_c}=-\frac{K_2}{T_Ms+1+K_1K_2K_cG_1(s)}$$

$$e_{ssn}=\lim_{s\to 0}s\Phi_{en}(s)N(s)$$

$$=\lim_{s\to 0}s\frac{-K_2}{T_Ms+1+K_1K_2K_cG_1(s)}\left(-\frac{R}{C_M}\frac{1}{s}\right)$$

$$=\frac{K_2}{1+K_1K_2K_c\lim\limits_{s\to 0}G_1(s)}\frac{R}{C_M}$$

当 $G_1(s)=1$ 时，系统的稳态误差为 $e_{ssn}=\frac{K_2}{1+K_1K_2K_c}\frac{R}{C_M}$；当回路增益 $K_1K_2K_c>>1$ 时，有 $e_{ssn}=\frac{R}{K_1K_cC_M}$，即偏差信号与扰动作用点间的放大系数 K_1 越大，则稳态误差越小。

当 $G_1(s)=1+\frac{K_3}{s}$时，称为比例加积分控制（详见第六章），其中为 K_3 常数，此时系统的稳态误差为

$$e_{ssn}=\frac{K_2}{1+K_1K_2K_c\lim\limits_{s\to 0}\left(1+\frac{K_3}{s}\right)}\frac{R}{C_M}=0$$

第四节 稳定性分析与稳定判据

控制系统能够在工程实际中应用的首要条件是系统必须稳定。控制系统的稳定性分析是控制理论的重要组成部分。分析系统的稳定性，提出保证系统稳定的措施，是控制工程的基本任务之一。

一、稳定的概念

（一）不稳定现象举例

在给出系统的稳定性的定义之前，先看下面的例子。

图 3-20a 所示为一个单摆。假设在外界扰动力的作用下，单摆由原来的平衡位置 A 向左偏离到新的位置 B。当外界扰动力消失以后，单摆在重力作用下由位置 B 向右回到位置 A，并在惯性力作用下继续向右运动到位置 C，此后又开始向左运动，这样，单摆将在平衡位置 A 附近作反复振荡运动。经过一定时间之后，由于空气介质的阻尼作用，单摆将重新回到原来的平衡位置 A 上，此时称单摆是稳定的。

图 3-20b 所示为一个倒立摆，该倒立摆在位置 A 也是平衡的。当倒立摆受到扰动力作用使其偏离平衡位置 A 后，即使扰动力消失了，该倒立摆也不会回到原来的平衡位置 A，此时称倒立摆是不稳定的。

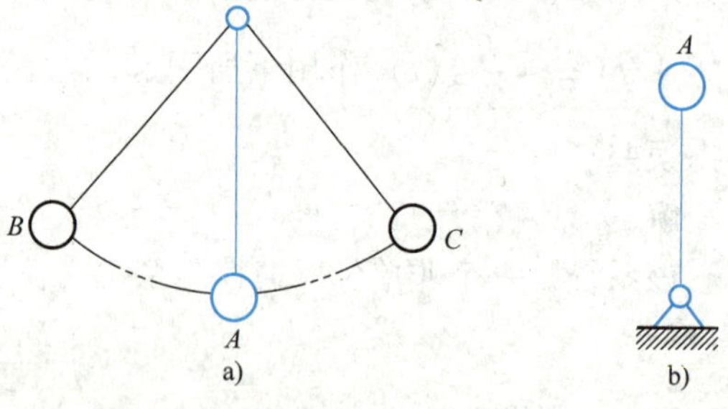

图 3-20 摆的稳定
a）单摆 b）倒立摆

（二）稳定的定义

上面的例子说明系统的稳定性反映在扰动力消失后的时域响应的性质上。扰动力消失后单摆与其平衡位置的偏差可以认为是初始偏差，单摆回到平衡位置表示其时域响应随着时间的推移而逐渐衰减并趋向于零（原平衡状态）。

因此，系统的稳定性可以这样来定义：系统在任何足够小的初始偏差的作用下，其时域响应随着时间的推移而逐渐衰减并能够恢复到原平衡状态，则该系统是稳定的；否则，该系统是不稳定的。

必须指出，稳定性是控制系统自身的固有特性，它取决于系统本身的结构和参数，而与

输入无关。

上述关于稳定的定义只适用于线性定常系统，而不适用于其他系统。

二、稳定的条件

根据上述稳定性的定义，可用以下方法得出线性定常系统稳定的条件。

设线性定常系统的微分方程为

$$a_0\frac{d^n y(t)}{dt^n}+a_1\frac{d^{n-1}y(t)}{dt^{n-1}}+\cdots+a_{n-1}\frac{dy(t)}{dt}+a_n y(t)$$
$$=b_0\frac{d^m u(t)}{dt^m}+b_1\frac{d^{m-1}u(t)}{dt^{m-1}}+\cdots+b_{m-1}\frac{du(t)}{dt}+b_m u(t)\quad(n\geqslant m)\tag{3-39}$$

式中 $u(t)$——输入信号；

$y(t)$——输出信号；

a_0、a_1、…、a_n 和 b_0、b_1、…、b_m——常系数。

令

$$D(s)=a_0s^n+a_1s^{n-1}+a_2s^{n-2}+\cdots+a_{n-1}s+a_n$$
$$M(s)=b_0s^m+b_1s^{m-1}+b_2s^{m-2}+\cdots+b_{m-1}s+b_m$$

考虑初始条件不为零，对式（3-39）两边作拉氏变换，得

$$Y(s)=\frac{M(s)}{D(s)}U(s)+\frac{N(s)}{D(s)}\tag{3-40}$$

式中 $\frac{M(s)}{D(s)}=G(s)$——系统的传递函数；

$N(s)$——与初始条件有关的 s 多项式。

根据定义，研究稳定性是分析不存在外作用、仅在初始状态影响下系统的时间响应，也称为零输入响应。因此可在式（3-40）中取 $U(s)=0$，得到仅在初始状态影响下系统的零输入时间响应为

$$Y(s)=\frac{N(s)}{D(s)}\tag{3-41}$$

系统的特征方程为

$$D(s)=a_0s^n+a_1s^{n-1}+a_2s^{n-2}+\cdots+a_{n-1}s+a_n=0\tag{3-42}$$

设 $p_i(i=1,2,\cdots,n)$ 为系统的特征根，也即系统传递函数的极点，当 p_i 各不相同时，有零输入响应

$$y(t)=\mathscr{L}^{-1}[Y(s)]=\mathscr{L}^{-1}\left[\frac{N(s)}{D(s)}\right]=\sum_{i=1}^{n}A_i e^{p_i t}\tag{3-43}$$

式中，$A_i=\left.\frac{N(s)}{\dot{D}(s)}\right|_{s=p_i}$，$\dot{D}(s)=\frac{d}{ds}D(s)$。可见，$A_i$ 是与初始条件有关的系数。

由式（3-43）可知，如果系统所有特征根 p_i 的实部均为负数，即

$$\mathrm{Re}[p_i]<0$$

则零输入响应最终将衰减到零，即

$$\lim_{t\to\infty}y(t)=0$$

这样的系统就是稳定的。反之，如果系统的特征根 p_i 中有一个或多个根具有正的实部，则

零输入响应就会随着时间的推移而发散，即

$$\lim_{t\to\infty} y(t)=\infty$$

这样的系统就是不稳定的。

这一结论对于任何不超出系统线性工作范围的初始状态都是成立的，而且可以证明，当系统的特征根具有相同值时，只要满足 $\mathrm{Re}[p_i]<0$，都有 $\lim_{t\to\infty} y(t)=0$，即系统是稳定的。

综上所述，不论系统的特征根是否相同，系统稳定的充分必要条件是系统的全部特征根都必须具有负实部；反之，如果系统的特征根中只要有一个或多个根具有正实部，则系统就是不稳定的。

因为系统的特征根就是系统闭环传递函数的极点，所以系统稳定的充分必要条件也可以表述为：如果系统闭环传递函数的全部极点均位于［s］平面的左半平面，则系统稳定；反之，如果系统有一个或多个极点位于［s］平面的右半平面，则系统不稳定。

如果有一对共轭复数极点位于虚轴上，而其余极点均位于［s］平面的左半平面，则零输入响应 $y(t)$ 趋于等幅振荡；如果有一个极点位于原点，而其余极点均位于［s］平面的左半平面，则零输入响应 $y(t)$ 趋于某一定值，而回不到原平衡状态时的值，这两种情况为临界稳定状态。从工程控制的实际来看，临界稳定往往会导致不稳定。

由式（3-43）可以进一步看到，式（3-39）右端的各项系数对系统的稳定性没有影响，这说明系统传递函数的各个零点对系统的稳定性没有影响。因为这些系数仅仅反映系统与外界作用的关系，而不是系统本身的固有特性。初始状态只是决定了各个指数项的系数 A_i，与系统稳定与否无关。因此，线性定常系统是否稳定，完全取决于系统的特征根 p_i，即取决于系统本身的固有特性。

三、劳思稳定判据

线性定常系统稳定的条件是其特征根全部具有负实部。因此，判别系统的稳定性，就要解出系统特征方程的根，并检验这些特征根是否都具有负实部。但是，通过直接求解特征方程，并根据其特征根来分析系统稳定性的方法是不方便的。于是，就提出了这样的问题，是否可以不用直接求解特征方程的根，而是根据特征方程的根与系数的关系去判别系统的特征根是否全部具有负实部，并以此来分析系统的稳定性。回答是肯定的，而且为此形成了一系列的稳定性判据，其中最著名的一个判据是 1877 年由 E. J. Routh 提出的判据，称之为劳思稳定判据。这种判据是基于特征方程的根与系数的关系，通过特征方程的系数来直接判别系统的稳定性。

（一）系统稳定的必要条件

设系统的特征方程为

$$\begin{aligned}D(s)&=a_0s^n+a_1s^{n-1}+a_2s^{n-2}+\cdots+a_{n-1}s+a_n\\&=a_0\left(s^n+\frac{a_1}{a_0}s^{n-1}+\frac{a_2}{a_0}s^{n-2}+\cdots+\frac{a_{n-1}}{a_0}s+\frac{a_n}{a_0}\right)\\&=a_0(s-p_1)(s-p_2)\cdots(s-p_n)=0\end{aligned}\tag{3-44}$$

式中　p_1、p_2、…、p_n——系统的特征根。

由根与系数的关系可以求得

$$\left.\begin{aligned}\frac{a_1}{a_0}&=-(p_1+p_2+\cdots+p_n)\\\frac{a_2}{a_0}&=+(p_1p_2+p_1p_3+\cdots+p_{n-1}p_n)\\\frac{a_3}{a_0}&=-(p_1p_2p_3+p_1p_2p_4+\cdots+p_{n-2}p_{n-1}p_n)\\&\vdots\\\frac{a_n}{a_0}&=(-1)^n(p_1p_2\cdots p_n)\end{aligned}\right\}\tag{3-45}$$

由上式可知，如果使全部特征根 p_1、p_2、…、p_n 均具有负实部，就必须满足以下两个条件：

1）特征方程的各项系数 a_0、a_1、a_2、…、a_n 都不等于零。因为如果有一个系数为零，则必然要出现实部为零或实部有正有负的特征根，则此时系统就处于临界稳定或不稳定的状态。

2）特征方程的各项系数 a_0、a_1、a_2、…、a_n 的符号都相同。在控制工程中，一般取 a_0 为正值，则上述结论可以归纳为：要使全部特征根 p_1、p_2、…、p_n 都具有负实部，则特征方程的各项系数 a_0、a_1、a_2、…、a_n 均必须为正值，即

$$a_0>0,\ a_1>0,\ a_2>0,\ \cdots,\ a_n>0$$

如果 a_0 为负值，则可在特征方程的两边同乘以 -1 使 a_0 变成正值。

需要指出的是，此结论只是系统稳定的必要条件，而不是充分条件，因为特征方程的各项系数都为正值还不能保证特征方程的根都具有负实部，也许特征根的实部有正有负，组合起来仍然可以满足上述特征方程的根与系数的关系。

（二）系统稳定的充分必要条件

以下说明劳思稳定判据，证明从略。

设系统的特征方程为

$$a_0s^n+a_1s^{n-1}+a_2s^{n-2}+\cdots+a_{n-1}s+a_n=0\tag{3-46}$$

并且所有系数 a_0、a_1、a_2、…、a_n 均为正值，即满足稳定性的必要条件。劳思稳定判据指出，系统稳定的充分条件是：劳思阵列中第一列所有元素的符号均为正号。

将系统特征方程的 $n+1$ 个系数排列成下面形式的行和列，称为劳思阵列

$$\begin{array}{c|ccccc}s^n & a_0 & a_2 & a_4 & a_6 & \cdots\\ s^{n-1} & a_1 & a_3 & a_5 & a_7 & \cdots\\ s^{n-2} & b_1 & b_2 & b_3 & b_4 & \cdots\\ s^{n-3} & c_1 & c_2 & c_3 & c_4 & \cdots\\ \vdots & \vdots & \vdots & \vdots & \vdots & \\ s^2 & e_1 & e_2 & & & \\ s^1 & f_1 & & & & \\ s^0 & g_1 & & & & \end{array}$$

其中，各个未知元素 b_1、b_2、b_3、b_4、…、c_1、c_2、c_3、c_4、…、e_1、e_2、f_1、g_1 根据下列公式计算得出

$$b_1=-\frac{1}{a_1}\begin{vmatrix}a_0 & a_2\\ a_1 & a_3\end{vmatrix}=-\frac{a_0a_3-a_1a_2}{a_1}$$

$$b_2 = -\frac{1}{a_1}\begin{vmatrix} a_0 & a_4 \\ a_1 & a_5 \end{vmatrix} = -\frac{a_0a_5 - a_1a_4}{a_1}$$

$$b_3 = -\frac{1}{a_1}\begin{vmatrix} a_0 & a_6 \\ a_1 & a_7 \end{vmatrix} = -\frac{a_0a_7 - a_1a_6}{a_1}$$

$$\vdots$$

$$c_1 = -\frac{1}{b_1}\begin{vmatrix} a_1 & a_3 \\ b_1 & b_2 \end{vmatrix} = -\frac{a_1b_2 - b_1a_3}{b_1}$$

$$c_2 = -\frac{1}{b_1}\begin{vmatrix} a_1 & a_5 \\ b_1 & b_3 \end{vmatrix} = -\frac{a_1b_3 - b_1a_5}{b_1}$$

$$c_3 = -\frac{1}{b_1}\begin{vmatrix} a_1 & a_7 \\ b_1 & b_4 \end{vmatrix} = -\frac{a_1b_4 - b_1a_7}{b_1}$$

$$\vdots$$

每一行的各个元素均计算到等于零为止。

在劳思阵列中，行由上向下，第一行标以 s^n，n 为特征方程的阶数，最后一行标以 s^0，总共有 $n+1$ 行。以上计算一直进行到 $n+1$ 行为止，即完成了劳思阵列。系数的完整阵列呈三角形。在展开阵列时，为了简化其后的数值计算，可用一个正整数去除或乘某一整个行，并不改变稳定性的结论。

劳思稳定判据还指出：在系统的特征方程中，其实部为正的特征根的个数，等于劳思阵列中第一列元素的符号改变的次数。

例 3-6 设系统的特征方程为

$$s^3 + 4s^2 + 100s + 500 = 0$$

试应用劳思稳定判据判别系统的稳定性。

解

首先，特征方程的各项系数均大于零，满足系统稳定的必要条件。

其次，排列劳思阵列

$$\begin{array}{c|cc} s^3 & 1 & 100 \\ s^2 & 4 & 500 \\ s^1 & -25 & 0 \\ s^0 & 500 & 0 \end{array}$$

由劳思阵列的第一列可以看出，第一列中元素的符号不全为正号，所以系统不稳定。而且第一列中元素的符号改变了两次，即从 4 到 -25 和从 -25 到 500，这说明系统的特征方程有两个正实部的根，即在 [s] 平面的右半平面有两个闭环极点。

（三）低阶系统的劳思稳定判据

对于二阶和三阶等低阶系统，可以简化劳思稳定判据，以便直接进行稳定性判别。

1. 二阶系统（$n=2$）

二阶系统的特征方程为

$$a_0s^2 + a_1s + a_2 = 0 \tag{3-47}$$

劳思阵列为

$$\begin{array}{c|cc} s^2 & a_0 & a_2 \\ s^1 & a_1 & 0 \\ s^0 & b = a_2 & \end{array}$$

可得二阶系统稳定的充分必要条件是：$a_0>0$，$a_1>0$，$a_2>0$。即对于二阶系统，如果各项系数均为正值，则系统稳定。

2. 三阶系统（$n=3$）

三阶系统的特征方程为

$$a_0s^3+a_1s^2+a_2s+a_3=0 \tag{3-48}$$

劳思阵列为

$$\begin{array}{c|cc} s^3 & a_0 & a_2 \\ s^2 & a_1 & a_3 \\ s^1 & b_1=\dfrac{a_1a_2-a_0a_3}{a_1} & 0 \\ s^0 & c_1=a_3 & 0 \end{array}$$

可得三阶系统稳定的充分必要条件是：$a_0>0$，$a_1>0$，$a_2>0$，$a_3>0$，$a_1a_2>a_0a_3$。即对于三阶系统，如果各项系数均为正值，而且中间两项系数之积大于首尾两项之积，则系统稳定。

例 3-7 设某控制系统如图 3-21 所示，试确定 K 为何值时系统稳定。

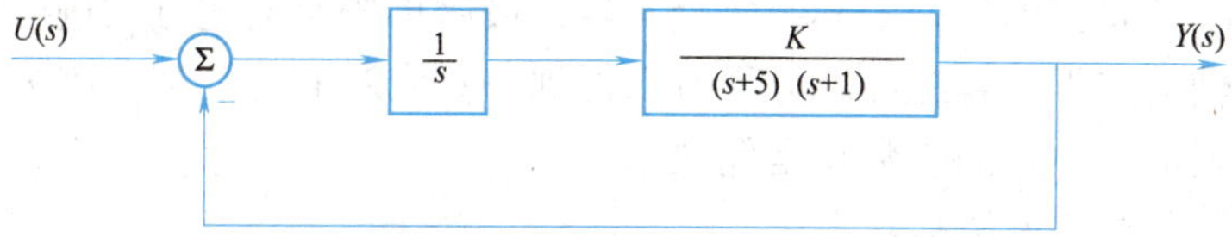

图 3-21 例 3-7 系统框图

解

系统的闭环传递函数为

$$\frac{Y(s)}{U(s)}=\frac{\dfrac{K}{s(s+5)(s+1)}}{1+\dfrac{K}{s(s+5)(s+1)}}=\frac{K}{s^3+6s^2+5s+K}$$

则系统的特征方程为

$$s^3+6s^2+5s+K=0$$

此系统为三阶系统，根据三阶系统稳定的充分必要条件可得：$K>0$，$6\times5>1\times K$，即当 $0<K<30$ 时系统稳定。

（四）特殊情况的处理

在应用劳思稳定判据中，有时会遇到一些特殊的情况，使判别无法进行下去。一般有以下两种情况。

1）劳思阵列中某一行的第一列元素为零，而该行其余元素至少有一个不为零。在这种情况下，因为这一行的第一列元素为零，则在计算下一行时，就会使下一行的各个元素变为无穷大，从而使劳思阵列无法计算下去。为了克服这一困难，可以用一个很小的正数 ε 来代替第一列等于零的元素，然后继续计算劳思阵列中其余各个元素，最后令正数 ε 趋于零，然后再按照前述方法进行判别。

例 3-8 设系统的特征方程为

$$s^4+2s^3+s^2+2s+1=0$$

试应用劳思稳定判据判别系统的稳定性。

解

首先，特征方程的各项系数均大于零，满足系统稳定的必要条件。

其次，排列劳思阵列

$$\begin{array}{c|ccc} s^4 & 1 & 1 & 1 \\ s^3 & 2 & 2 & 0 \\ s^2 & 0\approx\varepsilon & 1 & 0 \\ s^1 & 2-\dfrac{2}{\varepsilon} & 0 & \\ s^0 & 1 & 0 & \end{array}$$

当 $\varepsilon\to0$ 时，$\lim\limits_{\varepsilon\to0}\left(2-\dfrac{2}{\varepsilon}\right)<0$，由劳思阵列的第一列可以看出，第一列中元素的符号不全为正号，所以系统不稳定。而且第一列中元素的符号改变了两次，这说明系统的特征方程有两个正实部的根，即在［s］平面的右半平面有两个闭环极点。

2）劳思阵列中某一行的元素全为零，即出现了零行。在这种情况下，可以用该零行的上面一行的元素构成一个辅助多项式，取此辅助多项式的一阶导数所得到的一组系数来代替该零行，然后继续计算劳思阵列中其余各个元素，最后再按照前述方法进行判别。令辅助多项式等于零可得辅助方程，解此辅助方程可以得到一些成对的特征根，因为这些特征根的总数是偶数，所以辅助多项式的阶数总是偶数。

例 3-9 设系统的特征方程为

$$s^6+2s^5+8s^4+12s^3+20s^2+16s+16=0$$

试应用劳思稳定判据判别系统的稳定性。

解

首先，特征方程的各项系数均大于零，满足系统稳定的必要条件。

其次，排列劳思阵列

$$\begin{array}{c|cccc} s^6 & 1 & 8 & 20 & 16 \\ s^5 & 2 & 12 & 16 & 0 \\ s^4 & 2 & 12 & 16 & 0 \\ s^3 & 0 & 0 & 0 & \end{array}$$

因为 s^3 行的元素全为零，所以需要构造辅助多项式

$$A(s)=2s^4+12s^2+16$$

将 $A(s)$ 对 s 求导，得导数多项式

$$\frac{\mathrm{d}A(s)}{\mathrm{d}s}=8s^3+24s$$

将该导数多项式的系数作为上述全零行的元素，称为辅助系数，并根据此行继续劳思阵列的计算，得劳思阵列

s^6	1	8	20	16
s^5	2	12	16	0
s^4	2	12	16	0
s^3	0→8	0→24	0	
s^2	6	16	0	
s^1	8/3	0		
s^0	16	0		

由上述劳思阵列的第一列可以看出，第一列中元素的符号全为正号，说明系统的特征方程没有正实部的根，即在［s］平面的右半平面没有闭环极点。但是，由于 s^3 行的元素全为零，则说明在虚轴上有共轭虚根，该共轭虚根可由辅助多项式 $A(s)$ 构成的辅助方程 $A(s)=0$ 来求得

$$A(s)=2s^4+12s^2+16=0$$

解上述辅助方程，可求得两对共轭虚根

$$p_{1,2}=\pm\sqrt{2}\mathrm{j},\ p_{3,4}=\pm 2\mathrm{j}$$

系统存在共轭虚根，表明系统处于临界稳定状态。

第五节　基于 MATLAB 与 SIMULINK 的系统时域特性分析

一、基于 MATLAB 的系统时域分析

（一）时域特性分析

1. 单位脉冲响应

命令格式：impulse(num,den,t)/impulse(sys,t)

计算并绘制系统（num,den)/(sys）的单位脉冲响应曲线，t 为时间变量，可缺省。

2. 单位阶跃响应

命令格式：step(num,den,t)/step(sys,t)

计算并绘制系统（num,den)/(sys）的单位阶跃响应曲线，t 为时间变量，可缺省。

3. 任意输入响应

命令格式：lsim(num,den,u,t)/lsim(sys,u,t)

计算并绘制系统（num,den)/(sys）在信号 u 输入下的响应曲线，t 为时间变量，可缺省。

例 3-10　已知某高阶系统的闭环传递函数为

$$\frac{Y(s)}{U(s)}=\frac{2s^2+20s+50}{s^6+15s^5+84s^4+223s^3+309s^2+240s+100}$$

试求该系统的单位脉冲响应、单位阶跃响应、单位速度响应和单位加速度响应。

解

1）MATLAB 计算程序

```
num=[2    20    50];
den=[1    15    84    223    309    240    100];
t=(0:0.1:20);
figure(1);
impulse(num,den,t); % Impulse Response
figure(2);
```

```
step(num,den,t); % Step Response
figure(3);
u1 = (t); % Ramp. Input
hold on;
plot(t,u1);
lsim(num,den u1,t); % Ramp. Response
gtext('t');
figure(4);
u2 = (t * t/2); % Acce. Input
hold on;
plot(t,u2);
lsim(num,den,u2,t); % Acce. Response
gtext('t * t/2');
```

2）计算结果如图 3-22 所示。[⊖]

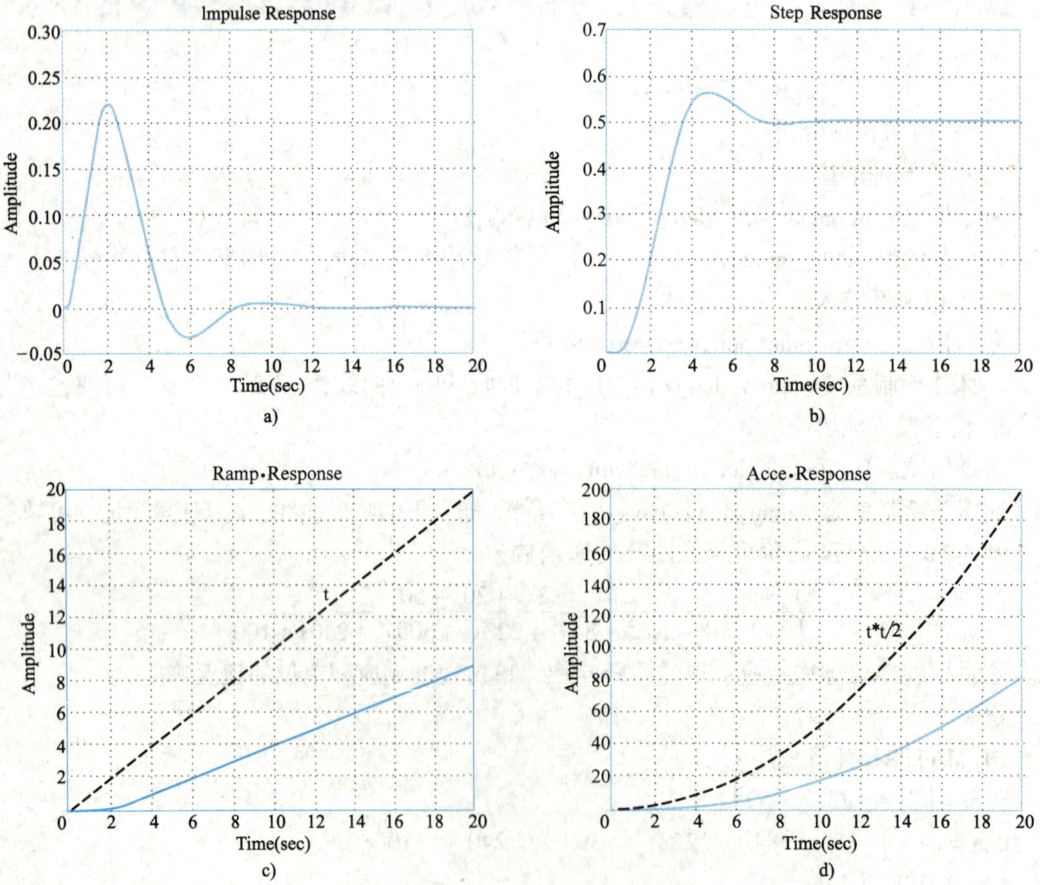

图 3-22　例 3-10 系统的响应曲线

⊖ 书中凡涉及 MATLAB、SIMULINK 计算结果的图形，其横纵坐标、单位以及图中的文字均保留计算结果原状，以便对照。

（二）稳定性分析

1. 求取传递函数极点

命令格式：roots(den)

给定线性定常系统的特性多项式（den），求取传递函数极点。

2. 绘制零极点分布图

命令格式：pzmap(num，den)

给定系统传递函数（num，den）绘制系统零极点分布图，"○"表示零点，"×"表示极点。

例 3-11 已知某高阶系统的闭环传递函数为

$$\frac{Y(s)}{U(s)}=\frac{s^3+7s^2+24s+24}{s^8+2s^7+3s^6+4s^5+5s^4+6s^3+7s^2+8s+9}$$

试求该系统的闭环极点并判断系统的稳定性。

解

1）MATLAB 计算程序

```
den=[1   2   3   4   5   6   7   8   9];
roots(den)
```

2）计算结果

```
ans =
 -1.288 8 +0.447 7i
 -1.288 8 -0.447 7i
 -0.724 4 +1.137 0i
 -0.724 4 -1.137 0i
  0.136 4 +1.305 0i
  0.136 4 -1.305 0i
  0.876 7 +0.881 4i
  0.876 7 -0.881 4i
```

由计算结果可知，该系统的 4 个闭环极点都具有正实部，故系统不稳定。

例 3-12 已知某高阶系统的闭环传递函数为

$$\frac{Y(s)}{U(s)}=\frac{3.12\times10^5s+6.25\times10^6}{s^4+1.0\times10^2s^3+8.0\times10^3s^2+4.4\times10^5s+6.24\times10^6}$$

试求该系统的闭环零极点、绘制零极点分布图并判断系统的稳定性。

解

1）MATLAB 计算程序

```
num=[3.12*10^5   6.25*10^6];
den=[1   1.0*10^2   8.0*10^3   4.4*10^5   6.24*10^6];
[p,z]=pzmap(num,den);
pzmap(num,den);
title('Pole-Zero MaP');
hold on;
```

2）计算结果

系统的闭环极点为：

p =

−10.000 0 +71.414 3i

−10.000 0 −71.414 3i

−60.000 0

−20.000 0

系统的闭环零点为：

z =

−20.032 1

由计算结果可知，该系统的4个闭环极点均具有负实部，故系统稳定。系统的闭环零极点分布如图3-23所示。

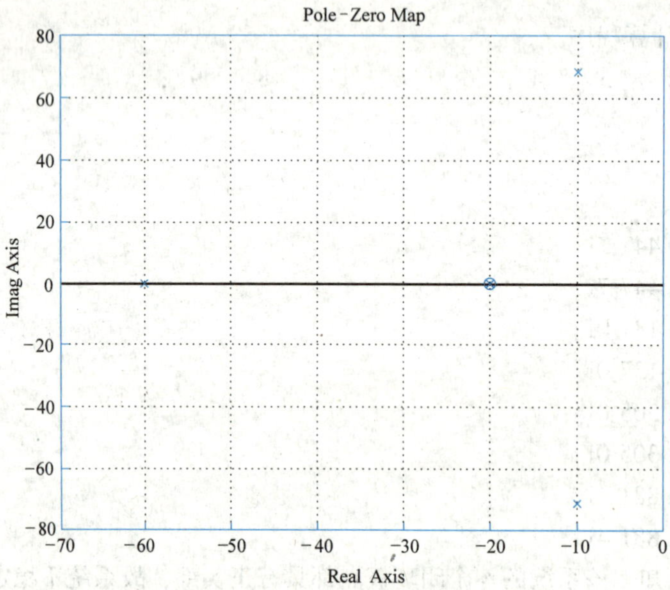

图3-23　例3-12系统的闭环零极点分布

例3-13　设某控制系统，其闭环传递函数为

$$\frac{Y(s)}{U(s)}=\frac{K_v\omega_n^2}{s^3+2\zeta\omega_n s^2+\omega_n^2 s+K_v\omega_n^2}$$

其中，固有频率 $\omega_n=180\text{rad/s}$，试分别分析

1）阻尼比 $\zeta=0.1$，放大系数 $K_v=20$，30，36时对系统动态特性的影响。

2）$K_v=20$，阻尼比 $\zeta=0.045$，0.056，0.1时对系统动态特性的影响。

解

1）根据给定系统，在MATLAB上 $\zeta=0.1$，$K_v=20$，30，36时的时域特性计算程序

```
num = [20 * 180 * 180];
den = [1      2 * 0.1 * 180      180 * 180      20 * 180 * 180];
```

```
step(num,den)
grid
num=[30*180*180];
den=[1    2*0.1*180    180*180    30*180*180];
step(num,den)
grid
num=[36*180*180];
den=[1    2*0.1*180    180*180    36*180*180];
step(num,den)
grid
```

当固有频率 $\omega_n=180\text{rad/s}$，阻尼比 $\zeta=0.1$，开环放大系数 $K_v=20$，30，36 时，系统在单位阶跃函数作用下，响应曲线如图 3-24 所示。

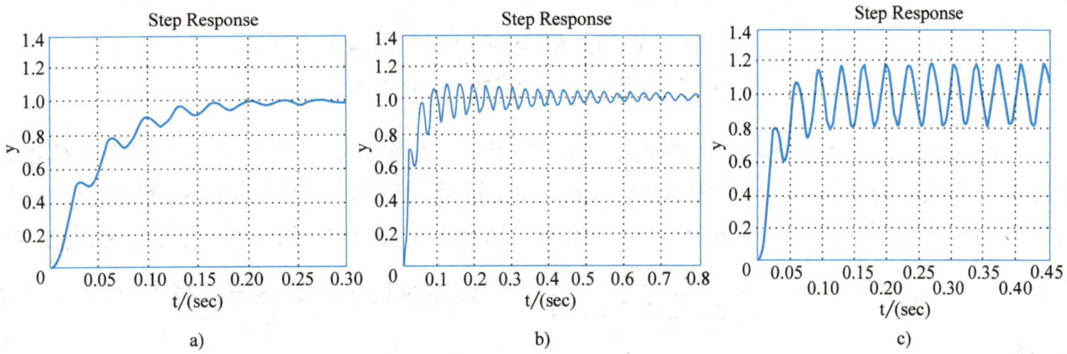

图 3-24 例 3-13 系统不同 K_v 时的响应曲线

a) $K_v=20$ b) $K_v=30$ c) $K_v=36$

由图 3-24 可知，系统开环增益对系统的动态特性影响较大，开环增益越大系统稳定性越差，系统快速性越好。当开环增益 $K_v=36$ 时有 $K_v=2\zeta\omega_n=2\times0.1\times180=36$，系统处于临界稳定状态。

2）在 MATLAB 上 $K_v=20$，$\zeta=0.045$，0.056，0.1 时的时域特性计算程序

```
num=[20*180*180];
den=[1    2*0.045*180    180*180    20*180*180];
step(num,den,0.5)
grid
num=[20*180*180];
den=[1    2*0.056*180    180*180    20*180*180];
step(num,den,0.5)
grid
num=[20*180*180];
den=[1    2*0.1*180    180*180    20*180*180];
```

```
step(num,den,0.5)
grid
```

当固有频率 $\omega_n=180\text{rad/s}$，开环放大系数 $K_v=20$，阻尼比 $\zeta=0.045$，0.056，0.1 时，系统在单位阶跃函数作用下，响应曲线如图 3-25 所示。

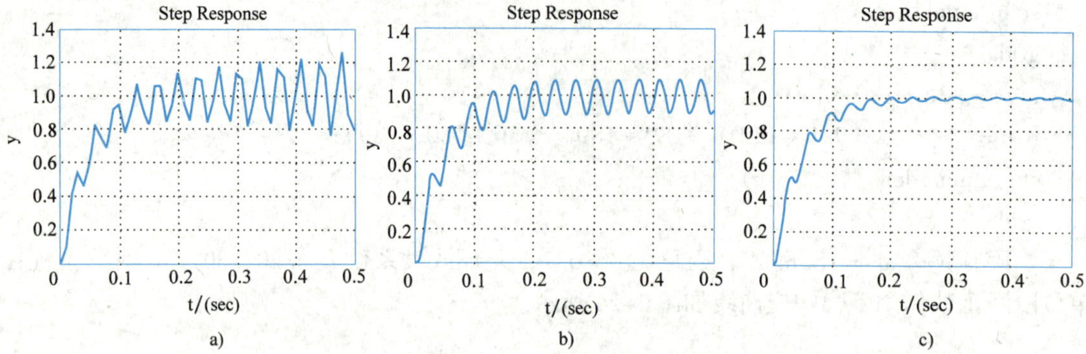

图 3-25　例 3-13 系统不同 ζ 时的响应曲线

a) $\zeta=0.045$　b) $\zeta=0.056$　c) $\zeta=0.1$

由图 3-25 可知，系统阻尼比的减小，直接影响了系统的稳定性，阻尼比越小系统稳定性越差。当阻尼比 $\zeta=0.1$ 时系统虽为稳定，但在过渡过程特性曲线的初始阶段也有振荡，这是因为阻尼比较小，靠近虚轴附近极点的影响所致。阻尼比继续减小，系统的振荡加剧，当 $\zeta=0.056$ 时，有 $K_v/2\zeta\omega_n=\dfrac{20}{2\times0.056\times180}\approx1$，即系统处于临界稳定；当 $\zeta=0.045$ 时系统不稳定。

二、基于 SIMULINK 的系统时域分析

系统的时域分析可以直接根据系统框图在 SIMULINK 平台上进行。在时域特性分析的过程中，需先在 SIMULINK 工作窗口上建立以系统框图表示的仿真模型，其方法如下：

1）分别在 continuous、sources、sinks、math 模块中选 transfer fcn、step、scope、sum 和 gain 模块，在 SIMULINK 工作窗口中连接成如图 3-26 所示的仿真模型。

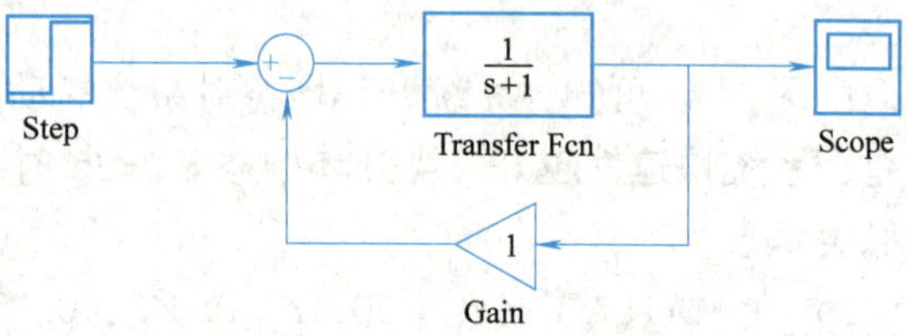

图 3-26　SIMULINK 仿真模型

2）输入各仿真模块相应参数，形成被分析系统的仿真模型，完成系统时域分析。下面以具体实例加以说明。

例 3-14　设某控制系统可以用图 3-27 所示的系统框图描述。

试根据系统框图，在 SIMULINK 平台上进行系统时域分析。

解

在 SIMULINK 工作窗口中建立如图 3-26 所示的仿真模型，在相应的对话框中，输入系统参数，即

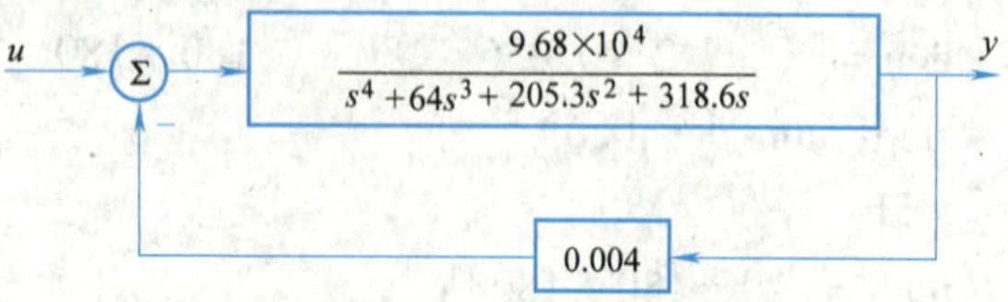

图 3-27　例 3-14 系统框图

1）Blok parameters：Step 对话框中输入

Step time

0

Initial Value

0

Final Value

5

Sample time

0

2）Blok parameters：Transfer Fcn 对话框中输入

Numerator：

[9.68e4]

Denominator：

[1　64　205.3　318.6　0]

3）Blok parameters：Gain 对话框中输入

Gain

0.004

4）Sum 对话框中输入

List of signs

+ -

5）在 To workspace 对话框中输入

Variable name：

y

save format：

选 Array

6）在 To workspacel 对话框中输入

Variable name：

y

save format：

选 Array

则构成了该控制系统仿真数学模型如图 3-28 所示。

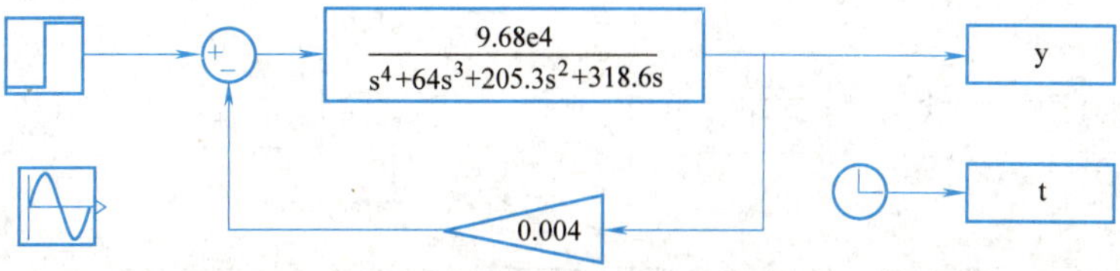

图 3-28　例 3-14 系统仿真数学模型

用鼠标点击工具条上的▶按钮开始仿真。仿真结束后，在 MATLAB 平台上输入下列命令

```
plot(t,y)
grid
```

直接可作出其时域响应曲线如图 3-29 所示。

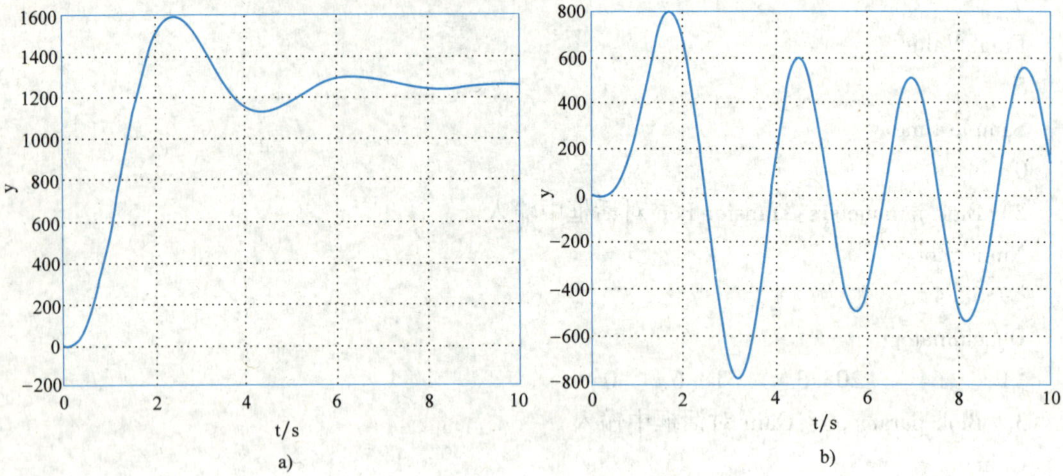

图 3-29 例 3-14 系统时域响应曲线

a） $u=5$ b） $u=5\sin 2.512t$

例 3-15 二阶系统闭环传递函数为

$$\frac{Y(s)}{U(s)}=\frac{\omega_n^2}{s^2+2\zeta\omega_n s+\omega_n^2}$$

式中二阶系统固有频率 $\omega_n=10\text{rad/s}$，试求该系统在欠阻尼、临界阻尼、过阻尼、无阻尼及负阻尼状态下的单位阶跃响应。

解

1）欠阻尼：当取二阶系统阻尼比分别为 $\zeta=0.2$，0.4，0.6，0.8 时，可在 SIMULINK 平台上作出仿真模型如图 3-30 所示，欠阻尼二阶系统单位阶跃响应曲线如图 3-31 所示。

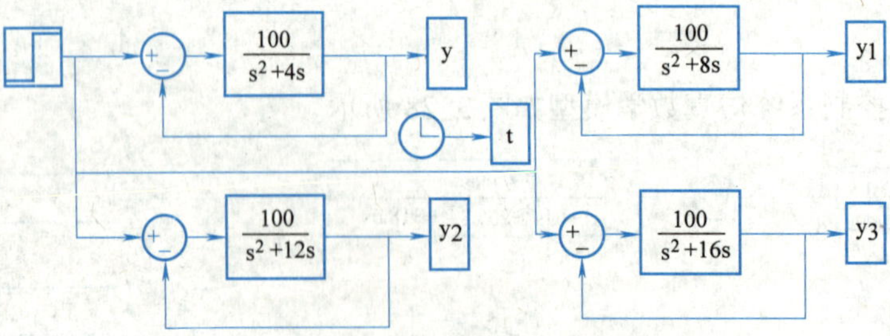

图 3-30 例 3-15 欠阻尼二阶系统 SIMULINK 仿真模型

2）临界阻尼、过阻尼、无阻尼及负阻尼状态下的单位阶跃响应：当阻尼比为 $\zeta=1.0$，1.5，0.0，−0.2 时，可在 SIMULINK 平台上作出仿真模型如图 3-32 所示，临界阻尼、过阻尼、无阻尼及负阻尼状态下二阶系统单位阶跃响应曲线如图 3-33 所示。

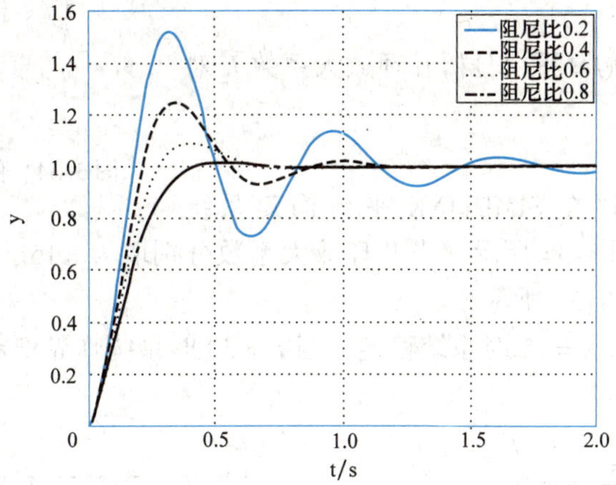

图 3-31　例 3-15 欠阻尼二阶系统单位阶跃响应曲线

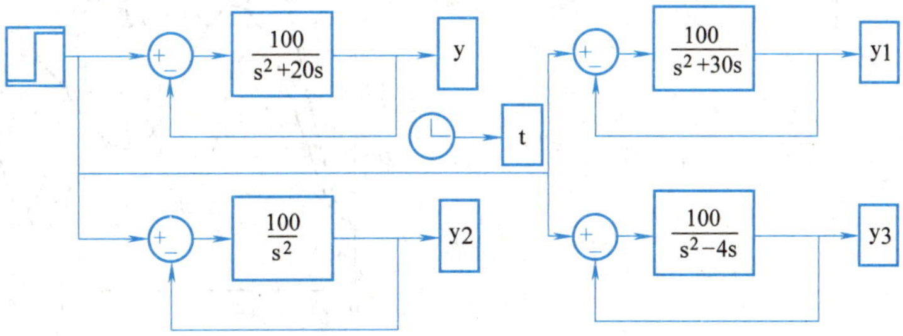

图 3-32　$\zeta=1$、1.5、0、−0.2 时二阶系统 SIMULINK 仿真模型

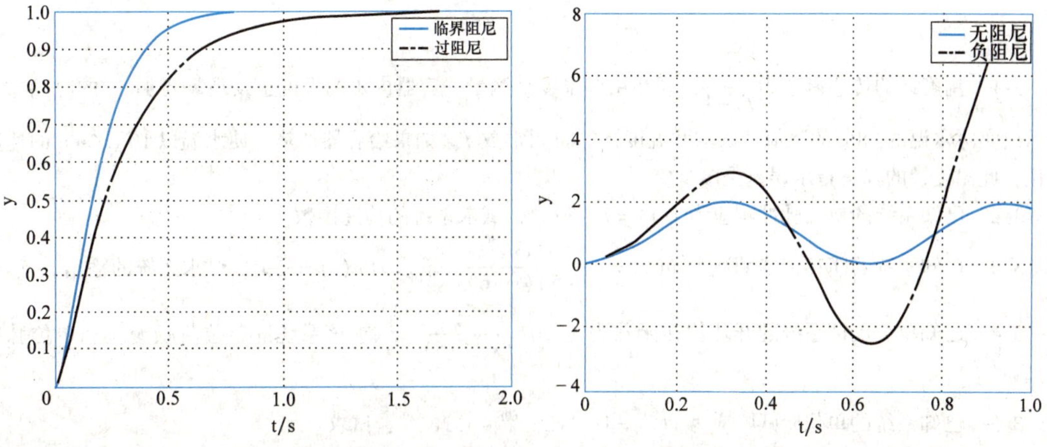

图 3-33　临界阻尼、过阻尼、无阻尼及负阻尼状态下
例 3-15 二阶系统的单位阶跃响应曲线

例 3-16 设某控制系统可用图 3-34 所示的框图描述。

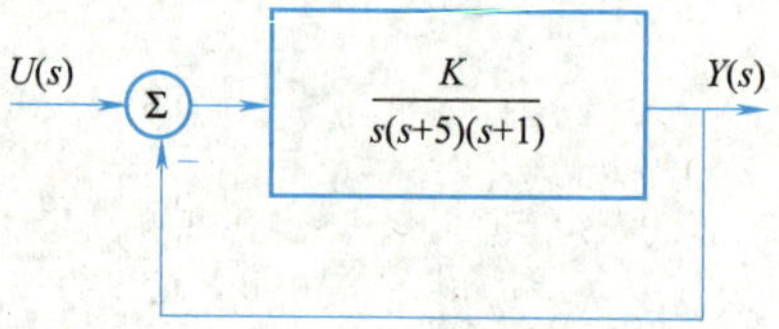

图 3-34 例 3-16 控制系统框图

试通过 SIMULINK 仿真平台分析开环放大系数 K 对该系统稳定性的影响。

解

根据给定系统直接在 SIMULINK 平台构建系统 SIMULINK仿真模型如图 3-35 所示，当开环放大系数分别取 $K=15$、$K=30$、$K=35$ 时，其单位阶跃响应曲线如图 3-36 所示。

由图 3-36 可知，当 $K=15$ 时系统稳定，当 $K=30$ 时系统临界稳定，当 $K=35$ 时系统不稳定。

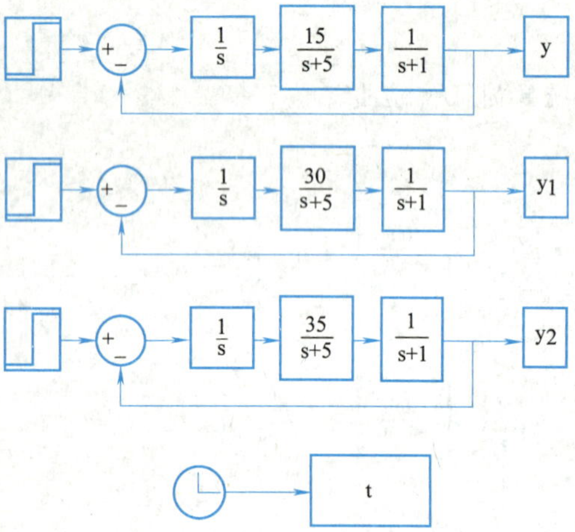

图 3-35 例 3-16 系统 SIMULINK 仿真模型

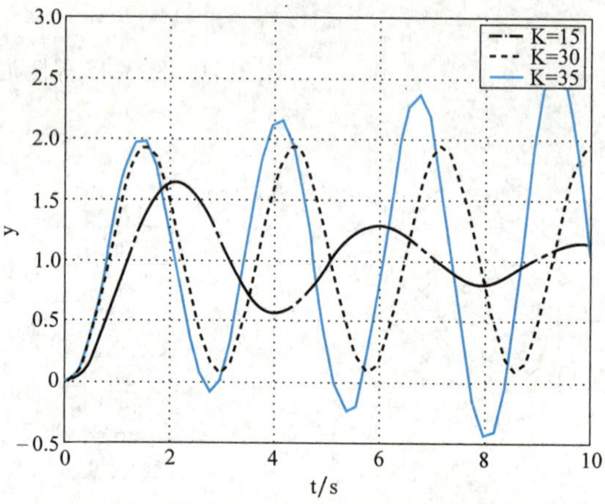

图 3-36 例 3-16 单位阶跃响应曲线

习 题

3-1 温度计的传递函数为$\frac{1}{Ts+1}$，现在用该温度计测量一容器内水的温度，发现需要 1min 的时间才能指示出实际水温的 98% 的数值，试求此温度计的时间常数 T。如果给容器加热，使水温以 10℃/min 的速度变化，此温度计的稳态指示误差是多少？

3-2 已知系统的单位脉冲响应为 $y(t)=7-5e^{-6t}$，试求系统的传递函数。

3-3 已知系统的闭环传递函数为 $\phi(s)=\frac{13s^2}{(s+5)(s+6)}$，输入为 $u(t)=\frac{1}{2}t^2$，试求系统的输出。

3-4 已知单位反馈系统的开环传递函数为 $G(s)=\frac{4}{s(s+5)}$，试求该系统的单位阶跃响应和单位脉冲响应。

3-5 已知系统的单位阶跃响应为 $y(t)=1+0.2e^{-60t}-1.2e^{-10t}$，试求：

1）系统的闭环传递函数；

2）系统的阻尼比 ζ 和无阻尼固有频率 ω_n。

3-6 设单位反馈系统的开环传递函数为 $G(s)=\frac{1}{s(s+1)}$，试求系统的上升时间 t_r、峰值时间 t_p、调整时间 t_s 和最大超调量 M_p。

3-7　如图 3-37 所示系统框图，要使系统的最大超调量等于 0.2，峰值时间等于 1s，试确定增益 K 和 K_h 的数值，并确定在此 K 和 K_h 数值下，系统的上升时间 t_r 和调整时间 t_s。

3-8　已知单位反馈系统的开环传递函数为 $G(s)=\dfrac{5K}{s(s+34.5)}$，试求当 $K=200$ 时，系统单位阶跃响应的动态性能指标。如果 K 增大到 $K=1500$ 时，或减小到 $K=13.5$ 时，试分析系统动态性能指标的变化情况。

3-9　已知单位反馈系统的开环传递函数为 $G(s)=\dfrac{20}{(0.5s+1)(0.04s+1)}$，试分别求出系统在单位阶跃输入、单位速度输入和单位加速度输入时的稳态误差。

3-10　某单位反馈系统如图 3-38 所示，试求在单位阶跃、单位速度和单位加速度输入信号作用下的稳态误差。

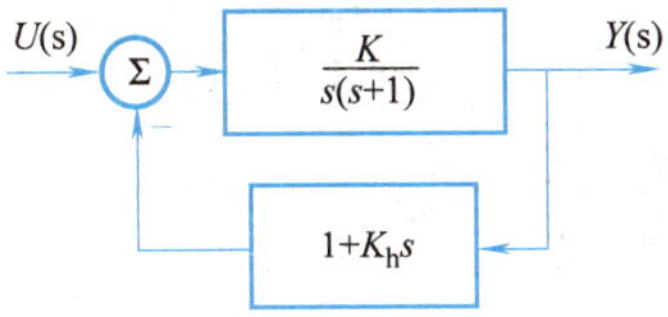

图 3-37　题 3-7 图

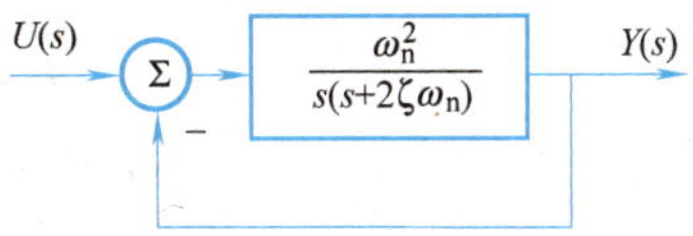

图 3-38　题 3-10 图

3-11　已知单位反馈系统前向通道的传递函数为 $G(s)=\dfrac{100}{s(0.1s+1)}$，试求：

1）稳态误差系数 K_p、K_v 和 K_a；

2）当输入为 $u(t)=a_0+a_1t+\dfrac{1}{2}a_2t^2$ 时系统的稳态误差。

3-12　某控制系统框图如图 3-39 所示，当输入信号 $u(t)=1(t)$，干扰信号 $n(t)=1(t)$ 时，试求系统总的稳态误差。

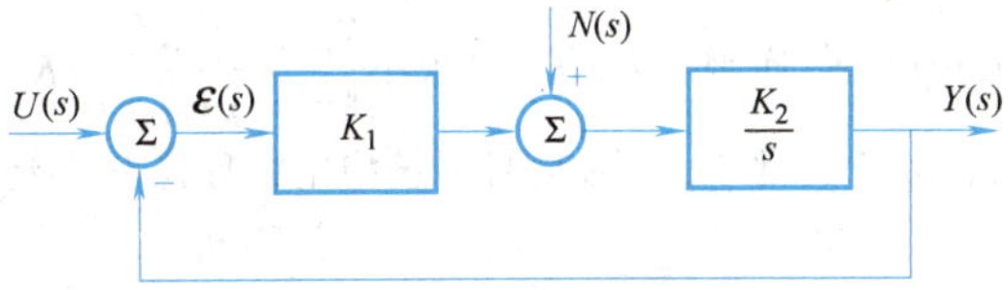

图 3-39　题 3-12 图

3-13　在波浪的作用下，船舶会发生摇摆，大多数船舶采用如图 3-40a 所示的水平舵来保证摆动的平稳性。船舶摆动角控制系统框图如图 3-40b 所示，图中船舶特性的传递函数为 $G(s)=\omega_n^2/(s^2+2\zeta\omega_n s+\omega_n^2)$。若阻尼比 $\zeta=0.1$，摆动周期为 3s，船舶平稳后的倾斜角 $\theta=18°$。试求：

1）在幅度 $N=(1+K_1K_a)\pi/10$ 的干扰信号 $T_d(s)$ 作用下的稳态倾斜角。

2）系统在阶跃输入信号以及阶跃干扰作用下的总稳态误差。

3）比较系统闭环前后干扰对系统输出的影响。

3-14　已知某系统的闭环传递函数为 $\dfrac{Y(s)}{U(s)}=\dfrac{(s+6)(s+16)}{(s+8)(s+9)(s+4-j5)(s+4+j5)}$，试说明系统是否稳定。

3-15　已知某单位反馈系统的开环传递函数为 $G(s)=\dfrac{K}{s(Ts+1)}$，试说明系统是否稳定。

3-16　对于具有如下特征方程的反馈系统，试应用劳思稳定判据判别系统的稳定性：

1）$s^3-15s+126=0$

2）$s^4+8s^3+18s^2+16s+5=0$

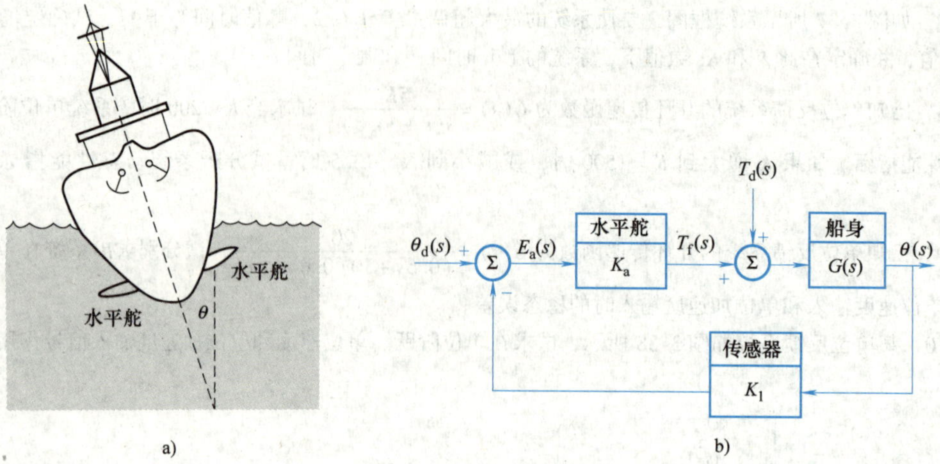

图 3-40　题 3-13 图

a）水平舵　b）摆动角控制系统

3）$s^3+4s^2+5s+10=0$

4）$s^5+s^4+2s^3+2s^2+3s+5=0$

5）$s^3+10s^2+16s+160=0$

3-17　对于具有如下特征方程的反馈系统，试应用劳思稳定判据确定使系统稳定的 K 的取值范围：

1）$s^4+22s^3+10s^2+2s+K=0$

2）$s^4+20Ks^3+5s^2+(K+10)s+15=0$

3）$s^3+(K+0.5)s^2+4Ks+50=0$

4）$s^4+Ks^3+s^2+s+1=0$

5）$s^3+5Ks^2+(2K+3)s+10=0$

3-18　已知单位反馈系统的开环传递函数为 $G(s)=K\dfrac{K_1}{T_1s+1}\dfrac{K_2}{s(T_2s+1)}K_h$，输入信号为 $u(t)=a+bt$，其中 K、K_1、K_2、K_h、T_1、T_2、a、b 为常数，要使闭环系统稳定，且稳态误差 $e_{ss}<\Delta$，试求系统各个参数应满足的条件。

3-19　二阶系统的典型传递函数为$\dfrac{\omega_n^2}{s^2+2\zeta\omega_ns+\omega_n^2}$，试用 MATLAB 绘制出：

1）当固有频率 $\omega_n=6\text{rad/s}$，阻尼比 ζ 分别为 0.1、0.2、…、0.9、1.0、2.0 时的单位阶跃和单位脉冲响应曲线；

2）当阻尼比 $\zeta=0.7$，固有频率 ω_n 分别为 2、4、6、8、10、12rad/s 时的单位阶跃和单位脉冲响应曲线。

3-20　机器人常用的手爪如图 3-41a 所示，它由直流电动机驱动，以改变两个手指间的夹角 θ。手爪控制系统模型如图 3-41b 所示，相应的系统框图如图 3-41c 所示。图中 $K_m=30$，$R_f=1\Omega$，$K_f=K_t=1$，$J=0.1$，$b=1$。试求：

1）当功率放大器增益 $K_a=20$ 时，应用 MATLAB 绘制单位阶跃和单位速度输入下的响应曲线以及单位干扰作用下的响应曲线。

2）当 $\theta_d=0$，$n(t)=1(t)$ 时，确定干扰对系统的影响。

3）当 $n(t)=0$，$\theta_d(t)=t$　$(t>0)$ 时，确定系统的稳态误差。

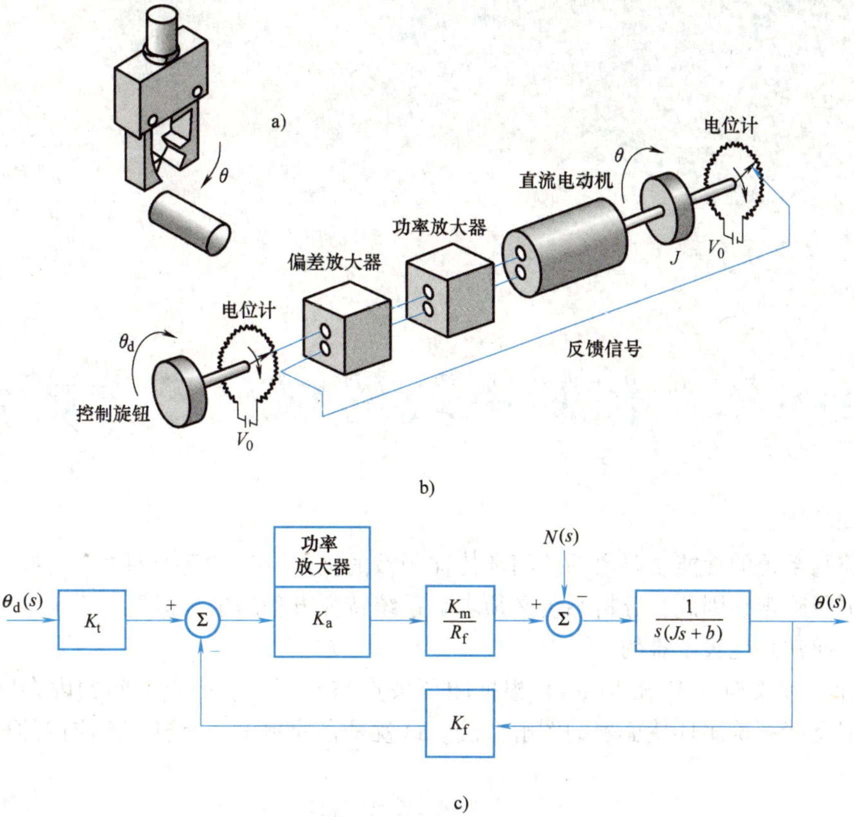

图 3-41　题 3-20 图

a）机器人的手爪　b）手爪控制系统模型　c）控制系统框图

第四章　控制系统的根轨迹分析法

反馈控制系统的性能主要由系统闭环传递函数的极点（即闭环特征根）在［s］平面上的分布情况所确定。因此，分析系统必须求解系统特征方程的根。但是，手工求解高阶系统的特征根，通常是比较困难的。

1948 年，埃文斯（W. R. Evans）根据闭环极点与开环零、极点之间的内在联系，提出了一种求解反馈系统闭环特征根的图解方法。这就是在控制工程上被广泛应用的根轨迹法。

第一节　根轨迹的基本概念

一、根轨迹

根轨迹是指当系统某个参数（如开环增益 K）由零到无穷大变化时，闭环特征根在［s］平面上移动的轨迹。

设单位反馈系统开环传递函数为

$$G(s)=\frac{K}{s(s+1)} \tag{4-1}$$

开环有两个极点，即 $p_1=0$，$p_2=-1$；开环没有零点。式中 K 为开环增益。

其闭环传递函数为

$$\Phi(s)=\frac{Y(s)}{U(s)}=\frac{K}{s^2+s+K}$$

则闭环特征方程为

$$D(s)=s^2+s+K=0$$

闭环特征根

$$s_1=-\frac{1}{2}+\frac{1}{2}\sqrt{1-4K}$$

$$s_2=-\frac{1}{2}-\frac{1}{2}\sqrt{1-4K}$$

下面分析系统开环增益 K 与系统闭环特征根之间的关系。

当$K=0$ 时　　$s_1=0$，　　　　$s_2=-1$；

$K=1/4$ 时　$s_1=-1/2$,　　　$s_2=-1/2$;

$K=1/2$ 时　$s_1=-\frac{1}{2}+\mathrm{j}\frac{1}{2}$,　　$s_2=-\frac{1}{2}-\mathrm{j}\frac{1}{2}$;

$K=\infty$ 时　$s_1=-\frac{1}{2}+\mathrm{j}\infty$,　　$s_2=-\frac{1}{2}-\mathrm{j}\infty$。

则 K 由 $0\to\infty$ 变化时，闭环特征根在［s］平面上移动的轨迹如图 4-1 所示，这就是该二阶系统的根轨迹。

由图 4-1 可以看出，根轨迹直观地表示了参数 K 变化时，闭环特征根的变化情况。因此，根轨迹图全面地描述了参数 K 对系统闭环特征根分布的影响。

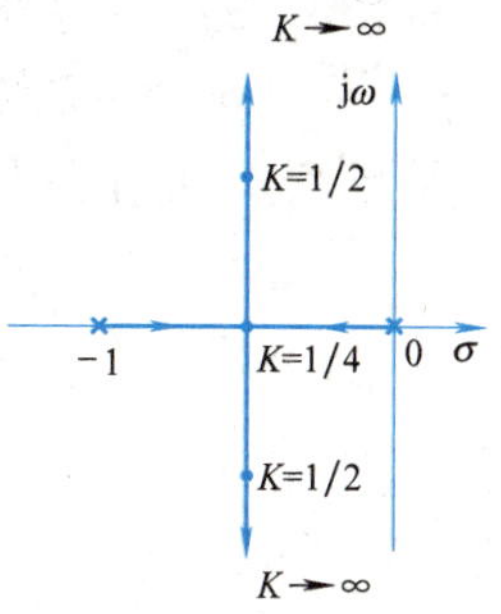

图 4-1　二阶系统根轨迹

根据根轨迹，便可对这个系统的动态性能进行分析：

1）当开环增益 K 由零变化到无穷大时，根轨迹均在［s］平面的左半部，因此，系统对所有的 K 值都是稳定的。

2）当 $0<K<1/4$ 时，闭环极点为负实根，系统呈过阻尼状态，阶跃响应为非周期过程。

3）当 $K=1/4$ 时，系统阻尼比为 1，出现重根，系统呈临界阻尼状态。

4）当 $K>1/4$ 时，闭环特征根为共轭复根，系统呈欠阻尼状态。且由坐标原点作与负实轴夹角为 $\pm45°$的直线，得出根为

$$-1/2+\mathrm{j}1/2,\quad -1/2-\mathrm{j}1/2$$

显然，这时为最佳阻尼比 0.707，此时 $K=1/2$。

5）因为开环传递函数有一个位于坐标原点的极点，所以系统为Ⅰ型系统，阶跃信号作用下的稳态误差 $e_{ss}=0$，而稳态误差系数，可从根轨迹对应的 K 值求得。

二、根轨迹方程

开环传递函数为 $G(s)H(s)$ 的反馈控制系统的闭环传递函数为

$$\Phi(s)=\frac{Y(s)}{U(s)}=\frac{G(s)}{1+G(s)H(s)}$$

其特征方程为

$$1+G(s)H(s)=0$$

或写成

$$G(s)H(s)=-1 \tag{4-2}$$

显然，满足式（4-2）的 s 值必是系统的闭环特征根，或者说，就是根轨迹上的点，故把式（4-2）称为根轨迹方程。由于 $G(s)H(s)$ 是复数向量。两个向量相等的条件是幅值、幅角分别相等。向量（-1）的幅值、幅角分别为

$$|-1|=1$$

$$\angle(-1)=\pm180°(2k+1)\quad (k=0,1,2,\cdots)$$

因此，式（4-2）可写成两个方程，即

幅值方程（又称幅值条件）

$$|G(s)H(s)|=1 \tag{4-3}$$

幅角方程（又称幅角条件）

$$\angle[G(s)H(s)] = \pm 180^\circ(2k+1) \quad (k=0,\ 1,\ 2,\ \cdots) \tag{4-4}$$

若将系统开环传递函数 $G(s)H(s)$ 写成零、极点的形式，即

$$G(s)H(s) = \frac{K_R(s-z_1)(s-z_2)\cdots(s-z_m)}{(s-p_1)(s-p_2)\cdots(s-p_n)} = \frac{K_R\prod_{i=1}^{m}(s-z_i)}{\prod_{j=1}^{n}(s-p_j)} \tag{4-5}$$

式中 K_R——系统的开环根轨迹增益，它不等于开环增益 K；

z_1、z_2、…、z_m——系统的 m 个开环零点；

p_1、p_2、…、p_n——系统的 n 个开环极点。

K 与 K_R 之间存在下述关系：

$$K = K_R\frac{\prod_{i=1}^{m}(-z_i)}{\prod_{j=1}^{n}(-p_j)} \tag{4-6}$$

或

$$K_R = K\frac{\prod_{j=1}^{n}(-p_j)}{\prod_{i=1}^{m}(-z_i)} \tag{4-7}$$

因此，幅值条件可表示为

$$\frac{K_R\prod_{i=1}^{m}|s-z_i|}{\prod_{j=1}^{n}|s-p_j|} = 1 \tag{4-8}$$

幅角条件可表示为

$$\sum_{i=1}^{m}\angle(s-z_i) - \sum_{j=1}^{n}\angle(s-p_j) = \pm 180^\circ(2k+1) \quad (k=0,1,2,\cdots) \tag{4-9}$$

由式（4-8）和式（4-9）可知，幅值条件与开环根轨迹增益 K_R 有关，且 K_R 由 $0\to\infty$ 变化；而幅角条件与 K_R 无关。因此，将满足幅角条件的 s 值代入幅值条件，总可求得一个对应的 K_R 值，也就是说，凡满足幅角条件的 s 值一定能满足幅值条件。这样，便可归结为：在［s］平面上所有满足幅角条件的 s 值，都能满足根轨迹方程，由代表这些 s 值的点所构成的图形即是根轨迹。可见，这里的幅角条件是确定反馈控制系统根轨迹的充要条件。

下面说明如何根据幅角条件利用图解试探法对式（4-1）所示系统作根轨迹。

已知系统有两个开环极点：0，-1，如图 4-2a 所示。

系统的幅角条件为

$$\angle G(s)H(s) = -\angle s - \angle(s+1) = \pm 180^\circ(2k+1)$$

用试探法寻找满足上述条件的 s 点。

在坐标原点右边实轴上任选一点 s_1，可得

$$\angle G(s_1)H(s_1) = -\angle s_1 - \angle(s_1+1) = -0^\circ - 0^\circ = 0^\circ$$

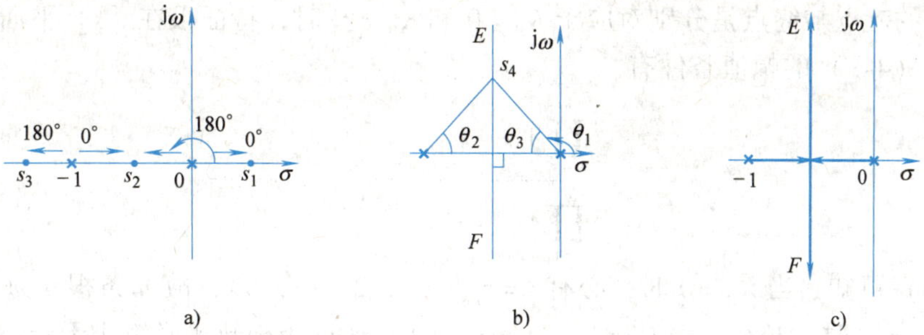

图 4-2 式（4-1）系统根轨迹的绘制

故不满足幅角条件，因此右半实轴不是根轨迹。

在（−1，0）之间任选一点 s_2，有

$$\angle G(s_2)H(s_2) = -\angle s_2 - \angle(s_2+1) = -180° - 0° = -180°$$

满足幅角条件，故实轴上从原点到 −1 之间的线段为根轨迹。

在 −1 点左边任选一点 s_3，有

$$\angle G(s_3)H(s_3) = -\angle s_3 - \angle(s_3+1) = -180° - 180° = -360°$$

故不满足幅角条件，因此 −1 点左边的实轴不是根轨迹。

在实轴之外的［s］平面上任选一点 s_4，如图 4-2b 所示，则有

$$\angle G(s_4)H(s_4) = -\angle s_4 - \angle(s_4+1) = -\theta_1 - \theta_2$$

显然，只有当 $\theta_1+\theta_2=180°$ 或 $\theta_2=\theta_3$，即 s_4 位于 0 和 −1 两点的中垂线 EF 上时，才满足幅角条件。因此中垂线 EF 是根轨迹。

经过上述逐点试探，求得该系统的根轨迹如图 4-2c 所示。

用幅值条件则可算出根轨迹上各点的 K_R 值。如 $s=-\frac{1}{2}+j\frac{1}{2}$ 点，其 K_R 值等于

$$K_R = |s||s+1| = \frac{\sqrt{2}}{2}\times\frac{\sqrt{2}}{2} = \frac{1}{2}$$

第二节 根轨迹的基本特性及绘制方法

一、根轨迹的基本特性

采用第一节所述的逐点试探法固然可以作出根轨迹，但对于高阶系统常常会感到相当繁琐。而利用根轨迹的基本特性则能既快又准地绘制出根轨迹来。根轨迹具有如下一些基本特性。

（一）根轨迹的分支数

在［s］平面上根轨迹的分支数等于闭环特征方程的阶数，也即由 n 阶特性方程描述的系统，具有 n 条根轨迹。

这是因为 n 阶特征方程有 n 个特征根，当开环根轨迹增益 K_R 变化时，这 n 个特征根在［s］平面上的位置也随之变动而形成 n 条根轨迹。

（二）根轨迹的起点与终点

根轨迹起始于开环极点，终止于开环零点，如果开环零点数 m 小于开环极点数 n，则有 $(n-m)$ 条根轨迹终止于无穷远处。

根轨迹的起点与终点是分别对应于 $K_R=0$ 和 $K_R=\infty$ 时，特征根在［s］平面上的分布位置。根据式（4-8）的幅值条件有

$$\frac{\prod_{i=1}^{m}|s-z_i|}{\prod_{j=1}^{n}|s-p_j|}=\frac{1}{K_R} \tag{4-10}$$

由式（4-10）可知，当 $K_R=0$ 时，必有 $s=p_j(j=1,2,\cdots,n)$，故 n 条根轨迹必起始开环极点；当 $K_R=\infty$ 时，必有 $s=z_i(i=1,2,\cdots,m)$，故 m 条根轨迹必终止于开环零点。

当 $n>m$ 时，若 $s\to\infty$，则式（4-10）可写成

$$\lim_{s\to\infty}\left|\frac{1}{s^{n-m}}\right|\to 0=\frac{1}{K_R}$$

所以，当 $K_R\to\infty$ 时，有（$n-m$）条根轨迹趋向于无穷远处。

（三）根轨迹对称于实轴

因为开环零、极点和闭环极点都是实数或者为成对的共轭复数，它们在［s］平面上的分布对称于实轴，所以根轨迹也对称于实轴。

（四）实轴上的根轨迹

实轴上根轨迹区段的右侧，开环零极点数目之和应为奇数。这个结论可由幅角条件得到证明。

（五）根轨迹的渐近线

如果开环零点数 m 小于开环极点数 n，则当 $K_R\to\infty$ 时，趋向无穷远处的根轨迹共有（$n-m$）条，这（$n-m$）条根轨迹趋向于无穷远处的方位可由渐近线决定。

渐近线与实轴交点的坐标为

$$\sigma_a=\frac{\sum_{j=1}^{n}p_j-\sum_{i=1}^{m}z_i}{n-m} \tag{4-11}$$

渐近线与实轴正方向的夹角为

$$\varphi_a=\frac{(2k+1)\pi}{n-m} \tag{4-12}$$

式中，k 依次取 0，±1，±2，… 一直到获得（$n-m$）个倾角为止。

（六）根轨迹的起始角与终止角

根轨迹的起始角，是指根轨迹在起点处的切线与水平线正方向的夹角。如图 4-3a 所示。

在根轨迹曲线上选择 s_1 点，距复极点 p_a 为 δ。当 $\delta\to 0$ 时，则 $\angle(s_1-p_a)=\theta_a$，即起始角，或称出射角。该系统其他零点、极点

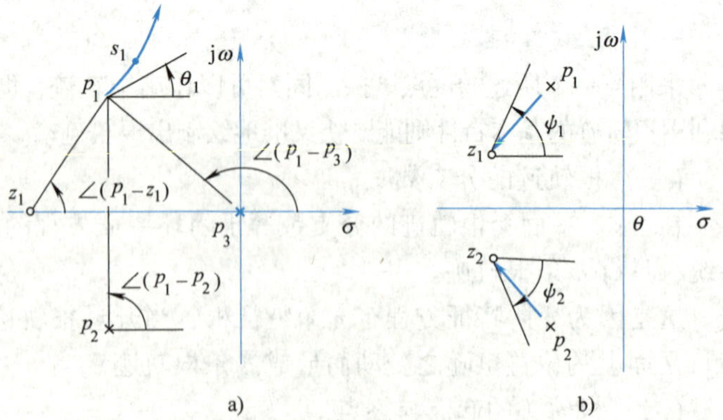

图 4-3 根轨迹的起始角与终止角

a）起始角 b）终止角

至 s_1 点向量的幅角，趋近于它们在 p_a 点向量的幅角，根据幅角条件可得

$$\theta_a + \sum_{\substack{j=1 \\ j\neq a}}^{n} \theta_j - \sum_{i=1}^{m} \psi_i = \mp 180°(2k+1)$$

其中：$\theta_j = \angle(p_a - p_j)$；$\psi_i = \angle(p_a - z_i)$

由此得出起始角

$$\theta_a = \mp 180°(2k+1) + \sum_{i=1}^{m} \psi_i - \sum_{\substack{j=1 \\ j\neq a}}^{n} \theta_j \tag{4-13}$$

根轨迹进入开环复零点处的切线方向与水平线正方向的夹角为终止角，或称入射角，如图 4-3b 所示。同样，可得出复零点 z_b 处的终止角

$$\psi_b = \pm 180°(2k+1) + \sum_{j=1}^{n} \theta_j - \sum_{\substack{i=1 \\ i\neq b}}^{m} \psi_i \tag{4-14}$$

（七）根轨迹在实轴上的分离点与会合点

如果根轨迹在实轴上二相邻极点之间，则在此二极点之间至少有一个分离点；如果根轨迹在二相邻零点（一个零点可以在无穷远处）之间，则在此二零点之间至少有一个会合点。分离点和会合点对应闭环传递函数二重以上的极点。分离点和会合点可按下式计算：

$$\sum_{i=1}^{m} \frac{1}{d - z_i} - \sum_{j=1}^{n} \frac{1}{d - p_j} = 0 \tag{4-15}$$

式中 d——实轴上分离点或会合点的坐标。

若开环系统有一对共轭复数极点，则可用下式计算分离点及会合点：

$$\sum_{i=1}^{m} \frac{1}{d - z_i} - \sum_{j=1}^{n-2} \frac{1}{d - p_j} - \frac{2(d-a)}{(d-a)^2 + b^2} = 0 \tag{4-16}$$

式中 a——开环共轭复数极点的实部；

b——开环共轭复数极点的虚部。

式（4-15）和式（4-16）的证明从略。

离开实轴或进入实轴时根轨迹的切线与实轴正交。

（八）根轨迹与虚轴的交点

根轨迹与虚轴相交，表示系统有一部分闭环极点位于虚轴上，即闭环特征方程有纯虚根 $\pm \mathrm{j}\omega$。因此，将 $s = \mathrm{j}\omega$ 代入特征方程中得

$$1 + G(\mathrm{j}\omega)H(\mathrm{j}\omega) = 0$$

或

$$\left.\begin{aligned} \mathrm{Re}[1 + G(\mathrm{j}\omega)H(\mathrm{j}\omega)] = 0 \\ \mathrm{Im}[1 + G(\mathrm{j}\omega)H(\mathrm{j}\omega)] = 0 \end{aligned}\right\} \tag{4-17}$$

则从式（4-17）便可解出交点的坐标 ω 值及其对应的开环根轨迹增益 K_R。

此外，还可利用劳斯稳定判据来求根轨迹与虚轴的交点。其方法是：根据系统闭环特征方程列写出劳斯阵列表，令 s^1 行的首项等于零，并使其余各行左端第一列的数均大于零，解 s^2 行系数所确定的方程，便可得根轨迹与虚轴的交点。对于高阶系统，用此方法比较简便。

（九）根之和与根之积

若系统开环传递函数为

$$G(s)H(s) = \frac{K_R \prod_{i=1}^{m}(s - z_i)}{\prod_{j=1}^{n}(s - p_j)}$$

则反馈控制系统的闭环特征方程

$$1 + G(s)H(s) = 1 + \frac{K_R \prod_{i=1}^{m}(s - z_i)}{\prod_{j=1}^{n}(s - p_j)} = 0$$

可写成

$$\prod_{j=1}^{n}(s - p_j) + K_R \prod_{i=1}^{m}(s - z_i) = 0 \tag{4-18}$$

当系统满足 $n \geqslant m+2$ 时，式（4-18）可展开成

$$s^n + \sum_{j=1}^{n}(-p_j)s^{n-1} + \cdots + \left[\prod_{j=1}^{n}(-p_j) + K_R \prod_{i=1}^{m}(1 - z_i)\right] = 0 \tag{4-19}$$

设 $s_j(j=1, 2, \cdots, n)$ 是闭环特征方程的 n 个根，由代数方程根与系数的关系知，n 阶代数方程 n 个根之和等于（$n-1$）次项的系数乘以 -1；n 个根之积等于零次项的系数乘以 $(-1)^n$。即得

$$\sum_{j=1}^{n} s_j = \sum_{j=1}^{n} p_j \tag{4-20}$$

$$\prod_{j=1}^{n}(-s_j) = \prod_{j=1}^{n}(-p_j) + K_R \prod_{i=1}^{m}(-z_i) \tag{4-21}$$

对于稳定的控制系统来说，式（4-21）还可写成

$$\prod_{j=1}^{n}|s_j| = \prod_{j=1}^{n}(-p_j) + K_R \prod_{i=1}^{m}(-z_i)$$

若系统开环具有零极点，则

$$\prod_{j=1}^{n}|s_j| = K_R \prod_{i=1}^{m}(-z_i) \tag{4-22}$$

式中 K_R——开环根轨迹增益；

z_i——系统开环零点；

p_j——系统开环极点；

s_j——系统闭环极点。

由式（4-20）可得出结论：当 $n \geqslant m+2$ 时，系统闭环极点之和等于系统开环极点之和。由于式（4-20）右端与 K_R 无关，所以闭环极点之和为常数。

上述结论说明，在开环极点已定的情况下，当 K_R 变化时，根轨迹上的点一部分向左移动，而另一部分向右移，其"重心"不变。通常把 $\sum_{j=1}^{n} p_j/n$ 称作根轨迹的"重心"。

这个特性可用来估计根轨迹曲线的变化趋势，有助于确定闭环极点的位置及其相应的 K_R 值。

二、根轨迹图的绘制

下面介绍利用根轨迹的特性绘制根轨迹图的方法。

绘制以开环根轨迹增益 K_R 为变化参数的根轨迹的一般步骤是：

1）将系统开环传递函数写成零、极点的形式。在［s］平面上标出开环零点和开环极点的位置。

2）利用根轨迹的特性确定：

① 根轨迹的分支数、起点与终点。

② 实轴上的根轨迹。

③ 根轨迹渐近线的条数，它们与实轴交点的坐标 σ_a 以及与实轴正方向的夹角 φ_a。

④ 根轨迹的起始角 θ 和终止角 ψ。

⑤ 根轨迹在实轴上的分离点与会合点的坐标 d。

⑥ 根轨迹与虚轴交点的坐标 ω。

3）从开环极点出发引向开环零点（包括有限零点和无限零点）逐条绘制出根轨迹。然后，应用根轨迹对称于实轴、根轨迹“重心”不变等特性检查所绘根轨迹是否正确。

4）在根轨迹的某些特殊点上标注开环根轨迹增益 K_R 或开环增益 K。

对应于根轨迹上某一点 s_c 的开环根轨迹增益 K_R 值可由式（4-8）所示的幅值方程求得，即

$$K_R = \frac{\prod_{j=1}^{n} |s_c - p_j|}{\prod_{i=1}^{m} |s_c - z_i|} \tag{4-23}$$

如果要求在根轨迹上标注开环增益 K，则 K 值可由式（4-6）换算得到，也即

$$K = K_R \frac{\prod_{i=1}^{m}(-z_i)}{\prod_{j=1}^{n}(-p_j)} \tag{4-24}$$

例 4-1　反馈控制系统的开环传递函数为

$$G(s)H(s) = \frac{K}{s(s+1)(0.5s+1)}$$

试绘制该系统的根轨迹图。

解

1）已知 $G(s)H(s) = \dfrac{K}{s(s+1)(0.5s+1)} = \dfrac{2K}{s(s+1)(s+2)} = \dfrac{K_R}{s(s+1)(s+2)}$，系统有三个开环极点

$$p_1 = 0,\ p_2 = -1,\ p_3 = -2$$

开环没有零点。三个开环极点在［s］平面上的位置如图 4-4 所示。

2）因系统有 3 个开环极点，没有开环零点，故有三条分别起始于上述开环极点，终止于无穷远处的根轨迹。

3）实轴上的根轨迹分布在 0，－1 之间及－2 以左实轴上，如图 4-4 所示。

4）因有三条根轨迹趋向于无穷远处，其渐近线与实轴交点的坐标为

$$\sigma_a = \frac{(0)+(-1)+(-2)-(0)}{3-0} = -1$$

渐近线与实轴正方向的夹角为

$$\varphi_a = \frac{(2k+1)\pi}{3}$$

取$k=0$，$\varphi_a = 60°$；

$k=1$，$\varphi_a = 180°$；

$k=-1$，$\varphi_a = -60°$。

三条渐近线如图 4-4 所示。

5）根据分离点公式（4-15）有

$$\frac{1}{d}+\frac{1}{d+1}+\frac{1}{d+2}=0$$

得 $$3d^2+6d+2=0$$

解得 $d_1=-0.42$，$d_2=-1.58$

其中，d_1 在根轨迹上，是分离点；d_2 不在根轨迹上，舍弃。

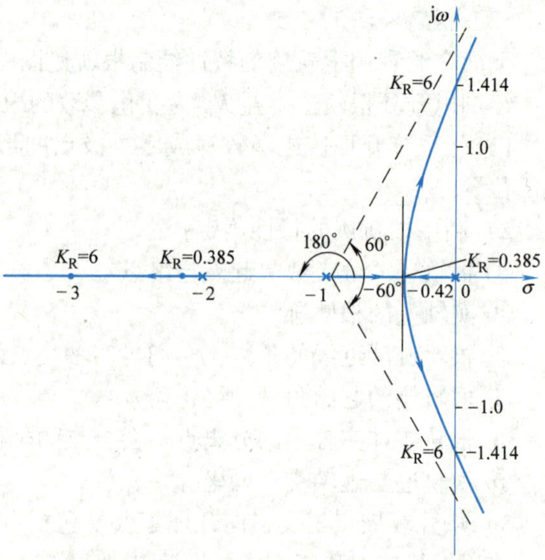

图 4-4 例 4-1 系统的根轨迹图

根轨迹在分离点处的切线与实轴正交。

6）求根轨迹与虚轴的交点及其对应的 K_R。系统闭环特征方程为

$$D(s)=s(s+1)(s+2)+K_R=s^3+3s^2+2s+K_R=0$$

令 $s=j\omega$，代入上式得

$$D(j\omega)=(j\omega)^3+3(j\omega)^2+2(j\omega)+K_R=0$$

即

$$\left.\begin{aligned}-3\omega^2+K_R=0\\-\omega^3+2\omega=0\end{aligned}\right\}$$

解此方程组得

$$\omega=0,\ \omega=+1.414,\ \omega=-1.414$$
$$K_R=0,\ K_R=6,\quad K_R=6$$

其中，$\omega=0$ 对应 $K_R=0$ 是根轨迹的起点；$\omega=\pm1.414$ 对应 $K_R=6$，是根轨迹与虚轴的交点。

7）本例满足 $n-m\geqslant2$ 条件，因此闭环极点之和为 -3。根轨迹“重心”为 -1，由此可估计根轨迹曲线的变化趋势。

例如，$K_R=6$，有两个极点在 $\pm j1.414$ 处，第三个极点应为 -3。

8）应用幅值条件可确定相应根轨迹点的 K_R 值。例如，求分离点的 K_R 值，因分离点在 -0.42 处，可测得各极点到分离点向量的幅值分别为 0.42、0.58、1.58。因此

$$K_R=0.42\times0.58\times1.58=0.385$$

根据以上各步绘制的根轨迹图如图 4-4 所示。

例 4-2 若系统开环传递函数为

$$G(s)H(s)=\frac{K_R}{s(s+3)(s^2+2s+2)}$$

试绘制系统根轨迹图。

解

1）将开环传递函数写成零、极点形式

$$G(s)H(s)=\frac{K_R}{s(s+3)(s+1+\mathrm{j}1)(s+1-\mathrm{j}1)}$$

可知，系统有四个开环极点：$p_1=0$，$p_2=-3$，$p_3=-1+\mathrm{j}1$，$p_4=-1-\mathrm{j}1$；没有开环零点。将它们标在［s］平面上，如图4-5所示。

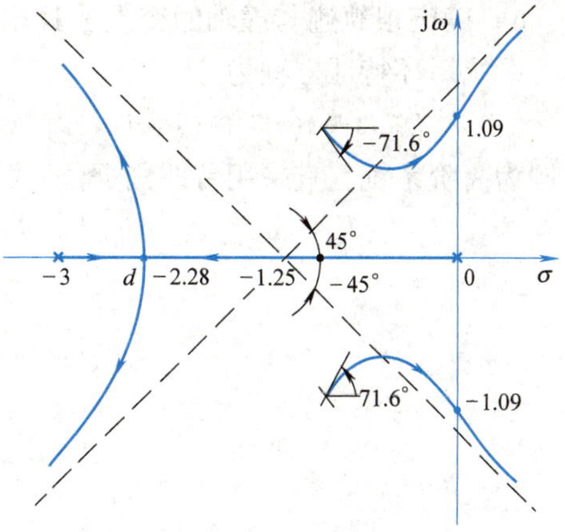

图4-5　例4-2系统根轨迹图

2）由于$n=4$，$m=0$，故有四条根轨迹曲线，且当$K_R\to\infty$时，这四条根轨迹均趋向于无穷远处。它们的渐近线与实轴的交点为

$$\sigma_a=\frac{0-3-1+\mathrm{j}1-1-\mathrm{j}1}{4-0}=-1.25$$

渐近线与实轴正方向的夹角为

$$\varphi_a=\frac{(2k+1)\pi}{4}$$

当　$k=0$ 时　　$\varphi_a=\frac{\pi}{4}$；

$k=1$ 时　　$\varphi_a=\frac{3\pi}{4}$；

$k=-1$ 时　　$\varphi_a=-\frac{\pi}{4}$；

$k=-2$ 时　　$\varphi_a=-\frac{3\pi}{4}$。

3）由于在实轴上-3至0之间线段的右方，开环零、极点数之和等于1，所以这一线段是根轨迹。

4）在实轴上-3至0之间有一分离点，其坐标d可按式（4-16）计算

$$\frac{1}{d}+\frac{1}{d+3}+\frac{2(d+1)}{(d+1)^2+1}=0$$

用试探法求得$d=-2.28$。

5）求复数极点p_3、p_4的起始角θ_{p3}和θ_{p4}

① 求θ_{p3}　p_3以外各极点指向p_3向量的幅角，如图4-6所示。

图中　$\theta_1=\underline{/p_3-p_1}=\underline{/-1+\mathrm{j}1}=135°$

$\theta_2=\underline{/p_3-p_2}=\underline{/-1+\mathrm{j}1+3}=26.6°$

$\theta_4=\underline{/p_3-p_4}=\underline{/-1+\mathrm{j}1+1+\mathrm{j}1}=90°$

根据式（4-13），有

$$\theta_{p3}=\mp(2k+1)180°-(135°+26.6°+90°)$$
$$=-71.6°\ （取\ k=0）$$

② 由根轨迹对实轴的对称性可得

$$\theta_{p4}=71.6°$$

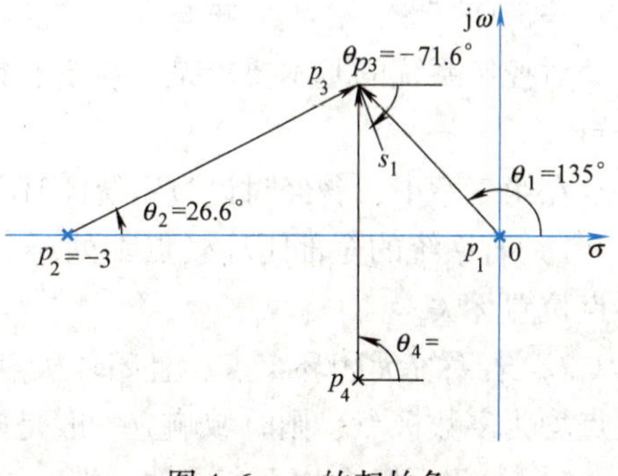

图4-6　p_3的起始角

6）确定根轨迹与虚轴的交点及其相应的 K_R 值

系统闭环特征方程为

$$D(s)=s(s+3)(s+1+j1)(s+1-j1)+K_R=s^4+5s^3+8s^2+6s+K_R=0$$

本例为高阶系统，宜采用劳斯判据法。故列写劳斯阵列如下：

$$\begin{array}{c|ccc} s^4 & 1 & 8 & K_R \\ s^3 & 5 & 6 & \\ s^2 & \frac{34}{5} & K_R & \\ s^1 & 6-\frac{25}{34}K_R & & \\ s^0 & K_R & & \end{array}$$

令 $6-\frac{25}{34}K_R=0$，且 $K_R>0$，得 $K_R=8.16$。把此 K_R 值代入 s^2 行，并以此行各数为系数列写方程

$$\frac{34}{5}s^2+8.16=0$$

解此方程得

$$s_{3,4}=\pm j1.09$$

因此，根轨迹与虚轴的两个交点是 $+j1.09$ 和 $-j1.09$，其对应的 $K_R=8.16$。

根据上述数据绘制的根轨迹图示于图 4-5 中。

第三节　控制系统的根轨迹分析

本节是根据所绘制的系统根轨迹图，考察闭环零、极点的分布情况来分析系统的动态性能。

利用根轨迹分析系统性能的步骤一般是：

1）绘制系统根轨迹图。

2）根据给定条件求出根轨迹增益，再应用幅值方程和根轨迹的基本特性由根轨迹图确定对应的闭环极点位置。

3）根据闭环零、极点在［s］平面上的位置分析系统的性能。

一、闭环零、极点分布与时域响应的定性关系

对控制系统的基本要求是：稳定、精确、快速。要满足这些要求，闭环零、极点应如何分布？

在第三章中，曾经讨论过系统闭环零、极点的位置对时域响应的影响：

1）若系统的全部闭环极点都处于［s］平面左半面，则系统是稳定的。稳定性与闭环零点位置无关。

2）若系统无闭环零点，且闭环极点均为实数极点，则时域响应一定是单调的；若闭环极点均为复数极点，则时域响应一般是振荡的。

3）若闭环极点均远离虚轴，则时域响应的每个对应的分量都衰减得快，系统的快速性

就好。

4）若一对闭环复数极点最靠近虚轴，则调整时间主要取决于其实部绝对值；若实数极点距虚轴最近，且其附近无实数零点，则调整时间主要取决于该实数极点的模值。

5）若闭环复数主导极点处于［s］平面中与负实轴成 ±45°角的直线附近，则系统响应比较平稳。

因为由二阶系统的分析可知，共轭复数极点位于 ±45°线上时，其对应的阻尼比

$$\zeta = \cos 45° \approx 0.707$$

为最佳阻尼比，这时系统的平稳性与快速性都比较理想。超过 45°线，则阻尼比减小，振荡性加剧。

6）若系统有一对闭环复数主导极点，则最大超调量主要取决于它的衰减率 $\zeta/\sqrt{1-\zeta^2}$，并与其他闭环零、极点接近坐标原点的程度有关。

7）若系统存在实数零点或极点，则实数零点减小系统阻尼，使峰值时间提前，最大超调量增大；实数极点增大系统阻尼，使峰值时间滞后，最大超调量减小。且它们的作用随其接近坐标原点的程度而加强。

8）若系统中有偶极子，则远离原点的偶极子，其影响可忽略不计；接近原点的偶极子，其影响必须考虑。且可利用偶极子原理，有意识地在系统中加入适当的零点、极点，以抵消对动态过程影响较大的不利极点、零点，使系统的动态性能获得改善。

9）若系统的阶次高，在控制工程上通常可以只考虑主导极点的影响，而将高阶系统近似看作一、二阶系统，直接利用第三章中时域响应公式计算性能指标。

以上几点，为控制系统的根轨迹分析提供了主要依据，并由此提出［s］平面上系统闭环极点的期望位置。

二、［s］平面上系统闭环极点的期望位置

控制系统的时域性能指标常用调整时间 t_s、最大超调量 M_p 和稳态误差 e_{ss} 给出。对于二阶系统可以直接换算成无阻尼固有频率 ω_n 和阻尼比 ζ；对于高阶系统，则可以根据主导极点用经验公式，将性能指标转换成 ω_n 和 ζ。

由于二阶系统的调整时间 $t_s=4/(\zeta\omega_n)(\Delta=\pm 2\%)$ 以及阻尼比 ζ 与［s］平面负实轴的夹角为 $\arccos\zeta$，故可在［s］平面上作出等 t_s 线和等 M_p（即等 ζ 线），如图 4-7 所示。这样，便可以根据给出的 t_s 和 M_p 值，在［s］平面上找到能满足指标要求的期望闭环极点的位置，如图 4-7c 中阴影区域内表示 $t_s \leqslant 1\text{s}$，$M_p \leqslant 4.5\%$。

系统稳态误差 e_{ss} 可用开环增益 K 通过稳态误差系数来求取。将式（4-23）代入式（4-24）得

$$K=\frac{\prod_{j=1}^{n}|s_c-p_j|}{\prod_{i=1}^{m}|s_c-z_i|}\frac{\prod_{i=1}^{m}(-z_i)}{\prod_{j=1}^{n}(-p_j)} \tag{4-25}$$

式中　s_c——根轨迹上的期望闭环极点；

z_i——系统开环零点；

p_j——系统开环极点。

满足上式条件，且闭环主导极点位于图 4-7c 中期望区域内的稳定系统便能符合给定性

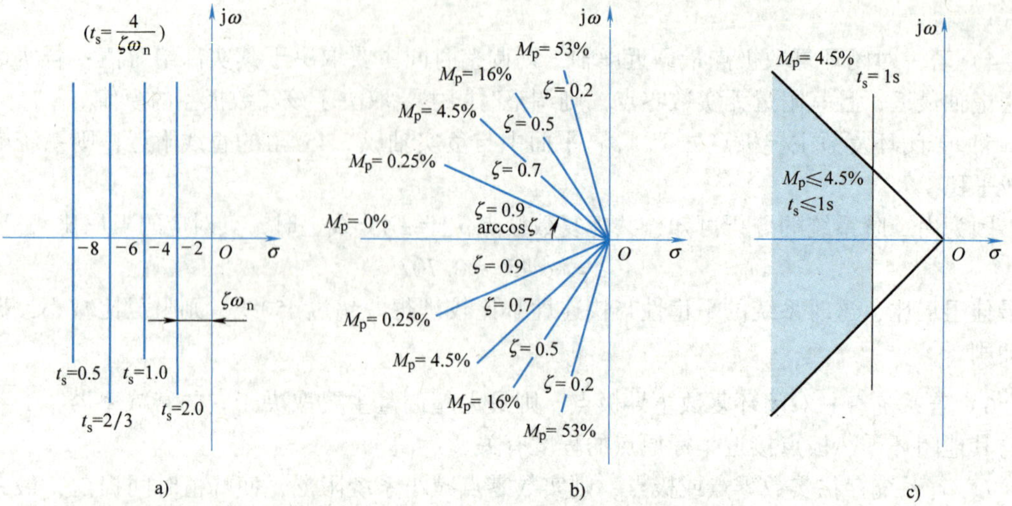

图 4-7 等 t_s 线、等 M_p 线与期望极点区

能指标的要求。因此，在控制系统根轨迹分析法中，性能指标也可以用期望闭环极点来表示。

三、根轨迹分析举例

例 4-3 试应用根轨迹法分析例 4-1 系统在 $K=0.25$ 时的时域响应特性。

解

已知系统开环传递函数为

$$G(s)H(s)=\frac{2K}{s(s+1)(s+2)}=\frac{K_R}{s(s+1)(s+2)}$$

式中，$K_R=2K$。

1）该系统的根轨迹图在例 4-1 中已绘制完毕，如图 4-4 所示。

2）求 $K=0.25$，即 $K_R=0.5$ 时系统闭环极点的位置。

由例 4-1 知，根轨迹在实轴分离点处的 $K_R=0.385$。可见，当 $K_R=0.5$ 时，系统有一对共轭复数极点和一个在 $-2\sim-3$ 之间的实数极点。现用试探法根据幅值条件求出这一实数极点的具体位置。

取 $s_1=-2.2$ 作为这一实数极点的试验点，则由幅值条件知，对应的 $K_R=|s_1||s_1+1||s_1+2|=0.528$，比要求的 K_R 值稍大。另取 $s_1=-2.19$ 重新计算，求得对应的 $K_R=0.495$，此值已足够精确。

设另外两个共轭复数极为 $s_{2,3}=\sigma\pm j\omega$，则根据根轨迹的特性：当 $n>m+2$ 时，闭环极点之和等于开环极点之和。有

$$-2.19-\sigma-j\omega-\sigma+j\omega=-3$$

解得

$$\sigma=-0.405$$

又由幅值条件或由根轨迹图求得

$$\omega=0.626$$

于是得到 $K=0.25$ 时系统的三个闭环极点是

$$s_1=-2.19,\qquad s_2=-0.405+j0.626,\qquad s_3=-0.405-j0.626$$

3）根据闭环极点在［s］平面上的位置，分析该系统在 $K=0.25$ 时的时域响应特性：

① 三个闭环极点都在［s］平面左半面，所以系统是稳定的。

② 实数极点离虚轴的距离比复数极点离虚轴的距离大五倍多，故这对复数极点可认为是主导极点，系统可近似为二阶系统，其闭环传递函数为

$$\Phi(s)=\frac{Y(s)}{U(s)}\approx\frac{2K}{(s+0.405+j0.626)(s+0.405-j0.626)}$$

③ 根据上述闭环传递函数计算系统的参数与性能指标。

系统的无阻尼固有频率 $\omega_n=0.746$，阻尼比 $\zeta=0.54$。

时域响应性能指标：

最大超调量 $$M_p=e^{-\frac{0.54\pi}{\sqrt{1-0.54^2}}}=13.3\%$$

调整时间 $$t_s=\frac{4}{0.54\times0.746}s=9.93s(\Delta=\pm2\%)$$

例 4-4　反馈控制系统的开环传递函数为

$$G(s)H(s)=\frac{K(0.25s+1)}{s(0.5s+1)}$$

试利用根轨迹法分析该系统的动态性能。

解

1）已知 $$G(s)H(s)=\frac{0.5K(s+4)}{s(s+2)}=\frac{K_R(s+4)}{s(s+2)}$$

其中 $$K_R=0.5K$$

2）利用根轨迹的基本特性，绘制出系统的根轨迹如图 4-8 所示。

系统开环传递函数有两个极点，$p_1=0$，$p_2=-2$，有一个零点，$z_1=-4$。可以证明，该系统的复数根的轨迹是一个圆。其圆心在开环零点处，半径为零点到分离点的距离。

系统根轨迹的分离点和会合点分别为

$$d_1=-1.172,\ d_2=-6.83$$

利用幅值条件求得分离点 d_1 处的增益为

$$K_R=\frac{|d_1||d_1+2|}{|d_1+4|}=\frac{1.172\times0.828}{2.828}=0.343$$

$$K=2K_R=0.686$$

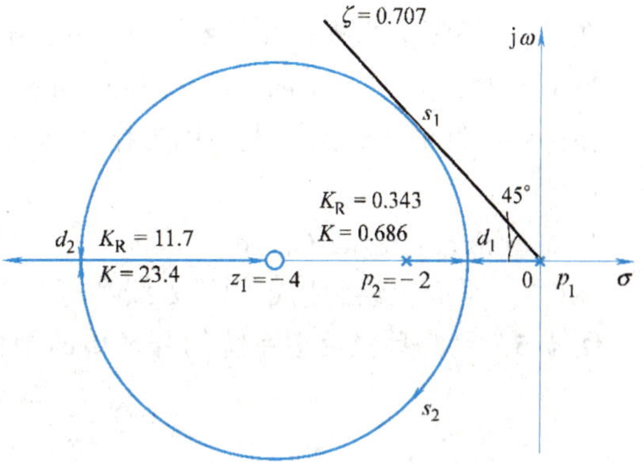

图 4-8　例 4-4 系统的根轨迹图

同样，可求得在会合点 d_2 处的增益为

$$K_R=11.7,\ K=23.4$$

由图 4-8 可知，过原点与根轨迹圆相切的直线和负实轴的夹角为 $\beta=\pm45°$（图中仅画出一条切线），两个切点为 $s_{1,2}=-2\pm j2$。与其对应的开环根轨迹增益为

$$K_R=\frac{2\sqrt{2}\times2}{2\sqrt{2}}=2$$

故
$$K=4$$
此时系统的阻尼比为
$$\zeta=\cos\beta=\cos45°=0.707$$
3）根据根轨迹可以分析开环增益 K 不同时的系统动态性能

① 根轨迹全部位于［s］平面左半面，因此 $K=0\to\infty$ 变化，系统都是稳定的。

② 当 $0<K<0.686$ 时，闭环为两个负实数极点，系统的时域响应具有非周期性质。

③ 当 $0.686<K<23.4$ 时，闭环为一对共轭复数极点，系统的时域响应为振荡衰减过程。

④ 当 $23.4<K<\infty$ 时，闭环又为负实数极点，其时域响应又是非周期性的。

⑤ 当 $K=4$ 时，系统具有最佳阻尼比 $\zeta=0.707$，时域响应具有较快而平稳的特性。

⑥ 因为 $M_p=e^{-\frac{\zeta\pi}{\sqrt{1-\zeta^2}}}=e^{-\frac{0.707\pi}{\sqrt{1-0.707^2}}}=4.3\%$

所以不论 K 的取值如何，系统时域响应的超调量总小于 4.3%。

第四节　基于 MATLAB 绘制系统根轨迹

用 MATLAB 能精确地绘制系统的闭环零极点分布图和根轨迹，并可求取根轨迹上某闭环极点的值和相应的根轨迹增益。

一、绘制系统的闭环零极点分布图

绘制系统闭环零极点分布图的 MATLAB 命令格式已在第三章第五节介绍过，可查阅。

二、绘制系统的根轨迹

1. 命令格式：rlocus（num，den）/rlocus（sys）

在［s］平面上绘制与开环系统（num，den）/(sys）相对应的闭环系统的根轨迹。

2. 命令格式：［k，poles］= rlocfind（num，den）/rlocfind（sys）

在已绘制好的根轨迹图上，用光标选择期望的闭环极点，获得该极点的根轨迹增益和闭环极点值。

3. 命令格式：sgrid（ζ，ω_n）

在［s］平面上绘制指定的等 ζ 线和等 ω_n 线等。

例 4-5　已知单位反馈系统的开环传递函数为
$$G(s)=\frac{K(s+1)}{s(s+0.5)(s+5)}$$
试用 MATLAB 绘制系统的根轨迹，并求 $\zeta=0.707$ 时的闭环极点、该极点的根轨迹增益、系统的最大超调量和固有频率。

解

已知
$$G(s)=\frac{K(s+1)}{s(s+0.5)(s+5)}=\frac{K(s+1)}{s^3+5.5s^2+2.5s}$$
调用如下命令：

```
p=[1,1];q=[1,5.5,2.5,0];sys=tf(p,q);rlocus(sys)
```

屏幕显示根轨迹图（图 4-9）。

再调用：k = 1；[k, poles] = rlocfind (sys)

屏幕提示：

Select a point in the graphics window

将十字光标在根轨迹图上寻找 $\zeta=0.707$（根轨迹上实部与虚部相等的点）的闭环极点，单击鼠标左键，在图上便标出闭环极点，同时给出系统的响应参数：

Gain：5.15

Pole：-0.819，-0.811 i

Damping：0.7

Overshoot（%）：4.2

Frequency（rad/s）：1.15

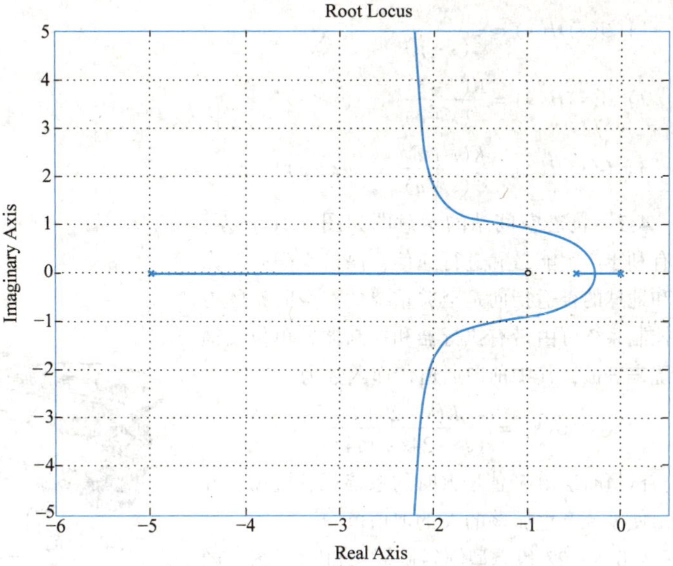

图 4-9 例 4-5 系统的根轨迹图

习 题

4-1 已知开环零点 z，极点 p，试画出相应的闭环根轨迹图。

1）$z=-2,\ -4$，$p=0,\ -6$

2）$p_1=-1$，$p_{2,3}=-2\pm j2$

3）$z=-4,\ -6$，$p=0,\ -3$

4）$z_{1,2}=-3\pm j3$，$p=0,\ -2$

4-2 设反馈控制系统的开环传递函数为

$$G(s)H(s)=\frac{K_R(s+z)}{s(s+p)} \quad (z>p>0)$$

试绘制 K_R 由 $0\to\infty$ 时的闭环根轨迹图，并证明该系统复数根的轨迹是一个圆，求圆心和半径。

4-3 已知系统开环传递函数为

$$G(s)H(s)=\frac{K_R}{(s^2+2s+2)(s^2+2s+5)}$$

试绘制 K_R 由 $0\to\infty$ 时的闭环根轨迹图。

4-4 设反馈控制系统的开环传递函数为

$$G(s)H(s)=\frac{K_R(s+2)}{s(s+3)(s^2+2s+2)}$$

试绘制系统根轨迹图，并确定根轨迹与虚轴的交点及其对应的 K_R 值。

4-5 已知系统开环传递函数为

$$G(s)H(s)=\frac{K_R}{s(s+1)(s+3)}$$

1）试绘制系统根轨迹图。

2）求当 $\zeta=0.707$ 时闭环的主导极点，并确定其对应的开环增益 K 值。

4-6 试用根轨迹法分析具有下列开环传递函数的系统的稳定性：

1） $G(s)H(s)=\dfrac{K}{s^2(s+p)}$

2） $G(s)H(s)=\dfrac{K(s+z)}{s^2(s+p)}$ $(z<p)$

3） $G(s)H(s)=\dfrac{K(s+z)}{s^2(s+p)}$ $(z>p)$

4-7 轨道空间站的示意图如图4-10所示。为有利于产生能量和进行通信，保持空间站对太阳和地球的合适指向是至关重要的。空间站的方向控制系统可由带有执行器和控制器的单位反馈系统来表征，其中前向通道传递函数为

$$G(s)=\frac{K(s+20)}{s(s^2+24s+144)}$$

试概略绘出K值增大时的系统根轨迹图，并求出使系统产生振荡的K的取值范围。

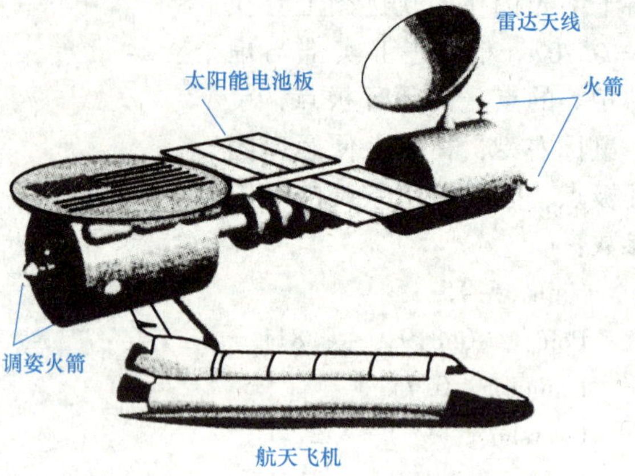

图4-10 题4-7图

4-8 V-22鱼鹰型倾斜旋翼飞机示意图如图4-11a所示。V-22既是一种普通飞机，又是一架直升机。当飞机起飞和着陆时，其发动机位置可以如图示那样，使V-22机垂直起降；而起飞后，它又可以将发动机旋转90°，切换到水平位置，像普通飞机一样飞行。在直升机模式下，飞机的高度控制系统见图4-11b。试绘出当控制器增益K变化时的系统根轨迹图，并确定使系统稳定的K值范围。

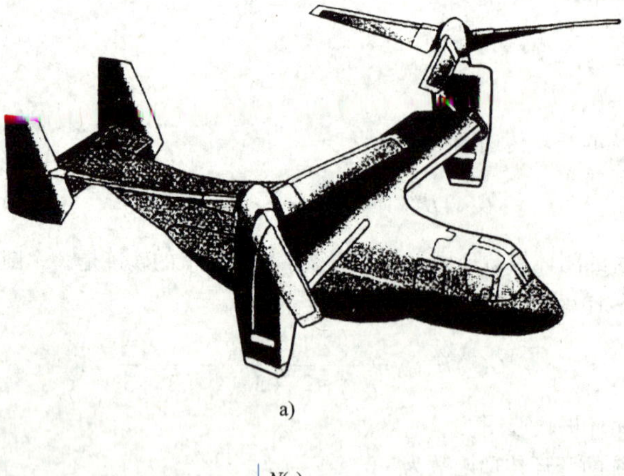

a)

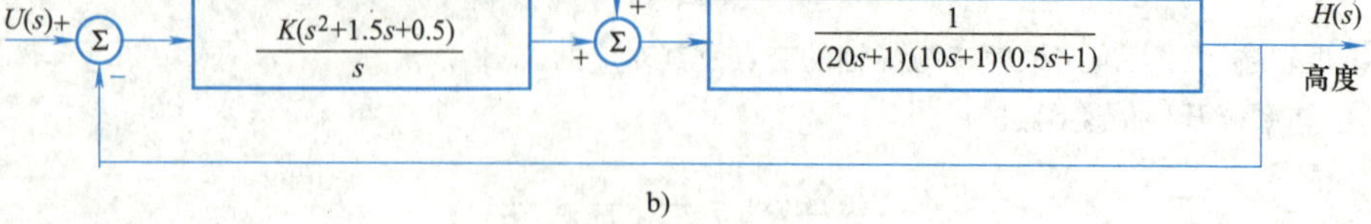

b)

图4-11 题4-8图

a）V-22鱼鹰型倾斜旋翼（飞机） b）控制系统

第五章　控制系统的频域分析法

通过求解微分方程分析时域性能是十分有用的，但对于复杂的高阶系统，除非借助计算软件，否则采用这种办法就比较麻烦。因为微分方程的求解计算工作量将随着微分方程阶数的增加而增大。另外，当方程已经求解而系统的响应不能满足技术要求时，也不容易确定应该如何调整系统来获得预期结果。从控制工程角度来看，希望找出一种方法，使之不必求解微分方程就可以预示出系统的性能。同时，又能指出如何调整系统参数来满足性能指标的要求。频域分析法具有上述特点。该方法以输入信号的频率为变量，对系统的性能在频率域内进行研究。这种分析法有利于系统设计，能够估计到影响系统性能的频率范围。特别地，当系统中存在难以用数学模型描述的某些元件时，可用实验方法求出系统的频率特性，从而对系统和元件进行准确而有效的分析。本章基于系统的频域数学模型——频率特性，对线性定常系统的特性进行研究。

第一节　频率响应

一、系统对正弦输入信号的响应

设线性定常系统的传递函数为

$$G(s)=\frac{Y(s)}{U(s)}=\frac{b_0s^m+b_1s^{m-1}+\cdots+b_{m-1}s+b_m}{a_0s^n+a_1s^{n-1}+\cdots+a_{n-1}s+a_n}=\frac{b_0s^m+b_1s^{m-1}+\cdots+b_{m-1}s+b_m}{a_0(s-p_1)(s-p_2)\cdots(s-p_n)}\quad(n\geqslant m)\tag{5-1}$$

式中　$p_j(j=1,2,\cdots,n)$——传递函数极点。

对系统输入如下正弦信号

$$u(t)=U_o\sin\omega t$$

式中　U_o——正弦信号的振幅；

ω——正弦信号的角频率。

由

$$U(s)=U_o\frac{\omega}{s^2+\omega^2}$$

可得系统输出

$$Y(s)=G(s)U(s)=\frac{b_0s^m+b_1s^{m-1}+\cdots+b_{m-1}s+b_m}{a_0(s-p_1)(s-p_2)\cdots(s-p_n)}\frac{U_o\omega}{s^2+\omega^2}$$

$$=\frac{a}{(s+j\omega)}+\frac{\bar{a}}{(s-j\omega)}+\frac{k_1}{(s-p_1)}+\frac{k_2}{(s-p_2)}+\cdots+\frac{k_n}{(s-p_n)}$$

上式取拉氏反变换得

$$y(t)=a\mathrm{e}^{-j\omega t}+\bar{a}\mathrm{e}^{j\omega t}+k_1\mathrm{e}^{p_1t}+k_2\mathrm{e}^{p_2t}+\cdots+k_n\mathrm{e}^{p_nt} \tag{5-2}$$

对于稳定的系统，其所有极点 p_j 均具有负实部，故当 $t\to\infty$ 时，式（5-2）中 $\lim\limits_{t\to\infty}k_j\mathrm{e}^{p_jt}=0(j=1,2,\cdots,n)$，因此，输出信号 $y(t)$ 的稳态值为

$$\lim_{t\to\infty}y(t)=\lim_{t\to\infty}(a\mathrm{e}^{-j\omega t}+\bar{a}\mathrm{e}^{j\omega t}) \tag{5-3}$$

其中

$$a=\left[G(s)\frac{U_o\omega}{s^2+\omega^2}(s+j\omega)\right]_{s=-j\omega}=-\frac{U_o}{2j}G(-j\omega)$$

$$\bar{a}=\left[G(s)\frac{U_o\omega}{s^2+\omega^2}(s-j\omega)\right]_{s=j\omega}=\frac{U_o}{2j}G(j\omega)$$

而 $G(-j\omega)=|G(-j\omega)|\mathrm{e}^{-j\varphi(\omega)}=|G(j\omega)|\mathrm{e}^{-j\varphi(\omega)}$，$G(j\omega)=|G(j\omega)|\mathrm{e}^{j\varphi(\omega)}$

式中 $|G(j\omega)|$——$G(j\omega)$ 的幅值；

$\varphi(\omega)$——$G(j\omega)$ 的相位。

将以上各式代入式（5-3），即可得系统对正弦输入信号的稳态响应为

$$\begin{aligned}\lim_{t\to\infty}y(t)&=\lim_{t\to\infty}(a\mathrm{e}^{-j\omega t}+\bar{a}\mathrm{e}^{j\omega t})\\&=\lim_{t\to\infty}\left\{U_o|G(j\omega)|\frac{\mathrm{e}^{j[\omega t+\varphi(\omega)]}-\mathrm{e}^{-j[\omega t+\varphi(\omega)]}}{2j}\right\}\\&=\lim_{t\to\infty}\{U_o|G(j\omega)|\sin[\omega t+\varphi(\omega)]\}\\&=U_o|G(j\omega)|\sin[\omega t+\varphi(\omega)]\end{aligned} \tag{5-4}$$

式中 $U_o|G(j\omega)|$——输出正弦信号的幅值；

$\varphi(\omega)$——输出正弦信号的相位。

由式（5-4）可知：

1）线性定常系统对正弦输入信号的稳态输出响应是与输入同频率的正弦信号。

2）稳态输出正弦信号的幅值 $U_o|G(j\omega)|$ 和相对于输入信号的相位差 $\varphi(\omega)$ 都是输入信号频率 ω 的函数。

3）在不同的输入频率下，系统稳态的正弦输出 $\lim\limits_{t\to\infty}y(t)$ 是与正弦输入 $u(t)=U_o\sin\omega t$ 一一对应的。

4）对所有角频率（$\omega=0\to\infty$），系统的输出与输入的这种一一对应的关系可用系统稳态输出 $\lim\limits_{t\to\infty}y(t)$ 与输入 $u(t)$ 之比值随频率 ω 变化的数学表达式来描述，这就是系统的频率特性，即

$$\frac{U_o|G(j\omega)|\sin[\omega t+\varphi(\omega)]}{U_o\sin\omega t}=|G(j\omega)|\mathrm{e}^{j\varphi(\omega)}=G(j\omega) \tag{5-5}$$

由式（5-5）可知，频率特性 $G(j\omega)$ 与输入输出无关，仅取决于系统的结构和参数。

二、频率特性的求取与表述

作为频域数学模型的频率特性，在第二章已给出了其定义：正弦信号输入下，系统的稳态输出与系统的输入之比，即

$$G(\mathrm{j}\omega)=\frac{Y(\mathrm{j}\omega)}{U(\mathrm{j}\omega)} \tag{5-6}$$

（一）频率特性的求取

频率特性一般可以通过如下三种方法得到：

1）根据已知系统的微分方程，把输入以正弦函数代入，求其稳态解，取输出稳态分量和输入正弦的复数之比求得。

2）根据系统的传递函数来求取。将 $s=\mathrm{j}\omega$ 代入传递函数中，可直接得到系统的频率特性。

3）通过实验测得。

一般经常采用的是后两种方法。这里主要讨论如何根据传递函数求取系统的频率特性。这种以 $\mathrm{j}\omega$ 代替 s 由传递函数获得频率特性的方法，对于线性定常系统是普遍适用的。频率特性是传递函数的一种特殊情况，即频率特性是定义在［s］平面（复平面）虚轴上的传递函数。

（二）频率特性的表述

系统的频率特性可分解为实部和虚部，即

$$G(\mathrm{j}\omega)=U(\omega)+\mathrm{j}V(\omega) \tag{5-7}$$

也可以表示为幅值和相位关系，即

$$G(\mathrm{j}\omega)=A(\omega)\mathrm{e}^{\mathrm{j}\varphi(\omega)} \tag{5-8}$$

式中　$U(\omega)$——$G(\mathrm{j}\omega)$的实部，称为实频特性；

$V(\omega)$——$G(\mathrm{j}\omega)$的虚部，称为虚频特性；

$A(\omega)$——$G(\mathrm{j}\omega)$的模，它等于稳态输出量与输入量的振幅比,称为幅频特性；

$\varphi(\omega)$——$G(\mathrm{j}\omega)$的幅角，它等于稳态输出量与输入量的相位差，称为相频特性。

这些频率特性之间有如下关系：

$$A(\omega)=|G(\mathrm{j}\omega)|=\sqrt{[U(\omega)]^2+[V(\omega)]^2} \tag{5-9}$$

$$\varphi(\omega)=\angle G(\mathrm{j}\omega)=\arctan\left[\frac{V(\omega)}{U(\omega)}\right] \tag{5-10}$$

$$U(\omega)=\mathrm{Re}\ G(\mathrm{j}\omega)=A(\omega)\cos\varphi(\omega) \tag{5-11}$$

$$V(\omega)=\mathrm{Im}\ G(\mathrm{j}\omega)=A(\omega)\sin\varphi(\omega) \tag{5-12}$$

因此，系统频率特性采用下面三种图示表达形式：

（1）幅相频率特性（尼奎斯特图）　系统频率特性 $G(\mathrm{j}\omega)$ 是个向量。按式（5-9）和式（5-10）可以求出幅频特性 $|G(\mathrm{j}\omega)|$ 和相频特性 $\angle G(\mathrm{j}\omega)$。给出不同 ω 值，即可算出相应 $|G(\mathrm{j}\omega)|$ 和 $\angle G(\mathrm{j}\omega)$ 值。这样就可以在极坐标［s］平面上画 ω 值由零到无穷大时的 $G(\mathrm{j}\omega)$ 向量，把各向量端连成曲线即得到系统的极坐标幅相频率特性曲线，通常称它为尼奎斯特曲线或尼奎斯特图。当然，也可根据式（5-11）和式（5-12）通过求出不同 ω 时的实频特性和虚频特性，来获得幅相频率特性曲线。

（2）对数频率特性（博德图）　对数频率特性由两张图组成：一张是对数幅频特性；另

一张是对数相频特性。对数频率特性又称为博德图。

考虑系统频率特性的表达式

$$G(j\omega)=|G(j\omega)|e^{j\varphi(\omega)} \tag{5-13}$$

取它的自然对数，得到

$$\ln G(j\omega)=\ln|G(j\omega)|+j\varphi(\omega) \tag{5-14}$$

上式对数的实部 $\ln|G(j\omega)|$ 是频率特性模的对数，虚部是频率特性的幅角。用这种办法表示的频率特性包含两条曲线：一条是 $\ln|G(j\omega)|$ 与 ω 之间关系曲线，称为对数幅频特性；另一条是 $\varphi(\omega)$ 与 ω 之间关系曲线，称为对数相频特性。而在实际应用中，往往不是用自然对数来表达对数幅频特性，而是采用以 10 为底的对数来表示。$G(j\omega)$ 对数幅频特性的表达式可写为：

$$L(\omega)=20\lg|G(j\omega)| \tag{5-15}$$

表达式中采用的单位是分贝，以“dB”（decibel）表示。在对数表达式中，对数幅频特性曲线和对数相频特性曲线画在半对数坐标纸上，频率采用对数分度，而幅值（单位：dB）和角度（单位：度），则采用线性分度。

需要注意的是，在以 $\lg\omega$ 划分的频率轴（横坐标）上，一般只标注 ω 的自然数值。该坐标的特点是：若在横轴上任意取两点使其满足 $\frac{\omega_2}{\omega_1}=10$，则在对数频率轴上两点的距离为 $\lg\frac{\omega_2}{\omega_1}=\lg 10=1$。因此，不论起点如何，只要角频率变化 10 倍，在横轴上线段长均等于一个单位，称为一个 10 倍频程，以“dec”（decade）表示。当频率变化 10 倍时，即频率变化了一个 10 倍频程。

（3）对数幅相频率特性（尼科尔斯图） 在所需要的频率范围内，以频率 ω 作为参数来表示的对数幅值和相角关系的图。对数幅相频率特性也称为尼科尔斯（Nichols）图。

第二节 典型环节的频率特性

一、比例环节

比例环节的传递函数为 $G(s)=K$，其频率特性为

$$G(j\omega)=K \tag{5-16}$$

幅频特性和相频特性为

$$|G(j\omega)|=\sqrt{U^2+V^2}=\sqrt{K^2+0}=K \tag{5-17}$$

$$\angle G(j\omega)=\arctan\frac{V}{U}=\arctan\frac{0}{K}=0° \tag{5-18}$$

对数幅频特性和相频特性为

$$L(\omega)=20\lg K \tag{5-19}$$

$$\varphi(\omega)=0° \tag{5-20}$$

比例环节的幅相频率特性是［s］平面实轴上一个点，如图 5-1 所示。幅频特性是 K，相频特性是 0°。比例环节的对数幅频特性为幅值等于 $20\lg K$(dB) 的一条水平直线。相角为零，与频率无关。比例环节的博德图如图 5-2 所示。

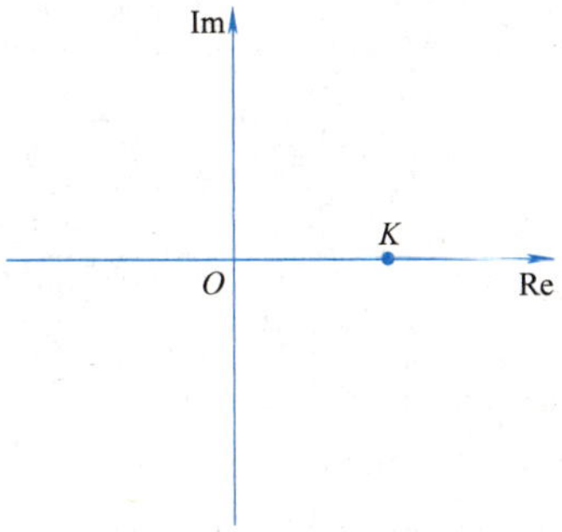

图 5-1　比例环节幅相频率特性

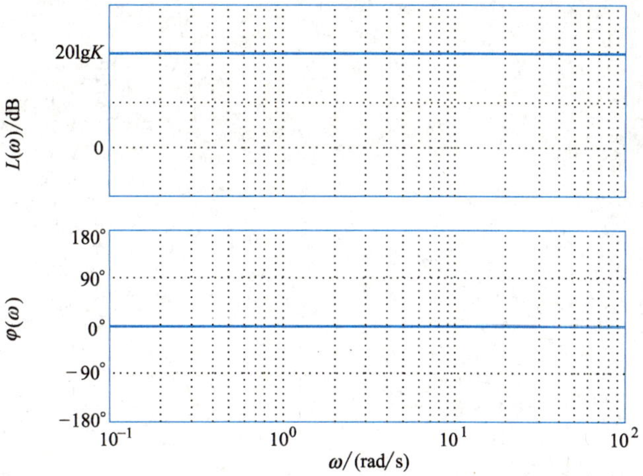

图 5-2　比例环节对数幅频特性和对数相频特性

二、积分环节

积分环节的传递函数为

$$G(s)=\frac{1}{s} \tag{5-21}$$

积分环节的频率特性为

$$G(\mathrm{j}\omega)=\frac{1}{\mathrm{j}\omega}=-\mathrm{j}\frac{1}{\omega} \tag{5-22}$$

幅频特性为

$$A(\omega)=|G(\mathrm{j}\omega)|=\sqrt{U^2+V^2}=\frac{1}{\omega} \tag{5-23}$$

相频特性为

$$\varphi(\omega)=\angle G(\mathrm{j}\omega)=\arctan\frac{-\frac{1}{\omega}}{0}=\arctan(-\infty)=-90° \tag{5-24}$$

由于$\angle G(\mathrm{j}\omega)=-90°$是常数，而$|G(\mathrm{j}\omega)|$随$\omega$增加而减小。因此，积分环节的幅相频率特性是一条与虚轴负段相重合的直线，如图 5-3 所示。

积分环节的对数幅频特性可表示为

$$L(\omega)=-20\lg\omega \tag{5-25}$$

由式（5-25）不难看出，积分环节的对数幅频特性是一条斜率为 -20dB/dec 的直线，且与零分贝线相交于$\omega=1\text{rad/s}$这一点，即

$$L(1)=-20\lg 1=0$$

积分环节的对数相频特性为$-90°$的水平直线，与频率ω无关。

积分环节的博德图如图 5-4 所示。

三、理想微分环节

理想微分环节的传递函数为

$$G(s)=s \tag{5-26}$$

频率特性为

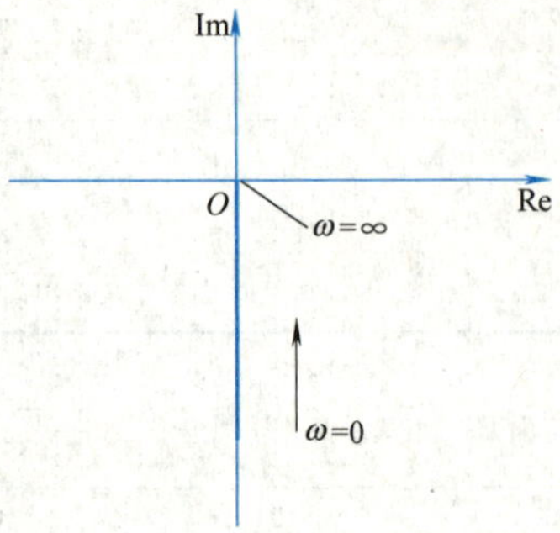

图 5-3　积分环节的幅相频率特性

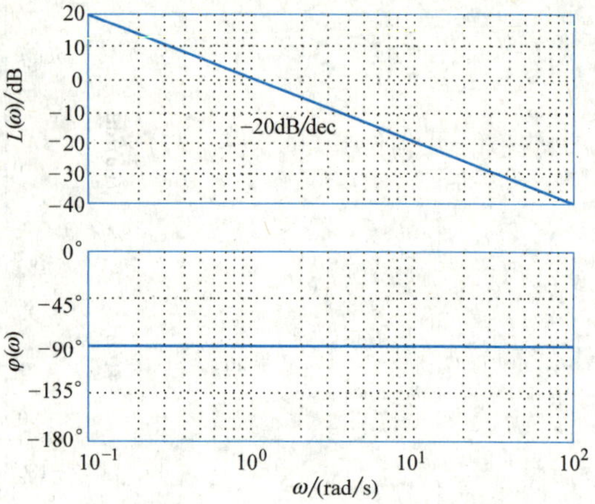

图 5-4　积分环节的对数幅频特性和对数相频特性

$$G(j\omega)=j\omega \tag{5-27}$$

幅频特性为

$$A(\omega)=|G(j\omega)|=\omega \tag{5-28}$$

相频特性为

$$\varphi(\omega)=\angle G(j\omega)=\arctan\frac{\omega}{0}=90^\circ \tag{5-29}$$

所以，理想微分环节的幅相频率特性是一条与虚轴正段相重合的直线，如图 5-5 所示。

理想微分环节对数幅频特性为：

$$L(\omega)=20\lg\omega \tag{5-30}$$

显然，$j\omega$ 和 $1/j\omega$ 的频率特性不同之处就是对数幅频特性曲线的斜率和相角都相差一个符号，因此理想微分环节的对数幅频特性是一条通过 $\omega=1\text{rad/s}$ 与零分贝线的交点，且斜率为 20dB/dec 的直线。而对数相频特性为 $\varphi(\omega)=90^\circ$的一条水平线，如图 5-6 所示。

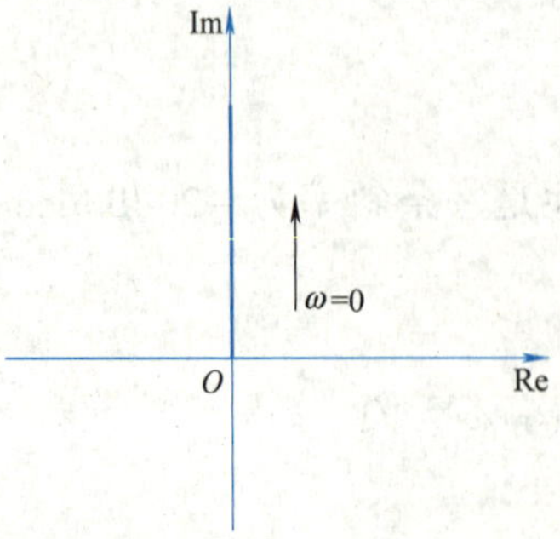

图 5-5　理想微分环节的幅相频率特性

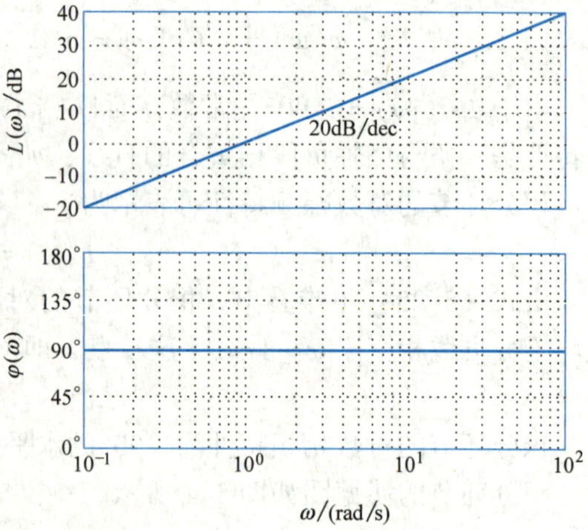

图 5-6　理想微分环节的博德图

四、惯性环节

惯性环节的传递函数为

$$G(s)=\frac{1}{Ts+1} \tag{5-31}$$

其实频和虚频特性可表示为

$$G(\mathrm{j}\omega)=\frac{1}{\mathrm{j}\omega T+1}=U(\omega)+\mathrm{j}V(\omega)=\frac{1}{T^2\omega^2+1}-\mathrm{j}\frac{T\omega}{T^2\omega^2+1} \tag{5-32}$$

所以有

$$|G(\mathrm{j}\omega)|=\sqrt{U^2+V^2}=\sqrt{\frac{1+T^2\omega^2}{(1+T^2\omega^2)^2}}=\frac{1}{\sqrt{1+T^2\omega^2}} \tag{5-33}$$

$$\angle G(\mathrm{j}\omega)=\arctan\frac{V(\omega)}{U(\omega)}=-\arctan T\omega \tag{5-34}$$

在 $\omega=0$ 和 $\omega=\frac{1}{T}$时，$G(\mathrm{j}\omega)$ 值分别为

$$G(\mathrm{j}0)=1\angle 0°,\quad G\left(\mathrm{j}\frac{1}{T}\right)=\frac{1}{\sqrt{2}}\angle -45° \tag{5-35}$$

当 ω 趋于无穷大时，$G(\mathrm{j}\omega)$ 的幅值趋于零，相角趋于 $-90°$。当 ω 由 $0\to\infty$ 时，惯性环节幅相频率特性为一个半圆。这一点可以证明如下：

虚频特性与实频特性之比为$\frac{V}{U}=-T\omega$，将其代入实频特性表达式中，得

$$\left(U-\frac{1}{2}\right)^2+V^2=\left(\frac{1}{2}\right)^2 \tag{5-36}$$

式（5-36）代表一个圆的方程式，圆的半径为1/2，圆心在$\left(\frac{1}{2},\ 0\right)$处，如图 5-7 所示。

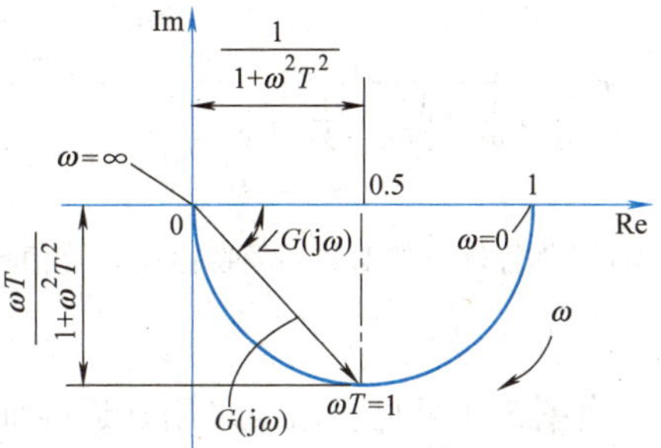

图 5-7 惯性环节的幅相频率特性

由式（5-33）和式（5-34）可求得惯性环节的对数幅频特性和对数相频特性表达式

$$L(\omega)=-20\lg\sqrt{1+T^2\omega^2} \tag{5-37}$$

$$\varphi(\omega)=-\arctan T\omega \tag{5-38}$$

在低频段，即当 $T\omega \ll 1$ 时，$T^2\omega^2$ 比起 1 来小得多，可以忽略不计。

而在高频段，即当 $T\omega \gg$ 时，1 比起 $T^2\omega^2$ 小得可以忽略不计。因此，可得

$$\left.\begin{aligned} &\omega\ll\frac{1}{T} && L(\omega)=-20\lg\sqrt{1+T^2\omega^2}\approx 0\\ &\omega\gg\frac{1}{T} && L(\omega)\approx -20\lg T\omega\\ &\omega=\frac{1}{T} && L(\omega)=-3\mathrm{dB} \end{aligned}\right\} \tag{5-39}$$

因此，可以用两条渐近线来近似表示对数幅频特性曲线：当频率为 $0<\omega<\frac{1}{T}$时，是一条幅值等于 0 的水平线，称为低频渐近线；当频率$\frac{1}{T}<\omega<\infty$ 时，是一条斜率为 -20dB/dec 的直线，称为高频渐近线。精确的对数幅频特性曲线及渐近线，如图 5-8 所示。两条渐近线

相交处的频率 $\omega=\frac{1}{T}$ 称为转折频率。

由式（5-38）确定相频特性曲线。当 $\omega=0$ 时，$\varphi(\omega)=0°$。在转折频率 $\omega=\frac{1}{T}$ 处

$$\varphi(\omega)=-\arctan\frac{T}{T}=-45°$$

当频率 ω 趋于无穷大时，$\varphi(\omega)=-90°$。

上述分析表明，惯性环节的对数相频特性由于相角是以反正切函数来表示的，所以相角对 $\varphi=-45°$ 弯角是对称的。

对于初步设计，利用渐近线画出博德图已经够用了，且很方便。如需要画出精确的频率特性曲线，可参照图 5-9 的曲线在渐近线的基础上进行修正，图中 $\Delta L(\omega)$ 为误差值。

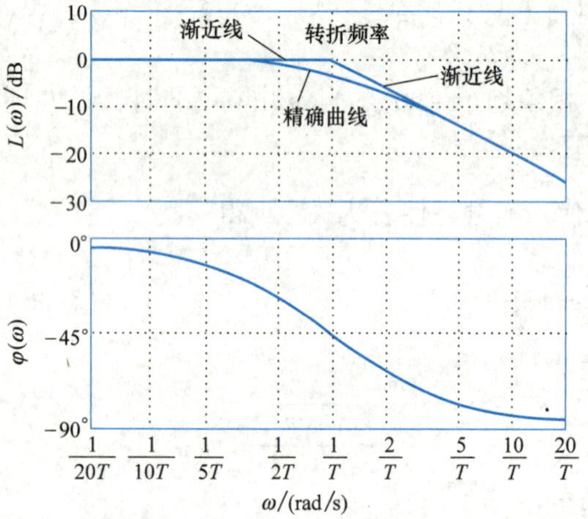

图 5-8　惯性环节的对数幅频特性和对数相频特性

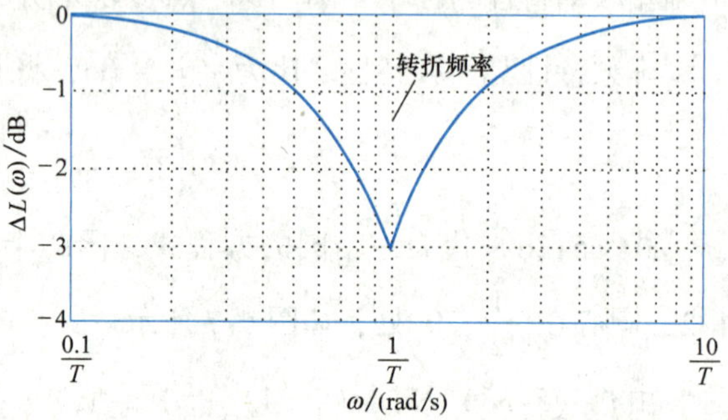

图 5-9　惯性环节的频率特性用渐近线表示时所引起的对数幅值误差曲线

由图 5-9 可见：由于采用渐近线而在幅值上产生的最大误差发生在转折频率 $\omega=\frac{1}{T}$ 处，并近似等于 3dB。

由惯性环节的博德图可以看出，$1/(1+j\omega T)$ 具有低通滤波器的作用。高于 $\omega=\frac{1}{T}$ 的频率，其对数幅值迅速衰减。

五、一阶微分环节

一阶微分环节的传递函数为

$$G(s)=\tau s+1$$

频率特性为

$$G(j\omega)=j\tau\omega+1 \tag{5-40}$$

幅频和相频特性分别为

$$A(\omega)=|G(j\omega)|=\sqrt{\tau^2\omega^2+1} \tag{5-41}$$

$$\varphi(\omega)=\angle G(j\omega)=\arctan\tau\omega \tag{5-42}$$

可见一阶微分环节的幅相频率特性是在复平面上通过（1，0）点，且平行于虚轴的一条上半直线，如图 5-10 所示。

其对数幅频特性为

$$L(\omega)=20\lg\sqrt{(\tau\omega)^2+1} \tag{5-43}$$

由式（5-43）可知一阶微分环节与惯性环节只相差一个符号。

$$在\ \omega \ll \frac{1}{\tau}时，L(\omega)\approx 0$$

$$在\ \omega \gg \frac{1}{\tau}时，L(\omega)\approx 20\lg\tau\omega$$

一阶微分环节的对数幅频特性可由上述两条渐近线表示，即在 $\omega<\frac{1}{\tau}$时，是一条零分贝线；在 $\omega>\frac{1}{\tau}$时，是一条斜率为 +20dB/dec 的直线。它们交接出的转折频率是 $\omega=\frac{1}{\tau}$。一阶微分环节的博德图如图 5-11 所示。

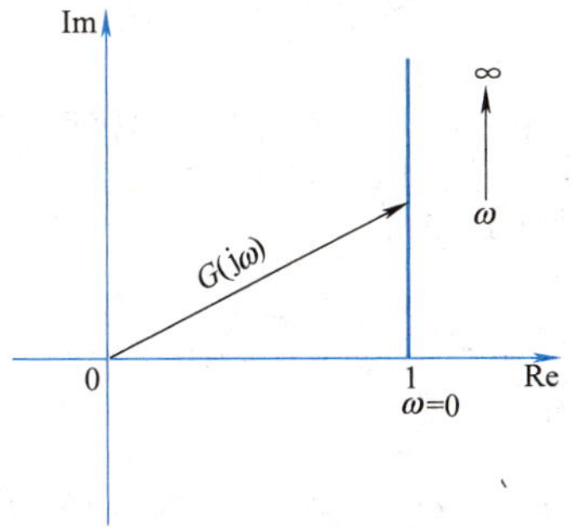

图 5-10　一阶微分环节的幅相频率特性

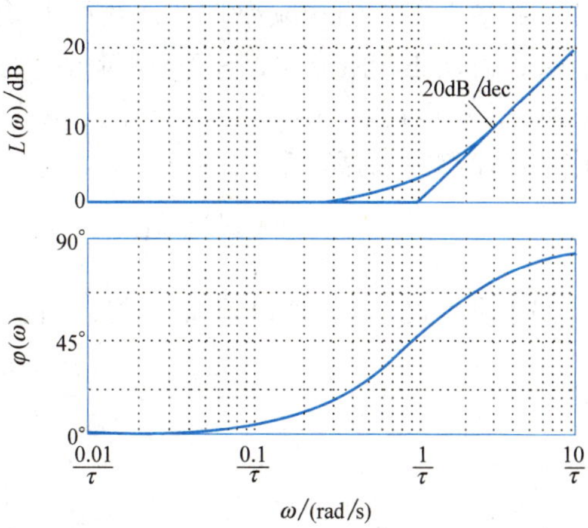

图 5-11　一阶微分环节的博德图

六、振荡环节

振荡环节的传递函数为

$$G(s)=\frac{1}{T^2s^2+2\zeta Ts+1}=\frac{\omega_n^2}{s^2+2\omega_n\zeta s+\omega_n^2}\quad(0<\zeta<1)$$

其频率特性为

$$G(j\omega)=\frac{1}{T^2(j\omega)^2+2\zeta T(j\omega)+1}=\frac{1}{(1-T^2\omega^2)+2j\zeta T\omega}$$

$$=\frac{1-T^2\omega^2}{(1-T^2\omega^2)^2+(2\zeta T\omega)^2}-j\frac{2\zeta T\omega}{(1-T^2\omega^2)^2+(2\zeta T\omega)^2} \tag{5-44}$$

幅频特性为

$$A(\omega)=|G(j\omega)|=\frac{1}{\sqrt{(1-T^2\omega^2)^2+(2\zeta T\omega)^2}} \tag{5-45}$$

相频特性为

$$\varphi(\omega)=\angle G(\mathrm{j}\omega)=\begin{cases}-\arctan\dfrac{2\zeta T\omega}{1-T^2\omega^2} & (T\omega\ll 1)\\ -\left(180^\circ-\arctan\dfrac{2\zeta T\omega}{T^2\omega^2-1}\right) & (T\omega>1)\end{cases} \tag{5-46}$$

（一）振荡环节的尼奎斯特图

幅相频率特性的低频和高频部分分别为

$$\lim_{\omega\to 0}G(\mathrm{j}\omega)=1\angle 0^\circ;\ \lim_{\omega\to\infty}G(\mathrm{j}\omega)=0\angle -180^\circ$$

当 ω 从零变化到无穷大时，振荡环节幅相频率特性由 $1\angle 0^\circ$开始，到 $0\angle -180^\circ$结束。因此，高频部分与负实轴相切，如图 5-12 所示。

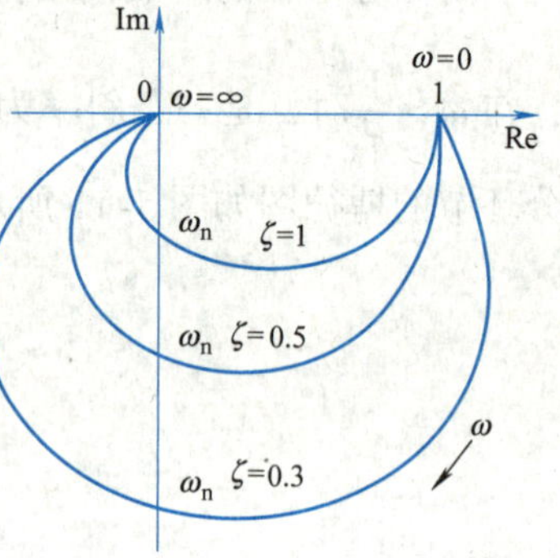

图 5-12 振荡环节的幅相频率特性

下面讨论谐振频率 ω_r 和谐振峰值 M_r 的确定。应该指出：振荡环节的幅相频率特性曲线的形状不仅与频率 ω 有关，而且还与阻尼比 ζ 有关，ζ 越小，振幅越大。当 ζ 小到一定程度时，$|G(\mathrm{j}\omega)|$将会出现峰值 M_r。此时所对应的频率称为谐振频率 ω_r，令

$$\frac{\mathrm{d}|G(\mathrm{j}\omega)|}{\mathrm{d}\omega}=0 \tag{5-47}$$

即可求得$|G(\mathrm{j}\omega)|$的峰值 M_r。将$|G(\mathrm{j}\omega)|$值代入式（5-47），有

$$-\frac{-4\omega T^2+4\omega^3T^4+8\zeta^2\omega T^2}{2\sqrt{[(1-T^2\omega^2)^2+(2\zeta T\omega)^2]^3}}=0$$

即

$$\omega^2-\frac{1}{T^2}+\frac{2\zeta^2}{T^2}=0 \tag{5-48}$$

解方程（5-48），得产生峰值的谐振频率为

$$\omega_r=\frac{1}{T}\sqrt{1-2\zeta^2}=\omega_n\sqrt{1-2\zeta^2} \tag{5-49}$$

就是说，当 $\omega=\omega_r$ 时，$|G(\mathrm{j}\omega)|$出现峰值。仅当 $1-2\zeta^2\geqslant 0$，即 $\zeta\leqslant 0.707$ 时，式（5-49）才有意义，$|G(\mathrm{j}\omega)|$才有峰值。其谐振峰值

$$M_r=|G(\mathrm{j}\omega)|_{max}=|G(\mathrm{j}\omega_r)|=\left.\frac{1}{\sqrt{(1-T^2\omega^2)^2+(2\zeta T\omega)^2}}\right|_{\omega=\omega_r}=\frac{1}{2\zeta\sqrt{1-\zeta^2}} \tag{5-50}$$

当阻尼 $\zeta\to 0$ 时，$\omega_r\to\dfrac{1}{T}=\omega_n$。由式（5-44）得

$$G(\mathrm{j}\omega_n)=-\mathrm{j}\frac{1}{2\zeta} \tag{5-51}$$

即在其无阻尼固有频率 ω_n 上引起振荡，$\zeta\to 0$ 时的幅值 $G(\mathrm{j}\omega_n)$ 将趋于无穷大。由图 5-12 可以看出，$G(\mathrm{j}\omega)$ 的轨迹与虚轴交点处的频率为 ω_n。

（二）振荡环节的博德图

振荡环节的对数幅频特性为

$$L(\omega) = -20\lg\sqrt{(1-T^2\omega^2)^2+(2\zeta T\omega)^2} \tag{5-52}$$

由式（5-52）和式（5-46）可以看出：振荡环节的对数幅频特性 $L(\omega)$ 和相频特性 $\varphi(\omega)$，不仅与 ω 有关，还与阻尼比 ζ 有关。由式（5-52）求得

在低频段，当 $T\omega \ll 1$ 时，$L(\omega)\approx 0$

在高频段，当 $T\omega \gg 1$ 时，$L(\omega)\approx -20\lg(T\omega)^2 = -40\lg T\omega$

当频率 ω 增加 10 倍频程时，则有

$$L(10\omega)\approx -40\lg 10T\omega = -40\lg T\omega - 40$$

故振荡环节对数幅频特性可以由两条渐近线近似表示：当 $T\omega \ll 1$ 时，是一条 0dB 的水平线；当 $T\omega \gg 1$ 时是一条斜率为每增加 10 倍频程下降 -40dB 的直线，记为 -40dB/dec。

两条渐近线相交于

$$\omega = \frac{1}{T} = \omega_n$$

所以无阻尼固有频率 ω_n 即为振荡环节的转折频率。

上述两条渐近线都与阻尼比 ζ 无关。然而，当频率接近于 $\omega = \frac{1}{T}$ 时，将产生谐振峰值。阻尼比 ζ 的大小决定了谐振峰值的幅值。很明显，用渐近线来表示时，必然产生误差，误差大小与 ζ 值有关。图 5-13 为具有不同 ζ 值时的博德图。如果需要绘出精确曲线，则可根据 ζ 值的大小由图 5-14 所示的修正曲线对渐近线加以修正，图中 $\Delta L(\omega)$ 为误差值。

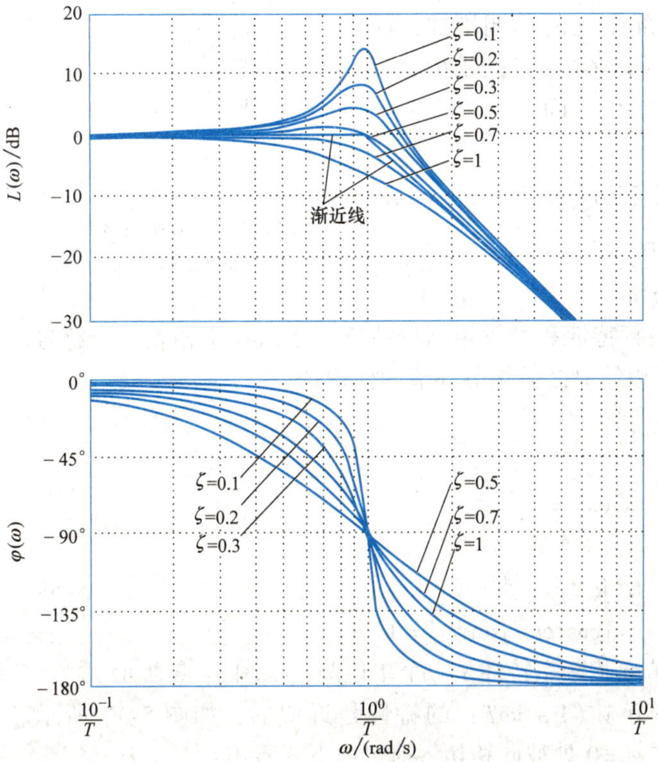

图 5-13　振荡环节的对数幅频特性和对数相频特性

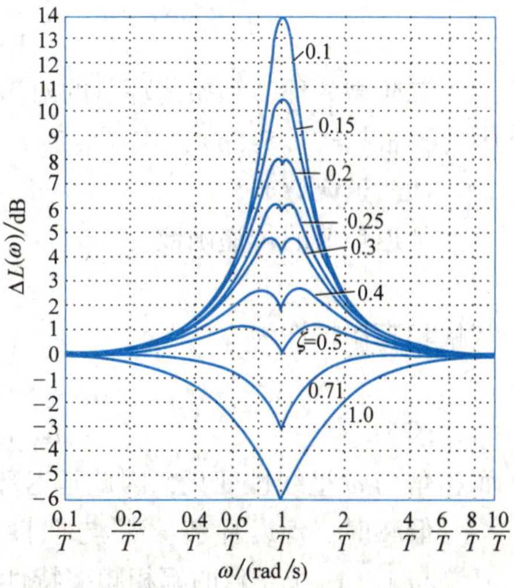

图 5-14　振荡环节在不同 ζ 值时的修正曲线

对数相频特性可由式（5-46）求得。$\varphi(\omega)$ 是 ω 和 ζ 的函数。在 $\omega=0$ 时，$\varphi(\omega)=0°$，而在转折频率 $\omega=\frac{1}{T}$时，不论 ζ 值的大小，相角 $\varphi(\omega)$ 都等于 $-90°$。因为

$$\varphi(\omega) = -\arctan\left(\frac{2\zeta}{0}\right) = -\arctan\infty = -90°$$

当 $\omega=\infty$ 时，$\varphi(\omega)=-180°$，相角曲线对 $\varphi(\omega)=-90°$的弯曲点是斜对称的。

七、二阶微分环节

二阶微分环节的传递函数为

$$G(s)=\tau^2s^2+2\zeta\tau s+1$$

频率特性为

$$G(j\omega)=\tau^2(j\omega)^2+2\zeta\tau(j\omega)+1=(1-\tau^2\omega^2)+j2\zeta\tau\omega \tag{5-53}$$

其幅频和相频特性分别为

$$A(\omega)=|G(j\omega)|=\sqrt{(1-\tau^2\omega^2)^2+(2\zeta\tau\omega)^2} \tag{5-54}$$

$$\varphi(\omega)=\angle G(j\omega)=\arctan\frac{2\zeta\tau\omega}{1-\tau^2\omega^2} \tag{5-55}$$

幅相频率特性的低频部分和高频部分分别为

$$\lim_{\omega\to 0}G(j\omega)=1\angle 0°$$

$$\lim_{\omega\to\infty}G(j\omega)=\infty\angle 180°$$

因为，当 $\omega>0$ 时，$G(j\omega)$ 的虚部是正的单调增加，而 $G(j\omega)$ 的实部则由 1 开始单调递减，所以 $G(j\omega)$ 的幅相频率特性曲线如图 5-15 所示。相角在 0°到 180°之间。

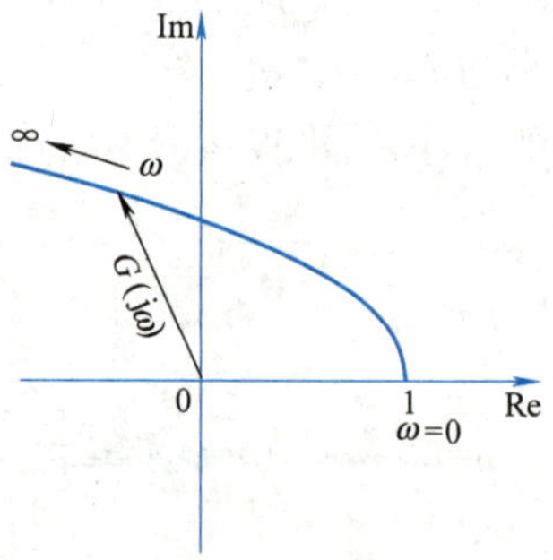

图 5-15 二阶微分环节的幅相频率特性

二阶微分环节的对数频率特性

$$L(\omega)=20\lg\sqrt{(1-\tau^2\omega^2)^2+(2\zeta\tau\omega)^2} \tag{5-56}$$

$$\varphi(\omega)=\arctan\frac{2\zeta\tau\omega}{1-\tau^2\omega^2} \tag{5-57}$$

二阶微分环节和振荡环节的对数幅频特性和对数相频特性不同之处在于相差一个符号。因此，根据式（5-56）、式（5-57）可以绘制二阶微分环节的博德图。

八、延迟环节

延迟环节的传递函数为

$$G(s)=e^{-\tau s}$$

其幅相频率特性为

$$G(j\omega)=e^{-j\omega\tau} \tag{5-58}$$

因为 $$|G(j\omega)|=|\cos\tau\omega-j\sin\tau\omega|=1$$

而相角与 ω 呈线性变化，因此延迟环节幅相频率特性是一个单位圆，如图 5-16 所示。

低频时，延迟环节 $e^{-j\omega\tau}$ 与惯性环节 $1/(1+j\omega T)$ 的特性是近似的，如图 5-17 所示。$e^{-j\omega\tau}$ 与 $1/(1+j\omega T)$ 的幅相频率特性在 $\omega=0$ 处彼此相切。这可由下式看出：

当 $\omega \ll \frac{1}{\tau}$时， $$e^{-j\omega\tau}\approx 1-j\omega\tau$$

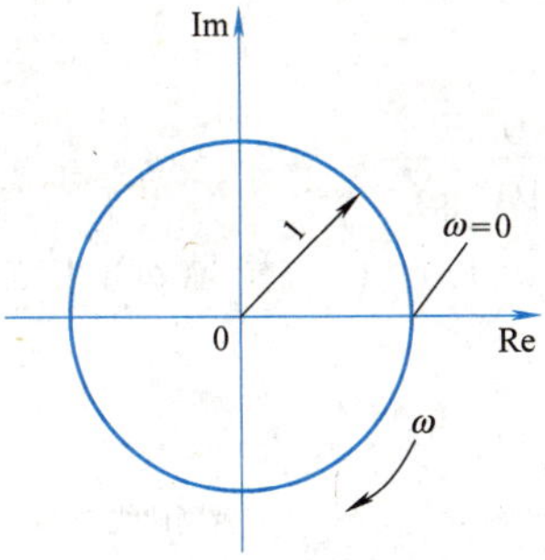

图 5-16　延迟环节的幅相频率特性

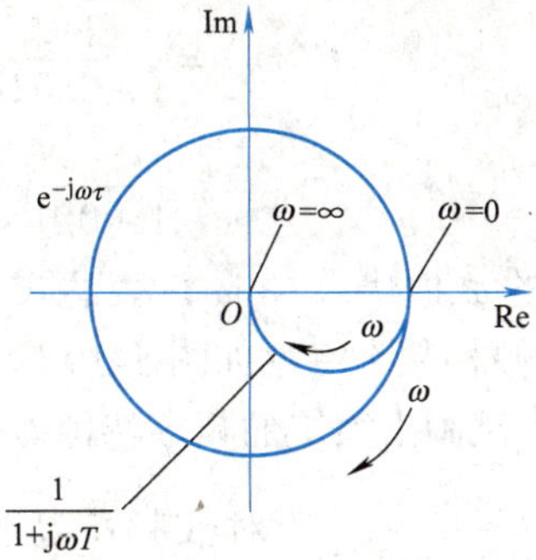

图 5-17　延迟环节和惯性环节的幅相频率特性

而当 $\omega \ll \frac{1}{T}$时，
$$\frac{1}{1+\mathrm{j}\omega T} \approx 1-\mathrm{j}\omega T$$

但是，当 $\omega \gg \frac{1}{\tau}$和 $\omega \gg \frac{1}{T}$时，$\mathrm{e}^{-\mathrm{j}\omega\tau}$与 $1/(1+\mathrm{j}\omega T)$ 之间存在着本质的不同，这一点从图 5-17 也可以看出。

延迟环节的频率特性也可表示为
$$G(\mathrm{j}\omega)=\mathrm{e}^{-\mathrm{j}\omega\tau}$$
由于其幅值总是等于 1，所以，延迟环节 $\mathrm{e}^{-\mathrm{j}\omega\tau}$的对数幅值总等于 0dB。其相角
$$\begin{aligned}\varphi(\omega) &= -\tau\omega(\mathrm{rad}) \\ &= -57.3\tau\omega(°)\end{aligned} \tag{5-59}$$
因此，相角与频率 ω 成线性变化。图 5-18 所示为延迟环节的对数相频特性。

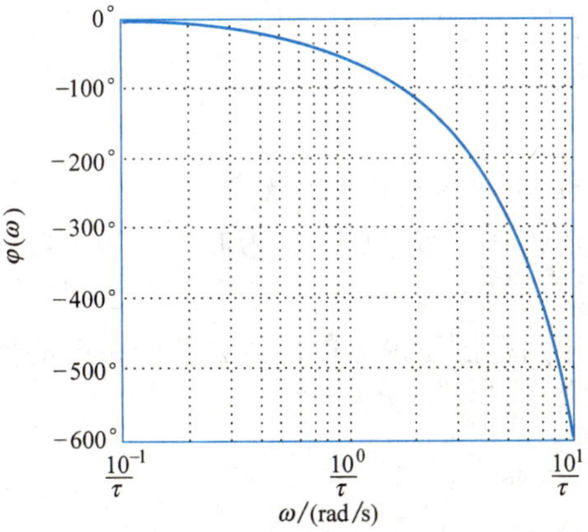

图 5-18　延迟环节的相频特性

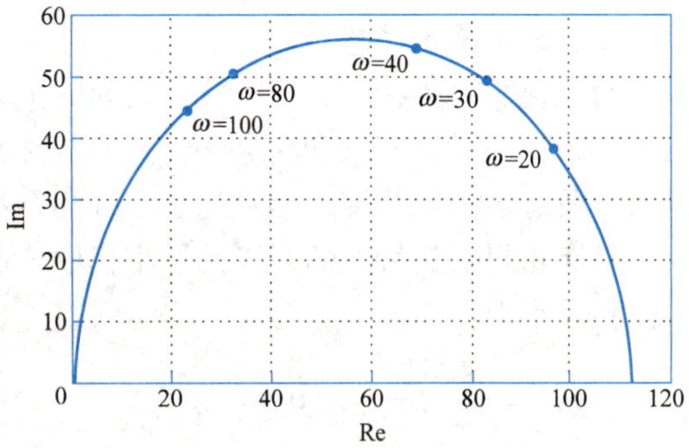

图 5-19　例 5-1 的幅相频率特性

例 5-1　设一阶系统的传递函数
$$G(s)=\frac{112}{1-0.02s}$$
试画出该系统的幅相频率特性。

解

系统的频率特性可以写成

$$G(j\omega)=\frac{112}{1-0.02j\omega}$$

$$=\frac{112}{1+0.4\times10^{-3}\omega^2}+j\frac{112\times0.02\omega}{1+0.4\times10^{-3}\omega^2}$$

将不同的ω值代入$G(j\omega)$表达式，根据求出的各ω值下的$U(\omega)$和$V(\omega)$值就可以画出$G(j\omega)$的幅相频率特性如图5-19所示。

例5-2 试画出系统的频率特性$G(j\omega)=\dfrac{1}{1+0.08j\omega+0.04(j\omega)^2}$的对数频率特性曲线（博德图）。

解

为了画出对数频率特性曲线，必须先求出ω_n和ζ。根据给定的振荡环节，则有

$$T^2=\left(\frac{1}{\omega_n}\right)^2=0.04,\quad 得\ \omega_n=5\text{rad/s}$$

$$2\zeta T=2\zeta\frac{1}{\omega_n}=0.08,\quad 得\ \zeta=0.2$$

图5-20即为求出的对数频率特性。该曲线首先用渐近线作出，其转折频率为无阻尼固有频率$\omega_n=5\text{rad/s}$。然后对于$\zeta=0.2$，可由图5-14进行修正，得精确的对数频率特性曲线。

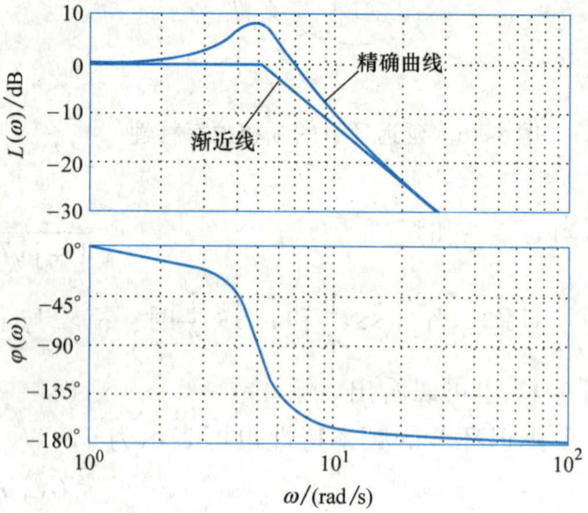

图5-20 例5-2的对数频率特性曲线

第三节 反馈控制系统的开环频率特性

一、最小相位系统

为了说明幅频特性和相频特性之间的关系，在此提出最小相位系统概念。在[s]平面的右半平面上没有零点和极点的传递函数称为最小相位传递函数；反之，为非最小相位传递函数。具有最小相位传递函数的系统称为最小相位系统。

具有相同幅频特性的系统，最小相位传递函数的相角范围是最小的。例如两个系统的传递函数分别为：

$$G_1(s)=\frac{1+T_1s}{1+T_2s}\qquad(0<T_1<T_2)$$

$$G_2(s)=\frac{1-T_1s}{1+T_2s}\qquad(0<T_1<T_2)$$

这两个系统具有相同的幅频特性，但它们却有着不同的相频特性，如图5-21所示。对最小相位系统而言，幅频特性和相频特性之间具有确定的单值对应关系。这就是说，如果系统的幅频特性曲线规定从0变化到无穷大整个频率范围内，那么相频

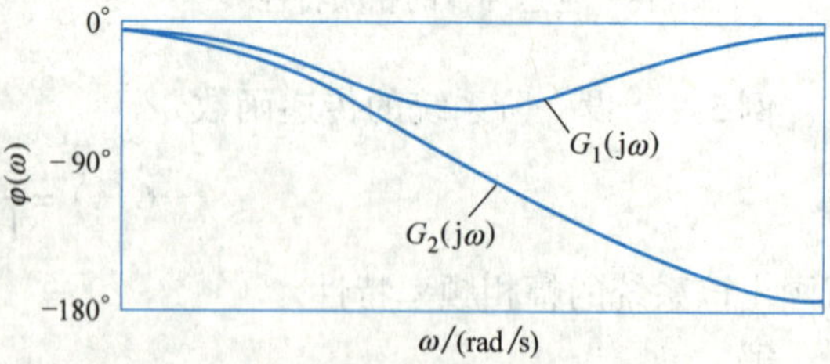

图5-21 $G_1(s)$和$G_2(s)$系统的相频特性

特性曲线就唯一确定，反之亦然。然而对于非最小相位系统来说却是不成立的。以后如无特殊说明，一般是指最小相位系统。

二、系统开环尼氏图的绘制

(一) 绘制尼氏图的一般方法

为了绘制尼氏图大致形状，一般方法是采用描点法。作图基本步骤为：

1）将系统开环传递函数写成若干典型环节串联形式，即

$$G(s)H(s)=G_1(s)G_2(s)\cdots G_n(s)$$

2）根据开环传递函数写出系统开环频率特性，并表示为幅频和相频特性的形式，即

$$\begin{aligned}G(j\omega)H(j\omega)&=A(\omega)e^{j\varphi(\omega)}=A_1(\omega)e^{j\varphi_1(\omega)}A_2(\omega)e^{j\varphi_2(\omega)}\cdots A_n(\omega)e^{j\varphi_n(\omega)}\\&=A_1(\omega)A_2(\omega)\cdots A_n(\omega)e^{j[\varphi_1(\omega)+\varphi_2(\omega)+\cdots+\varphi_n(\omega)]}\end{aligned}$$

3）分别求出起始点（$\omega=0$）和终点（$\omega=\infty$），并表示于极坐标上。

4）找出必要的特征点。

5）根据已知点和 $A(\omega)$、$\varphi(\omega)$ 的变化规律，绘制尼氏图的大致形状。

例 5-3 已知单位反馈系统开环传递函数 $G(s)=\dfrac{K}{s(Ts+1)}$，试绘制该系统的尼氏图。

解

系统的开环频率特性为

$$G(j\omega)=\frac{K}{j\omega(jT\omega+1)}=K\frac{1}{j\omega}\frac{1}{jT\omega+1}$$

组成该系统的典型环节有：比例环节，积分环节，惯性环节。

幅频特性和相频特性

$$|G(j\omega)|=\frac{K}{\omega\sqrt{1+(T\omega)^2}}$$

$$\angle G(j\omega)=-90^\circ-\arctan T\omega$$

实频特性和虚频特性

$$U(\omega)=\frac{-KT}{1+(T\omega)^2}$$

$$V(\omega)=\frac{-K}{\omega[1+(T\omega)^2]}$$

曲线的起始点和终点为

$$\lim_{\omega\to0}\mathrm{Re}[G(j\omega)]=\lim_{\omega\to0}\frac{-KT}{1+(T\omega)^2}=-KT$$

$$\lim_{\omega\to0}\mathrm{Im}[G(j\omega)]=\lim_{\omega\to0}\frac{-K}{\omega[1+(T\omega)^2]}=-\infty$$

$$\lim_{\omega\to\infty}\mathrm{Re}[G(j\omega)]=\lim_{\omega\to\infty}\frac{-KT}{1+(T\omega)^2}=0$$

$$\lim_{\omega\to\infty}\mathrm{Im}[G(j\omega)]=\lim_{\omega\to\infty}\frac{-K}{\omega[1+(T\omega)^2]}=0$$

$$\lim_{\omega\to0}|G(j\omega)|=\infty$$

$$\lim_{\omega\to0}\angle G(j\omega)=-90^\circ$$

$$\lim_{\omega \to \infty} |G(j\omega)| = 0$$

$$\lim_{\omega \to \infty} \angle G(j\omega) = -180°$$

含有一个积分环节的二阶系统，其频率特性的尼氏图在低频段将沿一条渐近线趋于无穷远处。这条渐近线是经过（$-KT$，j0）点，平行于虚轴的直线，如图5-22所示。

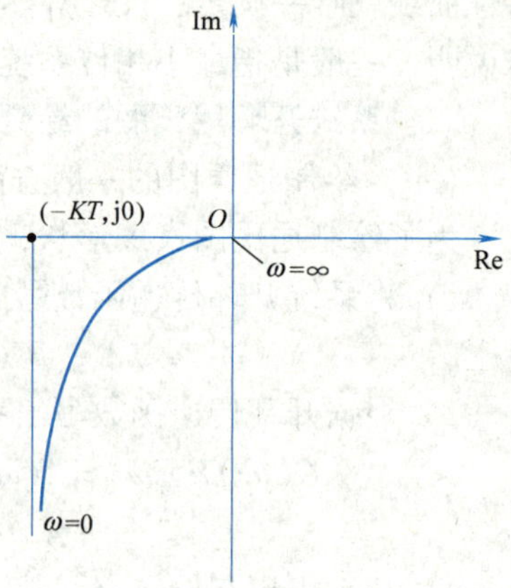

图5-22　例5-3的幅相频率特性曲线

例5-4　已知单位反馈系统开环传递函数 $G(s) = \dfrac{K}{s^2(T_1 s+1)(T_2 s+1)}$，试绘制该系统的尼氏图。

解

系统的开环频率特性为

$$G(j\omega) = \frac{K}{(j\omega)^2(jT_1\omega+1)(jT_2\omega+1)}$$

组成该系统的典型环节有：比例环节，积分环节，惯性环节。

幅频特性和相频特性

$$|G(j\omega)| = \frac{K}{\omega^2\sqrt{1+(T_1\omega)^2}\sqrt{1+(T_2\omega)^2}}$$

$$\angle G(j\omega) = -180° - \arctan T_1\omega - \arctan T_2\omega$$

实频特性和虚频特性

$$U(\omega) = \frac{-K(1-T_1T_2\omega^2)}{\omega^2[1+(T_1\omega)^2][1+(T_2\omega)^2]}$$

$$V(\omega) = \frac{K(T_1+T_2)}{\omega[1+(T_1\omega)^2][1+(T_2\omega)^2]}$$

曲线的起始点和终点为

$$\lim_{\omega \to 0} \mathrm{Re}[G(j\omega)] = -\infty$$

$$\lim_{\omega \to 0} \mathrm{Im}[G(j\omega)] = \infty$$

$$\lim_{\omega \to \infty} \mathrm{Re}[G(j\omega)] = 0$$

$$\lim_{\omega \to \infty} \mathrm{Im}[G(j\omega)] = 0$$

$$\lim_{\omega \to 0} |G(j\omega)| = \infty$$

$$\lim_{\omega \to 0} \angle G(j\omega) = -180°$$

$$\lim_{\omega \to \infty} |G(j\omega)| = 0$$

$$\lim_{\omega \to \infty} \angle G(j\omega) = -360°$$

曲线的特征点：

$$\text{当 } \mathrm{Re}[G(j\omega)] = 0 \text{ 时，} \omega = \frac{1}{\sqrt{T_1T_2}}$$

$$\mathrm{Im}[G(j\omega)] = \frac{K(T_1T_2)^{3/2}}{T_1+T_2}$$

含有两个积分环节的二阶系统，其频率特性的尼氏图在低频段将沿负实轴趋于无穷远处，如图 5-23 所示。

（二）尼氏图的一般形状

线性定常系统的开环频率特性为

$$G(j\omega)H(j\omega)=\frac{K(1+j\tau_1\omega)(1+j\tau_2\omega)\cdots(1+j\tau_m\omega)}{(j\omega)^{\nu}(1+jT_1\omega)(1+jT_2\omega)\cdots(1+jT_{n-\nu}\omega)}\quad(n>m)$$

相应的幅相频率特性曲线为

1）0 型系统：$\omega=0$，$|G(j\omega)H(j\omega)|=K$，$\angle G(j\omega)H(j\omega)=0°$，尼氏图始于正实轴，且起点处尼氏图的切线和正实轴垂直；$\omega=\infty$，$|G(j\omega)H(j\omega)|=0$，$\angle G(j\omega)H(j\omega)=-(n-m)\times90°$，尼氏图趋于原点。

2）Ⅰ型系统：$\omega=0$，$|G(j\omega)H(j\omega)|=\infty$，$\angle G(j\omega)H(j\omega)=-90°$，低频段渐近线为与负虚轴平行的直线；$\omega=\infty$，$|G(j\omega)H(j\omega)|=0$，$\angle G(j\omega)H(j\omega)=-(n-m)\times90°$，尼氏图趋于原点。

3）Ⅱ型系统：$\omega=0$，$|G(j\omega)H(j\omega)|=\infty$，$\angle G(j\omega)H(j\omega)=-180°$，低频段尼氏图趋于负实轴；$\omega=\infty$，$|G(j\omega)H(j\omega)|=0$，$\angle G(j\omega)H(j\omega)=-(n-m)\times90°$，尼氏图趋于原点。

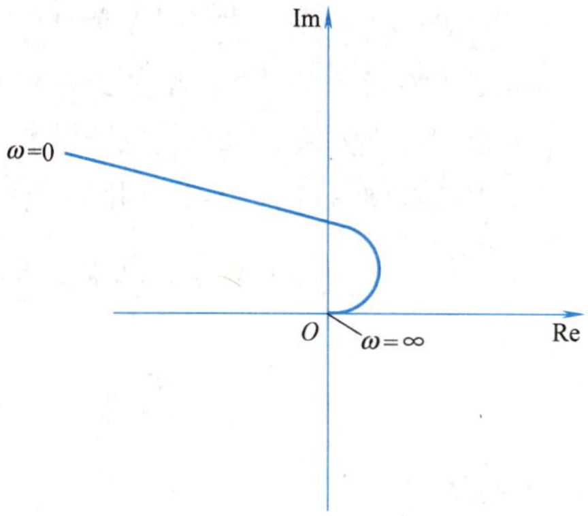

图 5-23 例 5-4 的幅相频率特性曲线

4）当 $G(s)H(s)$ 有振荡环节时，上述结论不变。

5）当 $G(s)H(s)$ 有一阶微分环节时，相位非单调下降，尼氏图发生弯曲。

综上所述，可绘出 0 型、Ⅰ型、Ⅱ型系统尼氏图起始和终了的大致形状，如图 5-24 所示。

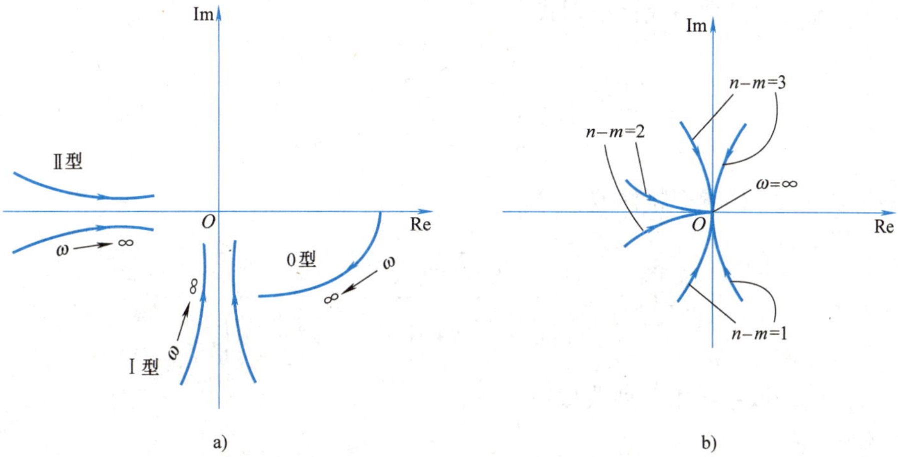

图 5-24 尼氏图起始和终了的大致形状

a）起始形状 b）终了形状

三、系统开环博德图的绘制

控制系统开环传递函数的一般表达式是

$$G(s)H(s)=\frac{K\prod_{i=1}^{b}(\tau_i s+1)\prod_{L=1}^{c}(\tau_L^2 s^2+2\zeta_L\tau_L s+1)}{s^{\nu}\prod_{j=1}^{d}(T_j s+1)\prod_{k=1}^{e}(T_k^2 s^2+2\zeta_k T_k s+1)}$$

故其对数幅频特性可表示为

$$L(\omega)=20\lg K-20\nu\lg\omega-\sum_{j=1}^{d}20\lg\sqrt{1+T_j^2\omega^2}-$$
$$\sum_{k=1}^{e}20\lg\sqrt{(1-T_k^2\omega^2)^2+(2\zeta_kT_k\omega)^2}+\sum_{i=1}^{b}20\lg\sqrt{1+\tau_i^2\omega^2}+$$
$$\sum_{L=1}^{c}20\lg\sqrt{(1-\tau_L^2\omega^2)^2+(2\zeta_L\tau_L\omega)^2} \tag{5-60}$$

由式(5-60)可以看出，单回路系统的开环对数幅频特性 $L(\omega)$，可以用各典型环节的对数幅频特性的纵坐标值相加的办法得到。

与对数幅频特性式(5-60)相对应的相频特性 $\varphi(\omega)$ 的表达式是

$$\varphi(\omega)=-\frac{\pi}{2}\nu-\sum_{j=1}^{d}\arctan T_j\omega-\sum_{k=1}^{e}\arctan\frac{2\zeta_kT_k\omega}{1-T_k^2\omega^2}+$$
$$\sum_{i=1}^{b}\arctan\tau_i\omega+\sum_{L=1}^{c}\arctan\frac{2\zeta_L\tau_L\omega}{1-\tau_L^2\omega^2} \tag{5-61}$$

上式说明，系统的开环相频特性和幅频特性一样，可以用各典型环节的相频特性相加的办法得到。

例 5-5 设单位反馈系统开环传递函数

$$G(s)=\frac{10(s+3)}{s(s+2)(s^2+s+2)}$$

试绘制该系统的博德图。

解

首先将系统传递函数写成标准形式

$$G(s)=\frac{7.5\left(\frac{s}{3}+1\right)}{s\left(\frac{s}{2}+1\right)\left(\frac{s^2}{2}+\frac{s}{2}+1\right)}$$

根据系统传递函数求得频率特性 $G(\mathrm{j}\omega)$

$$G(\mathrm{j}\omega)=\frac{7.5\left(\frac{\mathrm{j}\omega}{3}+1\right)}{(\mathrm{j}\omega)\left(\frac{\mathrm{j}\omega}{2}+1\right)\left[\frac{(\mathrm{j}\omega)^2}{2}+\frac{\mathrm{j}\omega}{2}+1\right]} \tag{5-62}$$

由式（5-62）可知该系统由下列典型环节组成：

放大环节：7.5

积分环节：$\frac{1}{\mathrm{j}\omega}$

振荡环节：$\frac{1}{\frac{(\mathrm{j}\omega)^2}{2}+\frac{\mathrm{j}\omega}{2}+1}$，转折频率 $\omega_1=\sqrt{2}$

惯性环节：$\frac{1}{\frac{\mathrm{j}\omega}{2}+1}$，转折频率 $\omega_2=2$

一阶微分环节：$\frac{j\omega}{3}+1$，转折频率 $\omega_3=3$

将转折频率 ω_1、ω_2、ω_3 在横坐标上按照顺序标出，如图5-25所示。

按式（5-60）求出系统对数幅频特性

$$L(\omega)=20\lg 7.5-20\lg \omega-20\lg \sqrt{1+\left(\frac{\omega}{2}\right)^2}+$$

$$20\lg \sqrt{1+\left(\frac{\omega}{3}\right)^2}-20\lg \sqrt{\left(1-\frac{\omega^2}{2}\right)^2+\left(\frac{\omega}{2}\right)^2}$$

当 $\omega \ll \omega_1=\sqrt{2}$ 而接近于零时，

$$L(\omega)=20\lg 7.5-20\lg \omega$$

令 $\omega=1$，则

$$L(1)=20\lg 7.5\text{dB}=17.5\text{dB}$$

这样，在横坐标轴 $\omega=1$ 处垂直向上取17.5dB得到一点，它就是近似曲线要穿过的点。由前述可知积分环节对数幅频特性的斜率是 -20dB/dec，所以可以经过上述这一点，绘制 ω 很小时的系统开环的近似对数幅频特性曲线，即低频渐近线。将低频渐近线延长至 $\omega_1=\sqrt{2}$ 处，在这以后由于振荡环节的对数幅频特性曲线渐近线的斜率是 -40dB/dec，因此在 ω_1 处，系统的渐近线的斜率经叠加后变为 -60dB/dec，该线一直延长到下一个转折频率 $\omega_2=2$ 处。此后，由于惯性环节对数幅频特性曲线的渐近线斜率为 -20dB/dec，所以在 ω_2 处，系统的渐近线的斜率应为 -80dB/dec，一直延长到转折频率 $\omega_3=3$ 处。由于一阶微分环节的对数幅频特性曲线渐近线的斜率为 +20dB/dec，故从 ω_3 处起系统的渐近线斜率又变为 -60dB/dec。如此，就得到了系统开环近似的对数幅频特性曲线，表示在图5-25。为了得到精确曲线，对上述近似曲线加以修正，即在每一转折频率处，以及低于和高于转折频率的一倍频程处加以修正就可以得到精确曲线了，如图5-25所示。

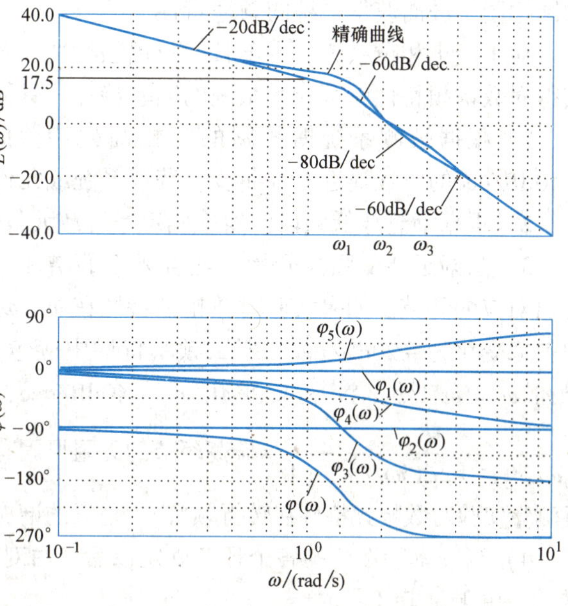

图5-25　例5-5所示系统的博德图

绘制系统的相频特性曲线必须先画出所有环节的相频特性，如图5-25所示。$\varphi_1(\omega)$、$\varphi_2(\omega)$ 分别为放大环节和积分环节的相频特性，$\varphi_3(\omega)$ 为振荡环节的相频特性，$\varphi_4(\omega)$ 和 $\varphi_5(\omega)$ 各为惯性环节和一阶微分环节的相频特性。然后将它们的相角在相同的频率下代数相加，这样就画出了完整的相频特性曲线 $\varphi(\omega)$，如图5-25所示。

综上所述，绘制系统开环对数幅频特性曲线和相频特性曲线的步骤如下：

1）把系统传递函数化为标准形式，即化为典型环节的传递函数乘积。

2）根据传递函数获得频率特性，并分析其组成环节。

3）求出转折频率 ω_1、ω_2、ω_3 等，并把它们按照由小到大顺序在选定的坐标图上沿频率轴标出。

4）画出对数幅频特性 $L(\omega)$ 的低频渐近线。这条渐近线在 $\omega<\omega_1$ 时是一条斜率为每十倍频程 -20ν dB 的直线，其中 $\nu(\nu=0，1，2，\cdots)$ 为系统包含积分环节的个数。在 $\omega=1$ 处，渐近线纵坐标为 $20\lg K$（K 为系统开环放大系数）。

5）在每个转折频率处改变渐近线的斜率。如果是惯性环节，斜率改变 -20dB/dec；如果是振荡环节，则改变 -40dB/dec；如果是一阶微分环节，斜率改变 +20dB/dec；而二阶微分环节则改变 +40dB/dec。

6）对渐近线进行修正，画出精确的对数幅频特性曲线。

7）画出每一个环节的对数相频特性曲线，然后把所有的相频特性在相同的频率下相加，即得到系统开环相频特性曲线。

四、频率特性实验确定法

频率特性反映了系统或元件本身内在固有的运动规律，从而为实验分析提供了理论依据。从频率特性基本概念可知，对于线性系统或元件，在正弦信号作用下，其稳态输出是与输入信号频率相同，幅值和相位不同的正弦信号。如果在可能涉及的频率范围内，测量出系统或元件在足够多的频率点上的幅值比和相位差，那么由实验测得的数据可画出系统或元件的博德图，进而获得系统的频率特性。

对于最小相位系统，由于其对数幅频特性和对数相频特性有确定的对应性，所以，只要获得对数幅频特性就可求得系统的频率特性。具体方法如下：

1）根据被测系统博德图的对数幅频特性曲线，用斜率为 0dB/dec、±20dB/dec 和 ±40dB/dec的直线逼近实验曲线，获得系统或元件的对数幅频特性曲线的渐近线。

2）根据渐近线低频段的斜率确定系统或元件包含积分环节（或微分环节）的个数。

3）从渐近线低频段开始，随着频率的增加，每遇转折频率，依据渐近线斜率的变化，写出对应的环节。如果实验对数幅频特性在 $\omega=\omega_1$ 时，是由 -20dB/dec 变化到 -40dB/dec，即斜率变化为 -20dB/dec，那么频率特性中应包含一个 $1/[\mathrm{j}(\omega/\omega_1)+1]$ 的惯性环节；如果在 $\omega=\omega_2$ 处，斜率又变化了 -40dB/dec，那么在频率特性中必含有振荡环节 $\dfrac{1}{(\mathrm{j}\omega/\omega_2)^2+2\zeta(\mathrm{j}\omega/\omega_2)+1}$。振荡环节的无阻尼固有频率就等于转折频率 ω_2，其阻尼比 ζ 可通过测量实验对数幅频特性在转折频率 ω_2 附近的谐振峰值，并与图 5-13 所示曲线比较后确定。

4）当频率特性中的各个环节确定以后，由对数幅频特性渐近线低频段或其延长线确定增益。由于 ω 趋于零时，

$$\left[\mathrm{j}\left(\frac{\omega}{\omega_1}\right)+1\right]^{\pm1} \text{和} \left[\left(\mathrm{j}\frac{\omega}{\omega_2}\right)^2+2\zeta\left(\mathrm{j}\frac{\omega}{\omega_2}\right)+1\right]^{\pm1}$$

趋近于 1。所以频率特性可以写成

$$\lim_{\omega\to0}G(\mathrm{j}\omega)H(\mathrm{j}\omega)=\frac{K}{(\mathrm{j}\omega)^\nu}$$

在一般控制工程中 ν 等于 0、1 或 2。

对于 0 型系统，由 $20\lg|G(\mathrm{j}\omega)H(\mathrm{j}\omega)|=20\lg K$ 可知，低频渐近线是一条 $20\lg K$dB 的水

平线，故 K 值可由该水平渐近线求得。

对于Ⅰ型系统，由 $20\lg|G(j\omega)H(j\omega)| = 20\lg K - 20\lg\omega$ 可知，低频渐近线的斜率为 -20dB/dec。低频渐近线（或它的延长线）与 0dB 直线交点处的频率在数值上等于 K。

对于Ⅱ型系统，由 $20\lg|G(j\omega)H(j\omega)| = 20\lg K - 40\lg\omega$ 可知，低频渐近线的斜率为 -40dB/dec。当 $20\lg|G(j\omega)H(j\omega)| = 0$ 时，$\omega = \sqrt{K}$。因此，低频渐近线（或它的延长线）与 0dB 直线相交处的频率在数值上等于 $\sqrt{K}$。

图 5-26 所示为 0 型、Ⅰ型、Ⅱ型系统的对数幅频特性曲线，同时也表示了频率与增益 K 的关系。

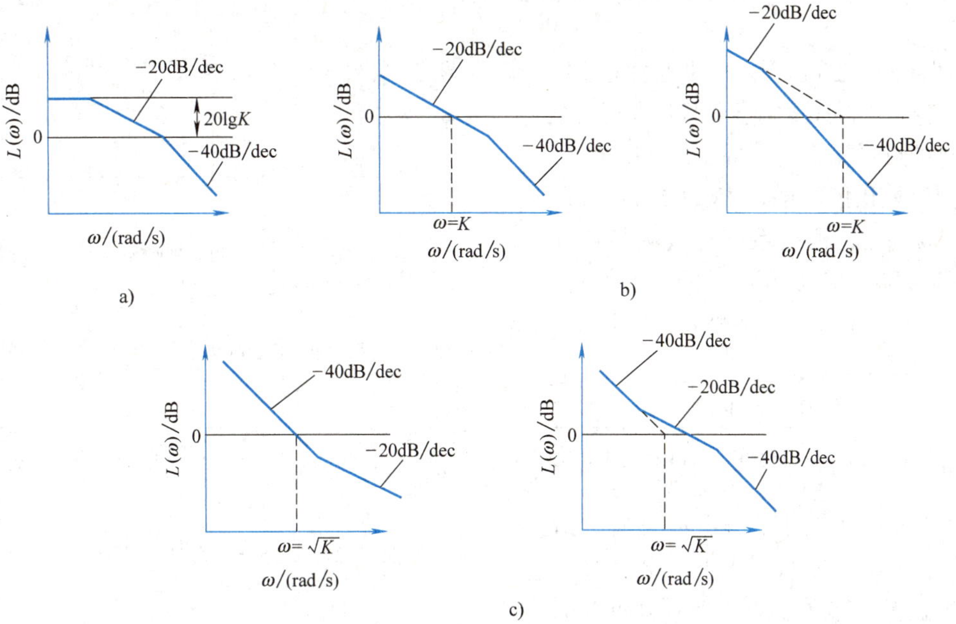

图 5-26 0 型、Ⅰ型和Ⅱ型系统的对数幅频特性曲线

a）0 型系统 b）Ⅰ型系统 c）Ⅱ型系统

5）根据上述结果可初步写出系统或元件的频率特性。按照该频率特性可获得相应的对数相频特性曲线。对于最小相位系统，实验所得的相频特性曲线应与用上述方法确定的频率特性所画出的相频特性曲线在一定程度上相符，且在很低和很高的频率范围上，应当严格相符。如果实验所得的相角在高频时不等于 $-90°\times(n-m)$，其中 n、m 分别表示频率特性分母和分子的阶次，那么系统必定是一个非最小相位系统。根据实验对数幅频特性渐近线和对数相频特性曲线，可估算非最小相位的频率特性。

频率特性实验时应注意以下问题：

1）在做频率特性实验时，必须采用合适的正弦信号发生器。它可以是机械、电气、液压和气动的形式。对于时间常数比较大的系统，做实验时所取的频率范围可为 0.001 ~ 1 000Hz。正弦信号必须没有谐波和波形畸变。

2）必须合理地选择正弦信号的幅值。由于物理系统具有某些非线性因素，如果输入信号幅值太大，就会引起系统饱和，得不到频率特性精确的结果，如果输入信号太小，也会因死区引起误差。因此，必须合理选择输入正弦信号幅值的大小。为了保证输入波形确实是正弦波，并使系统工作在线性段上，要求在测试过程中对系统的输出波形进行监测。

3）用以测量系统输出的测量装置必须有足够的频宽，在其工作范围内应该具有接近平直的幅频特性。

例 5-6 试确定具有图 5-27 所示的实验频率特性曲线的系统开环传递函数。

解

首先，以 ±20dB/dec 及其倍数的线段来逼近实验得到的对数幅频特性以获得对数幅频特性曲线的渐近线，如图 5-27 所示。

然后找出相应的转折频率 $\omega_1=1$，$\omega_2=2$，$\omega_3=8$。根据系统对数幅频特性曲线渐近线在各转折频率处的斜率变化，获得具有如下形式的频率特性：

$$G(\mathrm{j}\omega)H(\mathrm{j}\omega)=\frac{K(0.5\mathrm{j}\omega+1)}{(\mathrm{j}\omega)(\mathrm{j}\omega+1)\left[\left(\mathrm{j}\frac{\omega}{8}\right)^2+2\zeta\left(\mathrm{j}\frac{\omega}{8}\right)+1\right]}$$

阻尼比 ζ 可由接近于 $\omega=6\mathrm{rad/s}$ 处的谐振峰值来求得。参照图 5-13，得到 $\zeta=0.5$。增益 K 在数值上等于低频渐近线的延长线与 0dB 线交点处的频率值。于是可得 $K=10$。

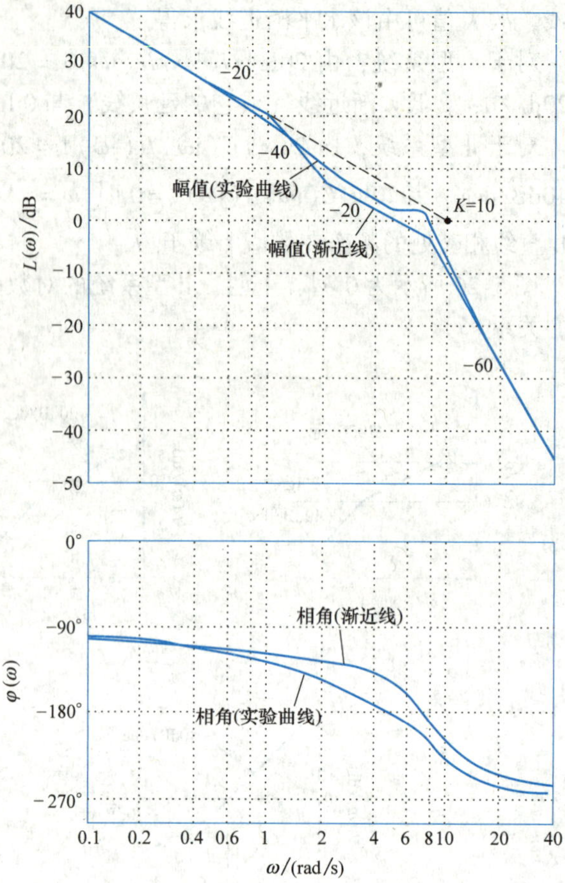

图 5-27 例 5-6 系统的博德图

依据初步确定的频率特性，可获得对数相频特性曲线，如图 5-27 所示。由图可以看出，由初步确定的频率特性画出的对数相频特性和实验测得的相频特性是一致的，说明该系统是最小相位系统。

因此，系统开环传递函数为：

$$G(s)H(s)=\frac{320(s+2)}{s(s+1)(s^2+8s+64)}$$

第四节 反馈控制系统的闭环频率特性

第三节介绍了反馈控制系统的开环频率特性，这对于控制系统的设计是非常重要的。但有时为了精确设计和分析控制特性，需要直接应用闭环频率特性。求取闭环频率特性的方法一般有解析法、几何法（如等 M 圆、等 N 圆、尼柯尔斯图等）和数值计算法。本书着重介绍解析法。

一、闭环频率特性的求取

（一）单位反馈系统的闭环频率特性

具有单位反馈的系统，其闭环传递函数 $\Phi(s)$ 和开环传递函数 $G(s)$ 之间有如下关系：

$$\Phi(s)=\frac{Y(s)}{U(s)}=\frac{G(s)}{1+G(s)} \tag{5-63}$$

在图 5-28 所示的尼奎斯特图上，向量 OA 表示 $G(j\omega_1)$，其中 ω_1 为 A 点处的频率，OA 的模为 $|G(j\omega_1)|$，OA 的相角为 $\angle G(j\omega_1)$，由（-1，j0）点到尼奎斯特轨迹的向量 PA 表示 $[1+G(j\omega_1)]$。因此，OA 与 PA 之比就表示闭环频率特性，即

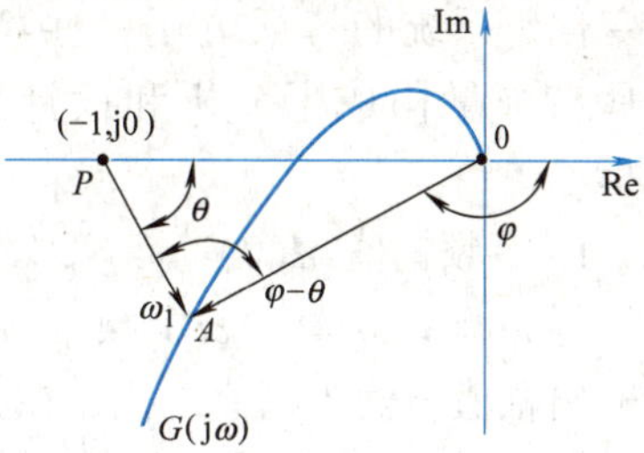

图 5-28　由开环频率特性确定闭环频率特性

$$\frac{OA}{PA}=\frac{G(j\omega_1)}{1+G(j\omega_1)}=\frac{Y(j\omega)}{U(j\omega)}$$

在 $\omega=\omega_1$ 处，闭环频率特性的幅值就是 OA 与 PA 长度之比值。相角就是 OA 与 PA 的夹角，即 $\varphi-\theta$，如图5-28所示。当测量出不同频率处向量的长度和相角后，就可求出闭环频率特性曲线。

如果用 $M(\omega)$ 表示闭环频率特性幅值，$\alpha(\omega)$ 表示相角，则闭环频率特性可表示为

$$\Phi(j\omega)=\frac{Y(j\omega)}{U(j\omega)}=M(\omega)e^{j\alpha(\omega)} \tag{5-64}$$

（二）非单位反馈系统的闭环频率特性

对于非单位反馈的闭环控制系统，可以按下述方法求取闭环频率特性。图 5-29 所示的系统闭环频率特性为：

$$\Phi(j\omega)=\frac{G(j\omega)}{1+G(j\omega)H(j\omega)} \tag{5-65}$$

将其改写成

$$\Phi(j\omega)=\frac{G(j\omega)H(j\omega)}{1+G(j\omega)H(j\omega)}\frac{1}{H(j\omega)} \tag{5-66}$$

令

$$\frac{G(j\omega)H(j\omega)}{1+G(j\omega)H(j\omega)}=M_1(\omega)e^{j\alpha_1(\omega)} \tag{5-67}$$

$$H(j\omega)=M_2(\omega)e^{j\alpha_2(\omega)} \tag{5-68}$$

则

$$\Phi(j\omega)=\frac{G(j\omega)H(j\omega)}{1+G(j\omega)H(j\omega)}\frac{1}{H(j\omega)}=M(\omega)e^{j\alpha(\omega)} \tag{5-69}$$

式中　$M(\omega)=M_1(\omega)/M_2(\omega)$，$\alpha(\omega)=\alpha_1(\omega)-\alpha_2(\omega)$。

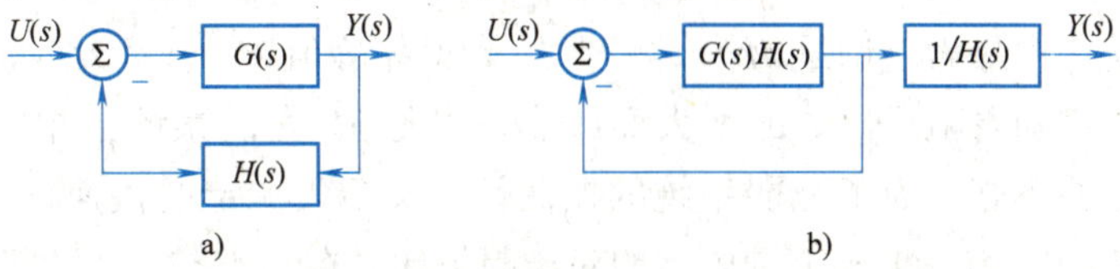

图 5-29　非单位反馈系统变换成单位反馈系统

即把系统可以变换成图 5-29b 所示的系统。也就是说，可将非单位反馈系统的闭环频率特性化为一个单位反馈系统的闭环频率特性乘以 $1/H(j\omega)$。

二、系统的闭环频域指标

图 5-30 为反馈控制系统的典型闭环幅频特性 $M(\omega)$ 曲线，这种典型幅频特性曲线随

ω 变化。系统的特征可用一些特征量加以概括，这些特征量构成了分析和设计系统的频域性能指标。

1. 零频幅值 $M(0)$

零频幅值 $M(0)$ 表示频率接近于零时，系统的输出幅值与输入幅值之比。在频率 $\omega \to 0$ 时，若 $M(0)=1$，则输出幅值能完全准确地反映输入幅值。

对于单位反馈系统，若系统为无静差系统，在常值信号作用下，稳态时输出等于输入，有

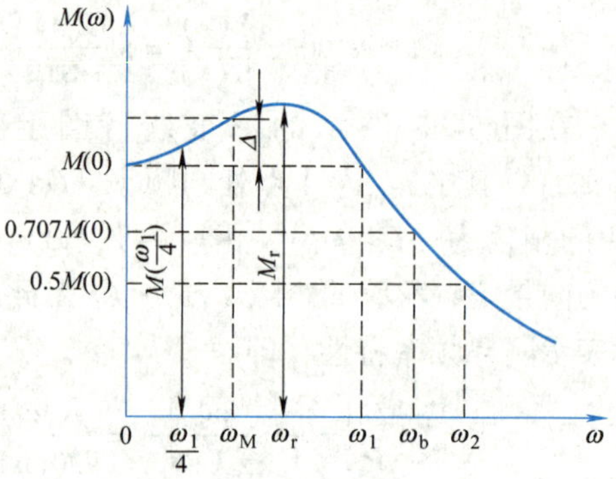

图 5-30 闭环系统幅频特性

$$M(0)=\left|\frac{Y(\mathrm{j}0)}{U(\mathrm{j}0)}\right|=1 \tag{5-70}$$

若系统为有差系统，输入为常值信号，稳态时输出不等于输入，有

$$M(0)=\left|\frac{Y(\mathrm{j}0)}{U(\mathrm{j}0)}\right|=\frac{K}{1+K}<1 \tag{5-71}$$

式中 K——系统开环放大系数。

因此，通过零频幅值 $M(0)$ 是否为1，可判断系统是否为无静差系统。显然，$M(0)$ 值越接近1，则有差系统的稳态误差越小。

2. 复现频率 ω_M

若事先规定一个 Δ 作为反映低频输入信号的允许误差，那么 ω_M 就是幅频特性与 $M(0)$ 之差第一次达到 Δ 时的频率值。当 $\omega>\omega_M$ 时，输出就不能准确“复现”输入，所以 $0\sim\omega_M$ 频率范围称为复现带宽。根据 Δ 所确定的 ω_M 越大，则表明系统能以规定精度复现输入信号的频带越宽。反之，若 ω_M 为给定，由 ω_M 确定的允许误差 Δ 越小，说明系统反应低频输入信号精度越高。

由上述特征量 $M(0)$、ω_M 及 Δ 作为频域性能指标的一部分，都与时域性能指标中稳态性能有关。系统的稳态性能主要取决于闭环幅频特性在低频段 $0\leqslant\omega\leqslant\omega_M$ 的形式。

3. 谐振频率 ω_r 及谐振峰值 M_r

谐振峰值 M_r 为谐振频率 ω_r 所对应的闭环幅值。它反映系统瞬态响应的速度和相对稳定性。

对于二阶系统，由最大超调量 $M_p=\mathrm{e}^{-\zeta\pi/\sqrt{1-\zeta^2}}$ 和谐振峰值 $M_r=1/(2\zeta\sqrt{1-\zeta^2})$ 的计算式中可以看出，它们都随着阻尼比 ζ 的增大而减小。可见 M_r 大的系统，相应的 M_p 也大，瞬态响应的相对稳定性不好。为了减弱系统的振荡性，又不失一定的快速性，应适当选取 M_r 值。如果 M_r 值在 $1.0<M_r<1.4$ 范围内，相对于阻尼比 ζ 在 $0.4<\zeta<0.7$ 范围内，这时阶跃响应的最大超调量 $M_p<25\%$。

4. 截止频率 ω_b 和带宽

所谓截止频率是指闭环频率特性的振幅 $M(\omega)$ 衰减到 $0.707M(0)$ 时的角频率，即相当于闭环对数幅频特性的幅值下降到 $-3\mathrm{dB}$ 时，对应的频率 ω_b 称为截止频率。闭环系统的幅值不低于 $-3\mathrm{dB}$ 时，对应的频率范围 $0\leqslant\omega\leqslant\omega_b$，称为系统的带宽。

第五节　系统频域稳定性判据

一、尼奎斯特稳定性判据

第三章已经得到闭环系统稳定的充分必要条件是：所有的闭环极点位于［s］平面的左半平面或者说特征方程的根都必须具有负实部。尼奎斯特稳定性判据是根据系统稳定的充分必要条件导出的，其特点是根据系统开环频率特性来判断闭环系统的稳定性，也称频域法判据，简称尼氏判据。应用尼氏判据不必求解闭环特征根，同时还可以得知系统的相对稳定性以及改善系统的稳定性的途径。因此该判据在控制工程中得到广泛应用。

（一）幅角定理

尼奎斯特稳定性判据是以复变函数中的幅角定理为基础的。因此，需要了解幅角定理的基本内容。

幅角定理（Cauchy 定理）：

设函数 $F(s)$ 为 s 多项式的分式，它在［s］平面上（除有限个奇点外）为单值的连续正则函数。并设［s］平面上解析点 s 映射到［$F(s)$］平面上为点 $F(s)$，或为从原点指向此映射点的向量 $F(s)$。若在［s］平面上任意选定一条封闭曲线 L_s，只要此曲线不经过 $F(s)$ 的奇点，就可将［s］平面的封闭曲线 L_s 映射到［$F(s)$］平面上，其结果也是一条封闭曲线，记为 L_F。在［s］平面上，当解析点 s 顺时针方向沿 L_s 变化一周时，在［$F(s)$］平面上对应映射点的轨迹 $F(s)$ 则顺时针包围原点 $N(=Z-P)$ 次，即向量 $F(s)$ 以原点为中心顺时针旋转 N 周，如图 5-31 所示。其中，Z 为包围于 L_s 内的函数 $F(s)$ 的零点数；P 为包围于 L_s 内的函数 $F(s)$ 的极点数。

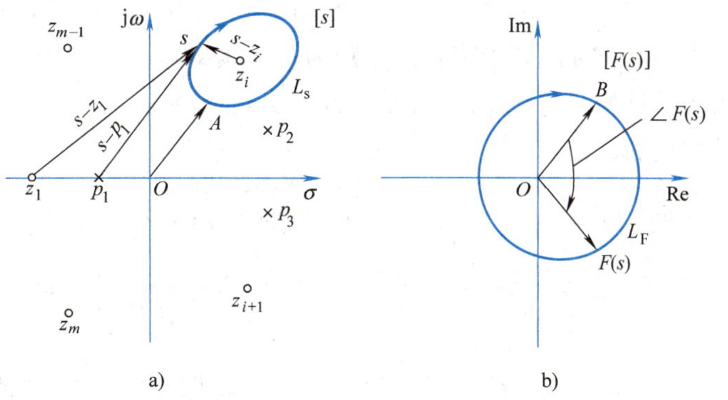

图 5-31　幅角定理说明图

幅角定理有严格的数学证明。这里证明从略。

若将 $F(s)$ 写成如下 s 多项式的分式形式

$$F(s)=\frac{K(s-z_1)(s-z_2)\cdots(s-z_m)}{(s-p_1)(s-p_2)\cdots(s-p_n)}=|F(s)|e^{j\angle F(s)} \tag{5-72}$$

式中

$$|F(s)|=K\frac{\prod_{i=1}^{m}|s-z_i|}{\prod_{j=1}^{n}|s-p_j|} \tag{5-73}$$

$$\angle F(s)=\sum_{i=1}^{m}\angle(s-z_i)-\sum_{j=1}^{n}\angle(s-p_j) \tag{5-74}$$

而 $z_i(i=1,2,\cdots,m)$ 和 $p_j(j=1,2,\cdots,n)$ 分别为 $F(s)$ 的零点和极点。

则根据幅角定理，当图5-31a 中的A点在［s］平面上沿曲线L_s顺时针转一圈，那么对应的向量$F(s)$在图5-31b 的［$F(s)$］平面上以原点为中心从B点开始沿曲线L_F顺时针转N圈，也即

$$\angle F(s) = -2\pi N = -2\pi(Z-P) \tag{5-75}$$

式中 $N>0$ 表示曲线L_F顺时针包围原点；

$N<0$ 表示曲线L_F逆时针包围原点；

$N=0$ 表示曲线L_F不包围原点。

（二）基于开环频率特性的尼奎斯特稳定性分析

1. 系统开环和闭环的特征方程式

单位反馈控制系统开环传递函数可写为

$$G(s) = \frac{b_0 s^m + b_1 s^{m-1} + \cdots + b_{m-1}s + b_m}{a_0 s^n + a_1 s^{n-1} + \cdots + a_{n-1}s + a_n} = \frac{M_k(s)}{D_k(s)} \tag{5-76}$$

式中，$s=\sigma+j\omega$，令$\sigma=0$，即以频率特性表示式（5-76）

$$G(j\omega) = \frac{M_k(j\omega)}{D_k(j\omega)} \tag{5-77}$$

则单位反馈控制系统的闭环频率特性为

$$\Phi(j\omega) = \frac{G(j\omega)}{1+G(j\omega)} = \frac{M_k(j\omega)}{D_k(j\omega)+M_k(j\omega)} = \frac{M_k(j\omega)}{D_b(j\omega)} \tag{5-78}$$

式中，$M_k(j\omega)$和$D_k(j\omega)$分别为开环频率特性中分子和分母的$j\omega$多项式，$D_b(j\omega)$为闭环频率特性中分母的$j\omega$多项式。$D_k(j\omega)$阶数比$M_k(j\omega)$的阶数高，因而$D_b(j\omega)$和$D_k(j\omega)$是同次幂。

令

$$\begin{aligned} F(j\omega) &= 1+G(j\omega) = 1+\frac{M_k(j\omega)}{D_k(j\omega)} \\ &= \frac{D_k(j\omega)+M_k(j\omega)}{D_k(j\omega)} = \frac{D_b(j\omega)}{D_k(j\omega)} \\ &= \frac{K(j\omega-z_1)(j\omega-z_2)\cdots(j\omega-z_n)}{(j\omega-p_1)(j\omega-p_2)\cdots(j\omega-p_n)} \end{aligned} \tag{5-79}$$

对于非单位反馈控制系统，可以得到与式（5-79）相同的表达形式，即

$$\begin{aligned} F(j\omega) &= 1+G(j\omega)H(j\omega) \\ &= \frac{D_b(j\omega)}{D_k(j\omega)} \end{aligned} \tag{5-79a}$$

2. 尼奎斯特稳定性判据

为了分析线性定常系统的稳定性，令［s］平面上的封闭曲线L_s包围［s］平面的全部右半平面。这时封闭曲线L_s由整个$j\omega$轴（从$\omega=-\infty$到$\omega=+\infty$）和右半平面上半径为无穷大的半圆轨迹构成，并且封闭曲线L_s的方向为顺时针方向。因为封闭曲线L_s包围［s］平面的全部右半平面，所以它包围了$F(j\omega)=1+G(j\omega)H(j\omega)$的所有具有正实部的零点和极点。下面分三种情况来讨论

（1）开环稳定的情况　如果系统开环是稳定的，那么，系统开环特征方程

$$D_k(j\omega)=0 \tag{5-80}$$

的根全部具有负实部。则$F(j\omega)=1+G(j\omega)H(j\omega)$具有正实部的极点数为零，即

$$P=0 \tag{5-81}$$

由式（5-75）可知，

$$\angle F(j\omega)=-2\pi N=-2\pi(Z-P)=-2\pi Z \tag{5-82}$$

由式（5-79a）可知，$F(j\omega)=1+G(j\omega)H(j\omega)$ 的零点即为闭环系统的极点。根据系统稳定的充分必要条件，当且仅当 $Z=0$，即 $F(j\omega)=1+G(j\omega)H(j\omega)$ 在［s］平面的右半部分无零点，那么，闭环系统的特征根全部位于左半［s］平面时，闭环系统稳定。由式（5-82）可知，

$$\angle F(j\omega)=-2\pi N=-2\pi(Z-P)=-2\pi Z=0 \tag{5-83}$$

即

$$N=0 \tag{5-84}$$

因此，当频率 ω 从 $-\infty$ 变到 $+\infty$ 时，若系统开环是稳定的，闭环系统也要稳定，就要求 $F(j\omega)=1+G(j\omega)H(j\omega)$ 的幅角变化等于零，但是只有 $F(j\omega)=1+G(j\omega)H(j\omega)$ 轨迹不包围［$F(s)$］平面原点时，向量［$1+G(j\omega)H(j\omega)$］所绕过的角度才等于0。

而 $F(j\omega)=1+G(j\omega)H(j\omega)$ 的轨迹曲线很容易变成 $G(j\omega)H(j\omega)$ 的轨迹，即尼奎斯特轨迹。$G(j\omega)H(j\omega)$ 和 $F(j\omega)=1+G(j\omega)H(j\omega)$ 是同一曲线，不过向左移了一个单位值，即

$$G(j\omega)H(j\omega)=F(j\omega)-1 \tag{5-85}$$

这样就很方便地把［$F(s)$］平面变换成了［$G(s)H(s)$］平面，简称［GH］平面。

如果尼奎斯特曲线 $G(j\omega)H(j\omega)$ 不包围［GH］平面的（-1，j0）这一点，则［$1+G(j\omega)H(j\omega)$］的幅角变化等于零。因为当频率 ω 从 $-\infty$ 到 $+\infty$ 时，系统开环尼奎斯特图对实轴是镜像对称的，所以，ω 从 $-\infty$ 到0与0到 $+\infty$ 的系统开环尼奎斯特曲线对实轴对称。因而一般只需绘出 ω 从0到 $+\infty$ 的系统开环尼奎斯特曲线即可判别闭环系统的稳定性。

尼奎斯特稳定性判据可简述如下：若系统在开环状态下是稳定的，则系统在闭环状态下稳定的充分和必要条件是它的开环幅相频率特性曲线 $G(j\omega)H(j\omega)$ 不包围［GH］平面的（-1，j0）点。

这里应该指出的是，对于最小相位系统和能用实验方法求出开环频率特性的系统，其系统开环都是稳定的。

（2）开环不稳定的情况　上面讨论的是开环稳定的（即系统开环特征方程式在［s］平面虚轴右边没有根）情况。现在讨论系统开环可能不稳定的情况。

设系统开环是不稳定的，且知道系统开环的特征方程式 $D_k(j\omega)=0$ 中有 q 个根在［s］平面虚轴的右边，即

$$P=q \tag{5-86}$$

于是，当 ω 从 $-\infty$ 变到 $+\infty$ 时，由式（5-75）和式（5-86）可知，

$$\angle F(j\omega)=-2\pi N=-2\pi(Z-P)=-2\pi(Z-q) \tag{5-87}$$

根据系统稳定的充分必要条件，当且仅当 $Z=0$，即 $F(j\omega)=1+G(j\omega)H(j\omega)$ 在［s］平面的右半部分无零点，那么，闭环系统的特征根全部位于左半［s］平面时，闭环系统稳定。所以，

$$\angle F(j\omega)=-2\pi N=2\pi q \tag{5-88}$$

由式（5-75）和式（5-88）可以得出尼奎斯特稳定性判据普遍情况的结论：如果系统开环特征方程式有 q 个根在［s］平面虚轴右边（简称为 q 个右根），那么，当 ω 从 $-\infty$ 变到 $+\infty$ 时，系统开环频率特性曲线 $G(j\omega)H(j\omega)$ 在正方向（逆时针方向）包围［GH］平面的（-1，j0）点 q 次，闭环系统就是稳定的。反之，闭环系统就不稳定。

考虑到尼奎斯特图关于实轴的对称性，尼奎斯特稳定性判据也可以表述如下：如果系统

开环特征方程式有 q 个根在［s］平面虚轴右边，那么，当 ω 从0变到 $+\infty$ 时，系统开环频率特性曲线 $G(j\omega)H(j\omega)$ 在正方向包围［GH］平面的（-1，j0）点 $q/2$ 次，闭环系统就是稳定的。反之，闭环系统就不稳定。

（3）开环传递函数含有零根的情况　下面讨论如果系统开环传递函数中含有积分环节，如何处理系统开环的特征方程式 $D_k(j\omega)=0$ 所含有的零根。

由前述内容可知，频率特性是自变量在虚轴上变化的传递函数。若系统开环的特征方程式 $D_k(j\omega)=0$ 含有零根，则［s］平面的原点是 $F(s)$ 的奇点。当［s］平面上的封闭曲线 L_s 向［$F(s)$］平面映射时，为了避免 L_s 经过该奇点，用一个半径无穷小、位于［s］右半平面的半圆将［s］平面的原点绕过，如图5-32所示。由于绕行半径为无限小，所有不在原点上的右极点和右零点仍能被包围在封闭曲线 L_s 之内。这样，尼氏判据仍可以用于判断系统开环传递函数含有积分环节时闭环系统的稳定性。

由于积分环节在 $\omega=0$ 时的相角为 $-90°$，幅值为 ∞，这将使含有积分环节的开环尼氏图在 $\omega=0$ 时的起点不是实轴上的一个定值点，而是沿某一个坐标轴趋于 ∞。

图5-33和图5-34所示分别为 $D_k(j\omega)=0$ 中含有一次零根和二次零根时，$G(j\omega)H(j\omega)$ 曲线的一般形状。由图可知，当 ω 从 $-\infty\to0\to+\infty$ 时，很难说明 $G(j\omega)H(j\omega)$ 曲线是否包围［GH］平面的（-1，j0）点。为此，可以作辅助线以识别 $G(j\omega)H(j\omega)$ 曲线包围（-1，j0）点的情况。辅助曲线是这样作的：以无穷大为半径，从 $G(j\omega)H(j\omega)$ 曲线的起始端沿逆时针方向绕过 $\nu\times90°$ 作圆与实轴相交。这个圆周就是辅助曲线，如图5-33和图5-34中的虚线所示。ν 是开环传递函数中积分环节的个数。

3. 尼氏图中的“穿越”概念

当开环尼氏曲线逆时针方向包围（-1，j0）点转动的周数比较多时，如图5-35，可引

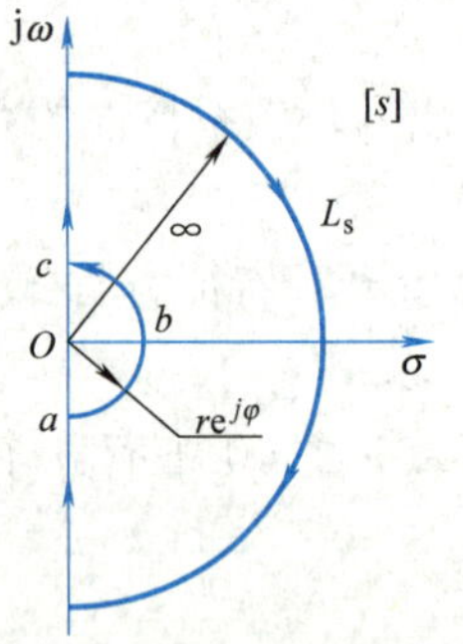

图5-32　［s］平面上避开原点的封闭曲线

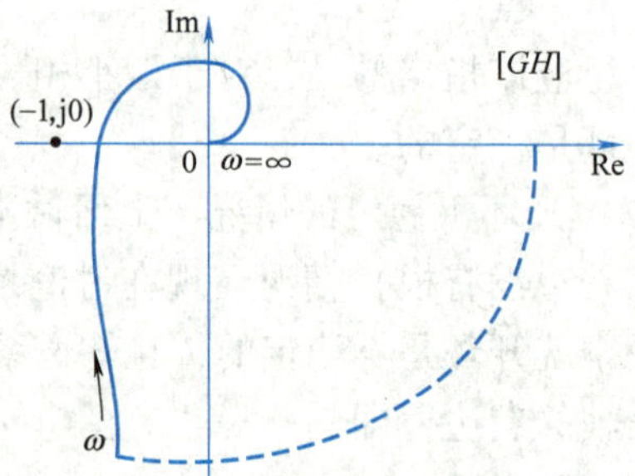

图5-33　含有一个积分环节的系统尼氏图

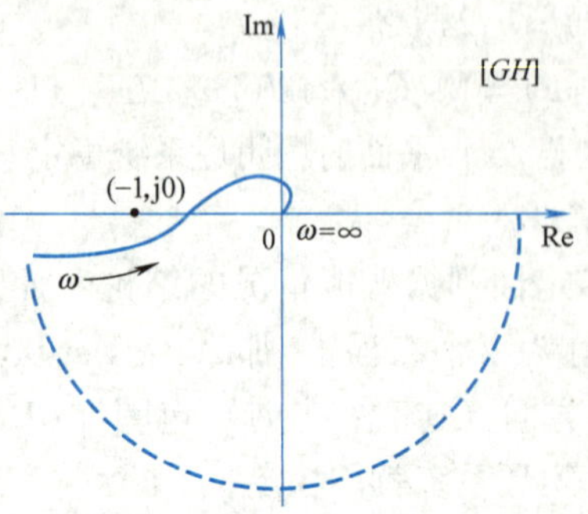

图5-34　含有二个积分环节的系统尼氏图

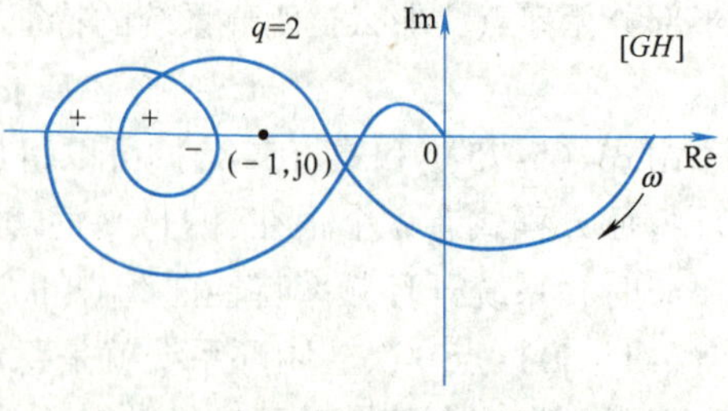

图5-35　复杂的幅相频率特性曲线

入“穿越”概念。频率特性曲线 $G(j\omega)H(j\omega)$ 穿过（-1，j0）点左边的实轴时，称为“穿越”。若 ω 增大时，尼氏曲线由上而下穿过 $-1\rightarrow-\infty$ 实轴（相角增大）时称“正穿越”；尼氏曲线由下而上穿过时（相角减小）称“负穿越”。穿过（-1，j0）点以左的实轴一次，则穿越次数为1。若曲线始于或止于（-1，j0）点以左实轴上，则穿越次数为1/2，如图5-36所示。

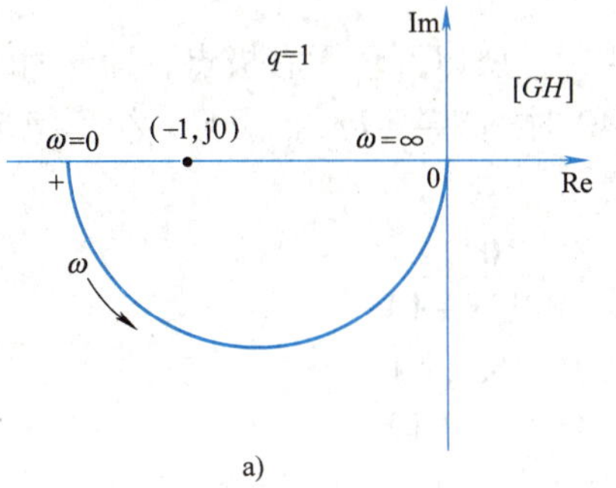

图5-36 尼氏曲线始于或止于（-1，j0）点以左实轴上的穿越数

这样，尼奎斯特稳定性判据可表述成：当 ω 从0变到 $+\infty$ 时，开环幅相频率特性 $G(j\omega)H(j\omega)$ 在（-1，j0）点以左实轴上的正负穿越次数之差等于 $q/2$（其中 q 是系统开环右极点数），那么闭环系统是稳定的。否则闭环系统不稳定。

应用这个判据可知图5-35所示的闭环系统是稳定的。图5-36a所示的系统，虽然开环不稳定，但闭环系统是稳定的。图5-36b所示的系统，虽然开环是稳定的，但闭环系统不稳定。

例5-7 单位负反馈系统的开环传递函数为

$$G(s)=\frac{K}{s+10} \tag{5-89}$$

试用尼氏判据判断 $K=40$ 和 $K=-40$ 情况下闭环系统的稳定性。

解

首先写出开环频率特性 $G(j\omega)=\dfrac{K}{j\omega+10}$

然后作出 $K=40$ 和 $K=-40$ 时的开环尼氏图，如图5-37a和5-37b所示。

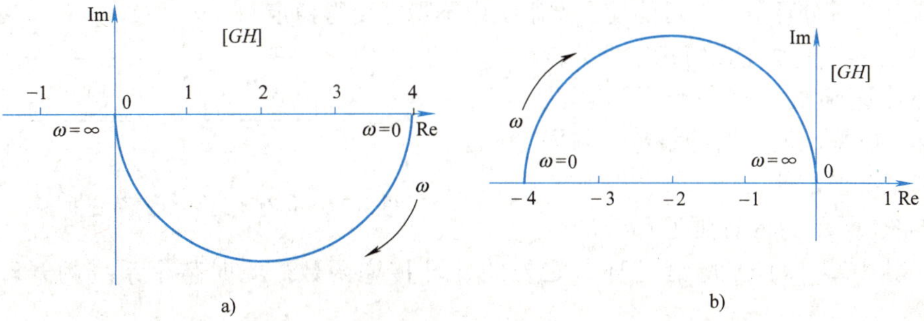

图5-37 例5-7开环尼氏图

当 $K=40$ 时，由图5-37a可以看出，开环频率特性曲线不包围（-1，j0）点，所以，

$N=0$。

由式（5－89）可知，开环极点为 $p=-10$，该极点为负实数极点，所以开环无右极点，即 $q=0$。

根据尼奎斯特稳定性判据可知，当 $K=40$ 时，闭环系统稳定。

当 $K=-40$ 时，由图 5-37b 可以看出，开环频率特性曲线顺时针包围（-1，j0）点半周，所以，$N=-1/2$。

由式（5－89）可知，开环极点仍为 $p=-10$，所以开环无右极点，即 $q=0$。

根据尼奎斯特稳定性判据可知，当 $K=-40$ 时，$N\neq -q/2$，闭环系统不稳定。

例 5-8 Ⅱ型系统开环传递函数分别为

（1）
$$G(s)H(s)=\frac{10}{s^2(0.15s+1)} \tag{5-90a}$$

（2）
$$G(s)H(s)=\frac{10(2.5s+1)}{s^2(0.15s+1)} \tag{5-90b}$$

试判断闭环系统的稳定性。

解

作出开环尼氏图，如图 5-38a 和 5-38b 所示。由于开环传递函数中含有积分环节，需作辅助线，如图 5-38 所示。由式 5-90 可知，开环传递函数右极点数为 0，即 $q=0$。

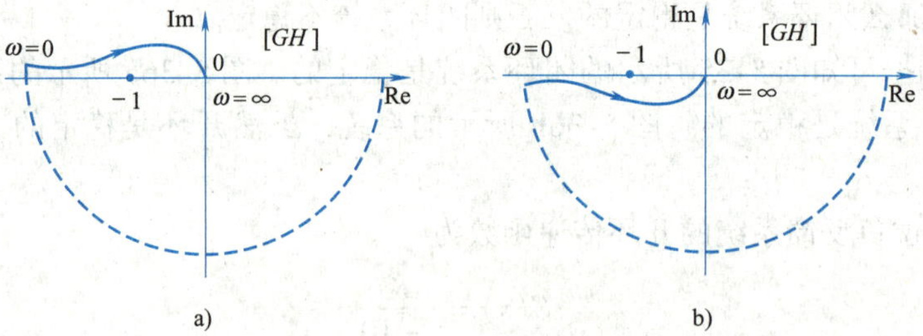

图 5-38 例 5-8 开环尼氏图

由图 5-38a 可知 $N=-1$。由图 5-38b 可知 $N=0$。根据尼奎斯特稳定性判据可知，式（5-90a）所示系统闭环不稳定，而式（5-90b）所示系统闭环稳定。

比较式（5-90a）和式（5-90b）可知，二者相差一个一阶微分环节。本例题也说明，通过串联一阶微分环节，有可能使Ⅱ型系统由不稳定变得稳定。

4. 滞后系统的尼奎斯特稳定性分析

开环传递函数含有一个延迟环节时，仍然可以采用尼奎斯特稳定性判据判断闭环系统稳定性。

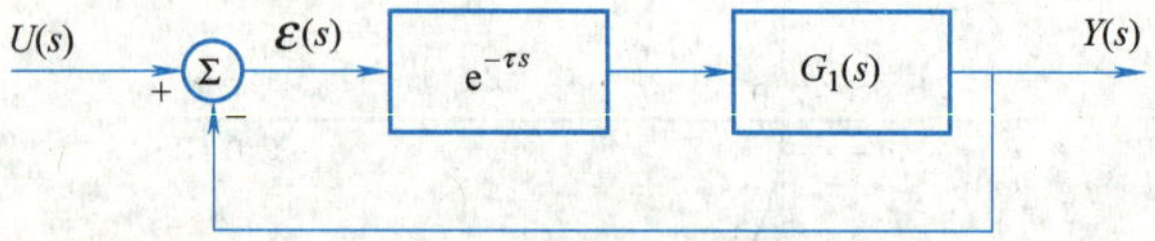

图 5-39 具有延迟环节的系统框图

图 5-39 所示为具有延迟环节的系统框图，其中 $G_1(s)$ 是除延迟环节之外的开环传递函数。此时整个系统的开环传递函数为

$$G(s)=G_1(s)\mathrm{e}^{-\tau s} \tag{5-91}$$

其开环频率特性、幅频特性和相频特性分别为

$$G(j\omega)=G_1(j\omega)e^{-j\tau\omega} \tag{5-92}$$

$$|G(j\omega)|=|G_1(j\omega)| \tag{5-93}$$

$$\angle G(j\omega)=\angle G_1(j\omega)-\tau\omega \tag{5-94}$$

由此可知，延迟环节不改变原系统的幅频特性，而仅使相频特性发生变化。

例 5-9　在图 5-39 所示系统中，设

$$G_1(s)=\frac{1}{s(s+1)}$$

试分析闭环系统的稳定性。

解

系统的开环频率特性为

$$G(j\omega)=\frac{1}{j\omega(j\omega+1)}e^{-j\tau\omega}$$

当 τ 取不同值时，即 $\tau=0$，$\tau=0.5$，$\tau=1$，其开环频率特性曲线如图 5-40 所示。由图 5-40 可知，当 $\tau=0$，即系统无延迟环节时，尼奎斯特曲线的相位不超过 $-180°$。随着 τ 值增加，相位滞后也增加，尼奎斯特曲线向左上方偏转，由第三象限进入第二和第一象限。当 τ 值增加到使尼奎斯特曲线包围 $(-1, j0)$ 点时，闭环系统就不稳定。所以，系统串联延迟环节对系统稳定性是不利的。虽然，一般情况下，一阶系统或二阶系统总是稳定的，但若存在延迟环节，系统也可能变为不稳定。

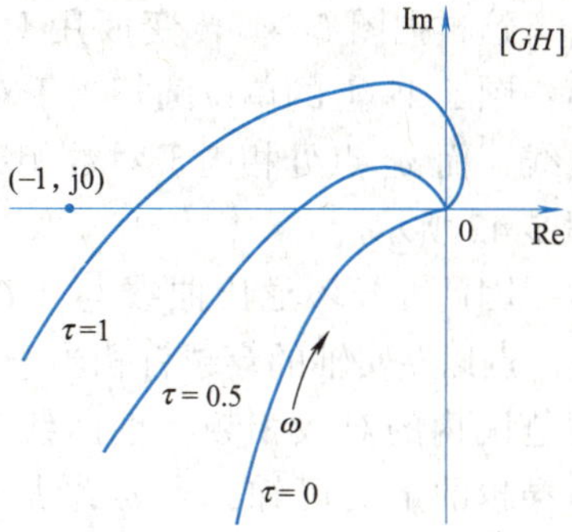

图 5-40　例 5-9 具有延迟环节的开环尼氏图

二、对数频率特性的稳定性判据

对数频率特性稳定性判据，实质上是尼奎斯特稳定性判据的另一种形式，就是利用系统开环博德图来判别闭环系统的稳定性。

（一）对数频率特性稳定性判据的原理

根据尼奎斯特稳定性判据，若一个控制系统，其开环是稳定的，闭环系统稳定的充分必要条件是开环尼氏特性 $G(j\omega)H(j\omega)$ 不包围 $[GH]$ 平面的 $(-1, j0)$ 点。图 5-41 中的特性曲线 1 对应的闭环系统是稳定的，而特性曲线 2 对应的闭环系统是不稳定的。

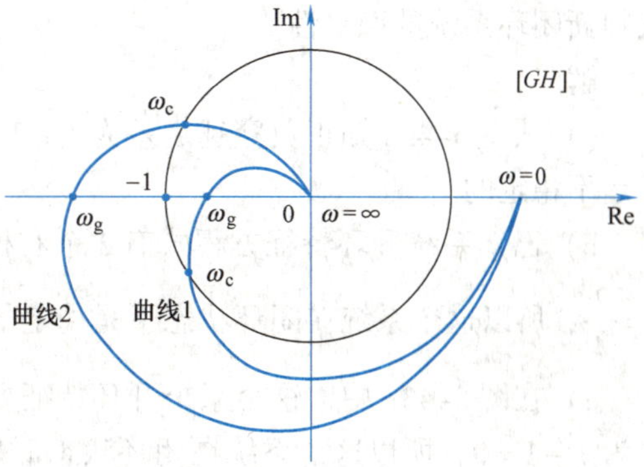

图 5-41　表示稳定性的尼奎斯特曲线

如果开环频率特性 $G(j\omega)H(j\omega)$ 与单位圆相交的一点频率为 ω_c，而与实轴相交的一点频率为 ω_g，这样当幅值 $A(\omega)\geqslant 1$ 时（在单位圆上或在单位圆外）就相当于

$$20\lg A(\omega)\geqslant 0$$

当幅值 $A(\omega)<1$ 时（在单位圆内）就相当于

$$20\lg A(\omega)<0$$

所以，对应图 5-41 特性曲线 1（闭环系统是稳定的），在 ω_c 点处

$$L(\omega_c)=20\lg A(\omega_c)=0$$

$$\varphi(\omega_c) > -\pi$$

而在 ω_g 点处

$$L(\omega_g) = 20\lg A(\omega_g) < 0$$

$$\varphi(\omega_g) = -\pi$$

这样把图 5-41 转变成用对数表示时，可以看出：图 5-41 上的单位圆相当于对数幅频特性的零分贝线，而 ω_g 点处相当于对数相频特性的 $-\pi$ 轴，如图 5-42 所示。

因此，开环尼氏曲线与［GH］平面的（-1，j0）点以左实轴的穿越就相当于 $L(\omega) \geqslant 0$ 的所有频率范围内的对数相频特性曲线与 $-180°$ 的穿越点。由穿越的定义可知，当 ω 增加时相角增大为正穿越，所以，在对数相频特性图中，$L(\omega) \geqslant 0$ 范围内开环对数相频特性曲线由下而上穿过 $-180°$ 线时为正穿越，反之，为负穿越。

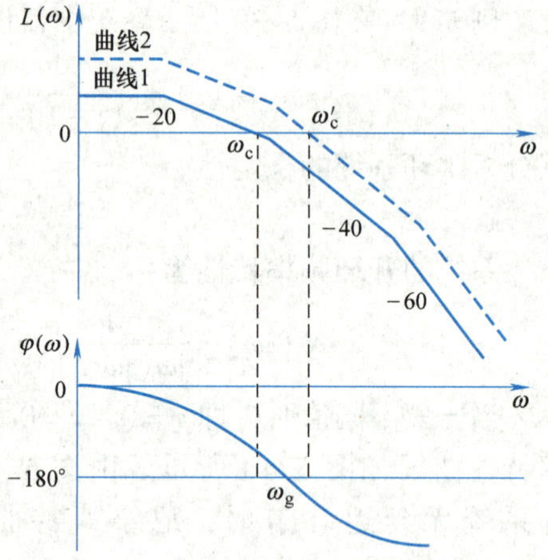

图 5-42 与图 5-41 对应的博德图

（二）对数频率特性的稳定性判据

如果系统开环是稳定的（即 $q = 0$），则在 $L(\omega) \geqslant 0$ 的所有频率 ω 值下，相角 $\varphi(\omega)$ 不超过 $-\pi$ 线，那么闭环系统是稳定的。

如果系统在开环状态下的特征方程式有 q 个根在［s］平面虚轴的右边，它在闭环状态下稳定的充分必要条件是：在所有 $L(\omega) \geqslant 0$ 的频率范围内，对数相频特性曲线 $\varphi(\omega)$ 在 $-\pi$线上的正负穿越之差为 $q/2$。

例 5-10 已知系统开环特征方程的右根数 q，以及开环博德图如图 5-43a、b、c 所示，试判断闭环系统的稳定性。

解

a）从图 5-43a 知正负穿越之差为 $1-2=-1 \neq q/2$，因 $q=2$，所以这个系统在闭环状态下是不稳定的。

b）已知系统开环特征方程式有 2 个右根（即 $q=2$），从图 5-43b 知正负穿越之差为 $2-1=\frac{2}{2}$，所以这个系统在闭环状态下是稳定的。

c）在图 5-43c 中，这个系统开环特征方程式没有右根（即 $q=0$），从图知正负穿越之差为 $1-1=0$，所以这个系统在闭环状态下是稳定的。

三、稳定裕量

在设计控制系统时，不仅要求系统是稳定的，而且希望系统还必须具备适当的稳定裕量。

由尼氏判据可知，对于开环稳定的系统，根据开环系统尼氏曲线对（-1，j0）点的位置不同，闭环系统的稳定性有三种情况：

1）当尼氏曲线不包围（-1，j0）点时，闭环系统稳定。

2）当尼氏曲线包围（-1，j0）点时，闭环系统不稳定。

3）当尼氏曲线通过（-1，j0）点时，闭环系统处于临界稳定状态。

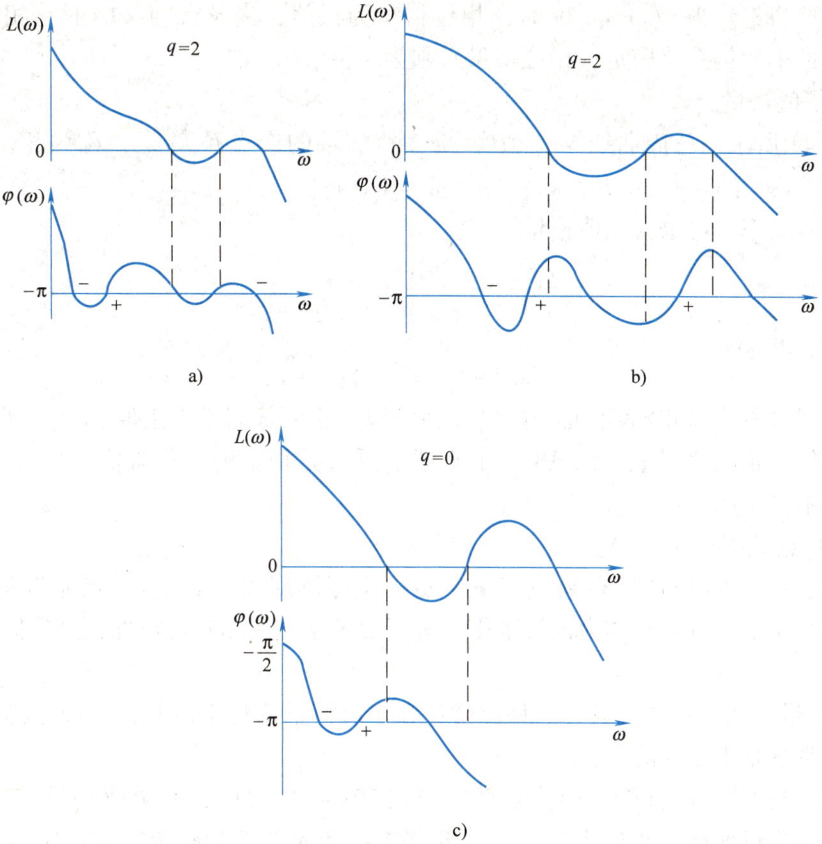

图 5-43 例 5-10 的博德图

如果尼氏曲线不包围（-1，j0）点，但距离此点很近时，由于工作条件变化或其他原因，使系统参数发生变化，闭环系统有可能由稳定状态变成临界稳定或不稳定状态。因此，开环频率特性曲线和（-1，j0）点的接近程度可以用来度量系统稳定裕量的大小，即表征系统的相对稳定性。频域中通常用相位裕量 $\gamma(\omega_c)$ 和幅值裕量 K_g 来表征系统的稳定程度。

（一）相位裕量 $\gamma(\omega_c)$

在尼奎斯特图中，如图 5-44 所示，尼氏曲线与单位圆相交时的频率 ω_c 称为幅值交界频率。此时

$$A(\omega_c)=|G(j\omega_c)H(j\omega_c)|=1$$

在幅值交界频率上，使系统达到不稳定边缘所需要的附加相位滞后量，称为相位裕量。相位裕量 $\gamma(\omega_c)$ 等于 180°加相角 $\varphi(\omega_c)$，即

$$\gamma(\omega_c)=180°+\varphi(\omega_c) \tag{5-95}$$

式中 $\varphi(\omega_c)$——开环频率特性在幅值交界频率上的相角。

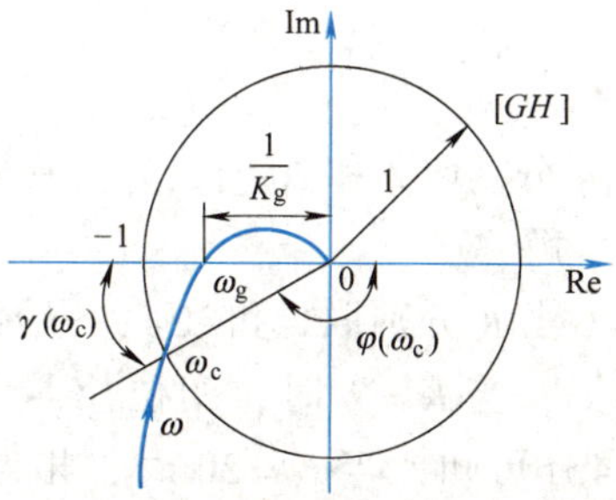

图 5-44 相位裕量和幅值裕量

在尼奎斯特图上，从原点到 $G(j\omega)H(j\omega)$ 轨迹与单位圆的交点可以作一条直线。从负实轴到这条直线的夹

角，就是相位裕量。当$\gamma(\omega_c)>0°$时，相位裕量为正值，当$\gamma(\omega_c)<0°$时，相位裕量为负值。为了使最小相位系统稳定，相位裕量必须为正值。

（二）幅值裕量

如图5-44所示，尼氏曲线与［GH］平面负实轴的交点频率ω_g，称为相位交界频率。在相位等于$-180°$的频率ω_g上，$A(\omega_g)$［等于$|G(j\omega_g)H(j\omega_g)|$］的倒数，称为幅值裕量。根据相位交界频率，可求得幅值裕量K_g为

$$K_g=\frac{1}{A(\omega_g)}=\frac{1}{|G(j\omega_g)H(j\omega_g)|} \tag{5-96}$$

当K_g单位以dB表示时

$$K_g=20\lg K_g=-20\lg A(\omega_g) \tag{5-97}$$

当幅值裕量单位以dB表示时，如果K_g大于1，则幅值裕量为正值；当K_g小于1，则幅值裕量为负值。正幅值裕量（以dB表示）说明系统是稳定的，负幅值裕量（以dB表示）说明系统是不稳定的。

（三）几点说明

1）控制系统的相位裕量和幅值裕量，是极坐标图对（-1，j0）点靠近程度的度量。因此，这两个裕量可以用来作为设计准则。为了确定系统的相对稳定性，必须同时给出这两个量。

2）对于最小相位系统，只有当相位裕量和幅值裕量都是正值时，系统才是稳定的。负的裕量表示系统是不稳定的。

3）为了得到满意的性能，相位裕量应当在30°～70°之间，而幅值裕量应当大于6dB。对于具有这些裕量的最小相位系统，即使开环增益和元件的时间常数在一定范围内发生变化，也能保证系统的稳定性。

4）对于最小相位系统，开环频率特性的幅值和相位有确定的关系。要求相位裕量在30°和70°之间，即意味着在对数坐标图中，对数幅频曲线在幅值交界频率上的斜率应大于-40dB/dec。在大多数实际情况中，为了保证系统稳定，要求幅值交界频率上的斜率为-20dB/dec。如果幅值交界频率上的斜率为-40dB/dec，则系统可能是稳定的，也可能是不稳定的（即使系统是稳定的，相位裕量也比较小）。如果在幅值交界频率上的斜率为-60dB/dec，或者更陡，则系统是不稳定的。

5）对于非最小相位系统，除非尼氏曲线不包围（-1，j0）点，否则稳定条件是不能满足的。因此，稳定的非最小相位系统将具有负的相位和幅值裕量。

例5-11 已知系统开环传递函数为

$$G(s)H(s)=\frac{K}{s(s+1)(0.2s+1)}$$

当K分别取2和20时，计算其相位裕量和幅值裕量，并判断闭环系统稳定性。

解

当K分别取2和20时，绘制系统博德图，分别如图5-45a和5-45b所示。由图5-45a可知，当$K=2$时，相位裕量为21°，幅值裕量为8dB。此时，闭环系统稳定。由图5-45b可知，当$K=20$时，相位裕量为$-30°$，幅值裕量为-12dB。此时，闭环系统不稳定。

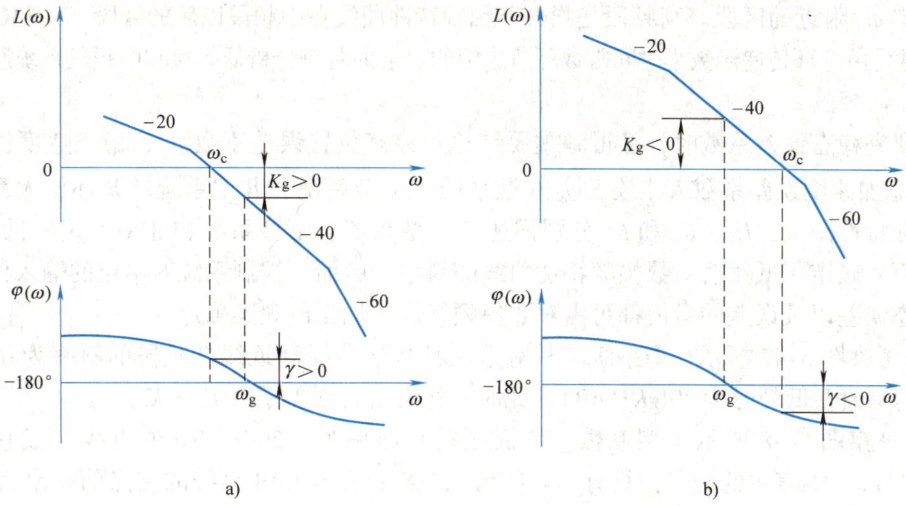

图 5-45　例 5-11 系统的博德图
a）$K=2$　b）$K=20$

第六节　系统闭环特性的频域分析

系统的开环频率特性、对数幅频特性与闭环幅频特性存在密切的关系。稳定系统开环频率特性曲线 $G(\mathrm{j}\omega)H(\mathrm{j}\omega)$ 距离（-1，j0）点的远近，反映了系统的稳定程度和动态特性，而 $G(\mathrm{j}\omega)H(\mathrm{j}\omega)$ 曲线靠近（-1，j0）点的部分，相当于系统开环对数幅频特性曲线与零分贝线相交点附近的区段。对于最小相位系统，对数幅频特性和对数相频特性是一一对应的。研究对数幅频特性图可知，开环对数频率特性的低频段、中频段、高频段分别表征了系统的稳态精度、动态特性、稳定性和抗干扰能力。三个频段的划分并没有严格的界限，如图 5-46 所示，但它反映了对控制系统性能影响的主要方面，为进一步确定开环频域指标与闭环系统性能之间的关系，指出了原则和方向。低频段取决于开环增益和积分环节的数目，通常是指开环对数幅频特性在第一个转折频率以前的区段。中频段是指开环幅频特性曲线在幅值

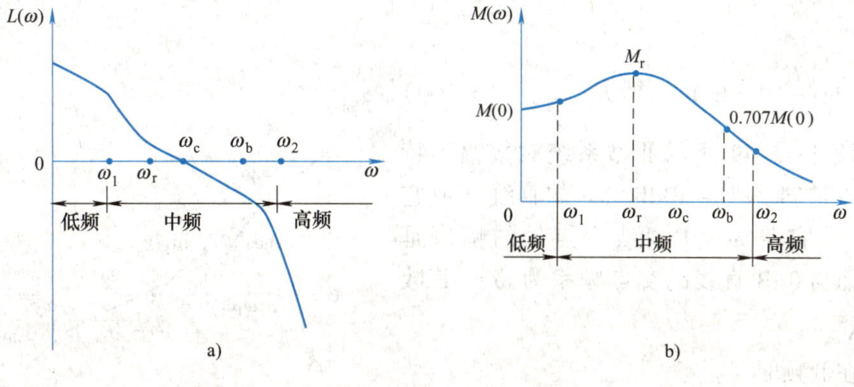

图 5-46　频率特性的频段划分
a）开环　b）闭环

交界频率 ω_c 附近的区段。高频段是指开环幅频特性曲线在中频段以后的区段（$\omega>10\omega_c$），这部分特性是由开环传递函数小时间常数环节决定的。下面着重分析低频段和中频段系统性能。

一、低频段

在研究稳态误差系数时，已得到重要结论：稳态位置误差系数 K_p、稳态速度误差系数 K_v 和稳态加速度误差系数 K_a，分别是0型系统、Ⅰ型系统和Ⅱ型系统的开环放大系数。在对数幅频特性图上，K_p、K_v 和 K_a 分别描述了0型系统、Ⅰ型系统和Ⅱ型系统的低频特性。系统的型号确定了低频时对数幅频特性曲线的斜率。因而，控制系统对给定的输入信号是否引起稳态误差以及误差的量值都可由对数幅频特性的低频段观察确定。

1）考察图5-47所示0型系统。其对数幅频特性曲线渐近线低频段的斜率为0dB/dec。$L(\omega)$ 的幅值在低频时为 $20\lg K_p(\mathrm{dB})$。此时，稳态位置误差系数 $K_p=K_0$。

2）考察图5-48所示Ⅰ型系数。其低频段是斜率为 -20dB/dec 的直线（或它的延长线），它与 $\omega=1$ 直线的交点，具有的幅值为 $20\lg K_v$；而与0dB直线的交点的频率为 ω_v，其数值等于 K_v。这可以说明如下：

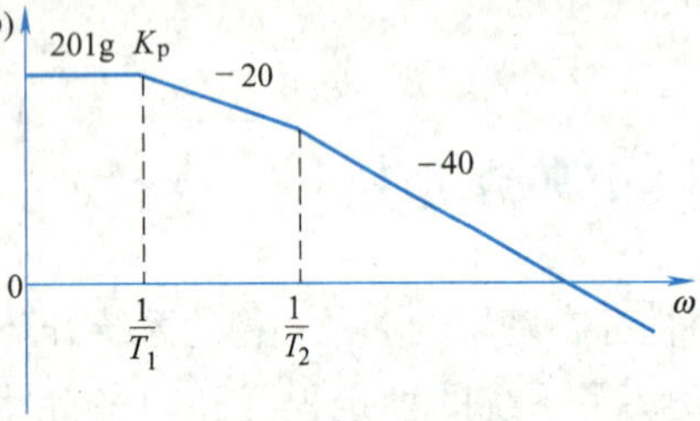

图5-47　0型系统

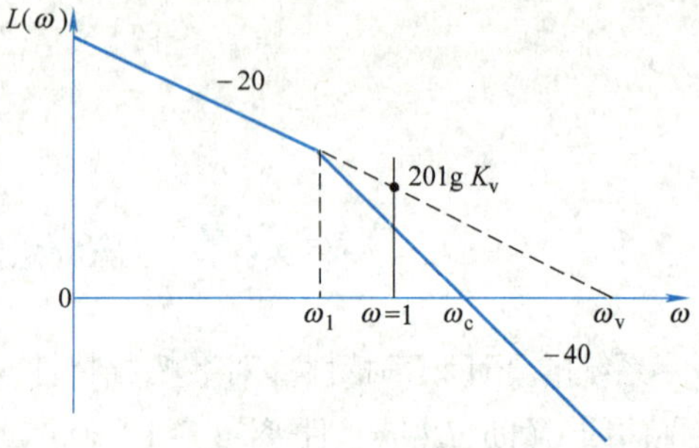

图5-48　Ⅰ型系统

因为

$$G(\mathrm{j}\omega)H(\mathrm{j}\omega)=\frac{K_v}{\mathrm{j}\omega}\qquad(\omega\ll1)\tag{5-98}$$

所以

$$20\lg\left|\frac{K_v}{\mathrm{j}\omega}\right|_{\omega=1}=20\lg K_v\tag{5-99}$$

而

$$20\lg\left|\frac{K_v}{\mathrm{j}\omega_v}\right|=0$$

故有

$$\lg\left|\frac{K_v}{\mathrm{j}\omega_v}\right|=\lg1,\quad 即\ K_v=\omega_v\tag{5-100}$$

3）考察图5-49所示Ⅱ型系统对数幅频特性。低频段是斜率为 -40dB/dec 的直线（或它的延长线），它与 $\omega=1$ 直线交点处的幅值是 $20\lg K_a$；而与0dB直线的交点频率为 ω_a，其数值等于 $\sqrt{K_a}$。

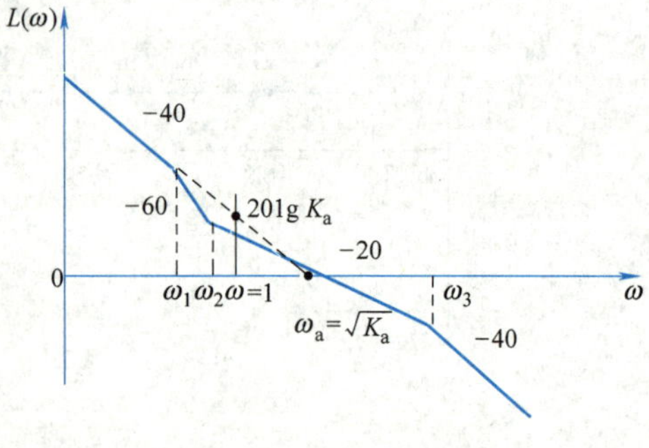

图5-49　Ⅱ型系统

由于在低频时

$$G(\mathrm{j}\omega)H(\mathrm{j}\omega)=\frac{K_a}{(\mathrm{j}\omega)^2}\tag{5-101}$$

所以

$$20\lg\left|\frac{K_a}{(j\omega)^2}\right|_{\omega=1}=20\lg K_a \tag{5-102}$$

又因为

$$20\lg\left|\frac{K_a}{(j\omega_a)^2}\right|=0 \tag{5-103}$$

则

$$\lg\left|\frac{K_a}{(j\omega_a)^2}\right|=\lg 1,\qquad K_a=\omega_a^2 \tag{5-104}$$

由此可得

$$\omega_a=\sqrt{K_a} \tag{5-105}$$

二、中频段

1. 考虑最小相位系统

1）如果开环对数幅频特性曲线通过幅值交界频率 ω_c 的斜率为 -20dB/dec，假设系统是稳定的，并只考虑幅值交界频率 ω_c 附近的开环特性，则开环传递函数为

$$G(s)H(s)=\frac{K}{s}=\frac{\omega_c}{s} \tag{5-106}$$

对单位负反馈系统（$H(s)=1$），其闭环传递函数为

$$\Phi(s)=\frac{G(s)}{1+G(s)}=\frac{\omega_c/s}{1+\omega_c/s}=\frac{1}{\dfrac{s}{\omega_c}+1} \tag{5-107}$$

所以，相位裕量 $\gamma(\omega_c)=90°$，幅值裕量无穷大，超调量为零，调节时间 $t_s=(3\sim4)/\omega_c$，ω_c 越大，t_s 越小。显然，系统具有良好的动态品质。

2）如果开环对数幅频特性曲线通过幅值交界频率 ω_c 的斜率为 -40dB/dec，也假设系统是稳定的，并只考虑幅值交界频率 ω_c 附近的开环特性，其相应的开环传递函数为

$$G(s)H(s)=\frac{K}{s^2}=\frac{\omega_c^2}{s^2} \tag{5-108}$$

对于单位负反馈系统（$H(s)=1$），其闭环传递函数

$$\Phi(s)=\frac{\omega_c^2/s^2}{1+\omega_c^2/s^2}=\frac{\omega_c^2}{s^2+\omega_c^2} \tag{5-109}$$

所以，$\gamma(\omega_c)=0°$，系统处于临界稳定状态。

2. 考虑低频段、高频段斜率变化对相位裕量的影响

1）若开环对数幅频特性曲线低频段的斜率为 -40dB/dec，中、高频段的斜率为 -20dB/dec，如图 5-50 所示。其开环频率特性表达式为

$$G(j\omega)H(j\omega)=\frac{K(1+jT_1\omega)}{(j\omega)^2} \tag{5-110}$$

相频特性为

$$\varphi(\omega)=-180°+\arctan\frac{\omega}{\omega_1}\qquad\left(\omega_1=\frac{1}{T_1}\right)$$

相位裕量为

$$\gamma(\omega_c)=\arctan\frac{\omega_c}{\omega_1} \tag{5-111}$$

因此，在低频段有更大的斜率时，系统的相位裕量将减小，其减小的程度与$\frac{\omega_c}{\omega_1}$的值有关，$\omega_1$ 离 ω_c 越远影响越小。当$\omega_1=\frac{\omega_c}{2}$时，相位裕量由90°减小到63.6°。由图5-50可知，ω_1 不会大于 ω_c，因此相位裕量不会小于45°。根据这一点可以断定，要保证系统相位裕量 $\gamma(\omega_c)=30°\sim70°$，那么中频段的斜率一般应为－20dB/dec。

2）若低、中频段的斜率为－20dB/dec，高频段斜率为－40dB/dec，如图5-51所示。其频率特性表达式为

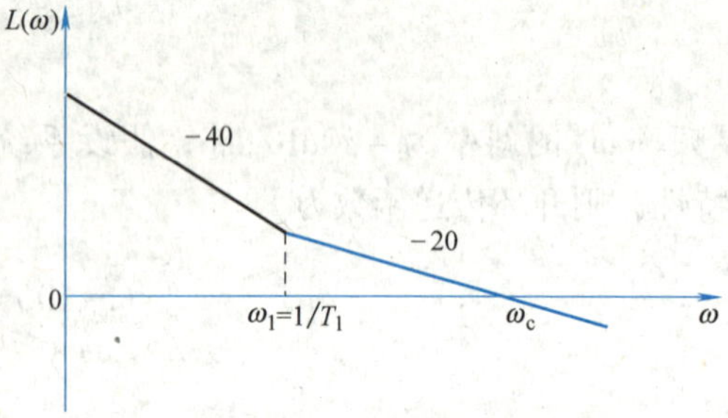

图5-50　低、高频段斜率变化对相位裕量的影响之一（低频段斜率为－40dB/dec，中、高频段斜率为－20dB/dec）

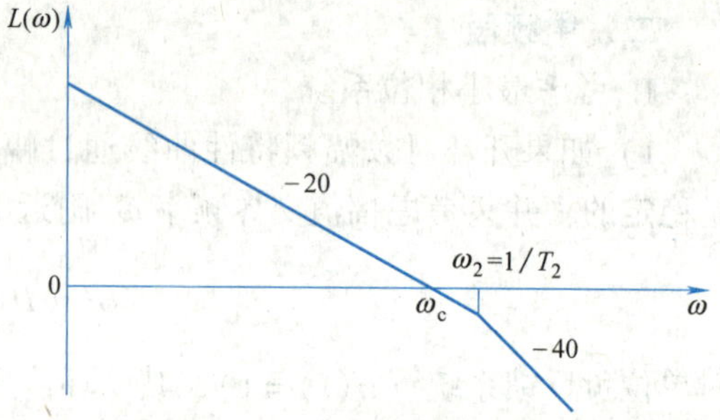

图5-51　低、高频段斜率变化对相位裕量的影响之二（低、中频段斜率为－20dB/dec，高频段斜率为－40dB/dec）

$$G(\mathrm{j}\omega)H(\mathrm{j}\omega)=\frac{K}{(\mathrm{j}\omega)(1+\mathrm{j}T_2\omega)} \tag{5-112}$$

相频特性为

$$\varphi(\omega)=-90°-\arctan\frac{\omega}{\omega_2}\qquad\left(\omega_2=\frac{1}{T_2}\right)$$

相位裕量为

$$\gamma(\omega_c)=90°-\arctan\frac{\omega_c}{\omega_2}=\arctan\frac{\omega_2}{\omega_c} \tag{5-113}$$

由式（5-113）可知，高频段斜率更大时，相位裕量将减小，其减小程度与 ω_2/ω_c 的比值有关，研究表明 ω_2 不会小于 ω_c，因此 $\gamma(\omega_c)$ 不会小于45°，ω_2 离 ω_c 越远，相位裕量越大。

三、结论

通过以上分析可以得出如下结论：一个设计合理的系统，其开环对数幅频特性在低频段要满足稳态精度的要求；中频段要根据动态过程的要求来确定其形状。各频段的形状大致如下：

1）中频段的斜率以－20dB/dec为宜。

2）低频段和高频段可以有更大的斜率。低频段位置高、斜率大，可以提高系统的稳态精度；高频段斜率大，可以排除高频干扰，但中频段必须有足够的带宽，以保证系统的相位

裕量。中频段带宽越宽，相位裕量越大。

3）中频段幅值交界频率 ω_c 的选择，取决于动态过程的速度要求。一般来说，要求提高系统的响应速度，ω_c 应选大一些，但 ω_c 过大又会降低系统的抗干扰能力。

以上结论是控制系统设计和综合的理论基础。

第七节 频域响应与时域响应间的关系

第三章在时域计算了控制系统动态性能的指标，本章则根据开环频率特性特征量（如相位裕量 $\gamma(\omega_c)$、幅值交界频率 ω_c）或闭环频率特性特征量（如谐振峰值 M_r、谐振频率 ω_r、截止频率 ω_b）来确定控制系统的动态性能。这些频域性能指标与时域性能指标之间存在一定的关系。首先研究典型二阶系统的频域指标与时域性能指标之间关系，然后近似推广到高阶系统中。

一、典型二阶系统频域响应与时域响应间的关系

对于二阶系统，频域性能指标与时域性能指标之间有着确定的关系。典型二阶系统框图如图 5-52 所示。

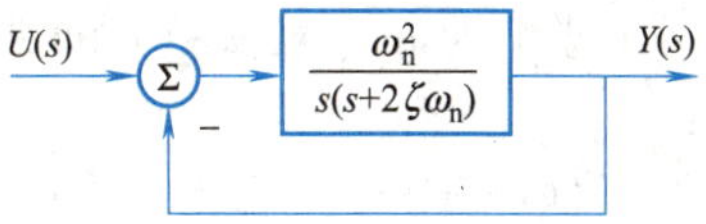

图 5-52 典型二阶系统框图

（一）开环频域指标与时域性能指标间的关系

由图 5-52 可知，典型单位反馈二阶系统的开环频率特性为

$$G(j\omega)=\frac{\omega_n^2}{j\omega(j\omega+2\zeta\omega_n)} \tag{5-114}$$

根据幅值交界频率 ω_c 的定义，有

$$|G(j\omega_c)|=\frac{\omega_n^2}{\omega_c\sqrt{\omega_c^2+(2\zeta\omega_n)^2}}=1 \tag{5-115}$$

整理得

$$\omega_c^4+4\zeta^2\omega_n^2\omega_c^2-\omega_n^4=0 \tag{5-116}$$

解上面方程得

$$\omega_c=\omega_n\sqrt{\sqrt{1+4\zeta^4}-2\zeta^2} \tag{5-117}$$

由式（5-114）得开环相频特性为

$$\varphi(\omega)=-90^\circ-\arctan\frac{\omega}{2\zeta\omega_n} \tag{5-118}$$

当 $\omega=\omega_c$ 时，由式（5-117）和式（5-118）可得

$$\varphi(\omega_c)=-90^\circ-\arctan\frac{\omega_c}{2\zeta\omega_n}=-90^\circ-\arctan\frac{\sqrt{\sqrt{1+4\zeta^4}-2\zeta^2}}{2\zeta} \tag{5-119}$$

则相位裕量为

$$\gamma(\omega_c)=180^\circ+\varphi(\omega_c)=90^\circ-\arctan\frac{\sqrt{\sqrt{1+4\zeta^4}-2\zeta^2}}{2\zeta} \tag{5-120}$$

$$\gamma(\omega_c)=\arctan\frac{2\zeta}{\sqrt{\sqrt{1+4\zeta^4}-2\zeta^2}} \tag{5-121}$$

由于

$$t_s=\frac{3\sim4}{\zeta\omega_n}$$

将式（5-117）和式（5-121）代入上式，整理后得

$$t_s \approx \frac{6 \sim 8}{\omega_c \tan\gamma(\omega_c)} \tag{5-122}$$

根据最大超调量 $M_p = e^{-\zeta\pi/\sqrt{1-\zeta^2}}$ 以及式（5-121）可得以阻尼比 ζ 为参变量的 M_p-γ 和 ζ-γ 变化曲线，如图5-53所示。从图中可知，当 $\gamma=0°$时，$M_p=100\%$；随着 γ 增加，M_p 减小。当 $30° < \gamma < 70°$时，$M_p < 42\%$。当 $\gamma = 76.35°$时，$M_p = 0$。

由图5-53还可看出，ζ 越大，γ 也越大。当 $0 \leqslant \zeta \leqslant 0.6$ 时，ζ 与 γ 之间近似为线性关系：$\zeta = \gamma/100$，即相位裕量为60°的系统，其阻尼比 ζ 可近似为0.6。

根据式（5-117）对不同的 ζ 可以计算出 ω_c/ω_n。ω_c/ω_n 随 ζ 变化的曲线如图5-54所示。当 $0 < \zeta < 0.4$ 时，$0.85 < \omega_c/\omega_n < 1$，阻尼比在此范围内，用 ω_c 替代 ω_n，误差小于15%。因此，ω_c 对上升时间 t_r 和调整时间 t_s 的影响与 ω_n 对 t_r、t_s 的影响近似，即当 ζ 为常数时，ω_c 越大，上升时间 t_r 和调整时间 t_s 越小。

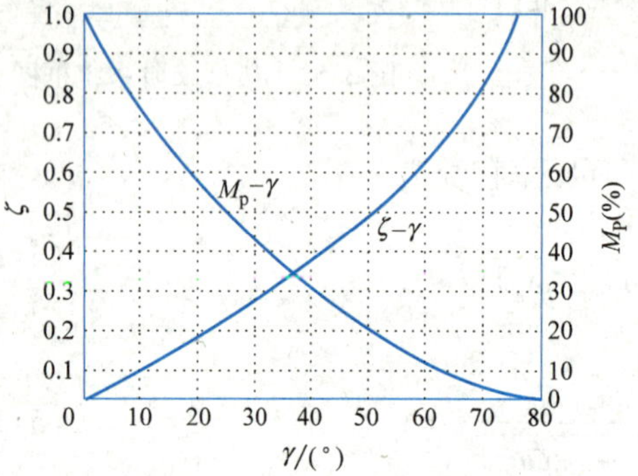

图5-53 M_p 和 ζ 随 γ 变化曲线

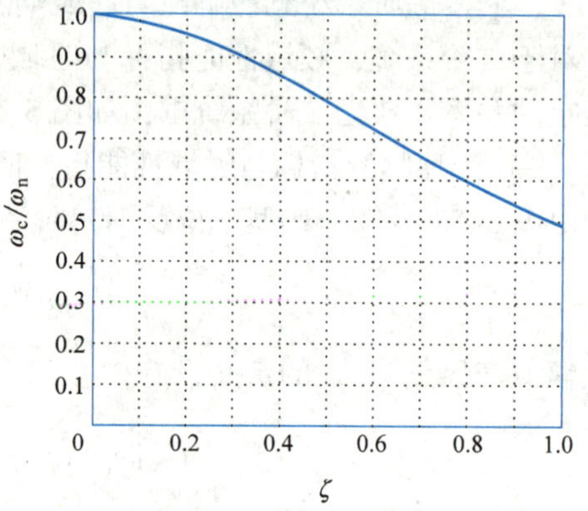

图5-54 ω_c/ω_n 随 ζ 变化的曲线

（二）闭环频域指标与时域性能指标间的关系

考虑典型二阶系统的闭环频率特性

$$\frac{Y(j\omega)}{U(j\omega)} = \frac{\omega_n^2}{(j\omega)^2 + 2\zeta\omega_n(j\omega) + \omega_n^2} \tag{5-123}$$

其幅频特性为

$$M(\omega) = \frac{\omega_n^2}{\sqrt{(\omega_n^2 - \omega^2)^2 + (2\zeta\omega\,\omega_n)^2}} \tag{5-124}$$

由于

$$M(\omega_b) = \frac{1}{\sqrt{2}} M(0) \tag{5-125}$$

并且

$$M(0) = 1 \tag{5-126}$$

可以得出二阶系统的截止频率为

$$\omega_b = \omega_n \sqrt{1 - 2\zeta^2 + \sqrt{2 - 4\zeta^2 + 4\zeta^4}} \tag{5-127}$$

由式（5-127）可知，当 $0.3 \leqslant \zeta \leqslant 0.8$ 时，$\omega_b \approx (1.85 - 1.19\zeta)\omega_n$。

二阶系统瞬态响应的过渡过程时间 $t_s \approx 3/(\zeta\omega_n)$，由此式可得 $\omega_n \approx 3/(\zeta t_s)$，代入式(5-127)中有

$$\omega_b t_s \approx \frac{3}{\zeta}\sqrt{1-2\zeta^2+\sqrt{2-4\zeta^2+4\zeta^4}} \tag{5-128}$$

上式表明，当阻尼比 ζ 确定后，系统的截止频率 ω_b 与 t_s 呈反比关系，即控制系统的频带宽度越大，则该系统反应输入信号的快速性越好，这说明带宽表征控制系统响应的快速性。带宽还表征系统对高频噪声所具有的滤波特性。但是，频带越宽，对高频噪声信号的抑制能力越差。为了使系统准确地跟踪任意输入信号，需要系统具有很大带宽，而从抑制高频噪声的角度来看，带宽又不宜过大。

二阶系统的谐振峰值为

$$M_r = 1/(2\zeta\sqrt{1-\zeta^2}) \tag{5-129}$$

最大超调量为

$$M_p = e^{-\zeta\pi/\sqrt{1-\zeta^2}} \tag{5-130}$$

由上述表达式可得最大超调量和谐振峰值与阻尼比 ζ 的关系曲线，如图 5-55 所示。由图可知，最大超调量和谐振峰值都随着阻尼比 ζ 的增大而减小。因而，随着 M_r 增加，相应的 M_p 也增大。当 $M_r = 1.36$ 时，$M_p = 25.3\%$；当 $M_r \to \infty$ 时，$M_p \to 100\%$。M_p 随着 M_r 变化的物理意义在于：当闭环幅频特性有谐振峰时，系统的输入信号频谱在 $\omega = \omega_r$ 附近的谐波分量通过系统后显著增强，从而引起振荡。

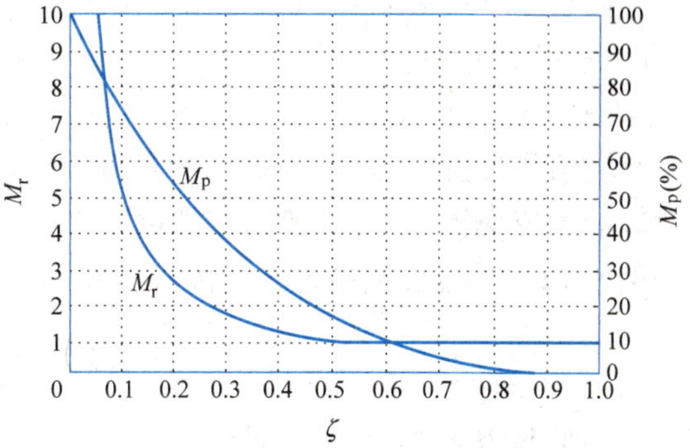

图 5-55　M_r、M_p 与 ζ 的关系曲线

二阶系统的谐振频率为

$$\omega_r = \omega_n\sqrt{1-2\zeta^2} \tag{5-131}$$

其过渡过程调整时间为

$$t_s \approx (3\sim4)/(\zeta\omega_n) \tag{5-132}$$

由此可得

$$t_s \approx (3\sim4)\sqrt{1-2\zeta^2}/(\zeta\omega_r) \tag{5-133}$$

可见，对于给定的阻尼比 ζ，调整时间 t_s 与谐振频率 ω_r 成反比，ω_r 大的系统，瞬态响应速度快；ω_r 小则响应速度慢。

二、高阶系统频域响应与时域响应间的关系

高阶系统的频域响应与时域响应之间的关系是很复杂的。如果高阶系统的控制性能主要由一对共轭复数闭环主导极点来支配，则上述二阶系统频域指标与时域指标的关系均可近似采用。对于高阶系统，这里推荐两个经验公式供参考。

$$M_p = 0.16 + 0.4\left(\frac{1}{\sin\gamma} - 1\right) \quad (35° \leqslant \gamma \leqslant 90°) \tag{5-134}$$

$$t_s = \frac{k\pi}{\omega_c} \tag{5-135}$$

式中 $k=2+1.5\left(\frac{1}{\sin\gamma}-1\right)+2.5\left(\frac{1}{\sin\gamma}-1\right)^2$。

一般地，从经验公式所得的结论，比近似采用二阶系统有关公式所得结论要精确些。

第八节 基于 MATLAB 与 SIMULINK 的系统频域特性分析

一、基于 MATLAB 的系统频域分析

（一）频域特性分析

1. 绘制幅相特性曲线

命令格式：nyquist (num,den)/nyquist (sys)

绘制系统 (num,den)/(sys) 的幅相特性曲线，即尼奎斯特图。

2. 绘制对数频率特性曲线

命令格式：bode (num,den)/bode (sys)

绘制系统 (num,den)/(sys) 的对数频率特性曲线，即博德图。

（二）稳定性分析

命令格式：margin (num,den)/margin (sys)

绘制系统 (num,den)/(sys) 的对数频率特性曲线，并直接给出幅值裕量、相位裕量及其对应的相位交界频率、幅值交界频率。

例 5-12 单位反馈系统开环传递函数为

$$G(s)=\frac{1}{s^2+0.8s+1}$$

试应用 MATLAB 画出尼奎斯特图。

解

1）在 MATLAB 环境下，按照 MATLAB 命令格式要求，给 num、den 赋值。

2）在 MATLAB 环境下，使用命令 nyquist (num, den) 绘图。

绘制尼奎斯特图的 MATLAB 程序如下

```
    num = [0  0  1];
    den = [1  0.8  1];
    nyquist (num,den);
    grid on;
title('Nyquist Plot of G(s) = 1/(s^2 + 0.8s + 1)');
```

该程序所绘制的尼奎斯特图如图 5-56 所示。在这幅图上，实轴的范围和虚轴的范围都是自动确定的。

例 5-13 单位反馈系统开环传递函数为

$$G(s)=\frac{25}{s^2+4s+25}$$

试应用 MATLAB 画出系统的博德图。

解

1）在 MATLAB 环境下，按照 MATLAB 命令格式要求，给 num、den 赋值。

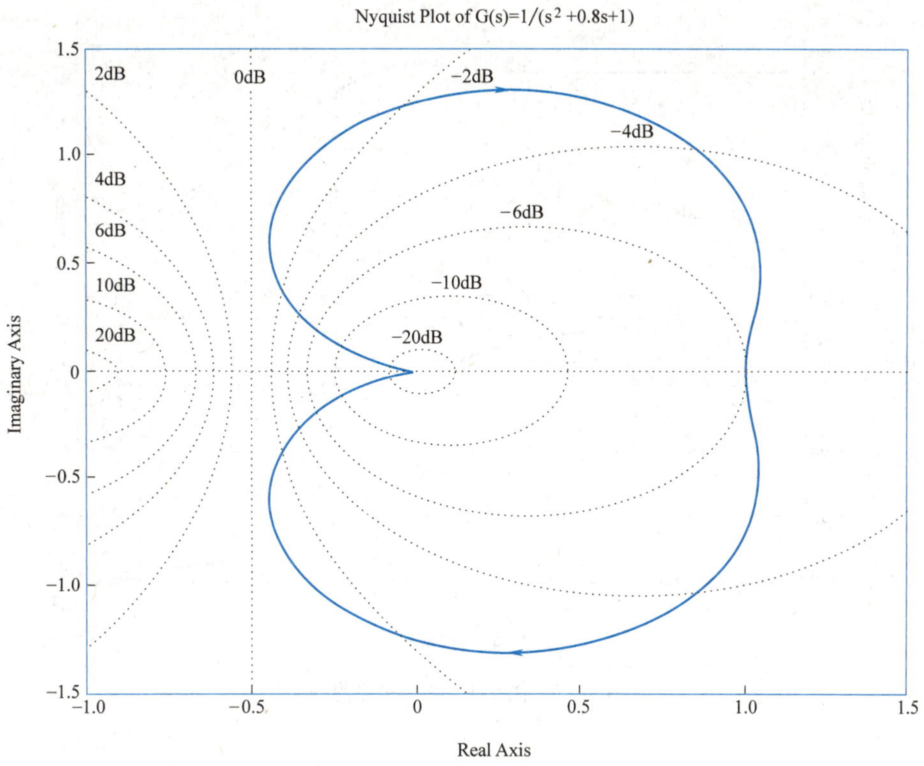

图 5-56 例 5-12 系统的尼奎斯特图

2）在 MATLAB 环境下，使用命令 bode（num，den）绘图。

绘制系统博德图的 MATLAB 程序如下，其博德图如图 5-57 所示。

```
num=[0  0  25];
den=[1  4  25];
bode(num, den);
grid on;
title('Bode Diagram of G(s)=25/(s^2+4s+25)');
```

例 5-14 具有单位负反馈的系统开环传递函数为

$$G(s)=\frac{9(s^2+0.2s+1)}{s(s^2+1.2s+9)}$$

试应用 MATLAB 画出博德图。

解

重复上面步骤，可以绘制博德图。本例希望从 0.1rad/s 到 1 000rad/s 画博德图，则输入下列命令：

```
w=logspace(-2, 3, 100)
```

绘制博德图的 MATLAB 程序如下，其博德图如图 5-58 所示。

```
num=[0  9  1.8  9];
den=[1  1.2  9  0];
```

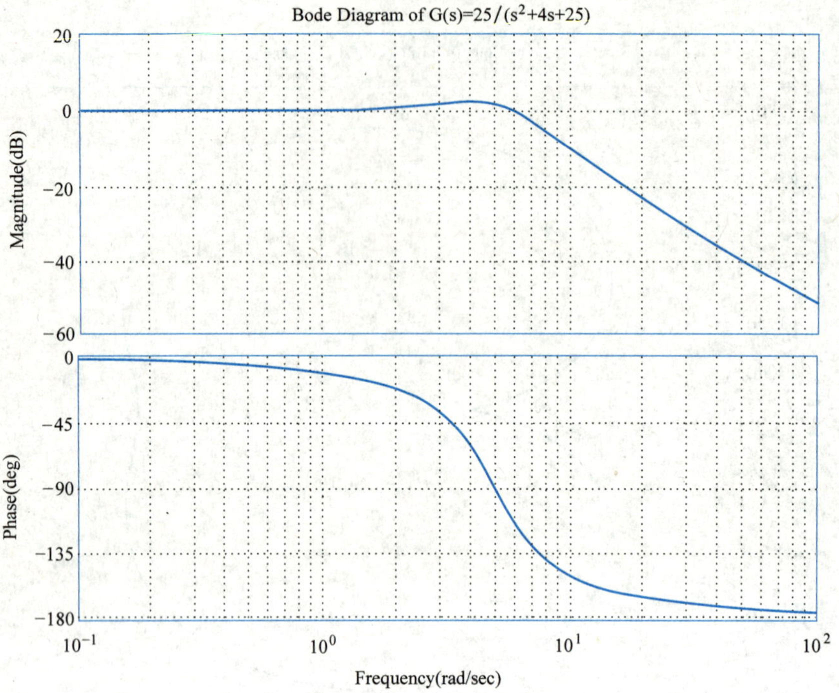

图 5-57　例 5-13 系统的博德图

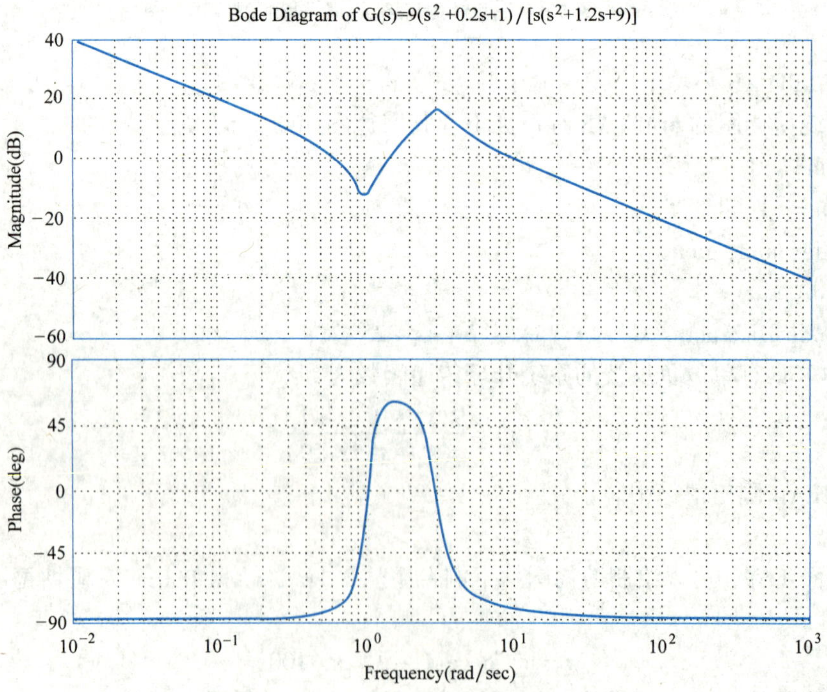

图 5-58　例 5-14 系统的博德图

```
w = logspace ( -2,3,100);
bode (num,den,w);
grid on;
title('Bode Diagram of G(s) =9(s^2 +0.2s +1)/[s(s^2 +1.2s +9)]');
```

例 5-15　设单位反馈系统开环传递函数为

$$G(s)=\frac{s+1}{s^2(s^2+2.5s+9)}$$

试根据 margin 函数命令画出该系统博德图，并求相位裕量 $\gamma(\omega_c)$、幅值裕量 K_g 及其对应的交界频率。

解

在 MATLAB 界面上输入如下程序

```
num =[1  1];
den =[1  2.5  9  0  0];
margin (num,den);
grid on;
```

该系统的博德图如图 5-59 所示。

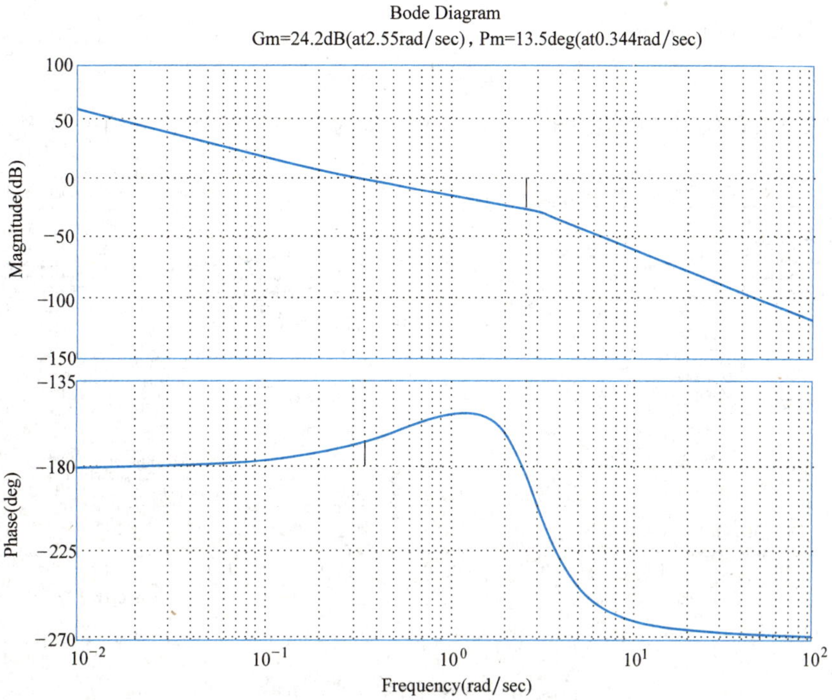

图 5-59　例 5-15 系统的博德图

该函数命令直接给出相位裕量、幅值裕量、幅值交界频率和相位交界频率，如图 5-59 所示。本系统相位裕量 $\gamma(\omega_c)=13.5°$，幅值裕量 $K_g=24.2\text{dB}$，$\omega_c=0.344\text{rad/s}$，$\omega_g=2.55\text{rad/s}$。

二、基于 SIMULINK 的系统频域分析

MATLAB 提供了一个基于 SIMULINK 的线性系统仿真平台，下面举例说明。

例 5-16　设单位反馈系统的开环传递函数为

$$G(s)=\frac{K}{s(0.318s+1)(0.000236s^2+0.0087s+1)}$$

试在 SIMULINK 平台上求相位裕量为 $\gamma(\omega_c)=60°$ 时的开环增益 K。

解

根据系统开环传递函数，可绘出该系统的 $G(s)/K$ 的 SIMULINK 仿真模型如图 5-60 所示。

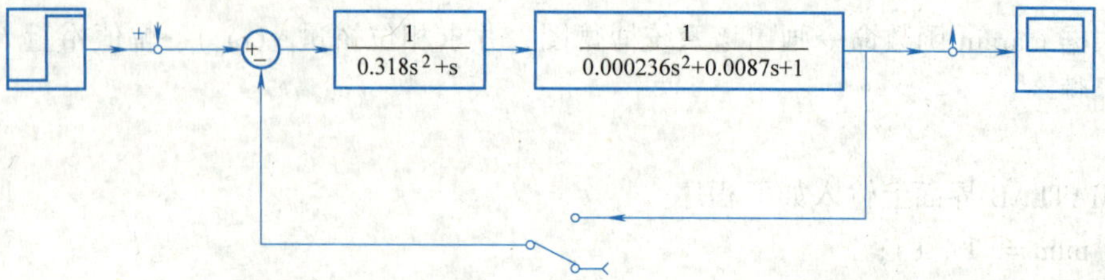

图 5-60　例 5-16 系统 $G(s)/K$ 的 SIMULINK 仿真模型

$G(s)/K$ 的博德图如图 5-61a 所示，根据要求相位裕量为 $\gamma(\omega_c)=60°$，即要求 $\varphi(\omega_c)=-120°$，所对应的频率为 $\omega_c=1.76\text{rad/s}$，其相应的幅值为 $L(\omega_c)=-6.11\text{dB}$，则相位裕量 $\gamma(\omega_c)=60°$ 时的开环增益 K 为

$$K=e^{\frac{6.11}{20}}=2.0207$$

图 5-61b 为 $K=2.0207$ 时的博德图，它的相位裕量为 $\gamma(\omega_c)=60°$，幅值裕量 $K_g=34.1\text{dB}$。

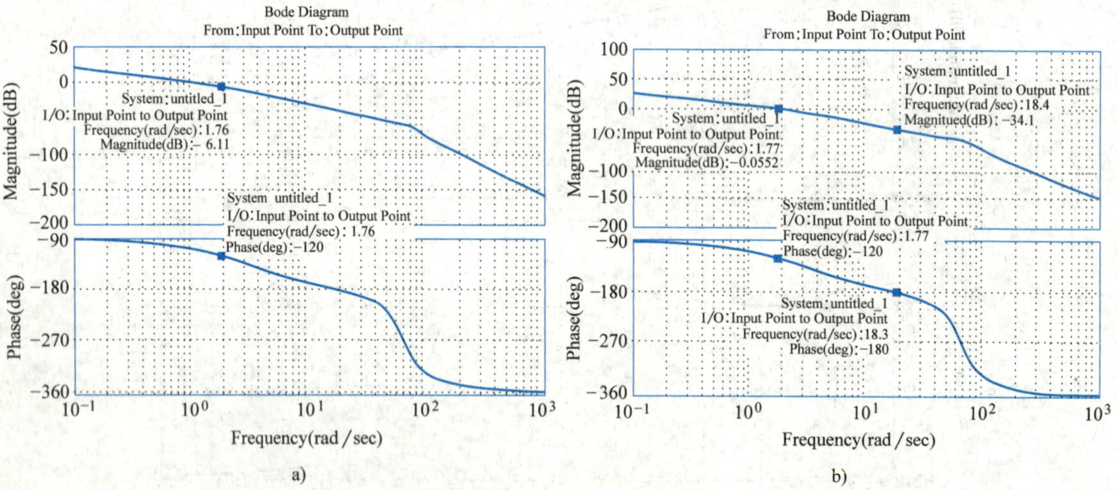

图 5-61　例 5-16 系统的博德图

第九节　工程实际系统的频域法分析

一、概述

随着轧钢生产向自动化、连续化、高速化方向发展，液压控制系统已成为现代轧钢设备的重要组成部分，在张力控制、位置控制和速度控制上都可以看到它们的应用。这里介绍生

产中用到的一类带钢卷取跑偏电液伺服控制系统。

电液伺服系统是指将电气（含电子系统）和液压两种控制方式结合起来组成的控制系统。在电液伺服控制系统中，用电气和电子元件（有时需要与计算机接口）实现信号的检测、传递和处理，用液压传动来驱动负载。这样可以充分利用电气系统的方便性、智能性以及液压系统响应速度快、负载刚度大的特点，使整个系统更具适应性。电液伺服系统是综合性能很好的控制系统。

在带钢的连续轧制过程中，跑偏控制是十分必要的。尽管在机组及辅助设备设计中采取了许多使带钢运动定向的措施，但跑偏仍是不可避免的。引起跑偏的主要原因有：张力不适当或张力波动较大；辊系的平行度和平面度；辊子偏心或有锥度；带钢厚度不均、浪形及横向弯曲等。跑偏控制的作用在于使带钢在准确的位置上运动，避免跑偏过大损坏设备或造成断带停产。同时，跑偏控制也使带钢卷取整齐，从而减少带边的剪切量，提高成品率。卷取整齐的钢卷也为摆放、包装、运输和使用带来许多方便。

二、控制系统的组成和工作原理

带钢卷取跑偏电液伺服控制系统如图 5-62 所示。该系统由液压能源、电液伺服阀、电流放大器、伺服液压缸、卷取机和光电检测器等部件组成。带钢的跑偏位移是系统的输入量，卷取机（或卷筒）的跟踪位移是系统的输出量。输入量与输出量的差值经光电检测器检测后由电流放大器放大，放大后的功率信号驱动电液伺服阀移动，进而控制伺服液压缸驱动卷取机（或卷筒）的移动。液压能源为整个系统工作提供足够的能量。除此之外，系统中还设置了辅助液压缸和液控单向阀组。辅助液压缸有两个作用：一是在卷完一卷要切断带钢前将光电检测器从检测位置退出，而在卷取下一卷前又能使检测器自动复位对准带边。这样可以避免在换卷过程中损坏光电检测器；二是在卷取不同宽度的带钢时调节光电检测器的位置。液控单向阀组可使伺服液压缸和辅助液压缸有较高的位置精度。

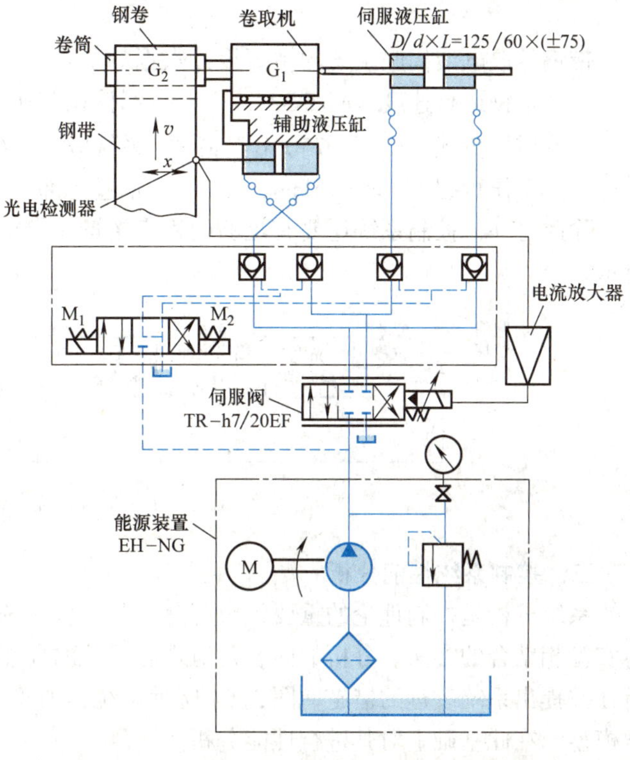

图 5-62　带钢卷取跑偏电液伺服控制系统原理图

控制系统电路简图如图 5-63 所示。由于该系统的输出量是位移，输出量与输入量之间按负反馈设计连接，因此这是一个位置伺服系统，输出量可以连续跟踪输入量的变化。具体过程表现为：带钢正常运行时，光敏二极管接收一半的光照，其电阻为 R_1。调整电桥电阻 R_2 和 R_3，使 $R_1R_3=R_2R_4$，电桥平衡无输出。当带钢跑偏时，带边偏离检测器中线，电阻 R_1 随光照变化而变化，使电桥失去平衡，从而形成调节偏差信号

u_g。此信号经电流放大器放大后，在伺服阀差动连接的线圈上产生差动电流 Δi，伺服阀则输出正比于此差动电流的油液流量，使液压缸驱动卷取机的卷筒向跑偏的方向跟踪，从而实现带钢自动卷齐。由于光电检测器安装在卷取机移动部件上随同跟踪实现直接位置反馈，很快就使检测器中线又对准带边，于是在新的平衡状态下卷取，完成了一次纠偏过程。

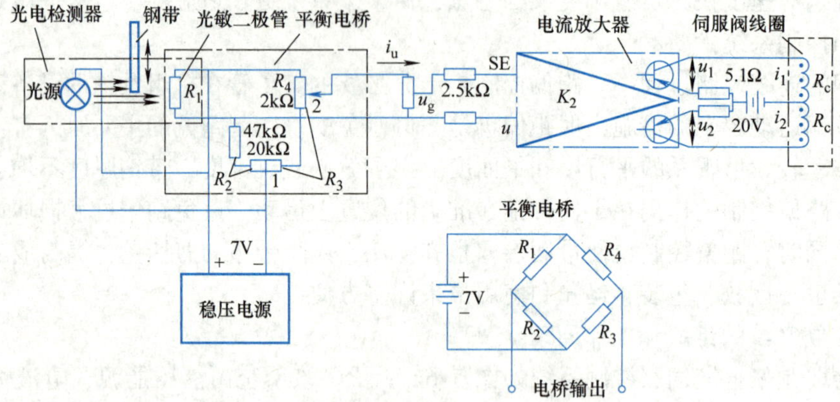

图 5-63 控制系统电路简图

带钢卷取电液伺服系统的主要设计数据如下：

带钢运行速度 $v=5\text{m/s}$； 纠偏调节速度 $v_p=2.5\times10^{-2}\text{m/s}$；

惯性负载 $m_t=2.75\times10^4\text{kg}$； 系统频宽 $f_b=2\sim3\text{Hz}$；

工作行程 $L=\pm75\text{mm}$； 钢卷边部误差 $e=\pm(1\sim2)\text{mm}$；

除此之外，控制系统还要有足够的稳定裕量。带钢卷取电液伺服控制系统框图如图5-64所示。

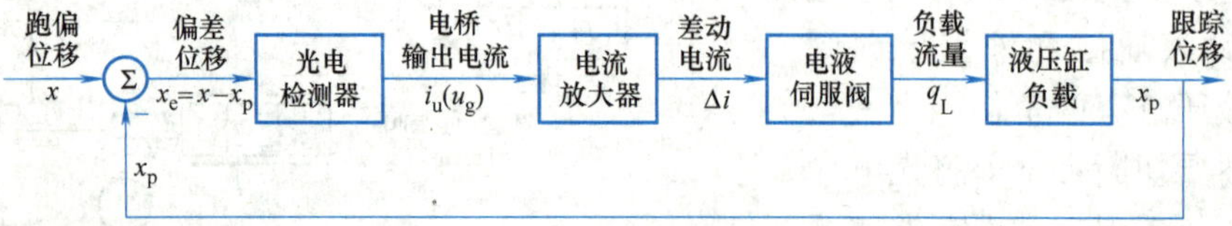

图 5-64 控制系统框图

三、控制系统性能分析

系统分析是控制理论的重要组成部分，是完善系统设计的基础。常用的分析方法是理论与实验相结合的方法。分析的内容是对现有系统的性能指标进行定量评估，目的是指出问题所在并提出系统改进的措施。图 5-64 所示系统是典型的可建模系统，首先建立该系统的数学模型，在此基础上对其进行性能分析。

（一）控制系统数学模型

1. 光电检测器和电流放大器

光电检测器为反射式，其光路简图如图 5-65 所示。光源由稳压电源供电，光强稳定。由透镜组将点光源变成平行光是为了增大扫描面积并减少侧光干扰。检测器的开口，即发射部分与反射器之间距离 $S=0.55\text{m}$，检测横向跑偏范围 $x=\pm(6\sim8)\text{mm}$。光电检测器的增

益为

$$K_1=\frac{u_g}{x_e}=\text{const} \tag{5-136}$$

式中 x_e——带钢跑偏量，单位为 m，$x_e=x-x_p$；

u_g——光电检测器输出电压，单位为 V。

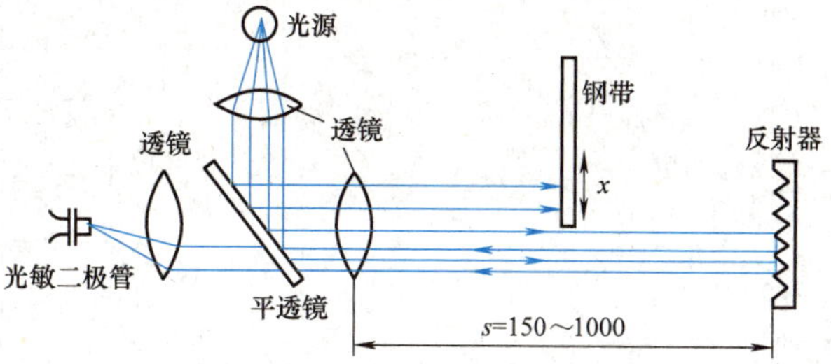

图 5-65 光电检测器光路简图

考虑到电液伺服阀线圈电感的影响，电流放大器通常引入深度电流负反馈，从而使放大器有较高的输出电阻，减小线圈电路的时间常数，使放大器具有恒流源性质。电流放大器的增益为

$$K_2=\frac{\Delta i}{u_g} \tag{5-137}$$

式中 Δi——电流放大器输出的电流，单位为 A。

因此，光电控制器（包括光电检测器和电流放大器）的增益

$$K_i=\frac{\Delta i}{x_e}=K_1K_2 \tag{5-138}$$

光路和电路调整好以后，光电控制器的增益可由标定实验求出。图 5-66 是光电控制器的实测特性，其最大增益 $K_{i3}=150\text{A/m}$，现场通常采用的增益为 $K_{i1}=60\text{A/m}$。由于光电检测器与电流放大器的时间常数都很小，可看做比例环节，因此光电控制器的传递函数为

$$G_i(s)=\frac{\Delta I(s)}{X_e(s)}=K_i \tag{5-139}$$

2. 电液伺服阀

控制系统中采用的是 TR—h7/20EF 型动圈双级滑阀位置反馈式电液伺服阀，其主要技术参数为：额定电流 $\Delta i_R=0.3\text{A}$；供油压力 $p_s=4.5\text{MPa}$；额定流量 $q_R=0.5\times10^{-3}\text{m}^3/\text{s}$；零位泄漏流量 $q_c=8.3\times10^{-6}\text{m}^3/\text{s}$；单个线圈电阻 $R_c=40\Omega$；单个线圈电感 $L_c=3\times10^{-3}\text{H}$；颤振电流幅值和频率分别为 0.025A 和 50Hz。流量增益

$$K_{sv}=\frac{q_R}{\Delta i_R}=\frac{0.5\times10^{-3}\text{m}^3/\text{s}}{0.3\ \text{A}}=1.67\times10^{-3}\text{m}^3/(\text{s}\cdot\text{A}) \tag{5-140}$$

图 5-67 是伺服阀的阶跃响应实验曲线。如果认为液压源的压力 p_s 是恒定的，且不计液压油的惯性，则可根据实验曲线求出伺服阀的峰值时间、过渡过程时间和最大超调量分别为 $t_p\approx0.035\text{s}$、$t_s\approx0.06\text{s}$ 及 $M_p\approx9.5\%$。由于伺服阀可以看成是一个二阶振荡环节，由实验数据不难求出该伺服阀的阻尼比和固有频率，从而得到伺服阀的传递函数为

$$G_{sv}(s)=\frac{Q_L(s)}{\Delta I(s)}=\frac{K_{sv}}{\dfrac{s^2}{\omega_{sv}^2}+\dfrac{2\zeta_{sv}}{\omega_{sv}}s+1}=\frac{1.67\times10^{-3}}{\dfrac{s^2}{112^2}+\dfrac{2\times0.6}{112}s+1} \tag{5-141}$$

3. 液压缸-负载

液压缸的技术参数为：活塞直径 $D=0.125\text{m}$，活塞杆直径 $d=0.06\text{m}$，活塞行程 $L=\pm0.075\text{m}$，液压缸有效工作面积 $A_p=9.45\times10^{-3}\text{m}^2$，系统总的压缩容积（液压缸及与之相连的管路的容积）$V_t=2LA_p+V_{管}\approx2.48\times10^{-3}\text{m}^3$。

由于是惯性负载，液压缸-负载环节的传递函数为

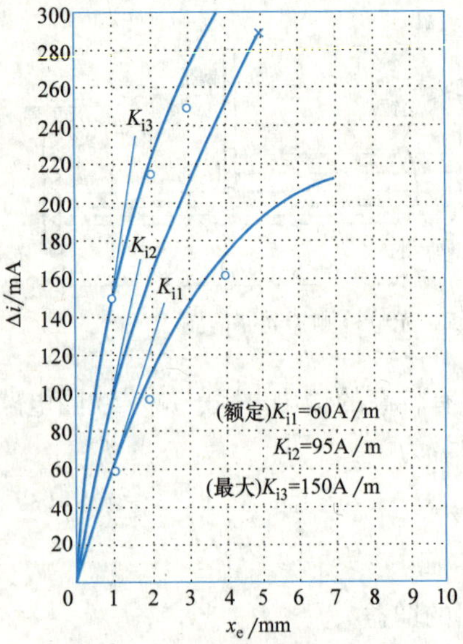

图5-66　光电控制器实测特性

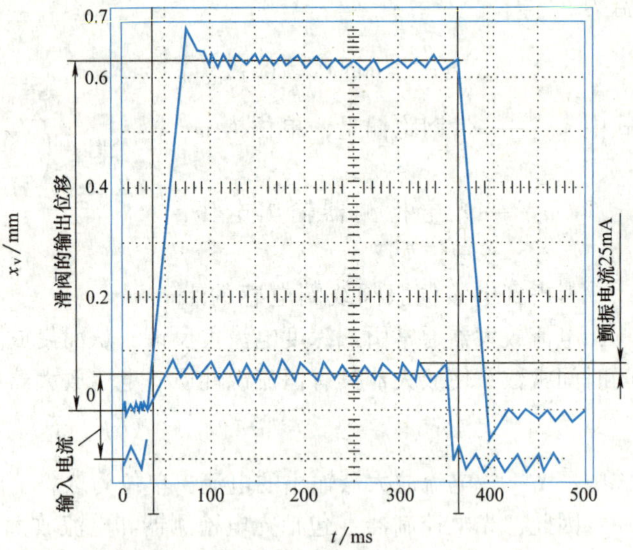

图5-67　伺服阀阶跃响应实验曲线

$$\frac{X_p(s)}{Q_L(s)}=\frac{1/A_p}{s\left(\frac{s^2}{\omega_n^2}+\frac{2\zeta_h}{\omega_n}s+1\right)} \tag{5-142}$$

式中　X_p——液压缸活塞的位移；

Q_L——液压缸活塞的负载流量。

若取液压油的等效体积模量 $\beta_e=7\times10^8$Pa，则液压缸-负载环节的固有频率

$$\omega_n=\sqrt{\frac{4\beta_e A_p^2}{V_t m_t}}=\sqrt{\frac{4\times7\times10^8\times(9.45\times10^{-3})^2}{2.48\times10^{-3}\times2.75\times10^4}}\text{rad/s}=60.5\text{rad/s} \tag{5-143}$$

液压缸-负载环节的阻尼比 ζ_h 也有相应的计算公式，由于该环节的粘性阻尼系数和涉及的伺服阀流量-压力系数都比较小，因此 ζ_h 的计算值偏小（导轨和液压缸的粘性摩擦系数不容易测准）。在卷取跑偏控制中可取 $\zeta_h=0.2$。至此，可得到液压缸-负载环节的传递函数

$$\frac{X_p(s)}{Q_L(s)}=\frac{\frac{1}{9.45\times10^{-3}}}{s\left(\frac{s^2}{60.5^2}+\frac{2\times0.2}{60.5}s+1\right)} \tag{5-144}$$

由式（5-139）、(5-141）和式（5-144）可得该控制系统的框图，如图5-68所示。

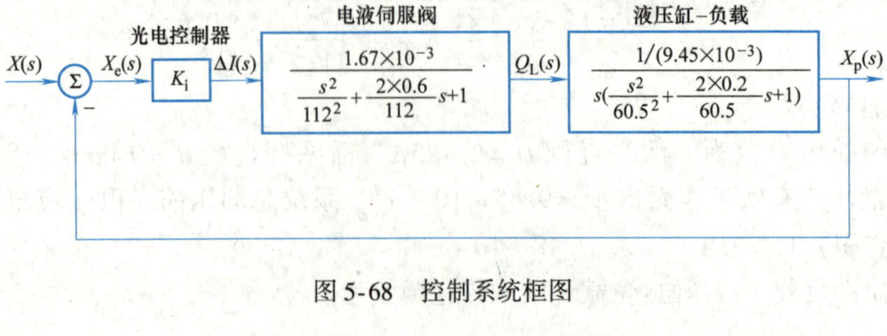

图5-68　控制系统框图

（二）控制系统的性能分析

首先校核该系统输出的力和速度是否能满足负载驱动和速度调节的要求。

1. 驱动力

在伺服控制系统的分析和设计中，外加的工作负载对动态过程的影响一般是不计算的，因为它不影响系统的固有特性（如稳定性）。但校核系统的稳态驱动力是必要的。如果不计粘性摩擦力和弹性力，液压缸驱动负载的力平衡方程为

$$p_L A_p = m_t a_m + F_L \tag{5-145}$$

式中　p_L、a_m 和 F_L——液压缸的负载压力、活塞运动的最大加速度和滚动摩擦力负载。

假设系统的调节运动是正弦运动，即 $a_m = v_p \omega = 2.5\times10^{-2}\times2\pi\times3\text{m/s}^2 = 0.47\text{m/s}^2$。取滚动摩擦因数 $f=0.05$，则 $F_L = fm_t g$，所以

$$\begin{aligned} p_L &= \frac{m_t a_m + fm_t g}{A_p} = \frac{2.75\times10^4(0.47+0.05\times9.81)}{9.45\times10^{-3}}\text{Pa} = 2.8\text{MPa} < \frac{2}{3}p_s \\ &= 3\text{MPa} \end{aligned} \tag{5-146}$$

这表明油源提供的压力能够满足液压缸驱动负载的要求。

2. 跟踪速度

负载压力 $p_L = 2.8\text{MPa}$ 时，负载流量

$$q_L = q_R\sqrt{\frac{p_s - p_L}{p_s}} = 0.5\times10^{-3}\sqrt{\frac{4.5-2.8}{4.5}}\text{m}^3/\text{s} \approx 0.3\times10^{-3}\text{m}^3/\text{s} \tag{5-147}$$

跟踪速度为

$$v_p = \frac{q_L}{A_p} = \frac{0.3\times10^{-3}}{9.45\times10^{-3}}\text{m/s} \approx 3.2\times10^{-2}\text{m/s} > 2.5\times10^{-2}\text{m/s} \tag{5-148}$$

可见，伺服阀提供的流量可以满足跟踪速度的要求。

3. 稳定性

一个闭环控制系统的基本设计完成以后，一定要对该系统进行稳定性校核，因为稳定性是控制系统必须满足的条件。下面的分析是在时域和频域中进行的。计算中将开环传递函数写成部分分式形式，并取开环增益 $K = 1.67\times10^{-3}\times K_i/(9.45\times10^{-3}) = 10$。其中，光电控制器增益 K_i 待定。

该系统的开环频率特性 MATLAB 语言程序如下：

```
num = [10];
den = conv([1/112^2  2*0.6/112  1],[1/60.5^2  2*0.2/60.5  1  0]);
sys = tf(num,den);
margin(sys)
grid
```

开环博德图如图 5-69 所示，由图 5-69 可知，该系统是稳定的且有幅值裕量 6.66dB，相位裕量 79.6°。

求单位阶跃、单位速度响应的 SIMULINK 模型如图 5-70a 所示，其响应特性如图 5-70b 所示。

从时域响应和开环频域响应都可以看出该系统是稳定的，并且有 6.66dB 的幅值裕量和 79.6°的相位裕量，满足一般控制系统对稳定性的要求。因此，只要取光电控制器增益 K_i =

56.6A/m（保证 $K=10$）即可。该值在 K_i 的取值范围（0～150A/m）内，故可以满足要求。

4. 响应速度

控制系统的响应速度可以用阶跃响应的调整时间 t_s 或系统的截止频率 ω_b 表示。该系统的 $t_s\approx0.5s$，ω_b 略大于 10rad/s（略大于开环对数幅频特性的幅值交界频率 $\omega_c=10.3rad/s$）。因此只能满足系统频宽 $f_b<2Hz$ 的要求，与设计要求（2～3Hz）相比偏低。

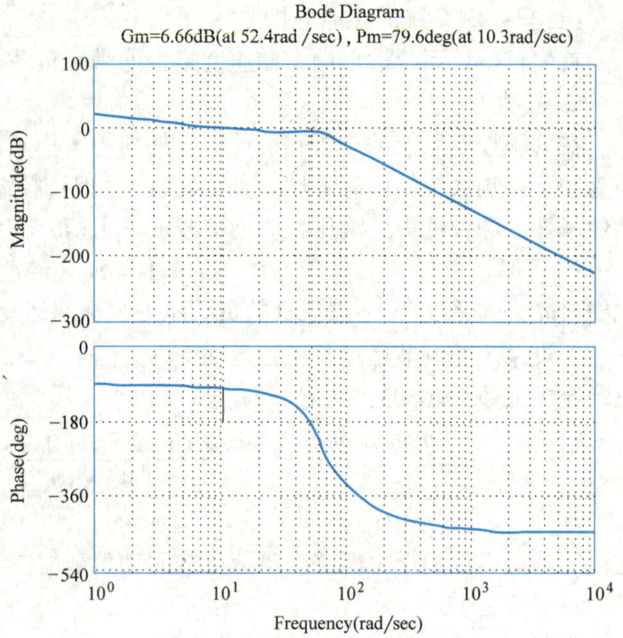

图 5-69　开环博德图

5. 稳态精度

从图 5-68 可以看出，该系统是Ⅰ型系统，理论上可以无静差地跟踪阶跃信号和以恒定静差跟踪速度信号，这一点可以从图 5-70 中看出。然而，由于本系统的某些环节存在着死区和零漂，在建立数学模型中没有考虑这些因素。因此，即便是跟踪阶跃信号也可能存在静差，应该对此做一个初步的估算。

本系统存在死区的环节是电液伺服阀和执行机构，存在零漂的环节主要有光电检测器、电流放大器和电液伺服阀，通常是将这些环节的死区和零漂都折算到电液伺服阀的零漂上，以此来计算稳态误差。

（1）伺服阀的死区　伺服阀的死区电流 $\Delta i_{D1}=6mA$。造成死区的原因是阀口有一定的遮盖量和加工精度有限，致使阀芯与阀套间有一定的摩擦力的缘故。

（2）执行机构的死区　现场调试表明，为克服液压缸及导轨摩擦力所需的负载压力 $\Delta p_f=0.4MPa$，由此可知执行机构的死区电流为

$$\Delta i_{D2}=\frac{\Delta p_f}{K_p}=\frac{0.4\times10^6}{2\times10^8}A=2mA \tag{5-149}$$

其中，伺服阀的零位压力增益 $K_p=2\times10^8 Pa/A$。

（3）伺服阀的零漂　按伺服阀的一般标准其零漂应小于 3%，即阀的零漂电流为

$$\Delta i_{d1}=\Delta i_R\times3\%=9mA \tag{5-150}$$

（4）光电控制器的零漂　光电控制器的零漂主要是电流放大器的零漂，设其为 1%，则折算到伺服阀的零漂电流为 $\Delta i_{d2}=\Delta i_R\times1\%=3mA$。于是，各环节的零漂和死区折算到伺服阀上的电流值为上述电流之和，即 $\Delta i_f=20mA$。

Δi_f 实际上是系统的干扰，如图 5-71 所示。由图可以计算出 Δi_f 产生的稳态位置误差

$$\begin{aligned}e_f&=\frac{K_{sv}/A_p}{1+K_iK_{sv}/A_p}\Delta i_f\approx\frac{\Delta i_f}{K_i}\\&=\frac{20\times10^{-3}}{56.6}m=3.5\times10^{-4}m\end{aligned} \tag{5-151}$$

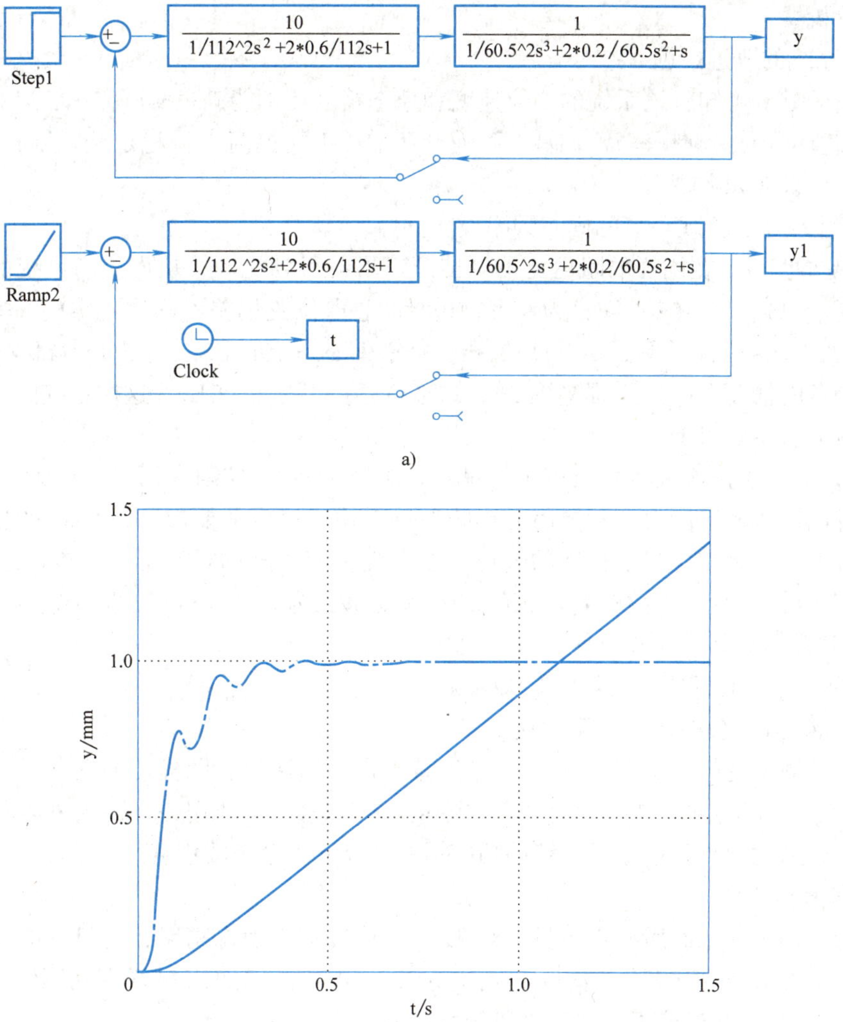

图 5-70　单位阶跃、单位速度响应的 SIMULINK 模型及其响应特性

a）SIMULINK 模型　b）响应特性

这个误差是可以接受的。

在跑偏控制中，系统的稳态速度误差为

$$e_v = \frac{v_p}{K} = \frac{2.5 \times 10^{-2}}{10} \text{m} = 2.5 \times 10^{-3} \text{m} \tag{5-152}$$

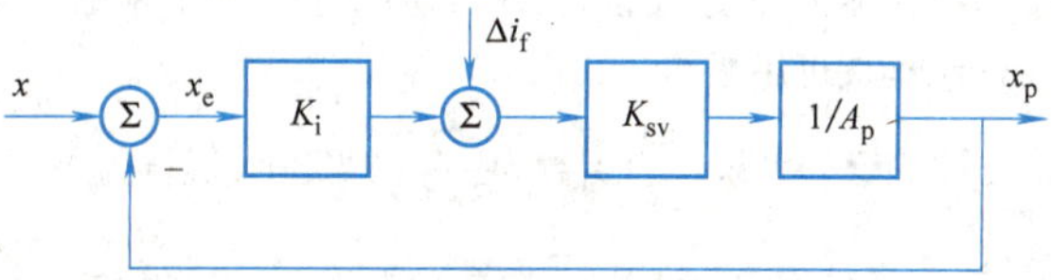

图 5-71　跑偏系统静态框图

必须指出，系统实际输入的速度信号不是单位速度信号，在分析图 5-70 时应注意这一点。至此，系统总的稳态误差为

$$e = e_f + e_v = (0.35 + 2.5) \times 10^{-3} \text{m} = 2.85 \times 10^{-3} \text{m} \tag{5-153}$$

可见，系统的稳态误差主要是速度误差。当 $K = 10$ 时，由于增益较小，不能满足控制精度的要求。现场生产中带钢边缘的卷取位置偏差超过规定的 $e = \pm(1 \sim 2)$mm，这一点证

实了上述分析。

（三）系统的改进措施

由上面的分析可知，该系统的响应速度和稳态精度还不能满足实际需求，其根本原因是液压缸-负载环节的固有频率 ω_n 偏低，致使开环增益不能提高（受稳定性限制）。为了改善系统性能，可采取如下措施：

1. 提高液压缸-负载环节的固有频率 ω_n

ω_n 值提高以后，在同样的阻尼比下可使开环增益得到提高，从而提高系统的响应速度和稳态精度。由式（5-152）知，为使带钢边缘的卷取位置偏差不超过规定的 $e=\pm(1\sim2)$ mm，应使 $K=20\sim25$。从图 5-69 可以看出，如能使 $\omega_n=90\text{rad/s}$、$\omega_{sv}=152\text{rad/s}$，则在保证同样稳定储备的情况下可将 K 提高到 20，此时频宽 f_b 可达到 20Hz。这样系统的响应速度和稳态精度就能满足要求了。

提高 ω_n 的方法是增大活塞面积 A_p、减小负载质量 m_t 和控制容积 V_t。增大 A_p 要兼顾伺服阀和油源的流量输出能力，不要因此影响系统对输出速度的要求。减小 V_t 的途径是尽量减少液压缸的行程和缩短与之相连的管道。原系统选液压缸的行程 $L=\pm75$mm，实际的调节行程只有 $\pm(1\sim2)$mm，故取 $L=\pm20$mm 已经足够。为此，只需将原液压缸的两腔分别加 55mm 的垫块就可以了。这样可使 ω_n 增至 90rad/s 以上。

ω_{sv} 的提高可以通过选用高频伺服阀解决。

2. 增大液压缸-负载环节的阻尼比 ζ_h

在其他参数不变的情况下，增大 ζ_h 可以减少最大超调量，同样可使开环增益有增大的空间。增大 ζ_h 可行的方法是增大伺服阀的流量-压力系数 K_c 或用一个层流液阻将液压缸的两腔连通，带来的缺点是增大了系统的功率损失和降低了系统的刚度。

3. 电气补偿方法

在系统中串联一个滞后校正装置（PI 校正）可以提高稳态精度，但对响应速度改善不大。若要同时提高系统的稳态精度和响应速度，可以尝试加入串联滞后-超前校正装置（PID 校正）或采用其他校正方法（详见第六章）。

习　题

5-1　某放大器的传递函数 $G(s)=K/(Ts+1)$，今测得其频率响应，当 $\omega=1\text{rad/s}$ 时，幅频 $A=12/\sqrt{2}$，相频 $\varphi=-45°$。试问放大系数 K 和时间常数 T 各为多少？

5-2　图 5-72 是机器支承在隔振器上，如果基础是按 $y=Y\sin\omega t$ 振动，Y 是振幅。试写出机器的振幅。（系统结构图可用图 5-72b 表示。）

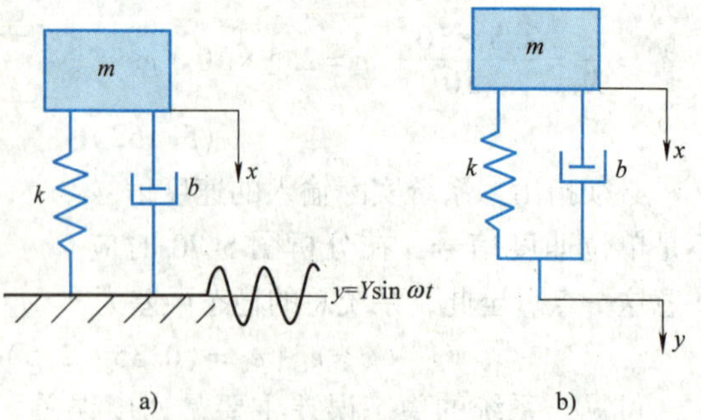

图 5-72　题 5-2 图

5-3　已知系统传递函数为$\dfrac{7}{3s+2}$，当输入信号为 $u(t)=\dfrac{1}{7}\sin\left(\dfrac{2}{3}t+45°\right)$时，试根据频率特性的物理意义，求系统的稳态响应。

5-4　设单位反馈控制系统的开环传递函数为 $G(s)=\dfrac{10}{s+1}$，当系统作用有以下输入信号时：

1）$u(t)=\sin(t+30°)$

2）$u(t)=2\cos(2t-45°)$

3）$u(t)=\sin(t+30°)-2\cos(2t-45°)$

试求闭环系统的稳态输出。

5-5　设系统的传递函数为$\frac{K}{Ts+1}$，其中$T=0.5s$，放大系数$K=10$，求在频率$f=1Hz$，幅值$R=10$的正弦信号作用下，系统的稳态输出$y(t)$。

5-6　已知系统的单位阶跃响应应为

$$y(t)=1-1.8e^{-4t}+0.8e^{-9t}\quad (t\geqslant 0)$$

试求系统的幅频特性和相频特性。

5-7　由质量、弹簧和阻尼器组成的机械系统如图5-73所示。已知质量$m=1kg$，k为弹簧刚度，b为阻尼系数。若外力$f(t)=2\sin 2t$，由实验测得稳态输出$x_{oss}=\sin\left(2t-\frac{\pi}{2}\right)$，试确定$k$和$b$。

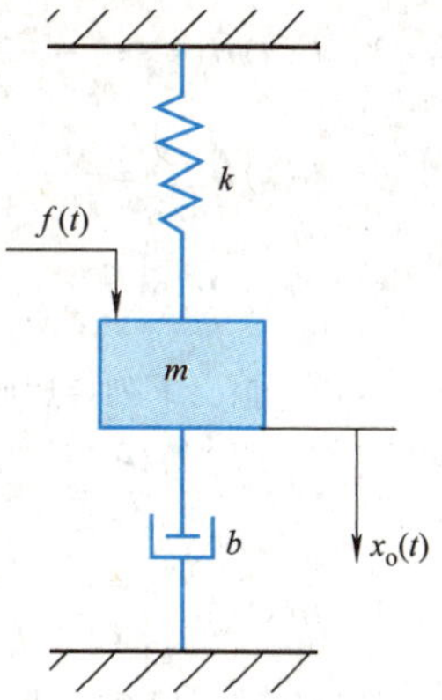

图5-73　题5-7图

5-8　已知作用于系统的输入信号均为$u(t)=\sin 2t$，试求下列反馈控制系统的稳态输出：

1）$G(s)=\frac{5}{s+1}$；$H(s)=1$

2）$G(s)=\frac{5}{s}$；$H(s)=1$

3）$G(s)=\frac{5}{s+1}$；$H(s)=2$

5-9　试求下列函数的$A(\omega)$、$\varphi(\omega)$、$U(\omega)$和$V(\omega)$。

1）$G(j\omega)=\frac{5}{30j\omega+1}$

2）$G(j\omega)=\frac{1}{j\omega(0.1j\omega+1)}$

5-10　已知系统开环传递函数如下，试概略绘出尼奎斯特图：

1）$G(s)=\frac{K}{s}$

2）$G(s)=\frac{K}{s^2}$

3）$G(s)=\frac{K}{s^3}$

4）$G(s)=\frac{K}{s(T_1s+1)(T_2s+1)}$　$(T_1>T_2)$

5）$G(s)H(s)=\frac{K(T_2s+1)}{s^2(T_1s+1)}$　$(T_1>T_2;T_1=T_2;T_1<T_2)$

6）$G(s)H(s)=\frac{1000(s+1)}{s(s^2+8s+100)}$

7）$G(s)H(s)=\frac{K(\tau_1s+1)(\tau_2s+1)}{s^3}$　$(\tau_1>\tau_2)$

8）$G(s)H(s)=\frac{K}{s(Ts-1)}$

9）$G(s)H(s)=\frac{K(s+3)}{s(s-1)}$

10）$G(s)=\frac{1}{s}e^{-s}$

11）$G(s)=\frac{1}{1+0.01s}$

12）$G(s)=\frac{1}{s(1+0.1s)}$

13）$G(s)=\frac{50(0.6s+1)}{s^2(4s+1)}$

14）$G(s)=10e^{-0.1s}$

5-11　试画出传递函数$G(s)=\frac{\alpha Ts+1}{Ts+1}$的尼氏图。其中$\alpha=0.1$，$T=1$。

5-12　试画出下列传递函数的博德图：

1）$G(s)=\frac{2}{(2s+1)(8s+1)}$

2）$G(s)H(s)=\frac{200}{s^2(s+1)(10s+1)}$

3）$G(s)H(s)=\dfrac{50}{s^2(s^2+s+1)(10s+1)}$

4）$G(s)H(s)=\dfrac{10(s+0.2)}{s^2(s+0.1)}$

5）$G(s)H(s)=\dfrac{8(s+0.1)}{s(s^2+s+1)(s^2+4s+25)}$

5-13 画出下列传递函数的博德图并进行比较：

1）$G(s)=\dfrac{T_1s+1}{T_2s+1}$ $(T_1>T_2>0)$

2）$G(s)=\dfrac{T_1s-1}{T_2s+1}$ $(T_1>T_2>0)$

5-14 试用尼奎斯特稳定判据判别图5-74 1）~10）所示曲线对应系统的稳定性。已知该图1）~10）所对应的开环传递函数分别为

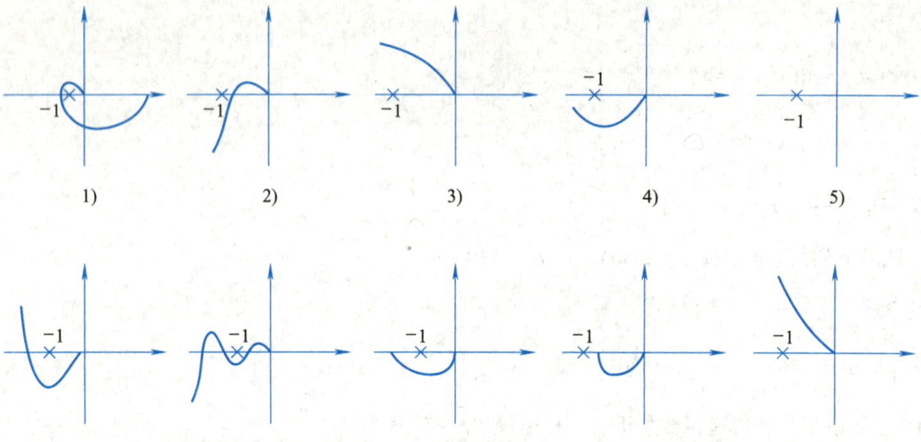

图5-74 题5-14图

1）$G(s)=\dfrac{K}{(T_1s+1)(T_2s+1)(T_3s+1)}$

2）$G(s)=\dfrac{K}{s(T_1s+1)(T_2s+1)}$

3）$G(s)=\dfrac{K}{s^2(Ts+1)}$

4）$G(s)=\dfrac{K(T_1s+1)}{s^2(T_2s+1)}$

5）$G(s)=\dfrac{K}{s^3}$

6）$G(s)=\dfrac{K(T_1s+1)(T_2s+1)}{s^3}$

7）$G(s)=\dfrac{K(T_5s+1)(T_6s+1)}{s(T_1s+1)(T_2s+1)(T_3s+1)(T_4s+1)}$

8）$G(s)=\dfrac{K}{Ts-1}$ $(K>1)$

9）$G(s)=\dfrac{K}{Ts-1}$ $(K<1)$

10）$G(s)=\dfrac{K}{s(Ts-1)}$

5-15 已知某系统的开环传递函数为

$$G(s)H(s)=\frac{10(K_hs+1)}{s(s-1)}$$

试确定闭环系统稳定时 K_h 的临界值。

5-16 设单位负反馈控制系统的开环传递函数为

$$G(s)=\frac{K_v}{s\left(\dfrac{s^2}{\omega_n^2}+2\zeta\dfrac{s}{\omega_n}+1\right)}$$

其中，无阻尼固有频率 $\omega_n=90\text{rad/s}$，阻尼比 $\zeta=0.2$。

试确定速度误差系数 K_v 值多大时，系统是稳定的。

5-17　设某单位反馈系统的开环传递函数为

$$G(s)=\frac{K}{s(0.1s+1)(s+1)}$$

1）确定使系统的谐振峰值 $M(\omega_r)=1.4$ 的 K 值；

2）确定使系统的相位裕量 $\gamma=+60°$ 的 K 值；

3）确定使系统的幅值裕量 $K_g=+20\ \text{dB}$ 的 K 值。

5-18　设单位反馈系统的开环传递函数为

$$G(s)=\frac{as+1}{s^2}$$

试确定使相位裕量 $\gamma=+45°$ 的 a 值。

5-19　已知单位反馈系统的开环传递函数

$$G(s)=\frac{13.3}{s\left(\dfrac{s}{4.59}+1\right)\left(\dfrac{s^2}{4.05^2}+0.81\dfrac{s}{4.05}+1\right)}$$

应用尼奎斯特稳定性判据，论证系统是否稳定。

5-20　已知系统开环传递函数

$$G(s)=\frac{60}{s(0.001s+1)(0.01s+1)(0.1s+1)}$$

试问单位反馈闭环系统是否稳定。

5-21　已知单位反馈系统开环传递函数

$$G(s)=\frac{775(0.1s+1)(0.2s+1)}{s(0.5s+1)(s+1)(0.655\times10^{-4}s^2+6.55\times10^{-3}s+1)}$$

试求其相位裕量 γ 和幅值裕量 K_g。

5-22　已知单位反馈系统开环传递函数

$$G(s)=\frac{17.7(1+0.374s)}{s^2(1+0.042s)(1+0.0206s)(1+0.0072s)(1+0.00172s)}$$

试求其相位裕量 γ 和幅值裕量 K_g。

5-23　某单位反馈的二阶Ⅰ型系统，其最大超调量 $M_p=16.3\%$，峰值时间 $t_p=114.6\text{ms}$，试求系统开环传递函数 $G(s)$，并求出闭环谐振峰值 $M(\omega_r)$ 和谐振频率 ω_r。

5-24　直升机负载位置控制系统如图 5-75 所示。在直升机缆绳的终端吊有重物负载，图 5-75b 所示系统框图中的 $H(s)$ 表示飞行员的视觉反馈。试应用 MATLAB 绘制系统博德图。

5-25　具有两个关节的网球机器人如图 5-76a 所示。用于控制小臂转动角度 $\theta_2(t)$ 的系统框图见图 5-76b。控制系统的要求是在保证系统具有足够的稳定裕量的条件下，提高系统的响应速度。试应用 MATLAB 完成：

1）绘制系统开环对数频率特性图，并计算相位裕量和幅值裕量。

2）绘制系统闭环对数频率特性图，并计算系统带宽。

3）绘制闭环系统的单位阶跃响应曲线，并确定调整时间。

5-26　用于星际探索的六足步行机器人如图 5-77a 所示。该机器人单足控制系统框图见图 5-77b。试应用 MATLAB 作如下分析：

1）绘制 $K=20$ 和 $K=40$ 时的系统闭环对数频率特性图。

2）分别确定 $K=20$ 和 $K=40$ 时，闭环系统的谐振峰值、谐振频率和系统带宽。

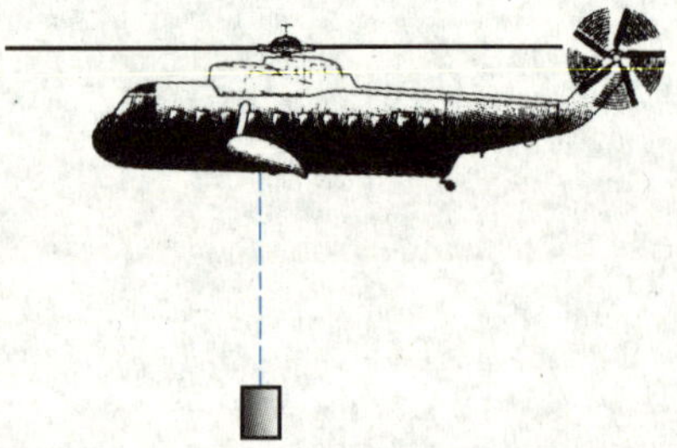

a)

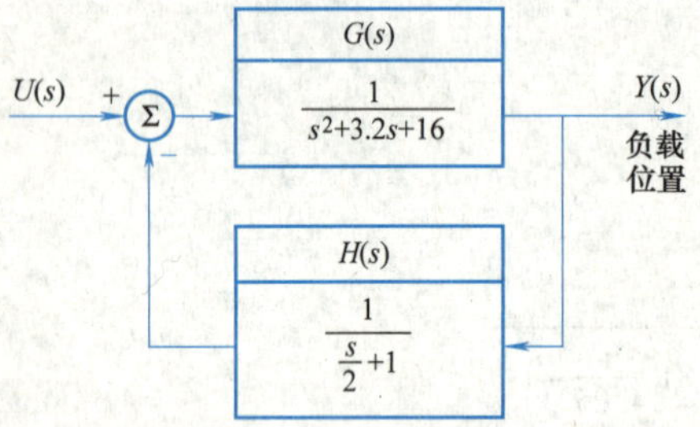

b)

图 5-75 题 5-24 图

a）直升机吊重物负载 b）负载位置控制系统框图

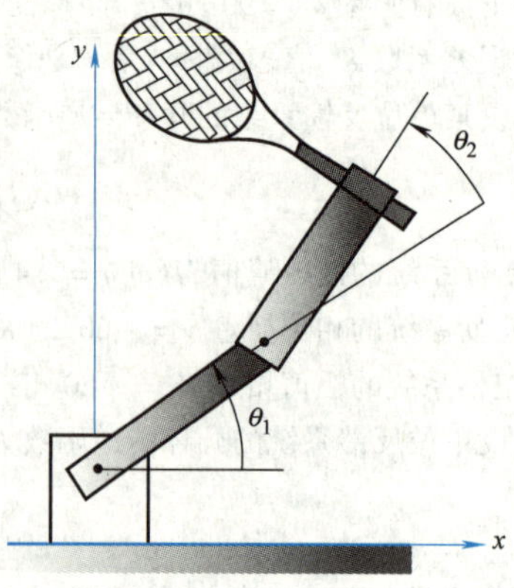

a)

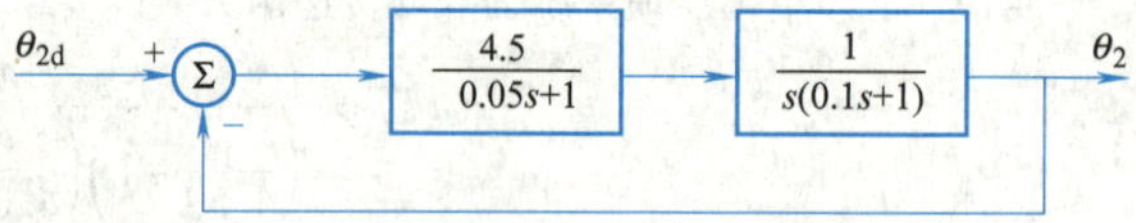

b)

图 5-76 题 5-25 图

a）双关节网球机器人 b）小臂转用控制系统框图

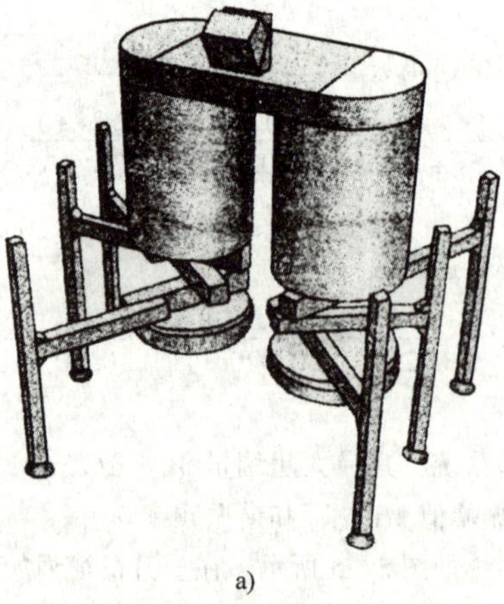

a)

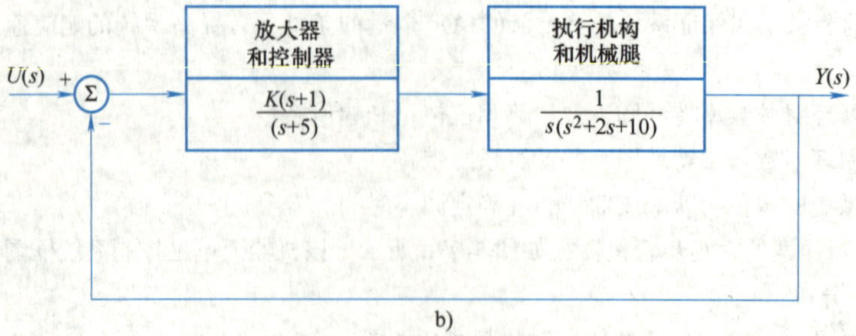

b)

图 5-77 题 5-26 图

a）六足步行机器人 b）单足控制系统框图

第六章　线性连续系统的校正和控制

控制系统的设计任务是在已知控制对象的特性和系统的性能指标条件下设计系统的控制部分。闭环系统的控制部分一般应包括测量元件、比较元件、放大元件、执行元件等。选择和设计出的这些元件与控制对象一起构成了系统的基本组成部分，通常称为系统的固有部分（或称不变部分），固有部分除系统增益可调外，其余结构和参数一般不能任意改变。显然，由固有部分组成的系统往往不能同时满足各项性能指标的要求，有的甚至还不稳定。为了使控制系统能满足性能指标所提出的各项要求，一般先调整系统的增益值。但是，在大多数实际情况下，只调整增益并不能使系统的性能得到充分改变，以满足给定的性能指标。通常情况是：随着增益值的增大，系统的稳态性能得到改善，但稳定性却随之变差，甚至有可能造成系统不稳定。因此，需要对系统进行再设计（通过改变系统结构，或在系统中加进附加装置或元件），以改变系统的总体性能，使之满足要求。这种再设计，称为系统的校正。为了满足性能指标而往系统中加进的适当装置，以补偿原系统的性能缺陷，这种装置称为校正装置或控制器。对控制系统进行校正和控制（设计校正装置或控制器）将是本章所要阐述的主要内容。

第一节　系统校正和控制概述

一、常用的校正和控制方式

图 6-1 所示为反馈控制系统中常用的几种校正和控制方式。

（1）串联校正　将校正装置 $G_c(s)$ 串联在系统固定部分的前向通道中，如图 6-1a 所示。

（2）反馈校正（并联校正）　从某些元件引出反馈信号，构成局部反馈回路，并在该反馈回路上设置校正装置 $G_c(s)$，如图 6-1b 所示。

（3）PID 控制　在系统固定部分的前向通道中引入偏差信号的比例-积分-微分控制器 PID，如图 6-1c 所示。

（4）前馈补偿　将补偿装置 $G_c(s)$ 接入于输入信号与系统固定部分之间，如图 6-1d 所示。

（5）复合校正　前馈补偿与串联校正相结合的组合校正方式，称为复合校正。

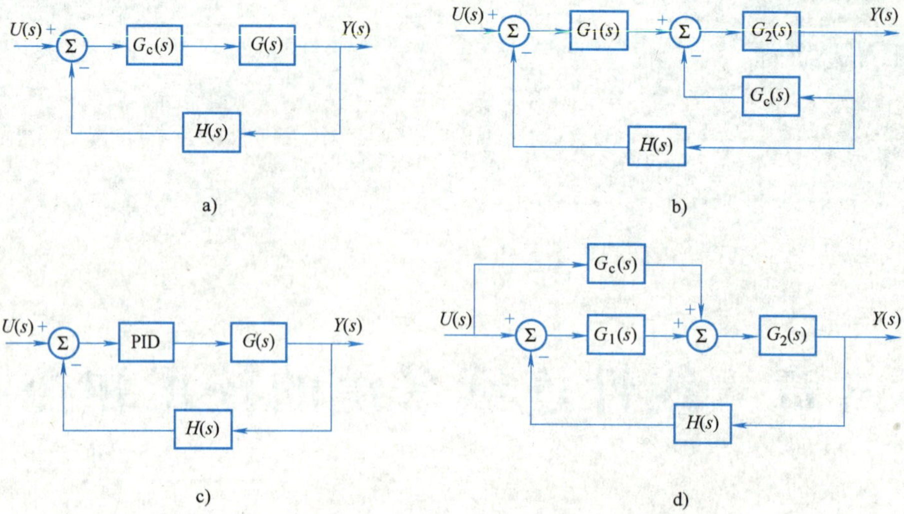

图 6-1　反馈控制系统中常用的校正和控制方式

a）串联校正　b）反馈校正　c）PID 控制　d）前馈补偿

二、系统常用性能指标

系统性能的定量指标，一般分为稳态指标和动态指标两大类，而动态指标又可分为时域指标和频域指标。前几章已介绍的系统常用性能指标及其相互关系见表 6-1。

表 6-1　系统常用性能指标及其相互关系

<table>
<tr><th>稳态</th><th colspan="8">动　　态</th></tr>
<tr><td rowspan="4">e_{ss}、
K_p、
K_V、
K_a、
$M(0)$</td><td>时域</td><td colspan="3">复　域</td><td colspan="4">频　域</td></tr>
<tr><td rowspan="3">t_s、
M_p</td><td rowspan="2">二阶系统</td><td rowspan="2">ω_n、
ζ</td><td rowspan="2">$t_s \approx \frac{3}{\zeta\omega_n}(\Delta=\pm 5\%)$
$M_p = e^{-\zeta\pi/\sqrt{1-\zeta^2}}$</td><td colspan="2">开　环</td><td colspan="2">闭　环</td></tr>
<tr><td>ω_c、
γ</td><td>$t_s \approx \frac{6}{\omega_c \tan\gamma}$
$t_s \approx \frac{3\sqrt{\sqrt{1+4\zeta^4}-2\zeta^2}}{\zeta\omega_c}$
$M_p = e^{-0.01\gamma\pi/\sqrt{1-(0.01\gamma)^2}}$
$\gamma \approx 100\zeta\ (\zeta \leqslant 0.6)$
$\gamma = \arctan\frac{2\zeta}{\sqrt{\sqrt{1+4\zeta^4}-2\zeta^2}}$</td><td>$\omega_b$、
ω_r、
M_r</td><td>$t_s \approx \frac{3\sqrt{1-2\zeta^2}}{\zeta\omega_r}$
$t_s \approx \frac{3\sqrt{1-2\zeta^2+\sqrt{2-4\zeta^2+4\zeta^4}}}{\zeta\omega_b}$
$\omega_r = \omega_n\sqrt{1-2\zeta^2}\ (0<\zeta<0.7)$
$\omega_b = \omega_n\sqrt{1-2\zeta^2+\sqrt{2-4\zeta^2+4\zeta^4}}$
$M_r = \frac{1}{2\zeta\sqrt{1-\zeta^2}}$</td></tr>
<tr><td>高阶系统</td><td colspan="2">以其主导极点，将高阶系统近似为二阶系统</td><td colspan="4">$t_s \approx \frac{\pi}{\omega_c}\left[2+1.5\left(\frac{1}{\sin\gamma}-1\right)+2.5\left(\frac{1}{\sin\gamma}-1\right)^2\right]\ (35° \leqslant \gamma \leqslant 90°)$
$M_r = \frac{1}{\sin\gamma}$
$M_p \approx 0.16+0.4\left(\frac{1}{\sin\gamma}-1\right)$</td></tr>
</table>

第二节　串联校正

串联校正的目的是改善系统的稳定性、稳态特性和动态特性。串联校正装置 $G_c(s)$ 按其校正性能不同可以分为：相位超前校正、相位滞后校正、相位滞后-超前校正。超前校正和滞后校正是一阶校正装置；滞后-超前校正是二阶校正装置。一阶校正装置的传递函数为

$$G_c(s)=\frac{K_c(s-z_c)}{s-p_c} \tag{6-1}$$

式中 z_c、p_c——分别为校正装置的零点和极点；

K_c——校正装置的增益。

因此，串联校正装置 $G_c(s)$ 的作用，实际上就给系统固有部分增加必要的零、极点（z_c、p_c）和增益 K_c，使系统具有符合性能指标要求的开环传递函数 $G_c(s)G(s)H(s)$。

一阶校正装置，当$|z_c|<|p_c|$时，是超前校正；当$|z_c|>|p_c|$时，是滞后校正。滞后-超前校正相当于一个滞后校正与一个超前校正的串联。

一、串联校正装置

（一）超前校正装置

图 6-2 所示的无源阻容电网络和机械网络都能用作相位超前校正装置，它们的传递函数相同，均为

$$G_c(s)=\frac{U_o(s)}{U_i(s)}=\frac{X_2(s)}{X_1(s)}=\frac{1}{\alpha_i}\frac{T_1 s+1}{\frac{T_1}{\alpha_i}s+1} \tag{6-2}$$

式中 $T_1=R_1C_1$ 或$\frac{b_1}{k_1}$，$\alpha_i=\frac{R_1+R_2}{R_2}$或$\frac{k_1+k_2}{k_1}$。$\alpha_i$ 取值不能太大，否则衰减太严重，一般取 $\alpha_i\leqslant 20$。

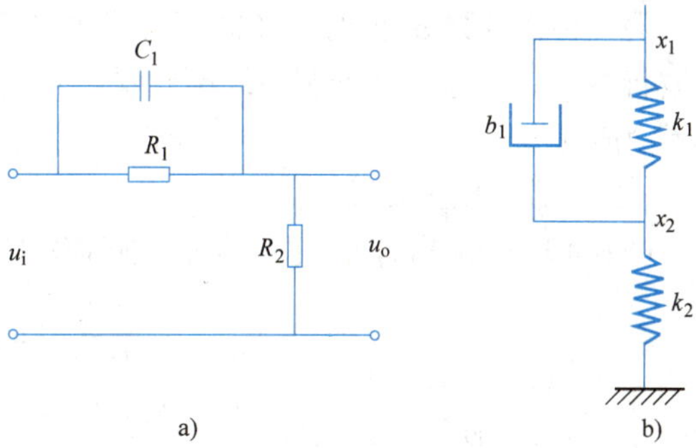

图 6-2 超前校正装置

a）无源阻容电网络 b）机械网络

根据超前校正装置的传递函数式（6-2），可得出其频率特性为

$$G_c(j\omega)=\frac{1}{\alpha_i}\frac{1+jT_1\omega}{1+j\frac{T_1}{\alpha_i}\omega}$$

由上式可见，采用超前校正装置进行串联校正时，整个系统的开环增益要下降 α_i 倍。如果这个增益衰减量已由提高增益的放大器所补偿，则超前校正装置的频率特性可写为

$$\alpha_i G_c(j\omega)=\frac{1+jT_1\omega}{1+j\frac{T_1}{\alpha_i}\omega}$$

图 6-3 所示为超前校正装置的博德图，其转折频率分别为 $\omega_1=\frac{1}{T_1}$和 $\omega_2=\frac{\alpha_i}{T_1}$。从博德图可见，该装置在整个频率范围内都产生相位超前，其超前的相角为

$$\varphi_c(\omega)=\arctan T_1\omega-\arctan\frac{T_1}{\alpha_i}\omega \tag{6-3}$$

令$\frac{d\varphi_c(\omega)}{d\omega}=0$，可求出产生最大超前相角时的频率为

$$\omega_m = \frac{\sqrt{\alpha_i}}{T_1} \qquad (6\text{-}4)$$

因此有 $\omega_m^2 = \omega_1\omega_2$ 和 $\frac{\omega_2}{\omega_m} = \frac{\omega_m}{\omega_1}$

在对数坐标中，则有

$$\lg\omega_2 - \lg\omega_m = \lg\omega_m - \lg\omega_1$$

上式表明，ω_m 是频率特性的两个转折频率 ω_1 和 ω_2 的几何中心。

将式（6-4）代入式（6-3），可得最大超前相角

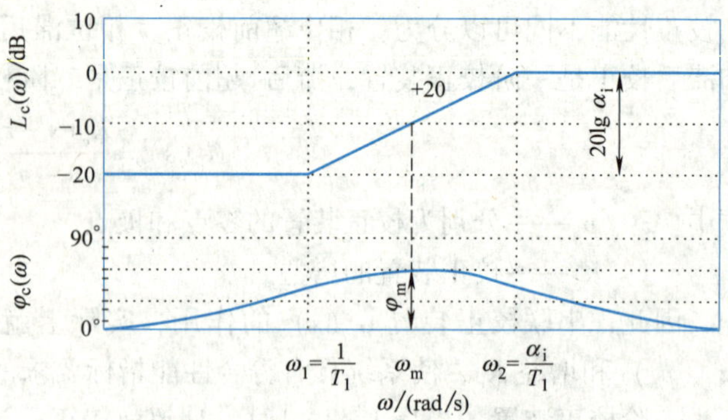

图 6-3 超前校正装置的博德图

$$\varphi_m = \arcsin\frac{\alpha_i - 1}{\alpha_i + 1} \qquad (6\text{-}5)$$

上式又可以写为

$$\alpha_i = \frac{1+\sin\varphi_m}{1-\sin\varphi_m} \qquad (6\text{-}6)$$

可见 φ_m 仅与 α_i 值有关，α_i 越大，φ_m 就越大，也即相位超前越多，但通过校正装置的信号幅值衰减也越严重。为了满足稳态精度的要求，保持系统有一定的开环增益，就必须提高放大器的增益来予以补偿。

另外，在选择 α_i 值时，还需要考虑系统高频噪声的问题。相位超前校正装置具有高通滤波特性，α_i 值过大对抑制系统高频噪声不利。为了保持较高的系统信噪比，通常选择 $\alpha_i = 10$ 较为适宜。

（二）滞后校正装置

图 6-4 所示的无源阻容电网络和机械网络都可以实现滞后校正。它们的传递函数相同，均为

$$G_c(s) = \frac{U_o(s)}{U_i(s)} = \frac{X_2(s)}{X_1(s)} = \frac{T_2 s + 1}{\alpha_j T_2 s + 1} \qquad (6\text{-}7)$$

式中 $T_2 = R_2C_2$ 或 $\frac{b_2}{k_2}$，$\alpha_j = \frac{R_1+R_2}{R_2}$ 或 $\frac{b_1+b_2}{b_2}$。

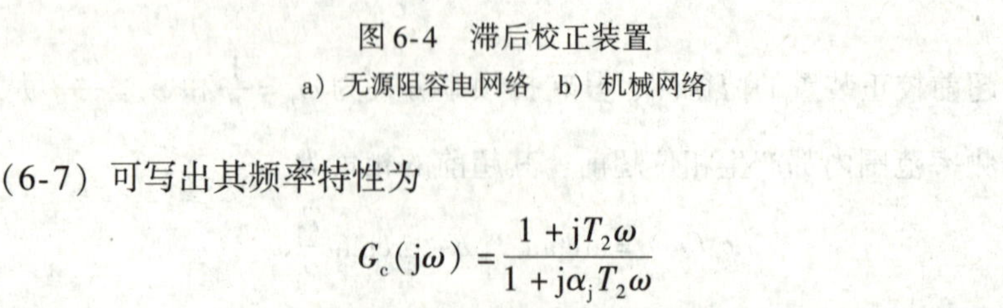

图 6-4 滞后校正装置

a）无源阻容电网络 b）机械网络

根据式（6-7）可写出其频率特性为

$$G_c(j\omega) = \frac{1 + jT_2\omega}{1 + j\alpha_j T_2\omega}$$

由此画出滞后校正装置的博德图如图 6-5 所示。其转折频率分别为 $\omega_1 = \frac{1}{\alpha_j T_2}$ 和 $\omega_2 = \frac{1}{T_2}$。

如图6-5所示，该校正装置在整个频率范围内相位都滞后，其滞后的相角为

$$\varphi_c'(\omega)=\arctan T_2\omega-\arctan \alpha_j T_2\omega \tag{6-8}$$

令$\frac{d\varphi'(\omega)}{d\omega}=0$，可求出产生最大滞后相角时的频率为

$$\omega_m=\frac{1}{\sqrt{\alpha_j}T_2}=\sqrt{\omega_1\omega_2} \tag{6-9}$$

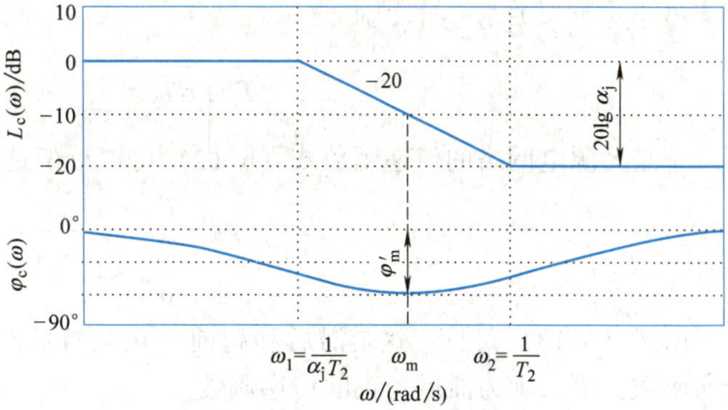

图6-5　滞后校正装置的博德图

则　　$\lg\omega_2-\lg\omega_m=\lg\omega_m-\lg\omega_1$

上式说明，ω_m 位于频率特性的两个转折频率 ω_1 和 ω_2 的几何中点。其最大滞后相角为

$$\varphi_m'=-\arcsin\frac{\alpha_j-1}{\alpha_j+1} \tag{6-10}$$

而

$$\alpha_j=\frac{1+\sin(-\varphi_m)}{1-\sin(-\varphi_m)} \tag{6-11}$$

可见，φ_m'与 α_j 值有关。α_j 越大，相位滞后越严重。必须指出，应尽量使产生最大滞后相角的频率 ω_m 远离校正后系统的幅值交界频率 ω_c，否则会对系统的动态性能产生不利影响，一般可取

$$\omega_2=\frac{1}{T_2}=\frac{\omega_c}{2}\sim\frac{\omega_c}{10}$$

另外，相位滞后校正装置实质上是一个低通滤波器，它对低频信号基本上无衰减作用，但能削弱高频噪声，α_j 越大，抑制噪声能力越强。通常以选 $\alpha_j=10$ 左右为宜。

（三）滞后-超前校正装置

滞后-超前校正装置可用图6-6所示的无源电网络和机械网络来实现。无源电网络传递函数为

$$G_c(s)=\frac{U_o(s)}{U_i(s)}=\frac{(T_1s+1)(T_2s+1)}{T_1T_2s^2+(T_1+\alpha T_2)s+1} \tag{6-12}$$

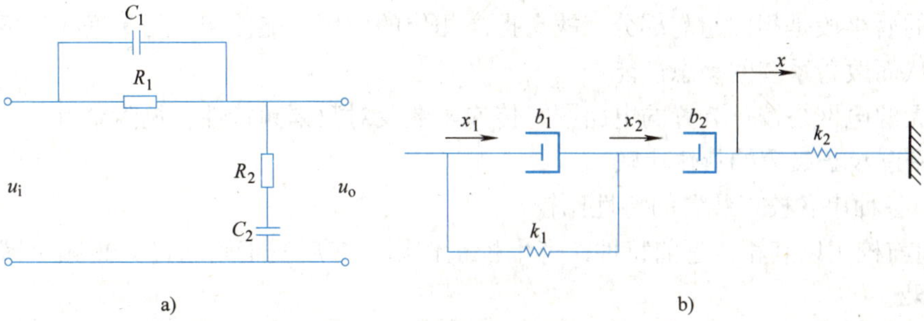

图6-6　滞后-超前校正装置

a）无源电网络　b）机械网络

式中，$T_1=R_1C_1$，$T_2=R_2C_2$，$T_1+\alpha T_2=R_1C_1+R_2C_2+R_1C_2$，$\alpha=\frac{R_1+R_2}{R_2}$。

设 $T_2 > T_1$，且 $\alpha >> 1$，则

$$T_1 + \alpha T_2 \approx \frac{T_1}{\alpha} + \alpha T_2$$

于是无源电网络的传递函数式（6-12）可以近似地写成

$$G_c(s) = \frac{T_1 s + 1}{\frac{T_1}{\alpha}s + 1} \frac{T_2 s + 1}{\alpha T_2 s + 1} \tag{6-13}$$

由式（6-13）可见，这是滞后和超前校正装置的组合，等式右边第一项是超前校正的传递函数，第二项为滞后校正的传递函数。

对于图 6-6b 所示的机械网络，其传递函数为

$$G_c(s) = \frac{X_2(s)}{X_1(s)} = \frac{(k_1 + b_1 s)(k_2 + b_2 s)}{(k_1 + b_1 s)(k_2 + b_2 s) + k_2 b_2 s} \tag{6-14}$$

令 $T_1 = \frac{b_1}{k_1}$，$T_2 = \frac{b_2}{k_2}$，$\alpha = \frac{k_1 + k_2}{k_1} >> 1$，则 $\frac{b_1}{k_1} + \frac{b_2}{k_2} + \frac{b_2}{k_1} = T_1 + \alpha T_2 \approx \frac{T_1}{\alpha} + \alpha T_2$。将以上关系代入式（6-14）便得与式（6-13）相同的传递函数，即

$$G_c(s) = \frac{X_2(s)}{X_1(s)} = \frac{T_1 s + 1}{\frac{T_1}{\alpha}s + 1} \frac{T_2 s + 1}{\alpha T_2 s + 1}$$

下面分析滞后-超前校正装置的特性。由式（6-13）可知，其频率特性为

$$G_c(j\omega) = \frac{1 + jT_1\omega}{1 + j\frac{T_1}{\alpha}\omega} \frac{1 + jT_2\omega}{1 + j\alpha T_2\omega}$$

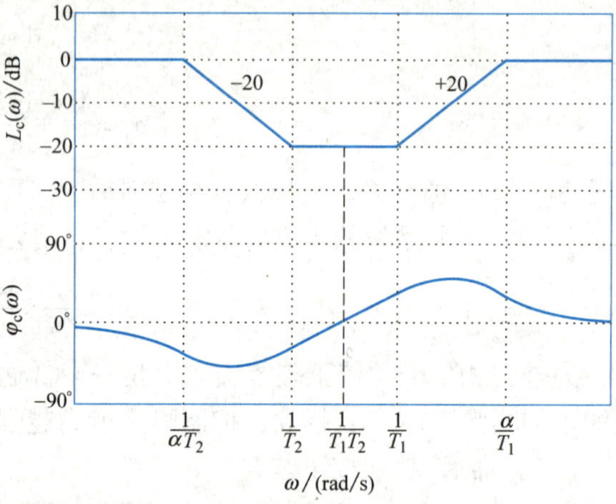

图 6-7 滞后-超前校正装置的博德图

滞后-超前校正装置的博德图如图 6-7 所示。由图可见，频率特性的前半段是相位滞后部分，由于具有使增益衰减的作用，所以允许在低频段提高增益，以改善系统的稳态性能。频率特性的后半段是相位超前部分，故有提高相位的作用，能使相位裕量增大，幅值交界频率加大，从而改善系统的动态性能。

常用无源电网络校正装置的电路图、传递函数及对数幅频特性，见附录 B。

二、串联校正装置的特性比较

（一）各种串联校正装置的特性比较

1）超前校正以其相位超前特性，产生校正作用；滞后校正则通过其高频衰减特性，获得校正效果。

2）超前校正通常用来增大稳定裕量。超前校正比滞后校正有可能提供更高的幅值交界频率。较高的幅值交界频率对应着较大的带宽，大的带宽意味着调整时间的减小。超前校正的系统的带宽，总是大于滞后校正系统的带宽。因此，系统若需要具有快速响应的特性，应采用超前校正。当然，如果存在噪声信号，则带宽不能过大，因为随着高频增益的增大，系统对噪声信号更加敏感。

3）超前校正需要有一个附加的增益增量，以补偿超前校正网络本身的衰减。这表明超前校正比滞后校正需要更大的增益。一般说来，增益越大，系统的体积和质量越大，成本也越高。

4）滞后校正降低了系统在高频段的增益，但并不降低系统在低频段的增益。系统因带宽的减小而具有较低的响应速度。因为降低了高频增益，系统的总增益可以增大，所以低频增益可以增加，从而提高了稳态精度。此外，系统中包含的任何高频噪声，都可以得到衰减。

5）如果既需要有快速响应特征，又要获得良好的稳态精度，则可以采用滞后-超前校正装置。应用滞后-超前校正装置，可使低频增益增大（改善了系统稳态性能），也增大了系统的带宽和稳定裕量。

6）虽然应用超前、滞后和滞后-超前校正装置可以完成大多数系统的校正任务，但是对于复杂的系统，采用由这些校正装置组成的简单校正，可能仍得不到满意的结果。因此，这种情况下必须采用其他形式的校正装置。

（二）从时域响应特性比较校正效果

从时域响应曲线图上可以对超前、滞后和滞后-超前校正装置的校正效果进行比较。图6-8a所示为未校正系统的单位阶跃响应曲线和单位速度响应曲线。对于采用超前、滞后和滞后-超前校正的系统，其典型的单位阶跃响应曲线和单位速度响应曲线如图6-8b、c、d所示。由图可以看出，具有超前校正装置的系统呈现出最快的响应；具有滞后校正装置的系统其响应最缓慢，但是它的单位速度响应却得到了明显的改善；具有滞后-超前校正装置的系统给出了折中的响应特性，即在稳态响应和瞬态响应两个方面都得到了适当的改善。图6-8表明，虽然采用校正装置的形式不同，但都达到了它们各自预期的校正效果。

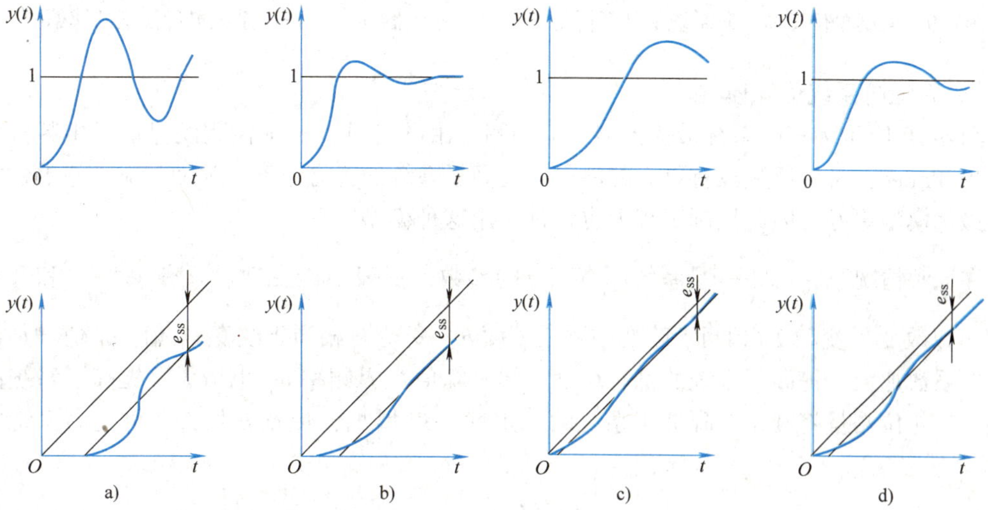

图6-8　单位阶跃响应曲线和单位速度响应曲线

a）未校正系统　b）超前校正系统　c）滞后校正系统　d）滞后-超前校正系统

三、期望对数频率特性

控制工程上常采用两种典型的期望对数频率特性：二阶系统最优模型和三阶系统最优模型。

（一）二阶系统最优模型

典型单位反馈二阶系统的开环博德图，如图6-9所示。其开环传递函数为

$$G(s)=\frac{K}{s(Ts+1)}$$

闭环传递函数为

$$\Phi(s)=\frac{K}{Ts^2+s+K}=\frac{\omega_n^2}{s^2+2\zeta\omega_n s+\omega_n^2}$$

式中 ω_n——无阻尼固有频率，$\omega_n=\sqrt{\frac{K}{T}}$；

ζ——阻尼比，$\zeta=\frac{1}{2\sqrt{KT}}$。

当阻尼比 $\zeta=0.707$ 时，最大超调量 $M_p=4.3\%$，调整时间 $t_s=6T$，故 $\zeta=0.707$ 的阻尼比称为最佳阻尼系数，此时转折频率 $\frac{1}{T}=2\omega_c$。然而，要保证 $\zeta=0.707$ 并不容易，常取 $0.4\leqslant\zeta\leqslant0.8$。

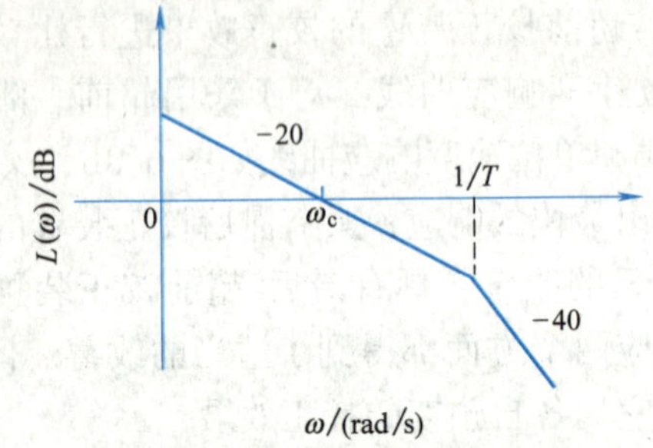

图 6-9 典型单位反馈二阶系统的开环博德图

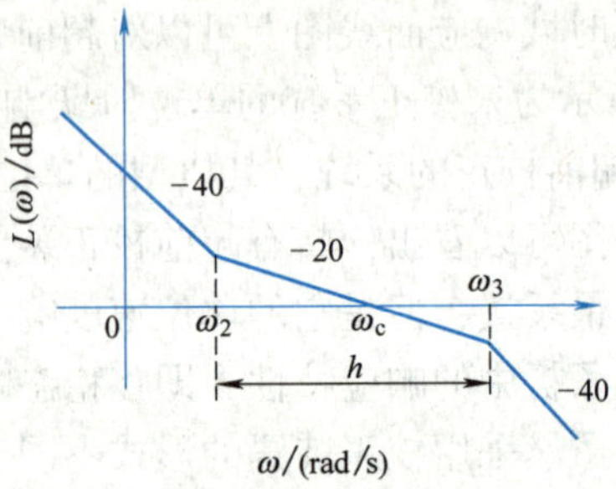

图 6-10 三阶系统最优模型的博德图

（二）三阶系统最优模型

图 6-10 所示为三阶系统最优模型的博德图。由图可见，这个模型既保证了中频段斜率为 -20dB/dec，又使低频段有更大的斜率，提高了系统的稳态精度。显而易见，它的性能比二阶最优模型更好，因此控制工程上也常常采用这种模型。

在通常情况下，$T_3\left(\frac{1}{\omega_3}\right)$是系统固有部分的参数，一般不能变动。只有 $T_2\left(\frac{1}{\omega_2}\right)$和开环增益 K 可以改变。变动 T_2 相当于改变中频段宽度 h，变动 K 相当于改变 ω_c 值。K 值增加，稳态误差系数加大，提高了系统的稳态精度，同时幅值交界频率 ω_c 也增大，提高了系统的快速性。但相位裕量将减小，降低了系统的稳定性。T_2 增加，带宽 h 加大，可提高系统的稳定性。

在初步设计时，可取 $\omega_c=\frac{1}{2}\omega_3$。$h\left(h=\frac{\omega_3}{\omega_2}\right)$选在 7 ~ 12 之间，如希望进一步增大稳定裕量，可把 h 增大至 15 ~ 18 之间。

对于Ⅰ型和Ⅱ型系统，其谐振峰值 M_r 与 h 之间有如下近似关系：

$$M_r=\frac{h+1}{h-1}\quad 或\quad h=\frac{M_r+1}{M_r-1}$$

两个转折频率 ω_2 和 ω_3 分别为

$$\omega_2=\frac{M_r-1}{M_r}\omega_c,\quad \omega_3=\frac{M_r+1}{M_r}\omega_c$$

且 $M_r\approx\frac{1}{\sin\gamma(\omega_c)}$或$\gamma(\omega_c)\approx\arcsin\frac{1}{M_r}$

（三）期望对数频率特性的高频段

由前可知，二阶和三阶最优模型的高频段的对数幅频特性曲线斜率均为 -40dB/dec。由于控制系统还存在一些时间常数小的部件，致使高频段的斜率呈现出 -60～ -100dB/dec，如图 6-11 所示。高频段对数幅频特性曲线以很陡的斜率下降，有利于降低噪声，提高系统抗高频干扰的能力。但是，这些小时间常数的部件也将使系统的相位裕量减小。

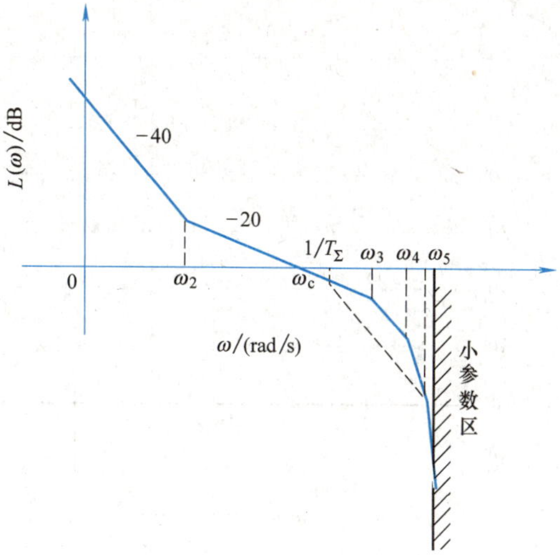

图 6-11　控制系统的高频段

四、串联校正装置参数的确定

下面举例说明。

例 6-1　设有一单位反馈控制系统，其开环传递函数为

$$G(s)=\frac{K}{s(s+1)}$$

若要求系统在单位速度输入作用下，速度稳态误差 $e_{ssv}\leqslant 0.1$，系统开环频率特性的幅值交界频率 $\omega_c'\geqslant 4.4\text{rad/s}$[⊖]，相位裕量 $\gamma(\omega_c')\geqslant 45°$，幅值裕量 $K_g\geqslant 10\text{dB}$，试设计串联校正装置。

解

1）根据稳态性能的要求，确定开环放大系数 K

因为 $e_{ssv}=\frac{1}{K_v}=\frac{1}{K}\leqslant 0.1$，所以取 $K=10$ 可满足稳态误差的要求。故系统开环传递函数为

$$G(s)=\frac{10}{s(s+1)}$$

2）选择校正装置并计算其参数 α_i 和 T_1

作原系统的博德图如图 6-12 所示。由图得未校正系统的幅值交界频率 $\omega_c=3.1\text{rad/s}$，则相位裕量为 $\gamma(\omega_c)=180°-90°-\arctan\omega_c=90°-\arctan 3.1=18°$。因为是二阶系统，所以 $K_g=\infty$。

可见，虽然系统的稳态性能得到了保证，但系统的 ω_c 和 $\gamma(\omega_c)$ 均小于性能指标所提出的要求，故应选串联超前校正装置。

试选校正后的幅值交界频率 $\omega_c'=4.4\text{rad/s}$，由图 6-12 查得未校正系统特性曲线在 $\omega_c'=4.4\text{rad/s}$ 时，对数幅值 $L(\omega_c')=-6\text{dB}$。

为保证校正装置的最大超前相角出现在 ω_c'处，故令

$$L_c(\omega_m)+L(\omega_c')=0 \tag{6-15}$$

⊖ 工程实际中，用户一般只提出时域性能指标要求。因此在用频率法设计系统时，必须按第五章第七节所述公式先将时域性能指标折算成频域性能指标。本章为简便起见，在算例中直接给出频域指标。

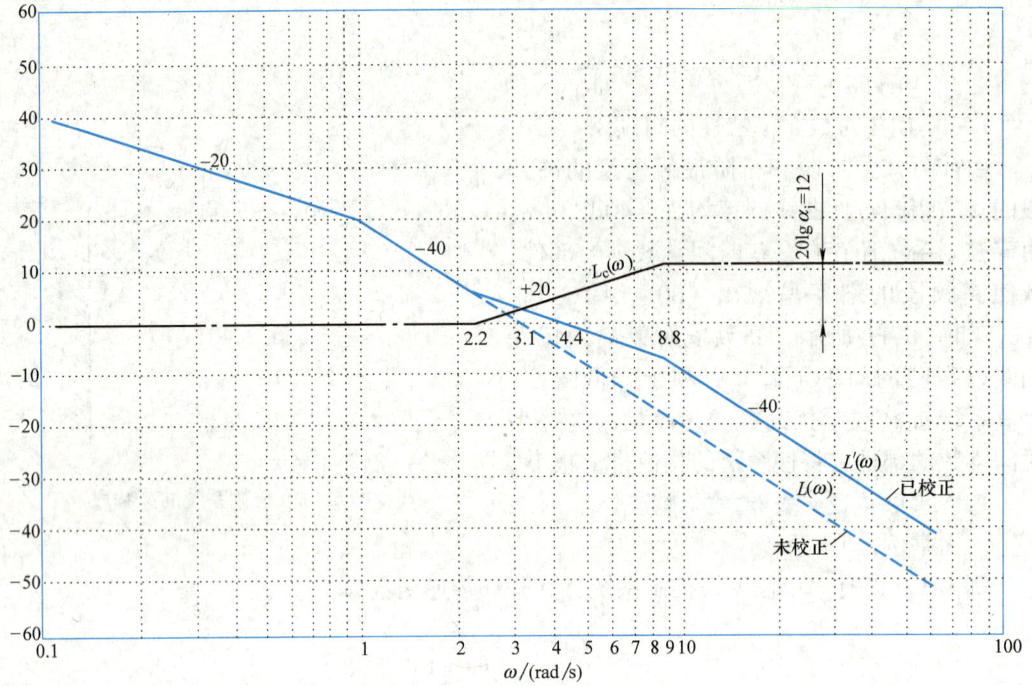

图 6-12 例 6-1 系统的博德图

式中 $L_c(\omega_m)$ ——校正装置在 ω_m 处的对数幅值的分贝数。

为使式（6-15）成立，必须有

$$L_c(\omega_m) = 20\lg\sqrt{\alpha_i} = 6\text{dB}$$

因而

$$\alpha_i \approx 4$$

又因为

$$\omega_m = \frac{\sqrt{\alpha_i}}{T_1}$$

所以

$$T_1 = \frac{\sqrt{\alpha_i}}{\omega_m} = \frac{2}{4.4} = 0.455\text{s}$$

$$\frac{T_1}{\alpha_i} = 0.113\text{s}$$

故超前校正装置的传递函数为

$$\alpha_i G_c(s) = \frac{T_1 s + 1}{\dfrac{T_1}{\alpha_i}s + 1} = \frac{0.455s + 1}{0.113s + 1}$$

3）验算

校正后系统的开环传递函数为

$$\alpha_i G_c(s)G(s) = \frac{10(0.455s + 1)}{s(s+1)(0.113s + 1)}$$

故校正后系统的相位裕量为

$$\begin{aligned}\gamma(\omega_c') &= 180° - 90° - \arctan \omega_c' - \arctan 0.113\omega_c' + \arctan 0.455\omega_c' \\ &= 90° - \arctan 4.4 - \arctan 0.113 \times 4.4 + \arctan 0.455 \times 4.4 \\ &\approx 48°\end{aligned}$$

$$K_g = \infty$$

若校正后系统的性能仍不能满足要求，则应改变 ω_c'重新设计，直至满足性能要求为止。

4）选择和计算校正装置的元件值

选择图 6-2a 所示无源阻容电网络为超前校正装置。由于对校正电网络的输入阻抗有不同要求，元件值的选择有多样性。如选电容 $C_1 = 4.74\mu F$，

则
$$R_1 = \frac{T_1}{C_1} = \frac{0.455}{4.74 \times 10^{-6}} k\Omega = 96k\Omega$$

所以
$$R_2 = \frac{R_1}{\alpha_i - 1} = \frac{96}{4-1} k\Omega = 32k\Omega$$

总结上例，可得串联超前校正装置的设计步骤为：

1）根据稳态精度的要求，确定系统开环放大系数 K，利用此放大系数，作出未校正系统的开环博德图，得到开环幅值交界频率 ω_c，由 ω_c 算出未校正系统的相位裕量 $\gamma(\omega_c)$。

2）根据对校正后幅值交界频率 ω_c'的要求，计算超前校正装置的参数 α_i 和 T_1。

本步骤的关键是选择最大超前相角 φ_m 所对应的频率 ω_m 应等于校正后系统的幅值交界频率 ω_c'，目的是既保证系统的响应速度并充分利用最大超前相角。显然 $\omega_m = \omega_c'$成立的条件是

$$L_c(\omega_m) + L(\omega_c') = 0$$

式中　$L_c(\omega_m)$——校正装置产生最大超前相角 φ_m 时的对数幅频特性的分贝值；

$L(\omega_c')$——未校正系统对数幅频特性在 $\omega_m = \omega_c'$时的分贝值。

由此可确定超前校正装置的参数 α_i，有了 ω_m 和 α_i，则参数 T_1 即可确定，$T_1 = \frac{\sqrt{\alpha_i}}{\omega_m}$。

3）验算校正后系统的性能指标。由于超前校正装置的参数是根据满足系统幅值交界频率的要求选择的，因此相位裕量是否满足要求必须验算。如果相位裕量不能满足要求，必须重新选择幅值交界频率 ω_c'，直至满足要求为止。

4）选择和计算超前校正装置的元件值。

例 6-2　已知某快速位置伺服系统为单位反馈系统，其开环传递函数为

$$G(s) = \frac{K}{s(s+1)(0.25s+1)}$$

要求系统校正后，稳态速度误差系数 $K_v = 10s^{-1}$，相位裕量 $\gamma(\omega_c') \geqslant 30°$，试设计串联校正装置。

解

1）根据稳态精度的要求确定系统开环放大系数

由于原系统为 I 型系统，所以

$$K = K_v = 10s^{-1}$$

作出原系统的开环博德图，如图 6-13 所示。由图得 $\omega_c = 3.16 rad/s$，$\gamma(\omega_c) = -20.7°$。可见原系统不稳定。

2）确定校正装置

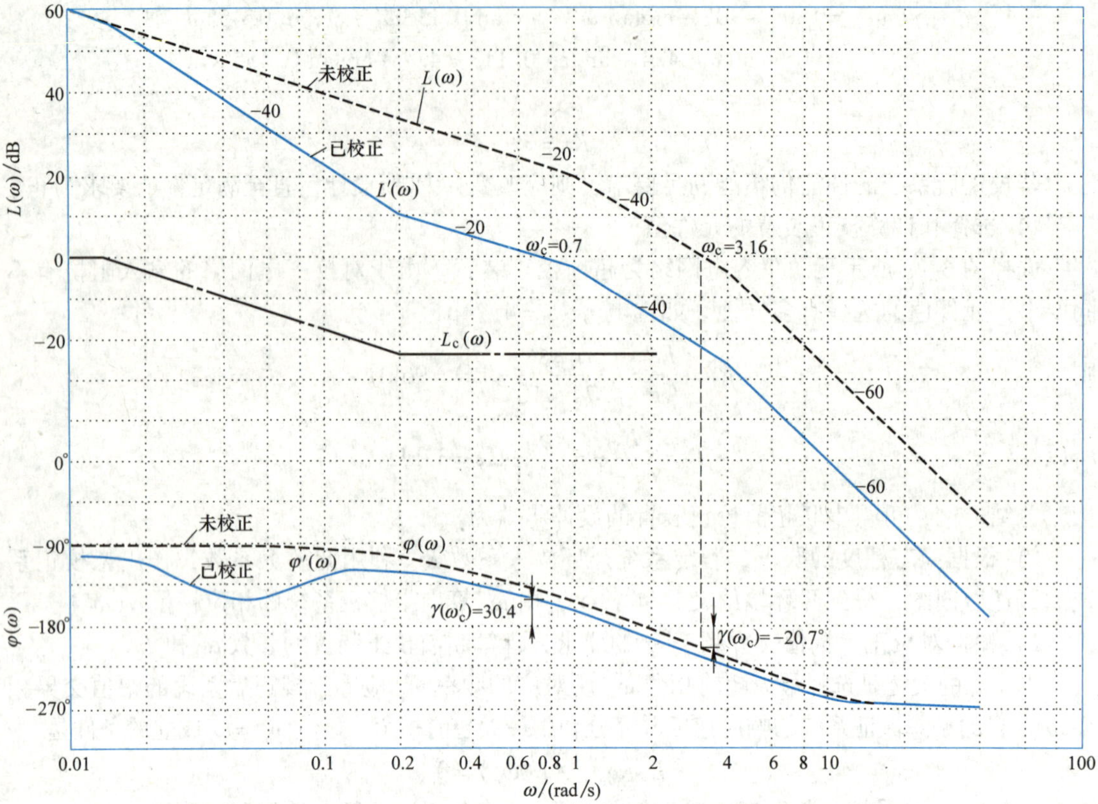

图 6-13　例 6-2 系统的开环博德图

因为原系统不稳定，如果采用一级超前校正，无法实现相位裕量 $\gamma(\omega_c')\geqslant 30°$ 的要求，若采用两级超前校正，虽有可能实现 $\gamma(\omega_c')\geqslant 30°$ 的要求，但校正装置复杂，且高频衰减特性大大降低，不能抵抗高频干扰。

由于性能指标未对校正后的幅值交界频率 ω_e' 提出具体要求，故可考虑牺牲快速性来提高稳定性，而采用滞后校正装置。

滞后校正装置串入系统后，总使原系统相位滞后，虽然在设计时力图使最大滞后相角远离校正后的系统幅值交界频率 ω_c'，但在 ω_c' 处它还会有影响，而使总的相位有所滞后，使校正后的系统相位裕量减小。所以，在设计滞后校正装置时，必须考虑这个因素，预先增加 15°的补偿裕量，故预选 $\gamma(\omega_c')=45°$。在博德图上查原系统对数相频特性曲线，选 $\gamma(\omega_c')=45°$ 时对应的频率 $\omega_c'=0.7\text{rad/s}$，作为校正后的系统幅值交界频率。

在博德图上查原系统在 ω_c' 处对数幅频特性的分贝值 $L(\omega_c')=23.1\ \text{dB}$，为使校正后系统的幅值在频率 $\omega_c'=0.7\text{rad/s}$ 处穿越零分贝线，必须使

$$L(\omega_c')-20\lg\alpha_j=0$$

所以

$$20\lg\alpha_j=23.1\text{dB}$$

故得滞后校正装置的参数 $\alpha_j=14.3$。

为了使校正装置的最大滞后相角远离校正后的幅值交界频率 ω_c'，故选校正装置的一个转折频率

$$\omega_2=\frac{1}{T_2}=\frac{1}{3.5}\omega_c'=0.2\text{rad/s}$$

另一转折频率

$$\omega_1=\frac{1}{\alpha_j T_2}=0.014\text{rad/s}$$

则校正装置的传递函数为

$$G_c(s)=\frac{T_2s+1}{\alpha_j T_2s+1}=\frac{(s/0.2)+1}{(s/0.014)+1}=\frac{5s+1}{71.4s+1}$$

3）验算

校正后系统的开环传递函数为

$$G_c(s)G(s)=\frac{10(5s+1)}{s(s+1)(0.25s+1)(71.4s+1)}$$

相位裕量

$$\begin{aligned}\gamma(\omega_c')&=180°+(-90°-\arctan\omega_c'-\arctan 0.25\omega_c'-\arctan 71.4\omega_c'+\arctan 5\omega_c')\\&=30.4°\end{aligned}$$

故满足系统相位裕量的要求。

4）校正装置参数的选择和计算

选择图6-4a所示的无源阻容电网络为滞后校正装置。因为 $T_2=5\text{s}$，故选 $R_2=250\text{k}\Omega$，则

$$C_2=20\mu\text{F}$$

根据 $\alpha_j=\frac{R_1+R_2}{R_2}=11.8$，得 $R_1=2.7\text{M}\Omega$。

由上例可归纳出设计串联滞后校正装置的一般步骤为：

1）根据稳态精度的要求确定系统的开环放大系数，用这一放大系数绘制原系统的博德图，由图得到未校正系统的幅值交界频率 ω_c 和相位裕量 $\gamma(\omega_c)$。

2）根据要求的相位裕量，确定校正后系统的幅值交界频率 ω_c'。其方法是在博德图上根据要求的相位裕量找出符合这一相位裕量的频率。在寻找这一频率时，除考虑给定的相位裕量外，还要加上由于滞后校正装置造成的相位滞后所必须补偿的裕量，一般增加5°～15°。

3）确定原系统对数幅频特性在 $\omega=\omega_c'$ 处幅值下降到0dB时所必需的幅值衰减量，使这一衰减量等于 $-20\lg\alpha_j$，从而得出 α_j 值。

4）为了使最大滞后相角远离 ω_c'，可选择校正装置的转折频率 $\omega_2=\frac{1}{T_2}$ 低于 ω_c' 一倍到十倍频程，另一转折频率则由 $\omega_1=\frac{1}{\alpha_j T_2}$ 确定，从而得到校正装置的传递函数。

5）校验相位裕量和其余性能指标。

6）根据校正装置的传递函数，确定其元件值。

例6-3 某电液伺服系统，具有单位反馈，其开环传递函数为

$$G(s)=\frac{K}{s(s+1)(0.5s+1)}$$

要求稳态速度误差系数 $K_v=10\text{s}^{-1}$，相位裕量 $\gamma(\omega_c')\geqslant 50°$，幅值裕量 $K_g\geqslant 10\text{dB}$，幅值交界频率 $\omega_c'\geqslant 12\text{rad/s}$，试设计串联校正装置。

解

1）根据稳态误差的要求确定系统开环放大系数 K。因为原系统为Ⅰ型系统，所以 $K=K_v=10s^{-1}$。当 $K=10s^{-1}$时，画出原系统的开环博德图，如图6-14所示。

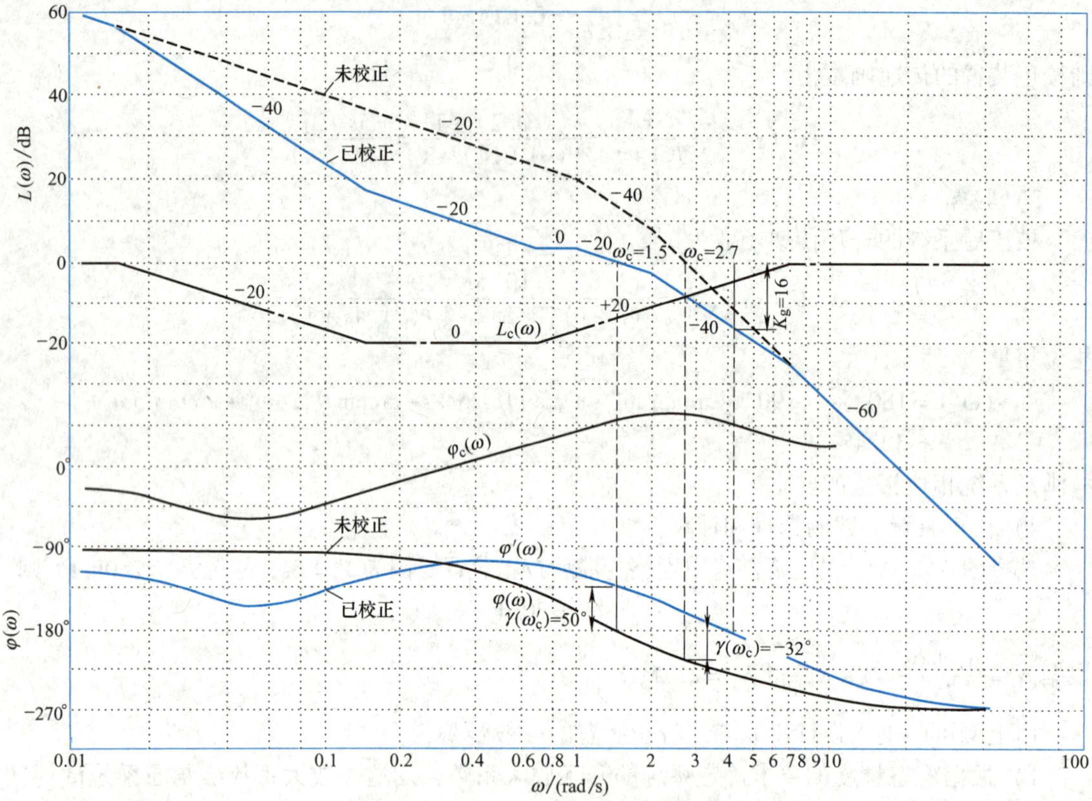

图6-14 例6-3系统的开环博德图

由图可得 $\omega_c=2.7\text{rad/s}$，$\gamma(\omega_c)=-32°$，说明未校正系统是不稳定的。

2）选择校正方式。先分析采用何种校正方式，才能满足性能指标的要求。

显然采用一级超前校正，无法实现如此大的相位超前；若采用两级超前校正，虽可以实现需要的相位超前，但响应速度将远远超出性能指标的要求，带宽过大，抗高频干扰能力变差，同时需要放大器，系统结构复杂，故本例不宜采用两级超前校正。如采用串联滞后校正，虽可实现相位裕量的要求，但响应速度又不能满足要求，同时滞后校正装置的转折频率必须远离 ω_c'，则校正装置的时间常数 T_2 将大大增加，物理上难以实现，故也不宜采取滞后校正。现拟采用串联滞后-超前校正。

3）设计滞后-超前校正装置

首先是选择校正后系统的幅值交界频率 ω_c'。从原系统的博德图可以看出，当 $\omega=1.5\text{rad/s}$ 时，原系统的相角为 $\varphi(\omega)=-180°$。故选择校正后的系统幅值交界频率 $\omega_c'=1.5\text{rad/s}$ 较为方便。这样在 $\omega=1.5\text{rad/s}$ 处，所需相位超前角应大于或等于50°。当 ω_c'选定之后，下一步工作是确定滞后-超前校正装置的相位滞后部分的转折频率 $\omega_2=\dfrac{1}{T_2}$，选 $\omega_2=0.1\omega_c'$。且取 $\alpha=10$，则滞后部分的另一转折频率 $\dfrac{\omega_2}{\alpha}=\dfrac{1}{\alpha T_2}=0.015\text{rad/s}$，故滞后-超前校正装

置的滞后部分的传递函数 $G_{c1}(s)$ 就可确定为

$$G_{c1}(s)=\frac{\frac{1}{0.15}s+1}{\frac{1}{0.015}s+1}=\frac{6.67s+1}{66.7s+1}$$

滞后-超前校正装置超前部分可确定如下：因为校正后的幅值交界频率 ω'_c 选为 1.5rad/s，从图 6-14 可以找出，未校正系统在 $\omega=\omega'_c$ 处的对数幅值 $L(\omega'_c)=13\text{dB}$。因此，如果滞后-超前校正装置在 $\omega=1.5\text{rad/s}$ 处产生 -13dB 幅值，则校正后的幅值交界频率即为所求。根据这一要求，通过点（$\omega=1.5\text{rad/s}$，-13dB）作一条斜率为 20dB/dec 的斜线，该斜线与零分贝线及 -20dB 线的交点，就确定了超前部分的转折频率。从图 6-14 得超前部分的两个转折频率分别为 $\frac{1}{T_1}=0.7\text{rad/s}$ 和 $\frac{\alpha}{T_1}=7\text{rad/s}$，所以超前部分的传递函数 $G_{c2}(s)$ 为

$$G_{c2}(s)=\frac{\frac{1}{0.7}s+1}{\frac{1}{7}s+1}=\frac{1.43s+1}{0.143s+1}$$

将校正装置的滞后和超前两部分的传递函数组合在一起，就得到滞后-超前校正装置的传递函数为

$$G_c(s)=G_{c1}(s)G_{c2}(s)=\frac{(6.67s+1)(1.43s+1)}{(66.7s+1)(0.143s+1)}$$

上述滞后-超前校正装置的对数频率特性曲线如图 6-14 中的点画线所示。

4）验算性能指标

校正后系统的开环传递函数为

$$G_c(s)G(s)=\frac{10(1.43s+1)(6.67s+1)}{s(s+1)(0.5s+1)(0.143s+1)(66.7s+1)}$$

计算得校正后系统的相位裕量 $\gamma(\omega'_c)=50°$，幅值裕量 $K_g=16\text{ dB}$，且稳态速度误差系数 $K_v=10\text{s}^{-1}$，幅值交界频率 $\omega'_c=1.5\text{rad/s}$。各项性能指标均满足要求。

5）确定校正装置参数（其方法与超前和滞后校正相同，此处从略）。

由上例可归纳出设计滞后-超前校正装置的一般步骤为：

1）根据控制精度的要求确定系统开环放大系数 K，利用 K 值画出未校正系统的开环博德图，确定未校正系统的幅值交界频率 ω_c 和相位裕量 $\gamma(\omega_c)$。

2）根据响应速度的要求选取校正后系统的幅值交界频率 ω'_c，为方便起见，通常选 ω'_c 等于未校正系统的相位交界频率 ω_g。

3）由已选定的 ω'_c 选择滞后部分的转折频率 $1/T_2$ 和 $1/\alpha T_2$（选取的原则是 $1/T_2$ 远离 ω'_c，α 则根据要求超前部分提供的超前角选取），得出滞后部分的传递函数。

4）为使校正后系统的对数幅频特性曲线在 $\omega=\omega'_c$ 时穿越零分贝线，必须有

$$L(\omega'_c)+L_c(\omega'_c)=0$$

式中 $L_c(\omega'_c)$——校正装置在 ω'_c 处对数幅频特性的分贝值；

$L(\omega'_c)$——未校正系统在 ω'_c 处对数幅频特性的分贝值。

由此确定校正装置超前部分对数幅频特性上的一点，过此点作 20dB/dec 斜线，得该斜线与零分贝线和 $-20\lg\alpha$ 线的交点，便可得到超前部分的两个转折频率，从而写出超前部分

的传递函数。

5）将滞后和超前部分的传递函数组合在一起，就可以得到滞后-超前校正装置的传递函数。

6）验算各项性能指标。

7）确定校正装置各元件的参数值。

第三节　基于 MATLAB 与 SIMULINK 的系统串联校正

下面结合实例，说明 MATLAB 与 SIMULINK 在系统串联校正中的具体应用。

例 6-4　已知某单位反馈位置控制系统的开环传递函数为

$$G(s)=\frac{K}{s(s+1)(0.35s+1)}$$

试应用 MATLAB 设计串联校正装置，使系统具有 $K=10\mathrm{s}^{-1}$，$\omega_c'\geqslant 1.5\mathrm{rad/s}$，相位裕量 $\gamma(\omega_c')\geqslant 50°$，幅值裕量 $K_g\geqslant 10\mathrm{dB}$。

解

由于系统为Ⅰ型系统，故可取开环放大系数 $K=10\mathrm{s}^{-1}$，其校正前的开环频率特性 MATLAB 程序为

```
k=10;
num=[k];
den=conv([1  1  0],[0.35  1]);
sys=tf (num, den);
margin (sys)
grid
```

校正前系统的开环频率特性如图 6-15 所示。

由图 6-15 可知，系统相位裕量为 $\gamma(\omega_c)=-21.7°$，幅值裕量为 $K_g=-8.27\mathrm{dB}$，幅值交界频率 $\omega_c=2.62\mathrm{rad/s}$，系统不稳定。原系统的相角 $-180°$ 所对应的频率 $\omega_g=1.69\mathrm{rad/s}$，为设计上的方便取该点为校正后的幅值交界频率 ω_c'。根据系统相位裕量 $\gamma(\omega_c')\geqslant 50°$ 的要求，在设计滞后-超前校正装置时，其超前相角应 $\varphi_m\geqslant 50°$，故取滞后部分的转折频率为 $0.1\omega_c'=0.169\mathrm{rad/s}$，另一个转折频率为 $0.01\omega_c'=0.0169\mathrm{rad/s}$；而取超前部分的两个转折频率分别为 $0.5\mathrm{rad/s}$ 和 $5\mathrm{rad/s}$，则滞后-超前

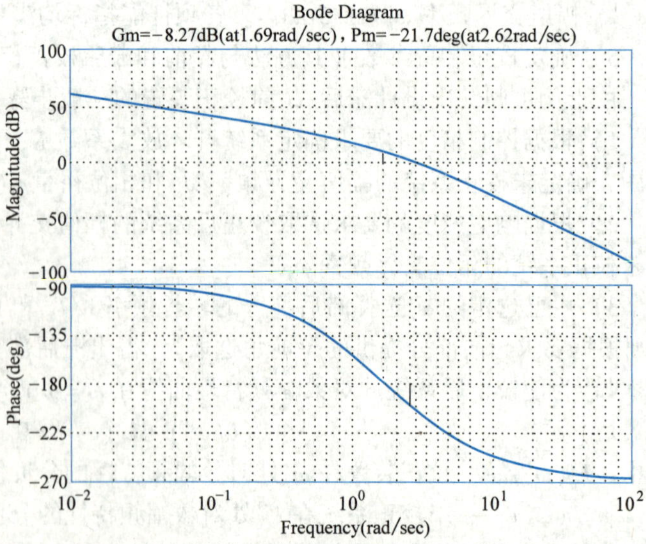

图 6-15　例 6-4 校正前系统的开环频率特性

校正装置的传递函数为

$$G_c(s)=\frac{(1/0.169s+1)(1/0.5s+1)}{(1/0.0169s+1)(1/5s+1)}$$

校正后系统的开环传递函数为

$$G_c(s)G(s)=\frac{K(1/0.169s+1)(1/0.5s+1)}{s(1/0.0169s+1)(1/5s+1)(s+1)(0.35s+1)}$$

MATLAB 程序为

```
k = 10;
num = conv([1/0.169 * k  k], [1/0.5  1]);
den1 = conv([1  1  0], [0.35  1]);
den2 = conv([1/0.0169  1], [1/5  1]);
den = conv (den1, den2);
sys = tf (num, den);
margin (sys)
grid
```

校正后系统的开环频率特性如图6-16所示。

校正后系统具有 $K=10s^{-1}$，$\omega_c'=1.5rad/s$，相位裕量 $\gamma(\omega_c')=55.2°$，幅值裕量 $K_g=13.5dB$，满足设计要求。

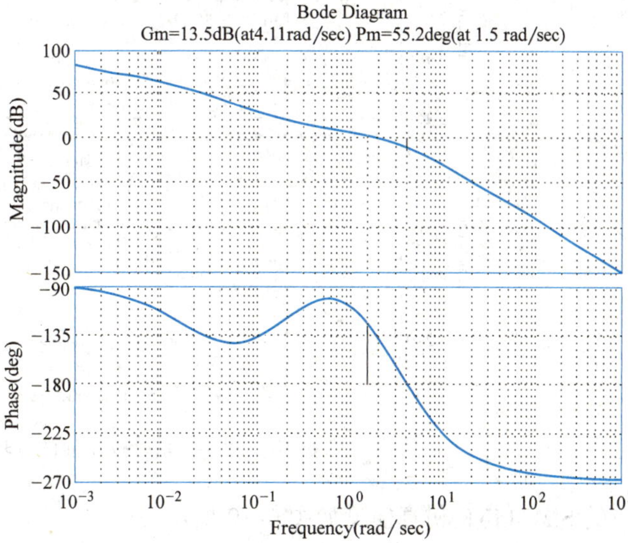

图6-16 例6-4 校正后系统的开环频率特性

例6-5 某单位反馈位置控制系统开环传递函数为

$$G(s)=\frac{K_v}{s\left(\frac{s^2}{\omega_h^2}+\frac{2\zeta_h}{\omega_h}s+1\right)}$$

已知控制系统的特征参数为 $K_v=20s^{-1}$，$\omega_h=220rad/s$，$\zeta_h=0.1$，试基于SIMULINK平台，采用串联滞后校正装置，使系统满足开环增益为 $K_{vc}=60s^{-1}$，幅值裕量为 $K_g\geqslant 6dB$，相位裕量为 $\gamma(\omega_c')\geqslant 70°$，幅值交界频率为 $\omega_c'\geqslant 20rad/s$ 的性能指标要求。

解

根据系统要求，取开环增益为 $K_{vc}=60s^{-1}$，在SIMULINK平台上作出仿真模型如图6-17所示。

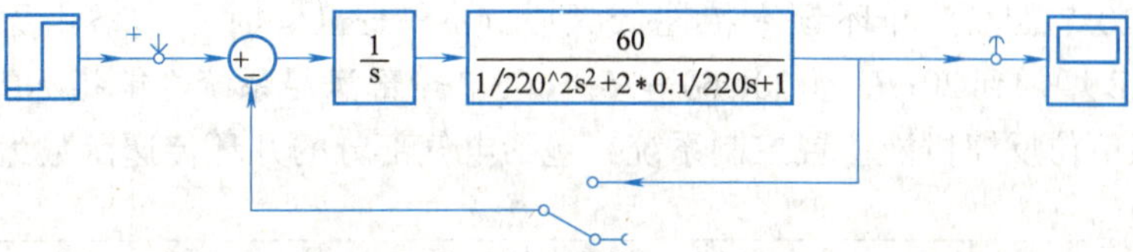

图6-17 例6-5 系统校正前SIMULINK仿真模型

系统校正前的开环频率特性如图 6-18 所示。由图可知幅值裕量为 $K_g=-2.56\text{dB}$，系统不稳定。取滞后校正装置的两个转折频率分别为 5rad/s、5/3(rad/s)，则系统校正后的开环传递函数为

$$G_c(s)G(s)=\frac{60\left(\frac{1}{5}s+1\right)}{s\left(\frac{3}{5}s+1\right)\left(\frac{s^2}{220^2}+\frac{0.2}{220}s+1\right)}$$

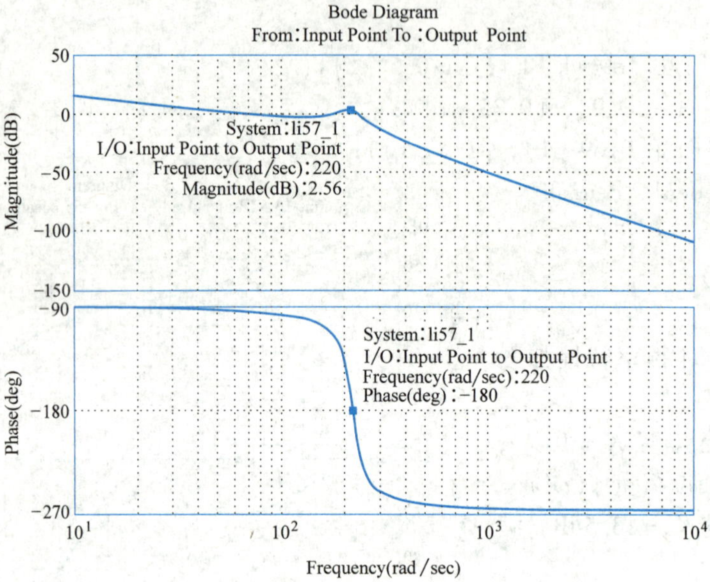

图 6-18 例 6-5 系统校正前的开环频率特性

相应的 SIMULINK 仿真模型如图 6-19 所示。

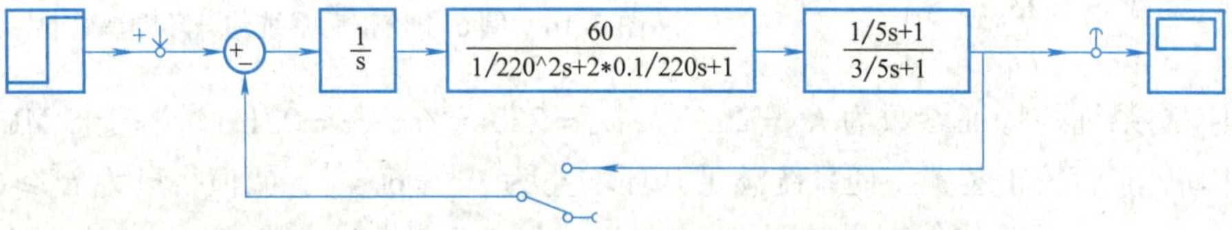

图 6-19 例 6-5 系统校正后 SIMULINK 仿真模型

系统校正后的开环频率特性如图 6-20 所示。

由图 6-20 可知，其幅值裕量为 $K_g=7.28\text{dB}$，相位裕量 $\gamma(\omega_c')=180°-100°=80°$，幅值交界频率 $\omega_c'=20.7\text{rad/s}$，开环频率特性低频段（$\omega=1\text{rad/s}$ 时）增益由原来的 $20\lg K_v=20\lg20=26.02\text{dB}$ 增加到 $20\lg K_{vc}=20\lg60=35.56\text{dB}$。全部满足系统性能指标的要求。

例 6-6 某单位反馈机液位置控制系统，包括电气部分的开环传递函数为

$$G(s)=\frac{12.2}{\left(\frac{s}{0.3}+1\right)\left(\frac{s}{369}+1\right)\left(\frac{s}{220}+1\right)\left(\frac{s^2}{650^2}+\frac{1.4}{650}s+1\right)\left(\frac{s^2}{1893^2}+\frac{0.3}{1893}s+1\right)}$$

试在 SIMULINK 平台上，通过串联滞后-超前校正装置，把系统改成 I 型系统，并要求系统

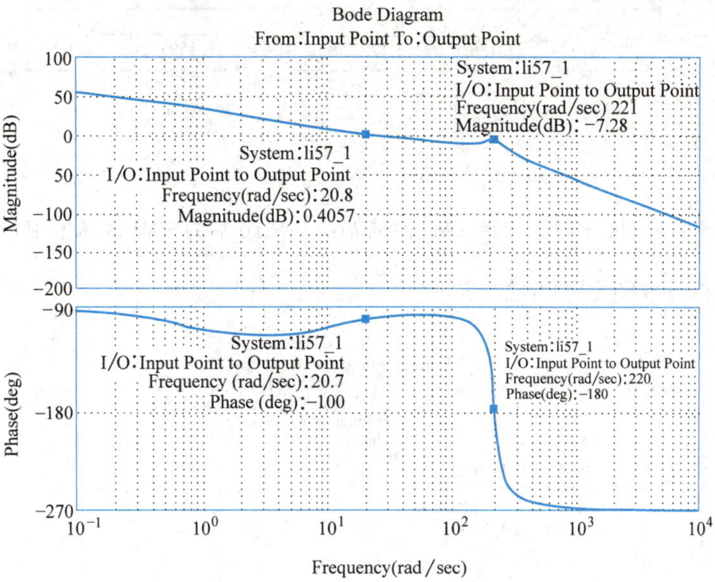

图 6-20 例 6-5 系统校正后的开环频率特性

幅值交界频率 $\omega_c' \geqslant 100\text{rad/s}$。

解

取滞后-超前校正装置传递函数为

$$G_c(s)=\frac{\left(\dfrac{1}{\omega_1}s+1\right)\left(\dfrac{1}{\omega_2}s+1\right)}{\tau s}$$

则系统校正后的开环传递函数为

$$G_c(s)G(s)=\frac{12.2\left(\dfrac{1}{\omega_1}s+1\right)\left(\dfrac{1}{\omega_2}s+1\right)\Big/\tau}{s\left(\dfrac{s}{0.3}+1\right)\left(\dfrac{s}{369}+1\right)\left(\dfrac{s}{220}+1\right)\left(\dfrac{s^2}{650^2}+\dfrac{1.4}{650}s+1\right)\left(\dfrac{s^2}{1893^2}+\dfrac{0.3}{1893}s+1\right)}$$

根据系统要求，取 $\omega_1=0.3\text{rad/s}$，$\omega_2=220\text{rad/s}$ 以抵消两个相应的惯性环节，此时，机液位置控制系统开环传递函数变为

$$G_c(s)G(s)=\frac{12.2/\tau}{s\left(\dfrac{s}{369}+1\right)\left(\dfrac{s^2}{650^2}+\dfrac{1.4}{650}s+1\right)\left(\dfrac{s^2}{1893^2}+\dfrac{0.3}{1893}s+1\right)}$$

考虑到所要求的幅值交界频率为 $\omega_c' \geqslant 100\text{rad/s}$，小于开环传递函数中的最低频率 369rad/s，可取开环增益近似等于要求的幅值交界频率，即取 $K_v=115\text{s}^{-1}$，其中调节参数 $\tau=0.1061\text{s}$，最后得滞后-超前校正后的系统开环传递函数为

$$G_c(s)G(s)=\frac{115}{s\left(\dfrac{s}{369}+1\right)\left(\dfrac{s^2}{650^2}+\dfrac{1.4}{650}s+1\right)\left(\dfrac{s^2}{1893^2}+\dfrac{0.3}{1893}s+1\right)}$$

它的 SIMULINK 仿真模型如图 6-21 所示。

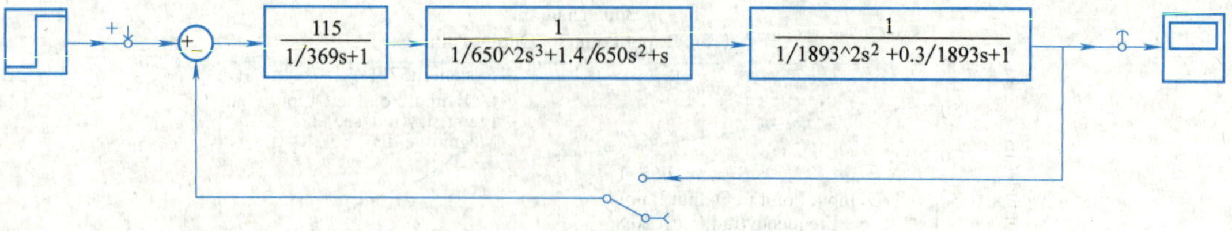

图 6-21 例 6-6 机液位置控制系统滞后-超前校正后的 SIMULINK 仿真模型

其系统开环频率特性如图 6-22 所示。

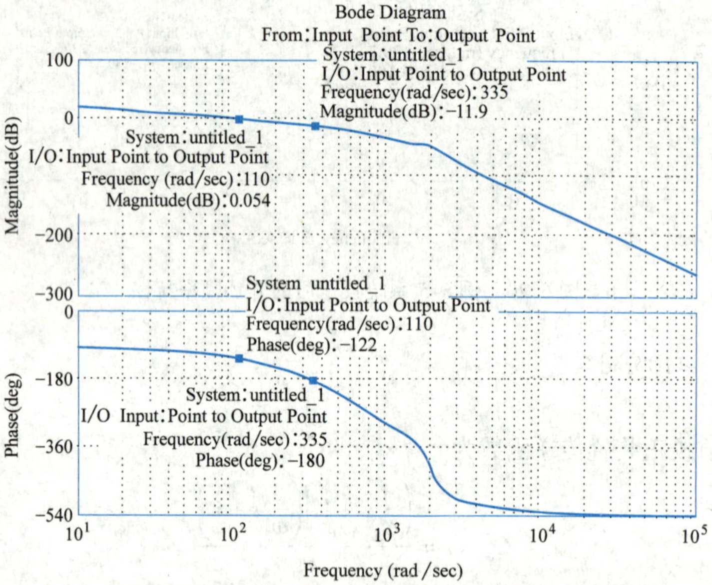

图 6-22 例 6-6 滞后-超前校正后的机液位置控制系统开环频率特性曲线

由图 6-22 可知，系统的幅值裕量为 $K_g = 11.9\text{dB}$，相位裕量为 $\gamma(\omega_c') = 180° - 122° = 58°$，幅值交界频率 $\omega_c' = 110\text{rad/s}$。满足系统的所有要求。

第四节 PID 控制

一、PID 控制规律

PID（Proportional Integral Derivative）控制是控制工程中技术成熟、应用广泛的一种控制策略，经过长期的工程实践，已形成了一套完整的控制方法和典型的结构。它不仅适用于数学模型已知的控制系统，而且对于大多数数学模型难以确定的工业过程也可应用。PID 控制参数整定方便，结构改变灵活，在众多工业过程控制中取得了满意的应用效果。

随着计算机技术的迅速发展，将 PID 控制数字化，在计算机控制系统中实施数字 PID 控制，已成为一个新的发展趋势。因此，PID 控制是一种很重要、很实用的控制规律。

如第一章所述，在图 6-23a 所示的反馈控制系统中，偏差信号 $\varepsilon(t)$ 是系统进行控制的最基本、最原始的信号。为了提高系统的控制性能，可对信号 $\varepsilon(t)$ 加以改造，使其按某种函数关系进行变换，形成新的控制规律，即

$$u(t)=f[\varepsilon(t)] \tag{6-16}$$

从而使系统达到所要求的性能指标。加 PID 控制后的系统如图 6-23b 所示。

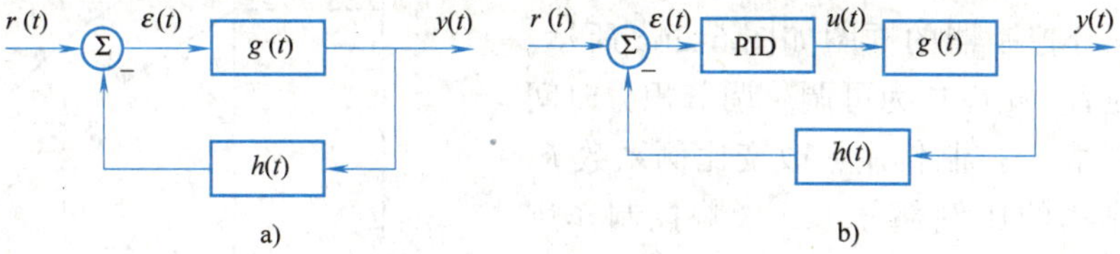

图 6-23　控制系统

a）反馈控制系统　b）加 PID 控制后的系统

所谓 PID 控制，就是对偏差信号 $\varepsilon(t)$ 进行比例、积分和微分运算变换后形成的一种控制规律，即

$$u(t)=K_p\left[\varepsilon(t)+\frac{1}{T_i}\int_0^t\varepsilon(\tau)\mathrm{d}\tau+T_d\frac{\mathrm{d}\varepsilon(t)}{\mathrm{d}t}\right] \tag{6-17}$$

式中　$K_p\varepsilon(t)$ ——比例控制项，K_p 为比例系数；

$\frac{1}{T_i}\int_0^t\varepsilon(\tau)\mathrm{d}\tau$ ——积分控制项，T_i 为积分时间常数；

$T_d\frac{\mathrm{d}\varepsilon(t)}{\mathrm{d}t}$ ——微分控制项，T_d 为微分时间常数。

PID 控制可以方便灵活地改变控制策略，实施 P、PI、PD 或 PID 控制。

下面用频域法分别说明它们的控制作用。

（一）P 控制（比例控制）

比例控制器的框图如图 6-24 所示。控制器的输出 $u(t)$ 与偏差信号 $\varepsilon(t)$ 之间的关系为

$$u(t)=K_p\varepsilon(t) \tag{6-18}$$

控制器的传递函数为

$$G_c(s)=\frac{U(s)}{\mathcal{E}(s)}=K_p \tag{6-19}$$

由式（6-18）和式（6-19）可知，比例控制器实质上是一种增益可调的放大器。

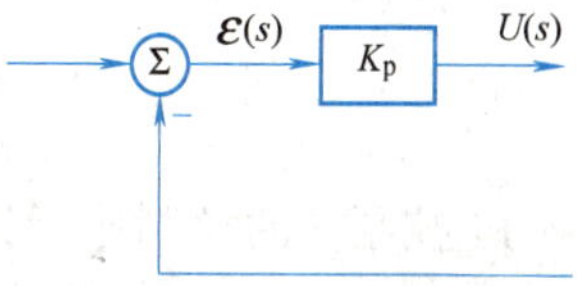

图 6-24　P 控制器框图

比例控制器的频率特性、对数幅频特性和对数相频特性分别为

$$G_c(\mathrm{j}\omega)=K_p,\qquad L_c(\omega)=20\lg K_p,\qquad \varphi_c(\omega)=0$$

图 6-25 显示了系统引入比例控制器后对系统性能的影响。由图可见，当取 $K_p>1$ 时，采用比例控制改善了系统的稳态性能（开环增益加大，稳态误差减小）和快速性（幅值交界频率 ω_c 增大，过渡过程时间 t_s 缩短），但系统稳定程度变差（相位裕量 $\gamma(\omega_c)$ 变小）。因此只有原系统稳定裕量充分大时才采用比例控制。若取 $K_p<1$，则对系统性能的影响刚好相反。

（二）PI 控制（比例加积分控制）

比例加积分控制器的控制作用由下式定义：

$$u(t)=K_p\varepsilon(t)+\frac{K_p}{T_i}\int_0^t\varepsilon(t)\mathrm{d}t \tag{6-20}$$

控制器的传递函数为

$$G_c(s)=\frac{U(s)}{\mathcal{E}(s)}=K_p\left(1+\frac{1}{T_i s}\right) \qquad (6\text{-}21)$$

比例加积分控制器的框图如图6-26a所示。这种控制器的 K_p 和 T_i 均为可调。调节积分时间常数 T_i 可调整积分控制作用；改变比例系数 K_p 既影响控制作用的比例部分，又影响控制作用的积分部分。若偏差信号 $\varepsilon(t)$ 为单位阶跃函数，如图6-26b所示，则控制器的输出 $u(t)$ 将如图6-26c所示。由该图可以看出，积分控制作用具有记忆功能。

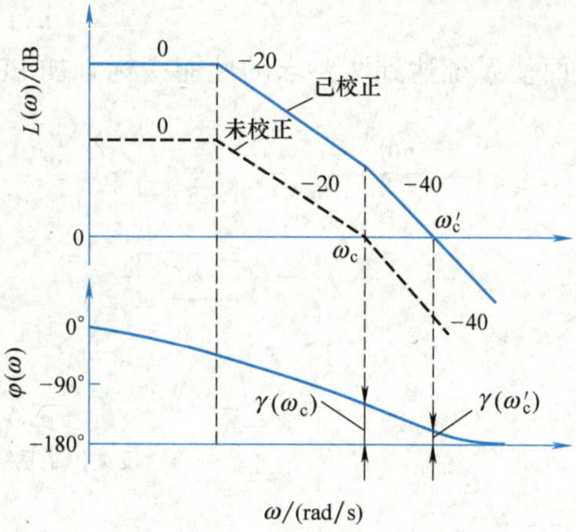

图6-25 P控制的作用

若取 $K_p=1$，则比例加积分控制器的频率特性、对数幅频特性和对数相频特性分别为

$$G_c(j\omega)=\frac{1+jT_i\omega}{jT_i\omega},\ L_c(\omega)=20\lg\sqrt{1+T_i^2\omega^2}-20\lg T_i\omega$$

$$\varphi_c(\omega)=\arctan T_i\omega-90°$$

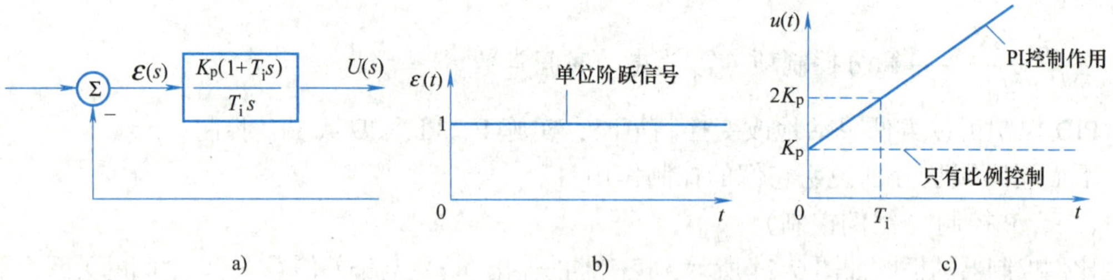

图6-26 PI控制

a）PI控制器框图 b）单位阶跃输入 c）PI控制器输出

PI控制器的控制作用视使用方法不同而有不同的效果。当取 $K_p=1$ 时，其使用情况如图6-27a所示。由此图可知，引入PI控制器后，使系统从0型提高到Ⅰ型，因而系统的稳态误差得以消除或变小，改善了系统的稳态性能。但系统的相位裕量有所减小，稳定程度变差。若取 $K_p<1$，则控制作用如图6-27b所示。系统从Ⅰ型提高到Ⅱ型，使系统的稳态性能得以改善，同时系统从不稳定变为稳定。但系统的幅值交界频率 ω_c 减小，快速性变差，即系统的动态性能有所下降。

（三）PD控制（比例加微分控制）

比例加微分控制器的控制作用由下式定义：

$$u(t)=K_p\varepsilon(t)+K_pT_d\frac{d\varepsilon(t)}{dt} \qquad (6\text{-}22)$$

控制器的传递函数为

$$G_c(s)=\frac{U(s)}{\mathcal{E}(s)}=K_p(1+T_d s) \qquad (6\text{-}23)$$

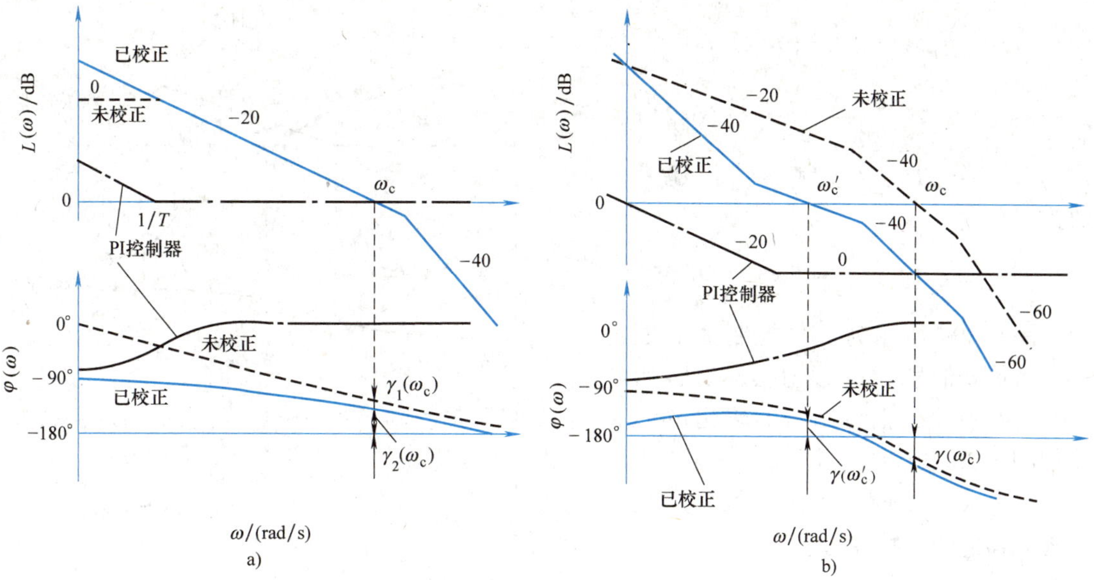

图 6-27　PI 控制的作用

a）$K_p=1$　b）$K_p<1$

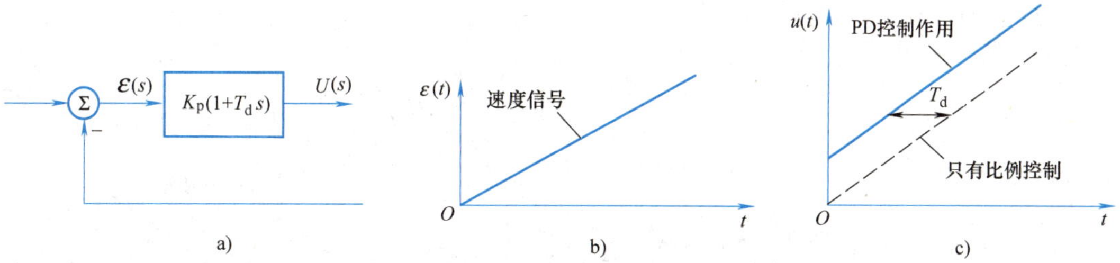

图 6-28　PD 控制

a）PD 控制器框图　b）速度输入　c）PD 控制器输出

比例加微分控制器的框图如图 6-28a 所示，其中 K_p 和 T_d 均可以调节。若偏差信号$\varepsilon(t)$为速度函数，如图 6-28b 所示，则控制器输出 $u(t)$ 将如图 6-28c 所示。由该图可以看出，微分控制作用具有预测特性。时间常数 T_d 就是微分控制作用超前于比例控制作用效果的时间间隔。但是必须指出，微分控制作用永远不能预测不存在的作用。再则，微分控制作用也有它的缺点，因为它放大了噪声信号，并且还可能在执行元件中造成饱和效应。

设 $K_p=1$，则 PD 控制器的频率特性、对数幅频特性和对数相频特性分别为

$$G_c(j\omega)=1+jT_d\omega,\ L_c(\omega)=20\lg\sqrt{1+T_d^2\omega^2},\ \varphi_c(\omega)=\arctan T_d\omega$$

PD 控制器的控制作用如图 6-29 所示。由图可见，原系统虽然稳定，但稳定裕量较小。当引入 PD 控制器后，相位裕量增加，系统的稳态性能没有变化（因为设 $K_p=1$），幅值交界频率 ω_c 增大，提高了系统的快速性。因此，PD 控制改善了系统的动态性能；但高频段增益上升，系统抗干扰能力减弱。

（四）PID 控制（比例加积分加微分控制）

比例控制、积分控制和微分控制的组合称为比例加积分加微分控制。这种组合控制器综合了 3 种单独控制器各自的优点，其控制作用由下式定义：

$$u(t) = K_p\varepsilon(t) + \frac{K_p}{T_i}\int_0^t \varepsilon(t)\,dt + K_pT_d\frac{d\varepsilon(t)}{dt} \qquad (6\text{-}24)$$

比例加积分加微分控制器的传递函数为

$$\frac{U(s)}{\varepsilon(s)} = K_p\left(1 + \frac{1}{T_is} + T_ds\right) \qquad (6\text{-}25)$$

图6-30a 所示为 PID 控制器的框图。若偏差信号 $\varepsilon(t)$ 为速度函数，如图6-30b 所示，则控制器的输出 $u(t)$ 将如图6-30c 所示。

当取 $K_p = 1$ 时，比例加积分加微分控制器的频率特性为

$$G_c(j\omega) = 1 + \frac{1}{jT_i\omega} + jT_d\omega \qquad (6\text{-}26)$$

令 $\omega_i = \frac{1}{T_i}$，$\omega_d = \frac{1}{T_d}$，且设 $\omega_i < \omega_d$（即 $T_i > T_d$），则有

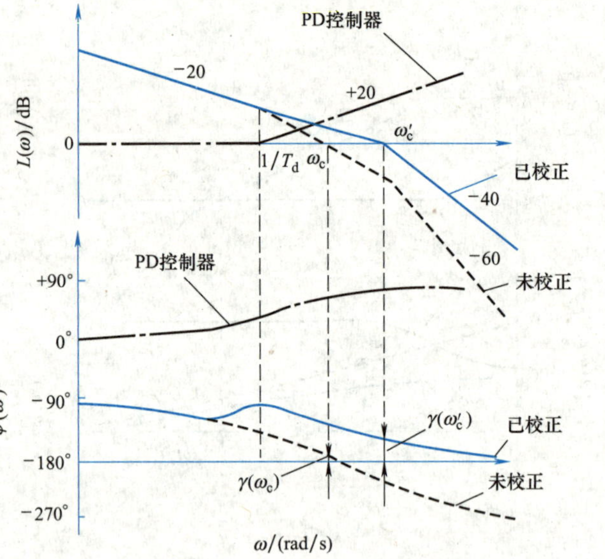

图6-29 PD 控制的作用

$$G_c(j\omega) = \left(1 + j\frac{\omega}{\omega_i} - \frac{\omega^2}{\omega_i\omega_d}\right)\bigg/ j\frac{\omega}{\omega_i} \qquad (6\text{-}27)$$

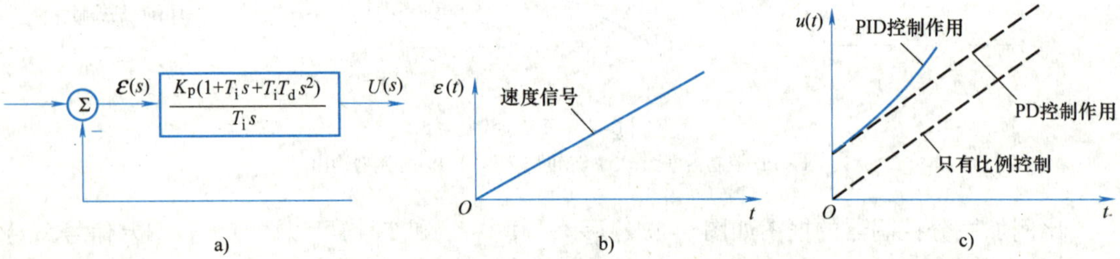

图6-30 PID 控制

a）PID 控制器框图 b）速度输入 c）PID 控制器输出

因此，比例加积分加微分控制器的对数幅频特性和对数相频特性分别为

$$L_c(\omega) = 20\lg\sqrt{\left(1 - \frac{\omega^2}{\omega_i\omega_d}\right)^2 + \frac{\omega^2}{\omega_i^2}} - 20\lg\frac{\omega}{\omega_i}, \qquad \varphi_c(\omega) = \arctan\frac{\dfrac{\omega}{\omega_i}}{1 - \dfrac{\omega^2}{\omega_i\omega_d}} - 90°$$

近似地有

$$L_c(\omega) = \begin{cases} -20\lg\dfrac{\omega}{\omega_i} & (\omega \ll \omega_i) \\ 0 & (\omega_i < \omega < \omega_d) \\ 20\lg\dfrac{\omega}{\omega_d} & (\omega \gg \omega_d) \end{cases}, \qquad \varphi_c(\omega) = \begin{cases} -90° & (\omega \to 0) \\ 0 & (\omega = \sqrt{\omega_i\omega_d}) \\ +90° & (\omega \to \infty) \end{cases}$$

由上式画出 PID 控制器的博德图如图 6-31所示。可见，PID 控制在低频段主要起积分控制作用，改善系统的稳态性能，在中频段主要起微分控制作用，提高系统的动态性能。

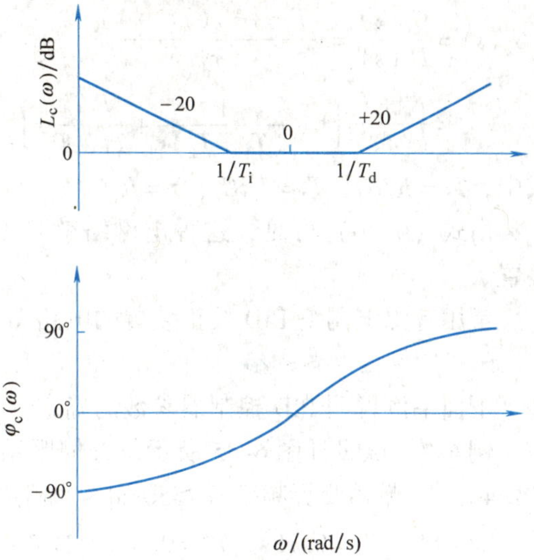

图 6-31 PID 控制器的博德图

二、PID 控制的实现

PID 控制器的控制规律由 PID 校正装置来实现。

（一）PD 校正装置

PD 控制可用图 6-32 所示的有源电网络来实现，它由运算放大器和电阻、电容组成。按复阻抗计算，有

$$Z_1=\frac{R_1}{R_1C_1s+1},\qquad Z_2=R_2$$

若将 A 点视为零电位并不考虑方向性，则有

$$\frac{U_i(s)}{Z_1(s)}=\frac{U_o(s)}{Z_2(s)}$$

将 Z_1、Z_2 代入上式，整理后即得有源电网络的传递函数

$$G_c(s)=\frac{U_o(s)}{U_i(s)}=K_p(1+T_1s) \tag{6-28}$$

式中，$T_1=R_1C_1$，$K_p=R_2/R_1$。

可见，式（6-28）为典型的 PD 控制器传递函数，故该有源电网络可以作为 PD 校正装置。

（二）PI 校正装置

可实现 PI 控制规律的有源电网络如图 6-33 所示。其传递函数为

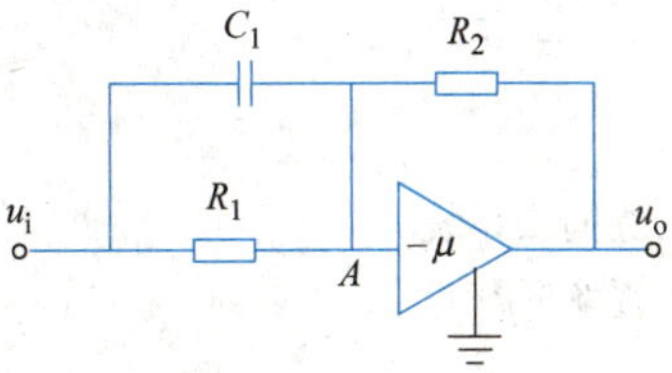

图 6-32 PD 校正装置

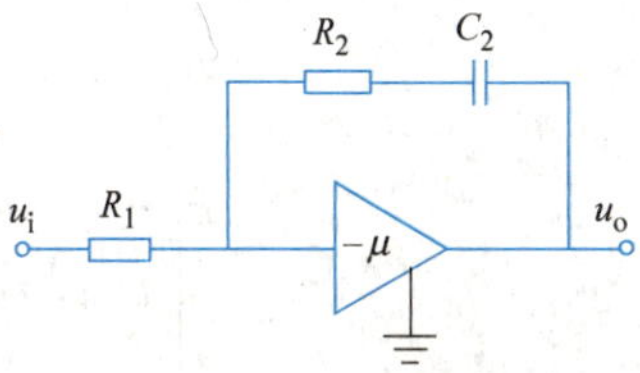

图 6-33 PI 校正装置

$$G_c(s)=\frac{U_o(s)}{U_i(s)}=\frac{T_2s+1}{\tau s}=\frac{T_2}{\tau}\left(1+\frac{1}{T_2s}\right)=K_p\left(1+\frac{1}{T_2s}\right) \tag{6-29}$$

式中，$T_2=R_2C_2$，$\tau=R_1C_2$，$K_p=\dfrac{R_2}{R_1}$。

由式（6-29）可见，这就是标准 PI 控制器的传递函数，故图 6-33 所示的有源电网络可以用作 PI 校正装置。

（三）PID 校正装置

图 6-34 所示的有源电网络可作为校正装置来实现 PID 控制规律。其传递函数为

$$G_c(s)=\frac{U_o(s)}{U_i(s)}=\frac{(T_1s+1)(T_2s+1)}{\tau s}$$

$$=\frac{T_1+T_2}{\tau}\left[1+\frac{1}{(T_1+T_2)s}+\frac{T_1T_2}{T_1+T_2}s\right] \quad (6\text{-}30)$$

式中，$T_1=R_1C_1$，$T_2=R_2C_2$，$\tau=R_1C_2$。

由式（6-30）可见，这种电网络就是 PID 校正装置。

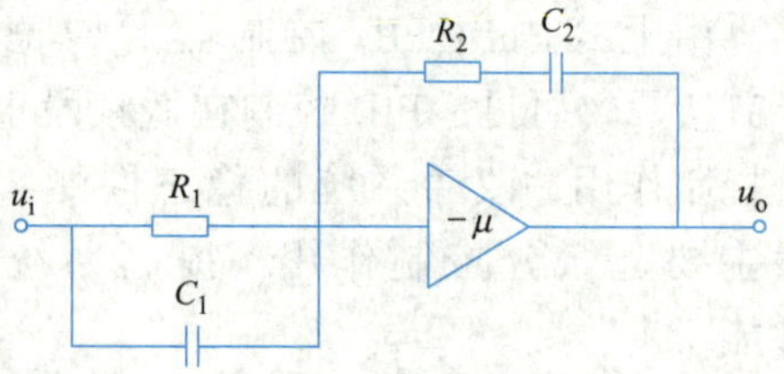

图 6-34 PID 校正装置

常用有源电网络 PID 校正装置的电路图、传递函数及对数幅频特性，见附录 B。

三、PID 控制器的参数确定

下面举例说明 PID 控制器参数的确定。

例 6-7 试设计图 6-35 所示位置伺服系统的串联 PID 校正装置，使系统速度误差系数 $K_v \geqslant 40s^{-1}$，幅值交界频率 $\omega_c' \geqslant 50\text{rad/s}$，相位裕量 $\gamma(\omega_c') \geqslant 50°$。已知 $K_3=1.3$，$K_4=0.0933$，$K_d=22.785$，$T_d=0.15s$，$T_3=0.877\times10^{-3}s$，$\tau=5\times10^{-3}s$。

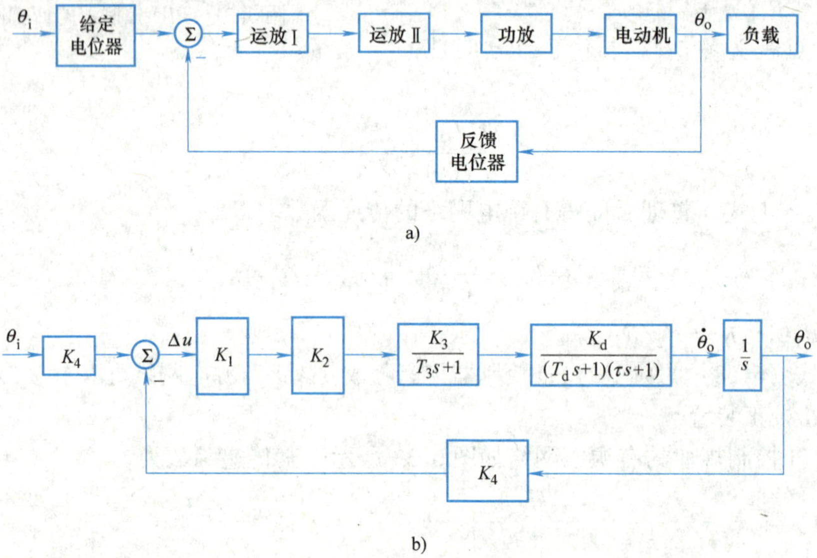

图 6-35 例 6-7 位置伺服系统

a）系统结构 b）系统框图

解

1）根据稳态精度的要求确定开环放大系数：由图 6-35 知，未校正系统开环传递函数为

$$G(s)H(s)=\frac{K_1K_2K_3K_4K_d}{s(T_ds+1)(T_3s+1)(\tau s+1)}=\frac{K}{s(T_ds+1)(T_3s+1)(\tau s+1)}$$

可见，未校正系统为 Ⅰ 型系统，故 $K=K_v$。按设计要求选 $K=K_v=40s^{-1}$。

取 $K_1=3$，$K_2=4.8$，$K=K_1K_2K_3K_4K_d=40$，得未校正系统的开环传递函数为

$$G(s)H(s)=\frac{40}{s(0.15s+1)(0.877\times10^{-3}s+1)(5\times10^{-3}s+1)}$$

作未校正系统的博德图，如图 6-36 曲线所示。得 $\omega_c=16\text{rad/s}$，$\gamma(\omega_c)=17.25°$。

2）确定校正装置：原系统的 ω_c、$\gamma(\omega_c)$ 均小于设计要求，为保证系统的稳态精度，

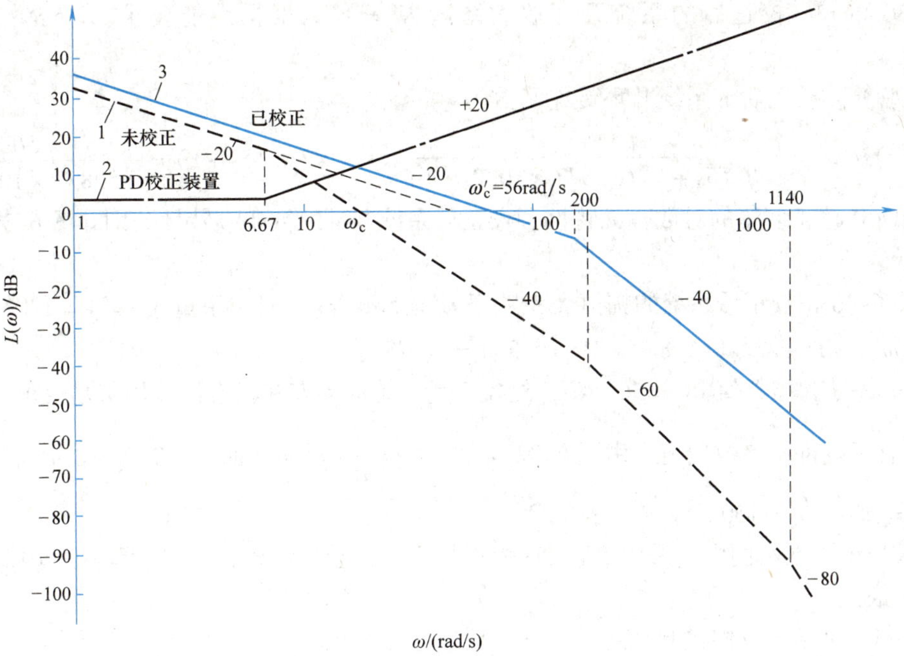

图 6-36 例 6-7 系统的博德图

并提高系统的动态性能，选用串联 PD 校正，其校正装置为图 6-32 所示的有源电网络。选择图 6-9 所示的最优二阶模型为期望特性。为使原系统结构简单，对未校正部分的高频段小惯性环节作等效处理如下：

因为
$$\frac{1}{(T_3s+1)}\ \frac{1}{(\tau s+1)}=\frac{1}{T_3\tau s^2+(T_3+\tau)s+1}$$

而
$$T_3\tau=0.877\times10^{-3}\times5\times10^{-3}\text{s}^2=4.385\times10^{-6}\text{s}^2$$
$$T_3^1\approx T_3+\tau=(0.877\times10^{-3}+5\times10^{-3})\text{s}=5.877\times10^{-3}\text{s}$$

故有
$$\frac{1}{(T_3s+1)}\ \frac{1}{(\tau s+1)}\approx\frac{1}{T_3^1s+1}$$

所以未校正系统的开环传递函数可近似为
$$G(s)H(s)=\frac{K}{s(T_ds+1)(T_3^1s+1)}=\frac{40}{s(0.15s+1)(5.877\times10^{-3}s+1)}$$

已知 PD 校正装置的传递函数为
$$G_c(s)=K_p(Ts+1)$$

为使校正后的开环博德图为期望二阶最优模型，可消去未校正系统的一个极点，即
$$G_c(s)G(s)H(s)=\frac{K}{s(T_ds+1)(T_3^1s+1)}K_p(Ts+1)$$

令
$$T=T_d=0.15\text{s}$$

则
$$G_c(s)G(s)H(s)=\frac{KK_p}{s(T_3^1s+1)}$$

由图 6-36 可知，校正后的系统开环放大系数 $K'=\omega'_c$。根据性能要求 $\omega'_c\geq 50\text{rad/s}$，故选$K_p=1.4$。

3）验算：校正后的系统开环传递函数为

$$G_c(s)G(s)H(s)=\frac{40}{s(0.15s+1)(5.877\times10^{-3}s+1)}\times1.4\times(0.15s+1)=\frac{56}{s(5.877\times10^{-3}s+1)}$$

作出 PD 校正装置的对数幅频特性和校正后系统开环对数幅频特性分别如图 6-36 曲线 2 和 3 所示。

由图 6-36 得校正后系统的幅值交界频率 $\omega'_c=56\text{rad/s}$，相位裕量 $\gamma(\omega'_c)=180°-90°-\arctan T_3^1\omega'_c=90°-\arctan(5.877\times10^{-3}\times56)=71.78°$。

由于 $\omega'_c=K=K_v$（指数值上）$=56>40$，故校正后系统的动态和稳态性能均满足要求。

4）有源电网络参数确定：由图 6-32 可知，$K_p=\dfrac{R_2}{R_1}=1.4$，而 $T=R_1C_1=0.15\text{s}$。

故选 $C_1=1\mu\text{F}$，$R_1=150\text{k}\Omega$，$R_2=210\text{k}\Omega$。

必须指出：在本例中，采用串联 PD 校正装置后，会给系统带来较大噪声，因此在实用上有所欠缺。

例 6-8 某单位反馈控制系统，其开环传递函数为

$$G(s)=\frac{K_aK_fK_d}{s\left(\dfrac{s}{\omega_r}+1\right)\left(\dfrac{s^2}{\omega_d^2}+\dfrac{2\zeta_d}{\omega_d}s+1\right)}$$

已知 $K_f=1$，$K_d=0.5$，$\omega_r=15\text{rad/s}$，$\omega_d=98\text{rad/s}$，$\zeta_d=0.4$，试应用 MATLAB，设计串联 PID 校正装置，使系统幅值交界频率 $\omega'_c\geq45\text{rad/s}$，相位裕量 $\gamma(\omega'_c)\geq60°$。

解

根据系统幅值交界频率 $\omega'_c\geq45\text{rad/s}$ 的要求，因系统为 I 型系统，故可直接取系统开环增益 $K=K_aK_fK_d=45$，其开环频率特性 MATLAB 程序为

```
k =45;
wr =15;
wd =98;
bd =0.4;
num =[k];
den =conv([1/wr 1 0],[1/wd^2 2*bd/wd 1]);
sys =tf (num, den);
margin (sys)
grid
```

未校正系统博德图如图 6-37 所示。由图 6-37 可知系统幅值交界频率 $\omega_c=47.2\text{rad/s}$，满足 $\omega'_c\geq45\text{rad/s}$ 的要求，但系统幅值裕量 $K_g=3.55\text{dB}$，系统相位裕量为 $\gamma(\omega_c)=37.7°$，不满足系统相位裕量 $\gamma(\omega_c)\geq60°$的要求。为提高系统相位裕量，在这里采用串联 PD 校正装置，其传递函数为

$$G_c(s)=K_c(Ts+1)$$

为使校正后的开环博德图以 -20dB/dec 的斜率穿越 0dB 线，取

$$G_c(s)=K_c(Ts+1)=0.9\left(\frac{s}{\omega_r}+1\right)$$

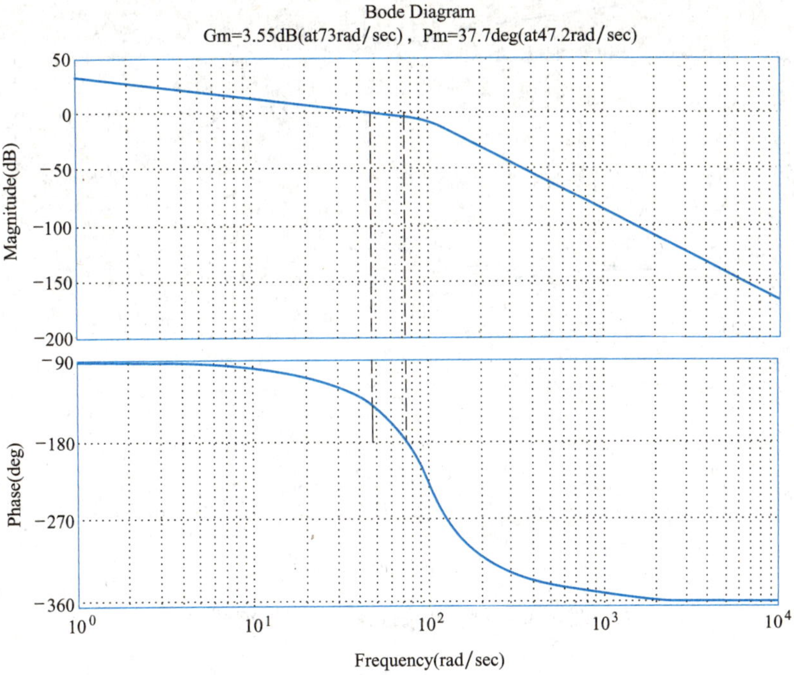

图 6-37 例 6-8 未校正系统博德图

则系统校正后的开环传递函数为

$$G_c(s)G(s)=\frac{KK_c}{s\left(\frac{s^2}{\omega_d^2}+\frac{2\zeta_d}{\omega_d}s+1\right)}$$

系统校正后开环频率特性 MATLAB 程序为

```
k =45;
wd =98;
bd =0.4;
kc =0.9
num =[k * kc];
den =[1/wd^2   2 * bd/wd   1   0];
sys = tf (num, den);
margin (sys)
grid
```

系统校正后的博德图如图 6-38 所示。由图 6-38 可知系统幅值交界频率 $\omega_c'=47.1\text{rad/s}$，满足 $\omega_c'\geq 45\text{rad/s}$ 的要求，幅值裕量 $K_g=5.74\text{dB}$，相位裕量为 $\gamma(\omega_c')=63.4°$，满足系统相位裕量 $\gamma(\omega_c')\geq 60°$的要求。

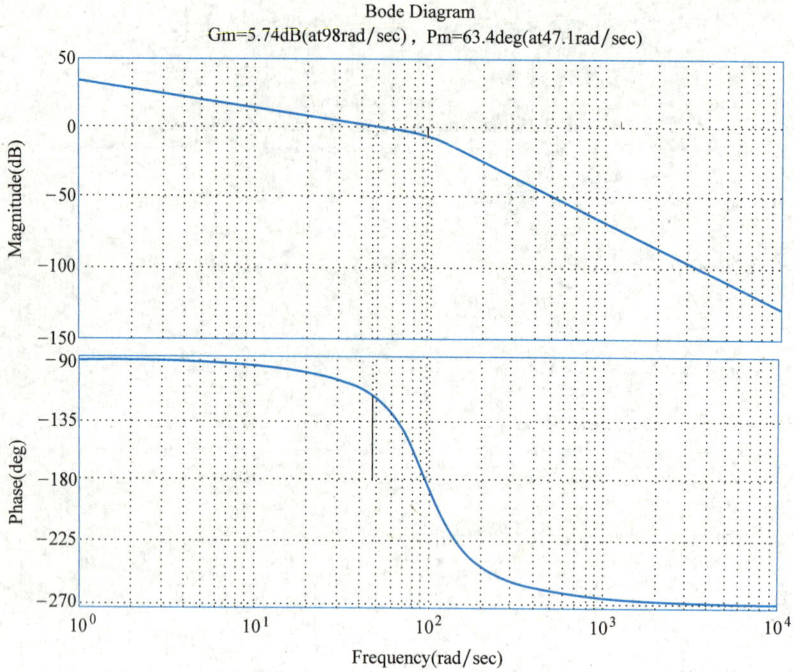

图 6-38　例 6-8 系统校正后的博德图

第五节　反馈校正

在控制工程实践中，为了提高控制系统的性能，除了采用串联校正外，还经常采用反馈校正（并联校正）。

反馈校正与串联校正相比有其突出的优点，它能有效地改变被包围部分的结构或参数，并在一定条件下甚至能取代被包围部分，从而可以去除或削弱被包围部分给系统造成的不利影响。下面作具体介绍。

一、削弱被包围部分的影响

最简单的反馈校正控制系统如图 6-39 所示。$G_c(s)$ 为反馈校正装置的传递函数。图示系统的开环传递函数为

$$G(s)=G_1(s)\frac{G_2(s)}{1+G_2(s)G_c(s)}$$

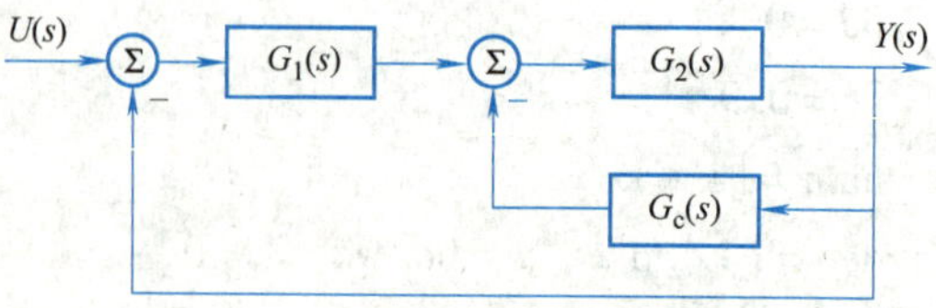

图 6-39　反馈校正的控制系统

在能够影响系统动态性能的频率范围内，如果能使 $|G_2(j\omega)G_c(j\omega)|>>1$，则系统开环传递函数可近似地表示为

$$G(s)\approx\frac{G_1(s)}{G_c(s)}$$

可见反馈校正系统的特性几乎与被反馈校正装置包围的环节 $G_2(s)$ 无关，而为反馈校正装置频率特性的倒数。这里，反馈校正的作用是：用反馈校正装置包围未校正系统中对动态特性有不利影响的环节，形成一个局部反馈回路。在局部反馈回路的开环频率特性幅值远大于 1

的条件下，局部反馈的特性主要取决于反馈校正装置，而与被包围部分的元件特性无关。

因此，可以在局部反馈回路的 $|G_2(j\omega)G_c(j\omega)| >> 1$ 范围内，改善被包围部分的性能。例如削弱被包围部分非线性的影响，降低噪声的影响，等等。

二、减小被包围环节的时间常数

例如，在伺服系统中，电动机的机械惯性（时间常数）太大，常常是影响系统品质的重要因素。但是电动机的机械惯性又很难减少，这时就可以用反馈校正装置来改善系统的性能。通常的做法是在电动机轴上装一个测速发电机，并将其输出信号反馈到放大器的输入端，如图6-40所示，图中 K_c 为测速发电机的增益。

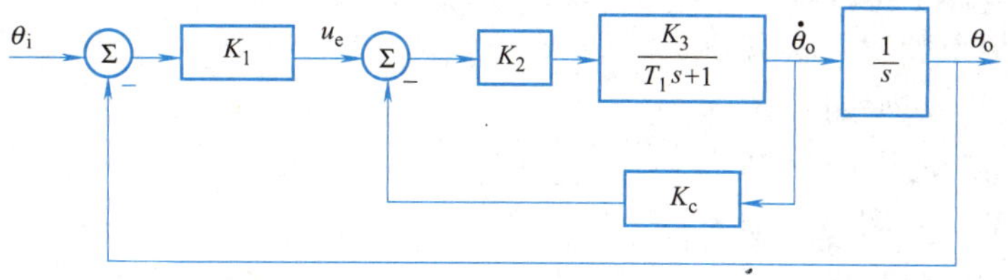

图6-40 伺服系统反馈校正的作用

由图6-40可得局部反馈回路的传递函数为

$$\frac{\dot{\Theta}_o(s)}{U_e(s)}=\frac{\dfrac{K_2K_3}{T_1s+1}}{1+\dfrac{K_2K_3K_c}{T_1s+1}}=\frac{K_2K_3}{T_1s+K_2K_3K_c+1}=\frac{\dfrac{K_2K_3}{K_2K_3K_c+1}}{\dfrac{T_1}{K_2K_3K_c+1}s+1} \tag{6-31}$$

由式（6-31）可见，反馈校正使回路的放大倍数和时间常数都下降了（$K_2K_3K_c+1$）倍，时间常数的减少将使系统快速性得到改善。

三、降低对被包围元件参数变化的敏感性

一般来说，串联校正比反馈校正简单。它的主要缺点是，系统中其他元件参数不稳定会影响到串联校正的效果。因此在使用串联校正装置时，通常要对系统元件特性的稳定性提出较高的要求。

反馈校正的优点是它削弱了被包围元件特性对整个系统的影响，故应用反馈校正装置时，对系统中各元件特性的稳定性要求较低。

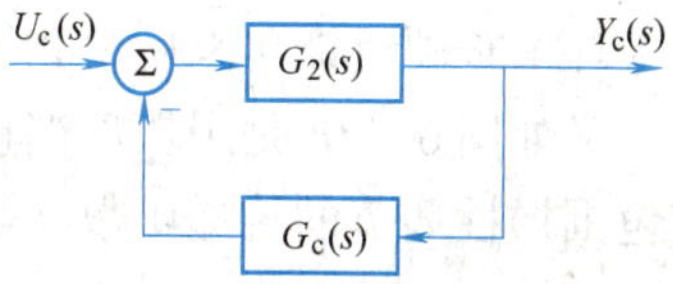

图6-41 图6-39系统的局部反馈回路

在图6-39所示的反馈校正控制系统中，考察被反馈校正装置所包围的局部反馈回路，如图6-41所示。$G_2(s)$ 没有被反馈校正装置包围时，其输出为 $Y_c(s)=G_2(s)U_c(s)$。若 $G_2(s)$ 的元件参数发生 $\Delta G_2(s)$ 变化，由此引起输出变化为 $\Delta Y_c(s)=\Delta G_2(s)U_c(s)$。

采用反馈校正后，当 $G_2(s)$ 的元件参数同样产生 $\Delta G_2(s)$ 变化时，则局部反馈回路的输出为

$$Y_c(s)+\Delta Y_c(s)=\frac{G_2(s)+\Delta G_2(s)}{1+[G_2(s)+\Delta G_2(s)]G_c(s)}U_c(s)$$

通常 $G_2(s) >> \Delta G_2(s)$，则近似地有

$$Y_c(s)+\Delta Y_c(s)\approx\frac{G_2(s)}{1+G_2(s)G_c(s)}U_c(s)+\frac{\Delta G_2(s)}{1+G_2(s)G_c(s)}U_c(s)$$

所以

$$\Delta Y_c(s)\approx\frac{1}{1+G_2(s)G_c(s)}\Delta G_2(s)U_c(s) \tag{6-32}$$

一般 $1+G_2(s)G_c(s)>>1$，因此采用反馈校正能大大削弱被包围元件参数变化给系统带来的影响。

四、等效地替代串联校正

可以用反馈校正装置来实现等效的串联校正。例如，图6-42a所示的系统，是用硬反馈包围一个惯性环节。所谓硬反馈是指局部反馈为比例负反馈。被包围的惯性环节的传递函数为

$$G_2(s)=\frac{K}{T_2s+1}$$

用硬反馈包围后的传递函数为

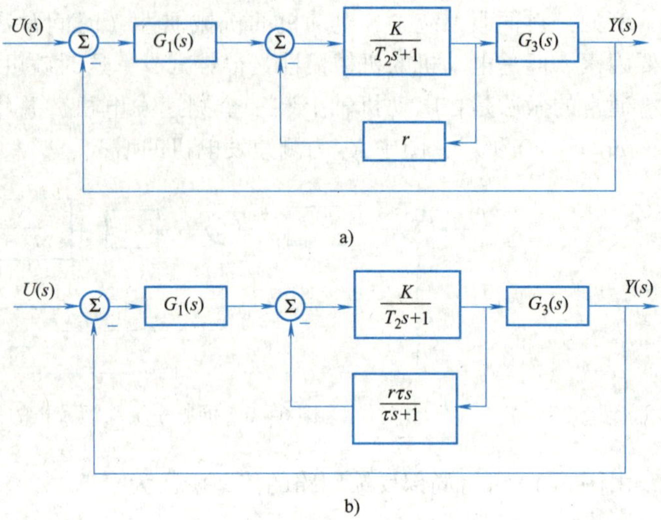

图6-42 反馈包围

a）硬反馈包围 b）软反馈包围

$$G_2'(s)=\frac{K}{T_2s+1+rK}$$

$$=\frac{1}{1+rK}\frac{T_2s+1}{\frac{T_2}{1+rK}s+1}\frac{K}{T_2s+1}=\frac{1}{\alpha_i}\frac{T_2s+1}{\frac{T_2}{\alpha_i}s+1}G_2(s) \tag{6-33}$$

式中，$\alpha_i=1+rK>1$。

式（6-33）便是校正后的传递函数，而其前半段就是超前校正的传递函数。由此可见，惯性环节被硬反馈包围后，相当于串接一个超前校正装置。

又如图6-42b是用软反馈包围一个惯性环节。所谓软反馈是指局部反馈为微分负反馈。被包围惯性环节的传递函数与硬反馈包围的相同，则用软反馈包围后的传递函数为

$$G_2'(s)=\frac{K(\tau s+1)}{\tau T_2s^2+[(1+rK)\tau+T_2]s+1}$$

$$\approx\frac{\tau s+1}{\alpha\tau s+1}\frac{T_2s+1}{\frac{T_2}{\alpha}s+1}\frac{K}{T_2s+1} \tag{6-34}$$

式中，$\tau>T_2$，$\alpha=(1+rK)>>1$。

即

$$G_2'(s)=\frac{T_2s+1}{\frac{T_2}{\alpha}s+1}\frac{\tau s+1}{\alpha\tau s+1}G_2(s) \tag{6-35}$$

可见，以软反馈包围一个惯性环节，实际上相当于串联一个滞后-超前校正装置。

反馈校正的缺点是其校正装置常需由一些昂贵而庞大的部件所构成，例如测速发电机、电流互感器等就是常用的反馈校正装置。另外，反馈校正装置的设计也比较繁琐。

在控制工程实践中，串联校正和反馈校正都得到了广泛的应用。而且在很多情况下将这两种方式结合起来，可以收到更好的效果。

例 6-9　某单位反馈位置控制系统，其开环传递函数为

$$G(s)=\frac{K_v}{s\left(\frac{s^2}{\omega_h^2}+\frac{2\zeta_h}{\omega_h}s+1\right)}=\frac{30}{s\left(\frac{s^2}{240^2}+\frac{2\times 0.1}{240}s+1\right)}$$

试在 SIMULINK 平台上，采用加速度反馈校正，使系统的阻尼比由 0.1 达到 0.4。

解

加速度反馈校正后的开环阻尼比为 $\zeta_h'=\zeta_h+\frac{K_vK_{fa}\omega_h}{2}$，可得加速度反馈系数为

$$K_{fa}=\frac{2(\zeta_h'-\zeta_h)}{K_v\omega_h}=\frac{2(0.4-0.1)}{30\times 240}=8.33\times 10^{-5}$$

加入加速度负反馈后的系统 SIMULINK 仿真模型如图 6-43 所示。

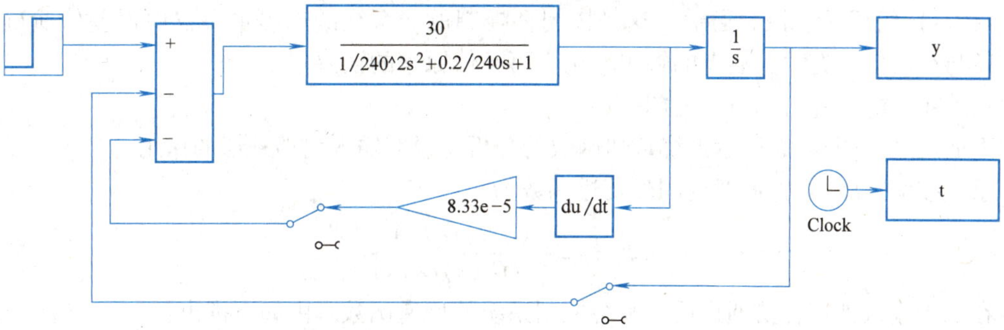

图 6-43　例 6-9 系统加入加速度负反馈后的 SIMULINK 仿真模型

其单位阶跃响应曲线如图 6-44 所示。比较加速度反馈校正前后的单位阶跃响应特性曲线可知，加入加速度反馈后，系统开环阻尼比由 $\zeta_h=0.1$ 增加到 $\zeta_h'=0.4$，系统稳定性得到极大的提高。

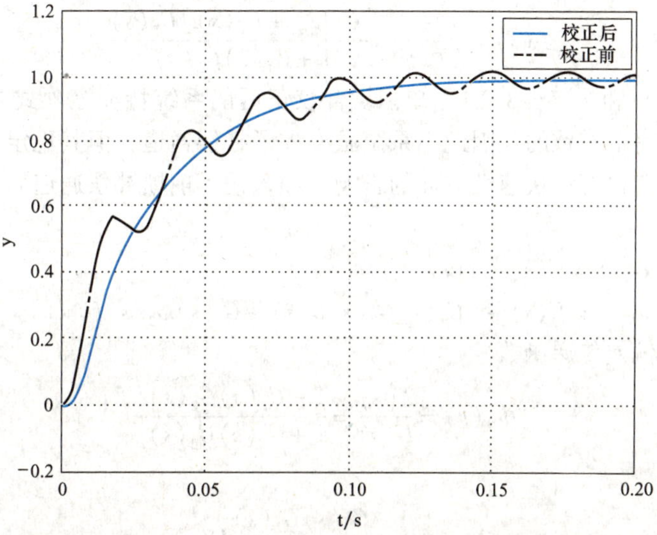

图 6-44　例 6-9 系统加入加速度负反馈后的阶跃响应曲线

第六节 复合控制

利用串联校正和反馈校正在一定程度上可以改善系统的性能。闭环控制系统中，控制作用是由偏差产生的，是靠偏差来消除偏差，因此偏差是不可避免的。对于稳态精度要求很高的系统，为了减少误差，通常用提高系统的开环增益或提高系统的型次来解决。但这样做往往会导致系统稳定性变差，甚至使系统不稳定。

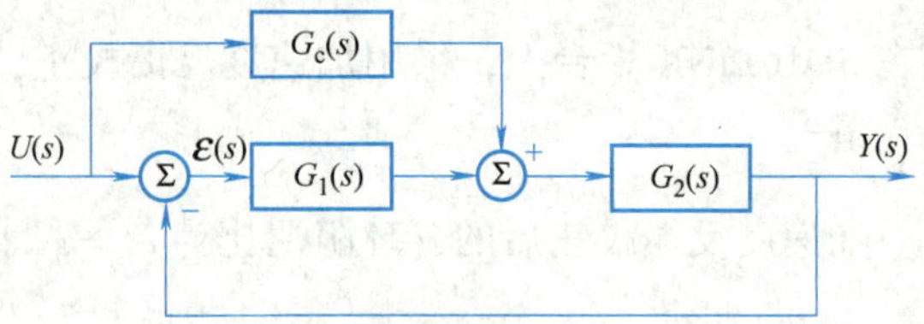

图 6-45　输入前馈补偿的复合控制系统

为了解决这个矛盾，常常把开环控制与闭环控制结合起来，组成复合控制，如图 6-45 所示。这种复合控制有两个通道，一个是由 $G_c(s)G_2(s)$ 组成的输入前馈补偿通道，它是按开环控制的；另一个是由 $G_1(s)G_2(s)$ 组成的主控制通道，这是按闭环控制的。系统的输出量不仅由误差值所确定，而且还与补偿信号有关，后者的输出作用，可补偿原来的误差。

一、输入前馈补偿的复合控制

下面通过对图 6-45 所示系统传递函数的分析，说明输入前馈补偿的作用。

系统按偏差 $\varepsilon(s)$ 控制时的闭环传递函数为

$$\Phi(s)=\frac{G_1(s)G_2(s)}{1+G_1(s)G_2(s)} \tag{6-36}$$

在加入输入前馈补偿通道后，复合控制系统的传递函数可由如下推出：

$$\begin{aligned}Y(s)&=[G_c(s)U(s)+G_1(s)\varepsilon(s)]G_2(s)\\&=G_c(s)G_2(s)U(s)+G_1(s)G_2(s)[U(s)-Y(s)]\\&=G_c(s)G_2(s)U(s)+G_1(s)G_2(s)U(s)-G_1(s)G_2(s)Y(s)\end{aligned}$$

整理后即得复合控制系统的传递函数

$$\Phi(s)=\frac{Y(s)}{U(s)}=\frac{[G_1(s)+G_c(s)]G_2(s)}{1+G_1(s)G_2(s)} \tag{6-37}$$

分析式（6-36）和式（6-37）可知，复合校正后的系统特征多项式与未校正的闭环系统的特征多项式是完全一致的。因此，系统虽增加了补偿通道，但其稳定性不受影响。

现在来分析稳态精度和快速性方面的影响。加入输入前馈补偿通道后，系统的偏差传递函数推导如下：

$$\begin{aligned}\varepsilon(s)&=U(s)-Y(s)\\&=U(s)-[G_1(s)G_2(s)\varepsilon(s)+G_c(s)G_2(s)U(s)]\end{aligned}$$

整理后即得系统的偏差传递函数

$$\Phi_\varepsilon(s)=\frac{\varepsilon(s)}{U(s)}=\frac{1-G_c(s)G_2(s)}{1+G_1(s)G_2(s)} \tag{6-38}$$

系统偏差为

$$\varepsilon(s)=\frac{1-G_c(s)G_2(s)}{1+G_1(s)G_2(s)}U(s) \tag{6-39}$$

若选择

$$G_c(s)=\frac{1}{G_2(s)} \tag{6-40}$$

则

$$\varepsilon(s)=0$$

因此，系统的输出 $y(t)$ 就能完全复现输入信号 $u(t)$，使得系统既没有动态误差，也没有稳态误差，并可以把系统看成是一个无惯性系统，快速性能达到最佳状态。

这就是采用输入前馈补偿的复合控制既能消除稳态误差，又能保证系统动态性能的基本原理。

应当指出，在工程实际中要完全满足式（6-40）的条件往往是困难的，因为它意味着系统要以极大的速度运动，需要极大的功率。因此，通常采用部分前馈［即 $G_c(s)\approx 1/G_2(s)$］的办法来补偿。另外，如果通过前馈补偿能把系统的无差度提高到 2 或 3，则可有效地减小速度和加速度误差。

例 6-10　某系统经过串联校正后，其响应快速性和稳定裕量已满足要求，系统框图如图 6-46a 所示。试设计输入前馈校正装置，使跟踪给定输入信号的稳态误差为零。

解

取输入前馈校正装置的传递函数为

$$G_c(s)=a_0s^2+a_1s \tag{6-41}$$

则加入输入前馈校正装置后的系统框图如图 6-46b 所示。将式（6-41）代入式（6-39）整理后得系统偏差为

$$\varepsilon(s)=\frac{(T_1s+1)(Ts+1)[(T_2-K_va_0)s^2+(1-K_va_1)s]}{s(T_1s+1)(T_2s+1)(Ts+1)+K_v(\tau s+1)}U(s) \tag{6-42}$$

故当 $a_0=\dfrac{T_2}{K_v}$，$a_1=\dfrac{1}{K_v}$时，$\varepsilon(s)=0$，系统跟踪输入信号的误差为零。若原系统的 $K_v=100$，$T_2=0.25$，则输入前馈校正装置的传递函数为

$$G_c(s)=0.0025s^2+0.01s=0.01s(0.25s+1)$$

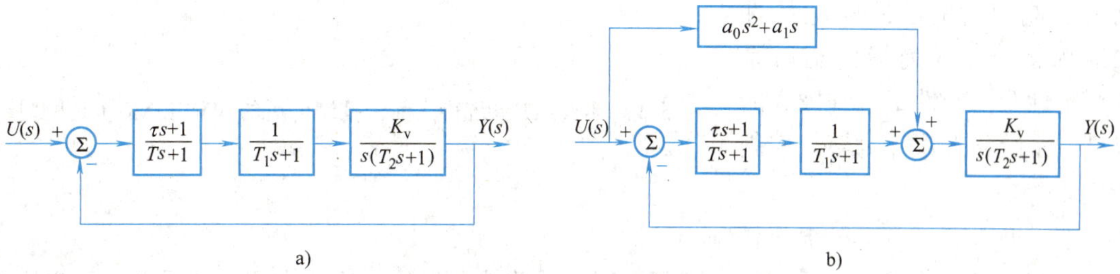

图 6-46　例 6-10 系统框图

a）串联校正的系统　b）加入输入前馈校正的系统

必须指出，要实现控制信号的纯微分是困难的。因此，上述前馈校正装置也可采用如下形式来近似地实现：

$$G_c(s)=\frac{a_0s^2+a_1s}{T_3s+1} \tag{6-43}$$

当 $T_3 \ll a_0/a_1$ 时，即为近似前馈校正。

例 6-11 设某控制系统可用图 6-47 描述。

图中

$$G(s)=\frac{K\omega^2}{s^2+2\zeta\omega s}$$

$K=0.6$，$\omega=17.5\text{rad/s}$，$\zeta=0.1$，试在 SIMULINK 平台上设计输入前馈校正装置，使系统的稳态误差为零。

解

系统加入前馈控制后的框图如图 6-48 所示。

由图 6-48 可得

$$y=G(s)\varepsilon+u=G(s)(u-y)+u=G(s)u-G(s)y+u$$

$$[1+G(s)]y=[1+G(s)]u$$

即

$$y=u$$

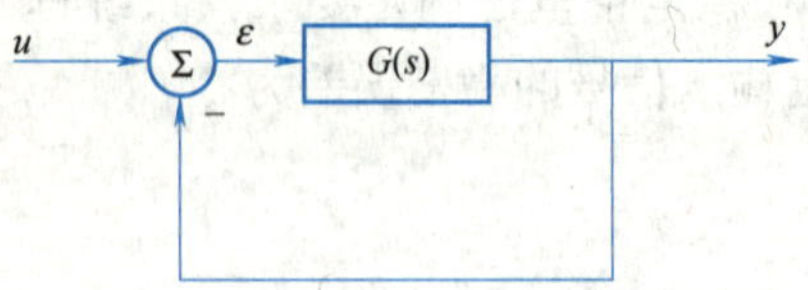

图 6-47 例 6-11 系统框图

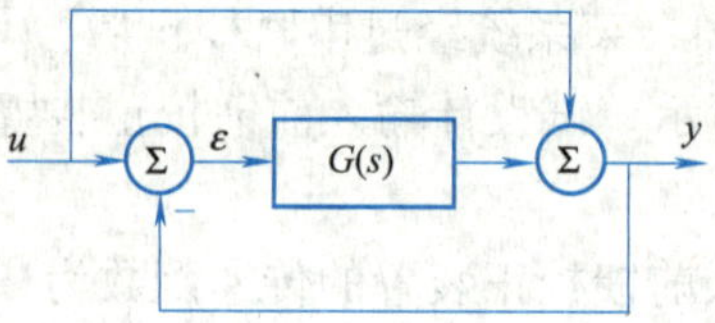

图 6-48 例 6-11 系统加入前馈控制后的框图

由此可知，通过输入前馈控制后的系统，其输出可以完全跟随系统的控制输入。根据系统给定参数，可作出前馈控制前后系统的 SIMULINK 仿真模型如图 6-49 所示。其阶跃响应曲线如图 6-50 所示。比较输入前馈控制前后的阶跃响应特性曲线可知，加入前馈控制后系统稳定性及精确性都得到极大的提高，系统稳态误差为零，控制效果非常明显。

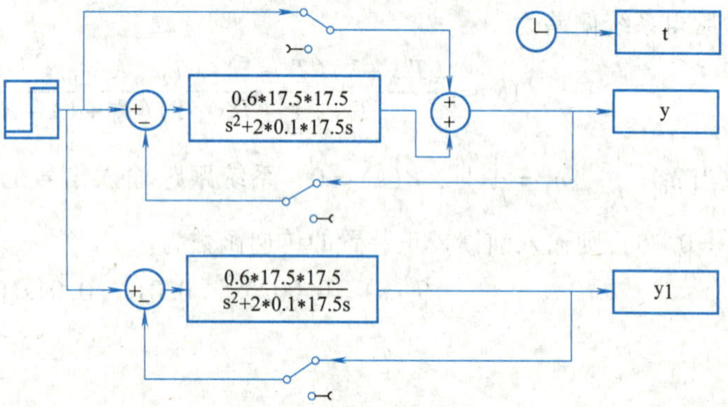

图 6-49 例 6-11 系统输入前馈控制前后的 SIMULINK 仿真模型

二、扰动前馈补偿的复合控制

如果扰动信号是可以量测的，则可采用扰动前馈补偿的办法，在扰动信号产生不良影响之前将它抵消掉，如图 6-51 所示。此时系统输出为

$$Y(s)=[U(s)-Y(s)]G_1(s)G_2(s)+[G_c(s)G_1(s)G_2(s)+G_N(s)]N(s)$$

仅考虑扰动信号 $N(s)$ 时，可令 $U(s)=0$，则有

$$Y(s)=\frac{G_c(s)G_1(s)G_2(s)+G_N(s)}{1+G_1(s)G_2(s)}N(s) \tag{6-44}$$

故当 $G_c(s)=-\dfrac{G_N(s)}{G_1(s)G_2(s)}$ 时，$Y(s)=0$，便实现了对扰动信号的完全抵消。

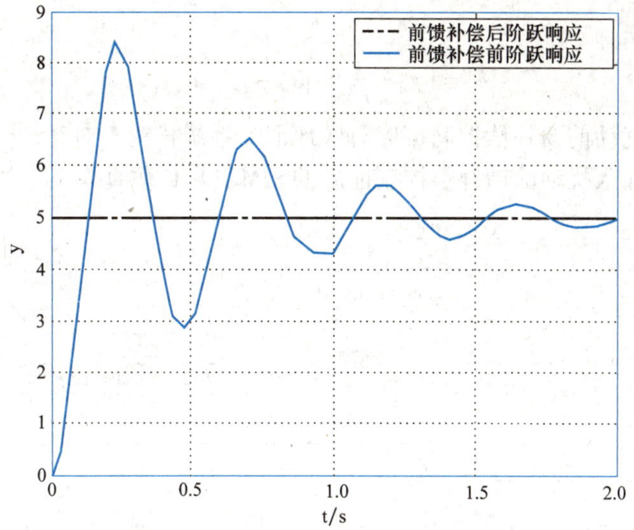

图 6-50　例 6-11 系统输入前馈补偿控制前后的阶跃响应曲线

例 6-12　某单位反馈控制系统，可用图 6-52 所示的框图描述。

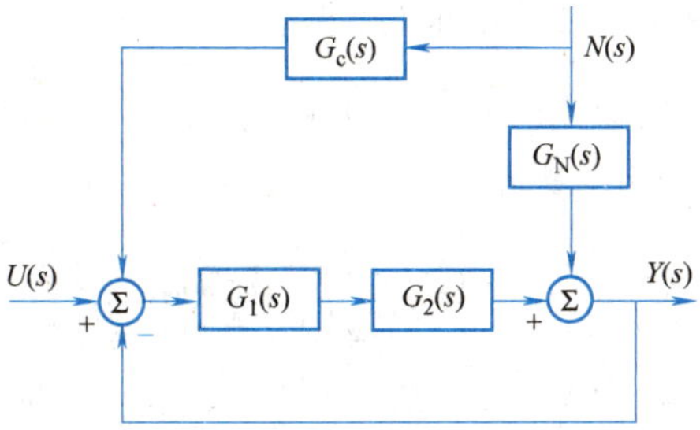

图 6-51　扰动前馈补偿后的系统框图

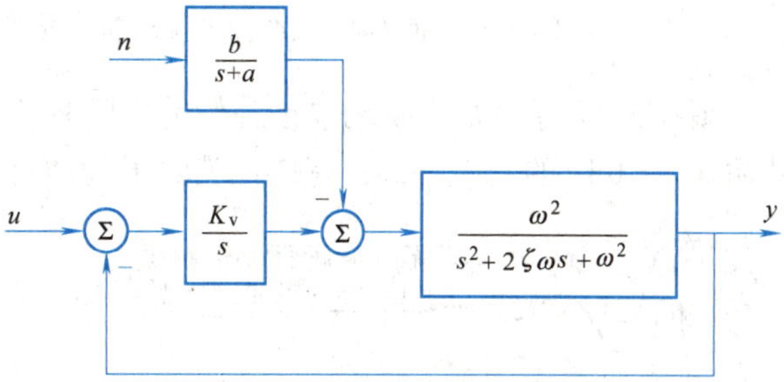

图 6-52　例 6-12 系统框图

图中 $b=200$，$a=20$，$K_v=100s^{-1}$，$\omega=200\text{rad/s}$，$\zeta=0.5$，试在 SIMULINK 平台上，通过扰动前馈补偿控制，消除扰动 n 对系统输出的影响。

解

根据图 6-52，可以作出加入扰动前馈补偿控制后的系统框图如图 6-53 所示。

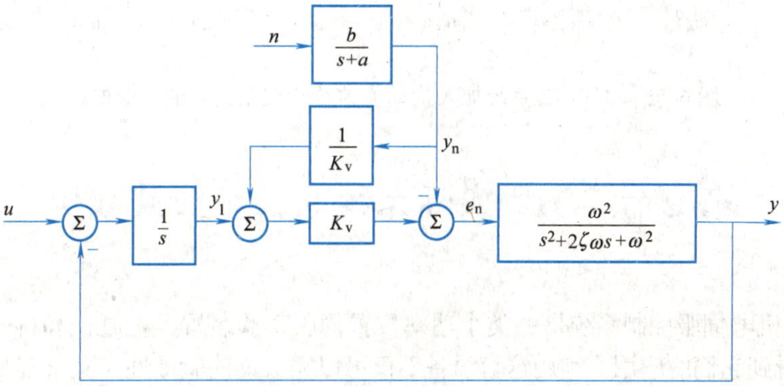

图 6-53　例 6-12 系统加入扰动前馈补偿后的框图

由图 6-53 可得

$$e_n = \left(y_1 + \frac{1}{K_v} y_n\right) K_v - y_n = K_v y_1$$

由上式可知，通过扰动前馈补偿控制可以有效地消除系统扰动 n 对系统输出的影响。根据该原理可以作出系统加入扰动前馈补偿控制前后的 SIMULINK 仿真模型，如图 6-54 所示。

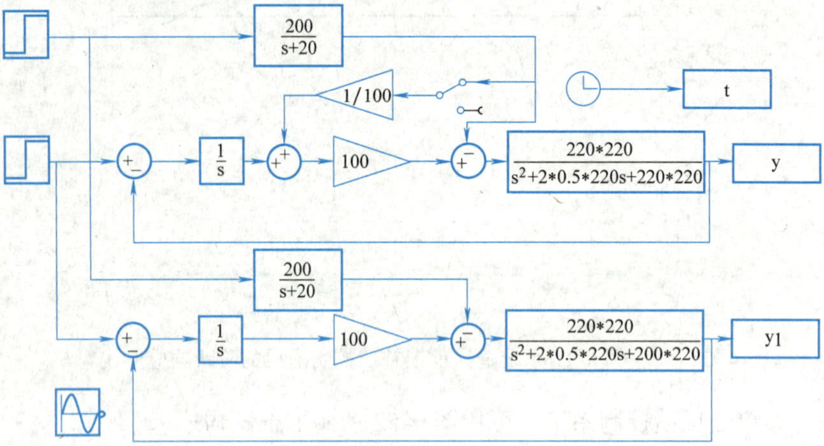

图 6-54　例 6-12 系统加入扰动前馈补偿控制前后的 SIMULINK 仿真模型

图 6-55 为系统加入扰动前馈补偿前后的响应曲线，由图可知，前馈补偿后的响应与扰动输入 $n=0$ 时的输出一致，有效地消除了扰动对系统输出的影响。

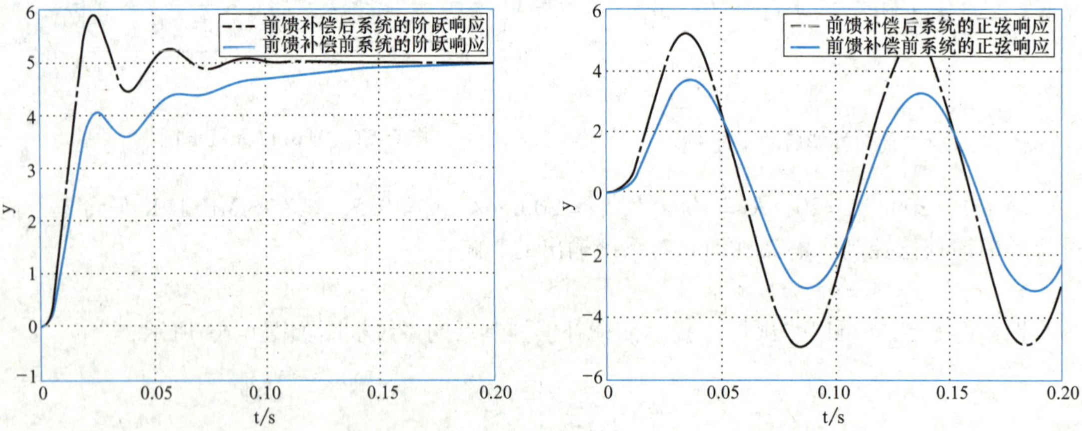

图 6-55　例 6-12 系统加入扰动前馈补偿控制前后的响应曲线

第七节　工程实际系统的校正及其分析

一、概述

电压-转角机电伺服控制系统是一类小功率位置伺服实验装置，在高校和科研院所的自动化实验室中可以看到它们的应用。利用这套设备不仅可以完成一些验证性实验（需要设置必要的外部接口和测试孔），例如位置伺服实验、直流电动机调速实验、运算放大器性能实验、PID 校正实验和功率放大器性能实验；也可以做一些设计性、研究性的实验，比如将其与计算机接口，从而对一些控制方法进行研究。这类实验设备有多种成型产品，被普遍用于教学和科研。

机电伺服控制系统主要用于小功率伺服控制。驱动负载能力和响应速度偏低是这类控制方式的缺点。但在信号检测、传递、处理以及新控制策略再生等方面表现的灵活性、准确性和经济性是其他控制方式所不能比拟的。

二、控制系统的组成和工作原理

电压-转角机电伺服控制系统的电气原理如图 6-56 所示。该系统的输入量是给定的电压信号 U_i，输出量是直流伺服电动机 SYL—5 的转角 α。运算放大器 μA741 构成控制系统中的 PI 校正环节，可以增大系统的开环增益，从而提高系统的稳态精度。功率放大器由前置放大器 MC1536 和三级互补跟随器组成，具有较高的输入阻抗。系统中除了设置位置反馈外还设置了速度反馈，用来增加系统阻尼，减小伺服电动机的时间常数，改善传递特性的线性度。从而进一步提高系统的动、静态品质。被控对象是直流伺服电动机，它与反馈电位器和测速发电机同轴相连。该系统具有输出转角跟随输入电压变化的功能：当输入信号与位置反馈信号出现差值时，位置偏差信号经 PI 校正环节后与速度反馈信号比较，得到的速度偏差经功率放大后驱动直流伺服电动机旋转，同时带动位置反馈电位器和测速发电机一起转动。最终消除偏差，伺服电动机停止在与输入信号相应的位置上。位置反馈和速度反馈分别由电位器 WHJ—1. 5kΩ、测速发电机 70CYD—1 和速度反馈分压电位器完成。由于反馈元件的精度对闭环控制系统的性能有着重要影响，应该选用性能稳定、精度高的元、器件作为反馈元件。该系统的主要技术参数为：

位置反馈电位计精度 0. 2%；

直流伺服电动机堵转力矩 0. 5N · m；

直流伺服电动机空载转速 8rad/s；

功率放大器输出幅度 ±22V；

测速发电机线性误差 <1%；

测速发电机增益 1. 1 ~ 1. 5V · s/rad。

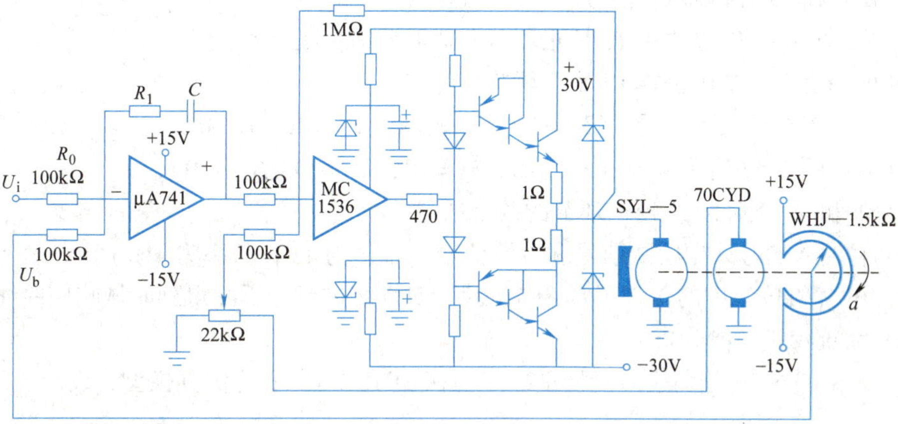

图 6-56 电压-转角机电伺服系统电气原理图

三、控制系统的校正与分析

（一）系统校正实验设计

根据图 6-56 可得具有串联 PI 校正环节 $G_c(s)$ 和反馈校正环节 K_c、β 的控制系统框图，如图 6-57 所示。各环节数学模型的结构是已知的，模型中的参数可通过实验确定。

取 $R_1 = 1.2\text{M}\Omega$，$C = 0.1\mu\text{F}$，则 PI 校正环节的传递函数为

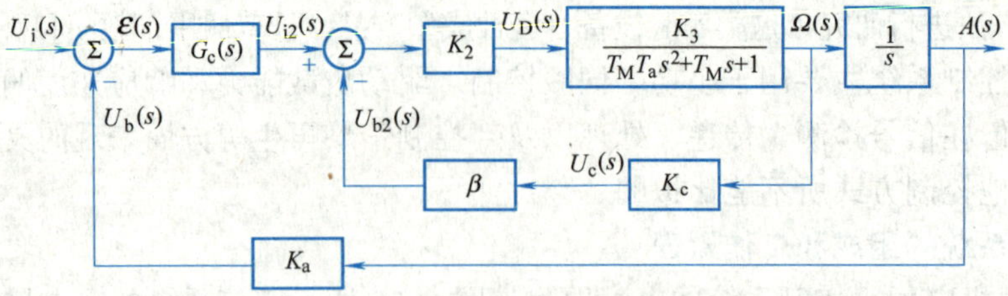

图 6-57 控制系统框图

$$G_c(s)=\frac{U_{i2}(s)}{\mathcal{E}(s)}=\frac{0.12s+1}{0.01s}$$

其他参数有些兼顾系统性能而定，有些可以通过实验求得，具体数值为：

功率放大器增益 $K_2=10$；

伺服电动机传递系数 $K_3=2.83\text{rad}/(\text{V}\cdot\text{s})$；

测速发电机传递系数 $K_c=1.15\ \text{V}\cdot\text{s/rad}$；

伺服电动机机电时间常数 $T_M=0.1\text{s}$；

位置反馈电位器增益 $K_a=4.7\text{V/rad}$；

伺服电动机电磁时间常数 $T_a=4\text{ms}$。

速度反馈分压系数 $\beta=0.6$；

至此，可以得到系统的传递函数。

系统校正实验设计如下：

1）在图 6-57 所示系统中，前向通路的 PI 校正参数、功率放大器增益和速度反馈校正通路的分压比是改善系统性能的主要调整环节。这些环节参数的选择可以根据实验要求来确定。上面给出的是一组比较理想的参数，下面的分析是基于这组参数进行的。为了说明 PI 校正和速度反馈校正的作用，在分析中将考察三种系统结构（有一种结构涉及两种不同的 PI、K_2 和 β 参数）对两种输入信号的响应。这三种结构是：

结构 A：在图 6-57 中去掉 PI 校正环节和速度反馈校正环节；

结构 B：在图 6-57 中去掉 PI 校正环节；

结构 C_1：图 6-57 所示系统（$K_P=12$，$K_I=100$，$K_2=10$，$\beta=0.6$）；

结构 C_2：图 6-57 所示系统（$K_P=20$，$K_I=10$，$K_2=20$，$\beta=1.0$）；

其中 K_P 和 K_I 分别为 PI 校正环节的两个增益。

2）两种输入信号采用阶跃信号和方波信号（幅值为 4V，频率为 4Hz）。

3）应用 MATLAB 中的仿真工具 SIMULINK 对系统进行分析并得到时域响应曲线。

（二）系统校正性能分析

图 6-58 至图 6-60 分别给出三种系统结构在 SIMULINK 下的仿真模型，设定各环节的参

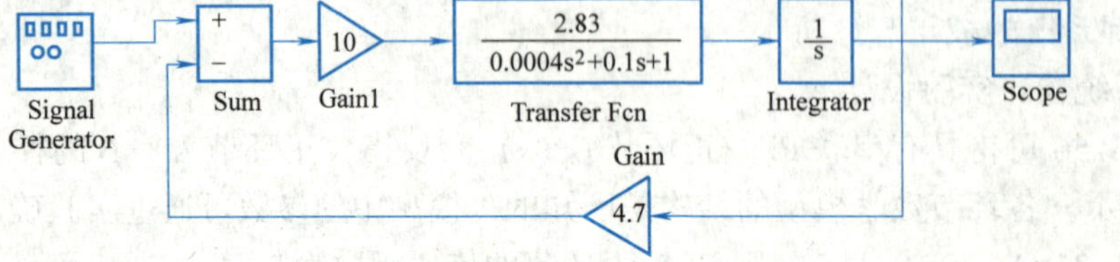

图 6-58 结构 A 的仿真模型

数后就可以进行仿真计算了。仿真结果可以在示波器（SCOPE）中显示，也可以用 PLOT（）函数将 MATLAB 工作空间的计算数据以图形方式绘制出来。图 6-61 和图 6-62 是不同系统结构和参数对两种输入信号的仿真结果。

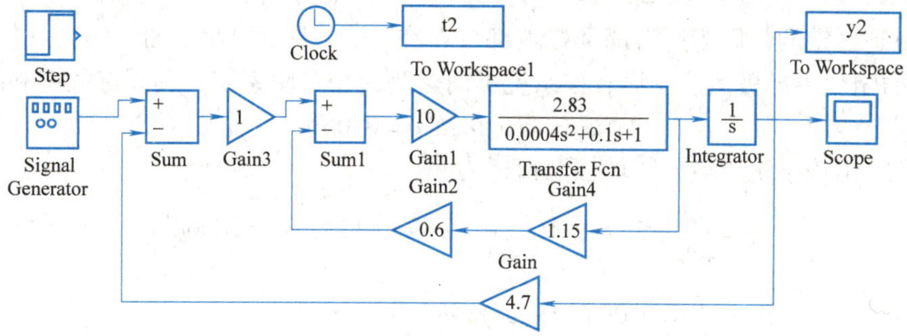

图 6-59　结构 B 的仿真模型

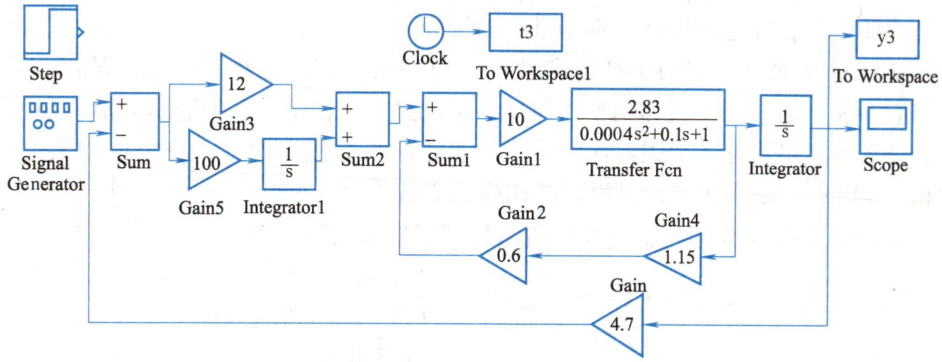

图 6-60　结构 C_1 的仿真模型

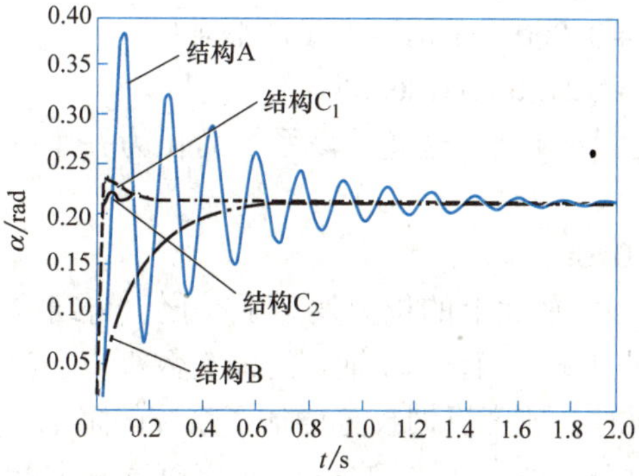

图 6-61　阶跃响应

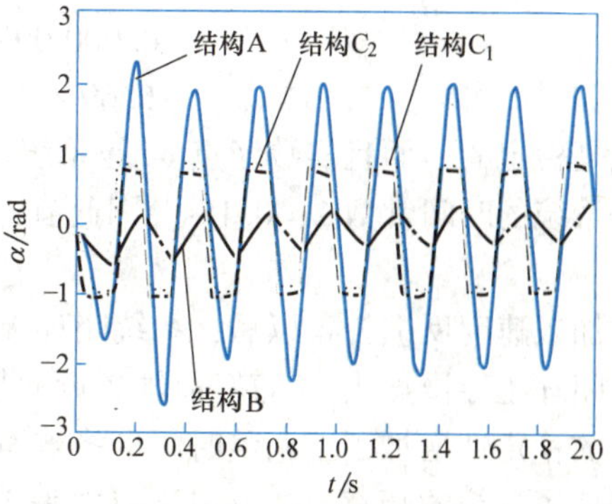

图 6-62　方波响应

在系统功率已经满足需求的条件下，只对控制系统的稳定性、稳态精度和响应速度进行分析：

（1）结构 A　结构 A 的开、闭环传递函数分别为

$$G_A(s)H_A(s)=\frac{K_2K_3K_a}{s(T_MT_as^2+T_Ms+1)}=\frac{133.01}{s(0.0004s^2+0.1s+1)}$$

$$\Phi_A(s)=\frac{A(s)}{U_i(s)}=\frac{0.2128}{0.000\,003\,007s^3+0.000\,751\,8s^2+0.007\,518s+1}$$

用 MATLAB 中的 ROOTS（）函数可以求出该系统的闭环极点

$$p_1=-245.35,\ p_{2,3}=-2.33\pm j36.74$$

显然，系统是稳定的，因为所有闭环极点都分布在［s］平面的左半面，而且共轭复数极点 $p_{2,3}$ 是系统的闭环主导极点。这样，该系统可简化为一个二阶系统，其固有频率和阻尼比为

$$\omega_n=37\text{rad/s},\ \zeta=0.063$$

由此可以计算出该系统时域、频域性能指标为

$$t_s=\frac{4}{\zeta\omega_n}\approx1.7\text{s},\ M_p=e^{-\frac{\zeta\pi}{\sqrt{1-\zeta^2}}}=82\%,\ \omega_c\approx37\text{rad/s}$$

$$t_p=\frac{\pi}{\omega_d}=0.09\text{s},\ \gamma(\omega_c)\approx7^\circ$$

$$\omega_b=\omega_n\sqrt{1-2\zeta^2+\sqrt{2-4\zeta^2+4\zeta^4}}=57\text{rad/s}$$

可以验证，上述理论计算与仿真结果是相符的。

结构 A 的性能取决它的两个特征参数——固有频率和阻尼比。该系统的阻尼比太小，在时域响应中表现为超调量大和调整时间长。系统虽然是稳定的，但稳定裕量很小。由于该结构是Ⅰ型系统，可无静差地跟踪阶跃输入。至于响应速度，由于系统频宽为 57rad/s（近似为 9Hz），在图 6-62 中表现为可以跟踪相应的方波信号。

（2）结构 B　结构 B 的开、闭环传递函数和闭环极点分别为

$$G_B(s)H_B(s)=\frac{K_2K_3K_a}{s(T_MT_as^2+T_Ms+1+K_2K_3K_c\beta)}$$

$$=\frac{1.378\,5}{s(0.000\,019\,48s^2+0.004\,9s+1)}$$

$$\Phi_B(s)=\frac{A(s)}{U_i(s)}=\frac{0.2128}{0.000\,003\,007s^3+0.000\,751\,8s^2+0.154\,4s+1}$$

$$p_1=-6.69,\qquad p_{2,3}=-121.66\pm j186.86$$

系统是稳定的，而且实数极点 p_1 是系统的闭环主导极点。这样，该系统简化为一个一阶系统，系统的时间常数 $T=0.15\text{s}$。因此有

$$t_s\approx4T=0.6\text{s}$$

加入速度反馈校正以后，系统闭环极点在［s］平面上的位置发生了变化。与结构 A 相比，闭环主导极点由一对离 jω 轴较近的复数极点变成一个离 jω 轴较远的实数极点，这表明系统的稳定性增加了，调整时间也将被缩短。同时，速度反馈校正增加了系统的阻尼，因而也降低了系统的频宽，在方波响应中表现出无法跟踪相应的方波信号（幅值衰减和相位滞后都比较大）。由于结构 B 仍是Ⅰ型系统，无静差地跟踪阶跃输入是必然的。

（3）结构 C　结构 C 选择了两种设计参数，同样可以求出它们的开、闭环传递函数和闭环极点

$$G_{C_1}(s)H_{C_1}(s)=\frac{K_2K_3K_a(0.12s+1)}{0.01s^2(T_MT_as^2+T_Ms+1+K_2K_3K_c\beta)}$$

$$=\frac{647.88(0.12s+1)}{s^2(0.000\,019\,48s^2+0.004\,871\,1s+1)}$$

$$\Phi_{C_1}(s)=\frac{A(s)}{U_i(s)}=\frac{0.2128(0.12s+1)}{0.00000003s^4+0.000007518s^3+0.001544s^2+0.12s+1}$$

$$p_1=-9.43,\ p_2=-100.93,\ p_{3,4}=-70.12\pm j173.55$$

$$G_{C_2}(s)H_{C_2}(s)=\frac{K_2K_3K_a(2s+1)}{0.1s^2(T_MT_as^2+T_Ms+1+K_2K_3K_c\beta)}$$

$$=\frac{40.25(2s+1)}{s^2(0.000006052s^2+0.01513s+1)}$$

$$\Phi_{C_2}(s)=\frac{A(s)}{U_i(s)}=\frac{566(2s+1)}{0.00000015s^4+0.00003759s^3+0.02484s^2+2s+1}$$

$$p_1=-0.5,\quad p_2=-87.61,\quad p_{3,4}=-81.24\pm j380.31$$

在结构 C_1 中，系统是稳定的。PI 校正不仅使系统由Ⅰ型系统变成Ⅱ型系统，提高了系统的无差度，而且对闭环极点进行了合理配置，即引入闭环零点 $z=-8.3$ 削弱了闭环极点 $p_1=-9.43$ 的惯性作用，使此时的闭环系统近似为三阶系统。比较闭环极点到 $j\omega$ 轴的距离可知，复数极点 $p_{3,4}=-70.12\pm j173.55$ 的作用要大于实数极点 $p_2=-100.93$ 的作用，而且结构 C_1 的响应速度大于结构 B 的响应速度，时域响应说明了这一点。

在结构 C_2 中，对上述过程做了更细致的调整，进一步提高了系统性能。

习　题

6-1 试回答下列问题：

1）如果Ⅰ型系统在校正后希望成为Ⅱ型系统，应当采用哪种校正方式可以满足要求，且能保证系统稳定工作？

2）串联超前校正装置能改善系统什么性能？能否用反馈校正来实现？

3）在什么情况下，采用串联滞后校正来提高系统的稳定性？

6-2 已知某单位反馈系统未校正时的开环传递函数 $G(s)$ 和两种校正装置 $G_c(s)$ 的对数幅频特性渐近线如图 6-63 所示，要求：

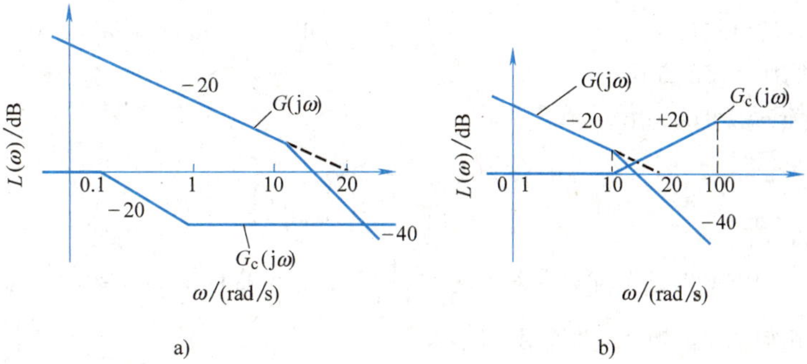

图 6-63 题 6-2 图

1）写出每种方案校正后的传递函数。

2）画出已校正系统的对数幅频特性渐近线。

3）比较这两种校正的优缺点。

6-3 已知某单位反馈系统，其 $G(s)$ 和 $G_c(s)$ 的对数幅频特性渐近线如图 6-64 所示。

1）在图中绘出校正后系统的开环对数幅频特性渐近线。

2）写出已校正系统的开环传递函数。

3）分析 $G_c(s)$ 对系统的校正作用。

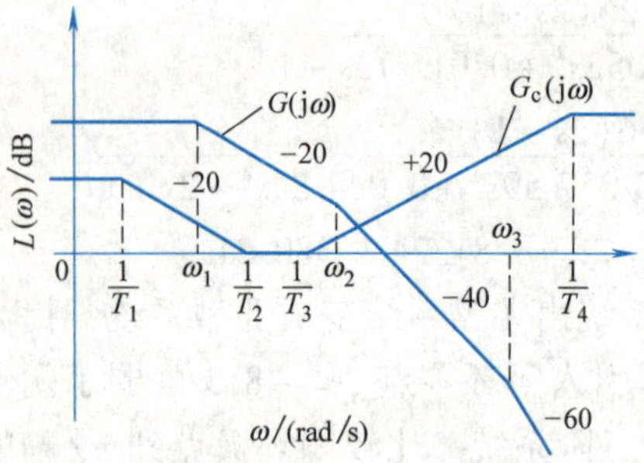

图 6-64　题 6-3 图

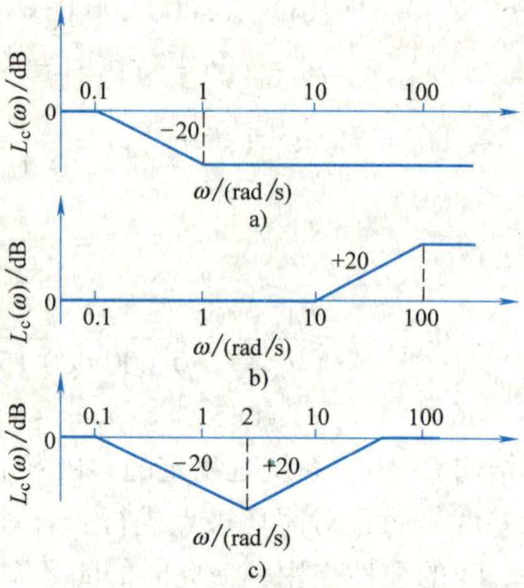

图 6-65　题 6-4 图

6-4　三种串联校正装置的特性如图 6-65 所示，若原系统为单位反馈系统，开环传递函数为

$$G(s)=\frac{400}{s^2(0.01s+1)}$$

试问这 a、b、c 三种校正特性中，哪一种可使校正后系统的稳定性最好［提示：应在同一个半对数坐标纸上，分别绘出三种校正装置的对数幅频特性并求出相位裕量 $\gamma(\omega_c)$，便可作出比较］。

6-5　为了满足稳态性能，某单位反馈伺服系统的开环传递函数为

$$G(s)=\frac{200}{s(0.1s+1)}$$

试设计串联校正装置，使校正后系统的相位裕量 $\gamma(\omega_c')\geqslant 45°$，幅值交界频率 $\omega_c'\geqslant 50\text{rad/s}$。

6-6　某单位反馈系统的开环传递函数为

$$G(s)=\frac{K}{s(0.5s+1)(0.1s+1)}$$

要求校正后系统的速度误差系数 $K_v\geqslant 7\text{s}^{-1}$，幅值裕量 $K_g\geqslant 15\text{dB}$，相位裕量 $\gamma(\omega_c')\geqslant 45°$，若采用串联无源校正网络，试问采用何种校正方式？

6-7　某单位反馈系统的开环传递函数为

$$G(s)=\frac{K}{s\left(\frac{1}{10}s+1\right)\left(\frac{1}{60}s+1\right)}$$

当输入速度为 1rad/s 时，要求稳态位置误差为 $e_{ss}\leqslant\frac{1}{126}\text{rad}$，相位裕量 $\gamma(\omega_c')\geqslant 30°$，幅值交界频率 $\omega_c'\geqslant$ 20rad/s。试确定采用何种校正装置，并说明为什么。

6-8　某遥控侦察车的模型如图 6-66a 所示，其速度控制系统框图如图 6-66b 所示。侦察车由无线电信号 $U(s)$ 遥控其行驶速度 $Y(s)$，路况干扰用 $N(s)$ 表示。控制目标是在单位阶跃指令输入下，满足如下性能指标：最大超调量 $M_p<35\%$，调整时间 $t_s<0.6\text{s}$，稳态误差 $e_{ss}<10\%$，相位裕量 $\gamma(\omega_c')>45°$。试设计超前校正控制器 $G_c(s)$。

6-9　铜线绕线控制系统如图 6-67 所示。工艺要求绕线均匀、速度快，以保证较高的生产率。给定性能指标：最大超调量 $M_p<10\%$，调整时间 $t_s<2\text{s}$，稳态误差 $e_{ss}<0.1$。试设计滞后-超前校正网络 $G_c(s)$。

a)

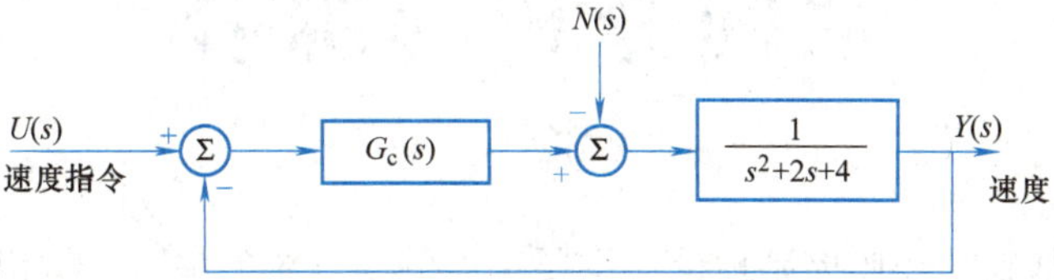

b)

图 6-66　题 6-8 图

a）遥控侦察车　b）速度控制系统框图

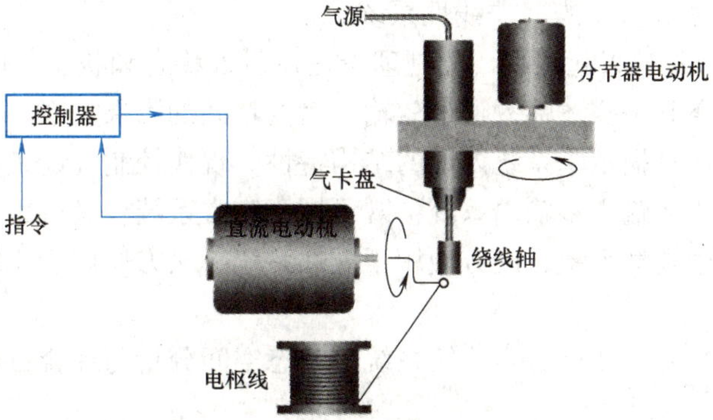

a)

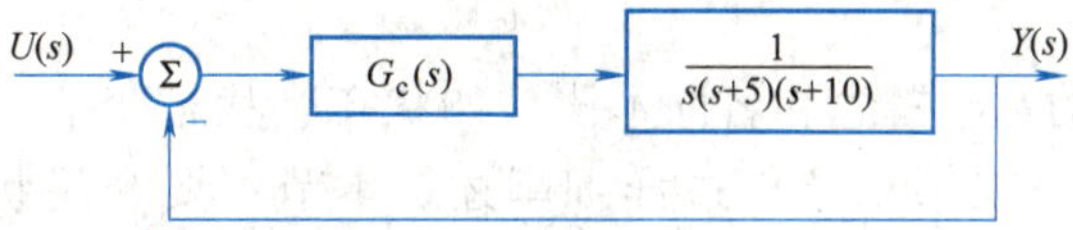

b)

图 6-67　题 6-9 图

a）铜线绕线系统　b）控制系统框图

第七章　线性定常系统的状态空间分析与综合

以传递函数为基础的经典控制理论，主要考虑的是系统的输入、输出和偏差信号，所采用的方法是频率特性法与根轨迹法。其局限性在于它难以揭示系统内部的结构特性，因此只适用于单输入单输出线性系统，对于时变系统（变参数系统）、非线性系统等则无能为力，不适用于例如最优控制、自适应控制、神经网络控制、鲁棒控制等的分析与设计，因为这些控制系统绝大多数是时变和（或）非线性系统。

20 世纪 60 年代，蓬勃兴起的现代控制理论是在引入状态和状态空间概念的基础上发展起来的，它运用状态空间法描述输入-状态-输出诸变量间的因果关系，不但反映了系统的输入、输出外部特性，而且揭示了系统内部的结构特性。现代控制理论是一种既适用于单输入单输出系统，又适用于多输入多输出系统；既可用于定常系统，又可用于时变系统；既能用于连续系统，又能用于离散系统；既方便用于线性系统，又方便用于非线性系统的有效分析与综合方法。

本书限于篇幅，只介绍线性定常连续系统的状态空间分析与综合方法。

第一节　线性定常系统的状态空间描述

有关状态空间描述的基本概念和名词术语，如状态、状态变量、状态向量、状态空间、状态方程和输出方程等已在第二章作过详细阐述。本节主要介绍状态空间表达式的建立方法。

一、由系统运动机理直接建立状态空间表达式

由系统运动机理直接建立状态空间表达式，是从分析系统各部分运动机理入手，根据物理定律，如牛顿定律、基尔霍夫定律等，直接写出描述各部分运动的微分方程，然后由微分方程导出状态方程，并在指定系统输出的情况下，写出输出方程。其一般步骤如下：

1）确定系统的输入量和输出量。

2）根据基本定律列写运动微分方程组。

3）根据所研究问题的需要，选取状态变量。

4）消去中间变量，得出各状态变量的一阶微分方程组和各输出变量的代数方程式。

5）将方程整理成状态空间表达式的标准形式。

例 7-1　试求图 7-1 所示电网络的状态空间表达式。

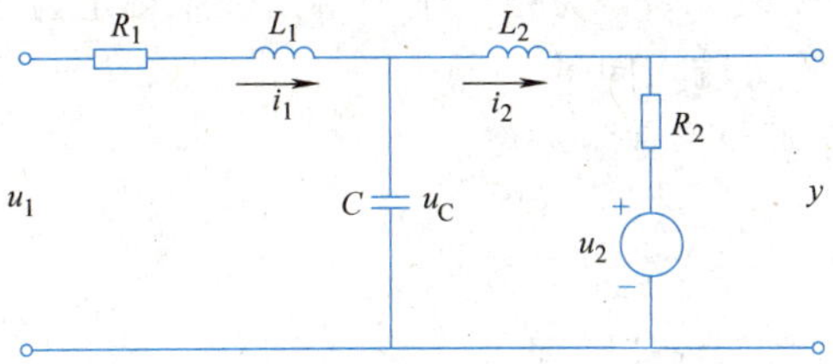

图 7-1　电网络

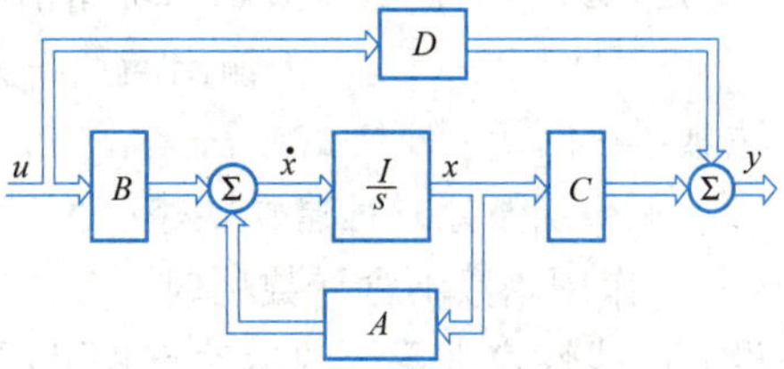

图 7-2　线性定常系统状态空间表达式框图

解

1）设 $u_1(t)$ 和 $u_2(t)$ 为输入量，$y(t)$ 为输出量。

2）根据基尔霍夫定律列写微分方程组

$$L_1\frac{\mathrm{d}i_1}{\mathrm{d}t}+R_1i_1+u_c=u_1$$

$$L_2\frac{\mathrm{d}i_2}{\mathrm{d}t}+R_2i_2+u_2=u_c$$

$$i_1=i_2+C\frac{\mathrm{d}u_c}{\mathrm{d}t}$$

$$y=R_2i_2+u_2$$

3）选取状态变量。网络中有 3 个独立的储能元件，电感 L_1、L_2 和电容 C，选储能元件的物理量 i_1、i_2 和 u_c 作为状态变量，即 $x_1=i_1$，$x_2=i_2$，$x_3=u_c$。

4）将状态变量代入并整理，得

$$\dot{x}_1=-\frac{R_1}{L_1}x_1-\frac{1}{L_1}x_3+\frac{1}{L_1}u_1$$

$$\dot{x}_2=-\frac{R_2}{L_2}x_2+\frac{1}{L_2}x_3-\frac{1}{L_2}u_2$$

$$\dot{x}_3=\frac{1}{C}x_1-\frac{1}{C}x_2$$

$$y=R_2x_2+u_2$$

5）写成向量矩阵标准形式

$$\begin{pmatrix}\dot{x}_1\\ \dot{x}_2\\ \dot{x}_3\end{pmatrix}=\begin{pmatrix}-R_1/L_1 & 0 & -1/L_1\\ 0 & -R_2/L_2 & 1/L_2\\ 1/C & -1/C & 0\end{pmatrix}\begin{pmatrix}x_1\\ x_2\\ x_3\end{pmatrix}+\begin{pmatrix}1/L_1 & 0\\ 0 & -1/L_2\\ 0 & 0\end{pmatrix}\begin{pmatrix}u_1\\ u_2\end{pmatrix}$$

$$y=[0\quad R_2\quad 0]\begin{pmatrix}x_1\\ x_2\\ x_3\end{pmatrix}+[0\quad 1]\begin{pmatrix}u_1\\ u_2\end{pmatrix}$$

即

$$\dot{\boldsymbol{x}} = \boldsymbol{A}\boldsymbol{x} + \boldsymbol{B}u$$
$$y = \boldsymbol{C}\boldsymbol{x} + \boldsymbol{D}u$$

线性定常系统的状态空间表达式也可用框图表示，如图 7-2 所示。图中 $\boldsymbol{I}$ 为 $n \times n$ 单位矩阵，s 是拉氏算子，双箭头表示多路信号的传递路线。每一方框的输入输出关系规定为

输出向量 = 方框中矩阵 × 输入向量

注意：在向量、矩阵的乘法运算中，相乘次序不允许任意颠倒。

二、由系统微分方程建立状态空间表达式

（一）作用函数不含导数项时

设 n 阶线性定常系统的运动方程可用下述微分方程描述，即

$$y^{(n)} + a_1 y^{(n-1)} + a_2 y^{(n-2)} + \cdots + a_{n-1}\dot{y} + a_n y = u \tag{7-1}$$

式中　y、$y^{(i)}$（$i=1, 2, \cdots, n$）——系统的输出及其各阶导数；

u——系统的作用函数（即被控对象的控制输入）；

a_1、$a_2 \cdots a_n$——常系数。

式（7-1）为作用函数 u 不含导数项的 n 阶常微分方程，其中作用函数、输出函数及其各阶导数项 $y^{(i)}$（$i=1, 2, 3, \cdots, n$）均为时间 t 的函数，为书写方便，将时间 t 略去。

由式（7-1）可知，对于上述线性定常系统，若已知初始条件 y（0）、$y^{(i)}$（0）（$i=1, 2, \cdots, n$）及 $t \geqslant 0$ 时刻的作用函数 u，则系统在任何 $t \geqslant 0$ 时刻的状况便可完全确定。因此，可以选取 y 及 $y^{(i)}$（$i=1, 2, 3, \cdots, n-1$）为系统状态变量，即选取

$$\left.\begin{aligned} x_1 &= y \\ x_2 &= \dot{y} \\ x_3 &= \ddot{y} \\ &\vdots \\ x_n &= y^{(n-1)} \end{aligned}\right\} \tag{7-2}$$

则式（7-1）所示的 n 阶常微分方程可以写成 n 个一阶常微分方程，即

$$\left.\begin{aligned} \dot{x}_1 &= x_2 \\ \dot{x}_2 &= x_3 \\ \dot{x}_3 &= x_4 \\ &\vdots \\ \dot{x}_n &= -a_n x_1 - a_{n-1}x_2 - a_{n-2}x_3 - \cdots - a_1 x_n + u \end{aligned}\right\} \tag{7-3}$$

或写成矩阵微分方程形式

$$\begin{pmatrix} \dot{x}_1 \\ \dot{x}_2 \\ \vdots \\ \dot{x}_{n-1} \\ \dot{x}_n \end{pmatrix} = \begin{pmatrix} 0 & 1 & 0 & \cdots & 0 \\ 0 & 0 & 1 & \cdots & 0 \\ \vdots & \vdots & \vdots & & \vdots \\ 0 & 0 & 0 & \cdots & 1 \\ -a_n & -a_{n-1} & -a_{n-2} & \cdots & -a_1 \end{pmatrix} \begin{pmatrix} x_1 \\ x_2 \\ \vdots \\ x_{n-1} \\ x_n \end{pmatrix} + \begin{pmatrix} 0 \\ 0 \\ \vdots \\ 0 \\ 1 \end{pmatrix} u \tag{7-4}$$

记

$$\dot{\boldsymbol{x}}=\begin{pmatrix}\dot{x}_1\\ \dot{x}_2\\ \vdots\\ \dot{x}_{n-1}\\ \dot{x}_n\end{pmatrix},\ \boldsymbol{A}=\begin{pmatrix}0 & 1 & 0 & \cdots & 0\\ 0 & 0 & 1 & \cdots & 0\\ \vdots & \vdots & \vdots & & \vdots\\ 0 & 0 & 0 & \cdots & 1\\ -a_n & -a_{n-1} & -a_{n-2} & \cdots & -a_1\end{pmatrix},\ \boldsymbol{x}=\begin{pmatrix}x_1\\ x_2\\ \vdots\\ x_{n-1}\\ x_n\end{pmatrix},\ \boldsymbol{B}=\begin{pmatrix}0\\ 0\\ \vdots\\ 0\\ 1\end{pmatrix}$$

则式（7-4）可以写成

$$\dot{\boldsymbol{x}}=\boldsymbol{A}\boldsymbol{x}+\boldsymbol{B}u \tag{7-5}$$

式中　$\boldsymbol{x}$，$\dot{\boldsymbol{x}}$——状态向量及其一阶导数，均为 n 维；

$\boldsymbol{A}$——$n\times n$ 阶常系数矩阵；

$\boldsymbol{B}$——$n\times 1$ 阶常系数矩阵。

式（7-3）或式（7-5）称为线性定常系统式（7-1）的状态方程。根据系统输出状态变量的选取，其输出方程可写成

$$y=x_1 \tag{7-6}$$

或写成矩阵方程形式为

$$y=[1\quad 0\quad \cdots\quad 0]\begin{pmatrix}x_1\\ x_2\\ \vdots\\ x_n\end{pmatrix}=\boldsymbol{C}\boldsymbol{x} \tag{7-7}$$

式中　$\boldsymbol{C}=[1\quad 0\quad \cdots\quad 0]$ 称为输出向量。

式（7-5）及式（7-7）所示的状态方程及输出方程是应用状态空间法分析与设计线性定常系统时，描述系统动态特性的标准状态空间表达式。应该指出，n 阶线性定常系统，它的状态变量只有 n 个。

例 7-2　设某控制系统的动态特性可用下述微分方程描述：

$$\ddot{y}+4\dot{y}+3y=u$$

试建立其状态空间表达式。

解

选取 $x_1=y$，$x_2=\dot{y}$ 为系统的状态变量，则通过状态变量的选取及根据系统微分方程，系统的状态方程可写成：

$$\dot{x}_1=x_2$$

$$\dot{x}_2=-3x_1-4x_2+u$$

写成矩阵微分方程形式为

$$\begin{pmatrix}\dot{x}_1\\ \dot{x}_2\end{pmatrix}=\begin{pmatrix}0 & 1\\ -3 & -4\end{pmatrix}\begin{pmatrix}x_1\\ x_2\end{pmatrix}+\begin{pmatrix}0\\ 1\end{pmatrix}u$$

根据输出状态变量的选取，其输出方程为

$$y=x_1=[1\quad 0]\begin{pmatrix}x_1\\ x_2\end{pmatrix}$$

（二）作用函数含导数项时

设 n 阶线性定常系统由下列微分方程描述

$$y^{(n)}+a_1y^{(n-1)}+\cdots+a_{n-1}\dot{y}+a_ny=b_0u^{(n)}+b_1u^{(n-1)}+\cdots+b_{n-1}\dot{u}+b_nu \tag{7-8}$$

如果按上述作用函数不含导数项 n 阶线性系统选取状态变量的方法直接选取状态变量，将式（7-8）改写成一阶微分方程组，即

$$\begin{aligned}
\dot{x}_1&=x_2\\
\dot{x}_2&=x_3\\
\dot{x}_3&=x_4\\
&\vdots\\
\dot{x}_n&=-a_nx_1-a_{n-1}x_2-a_{n-2}x_3-\cdots-a_1x_n+b_0u^{(n)}+b_1u^{(n-1)}+\cdots+b_{n-1}\dot{u}+b_nu
\end{aligned}$$

分析上式可知，上述一阶微分方程组中，包含有作用函数及其各阶导数项。假如作用函数是一个阶跃函数，则其一阶导数项 $\dot{u}$ 便是一个 δ 脉冲函数，而其一阶以上导数项 $u^{(i)}$（$i=2, 3, \cdots, n$）便是高阶脉冲函数，则由上述方程组表示的状态轨迹将产生无穷大的跳跃。因此，即使在已知作用函数 u 的作用下，系统状态也不可能由上述状态向量 $\boldsymbol{x}$ 唯一地确定，即在此时可能得不到唯一的解。所以在线性微分方程中，作用函数含有导数项时，不能直接将系统的输出函数 y 及其各阶导数项 $y^{(i)}$ 作为系统的状态变量。因为这组变量不具备在已知系统输入和初始状态的条件下，完全确定系统的未来运动状态的特性。选取系统状态变量的原则应该是，在包含状态变量的状态方程中，任何一个微分方程均不包含作用函数的导数项。根据这个原则，一种可能选取系统状态变量的方法是

$$\left.\begin{aligned}
x_1&=y-b_0u\\
x_2&=\dot{x}_1-h_1u\\
x_3&=\dot{x}_2-h_2u\\
&\vdots\\
x_n&=\dot{x}_{n-1}-h_{n-1}u
\end{aligned}\right\} \tag{7-9}$$

其中

$$\begin{aligned}
h_1&=b_1-a_1b_0\\
h_2&=(b_2-a_2b_0)-a_1h_1\\
h_3&=(b_3-a_3b_0)-a_2h_1-a_1h_2\\
&\vdots\\
h_n&=(b_n-a_nb_0)-a_{n-1}h_1-a_{n-2}h_2-\cdots-a_2h_{n-2}-a_1h_{n-1}
\end{aligned}$$

于是可得系统的状态方程为

$$\left.\begin{aligned}
\dot{x}_1&=x_2+h_1u\\
\dot{x}_2&=x_3+h_2u\\
&\vdots\\
\dot{x}_{n-1}&=x_n+h_{n-1}u\\
\dot{x}_n&=-a_nx_1-a_{n-1}x_2-a_{n-2}x_3-\cdots-a_1x_n+h_nu
\end{aligned}\right\} \tag{7-10}$$

写成矩阵形式为

$$\dot{\boldsymbol{x}} = \boldsymbol{A}\boldsymbol{x} + \boldsymbol{B}u \tag{7-11}$$

式中

$$\dot{\boldsymbol{x}} = \begin{pmatrix} \dot{x}_1 \\ \dot{x}_2 \\ \vdots \\ \dot{x}_{n-1} \\ \dot{x}_n \end{pmatrix},\ \boldsymbol{A} = \begin{pmatrix} 0 & 1 & 0 & \cdots & 0 \\ 0 & 0 & 1 & \cdots & 0 \\ \vdots & \vdots & \vdots & & \vdots \\ 0 & 0 & 0 & \cdots & 1 \\ -a_n & -a_{n-1} & -a_{n-2} & \cdots & -a_1 \end{pmatrix},\ \boldsymbol{x} = \begin{pmatrix} x_1 \\ x_2 \\ \vdots \\ x_{n-1} \\ x_n \end{pmatrix},\ \boldsymbol{B} = \begin{pmatrix} h_1 \\ h_2 \\ \vdots \\ h_{n-1} \\ h_n \end{pmatrix}$$

其输出方程为

$$y = x_1 + b_0 u = \boldsymbol{C}\boldsymbol{x} + \boldsymbol{D}u \tag{7-12}$$

式中 $\boldsymbol{C} = [1 \quad 0 \quad \cdots \quad 0]$，$\boldsymbol{D} = b_0$。

例 7-3 设控制系统的运动微分方程为

$$\ddot{y} + 7\dot{y} + 3y = \dot{u} + 3u$$

试建立该系统状态空间表达式。

解

由系统运动微分方程可知，其中，$a_1 = 7$，$a_2 = 3$，$b_0 = 0$，$b_1 = 1$，$b_2 = 3$。根据式（7-9）选取状态变量为

$$x_1 = y - b_0 u$$

$$x_2 = \dot{x}_1 - h_1 u$$

式中，$h_1 = b_1 - a_1 b_0 = b_1 = 1$。

即

$$x_1 = y$$

$$x_2 = \dot{x}_1 - u$$

又 $h_n = h_2 = (b_2 - a_2 b_0) - a_1 h_1 = (3-0) - 7 \times 1 = -4$

于是根据式（7-10）可得该系统的状态方程为

$$\dot{x}_1 = x_2 + u$$

$$\dot{x}_2 = -a_2 x_1 - a_1 x_2 + h_2 u = -3x_1 - 7x_2 - 4u$$

或

$$\begin{pmatrix} \dot{x}_1 \\ \dot{x}_2 \end{pmatrix} = \begin{pmatrix} 0 & 1 \\ -3 & -7 \end{pmatrix} \begin{pmatrix} x_1 \\ x_2 \end{pmatrix} + \begin{pmatrix} 1 \\ -4 \end{pmatrix} u$$

其输出方程为

$$y = x_1 = [1 \quad 0] \begin{pmatrix} x_1 \\ x_2 \end{pmatrix}$$

三、由系统传递函数建立状态空间表达式

设 n 阶线性定常系统的传递函数为

$$\frac{Y(s)}{U(s)} = \frac{b_0 s^n + b_1 s^{n-1} + \cdots + b_{n-1} s + b_n}{s^n + a_1 s^{n-1} + \cdots + a_{n-1} s + a_n} \tag{7-13}$$

由上式可作出如图 7-3 所示的系统框图。经等效变换后得如图 7-4 所示的系统框图。

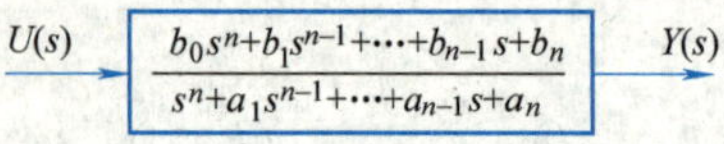

图 7-3　n 阶线性定常系统框图

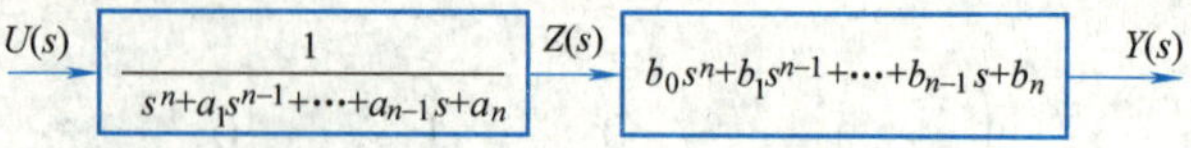

图 7-4　等效变换后 n 阶线性定常系统框图

引进中间变量 z 之后，经拉氏反变换，可得下述两个微分方程，即

$$\left.\begin{aligned}z^{(n)}+a_1z^{(n-1)}+\cdots+a_{n-1}\dot{z}+a_nz=u\\ y=b_0z^{(n)}+b_1z^{(n-1)}+\cdots+b_{n-1}\dot{z}+b_nz\end{aligned}\right\}\tag{7-14}$$

对于式（7-14），可以根据作用函数不含导数项系统的状态变量选取方法选取系统的状态变量，即

$$\begin{aligned}x_1&=z\\ x_2&=\dot{z}\\ &\vdots\\ x_{n-1}&=z^{(n-2)}\\ x_n&=z^{(n-1)}\end{aligned}$$

其相应的系统状态方程为

$$\begin{pmatrix}\dot{x}_1\\ \dot{x}_2\\ \vdots\\ \dot{x}_{n-1}\\ \dot{x}_n\end{pmatrix}=\begin{pmatrix}0&1&0&\cdots&0\\ 0&0&1&\cdots&0\\ \vdots&\vdots&\vdots&&\vdots\\ 0&0&0&\cdots&1\\ -a_n&-a_{n-1}&-a_{n-2}&\cdots&-a_1\end{pmatrix}\begin{pmatrix}x_1\\ x_2\\ \vdots\\ x_{n-1}\\ x_n\end{pmatrix}+\begin{pmatrix}0\\ 0\\ \vdots\\ 0\\ 1\end{pmatrix}u\tag{7-15}$$

相应的输出方程为

$$y=b_0[-a_n\quad -a_{n-1}\quad\cdots\quad -a_1]\begin{pmatrix}x_1\\ x_2\\ \vdots\\ x_n\end{pmatrix}+b_0u+[b_n\quad b_{n-1}\quad\cdots\quad b_1]\begin{pmatrix}x_1\\ x_2\\ \vdots\\ x_n\end{pmatrix}\tag{7-16}$$

若 $b_0=0$，则上述输出方程为

$$y=[b_n\quad b_{n-1}\quad\cdots\quad b_1]\begin{pmatrix}x_1\\ x_2\\ \vdots\\ x_n\end{pmatrix}\tag{7-17}$$

例 7-4　设控制系统传递函数为

$$\frac{Y(s)}{U(s)}=\frac{s+3}{s^2+5s+6}$$

试建立系统状态空间表达式。

解

引进中间变量 z，即

$$\frac{Y(s)}{U(s)}\frac{Z(s)}{Z(s)}=\frac{s+3}{s^2+5s+6}$$

得

$$\frac{Z(s)}{U(s)}=\frac{1}{s^2+5s+6}$$

$$Y(s)=(s+3)Z(s)$$

其微分方程为

$$\ddot{z}+5\dot{z}+6z=u$$

$$y=\dot{z}+3z$$

选取状态变量为 $x_1=z$，$x_2=\dot{z}$ 则系统状态方程为

$$\begin{pmatrix}\dot{x}_1\\ \dot{x}_2\end{pmatrix}=\begin{pmatrix}0 & 1\\ -6 & -5\end{pmatrix}\begin{pmatrix}x_1\\ x_2\end{pmatrix}+\begin{pmatrix}0\\ 1\end{pmatrix}u$$

其输出方程为

$$y=3x_1+x_2=[3\quad 1]\begin{pmatrix}x_1\\ x_2\end{pmatrix}$$

应当指出，对于最小相位系统，其传递函数是唯一的；而同一个系统，若所取状态变量不同，其状态空间表达式则是多种多样的。

四、由系统状态变量图建立状态空间表达式

线性系统的状态变量还可以通过状态变量图来确定。系统的状态变量图根据系统的运动微分方程或系统传递函数作出，状态变量图由积分器、放大器和加法器等构成。在状态变量图中，每个积分器的输出定为一个状态变量。状态变量图直观地描述变量与变量之间的相互关系，并说明状态变量的物理含义。

由状态变量图建立状态空间表达式主要有下述三种方法，即直接程序法、并接程序法和串接程序法。下面通过具体实例分别加以说明。

（一）直接程序法

直接程序法是直接根据系统运动微分方程，作出系统的状态变量图，再由状态变量图建立状态空间表达式。

例 7-5　设系统运动微分方程为

$$T_1T_2\dddot{y}+(T_1+T_2)\ddot{y}+\dot{y}=Ku$$

式中　T_1，T_2——时间常数；

K——系统增益。

试按直接程序法作系统状态变量图，并根据状态变量图建立状态空间表达式。

解

改写系统运动微分方程为

$$\dddot{y}=\frac{K}{T_1T_2}u-\frac{T_1+T_2}{T_1T_2}\ddot{y}-\frac{1}{T_1T_2}\dot{y}$$

根据逐项积分的办法，可作出系统状态变量图如图 7-5 所示。图中 $x_1=y$，$x_2=\dot{y}$，$x_3=\ddot{y}$分

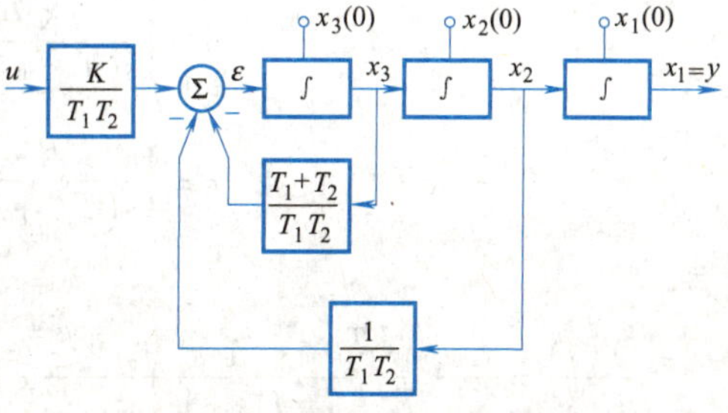

图 7-5　直接程序法系统状态变量图

别为系统状态变量。根据系统状态变量图可直接写出系统状态方程如下

$$\dot{x}_1 = x_2$$

$$\dot{x}_2 = x_3$$

$$\dot{x}_3 = -\frac{1}{T_1T_2}x_2 - \frac{T_1+T_2}{T_1T_2}x_3 + \frac{K}{T_1T_2}u$$

或写成

$$\begin{pmatrix}\dot{x}_1\\ \dot{x}_2\\ \dot{x}_3\end{pmatrix} = \begin{pmatrix}0 & 1 & 0\\ 0 & 0 & 1\\ 0 & -\frac{1}{T_1T_2} & -\frac{T_1+T_2}{T_1T_2}\end{pmatrix}\begin{pmatrix}x_1\\ x_2\\ x_3\end{pmatrix} + \begin{pmatrix}0\\ 0\\ \frac{K}{T_1T_2}\end{pmatrix}u$$

其输出方程为

$$y = x_1 = [1 \quad 0 \quad 0]\begin{pmatrix}x_1\\ x_2\\ x_3\end{pmatrix}$$

（二）并接程序法

应用并接程序法作线性定常系统状态变量图时，先将系统传递函数写成一阶和（或）二阶传递函数和的形式，并分别作出状态变量图，再根据线性系统叠加原理作出整个系统的状态变量图，由状态变量图可直接建立状态空间表达式。

例 7-6 设系统运动微分方程为

$$T_1T_2\dddot{y} + (T_1+T_2)\ddot{y} + \dot{y} = Ku$$

试按并接程序法作系统状态变量图，并根据状态变量图建立状态空间表达式。

解

根据系统运动微分方程，可写出该系统的传递函数为

$$\frac{Y(s)}{U(s)} = \frac{K}{T_1T_2s^3 + (T_1+T_2)s^2 + s} = \frac{K}{s(T_1s+1)(T_2s+1)}$$

将该传递函数按其极点分解成最简分式和的形式，即

$$\frac{Y(s)}{U(s)} = \frac{a}{s} + \frac{b}{T_1s+1} + \frac{c}{T_2s+1}$$

式中，a、b、c 为待定系数，计算如下

$$a = \left[\frac{K}{(T_1s+1)(T_2s+1)}\right]_{s=0} = K$$

$$b = \left[\frac{K}{s(T_2s+1)}\right]_{s=-\frac{1}{T_1}} = \frac{KT_1^2}{T_2-T_1}$$

$$c = \left[\frac{K}{s(T_1s+1)}\right]_{s=-\frac{1}{T_2}} = \frac{KT_2^2}{T_1-T_2}$$

即有

$$\frac{Y(s)}{U(s)} = \frac{K}{s} + \frac{KT_1^2}{T_2-T_1}\frac{1}{T_1s+1} + \frac{KT_2^2}{T_1-T_2}\frac{1}{T_2s+1} = \frac{K}{s} + \frac{KT_1}{T_2-T_1}\frac{1}{s+\frac{1}{T_1}} + \frac{KT_2}{T_1-T_2}\frac{1}{s+\frac{1}{T_2}}$$

于是可作出系统状态变量图如图 7-6 所示。图中各积分器的输出 x_1、x_2、x_3 为选定的系统状态变量。由系统状态变量图可得系统状态方程为

$$\dot{x}_1 = Ku$$

$$\dot{x}_2 = -\frac{1}{T_1}x_2 + \frac{KT_1}{T_2 - T_1}u$$

$$\dot{x}_3 = -\frac{1}{T_2}x_3 + \frac{KT_2}{T_1 - T_2}u$$

或写成

$$\begin{pmatrix}\dot{x}_1\\ \dot{x}_2\\ \dot{x}_3\end{pmatrix} = \begin{pmatrix}0 & 0 & 0\\ 0 & -\frac{1}{T_1} & 0\\ 0 & 0 & -\frac{1}{T_2}\end{pmatrix}\begin{pmatrix}x_1\\ x_2\\ x_3\end{pmatrix} + \begin{pmatrix}K\\ \frac{KT_1}{T_2 - T_1}\\ \frac{KT_2}{T_1 - T_2}\end{pmatrix}u$$

其输出方程为

$$y = [1 \quad 1 \quad 1]\begin{pmatrix}x_1\\ x_2\\ x_3\end{pmatrix}$$

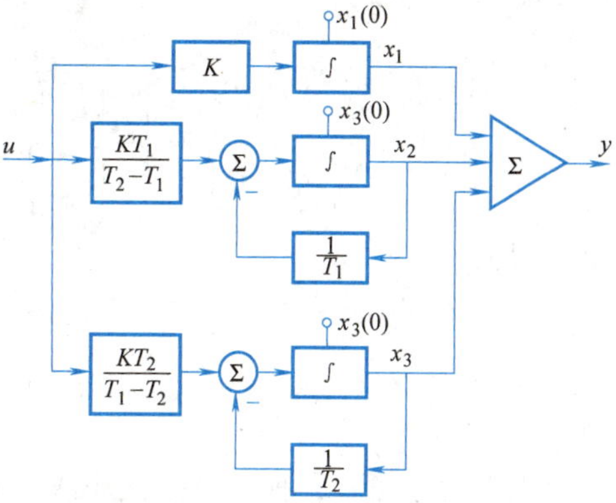

图 7-6 并接程序法系统状态变量图

（三）串接程序法

串接程序法是将传递函数按其极点的数目与形式写成最简分式，作出系统的状态变量图，再由系统状态变量图建立状态空间表达式。

例 7-7 设系统传递函数为

$$\frac{Y(s)}{U(s)} = \frac{K}{T_1T_2s^3 + (T_1 + T_2)s^2 + s} = \frac{K}{s(T_1s + 1)(T_2s + 1)}$$

试按串接程序法作系统状态变量图，并根据状态变量图建立状态空间表达式。

解

将系统传递函数按其极点写成典型环节乘积的形式，即

$$\frac{Y(s)}{U(s)} = \frac{X_3(s)X_2(s)X_1(s)}{U(s)X_3(s)X_2(s)} = \frac{K}{s(T_1s + 1)(T_2s + 1)}$$

式中，$X_1(s) = Y(s)$，取

$$\frac{X_3(s)}{U(s)} = \frac{K}{s}, \qquad \frac{X_2(s)}{X_3(s)} = \frac{1}{T_1s + 1}, \qquad \frac{X_1(s)}{X_2(s)} = \frac{1}{T_2s + 1}$$

则可作出其串接方式的状态变量图如图 7-7 所示。

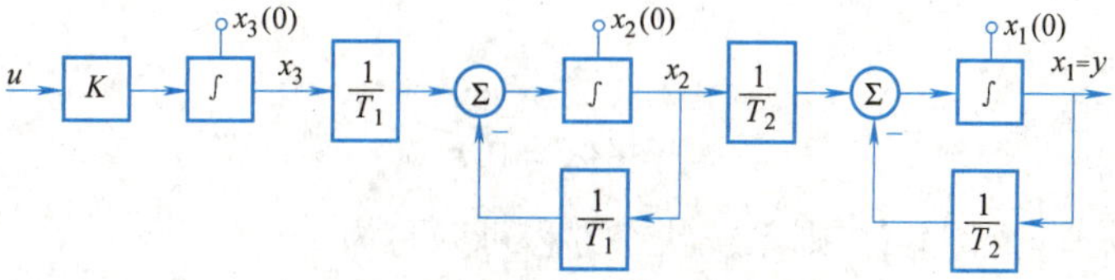

图 7-7 串接程序法系统状态变量图

图中 x_1、x_2、x_3 为选定的系统状态变量，由系统状态变量图可得系统的状态方程为

$$\dot{x}_1 = -\frac{1}{T_2}x_1 + \frac{1}{T_2}x_2$$

$$\dot{x}_2 = -\frac{1}{T_1}x_2 + \frac{1}{T_1}x_3$$

$$\dot{x}_3 = Ku$$

写成矩阵的形式

$$\begin{pmatrix} \dot{x}_1 \\ \dot{x}_2 \\ \dot{x}_3 \end{pmatrix} = \begin{pmatrix} -\frac{1}{T_2} & \frac{1}{T_2} & 0 \\ 0 & -\frac{1}{T_1} & \frac{1}{T_1} \\ 0 & 0 & 0 \end{pmatrix} \begin{pmatrix} x_1 \\ x_2 \\ x_3 \end{pmatrix} + \begin{pmatrix} 0 \\ 0 \\ K \end{pmatrix} u$$

输出方程为

$$y = [1 \quad 0 \quad 0] \begin{pmatrix} x_1 \\ x_2 \\ x_3 \end{pmatrix}$$

由以上论述可知，根据直接程序法、并接程序法、串接程序法列写系统的状态方程时，由于选择的状态变量不同，它们的物理含义是不同的。因此，系统的状态方程及输出方程的形式是不同的。但当系统在同一输入函数作用下，所得的输出时域特性是完全相同的。

五、由系统框图直接建立状态空间表达式

在线性控制系统中，它的数学模型常以系统框图的形式给出，这是由于系统框图能形象地描述系统信号流向及其各物理量之间的相互关系。为了直接利用系统框图建立状态空间表达式，需要引进两个方程，称之为状态传递方程及状态反馈方程。引进上述两个方程之后，将使问题得以极大的简化，避免一些错误的发生。下面以具体实例加以说明。

例 7-8 设某仪表伺服系统，其系统框图如图 7-8 所示。试直接由系统框图建立状态空间表达式。

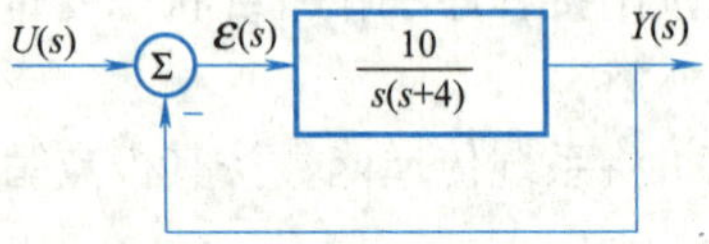

图 7-8 仪表伺服系统框图

解

对于这个较为简单的系统来说，求取其闭环传递函数并不困难，但为了说明问题，这里直接利用系统框图建立状态空间表达式。

由系统框图可以直接得到

$$\frac{Y(s)}{\varepsilon(s)} = \frac{10}{s(s+4)}$$

其微分方程为

$$\ddot{y} + 4\dot{y} = 10\varepsilon$$

取系统状态变量 $x_1 = y$，$x_2 = \dot{y}$，则系统状态方程可列写为

$$\dot{x}_1 = x_2$$

$$\dot{x}_2 = 10\varepsilon - 4x_2$$

式中，$\varepsilon = u - y = u - x_1$ 称为状态反馈方程，代入系统状态方程并写成矩阵形式得

$$\begin{pmatrix}\dot{x}_1\\ \dot{x}_2\end{pmatrix}=\begin{pmatrix}0 & 1\\ -10 & -4\end{pmatrix}\begin{pmatrix}x_1\\ x_2\end{pmatrix}+\begin{pmatrix}0\\ 10\end{pmatrix}u$$

其输出方程为

$$y = x_1 = \begin{bmatrix}1 & 0\end{bmatrix}\begin{pmatrix}x_1\\ x_2\end{pmatrix}$$

例 7-9　某液压控制系统框图如图 7-9 所示，试根据系统框图直接建立状态空间表达式。

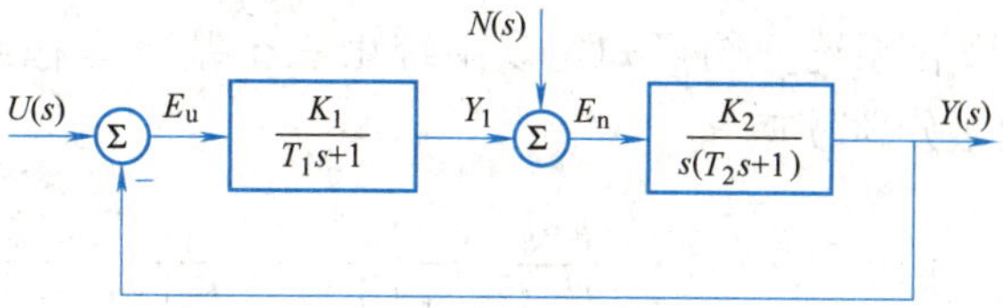

图 7-9　液压控制系统框图

解

为简化状态方程的列写，在图中引进变量 E_u、Y_1、E_n（如图 7-9 所示），则根据系统框图，可得各方框的传递函数为

$$\frac{Y_1(s)}{E_u(s)}=\frac{K_1}{T_1s+1}$$

$$\frac{Y(s)}{E_n(s)}=\frac{K_2}{s(T_2s+1)}$$

得其微分方程为

$$T_1\dot{y}_1+y_1=K_1e_u$$

$$T_2\ddot{y}+\dot{y}=K_2e_n$$

选取状态变量 $x_1=y_1$，$x_2=y$，$x_3=\dot{y}$，则系统状态方程为

$$\dot{x}_1=\frac{1}{T_1}(K_1e_u-x_1)$$

$$\dot{x}_2=x_3$$

$$\dot{x}_3=\frac{1}{T_2}(K_2e_n-x_3)$$

系统状态反馈方程为

$$e_u=u-y=u-x_2$$

系统状态传递方程为

$$e_n=y_1+n=x_1+n$$

将上述系统状态反馈方程及状态传递方程代入状态方程中并写成矩阵形式得

$$\begin{pmatrix}\dot{x}_1\\ \dot{x}_2\\ \dot{x}_3\end{pmatrix}=\begin{pmatrix}-\frac{1}{T_1} & -\frac{K_1}{T_1} & 0\\ 0 & 0 & 1\\ \frac{K_2}{T_2} & 0 & -\frac{1}{T_2}\end{pmatrix}\begin{pmatrix}x_1\\ x_2\\ x_3\end{pmatrix}+\begin{pmatrix}\frac{K_1}{T_1} & 0\\ 0 & 0\\ 0 & \frac{K_2}{T_2}\end{pmatrix}\begin{pmatrix}u\\ n\end{pmatrix}$$

输出方程为

$$y = x_2 = [0 \quad 1 \quad 0]\begin{pmatrix} x_1 \\ x_2 \\ x_3 \end{pmatrix}$$

例 7-10 输入前馈补偿复合控制系统框图如图 7-10 所示，试直接利用系统框图建立状态空间表达式。

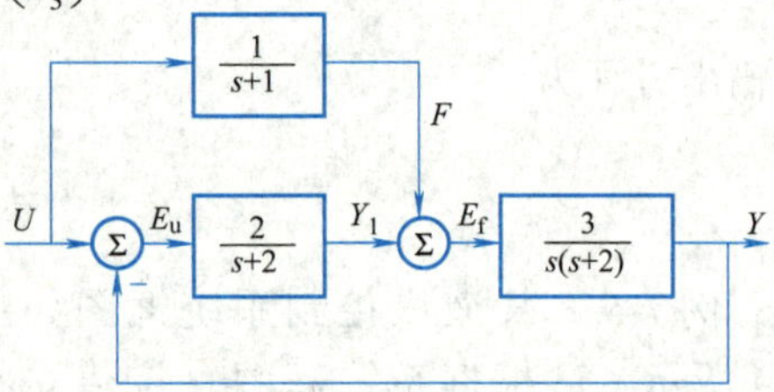

图 7-10 输入前馈补偿复合控制系统框图

解

由系统框图可知，该系统由三个基本方框组成，分别写成

$$\frac{F(s)}{U(s)} = \frac{1}{s+1}, \qquad \frac{Y_1(s)}{E_u(s)} = \frac{2}{s+2}, \qquad \frac{Y(s)}{E_f(s)} = \frac{3}{s^2+2s}$$

其微分方程为

$$\dot{f} + f = u, \qquad \dot{y}_1 + 2y_1 = 2e_u, \qquad \ddot{y} + 2\dot{y} = 3e_f$$

选取状态变量 $x_1 = f$，$x_2 = y_1$，$x_3 = y$，$x_4 = \dot{y}$，则系统状态方程为

$$\dot{x}_1 = u - x_1$$

$$\dot{x}_2 = 2e_u - 2x_2$$

$$\dot{x}_3 = x_4$$

$$\dot{x}_4 = 3e_f - 2x_4$$

状态反馈方程为

$$e_u = u - x_3$$

状态传递方程为

$$e_f = x_1 + x_2$$

将其代入状态方程并写成矩阵形式便有

$$\dot{x} = \begin{pmatrix} -1 & 0 & 0 & 0 \\ 0 & -2 & -2 & 0 \\ 0 & 0 & 0 & 1 \\ 3 & 3 & 0 & -2 \end{pmatrix}\boldsymbol{x} + \begin{pmatrix} 1 \\ 2 \\ 0 \\ 0 \end{pmatrix} u$$

输出方程为

$$y = x_3 = [0 \quad 0 \quad 1 \quad 0]\boldsymbol{x}$$

例 7-11 扰动前馈补偿的复合控制系统，其框图如图 7-11 所示。

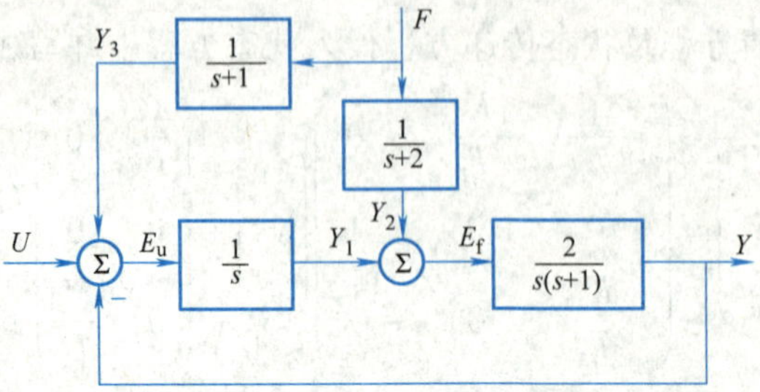

图 7-11 扰动前馈补偿的复合控制系统框图

试根据系统框图直接建立状态空间表达式。

解

由系统框图直接可得

$$\frac{Y_1(s)}{E_u(s)}=\frac{1}{s},\qquad \frac{Y(s)}{E_f(s)}=\frac{2}{s^2+s},\qquad \frac{Y_2(s)}{F(s)}=\frac{1}{s+2},\qquad \frac{Y_3(s)}{F(s)}=\frac{1}{s+1}$$

其微分方程分别为

$$\dot{y}_1=e_u,\ \ \ddot{y}+\dot{y}=2e_f,\ \ \dot{y}_2+2y_2=f,\ \ \dot{y}_3+y_3=f$$

选取系统状态变量为

$$x_1=y_1,\ x_2=y,\ x_3=\dot{y},\ x_4=y_2,\ x_5=y_3$$

则系统的状态方程为

$$\begin{aligned}\dot{x}_1&=e_u\\ \dot{x}_2&=x_3\\ \dot{x}_3&=2e_f-x_3\\ \dot{x}_4&=f-2x_4\\ \dot{x}_5&=f-x_5\end{aligned}$$

状态传递方程为

$$e_f=x_1+x_4$$

状态反馈方程为

$$e_u=u+x_5-x_2$$

代入系统状态方程并写成矩阵形式有

$$\dot{\boldsymbol{x}}=\begin{pmatrix}0&-1&0&0&1\\0&0&1&0&0\\2&0&-1&2&0\\0&0&0&-2&0\\0&0&0&0&-1\end{pmatrix}\boldsymbol{x}+\begin{pmatrix}1&0\\0&0\\0&0\\0&1\\0&1\end{pmatrix}\begin{pmatrix}u\\f\end{pmatrix}$$

系统输出方程为

$$y=x_2=[0\quad 1\quad 0\quad 0\quad 0]\boldsymbol{x}$$

以上四例表明，直接利用系统框图建立状态空间表达式的方法，对于复杂系统或多输入多输出系统尤为方便。

六、状态变换

对于一个给定的线性定常系统，可以选取多种状态变量，相应地有不同的状态空间表达式描述同一系统，也即系统可以有多种结构形式。所选取的各组状态变量之间，实际上是一种向量的线性变换（或称坐标变换）关系。因此，采用不同的变换矩阵，就可以得到不同的状态空间表达式。

（一）状态向量的非唯一性及特征值不变性

设给定系统为

$$\left.\begin{aligned}\dot{\boldsymbol{x}}&=\boldsymbol{Ax}+\boldsymbol{Bu},\qquad \boldsymbol{x}(0)=\boldsymbol{x}_0\\ \boldsymbol{y}&=\boldsymbol{Cx}+\boldsymbol{Du}\end{aligned}\right\}\tag{7-18}$$

总可以找到一个非奇异的变换矩阵 $\boldsymbol{T}$，将原状态向量 $\boldsymbol{x}$ 变换为另一状态向量 $\boldsymbol{z}$，即当将线性变换 $\boldsymbol{x}=\boldsymbol{T}\boldsymbol{z}$ 代入式（7-18）时，有

$$\left.\begin{aligned} \dot{\boldsymbol{z}} &= \boldsymbol{T}^{-1}\boldsymbol{A}\boldsymbol{T}\boldsymbol{z}+\boldsymbol{T}^{-1}\boldsymbol{B}\boldsymbol{u}=\widetilde{\boldsymbol{A}}\boldsymbol{z}+\widetilde{\boldsymbol{B}}\boldsymbol{u}, \qquad \boldsymbol{z}(0)=\boldsymbol{T}^{-1}\boldsymbol{x}(0)=\boldsymbol{T}^{-1}\boldsymbol{x}_0 \\ \boldsymbol{y} &= \boldsymbol{C}\boldsymbol{T}\boldsymbol{z}+\boldsymbol{D}\boldsymbol{u}=\widetilde{\boldsymbol{C}}\boldsymbol{z}+\widetilde{\boldsymbol{D}}\boldsymbol{u} \end{aligned}\right\} \tag{7-19}$$

系统的状态变量由 $\boldsymbol{x}$ 变换为 $\boldsymbol{z}$，状态空间表达式由式（7-18）变为式（7-19），这个过程称为状态变换。由于变换矩阵 $\boldsymbol{T}$ 只需满足非奇异的条件，故状态变换可以有无穷多种。

由式（7-18）与式（7-19）可以看出，状态变换对于系数矩阵 $\boldsymbol{A}$ 而言是线性变换，而线性变换不改变特征值。

若变换后系统的特征值为 λ，则其特征方程为

$$\begin{aligned} |\lambda\boldsymbol{I}-\boldsymbol{T}^{-1}\boldsymbol{A}\boldsymbol{T}| &= |\lambda\boldsymbol{T}^{-1}\boldsymbol{T}-\boldsymbol{T}^{-1}\boldsymbol{A}\boldsymbol{T}| = |\boldsymbol{T}^{-1}\lambda\boldsymbol{T}-\boldsymbol{T}^{-1}\boldsymbol{A}\boldsymbol{T}| = |\boldsymbol{T}^{-1}(\lambda\boldsymbol{I}-\boldsymbol{A})\boldsymbol{T}| \\ &= |\boldsymbol{T}^{-1}||\lambda\boldsymbol{I}-\boldsymbol{A}||\boldsymbol{T}| = |\lambda\boldsymbol{I}-\boldsymbol{A}| \end{aligned} \tag{7-20}$$

可以看出，线性变换后系统的特征值不变。

对于线性定常系统，特征值是描述系统动力学特性的一个重要参量，也是系统传递函数的极点。虽然系统的状态空间表达形式并不唯一，但由于描述的是同一系统，因此系统的特征值不应随模型表达形式的不同而改变，即线性变换不改变系统的特征值。

（二）常用的状态空间表达式标准型

1. 对角规范型

系数矩阵 $\widetilde{\boldsymbol{A}}$ 为对角阵时，即

$$\widetilde{\boldsymbol{A}}=\begin{pmatrix} \lambda_1 & & & \\ & \lambda_2 & & \\ & & \ddots & \\ & & & \lambda_n \end{pmatrix} \tag{7-21}$$

则称 $\Sigma(\widetilde{\boldsymbol{A}}, \widetilde{\boldsymbol{B}}, \widetilde{\boldsymbol{C}}, \widetilde{\boldsymbol{D}})$ 为对角线规范型。

由线性代数可知，矩阵 $\boldsymbol{A}$ 可化为对角线规范型的充分必要条件是：系数矩阵 $\boldsymbol{A}$ 具有 n 个线性无关的特征向量，并且由这 n 个线性无关的特征向量组成变换矩阵。分为两种情况：

1）系数矩阵有 n 个互不相同的特征值 λ_i，对应的特征向量为 $\boldsymbol{p}_i$，此时变换矩阵

$$\boldsymbol{T}=[\boldsymbol{p}_1 \quad \boldsymbol{p}_2 \quad \cdots \quad \boldsymbol{p}_n] \tag{7-22}$$

2）系数矩阵 $\boldsymbol{A}$ 有重特征值，其重数为 q，但所有特征值 λ_i 都满足

$$\mathrm{rank}(\lambda_i\boldsymbol{I}-\boldsymbol{A})=n-q \tag{7-23}$$

即如果系统存在 n 个互异的特征根，或者 q 重特征值 λ_i 存在 q 个线性无关特征向量时，$\boldsymbol{A}$ 的全部 n 个特征向量都是线性无关的，可以组成非奇异的线性变换矩阵 $\boldsymbol{T}$，将 $\Sigma(\boldsymbol{A}, \boldsymbol{B}, \boldsymbol{C}, \boldsymbol{D})$ 化为对角线规范型。

可以看出，在对角规范型中，状态向量的各个分量之间没有任何联系，系统等价于若干个由单个向量组成的独立子系统，使系统的分析得以简化。

2. 约当规范型

当矩阵 $\boldsymbol{A}$ 有重特征值，并且不满足式（7-23）时，线性无关的特征向量的个数小于 n，则 $\boldsymbol{A}$ 无法化成对角规范型，而只能化为约当规范型。通常称

$$\boldsymbol{J}_i=\begin{pmatrix}\lambda_i & 1 & 0 & \cdots & 0 & 0\\ 0 & \lambda_i & 1 & \cdots & 0 & 0\\ \vdots & \vdots & \vdots & & \vdots & \vdots\\ 0 & 0 & 0 & \cdots & \lambda_i & 1\\ 0 & 0 & 0 & \cdots & 0 & \lambda_i\end{pmatrix} \tag{7-24}$$

为约当块，它是 $q_i\times q_i$ 的方阵，q_i 为特征值 λ_i 的重数。而由若干个约当块组成的对角分块矩阵

$$\boldsymbol{J}=\begin{pmatrix}J_1 & & & \\ & J_2 & & \\ & & \ddots & \\ & & & J_g\end{pmatrix} \tag{7-25}$$

称为约当型矩阵，其中每个分块 J_i（$i=1, 2, \cdots g$）都如式（7-24）所示。

如果 $\boldsymbol{A}_{n\times n}$ 有相重的特征值，并且线性无关的特征向量数目小于 n，则矩阵 $\boldsymbol{A}$ 不能化为对角阵，这时存在一个线性变换矩阵 $\boldsymbol{P}$，使 $\boldsymbol{A}$ 变换成：

$$\boldsymbol{J}=\boldsymbol{P}^{-1}\boldsymbol{A}\boldsymbol{P} \tag{7-26}$$

3. 范德蒙德（Vandermonde）矩阵的使用

如果系统矩阵 $\boldsymbol{A}$ 具有如下标准形式

$$\boldsymbol{A}=\begin{pmatrix}0 & 1 & 0 & \cdots & 0\\ 0 & 0 & 1 & \cdots & 0\\ \vdots & \vdots & \vdots & & \vdots\\ 0 & 0 & 0 & \cdots & 1\\ -a_0 & -a_1 & -a_2 & \cdots & -a_{n-1}\end{pmatrix} \tag{7-27}$$

并且 $\boldsymbol{A}$ 又有互异的特征值 $\lambda_1, \lambda_2, \cdots, \lambda_n$，则以下范德蒙德矩阵：

$$\boldsymbol{T}=\begin{pmatrix}1 & 1 & 1 & \cdots & 1\\ \lambda_1 & \lambda_2 & \lambda_3 & \cdots & \lambda_n\\ \lambda_1^2 & \lambda_2^2 & \lambda_3^2 & \cdots & \lambda_n^2\\ \vdots & \vdots & \vdots & & \vdots\\ \lambda_1^{n-1} & \lambda_2^{n-1} & \lambda_3^{n-1} & \cdots & \lambda_n^{n-1}\end{pmatrix} \tag{7-28}$$

可使矩阵 $\boldsymbol{A}$ 对角化。

若 λ_j 为 k 重根，则与 λ_j 相对应的特征向量为

$$\boldsymbol{p}_j=[1 \quad \lambda_j \quad \lambda_j^2 \quad \cdots \quad \lambda_j^{n-1}]^{\mathrm{T}} \tag{7-29}$$

与约当块相对应的变换矩阵部分为

$$\boldsymbol{P}=\left[\cdots \quad \boldsymbol{p}_j \quad \frac{\mathrm{d}\boldsymbol{p}_j}{\mathrm{d}\lambda_j} \quad \frac{\mathrm{d}^2\boldsymbol{p}_j}{\mathrm{d}\lambda_j^2} \quad \cdots \quad \frac{\mathrm{d}^{k-1}\boldsymbol{p}_j}{\mathrm{d}\lambda_j^{k-1}} \quad \cdots\right] \tag{7-30}$$

第二节　线性定常系统状态方程的解

控制系统状态方程的解，即求控制系统的时域特性。通过系统时域特性，可以进一步完成控制系统的分析与综合，以求较佳的系统特性。本节主要讨论线性定常系统的齐次、非齐次状态方程的解，并在此基础上给出矩阵指数及状态转移矩阵的定义，说明它们的性质。

一、齐次状态方程的解

设线性定常系统的状态方程为

$$\dot{\boldsymbol{x}} = \boldsymbol{A}\boldsymbol{x} \tag{7-31}$$

式中

$$\boldsymbol{x} = \begin{pmatrix} x_1 \\ x_2 \\ \vdots \\ x_n \end{pmatrix},\ \boldsymbol{A} = \begin{pmatrix} a_{11} & a_{12} & \cdots & a_{1n} \\ a_{21} & a_{22} & \cdots & a_{2n} \\ \vdots & \vdots & & \vdots \\ a_{n1} & a_{n2} & \cdots & a_{nn} \end{pmatrix}$$

齐次状态方程是线性定常系统状态方程当作用函数等于零时的特殊情况，在讨论线性定常系统状态方程的解之前，首先讨论齐次状态方程的解的问题。求齐次状态方程的解，常用的方法有矩阵指数法和拉氏变换法两种，下面分别加以详细讨论。

（一）矩阵指数法

设齐次状态方程式（7-31）的解 $\boldsymbol{x}(t)$ 具有如下形式，即

$$\boldsymbol{x}(t) = \boldsymbol{b}_0 + \boldsymbol{b}_1 t + \boldsymbol{b}_2 t^2 + \cdots + \boldsymbol{b}_k t^k + \cdots \tag{7-32}$$

将上式代入式（7-31）中得

$$\boldsymbol{b}_1 + 2\boldsymbol{b}_2 t + \cdots + k\boldsymbol{b}_k t^{k-1} + \cdots = \boldsymbol{A}(\boldsymbol{b}_0 + \boldsymbol{b}_1 t + \boldsymbol{b}_2 t^2 + \cdots + \boldsymbol{b}_k t^k + \cdots)$$

比较等号两边同次幂系数可得

$$\begin{aligned} \boldsymbol{b}_1 &= \boldsymbol{A}\boldsymbol{b}_0 \\ \boldsymbol{b}_2 &= \frac{1}{2}\boldsymbol{A}\boldsymbol{b}_1 = \frac{1}{2}\boldsymbol{A}^2\boldsymbol{b}_0 \\ \boldsymbol{b}_3 &= \frac{1}{3}\boldsymbol{A}\boldsymbol{b}_2 = \frac{1}{2\times 3}\boldsymbol{A}^3\boldsymbol{b}_0 \\ &\vdots \\ \boldsymbol{b}_k &= \frac{1}{k!}\boldsymbol{A}^k\boldsymbol{b}_0 \\ &\vdots \end{aligned}$$

由此可得

$$\boldsymbol{x}(t) = \boldsymbol{b}_0 + \boldsymbol{A}\boldsymbol{b}_0 t + \frac{1}{2!}\boldsymbol{A}^2\boldsymbol{b}_0 t^2 + \frac{1}{3!}\boldsymbol{A}^3\boldsymbol{b}_0 t^3 + \cdots + \frac{1}{k!}\boldsymbol{A}^k\boldsymbol{b}_0 t^k + \cdots$$

或

$$\boldsymbol{x}(t) = \left(\boldsymbol{I} + \boldsymbol{A}t + \frac{1}{2!}\boldsymbol{A}^2 t^2 + \frac{1}{3!}\boldsymbol{A}^3 t^3 + \cdots + \frac{1}{k!}\boldsymbol{A}^k t^k + \cdots\right)\boldsymbol{b}_0 \tag{7-33}$$

式中 $\boldsymbol{I}$ 为单位矩阵。令式（7-32）中的 $t=0$ 得 $\boldsymbol{b}_0 = \boldsymbol{x}(0)$，$\boldsymbol{x}(0)$ 为状态向量 $\boldsymbol{x}(t)$ 的初值，

它表征线性定常系统的初始状态。最后得线性定常系统齐次状态方程的解为

$$\boldsymbol{x}(t)=\left(\boldsymbol{I}+\boldsymbol{A}t+\frac{1}{2!}\boldsymbol{A}^2t^2+\frac{1}{3!}\boldsymbol{A}^3t^3+\cdots+\frac{1}{k!}\boldsymbol{A}^kt^k+\cdots\right)\boldsymbol{x}(0) \tag{7-34}$$

注意，式（7-34）中无穷项矩阵之和为 $n\times n$ 阶矩阵。该 $n\times n$ 阶矩阵的展开式从形式上类似指数函数 e^x 的无穷级数，因此称式（7-34）中无穷项矩阵之和为矩阵指数，并记为

$$\boldsymbol{I}+\boldsymbol{A}t+\frac{1}{2!}\boldsymbol{A}^2t^2+\frac{1}{3!}\boldsymbol{A}^3t^3+\cdots+\frac{1}{k!}\boldsymbol{A}^kt^k+\cdots=e^{\boldsymbol{A}t} \tag{7-35}$$

这样通过矩阵指数，可将线性定常系统齐次状态方程的解写成

$$\boldsymbol{x}(t)=e^{\boldsymbol{A}t}\boldsymbol{x}(0) \tag{7-36}$$

由式（7-36）可知，线性定常系统齐次状态方程的解表示状态向量 $\boldsymbol{x}(t)$ 由初始时刻 $t=0$ 的状态 $\boldsymbol{x}(0)$ 向任意时刻 t 的状态 $\boldsymbol{x}(t)$ 转移的内在特性，该特性通过矩阵指数 $e^{\boldsymbol{A}t}$ 来描述，因此，按矩阵指数法求解齐次状态方程时，在已知初始状态 $\boldsymbol{x}(0)$ 的基础上，需要求解矩阵指数 $e^{\boldsymbol{A}t}$，这给人工计算带来不便。

（二）拉氏变换法

设线性定常系统齐次状态方程为

$$\dot{\boldsymbol{x}}=\boldsymbol{A}\boldsymbol{x}$$

对该方程两边取拉氏变换得

$$s\boldsymbol{X}(s)-\boldsymbol{x}(0)=\boldsymbol{A}\boldsymbol{X}(s)$$

式中　$\boldsymbol{X}(s)=\mathscr{L}[\boldsymbol{x}(t)]$——状态向量的拉氏变换；

$\boldsymbol{x}(0)$——状态向量的初值。

整理得

$$(s\boldsymbol{I}-\boldsymbol{A})\boldsymbol{X}(s)=\boldsymbol{x}(0)$$

等号两边同时左乘 $(s\boldsymbol{I}-\boldsymbol{A})^{-1}$ 得

$$\boldsymbol{X}(s)=(s\boldsymbol{I}-\boldsymbol{A})^{-1}\boldsymbol{x}(0) \tag{7-37}$$

对方程(7-37)两边取拉氏反变换，得线性定常系统齐次状态方程的解为

$$\boldsymbol{x}(t)=\mathscr{L}^{-1}[(s\boldsymbol{I}-\boldsymbol{A})^{-1}]\boldsymbol{x}(0) \tag{7-38}$$

由（7-38）可知，应用拉氏变换法求解线性定常系统齐次状态方程的解，只需求取 $n\times n$ 阶矩阵 $(s\boldsymbol{I}-\boldsymbol{A})^{-1}$ 的拉氏反变换即可，因此很适合人工计算。

由于

$$(s\boldsymbol{I}-\boldsymbol{A})\left(\frac{\boldsymbol{I}}{s}+\frac{\boldsymbol{A}}{s^2}+\frac{\boldsymbol{A}^2}{s^3}+\cdots\right)=\boldsymbol{I}$$

因此有

$$(s\boldsymbol{I}-\boldsymbol{A})^{-1}=\frac{\boldsymbol{I}}{s}+\frac{\boldsymbol{A}}{s^2}+\frac{\boldsymbol{A}^2}{s^3}+\cdots$$

取拉氏反变换得

$$\mathscr{L}^{-1}[(s\boldsymbol{I}-\boldsymbol{A})^{-1}]=\boldsymbol{I}+\boldsymbol{A}t+\frac{1}{2!}\boldsymbol{A}^2t^2+\frac{1}{3!}\boldsymbol{A}^3t^3+\cdots+\frac{1}{k!}\boldsymbol{A}^kt^k+\cdots$$

即有

$$\mathscr{L}^{-1}[(s\boldsymbol{I}-\boldsymbol{A})^{-1}]=e^{\boldsymbol{A}t}$$

最后得

$$\boldsymbol{x}(t)=\mathrm{e}^{\boldsymbol{A}t}\boldsymbol{x}(0) \tag{7-39}$$

例 7-12 设线性定常系统齐次状态方程为

$$\dot{\boldsymbol{x}}=\boldsymbol{A}\boldsymbol{x}$$

式中

$$\boldsymbol{A}=\begin{pmatrix}0 & 1\\ -3 & -4\end{pmatrix}$$

试应用拉氏变换法求解。

解

求矩阵 $(s\boldsymbol{I}-\boldsymbol{A})$

$$(s\boldsymbol{I}-\boldsymbol{A})=\begin{pmatrix}s & 0\\ 0 & s\end{pmatrix}-\begin{pmatrix}0 & 1\\ -3 & -4\end{pmatrix}=\begin{pmatrix}s & -1\\ 3 & s+4\end{pmatrix}$$

求矩阵 $(s\boldsymbol{I}-\boldsymbol{A})$ 的逆矩阵

$$(s\boldsymbol{I}-\boldsymbol{A})^{-1}=\frac{1}{\begin{vmatrix}s & -1\\ 3 & s+4\end{vmatrix}}\begin{pmatrix}s+4 & 1\\ -3 & s\end{pmatrix}=\frac{1}{(s+1)(s+3)}\begin{pmatrix}s+4 & 1\\ -3 & s\end{pmatrix}$$

$$=\begin{pmatrix}\dfrac{s+4}{(s+1)(s+3)} & \dfrac{1}{(s+1)(s+3)}\\ \dfrac{-3}{(s+1)(s+3)} & \dfrac{s}{(s+1)(s+3)}\end{pmatrix}=\begin{pmatrix}\dfrac{\frac{3}{2}}{s+1}-\dfrac{\frac{1}{2}}{s+3} & \dfrac{\frac{1}{2}}{s+1}-\dfrac{\frac{1}{2}}{s+3}\\ \dfrac{-\frac{3}{2}}{s+1}+\dfrac{\frac{3}{2}}{s+3} & \dfrac{-\frac{1}{2}}{s+1}+\dfrac{\frac{3}{2}}{s+3}\end{pmatrix}$$

求 $(s\boldsymbol{I}-\boldsymbol{A})^{-1}$的拉氏反变换

$$\mathscr{L}^{-1}[(s\boldsymbol{I}-\boldsymbol{A})^{-1}]=\mathscr{L}^{-1}\left[\begin{pmatrix}\dfrac{\frac{3}{2}}{s+1}-\dfrac{\frac{1}{2}}{s+3} & \dfrac{\frac{1}{2}}{s+1}-\dfrac{\frac{1}{2}}{s+3}\\ \dfrac{-\frac{3}{2}}{s+1}+\dfrac{\frac{3}{2}}{s+3} & \dfrac{-\frac{1}{2}}{s+1}+\dfrac{\frac{3}{2}}{s+3}\end{pmatrix}\right]=\begin{pmatrix}\frac{3}{2}\mathrm{e}^{-t}-\frac{1}{2}\mathrm{e}^{-3t} & \frac{1}{2}\mathrm{e}^{-t}-\frac{1}{2}\mathrm{e}^{-3t}\\ -\frac{3}{2}\mathrm{e}^{-t}+\frac{3}{2}\mathrm{e}^{-3t} & -\frac{1}{2}\mathrm{e}^{-t}+\frac{3}{2}\mathrm{e}^{-3t}\end{pmatrix}$$

最后得该齐次状态方程的解为

$$\boldsymbol{x}(t)=\begin{pmatrix}\frac{3}{2}\mathrm{e}^{-t}-\frac{1}{2}\mathrm{e}^{-3t} & \frac{1}{2}\mathrm{e}^{-t}-\frac{1}{2}\mathrm{e}^{-3t}\\ -\frac{3}{2}\mathrm{e}^{-t}+\frac{3}{2}\mathrm{e}^{-3t} & -\frac{1}{2}\mathrm{e}^{-t}+\frac{3}{2}\mathrm{e}^{-3t}\end{pmatrix}\boldsymbol{x}(0)$$

二、矩阵指数与状态转移矩阵

当求解线性定常系统齐次状态方程

$$\dot{\boldsymbol{x}}=\boldsymbol{A}\boldsymbol{x}$$

时，已得到

$$\boldsymbol{x}(t)=\mathrm{e}^{\boldsymbol{A}t}\boldsymbol{x}(0)$$

其中

$$e^{At} = \sum_{k=0}^{\infty} \frac{A^k}{k!} t^k$$

矩阵指数 e^{At} 是一个无穷级数，可以证明该级数是一个收敛级数。矩阵指数 e^{At} 除了上述收敛性外，也可以证明它还具有如下一些性质：

1）$\frac{d}{dt}e^{At} = Ae^{At}$。

2）$e^{A(\tau+t)} = e^{A\tau}e^{At}$。

3）若矩阵 A 与 B 可交换，即 $AB = BA$，则 $e^{(A+B)t} = e^{At}e^{Bt}$；若矩阵 A 与 B 不可交换，即 $AB \neq BA$，则 $e^{(A+B)t} \neq e^{At}e^{Bt}$。

在应用拉氏变换法求线性定常系统齐次状态方程的解时，已经得到其解为

$$x(t) = \mathscr{L}^{-1}[(sI-A)^{-1}]x(0)$$

其中 $n\times n$ 阶矩阵 $\mathscr{L}^{-1}[(sI-A)^{-1}]$ 和矩阵指数 e^{At} 相同，是用以描述状态向量 $x(t)$ 由时间 $t=0$ 时刻开始向任意时刻 t 转移特性的矩阵，因此这里称为状态转移矩阵。状态转移矩阵每个元素都是时间 t 的实函数，通常用 $\Phi(t)$ 表示。若系数矩阵 A 具有 n 个不同的特征值 λ_1、λ_2、…、λ_n，则在状态转移矩阵 $\Phi(t)$ 中含有 $e^{\lambda_1 t}$、$e^{\lambda_2 t}$、…、$e^{\lambda_n t}$ 等相应项，如果矩阵 A 为对角矩阵，即

$$A = \begin{pmatrix} \lambda_1 & & & 0 \\ & \lambda_2 & & \\ & & \ddots & \\ 0 & & & \lambda_n \end{pmatrix}$$

则该系统状态转移矩阵 $\Phi(t)$ 具有最简单的对角矩阵形式，即

$$\Phi(t) = \begin{pmatrix} e^{\lambda_1 t} & & & 0 \\ & e^{\lambda_2 t} & & \\ & & \ddots & \\ 0 & & & e^{\lambda_n t} \end{pmatrix}$$

可以证明，状态转移矩阵具有如下性质：

1）$\Phi(t)|_{t=0} = \Phi(0) = I$

2）$\Phi^{-1}(t) = \Phi(-t)$，$\Phi^{-1}(-t) = \Phi(t)$

3）$\Phi(t_1+t_2) = \Phi(t_1)\Phi(t_2) = \Phi(t_2)\Phi(t_1)$

4）$\Phi(t_2-t_1)\Phi(t_1-t_0) = \Phi(t_2-t_0)$

5）$[\Phi(t)]^n = \Phi(nt)$

利用上述状态转移矩阵的性质，可以方便地计算例如 $\Phi^{-1}(t)$ 等。

例 7-13　求状态转移矩阵

$$\Phi(t) = \begin{pmatrix} 2e^{-t}-e^{-2t} & e^{-t}-e^{-2t} \\ -5e^{-t}+5e^{-2t} & -e^{-t}+2e^{-2t} \end{pmatrix}$$

的逆矩阵 $\Phi^{-1}(t)$。

解

由状态转移矩阵 $\Phi(t)$ 的性质 2

$$\Phi^{-1}(t) = \Phi(-t)$$

即

$$\boldsymbol{\Phi}^{-1}(t)=\boldsymbol{\Phi}(-t)=\boldsymbol{\Phi}(t)|_{t=-t}=\begin{pmatrix}2e^{t}-e^{2t} & e^{t}-e^{2t}\\ -5e^{t}+5e^{2t} & -e^{t}+2e^{2t}\end{pmatrix}$$

当然，求解状态转移矩阵的逆矩阵时，可以采用一般的方法求解，但其计算量要大为增加。

三、非齐次状态方程的解

设线性定常系统的非齐次状态方程为

$$\dot{\boldsymbol{x}}=\boldsymbol{A}\boldsymbol{x}+\boldsymbol{B}\boldsymbol{u} \tag{7-40}$$

式中 $\boldsymbol{x}$——n 维状态向量；

$\boldsymbol{u}$——r 维输入或控制向量；

$\boldsymbol{A}$——$n\times n$ 阶常系数矩阵；

$\boldsymbol{B}$——$n\times r$ 阶常系数矩阵。

求解非齐次状态方程一般有两种方法，即一般法和拉氏变换法。

（一）一般法

将非齐次状态方程改写成如下形式

$$\dot{\boldsymbol{x}}-\boldsymbol{A}\boldsymbol{x}=\boldsymbol{B}\boldsymbol{u}(t) \tag{7-41}$$

式（7-41）两边同时左乘 $e^{-\boldsymbol{A}t}$ 得

$$e^{-\boldsymbol{A}t}(\dot{\boldsymbol{x}}-\boldsymbol{A}\boldsymbol{x})=e^{-\boldsymbol{A}t}\boldsymbol{B}\boldsymbol{u}(t) \tag{7-42}$$

考虑到

$$\frac{d}{dt}[e^{-\boldsymbol{A}t}\boldsymbol{x}(t)]=e^{-\boldsymbol{A}t}(\dot{\boldsymbol{x}}-\boldsymbol{A}\boldsymbol{x})$$

式（7-42）可写成

$$\frac{d}{dt}[e^{-\boldsymbol{A}t}\boldsymbol{x}(t)]=e^{-\boldsymbol{A}t}\boldsymbol{B}\boldsymbol{u}(t)$$

积分上式可得

$$\int_0^t\frac{d}{d\tau}[e^{-\boldsymbol{A}\tau}\boldsymbol{x}(\tau)]d\tau=\int_0^t e^{-\boldsymbol{A}\tau}\boldsymbol{B}\boldsymbol{u}(\tau)d\tau$$

其中

$$\int_0^t\frac{d}{d\tau}[e^{-\boldsymbol{A}\tau}\boldsymbol{x}(\tau)]d\tau=e^{-\boldsymbol{A}\tau}\boldsymbol{x}(\tau)|_0^t=e^{-\boldsymbol{A}t}\boldsymbol{x}(t)-\boldsymbol{x}(0)$$

则

$$e^{-\boldsymbol{A}t}\boldsymbol{x}(t)-\boldsymbol{x}(0)=\int_0^t e^{-\boldsymbol{A}\tau}\boldsymbol{B}\boldsymbol{u}(\tau)d\tau$$

或

$$e^{-\boldsymbol{A}t}\boldsymbol{x}(t)=\boldsymbol{x}(0)+\int_0^t e^{-\boldsymbol{A}\tau}\boldsymbol{B}\boldsymbol{u}(\tau)d\tau \tag{7-43}$$

两边同时左乘 $e^{\boldsymbol{A}t}$ 可得

$$\boldsymbol{x}(t)=e^{\boldsymbol{A}t}\boldsymbol{x}(0)+e^{\boldsymbol{A}t}\int_0^t e^{-\boldsymbol{A}\tau}\boldsymbol{B}\boldsymbol{u}(\tau)d\tau$$

即

$$x(t)=e^{At}x(0)+\int_0^t e^{A(t-\tau)}Bu(\tau)d\tau \tag{7-44}$$

通过系统的状态转移矩阵 $\boldsymbol{\Phi}(t)$，非齐次状态方程的解还可以写成如下形式

$$x(t)=\boldsymbol{\Phi}(t)x(0)+\int_0^t \boldsymbol{\Phi}(t-\tau)Bu(\tau)d\tau \tag{7-45}$$

式（7-45）表明，非齐次状态方程的解包括两部分，即：①与初始状态 $x(0)$ 有关的状态转移分量 $\boldsymbol{\Phi}(t)x(0)$；②与控制向量 $u(t)$ 有关的受控分量 $\int_0^t \boldsymbol{\Phi}(t-\tau)Bu(\tau)d\tau$。

如果初始时间不为零，则是 t_0 时，则非齐次状态方程的解具有如下形式

$$x(t)=\boldsymbol{\Phi}(t-t_0)x(t_0)+\int_{t_0}^t \boldsymbol{\Phi}(t-\tau)Bu(\tau)d\tau \tag{7-46}$$

例 7-14　线性定常系统的非齐次状态方程为

$$\begin{pmatrix}\dot{x}_1\\ \dot{x}_2\end{pmatrix}=\begin{pmatrix}0 & 1\\ -3 & -4\end{pmatrix}\begin{pmatrix}x_1\\ x_2\end{pmatrix}+\begin{pmatrix}0\\ 1\end{pmatrix}u$$

试求当作用函数 $u(t)=1(t)$ 时非齐次状态方程的解。

解

由例 7-12 可知，该系统的状态转移矩阵 $\boldsymbol{\Phi}(t)=\mathscr{L}^{-1}[(sI-A)^{-1}]$为

$$\boldsymbol{\Phi}(t)=\begin{pmatrix}\frac{3}{2}e^{-t}-\frac{1}{2}e^{-3t} & \frac{1}{2}e^{-t}-\frac{1}{2}e^{-3t}\\ -\frac{3}{2}e^{-t}+\frac{3}{2}e^{-3t} & -\frac{1}{2}e^{-t}+\frac{3}{2}e^{-3t}\end{pmatrix}$$

根据式（7-45）可得非齐次状态方程解的初态转移分量为

$$\boldsymbol{\Phi}(t)x(0)=\begin{pmatrix}\frac{3}{2}e^{-t}-\frac{1}{2}e^{-3t} & \frac{1}{2}e^{-t}-\frac{1}{2}e^{-3t}\\ -\frac{3}{2}e^{-t}+\frac{3}{2}e^{-3t} & -\frac{1}{2}e^{-t}+\frac{3}{2}e^{-3t}\end{pmatrix}x(0)$$

$$=\begin{pmatrix}\left(\frac{3}{2}e^{-t}-\frac{1}{2}e^{-3t}\right)x_1(0)+\left(\frac{1}{2}e^{-t}-\frac{1}{2}e^{-3t}\right)x_2(0)\\ \left(-\frac{3}{2}e^{-t}+\frac{3}{2}e^{-3t}\right)x_1(0)+\left(-\frac{1}{2}e^{-t}+\frac{3}{2}e^{-3t}\right)x_2(0)\end{pmatrix}$$

非齐次状态方程解的受控分量为

$$\int_0^t \boldsymbol{\Phi}(t-\tau)Bu(\tau)d\tau=\int_0^t\begin{pmatrix}\frac{3}{2}e^{-(t-\tau)}-\frac{1}{2}e^{-3(t-\tau)} & \frac{1}{2}e^{-(t-\tau)}-\frac{1}{2}e^{-3(t-\tau)}\\ -\frac{3}{2}e^{-(t-\tau)}+\frac{3}{2}e^{-3(t-\tau)} & -\frac{1}{2}e^{-(t-\tau)}+\frac{3}{2}e^{-3(t-\tau)}\end{pmatrix}\begin{pmatrix}0\\ 1\end{pmatrix}1d\tau$$

$$=\int_0^t\begin{pmatrix}\frac{1}{2}e^{-(t-\tau)}-\frac{1}{2}e^{-3(t-\tau)}\\ -\frac{1}{2}e^{-(t-\tau)}+\frac{3}{2}e^{-3(t-\tau)}\end{pmatrix}d\tau$$

$$= \begin{pmatrix} \frac{1}{2}e^{-t}\int_0^t e^{\tau}d\tau - \frac{1}{2}e^{-3t}\int_0^t e^{3\tau}d\tau \\ -\frac{1}{2}e^{-t}\int_0^t e^{\tau}d\tau + \frac{3}{2}e^{-3t}\int_0^t e^{3\tau}d\tau \end{pmatrix}$$

$$= \begin{pmatrix} \frac{1}{3} - \frac{1}{2}e^{-t} + \frac{1}{6}e^{-3t} \\ \frac{1}{2}e^{-t} - \frac{1}{2}e^{-3t} \end{pmatrix}$$

最后得非齐次状态方程的解为

$$\begin{pmatrix} x_1(t) \\ x_2(t) \end{pmatrix} = \begin{pmatrix} \left(\frac{3}{2}e^{-t} - \frac{1}{2}e^{-3t}\right)x_1(0) + \left(\frac{1}{2}e^{-t} - \frac{1}{2}e^{-3t}\right)x_2(0) \\ \left(-\frac{3}{2}e^{-t} + \frac{3}{2}e^{-3t}\right)x_1(0) + \left(-\frac{1}{2}e^{-t} + \frac{3}{2}e^{-3t}\right)x_2(0) \end{pmatrix} + \begin{pmatrix} \frac{1}{3} - \frac{1}{2}e^{-t} + \frac{1}{6}e^{-3t} \\ \frac{1}{2}e^{-t} - \frac{1}{2}e^{-3t} \end{pmatrix}$$

当初始状态为零，即

$$\boldsymbol{x}(0) = \begin{pmatrix} x_1(0) \\ x_2(0) \end{pmatrix} = \begin{pmatrix} 0 \\ 0 \end{pmatrix}$$

时，该系统非齐次状态方程的解为

$$\begin{pmatrix} x_1(t) \\ x_2(t) \end{pmatrix} = \begin{pmatrix} \frac{1}{3} - \frac{1}{2}e^{-t} + \frac{1}{6}e^{-3t} \\ \frac{1}{2}e^{-t} - \frac{1}{2}e^{-3t} \end{pmatrix}$$

（二）拉氏变换法

设非齐次状态方程为

$$\dot{\boldsymbol{x}} = \boldsymbol{A}\boldsymbol{x} + \boldsymbol{B}\boldsymbol{u} \tag{7-47}$$

将上式两边同时取拉氏变换得

$$s\boldsymbol{X}(s) - \boldsymbol{x}(0) = \boldsymbol{A}\boldsymbol{X}(s) + \boldsymbol{B}\boldsymbol{U}(s)$$

或

$$(s\boldsymbol{I} - \boldsymbol{A})\boldsymbol{X}(s) = \boldsymbol{x}(0) + \boldsymbol{B}\boldsymbol{U}(s)$$

两边同时左乘 $(s\boldsymbol{I} - \boldsymbol{A})^{-1}$ 得

$$\boldsymbol{X}(s) = (s\boldsymbol{I} - \boldsymbol{A})^{-1}\boldsymbol{x}(0) + (s\boldsymbol{I} - \boldsymbol{A})^{-1}\boldsymbol{B}\boldsymbol{U}(s)$$

对上式逐项进行拉氏反变换得非齐次状态方程的解为

$$\boldsymbol{x}(t) = \mathscr{L}^{-1}[(s\boldsymbol{I} - \boldsymbol{A})^{-1}]\boldsymbol{x}(0) + \mathscr{L}^{-1}[(s\boldsymbol{I} - \boldsymbol{A})^{-1}\boldsymbol{B}\boldsymbol{U}(s)] \tag{7-48}$$

例 7-15 试应用拉氏变换法，重新求解例 7-14 的线性定常系统的非齐次状态方程的解。

解

由例 7-14 可知，该系统的非齐次状态方程解的初态转移分量为

$$\boldsymbol{\Phi}(t)\boldsymbol{x}(0) = \mathscr{L}^{-1}[(s\boldsymbol{I} - \boldsymbol{A})^{-1}]\boldsymbol{x}(0) = \begin{pmatrix} \left(\frac{3}{2}e^{-t} - \frac{1}{2}e^{-3t}\right)x_1(0) + \left(\frac{1}{2}e^{-t} - \frac{1}{2}e^{-3t}\right)x_2(0) \\ \left(-\frac{3}{2}e^{-t} + \frac{3}{2}e^{-3t}\right)x_1(0) + \left(-\frac{1}{2}e^{-t} + \frac{3}{2}e^{-3t}\right)x_2(0) \end{pmatrix}$$

由例 7-12 可知，该系统的特征矩阵（$s\boldsymbol{I}-\boldsymbol{A}$）的逆矩阵为

$$(s\boldsymbol{I}-\boldsymbol{A})^{-1}=\begin{pmatrix}\dfrac{s+4}{(s+1)(s+3)} & \dfrac{1}{(s+1)(s+3)}\\ \dfrac{-3}{(s+1)(s+3)} & \dfrac{s}{(s+1)(s+3)}\end{pmatrix}$$

从系统状态方程中得系数矩阵

$$\boldsymbol{B}=\begin{pmatrix}0\\1\end{pmatrix}$$

根据式（7-48）得，该系统非齐次状态方程解的受控分量为

$$\mathscr{L}^{-1}[(s\boldsymbol{I}-\boldsymbol{A})^{-1}\boldsymbol{B}U(s)]=\mathscr{L}^{-1}\left[\begin{pmatrix}\dfrac{s+4}{(s+1)(s+3)} & \dfrac{1}{(s+1)(s+3)}\\ \dfrac{-3}{(s+1)(s+3)} & \dfrac{s}{(s+1)(s+3)}\end{pmatrix}\begin{pmatrix}0\\1\end{pmatrix}\frac{1}{s}\right]$$

$$=\mathscr{L}^{-1}\left[\begin{pmatrix}\dfrac{1}{s(s+1)(s+3)}\\ \dfrac{1}{(s+1)(s+3)}\end{pmatrix}\right]=\begin{pmatrix}\dfrac{1}{3}-\dfrac{1}{2}\mathrm{e}^{-t}+\dfrac{1}{6}\mathrm{e}^{-3t}\\ \dfrac{1}{2}\mathrm{e}^{-t}-\dfrac{1}{2}\mathrm{e}^{-3t}\end{pmatrix}$$

最后得该系统的非齐次状态方程的解为

$$\begin{pmatrix}x_1(t)\\x_2(t)\end{pmatrix}=\begin{pmatrix}\left(\dfrac{3}{2}\mathrm{e}^{-t}-\dfrac{1}{2}\mathrm{e}^{-3t}\right)x_1(0)+\left(\dfrac{1}{2}\mathrm{e}^{-t}-\dfrac{1}{2}\mathrm{e}^{-3t}\right)x_2(0)\\ \left(-\dfrac{3}{2}\mathrm{e}^{-t}+\dfrac{3}{2}\mathrm{e}^{-3t}\right)x_1(0)+\left(-\dfrac{1}{2}\mathrm{e}^{-t}+\dfrac{3}{2}\mathrm{e}^{-3t}\right)x_2(0)\end{pmatrix}+\begin{pmatrix}\dfrac{1}{3}-\dfrac{1}{2}\mathrm{e}^{-t}+\dfrac{1}{6}\mathrm{e}^{-3t}\\ \dfrac{1}{2}\mathrm{e}^{-t}-\dfrac{1}{2}\mathrm{e}^{-3t}\end{pmatrix}$$

与例 7-14 所得的结果是一致的。

第三节　线性定常系统的能控性与能观性

在状态空间分析中，对系统的描述用状态方程和输出方程来表示，这种表示法的突出特点是能够描述系统内部状态的变化。能控性、能观性的概念正来源于这种对系统内部状态空间进行描述的思想，由美国的卡尔曼（R. E. Kalman）在 1960 年提出，它是最优控制和最优估计的基础。

一、概述

能控性是控制量支配状态的能力；能观性是系统输出反映状态的能力。前者回答了控制输入能否使状态作任意转移的问题；后者则阐述了能否通过输出量的测量值确定状态的问题。下面以简单例子直观地说明能控性与能观性的物理概念。

例 7-16　有四个二阶系统，其状态空间表达式分别为

$$\dot{x}=\begin{pmatrix}-1 & 0\\0 & -1\end{pmatrix}x+\begin{pmatrix}1\\1\end{pmatrix}u,\quad y=[1\quad 1]\boldsymbol{x} \tag{7-49}$$

$$\dot{x}=\begin{pmatrix}-1 & 0\\0 & -1\end{pmatrix}x+\begin{pmatrix}1\\1\end{pmatrix}u,\quad y=[1\quad 0]\boldsymbol{x} \tag{7-50}$$

$$\dot{x}=\begin{pmatrix}-1 & 0\\0 & -1\end{pmatrix}x+\begin{pmatrix}0\\1\end{pmatrix}u,\quad y=[1\quad 1]\boldsymbol{x} \tag{7-51}$$

$$\dot{x}=\begin{pmatrix}-1 & 1\\ 0 & -1\end{pmatrix}\boldsymbol{x}+\begin{pmatrix}1\\0\end{pmatrix}u,\quad y=[1\quad 0]\boldsymbol{x} \tag{7-52}$$

试分析状态和系统的能控性与能观性。

解

1）对于式（7-49）所示的系统，其微分方程为

$$\left.\begin{aligned}\dot{x}_1&=-x_1+u\\ \dot{x}_2&=-x_2+u\end{aligned}\right\} \tag{7-53}$$

$$y=x_1+x_2 \tag{7-54}$$

根据式（7-53）和式（7-54）画出系统状态变量图如图7-12所示。

由式（7-53）和图7-12可知，状态$\dot{x}_1$和$\dot{x}_2$都与u有关，也即x_1和x_2都可以受输入量u的控制。因此这两个状态x_1和x_2都是能控的，所以式（7-49）的系统是能控的。

由式（7-54）和图7-12可知，状态x_1和x_2都对输出y产生影响，也即y能反映x_1和x_2的运动变化信息。因此，这两个状态x_1和x_2也都是能观的，所以，式(7-49）系统是能观的。

2）对于式（7-50）所示的系统，其微分方程为

$$\left.\begin{aligned}\dot{x}_1&=-x_1+u\\ \dot{x}_2&=-x_2+u\end{aligned}\right\} \tag{7-55}$$

$$y=x_1 \tag{7-56}$$

根据式（7-55）和式（7-56）可画出系统状态变量图如图7-13所示。

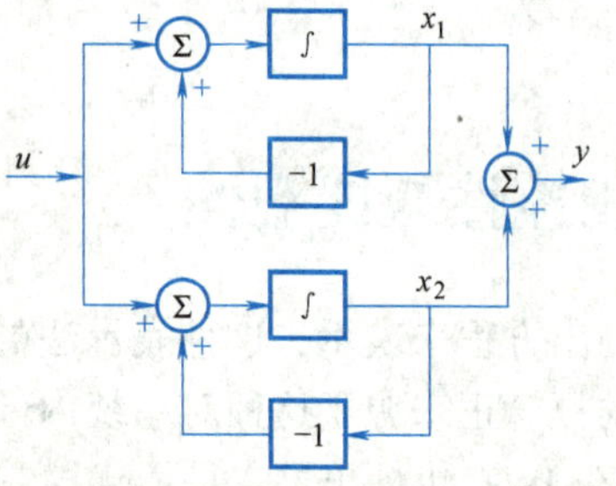

图7-12 式（7-49）系统状态变量图

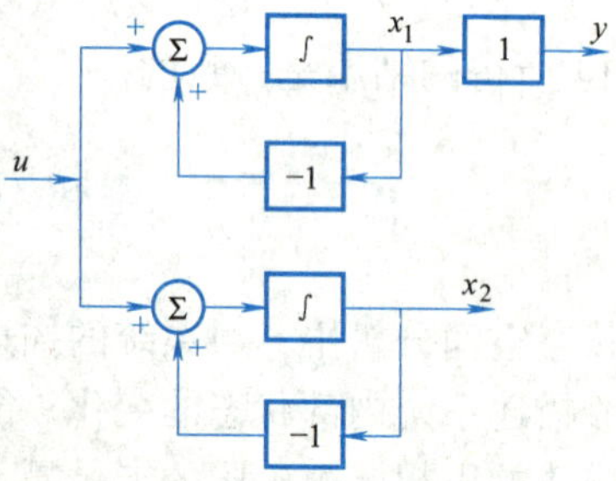

图7-13 式（7-50）系统状态变量图

可见，式（7-55）与式（7-53）相同，所以状态x_1和x_2能控，系统完全能控。

但是，由式（7-56）和图7-13可知，状态x_2对输出y不产生任何影响，当然要从y中获得x_2的信息也是不可能的。因此，状态x_2是不能观的，也即系统不能观。

3）对于式（7-51）所示的系统，其微分方程为

$$\left.\begin{aligned}\dot{x}_1&=-x_1\\ \dot{x}_2&=-x_2+u\end{aligned}\right\} \tag{7-57}$$

$$y=x_1+x_2 \tag{7-58}$$

系统状态变量图如图7-14所示。

由式（7-57）和图7-14可见，$\dot{x}_1$与u无关，即x_1不受控制。所以，状态x_1不能控，因此，系统不能控。

式（7-58）与式（7-54）相同，故状态 x_1 和 x_2 均能观，则系统能观。

4）对于式（7-52）所示的系统，其微分方程为

$$\left.\begin{aligned}\dot{x}_1 &= -x_1 + x_2 + u\\ \dot{x}_2 &= -x_2\end{aligned}\right\} \tag{7-59}$$

$$y = x_1 \tag{7-60}$$

系统的状态变量图如图 7-15 所示。

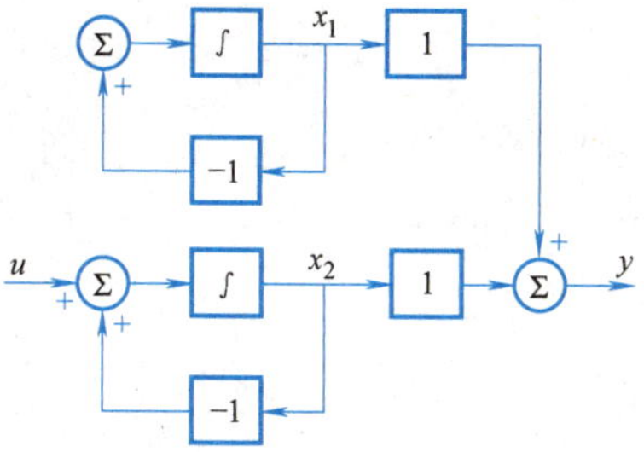

图 7-14　式（7-51）系统状态变量图

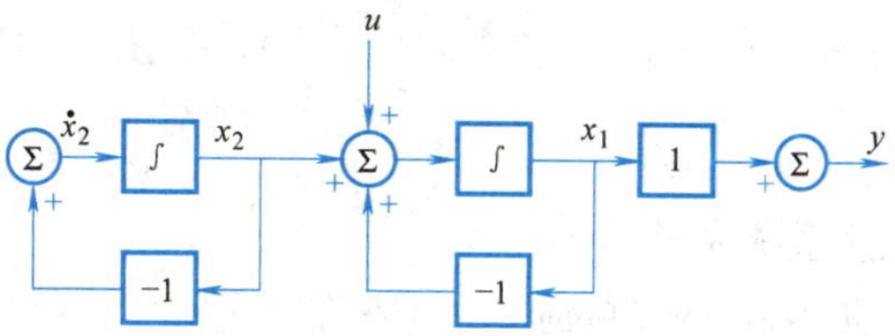

图 7-15　式（7-52）系统状态变量图

由式（7-59）和式（7-60）可知，状态 x_2 不受 u 的控制，且在输出 y 中也不包含 x_2 的信息，而为一个既不能控又不能观的状态。从图 7-15 中看出，系统中存在一个与 u 和 y 均无关的孤立部分。所以，式（7-52）的系统不能控又不能观。

综上所述，式（7-49）是既能控又能观系统；式（7-50）是能控不能观系统；式(7-51）是不能控但能观系统；式（7-52）是既不能控且不能观系统。

从例 7-16 的系统状态变量图中可以粗略地看出，从物理意义上讲，系统的能控性与系统的结构和参数以及外加控制的施加点有关；而系统的能观性则与系统的结构和参数以及输出量的引出点有关。

以上直观的讨论，对理解能控性与能观性的定义是很有帮助的。下面详细介绍能控性与能观性的定义和判据。

二、能控性定义及其判据

定义：对于线性定常系统 $\dot{\boldsymbol{x}} = \boldsymbol{A}\boldsymbol{x} + \boldsymbol{B}\boldsymbol{u}$，如果存在不受约束的控制量 $\boldsymbol{u}(t)$，可以在有限时间内将系统从初态 $\boldsymbol{x}(0)$ 转移至指定的任一终端状态 $\boldsymbol{x}(t)$，则系统是完全能控的。

能控性的定义仅要求输入控制量 $u(t)$ 在有限时间内，实现状态在空间的转移，没有规定转移的路线轨迹，也没有限制输入量的大小。

如果系统状态向量中，至少有一个状态变量是不能控的，则系统称为不完全能控系统，这时状态空间可划分为能控子空间和不能控子空间。可以证明，能控子空间和不能控子空间是正交子空间，在必要的时候可以实现分离，此时的系统状态就可以划分为能控的部分和不能控的部分予以分别处理。

（一）秩判据

设线性定常系统的状态空间表达式为

$$\left.\begin{aligned}\dot{\boldsymbol{x}} &= \boldsymbol{A}\boldsymbol{x} + \boldsymbol{B}\boldsymbol{u}\\ \boldsymbol{y} &= \boldsymbol{C}\boldsymbol{x} + \boldsymbol{D}\boldsymbol{u}\end{aligned}\right\} \tag{7-61}$$

则系统状态完全能控的充分必要条件是下列能控性矩阵

$$M=[B \quad AB \quad A^2B \quad \cdots \quad A^{n-1}B] \tag{7-62}$$

满秩，即

$$\text{rank}[B \quad AB \quad A^2B \quad \cdots \quad A^{n-1}B]=n \tag{7-63}$$

也就是说，如果 M 的行列式不为零，则系统状态是完全能控的，简称系统能控。

例 7-17 试判别下列系统的能控性

$$\dot{x}=\begin{pmatrix}1 & 1\\ 2 & -1\end{pmatrix}x+\begin{pmatrix}0\\ 1\end{pmatrix}u$$

解

由于
$$M=[B \quad AB]=\begin{pmatrix}0 & 1\\ 1 & -1\end{pmatrix}$$
$$\text{rank}M=n=2$$

因此该系统完全能控。

例 7-18 试判别下列系统的能控性

$$\dot{x}=\begin{pmatrix}1 & 3 & 2\\ 0 & 2 & 0\\ 0 & 1 & 3\end{pmatrix}x+\begin{pmatrix}2 & 1\\ 1 & 1\\ -1 & -1\end{pmatrix}u$$

解

系统的能控性矩阵为

$$M=[B \quad AB \quad A^2B]=\left(\begin{array}{cc:cc:cc}2 & 1 & 3 & 2 & 5 & 4\\ 1 & 1 & 2 & 2 & 4 & 4\\ -1 & -1 & -2 & -2 & -4 & -4\end{array}\right)$$

显见矩阵 M 的第 2 行与第 3 行线性相关，

rank $M=2<n=3$，故该系统不能控。

（二）PBH 判据

线性定常系统式（7-61）完全能控的充分必要条件是，对系数矩阵 A 的所有特征值 $\lambda_i(i=1,2,\cdots,n)$，

$$\text{rank}(\lambda_i I-A \quad B)=n, \quad i=1,2,\cdots,n$$

其中 n 是矩阵 A 的阶次。

由于这一判据是由波波夫（Popov）和贝尔维奇（Belevitch）首先提出，并由豪塔斯（Hautus）最先指出其可广泛应用性，故称为 PBH 判据。

（三）约当规范型判据

线性定常系统式（7-61）完全能控的充分必要条件分两种情况：

1）系数矩阵 A 的特征值 λ_i（$i=1,2,\cdots,n$）互异。由线性变换可将系统状态方程式（7-61）变为对角规范型

$$\dot{\bar{x}}=\begin{pmatrix}\lambda_1 & & & 0\\ & \lambda_2 & & \\ & & \ddots & \\ 0 & & & \lambda_n\end{pmatrix}\bar{x}+\bar{B}u \tag{7-64}$$

则线性定常系统完全能控的充分必要条件是，式（7-64）中$\bar{\boldsymbol{B}}$不包含元素全为零的行。

2）系数矩阵 $\boldsymbol{A}$ 的特征值有相同的。由线性变换可将系统状态方程式（7-61）变为约当规范型

$$\dot{\hat{\boldsymbol{x}}}=\hat{\boldsymbol{A}}\boldsymbol{x}+\hat{\boldsymbol{B}}\boldsymbol{u} \tag{7-65}$$

其中：

$$\hat{\boldsymbol{A}}=\left[\begin{array}{c:c:c}
\begin{matrix}\lambda_1 & 1 & & 0\\ & \lambda_1 & 1 & \\ & & \ddots & 1\\ 0 & & & \lambda_1\end{matrix} & 0 & 0\\ \hdashline
0 & \begin{matrix}\lambda_q & 1 & & 0\\ & \lambda_q & 1 & \\ & & \ddots & 1\\ 0 & & & \lambda_q\end{matrix} & 0\\ \hdashline
0 & 0 & \begin{matrix}\lambda_{q+1} & & & 0\\ & \lambda_{q+2} & & \\ 0 & & \ddots & \\ & & & \lambda_n\end{matrix}
\end{array}\right]$$

$(q-l)$个λ_1相同特征值，l个λ_q相同特征值，其余为互异特征值

则线性定常系统完全能控的充分必要条件是：

1）式（7-65）中$\hat{\boldsymbol{B}}$对应于 $\boldsymbol{A}$ 的相同特征值的部分，与每个约当块最后一行相对应的行的元素没有全为零。

2）式（7-65）中$\hat{\boldsymbol{B}}$对应于 $\boldsymbol{A}$ 的互异特征值的部分，没有元素全为零的行。

例 7-19 线性定常系统的状态方程为

$$\dot{\bar{\boldsymbol{x}}}=\begin{pmatrix}6 & 0 & 0\\ 0 & -2 & 0\\ 0 & 0 & 1\end{pmatrix}\bar{\boldsymbol{x}}+\begin{pmatrix}1 & 0\\ 0 & 3\\ 2 & 0\end{pmatrix}\boldsymbol{u}$$

试判别系统的能控性。

解

由于该系统$\bar{\boldsymbol{A}}$为对角规范型，且$\bar{\boldsymbol{B}}$中没有元素全为零的行，故系统完全能控。

例 7-20 线性定常系统的状态方程为

$$\dot{\hat{\boldsymbol{x}}}=\left(\begin{array}{ccc:ccc}
-2 & 1 & 0 & & & \\
0 & -2 & 1 & & 0 & \\
0 & 0 & -2 & & & \\ \hdashline
 & & & -3 & 0 & 0\\
 & 0 & & 0 & -4 & 0\\
 & & & 0 & 0 & -5
\end{array}\right)\hat{\boldsymbol{x}}+\left(\begin{array}{ccc}
0 & 0 & 0\\ 2 & 0 & 0\\ 0 & 3 & 0\\ \hdashline 1 & 0 & 1\\ 0 & 2 & 0\\ 4 & 0 & 0
\end{array}\right)\boldsymbol{u}$$

试判定系统的能控性。

解

已知该系统$\hat{\boldsymbol{A}}$为约当规范型，且$\hat{\boldsymbol{B}}$中与约当块最后一行相对应的行的元素不全为零，其余与$\hat{\boldsymbol{A}}$的互异特征值对应部分也没有元素全为零的行，故该系统完全能控。

三、能观性定义及其判据

通常，系统的输出量 $\boldsymbol{y}(t)$ 和控制量 $\boldsymbol{u}(t)$ 都是可直接测量的，而反映系统运动的状态向量 $\boldsymbol{x}(t)$ 中，除去那些直接作为输出量的以外，一般是不能直接测量的。但是为了更好地了解系统运动的过程和达到更佳的控制效果，常常需要这些状态变量的信息。能观性表示的正是输出量 $\boldsymbol{y}(t)$ 反映状态向量 $\boldsymbol{x}(t)$ 的能力。

定义：对于线性定常系统式（7-61），如果在某一有限时间段内，由有限的观测记录 $\boldsymbol{y}(t)$ 可以唯一确定系统的初始状态 $\boldsymbol{x}(0)$，则系统是完全能观的。

可以看出，能观性只与齐次状态方程和输出方程有关，而与输入矩阵 $\boldsymbol{B}$ 无关。

（一）秩判据

式（7-61）所示的线性定常系统，当能观性矩阵

$$\boldsymbol{N}=\begin{pmatrix}\boldsymbol{C}\\ \boldsymbol{CA}\\ \boldsymbol{CA}^2\\ \vdots\\ \boldsymbol{CA}^{n-1}\end{pmatrix} \tag{7-66}$$

满足 $\mathrm{rank}\boldsymbol{N}=n$，即能观性矩阵满秩时，系统状态完全能观，简称系统能观。

例 7-21 试判别下列线性定常系统的能观性：

$$\dot{\boldsymbol{x}}=\boldsymbol{Ax}$$
$$y=\boldsymbol{Cx}$$

1）$\boldsymbol{A}=\begin{pmatrix}-2 & 0\\ 0 & -1\end{pmatrix}$，$\boldsymbol{C}=[1 \quad 0]$

2）$\boldsymbol{A}=\begin{pmatrix}1 & 1\\ -2 & -1\end{pmatrix}$，$\boldsymbol{C}=[1 \quad 0]$

解

1）$\mathrm{rank}\boldsymbol{N}=\mathrm{rank}\,[\boldsymbol{C}^{\mathrm{T}} \quad \boldsymbol{A}^{\mathrm{T}}\boldsymbol{C}^{\mathrm{T}}]=\mathrm{rank}\begin{pmatrix}1 & -2\\ 0 & 0\end{pmatrix}$

由于 $\mathrm{rank}\boldsymbol{N}=1<n=2$，故系统不能观。

2）$\mathrm{rank}\boldsymbol{N}=\mathrm{rank}\,[\boldsymbol{C}^{\mathrm{T}} \quad \boldsymbol{A}^{\mathrm{T}}\boldsymbol{C}^{\mathrm{T}}]=\mathrm{rank}\begin{pmatrix}1 & 1\\ 0 & 1\end{pmatrix}$

由于 $\mathrm{rank}\boldsymbol{N}=2=n$，故系统完全能观。

（二）PBH 判据

线性定常系统式（7-61）完全能观的充分必要条件是，对系数矩阵 $\boldsymbol{A}$ 的所有特征值 λ_i（$i=1, 2, \cdots, n$），均有

$$\mathrm{rank}\begin{pmatrix}\boldsymbol{C}\\ \lambda_i\boldsymbol{I}-\boldsymbol{A}\end{pmatrix}=n, \qquad i=1,2,\cdots,n \tag{7-67}$$

（三）约当规范型判据

线性定常系统式（7-61）完全能观的充分必要条件分两种情况。

1）系数矩阵 $\boldsymbol{A}$ 的特征值 λ_i（$i=1, 2, \cdots, n$）互异。

由线性变换可将式（7-61）线性变换为对角规范型

$$\dot{\bar{x}}=\begin{pmatrix}\lambda_1 & & & 0\\ & \lambda_2 & & \\ & & \ddots & \\ 0 & & & \lambda_n\end{pmatrix}\bar{x} \tag{7-68}$$

$$y=\bar{C}x$$

则线性定常系统完全能观的充分必要条件是：式（7-68）中$\bar{C}$不包含元素全为零的列。

2）系数矩阵 A 的特征值有相同的。

由线性变换可将系统状态方程式（7-61）变为如式（7-65）所示约当规范型，而其输出方程为

$$y=\hat{C}x \tag{7-69}$$

其中

$$\hat{C}=\begin{pmatrix}a_{11} & a_{12} & \cdots & a_{1n}\\ a_{21} & a_{22} & \cdots & a_{2n}\\ \vdots & \vdots & & \vdots\\ a_{m1} & a_{m2} & \cdots & a_{mn}\end{pmatrix}$$

则线性定常系统完全能观的充分必要条件是：

1）式（7-69）中$\hat{C}$对应于 A 的相同特征值的部分，它的第一列元素不全为零。

2）式（7-69）中$\hat{C}$对应于 A 的互异特征值的部分，没有元素全为零的列。

例 7-22　线性定常系统 $u=0$ 时的状态方程和输出方程为

$$\dot{\bar{x}}=\begin{pmatrix}6 & 0 & 0\\ 0 & -2 & 0\\ 0 & 0 & 1\end{pmatrix}\bar{x},\qquad y=\begin{pmatrix}0 & 3 & 0\\ 1 & 0 & 2\end{pmatrix}\bar{x}$$

试判定系统的能观性。

解

由于该系统为对角规范型，且$\bar{C}$中没有元素全为零的列，故系统完全能观。

例 7-23　线性定常系统的 $u=0$ 时状态方程和输出方程为

$$\dot{\hat{x}}=\left(\begin{array}{ccc:ccc}-2 & 1 & 0 & & & \\ 0 & -2 & 1 & & 0 & \\ 0 & 0 & -2 & & & \\ \hdashline & & & -3 & 0 & 0\\ & 0 & & 0 & -4 & 0\\ & & & 0 & 0 & -5\end{array}\right)\hat{x},\qquad y=\left(\begin{array}{ccc:ccc}2 & 0 & 0 & 1 & 0 & 0\\ 1 & 0 & 3 & 0 & 2 & 0\\ 2 & 2 & 0 & 1 & 0 & 4\end{array}\right)\hat{x}$$

试判别系统的能观性。

解

已知该系统为约当规范型，且$\hat{C}$中与$\hat{A}$的特征值相同部分对应的第一列元素不全为零，其余与$\hat{A}$的互异特征值对应部分也没有元素全为零的列，故该系统完全能观。

四、单输入系统的能控标准型和能观标准型

如前所述，系统可根据需要，通过线性变换将状态空间表达式转化为不同的标准型以使得系统分析的过程更为方便。前面已经对对角规范型和约当规范型进行了了解，下面介绍能

控标准型和能观标准型。

（一）能控标准型

若线性定常单输入系统

$$\dot{\boldsymbol{x}} = \boldsymbol{A}\boldsymbol{x} + \boldsymbol{B}u$$
$$y = \boldsymbol{C}\boldsymbol{x}$$

是状态完全能控的，则存在线性非奇异变换 $\boldsymbol{x} = \boldsymbol{T}_c^{-1}\bar{\boldsymbol{x}}$，使其状态空间表达式转化为

$$\left.\begin{aligned}\dot{\bar{\boldsymbol{x}}} &= \bar{\boldsymbol{A}}\bar{\boldsymbol{x}} + \bar{\boldsymbol{B}}u \\ y &= \bar{\boldsymbol{C}}\bar{\boldsymbol{x}}\end{aligned}\right\} \tag{7-70}$$

其中：

$$\bar{\boldsymbol{A}} = \boldsymbol{T}_c\boldsymbol{A}\boldsymbol{T}_c^{-1} = \begin{pmatrix} 0 & 1 & \cdots & 0 & 0 \\ 0 & 0 & \cdots & 0 & 0 \\ \vdots & \vdots & & \vdots & \vdots \\ 0 & 0 & \cdots & 0 & 1 \\ -a_0 & -a_1 & \cdots & -a_{n-2} & -a_{n-1} \end{pmatrix} \tag{7-71}$$

$$\bar{\boldsymbol{B}} = \boldsymbol{T}_c\boldsymbol{B} = \begin{pmatrix} 0 \\ 0 \\ \vdots \\ 0 \\ 1 \end{pmatrix} \tag{7-72}$$

$$\bar{\boldsymbol{C}} = \boldsymbol{C}\boldsymbol{T}_c^{-1} = [\beta_0 \quad \beta_1 \quad \cdots \quad \beta_{n-1}] \tag{7-73}$$

式（7-70）~式（7-73）所示的状态空间表达式即为系统的能控标准型，$\boldsymbol{T}_c$ 是实现能控标准型的变换矩阵。

（二）能观标准型

对于线性定常单输入单输出系统

$$\dot{\boldsymbol{x}} = \boldsymbol{A}\boldsymbol{x} + \boldsymbol{B}u$$
$$y = \boldsymbol{C}\boldsymbol{x}$$

若是状态完全能观的，则存在非奇异线性变换 $\boldsymbol{x} = \boldsymbol{T}_g^{-1}\hat{\boldsymbol{x}}$，使其状态空间表达式转化为

$$\left.\begin{aligned}\dot{\hat{\boldsymbol{x}}} &= \hat{\boldsymbol{A}}\hat{\boldsymbol{x}} + \hat{\boldsymbol{B}}u \\ y &= \hat{\boldsymbol{C}}\hat{\boldsymbol{x}}\end{aligned}\right\} \tag{7-74}$$

其中系数矩阵$\hat{\boldsymbol{A}}$与输出矩阵$\hat{\boldsymbol{C}}$分别具有如下标准形式：

$$\hat{\boldsymbol{A}} = \boldsymbol{T}_g^{-1}\boldsymbol{A}\boldsymbol{T}_g = \begin{pmatrix} 0 & 0 & \cdots & 0 & -a_0 \\ 1 & 0 & \cdots & 0 & -a_1 \\ 0 & 1 & \cdots & 0 & -a_2 \\ \vdots & \vdots & & \vdots & \vdots \\ 0 & 0 & \cdots & 1 & -a_{n-1} \end{pmatrix} \tag{7-75}$$

$$\hat{\boldsymbol{C}} = \boldsymbol{T}_g^{-1}\boldsymbol{C} = [0 \quad 0 \quad \cdots \quad 0 \quad 1] \tag{7-76}$$

式（7-74）~式（7-76）所示的状态空间表达式即为系统的能观标准型，$\boldsymbol{T}_g$ 是实现能观标准型的变换矩阵。

五、对偶原理

卡尔曼在研究能控性与能观性内在关系时提出了对偶原理。应用对偶原理会给判定系统能控性和能观性带来很多便利。

（一）线性系统的对偶关系

若有两个线性定常系统，一个系统Σ_1（$\boldsymbol{A}_1$，$\boldsymbol{B}_1$，$\boldsymbol{C}_1$）为

$$\dot{\boldsymbol{x}}_1=\boldsymbol{A}_1\boldsymbol{x}_1+\boldsymbol{B}_1\boldsymbol{u}_1,\qquad \boldsymbol{y}_1=\boldsymbol{C}_1\boldsymbol{x}_1$$

另一个系统$\Sigma_2(\boldsymbol{A}_2$，$\boldsymbol{B}_2$，$\boldsymbol{C}_2)$ 为

$$\dot{\boldsymbol{x}}_2=\boldsymbol{A}_2\boldsymbol{x}_2+\boldsymbol{B}_2\boldsymbol{u}_2,\qquad \boldsymbol{y}_2=\boldsymbol{C}_2\boldsymbol{x}_2$$

若满足下述条件，则称$\Sigma_1(\boldsymbol{A}_1$，$\boldsymbol{B}_1$，$\boldsymbol{C}_1)$ 与$\Sigma_2(\boldsymbol{A}_2$，$\boldsymbol{B}_2$，$\boldsymbol{C}_2)$ 互为对偶系统

$$\boldsymbol{A}_2=\boldsymbol{A}_1^{\mathrm{T}},\qquad \boldsymbol{B}_2=\boldsymbol{C}_1^{\mathrm{T}},\qquad \boldsymbol{C}_2=\boldsymbol{B}_1^{\mathrm{T}} \tag{7-77}$$

式中 $\boldsymbol{x}_1$、$\boldsymbol{x}_2$——n 维状态向量；

$\boldsymbol{u}_1$、$\boldsymbol{y}_2$——r 维向量；

$\boldsymbol{y}_1$、$\boldsymbol{u}_2$——m 维向量；

$\boldsymbol{A}_1$、$\boldsymbol{A}_2$——$n\times n$ 系数矩阵；

$\boldsymbol{B}_1$、$\boldsymbol{C}_2$——$n\times r$ 和 $r\times n$ 系数矩阵；

$\boldsymbol{C}_1$、$\boldsymbol{B}_2$——$m\times n$ 和 $n\times m$ 系数矩阵。

注意：$\Sigma_1(\boldsymbol{A}_1$，$\boldsymbol{B}_1$，$\boldsymbol{C}_1)$ 是一个 r 维输入、m 维输出的 n 阶系统，其对偶系统Σ_2（$\boldsymbol{A}_2$，$\boldsymbol{B}_2$，$\boldsymbol{C}_2$）是一个 m 维输入、r 维输出的 n 阶系统。它们的输入、输出向量的维数是相交换的。

（二）对偶原理

若线性定常系统Σ_1（$\boldsymbol{A}_1$，$\boldsymbol{B}_1$，$\boldsymbol{C}_1$）和Σ_2（$\boldsymbol{A}_2$，$\boldsymbol{B}_2$，$\boldsymbol{C}_2$）是互为对偶的两个系统，则系统Σ_1 的能控性等价于系统Σ_2 的能观性；系统Σ_1 的能观性等价于系统Σ_2 的能控性。也就是说，如果系统Σ_1 是完全能控的，则系统Σ_2 是完全能观的；反之亦然。

不难验证，系统Σ_1 的能控性矩阵 $[\boldsymbol{B}_1\quad \boldsymbol{A}_1\boldsymbol{B}_1\cdots\boldsymbol{A}_1^{n-1}\boldsymbol{B}_1]$ 与其对偶系统Σ_2 的能观性矩阵 $[\boldsymbol{C}_2^{\mathrm{T}}\quad \boldsymbol{A}_2^{\mathrm{T}}\boldsymbol{C}_2^{\mathrm{T}}\cdots(\boldsymbol{A}_2^{\mathrm{T}})^{n-1}\boldsymbol{C}_2^{\mathrm{T}}]$ 完全相同；系统Σ_1 的能观性矩阵 $[\boldsymbol{C}_1^{\mathrm{T}}\quad \boldsymbol{A}_1^{\mathrm{T}}\boldsymbol{C}_1^{\mathrm{T}}\cdots(\boldsymbol{A}_1^{\mathrm{T}})^{n-1}\boldsymbol{C}_1^{\mathrm{T}}]$ 与对偶系统Σ_2 的能控性矩阵 $[\boldsymbol{B}_2\quad \boldsymbol{A}_2\boldsymbol{B}_2\cdots\boldsymbol{A}_2^{n-1}\boldsymbol{B}_2]$ 完全相同。

上述的能控标准型与能观标准型也充分说明了这种对偶关系。

第四节 线性定常系统的利亚普诺夫稳定性分析

控制系统的稳定性分析是系统分析的重要组成部分。系统稳定是控制系统正常工作的前提条件。

1892 年，俄国数学家利亚普诺夫（A. M. ЛИЯПУНОВ）提出将判定系统稳定性的问题归纳为两种方法：利亚普诺夫第一法和利亚普诺夫第二法。经典控制理论中用微分方程的时域解来判别系统稳定性就属于利亚普诺夫第一法。本节介绍利亚普诺夫第二法，也称直接法。它是指不求解系统的运动方程，而通过一个利亚普诺夫标量函数来直接判别系统稳定性。

一、利亚普诺夫的稳定性定义

设系统的状态方程为

$$\dot{\boldsymbol{x}} = \boldsymbol{f}(\boldsymbol{x}, t) \tag{7-78}$$

式中　$\boldsymbol{x}$——n 维状态向量；

$\boldsymbol{f}(\boldsymbol{x}, t)$——$n$ 维向量，其各元素是 $\boldsymbol{x}$ 和 t 的有界的、连续可微的单值函数。

假定在给定的初始条件下，式（7-78）的解为

$$\boldsymbol{x} = \boldsymbol{\psi}(t, \boldsymbol{x}_0, t_0) \tag{7-79}$$

式中　t_0——初始时刻；

$\boldsymbol{x}_0$——状态向量 $\boldsymbol{x}$ 的初始值。

于是

$$\boldsymbol{\psi}(t_0, \boldsymbol{x}_0, t_0) = \boldsymbol{x}_0 \tag{7-80}$$

（一）平衡状态

在式（7-78）所描述的系统中，如果对于所有的 t，总存在着

$$\boldsymbol{f}(\boldsymbol{x}_c, t) = \boldsymbol{0} \tag{7-81}$$

则称 $\boldsymbol{x}_c$ 为系统的平衡状态。

若系统是线性定常的，即 $\boldsymbol{f}(\boldsymbol{x}, t) = \boldsymbol{A}\boldsymbol{x}$，那么当 $\boldsymbol{A}$ 为非奇异矩阵时，系统中只存在一个平衡状态；若为奇异矩阵，则系统可以有无穷多个平衡状态。

通过坐标变换，可以将系统的平衡状态转移到状态空间的坐标原点 $\boldsymbol{x}_c = \boldsymbol{0}$ 处。研究系统的稳定性，就是研究平衡状态的稳定性，即分析坐标原点处的平衡状态稳定性。

（二）利亚普诺夫稳定性

如果对于任意选定的实数 $\varepsilon > 0$，都存在另一实数 $\delta(\varepsilon, t_0) > 0$，使得当 $\| \boldsymbol{x}(t_0) - \boldsymbol{x}_c \| \leqslant \delta$ 时，随着时间的无限增加，恒有 $\| \boldsymbol{x}(t) - \boldsymbol{x}_c \| \leqslant \varepsilon$，则称系统的平衡状态 $\boldsymbol{x}_c$ 是稳定的。

式中

$$\| \boldsymbol{x}(t) - \boldsymbol{x}_c \| = [(x_1 - x_{1c})^2 + (x_2 - x_{2c})^2 + \cdots + (x_n - x_{nc})^2]^{1/2}$$

称为欧几里得范数。

该定义可以这样理解：若系统的初始状态包含在半径为 δ 的球域内，则在 $t \geqslant t_0$ 的所有时间内，由初始状态引起的系统响应都包含在另一半径为 ε 的球域内，则称系统的平衡状态 $\boldsymbol{x}_c$ 为利亚普诺夫意义下的稳定（如图 7-16a 所示）。实数 δ 通常与 ε 和 t_0 有关。如果 δ 与 t_0 无关，则这种平衡状态称为一致稳定的平衡状态。

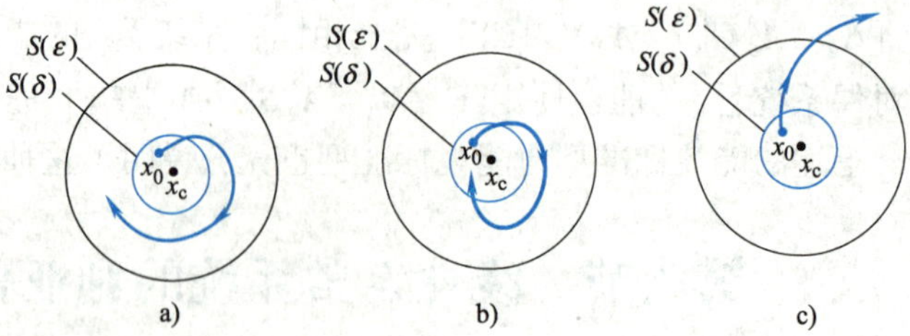

图 7-16　稳定和不稳定的平衡状态

（三）渐近稳定性

若系统的平衡状态 $\boldsymbol{x}_c$ 是稳定的，并且当 $t \to \infty$ 时，由初始状态引起的系统响应 $\boldsymbol{x}(t)$ 趋近于 $\boldsymbol{x}_c$，则系统的平衡状态称为渐近稳定，如图 7-16b 所示。

上述的渐近稳定性通常是一个局部的概念，即半径为 δ 的球域 $S(\delta)$ 是靠近 $\boldsymbol{x}_c$ 的一个局部区域，称作引力域。

（四）大范围渐近稳定性

若系统的平衡状态 $\boldsymbol{x}_c$ 是渐近稳定的，并且其引力域包括整个状态空间，则系统的平衡

状态称为大范围渐近稳定。对于线性定常系统，如果它是渐近稳定的，必定是大范围渐近稳定的，这是因为它只有一个平衡状态。

（五）不稳定性

无论实数 δ 选得多小，由初始状态引起的系统响应随时间的增长都要脱离球域 $S(\varepsilon)$，则此平衡状态称为不稳定的，如图 7-16c 所示。

二、利亚普诺夫判别稳定性的第二法

设系统的状态方程与平衡状态为

$$\left.\begin{aligned}\dot{\boldsymbol{x}} &= \boldsymbol{f}(\boldsymbol{x},t)\\ \boldsymbol{x}_{\mathrm{c}} &= \boldsymbol{0}\end{aligned}\right\} \tag{7-82}$$

1）如果存在一个具有连续一阶偏导数的标量函数 $V(\boldsymbol{x}, t)$，并且满足以下条件：

① $V(\boldsymbol{x}, t)$ 是正定的；

② $\dot{V}(\boldsymbol{x}, t)$ 是负定的。

则系统在状态空间原点处的平衡状态是一致渐近稳定的。如果当 $\|\boldsymbol{x}\|\to\infty$ 时，有 $V(\boldsymbol{x}, t)\to\infty$，则系统在状态空间原点处的平衡状态是大范围渐近稳定的。

满足以上两个条件的标量函数称为利亚普诺夫函数。利亚普诺夫函数的几何意义是：$V(\boldsymbol{x}, t)$ 表示状态空间的原点到 $\boldsymbol{x}$ 之间的距离，而 $\dot{V}(\boldsymbol{x}, t)$ 则代表在点 $\boldsymbol{x}$ 处趋向状态空间原点的速度。

2）如果存在一个具有连续一阶偏导数的标量函数 $V(\boldsymbol{x}, t)$，并且满足以下条件：

① $V(\boldsymbol{x}, t)$ 是正定的；

② $\dot{V}(\boldsymbol{x}, t)$ 是半负定的。

则系统在状态空间原点的平衡状态称为利亚普诺夫意义下的一致稳定。

3）如果存在一个具有连续一阶偏导数的标量函数 $V(\boldsymbol{x}, t)$，并且满足以下条件：

① $V(\boldsymbol{x}, t)$ 在某一领域内是正定的；

② $\dot{V}(\boldsymbol{x}, t)$ 在同样的领域也是正定的。

则系统在状态空间原点的平衡状态是不稳定的。

可以看出，利亚普诺夫第二法稳定性判据的关键是寻找一个符合条件的利亚普诺夫函数，它实际上是系统的一个能量函数，从这点出发可以理解上述稳定判据的物理意义。

关于利亚普诺夫函数的几点说明：

1）上述稳定性判据是充分但不必要的条件。也就是说，对于给定系统，如果找到了满足条件的利亚普诺夫函数，则可以对系统稳定性做出肯定的结论；如果没有找到这样的函数，也不能做出否定的结论，也就是说不能据此判断该系统是不稳定的。

2）对于渐近稳定的平衡状态，其利亚普诺夫函数必存在，而且 $\dot{V}(\boldsymbol{x}, t)$ 不一定必须是负定函数。如果除了原点以外，沿任一轨迹 $\dot{V}(\boldsymbol{x}, t)$ 均不恒等于零，则负定的条件可用半负定来代替。从能量函数的角度看，只要 $\dot{V}(\boldsymbol{x}, t)$ 是半负定的，且不恒为零，则运动能量总会衰减到零。

例 7-24　试以机械系统为例说明系统的能量以及能量耗散率的概念。如图 7-17 所示，该系统运动方程为

$$m\ddot{y}(t)+b\dot{y}(t)+ky(t)=u(t)$$

为简便起见，令 $m=b=k=1$，并且 $u(t)=0$，初始条件 $y(0)=1$，$\dot{y}(0)=0$。

解

取

$$x_1=y$$

$$x_2=\dot{x}_1=\dot{y}$$

$$\begin{pmatrix}\dot{x}_1\\ \dot{x}_2\end{pmatrix}=\begin{pmatrix}0 & 1\\ -1 & -1\end{pmatrix}\begin{pmatrix}x_1\\ x_2\end{pmatrix},\ \begin{pmatrix}x_1(0)\\ x_2(0)\end{pmatrix}=\begin{pmatrix}1\\ 0\end{pmatrix}$$

可解得

$$\begin{pmatrix}x_1\\ x_2\end{pmatrix}=\begin{pmatrix}1.15\mathrm{e}^{-\frac{1}{2}t}\sin\left(0.866t+\dfrac{\pi}{3}\right)\\ -1.15\mathrm{e}^{-\frac{1}{2}t}\sin(0.866t)\end{pmatrix}$$

状态空间（平面）图如图 7-18 所示。

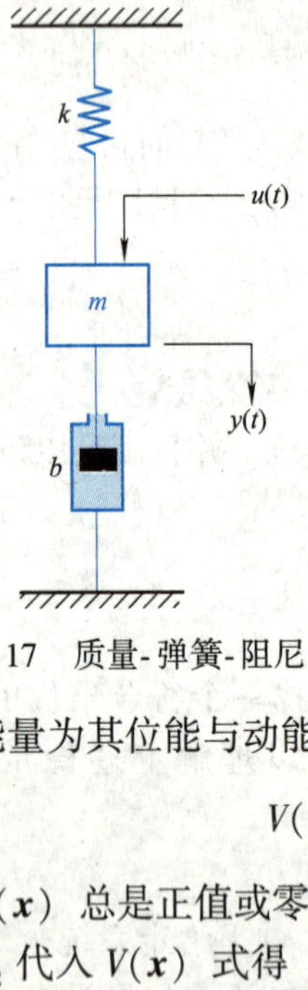

图 7-17　质量-弹簧-阻尼系统

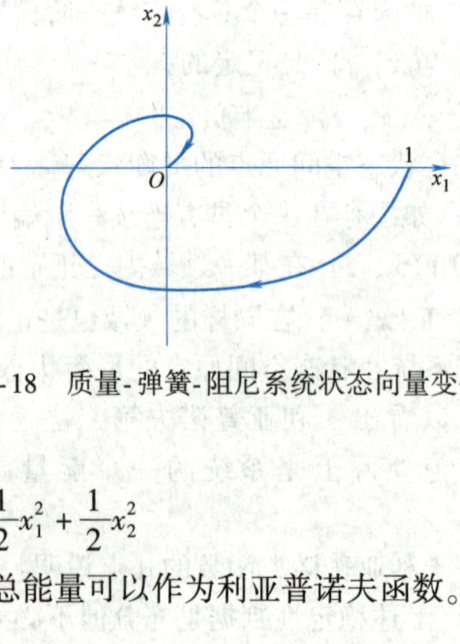

图 7-18　质量-弹簧-阻尼系统状态向量变化图

此系统的总能量为其位能与动能之和，即

$$V(\boldsymbol{x})=\frac{1}{2}kx_1^2+\frac{1}{2}mx_2^2=\frac{1}{2}x_1^2+\frac{1}{2}x_2^2$$

上式表示，$V(\boldsymbol{x})$ 总是正值或零，是正定函数，因此总能量可以作为利亚普诺夫函数。

将 x_1、x_2 代入 $V(\boldsymbol{x})$ 式得

$$V(\boldsymbol{x})=0.661\mathrm{e}^{-t}\left[\sin^2(0.866t)+\sin^2\left(0.866t+\frac{\pi}{3}\right)\right]$$

此式说明，随着时间 t 增加，总能量 $V(\boldsymbol{x})$ 趋近于零。

$V(\boldsymbol{x})$ 的变化率　$$\dot{V}(\boldsymbol{x})=-1.332\mathrm{e}^{-t}\sin^2(0.866t)$$

$V(\boldsymbol{x})$ 的变化率 $\dot{V}(\boldsymbol{x})$ 始终是负值或零，是负定函数，它表示随着时间的推移，系统中的能量 $V(\boldsymbol{x})$ 在逐渐减少。这是由于系统中的能量在阻尼器中以热的形式耗散，其耗散率为 $\dot{V}(\boldsymbol{x})$。系统中的能量不断地在减少，最后趋向于零，系统便静止，此时 $x_1=x_2=0$，这样的系统是渐近稳定的。

三、线性定常系统的利亚普诺夫稳定性分析

设线性定常系统为

$$\dot{\boldsymbol{x}} = \boldsymbol{A}\boldsymbol{x} \tag{7-83}$$

式中　$\boldsymbol{x}$——n 维状态向量；

$\boldsymbol{A}$——$n\times n$ 常系数矩阵。

假定 $\boldsymbol{A}$ 为非奇异矩阵，则系统的唯一平衡状态在状态空间原点 $\boldsymbol{x}=\boldsymbol{0}$ 处。

对于该系统，取一个可能的标量函数

$$V(\boldsymbol{x}) = \boldsymbol{x}^{\mathrm{T}}\boldsymbol{P}\boldsymbol{x} \tag{7-84}$$

式中，$\boldsymbol{P}$ 是一个正定的实对称矩阵。将 $V(\boldsymbol{x})$ 对时间求导，可得到

$$\dot{V}(\boldsymbol{x},t) = \dot{\boldsymbol{x}}^{\mathrm{T}}\boldsymbol{P}\boldsymbol{x} + \boldsymbol{x}^{\mathrm{T}}\boldsymbol{P}\dot{\boldsymbol{x}} = \boldsymbol{x}^{\mathrm{T}}(\boldsymbol{A}^{\mathrm{T}}\boldsymbol{P} + \boldsymbol{P}\boldsymbol{A})\boldsymbol{x} \tag{7-85}$$

由于 $V(\boldsymbol{x})$ 为正定的，故若 $V(\boldsymbol{x})$ 为利亚普诺夫函数，则 $\dot{V}(\boldsymbol{x},t)$ 必为负定的，即有：

$$\dot{V}(\boldsymbol{x},t) = -\boldsymbol{x}^{\mathrm{T}}\boldsymbol{Q}\boldsymbol{x} \tag{7-86}$$

式中，$\boldsymbol{Q}$ 为正定阵，即

$$\boldsymbol{Q} = -(\boldsymbol{A}^{\mathrm{T}}\boldsymbol{P} + \boldsymbol{P}\boldsymbol{A}) \tag{7-87}$$

式（7-87）也称为利亚普诺夫方程，$V(\boldsymbol{x}) = \boldsymbol{x}^{\mathrm{T}}\boldsymbol{P}\boldsymbol{x}$ 就是线性定常系统的利亚普诺夫函数。若满足式（7-87）的正定矩阵 $\boldsymbol{P}$ 存在，则系统在 $\boldsymbol{x}=\boldsymbol{0}$ 处的平衡状态是大范围渐近稳定的。

几点说明：

1）如果 $\dot{V}(\boldsymbol{x},t) = -\boldsymbol{x}^{\mathrm{T}}\boldsymbol{Q}\boldsymbol{x}$ 沿任意一条轨迹不恒等于零，则 $\boldsymbol{Q}$ 可取半正定的。

2）式（7-87）正定解 $\boldsymbol{P}$ 的存在是系统大范围稳定的充分必要条件。

3）因正定对称矩阵 $\boldsymbol{Q}$ 的形式可任意给定，且最终的判断结果将和 $\boldsymbol{Q}$ 的形式无关，所以通常选取 $\boldsymbol{Q}=\boldsymbol{I}$（单位阵）较为方便。

4）实际上，正定阵 $\boldsymbol{P}$ 的存在就是矩阵 $\boldsymbol{A}$ 的特征值均具有负实部的充要条件。

例 7-25　设系统的状态方程为

$$\begin{pmatrix}\dot{x}_1\\ \dot{x}_2\end{pmatrix} = \begin{pmatrix}0 & 1\\ -1 & -1\end{pmatrix}\begin{pmatrix}x_1\\ x_2\end{pmatrix}$$

$\boldsymbol{x}_{\mathrm{e}}=\boldsymbol{0}$ 是系统的平衡状态。试确定系统平衡状态的稳定性。

解

选利亚普诺夫函数为　$V(\boldsymbol{x}) = \boldsymbol{x}^{\mathrm{T}}\boldsymbol{P}\boldsymbol{x}$

式中 $\boldsymbol{P}$ 由下式决定

$$\boldsymbol{A}^{\mathrm{T}}\boldsymbol{P} + \boldsymbol{P}\boldsymbol{A} = -\boldsymbol{I}$$

即

$$\begin{pmatrix}0 & -1\\ 1 & -1\end{pmatrix}\begin{pmatrix}p_{11} & p_{12}\\ p_{12} & p_{22}\end{pmatrix} + \begin{pmatrix}p_{11} & p_{12}\\ p_{12} & p_{22}\end{pmatrix}\begin{pmatrix}0 & 1\\ -1 & -1\end{pmatrix} = \begin{pmatrix}-1 & 0\\ 0 & -1\end{pmatrix}$$

将矩阵方程展开，可得

$$-2p_{12} = -1$$

$$p_{11}-p_{12}-p_{22}=0$$
$$2p_{12}-2p_{22}=-1$$

解得

$$\begin{pmatrix} p_{11} & p_{12} \\ p_{12} & p_{22} \end{pmatrix}=\begin{pmatrix} \frac{3}{2} & \frac{1}{2} \\ \frac{1}{2} & 1 \end{pmatrix}$$

由此可见

$$p_{11}=\frac{3}{2}>0,\qquad \begin{vmatrix} p_{11} & p_{12} \\ p_{12} & p_{22} \end{vmatrix}=\begin{vmatrix} \frac{3}{2} & \frac{1}{2} \\ \frac{1}{2} & 1 \end{vmatrix}>0$$

显然，$\boldsymbol{P}$ 是正定的，因此在原点处的平衡状态是大范围渐近稳定的。

利亚普诺夫函数为

$$V(\boldsymbol{x})=\boldsymbol{x}^{\mathrm{T}}\boldsymbol{P}\boldsymbol{x}=\frac{1}{2}(3x_1^2+2x_1x_2+2x_2^2)$$

$$\dot{V}(\boldsymbol{x})=-(x_1^2+x_2^2)$$

例 7-26 设线性定常系统在零输入情况下的状态方程为

$$\begin{pmatrix} \dot{x}_1 \\ \dot{x}_2 \end{pmatrix}=\begin{pmatrix} 0 & 1 \\ -1 & 0 \end{pmatrix}\begin{pmatrix} x_1 \\ x_2 \end{pmatrix}$$

$\boldsymbol{x}_{\mathrm{c}}=\boldsymbol{0}$ 是系统的平衡状态，试确定其稳定性。

解

选利亚普诺夫函数 $V(\boldsymbol{x})=\boldsymbol{x}^{\mathrm{T}}\boldsymbol{P}\boldsymbol{x}$，其中 $\boldsymbol{P}=\begin{pmatrix} p_{11} & p_{12} \\ p_{12} & p_{22} \end{pmatrix}$

由下式确定 $$\boldsymbol{A}^{\mathrm{T}}\boldsymbol{P}+\boldsymbol{P}\boldsymbol{A}=-\boldsymbol{I}$$

即

$$\begin{pmatrix} 0 & -1 \\ 1 & 0 \end{pmatrix}\begin{pmatrix} p_{11} & p_{12} \\ p_{12} & p_{22} \end{pmatrix}+\begin{pmatrix} p_{11} & p_{12} \\ p_{12} & p_{22} \end{pmatrix}\begin{pmatrix} 0 & 1 \\ -1 & 0 \end{pmatrix}=\begin{pmatrix} -1 & 0 \\ 0 & -1 \end{pmatrix}$$

解得

$$\begin{cases} 2p_{12}=1 \\ p_{11}-p_{12}=0 \\ 2p_{12}=-1 \end{cases}$$

以上的方程组是不相容的，因此不能求出对称正定的 $\boldsymbol{P}$ 来。

由此可见，系统的平衡状态 $\boldsymbol{x}_{\mathrm{c}}=\boldsymbol{0}$ 不是渐近稳定的。

事实上 $$|\lambda\boldsymbol{I}-\boldsymbol{A}|=\begin{vmatrix} \lambda & -1 \\ 1 & \lambda \end{vmatrix}=\lambda^2+1=0$$

可以求出系统矩阵 $\boldsymbol{A}$ 的特征值 $\lambda_{1,2}=\pm\mathrm{j}$，进一步证实了系统在平衡状态不是渐近稳定的。

第五节　线性定常系统的状态反馈与极点配置

在经典控制理论中，控制系统的性能主要取决于系统闭环极点的分布，因此如果能将闭环极点设置为一组期望值，那么就可灵活地调整系统的综合性能。由第四章可以看出，用根轨迹分析、设计系统就是在根轨迹图上寻找期望的闭环系统极点，因此根轨迹法实际上是一种图解的极点配置方法。经典控制理论只讨论了期望主导极点的近似实现问题。本节介绍在状态空间中，用状态反馈来实现闭环极点配置的方法。

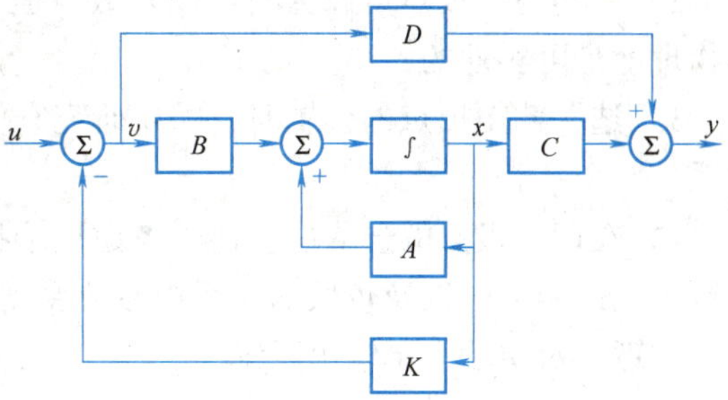

图 7-19　系统状态反馈框图

一、状态反馈

系统状态反馈框图如图 7-19 所示。状态反馈是一线性反馈控制律。考虑 n 阶线性定常系统

$$\left.\begin{aligned}\dot{\boldsymbol{x}} &= \boldsymbol{Ax}+\boldsymbol{Bv}\\ \boldsymbol{y} &= \boldsymbol{Cx}+\boldsymbol{Dv}\end{aligned}\right\} \tag{7-88}$$

式中　$\boldsymbol{x}$——n 维状态向量；

$\boldsymbol{v}$——r 维输入向量；

$\boldsymbol{y}$——m 维输出向量。

线性状态反馈规律为

$$\boldsymbol{v}=\boldsymbol{u}-\boldsymbol{Kx}$$

因此，通过状态反馈构成的闭环系统的状态方程和输出方程为

$$\left.\begin{aligned}\dot{\boldsymbol{x}} &= (\boldsymbol{A}-\boldsymbol{BK})\boldsymbol{x}+\boldsymbol{Bu}\\ \boldsymbol{y} &= (\boldsymbol{C}-\boldsymbol{DK})\boldsymbol{x}+\boldsymbol{Du}\end{aligned}\right\} \tag{7-89}$$

一般 $\boldsymbol{D}=\boldsymbol{0}$，式（7-89）可简化为

$$\left.\begin{aligned}\dot{\boldsymbol{x}} &= (\boldsymbol{A}-\boldsymbol{BK})\boldsymbol{x}+\boldsymbol{Bu}\\ \boldsymbol{y} &= \boldsymbol{Cx}\end{aligned}\right\} \tag{7-90}$$

其传递函数矩阵为

$$\boldsymbol{W}(s)=\boldsymbol{C}(s\boldsymbol{I}-\boldsymbol{A}+\boldsymbol{BK})^{-1}\boldsymbol{B} \tag{7-91}$$

几点讨论：

1）状态反馈不增加新的状态变量，因此系统的阶次保持不变。

2）状态反馈能够保证系统反馈引入前的能控性，但不一定保持原系统的能观性。

3）如果系统状态完全能控，则式（7-89）表示的全状态反馈系统能够实现闭环系统极点的任意配置。

4）实现状态反馈的一个基本前提是状态变量必须是物理上可测量的。当状态变量不可测量时，就要设法由输出变量和控制量来重构状态，即由状态观测器来获得状态的观测量，以实现状态反馈。

二、极点配置

所谓极点配置，就是通过状态反馈矩阵 $\boldsymbol{K}$ 的选取，使闭环系统（$\boldsymbol{A}-\boldsymbol{BK}$，$\boldsymbol{B}$，$\boldsymbol{C}$）的极点，即状态矩阵（$\boldsymbol{A}-\boldsymbol{BK}$）的特征值恰好处于所期望的一组极点的位置上。

选取期望极点时所应遵循的原则：

1）对于一个 n 阶控制系统，可以而且必须给定 n 个期望的极点。

2）所期望的极点可以为实数或复数，但是当以复数形式给出时，必须是共轭复数对，即物理上是可实现的。

3）选取期望极点的位置时，需要研究它们对系统品质的影响，及其与零点分布状况的关系。

4）在期望极点的选取中，还须考虑抗干扰和低灵敏度方面的要求，即应当具有较强的抑制干扰的能力，以及较低的对系统参数变动的敏感性。

定理 对单输入单输出系统

$$\left.\begin{aligned}\dot{\boldsymbol{x}}&=\boldsymbol{Ax}+\boldsymbol{B}v\\ y&=\boldsymbol{Cx}\end{aligned}\right\}\tag{7-92}$$

给定任意 n 个极点 p_1、p_2、…、p_n，可以是实数或共轭复数。以这几个极点为零根的多项式为

$$f^*(\lambda)=\prod_{i=1}^{n}(\lambda-p_i)=\lambda^n+a_1^*\lambda^{n-1}+\cdots+a_{n-1}^*\lambda+a_n^*$$

那么存在 $1\times n$ 矩阵 $\boldsymbol{K}$，使闭环系统

$$\left.\begin{aligned}\dot{\boldsymbol{x}}&=(\boldsymbol{A}-\boldsymbol{BK})\boldsymbol{x}+\boldsymbol{B}u\\ y&=\boldsymbol{Cx}\end{aligned}\right\}\tag{7-93}$$

以 p_1、p_2、…、p_n 为极点，即

$$\det[\lambda\boldsymbol{I}-(\boldsymbol{A}-\boldsymbol{BK})]=\prod_{i=1}^{n}(\lambda-p_i)=\lambda^n+a_1^*\lambda^{n-1}+\cdots+a_{n-1}^*\lambda+a_n^*$$

的充分必要条件为受控系统式（7-92）是完全能控的。

证明略。

（一）系统能控性检查

在进行极点配置时，应首先检查系统是否状态完全能控，这时可以用能控性矩阵 $\boldsymbol{M}=[\boldsymbol{B}\quad \boldsymbol{AB}\quad \boldsymbol{A}^2\boldsymbol{B}\quad \cdots\quad \boldsymbol{A}^{n-1}\boldsymbol{B}]$ 进行判定，或参照式（7-19）求出变换矩阵 $\boldsymbol{T}$ 及其逆矩阵 $\boldsymbol{T}^{-1}$，将状态方程变换成能控规范型。其次，求出原系统的特征多项式 $|\lambda\boldsymbol{I}-\boldsymbol{A}|=0$，得

$$\lambda^n+a_1\lambda^{n-1}+\cdots+a_{n-1}\lambda+a_n=0$$

再用期望的闭环极点 p_1、p_2、…、p_n，写出状态反馈后的系统特征多项式

$$f^*(\lambda)=(\lambda-p_1)(\lambda-p_2)\cdots(\lambda-p_n)=\lambda^n+a_1^*\lambda^{n-1}+\cdots+a_{n-1}^*\lambda+a_n^*=0$$

就可用下式

$$\boldsymbol{K}=[k_1\quad k_2\quad \cdots\quad k_n]=[a_n^*-a_n\quad a_{n-1}^*-a_{n-1}\quad \cdots\quad a_1^*-a_1]\boldsymbol{T}^{-1}$$

求出状态反馈阵 $\boldsymbol{K}$。

如果给定的系统已是能控规范型，那么 $\boldsymbol{T}=\boldsymbol{I}$。

例 7-27 考虑由下列状态方程描述的系统

$$\dot{\boldsymbol{x}}=\begin{pmatrix}0&1&0\\0&0&1\\-1&-5&-6\end{pmatrix}\boldsymbol{x}+\begin{pmatrix}0\\0\\1\end{pmatrix}u$$

利用状态反馈控制 $u=-\boldsymbol{K}\boldsymbol{x}$，希望该系统的闭环极点为 $p_{1,2}=-2\pm \mathrm{j}4$ 和 $p_3=-10$。试确定状态反馈增益矩阵 $\boldsymbol{K}$。

解

首先需检验该系统的能控性矩阵。由于能控性矩阵为

$$\boldsymbol{M}=[\boldsymbol{B}\ \vdots\ \boldsymbol{AB}\ \vdots\ \boldsymbol{A}^2\boldsymbol{B}]=\begin{pmatrix}0&0&1\\0&1&-6\\1&-6&31\end{pmatrix}$$

可以得出 $|\boldsymbol{M}|=-1$，$\mathrm{rank}\boldsymbol{M}=3$。因此该系统是状态完全能控的，可任意配置极点。

利用所定义的期望的状态反馈增益矩阵

$$\boldsymbol{K}=[k_1\quad k_2\quad k_3]$$

并使 $|\lambda\boldsymbol{I}-\boldsymbol{A}+\boldsymbol{BK}|$ 和所期望的特征方程相等，可得

$$|\lambda\boldsymbol{I}-\boldsymbol{A}+\boldsymbol{BK}|=\left|\begin{pmatrix}\lambda&0&0\\0&\lambda&0\\0&0&\lambda\end{pmatrix}-\begin{pmatrix}0&1&0\\0&0&1\\-1&-5&-6\end{pmatrix}+\begin{pmatrix}0\\0\\1\end{pmatrix}[k_1\quad k_2\quad k_3]\right|$$

$$=\begin{vmatrix}\lambda&-1&0\\0&\lambda&-1\\1+k_1&5+k_2&\lambda+6+k_3\end{vmatrix}$$

$$=\lambda^3+(6+k_3)\lambda^2+(5+k_2)\lambda+1+k_1$$

$$=\lambda^3+14\lambda^2+60\lambda+200$$

因此

$$6+k_3=14,\qquad 5+k_2=60,\qquad 1+k_1=200$$

得

$$\boldsymbol{K}=[k_1\quad k_2\quad k_3]=[199\quad 55\quad 8]$$

（二）单输入单输出状态反馈系统的极点配置综合法

下面举例说明单输入单输出系统状态反馈的极点配置方法。

例 7-28　给定图 7-20 所示的受控系统，其传递函数为

$$G(s)=\frac{1}{s(s+6)(s+12)}$$

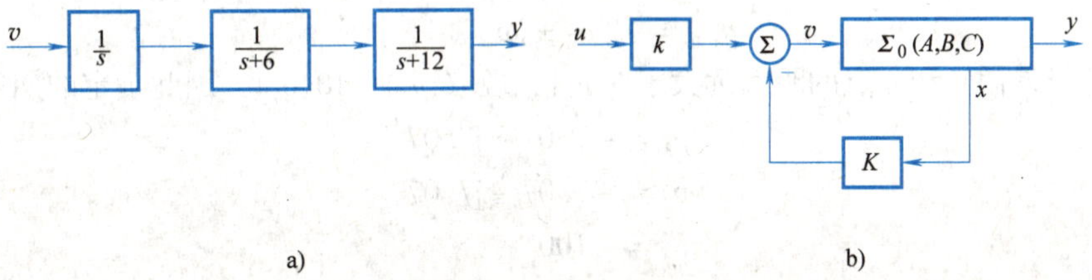

图 7-20　例 7-28 受控系统框图

系统的综合指标要求：输出最大超调量 $M_p \leqslant 5\%$；峰值时间 $t_p \leqslant 0.5s$；系统频宽 $\omega_b \leqslant 10rad/s$；跟踪误差 $e_p = 0$（对阶跃信号），$e_v \leqslant 0.2$（对速度信号）。
试用极点配置法进行综合。

解

按极点配置法进行综合的步骤为：

1）确定受控系统能控规范型的 **A**、**B**、**C**。因系统的传递函数

$$G(s) = \frac{1}{s(s+6)(s+12)} = \frac{1}{s^3 + 18s^2 + 72s}$$

所以，$a_1 = 18$，$a_2 = 72$，$a_3 = 0$；$b_1 = b_2 = 0$，$b_3 = 1$，即可确定受控系统能控规范型的状态方程和输出方程

$$\begin{pmatrix} \dot{x}_1 \\ \dot{x}_2 \\ \dot{x}_3 \end{pmatrix} = \begin{pmatrix} 0 & 1 & 0 \\ 0 & 0 & 1 \\ 0 & -72 & -18 \end{pmatrix} \begin{pmatrix} x_1 \\ x_2 \\ x_3 \end{pmatrix} + \begin{pmatrix} 0 \\ 0 \\ 1 \end{pmatrix} v$$

$$y = [1 \quad 0 \quad 0] \begin{pmatrix} x_1 \\ x_2 \\ x_3 \end{pmatrix}$$

2）确定期望极点。显然，期望极点数 $n = 3$，选其中一对为主导极点 p_1 和 p_2，另一个为远极点，并且认为系统的性能主要是由主导极点决定的，远极点只有微小的影响。

根据二阶系统的关系式，选定主导极点。

$$M_p = e^{-\frac{\pi\zeta}{\sqrt{1-\zeta^2}}}$$

$$t_p = \frac{\pi}{\omega_n \sqrt{1-\zeta^2}}$$

$$\omega_b = \omega_n \sqrt{1 - 2\zeta^2 + \sqrt{2 - 4\zeta^2 + 4\zeta^4}}$$

式中　ζ 和 ω_n——二阶系统的阻尼比和无阻尼固有频率。

可以导出：

由 $e^{-\frac{\pi\zeta}{\sqrt{1-\zeta^2}}} \leqslant 5\%$，可得 $\zeta \geqslant 0.707$，选 $\zeta = 0.707$。由 $t_p = \dfrac{\pi}{\omega_n \sqrt{1-\zeta^2}} \leqslant 0.5s$，当 $\zeta = 0.707$ 时，$\omega_n \geqslant 9rad/s$，选 $\omega_n = 10rad/s$。

这样，便定出了主导极点

$$p_{1,2} = -\zeta\omega_n \pm j\omega_n \sqrt{1-\zeta^2}$$

远极点应选择得使它和原点的距离远大于 $5|p_1|$，现取 $|p_3| = 10|p_1|$，因此确定的期望极点为

$$p_1 = -7.07 + j7.07$$
$$p_2 = -7.07 - j7.07$$
$$p_3 = -100$$

3）确定状态反馈矩阵 **K**。取状态反馈系统如图 7-20b 所示。

因受控系统的特征方程为

$$f(s) = s^3 + 18s^2 + 72s, \qquad a_1 = 18, \qquad a_2 = 72, \qquad a_3 = 0$$

而由期望的极点构成的特征多项式为

$$f^*(s)=(s+100)(s^2+14.1s+100)=s^3+114.1s^2+1\ 510s+10\ 000$$

$$a_3^*=10\ 000,\qquad a_2^*=1\ 510,\qquad a_1^*=114.1$$

于是状态反馈矩阵 **K** 为

$$\boldsymbol{K}=[a_3^*-a_3\quad a_2^*-a_2\quad a_1^*-a_1]=[10\ 000\quad 1\ 438\quad 96.1]=[k_1\quad k_2\quad k_3]$$

4）确定输入放大系数 k。对应的闭环传递函数为

$$\Phi(s)=\frac{k}{s^3+114.1s^2+1\ 510s+10\ 000}$$

由要求的跟踪阶跃信号的误差 $e_p=0$，有

$$e_p=\lim_{t\to\infty}[1-y(t)]=\lim_{s\to 0}s\left(\frac{1}{s}-\frac{\Phi(s)}{s}\right)=\lim_{s\to 0}[1-\Phi(s)]$$

$$=\lim_{s\to 0}\frac{s^3+114.1s^2+1\ 510s+10\ 000-k}{s^3+114.1s^2+1\ 510s+10\ 000}=\frac{10\ 000-k}{10\ 000}$$

所以

$$k=10\ 000$$

对上面的初步结果，再用对跟踪速度信号的误差要求来验证，即

$$e_v=\lim_{t\to\infty}[t-y(t)]=\lim_{s\to 0}s\left(\frac{1}{s^2}-\frac{\Phi(s)}{s^2}\right)=\lim_{s\to 0}\frac{1}{s}[1-\Phi(s)]$$

$$=\lim_{s\to 0}\frac{1}{s}\ \frac{s^3+114.1s^2+1\ 510s}{s^3+114.1s^2+1\ 510s+10\ 000}$$

$$=\lim_{s\to 0}\frac{s^2+114.1s+1\ 510}{s^3+114.1s^2+1\ 510s+10\ 000}$$

$$=\frac{1\ 510}{10\ 000}=0.15<0.2$$

显然满足 $e_v\leqslant 0.2$ 的要求，故 $k=10\ 000$。

5）画出对应能控规范型的闭环系统框图。

已知

$$\Phi(s)=\frac{k}{s^3+a_1^*s^2+a_2^*s+a_3^*}=\frac{10\ 000}{s^3+114.1s^2+1\ 510s+10\ 000}$$

$$=\frac{10\ 000}{s^3+(18+96.1)s^2+(72+1\ 438)s+10\ 000}$$

其中可设

$$\Phi'(s)=\frac{1}{s^3+(18+96.1)s^2+(72+1\ 438)s+10\ 000}$$

对应的能控规范型状态方程为

$$\begin{pmatrix}\dot{x}_1\\ \dot{x}_2\\ \dot{x}_3\end{pmatrix}=\begin{pmatrix}0 & 1 & 0\\ 0 & 0 & 1\\ -10\ 000 & -(72+1\ 438) & -(18+96.1)\end{pmatrix}\begin{pmatrix}x_1\\ x_2\\ x_3\end{pmatrix}+\begin{pmatrix}0\\ 0\\ 1\end{pmatrix}v'$$

再考虑输入放大系数 $k=10\ 000$，最后得能控规范型的闭环系统框图如图 7-21 所示。

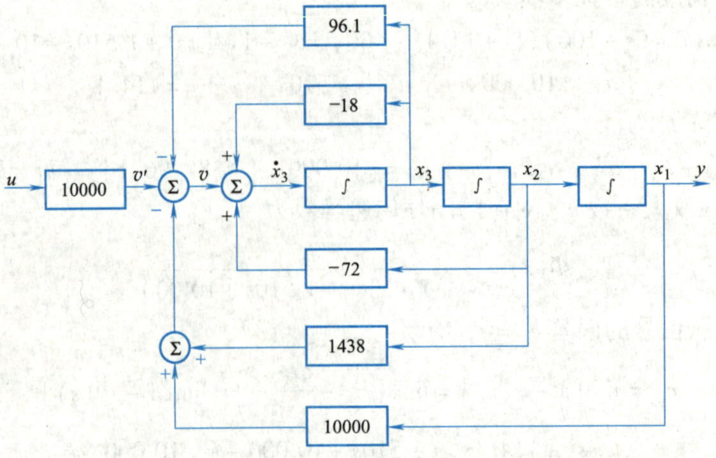

图 7-21 例 7-28 能控规范型的闭环系统框图

第六节 基于 MATLAB 与 SIMULINK 的状态空间法分析

一、基于 MATLAB 的状态空间法分析

(一) 系统状态空间描述

命令格式：sys = ss(A, B, C, D)

按

$$\dot{\boldsymbol{x}} = \boldsymbol{A}\boldsymbol{x} + \boldsymbol{B}u$$
$$y = \boldsymbol{C}\boldsymbol{x} + \boldsymbol{D}u$$

给出系统（sys）的状态空间模型，例如，sys = ss([0 1; -2 -3], [0; 4], [0; 1], 0) 的状态空间表达式为

$$\dot{\boldsymbol{x}} = \begin{pmatrix} 0 & 1 \\ -2 & -3 \end{pmatrix}\boldsymbol{x} + \begin{pmatrix} 0 \\ 4 \end{pmatrix}u$$
$$y = [0 \quad 1]\boldsymbol{x}$$

(二) 系统模型转换

1. 由传递函数模型转换为状态空间模型

命令格式：[A, B, C, D] = tf2ss(num, den)

对于系统传递函数模型（num, den）给出相应的系统状态空间模型（A, B, C, D）。

2. 由状态空间模型转换为传递函数模型

命令格式：[num, den] = ss2tf(A, B, C, D)

对于系统状态空间模型（A, B, C, D）给出对应的系统传递函数 $G(s) = \dfrac{\mathrm{num}(s)}{\mathrm{den}(s)}$。

3. 由零极点模型转换为状态空间模型

命令格式：[A, B, C, D] = zp2ss(z, p, k)

对于系统零极点模型零点（z）、极点（p）和增益（k）给出相应的系统状态空间模型（A, B, C, D）。

4. 由状态空间模型转换为零极点模型

命令格式：[z, p, k] = ss2zp(A, B, C, D)

对于系统状态空间模型（A, B, C, D）给出对应的零极点模型零点（z）、极点（p）和增益（k），即

$$G(s) = k\frac{(s - z(1))(s - z(2))\cdots(s - z(n))}{(s - p(1))(s - p(2))\cdots(s - p(n))}$$

（三）系统响应

1. 单位脉冲响应

命令格式：impulse(A, B, C, D)

计算并绘制系统（A, B, C, D）的单位脉冲响应。

2. 单位阶跃响应

命令格式：step(A, B, C, D)

计算并绘制系统（A, B, C, D）的单位阶跃响应。

3. 任意输入响应

命令格式：lsim(A, B, C, D, u, t)

计算并绘制系统（A, B, C, D）在信号 u 输入下的响应，还可指定时间 t。

（四）系统特性

1. 幅相频率特性

命令格式：nyqusit(A, B, C, D)

计算系统（A, B, C, D）的频率特性并绘制系统尼奎斯特图。

2. 对数频率特性

命令格式：bode(A, B, C, D)

计算系统（A, B, C, D）的对数频率特性并绘制系统博德图。

3. 零极点特性

命令格式：pzmap(A, B, C, D)

在 [s] 平面内绘制出系统（A, B, C, D）的零极点图。

4. 根轨迹特性

命令格式：rlocus(A, B, C, D)

在 [s] 平面上绘制出系统（A, B, C, D）的根轨迹图。

（五）系统能控性与能观性分析

1. 求取能控性矩阵

命令格式：M = ctrb(A, B)

完成系统能控性矩阵 $\boldsymbol{M} = [\boldsymbol{B} \quad \boldsymbol{AB} \quad \boldsymbol{A}^2\boldsymbol{B} \quad \cdots \quad \boldsymbol{A}^{n-1}\boldsymbol{B}]$ 的计算。

2. 求取能观性矩阵

命令格式：N = obsv(A, C)

完成系统能观性矩阵 $\boldsymbol{N} = [\boldsymbol{C} \quad \boldsymbol{CA} \quad \boldsymbol{CA}^2 \quad \cdots \quad \boldsymbol{CA}^{n-1}]^{\mathrm{T}}$ 的计算。

3. 求取矩阵的秩

命令格式：rM = rank(M) 或 rN = rank(N)

将计算所得的能控性矩阵 $\boldsymbol{M}$ 或能观性矩阵 $\boldsymbol{N}$ 的秩与系统的阶数 n 比较后即可判断系统

的能控性或能观性。

（六）系统利亚普诺夫稳定性分析

命令格式：P = lyap(A，Q)

求取利亚普诺夫方程 $\boldsymbol{Q} = -(\boldsymbol{A}^{\mathrm{T}}\boldsymbol{P} + \boldsymbol{PA})$ 的解，即正定实对称矩阵 $\boldsymbol{P}$。其中 $\boldsymbol{A}$ 为系统的系数矩阵，$\boldsymbol{Q}$ 是给定的正定实对称矩阵（可选单位阵 $\boldsymbol{I}$）。

根据是否能解出正定实对称矩阵 $\boldsymbol{P}$ 来，就可判别系统利亚普诺夫意义下的稳定性。

（七）系统状态反馈实现极点配置

命令格式：K = acker(A，B，p)

按系统（A，B）的期望极点（p）配置时，计算出所需的状态反馈矩阵 K。

二、基于 SIMULINK 的状态空间法分析

在 SIMULINK 仿真平台上，系统状态方程是以矩阵的形式表示，即写成

$$\left.\begin{aligned}\dot{\boldsymbol{x}} &= \boldsymbol{Ax} + \boldsymbol{B}u\\ y &= \boldsymbol{Cx} + \boldsymbol{D}u\end{aligned}\right\}$$

有了上述数学模型，就可以在 SIMULINK 模块上选择 Continuos（连续系统），在 Continuos 模块中选择模块 State-Space。在 Sources 模块中选择相应的输入源模块，例如选择阶跃信号 Step 作为控制系统的输入，在 Sinks 输出模块中选择适当的接收模块作为系统的输出，例如选择示波器 Scope 来观察系统的输出响应，分析系统的输出特性。将上述选中的状态方程模块 State-Space，输入源模块 Step，输出模块 Scope 在 SIMULINK 工作窗口上创建系统框图如图 7-22 所示。

例 7-29 某液压控制系统框图如图 7-23 所示。

试利用 SIMULINK 仿真平台，分析该液压系统状态方程 $u = 20$ 时的阶跃响应特性。

解

对于例 7-29 的液压控制系统，其系数矩阵可写成

$$\boldsymbol{A} = \begin{pmatrix} 0 & 1 & 0 & 0\\ 0 & 0 & 1 & 0\\ 0 & 0 & 0 & 1\\ a_{41} & a_{42} & a_{43} & a_{44}\end{pmatrix}$$

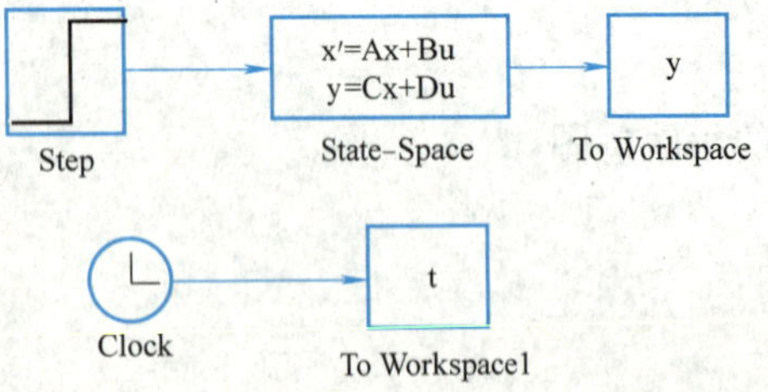

图 7-22 基于系统状态方程的连续系统仿真模型㊀

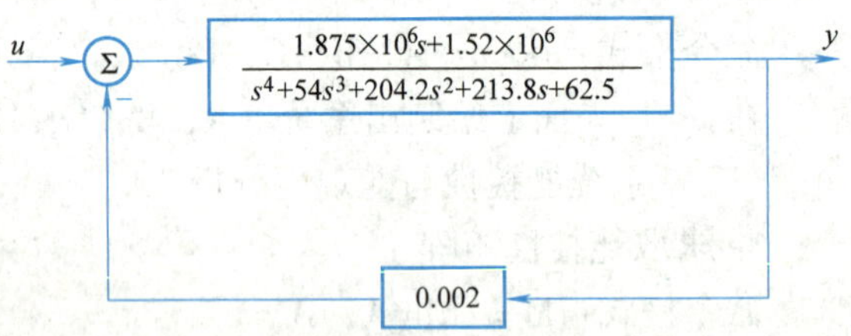

图 7-23 某液压控制系统框图

其中

$$a_{41} = -1.52 \times 10^{6} \times 0.002 - 62.5 = -3102.5$$
$$a_{42} = -1.875 \times 10^{6} \times 0.002 - 213.8 = -3963.8$$

㊀ 图中的字母 x 在正文中相应为 $\boldsymbol{x}$，x′相应为 $\dot{\boldsymbol{x}}$。

$$a_{43} = -204.2$$

$$a_{44} = -54$$

$$\boldsymbol{B}=\begin{pmatrix}0\\0\\0\\20\end{pmatrix},\qquad \boldsymbol{C}=[1.52\times10^{6}\quad 1.875\times10^{6}\quad 0\quad 0],\qquad \boldsymbol{D}=0$$

在 SIMULINK 工作窗口上，用鼠标双击上述创建的系统仿真模型中的 State-Space 模块，在屏幕上将显示 State-Space 对话框，此时可根据已给的系统数学模型作相应输入。对于本例的液压控制系统，在 State-Space 对话框中输入

A

[0　1　0　0; 0　0　1　0; 0　0　0　1; -3102.5　-3963.8　-204.2　-54]

B

[0; 0; 0; 20]

C

[1.52E6　1.875E6　0　0]

D

0

双击 Step 模块，在对话框中输入

Step time

0

Initial Value

0

Final Value

1

输入上述数据后，即可在菜单 Simulation 中选 Start 进行系统分析计算，其运算结果如图 7-24 所示。

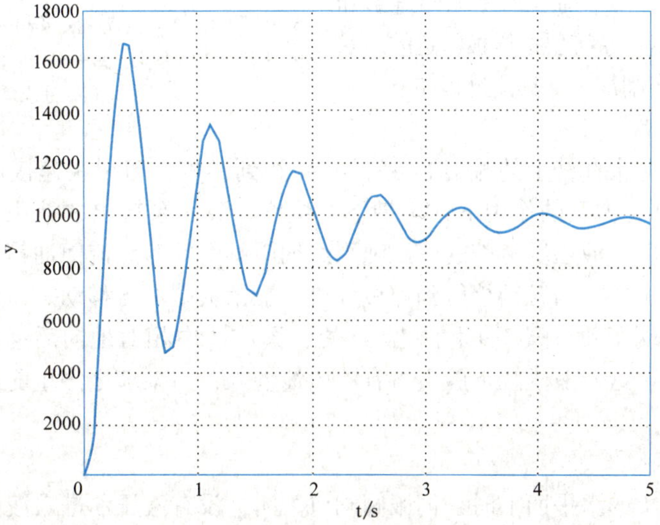

图 7-24　运算结果图

第七节 工程实际系统的状态空间法分析

一、概述

仿形加工是在产品批量生产背景下形成的一种效率较高的加工过程，在机械制造业中得到广泛应用。仿形系统是典型的位置伺服系统。在伺服系统中，如果给定、反馈和比较环节均由机械部件构成，这样的系统称为机液伺服系统。机液伺服系统结构简单、可靠，但反馈环节的摩擦和间隙等非线性因素会对系统性能产生不利影响。因此多用在加工精度适中的场合。下面以一种车床上的液压仿形刀架为例说明机液伺服系统的分析过程。

二、控制系统的组成和工作原理

车床液压仿形刀架（以下简称刀架）如图 7-25 所示。这是一个典型的机液（阀控缸）伺服系统。刀架 3 安装在车床拖板 5 的后部，可随拖板沿导轨 4 作纵向进给。在刀架 3 上集中布置了车刀 2、液压缸（体）6、伺服阀（体）7 和反馈杠杆 8。活塞杆安装在刀架底座上，刀架可沿液压缸轴线作仿形运动。样板 12 安装在床身支架上，是固定不动的。伺服阀阀芯 10 在弹簧的作用下通过阀杆 9 可将杠杆上的触销 11 压在样板上。液压泵 14 输出的液压油经滤油器 13 进入伺服阀的 a 腔，并根据阀芯所在位置经 b 腔或 c 腔进入液压缸的上腔或下腔，使刀架退离或接近（切入）工件 1。液压泵站安放在车床附近，与刀架以软管相连。油源压力由溢流阀调定。

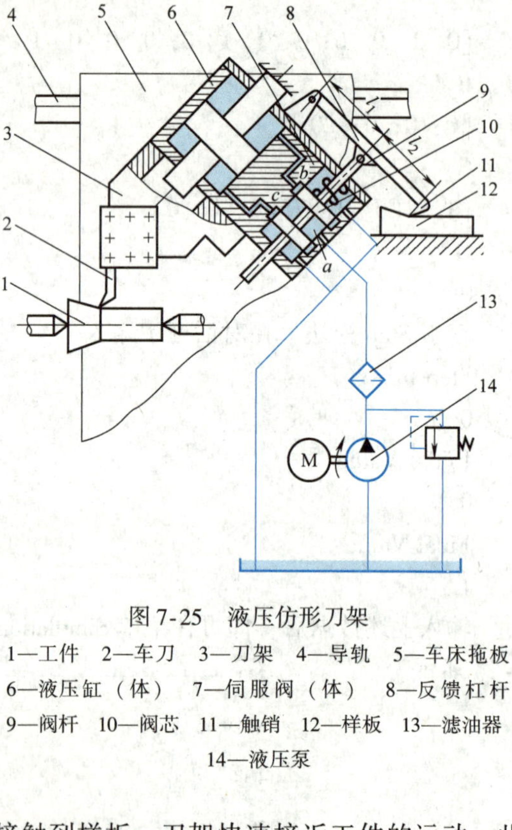

图 7-25 液压仿形刀架

1—工件 2—车刀 3—刀架 4—导轨 5—车床拖板 6—液压缸（体） 7—伺服阀（体） 8—反馈杠杆 9—阀杆 10—阀芯 11—触销 12—样板 13—滤油器 14—液压泵

从车削过程来说，车削运动是纵向进给和仿形运动的合成。这个系统要按样板给定的形状完成工件外表面的车削加工，具体过程如下：

1. 快速接近工件

快速接近工件是指杠杆上的触销 11 还没有接触到样板，刀架快速接近工件的运动。此时，伺服阀阀芯 10 在弹簧的作用下处于最下方位置。液压泵输出的液压油通过伺服阀的 c 腔进入液压缸的下腔，液压缸上腔的液压油则经伺服阀上的 b 腔流回油箱。仿形刀架快速向左下方移动，接近工件。当触销接触到样板件时，触销尖端不再移动。刀架继续向前的运动使杠杆绕着触销尖端摆动，阀杆 9 和阀芯 10 便在阀体 7 中相对地向后移动，直到 a 腔和 c 腔间的通路被切断。这时液压缸下腔不再有液压油输入，刀架随之停止前进，从而完成了刀架的快速趋近运动。

2. 车削圆柱面

当触销位于样板的水平面上时，伺服阀阀口关闭，没有液压油进入液压缸，整个刀架除了随拖板一起作纵向移动外没有别的运动，此时车刀在工件上车出圆柱面来。

3. 车削斜面（或台肩、凹槽）

当杠杆触销碰到样板上的凸肩、凹槽或斜面时，触销尖端得到一个向前或向后的位移输入，杠杆的摆动（这时以杠杆和缸体的铰接点为支点）使阀芯受到一个向前或向后的位移输入，阀口打开，刀架便相应地向前或向后移动，并在移动过程中通过杠杆的反方向摆动（这时以触销尖端为支点），使阀口逐渐关小，直到阀芯恢复到使其两边的阀口都关闭时为止。当触销不断得到位移输入时刀架也不断地变化其位置。这样，刀架的运动完全跟踪触销的运动，在工件上加工出相应的表面来。

4. 快速离开工件

仿形加工结束后，通过电磁阀（图中未画出）使伺服阀芯移到最上方位置，这时伺服阀上的 a 腔和 b 腔接通，液压泵输出的液压油大量进入液压缸上腔，液压缸下腔的液压油通过伺服阀上的 c 腔流回油箱，刀架快速后退。

由此可以看出，仿形刀架是一个机液位置伺服系统。触销的位移是输入量，液压缸的位移是输出量（被控制量），伺服阀是比较、放大元件，液压缸是执行元件，而杠杆则是反馈检测元件。该系统的框图如图 7-26 所示。

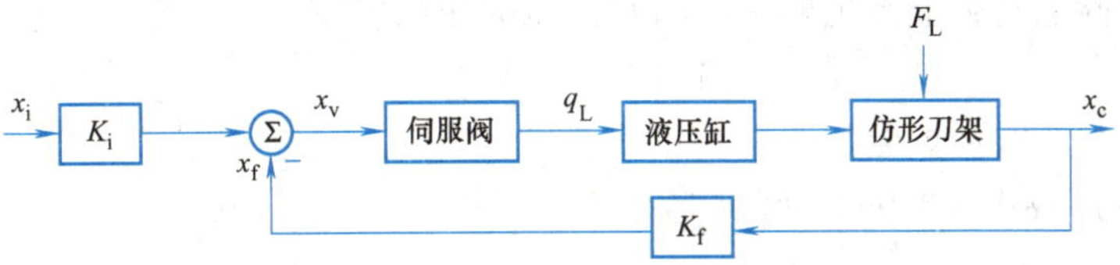

图 7-26　液压仿形刀架框图

三、控制系统性能分析

1. 控制系统数学模型

为了便于分析，图 7-27 给出了液压仿形刀架的等效结构。液压缸上的受力平衡方程为

$$p_L A = m\frac{d^2 x_c}{dt^2} + b\frac{dx_c}{dt} + kx_c + F_L \qquad (7\text{-}94)$$

式中　p_L——负载压力，$p_L = p_1 - p_2$，单位为 Pa；

p_1，p_2——分别是液压缸两腔的工作压力，单位为 Pa；

A——液压缸有效工作面积，单位为 m^2；

b——粘性阻尼系数，单位为 N·s/m；

m——刀架折算到液压缸上的总质量，单位为 kg；

k——刀架的弹簧刚度，单位为 N/m；

F_L——切削力在活塞轴线上的分量，单位为 N；

x_c——液压缸位移，单位为 m。

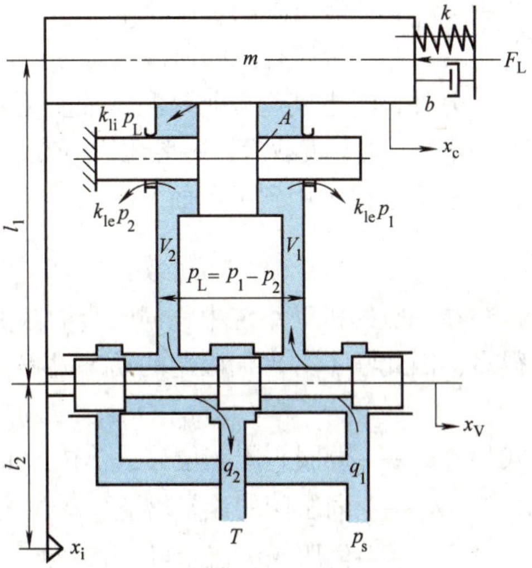

图 7-27　液压仿形刀架简图

上式表明，液压推力用来克服惯性力、粘性阻力、弹性力和切削负载力。

根据液体流动连续性方程，流入、流出某腔体的流量之差等于该腔体体积的变化率与液容引起的体积变化率之和。由此可列出液压缸两个工作腔的流量平衡关系：

油缸左腔
$$k_{li}p_L - k_{le}p_2 - q_2 = \frac{dV_2}{dt} + \frac{V_2}{\beta_e}\frac{dp_2}{dt} \tag{7-95}$$

油缸右腔
$$q_1 - k_{li}p_L - k_{le}p_1 = \frac{dV_1}{dt} + \frac{V_1}{\beta_e}\frac{dp_1}{dt} \tag{7-96}$$

式中 k_{li}，k_{le}——液压缸内、外泄漏系数，单位为 $m^3/(Pa \cdot s)$；

q_1，q_2——流入、流出液压缸两个腔体的流量，单位为 m^3/s；

V_1，V_2——进、回油腔容积（包括连接管路和伺服阀在内），单位为 m^3；

β_e——液压油的体积模量，单位为 Pa。

如果进、回油腔的初始容积为 V_{10} 和 V_{20}，则活塞两腔的容积可以写成

$$\begin{aligned} V_1 &= V_{10} + Ax_c \\ V_2 &= V_{20} - Ax_c \end{aligned} \tag{7-97}$$

为使问题简化，假设活塞处于油缸的中间位置，则有

$$V_{10} = V_{20} = V_0 \tag{7-98}$$

这种假设是可行的。因为在这个位置上液压缸的综合刚性最差，应该在这种最不利的情况下考察系统的性能是否能满足要求。因此，总的压缩容积

$$V = V_1 + V_2 = 2V_0 \tag{7-99}$$

这是一个常数，与活塞位置无关。

用式（7-96）减式（7-95），整理后可得

$$q_L = \frac{q_1 + q_2}{2} = A\frac{dx_c}{dt} + k_1 p_L + \frac{V}{4\beta_e}\frac{dp_L}{dt} \tag{7-100}$$

式中 q_L——液压缸的负载流量；

k_1——液压缸总的泄漏系数 $k_1 = k_{li} + k_{le}/2$。

另外，考虑到伺服阀是配做而且对称的，空载时液压缸两腔压力均为 $p_s/2$（油源压力的一半）。加上负载后，一腔压力升高，另一腔压力降低，升高和降低之值相等，因此在上式的整理过程中用到了下面的关系：

$$\frac{dp_1}{dt} + \frac{dp_2}{dt} = 0 \tag{7-101}$$

在一般的机液系统中，伺服阀的频宽要比其他部件的频宽大得多，因此常不考虑伺服阀的动态过程，其线性化方程为

$$q_L = K_q x_v - K_c p_L \tag{7-102}$$

式中 x_v——伺服阀阀芯位移，单位为 m；

K_q——伺服阀的流量增益，单位为 m^2/s；

K_c——伺服阀的流量-压力系数，单位为 $m^3/(Pa \cdot s)$。

在仿形刀架中，如果不计反馈杠杆的动态特性，x_c，x_i 和 x_v 之间的关系可由图 7-28 求出

$$x_v = K_i x_i - K_f x_c \tag{7-103}$$

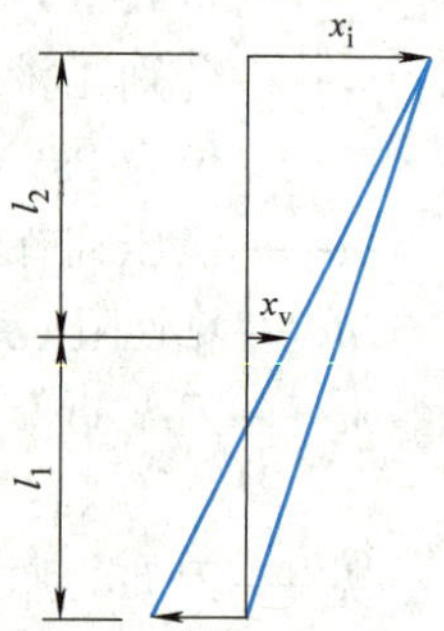

图 7-28 反馈杠杆的几何关系

其中，输入系数 K_i 和反馈系数 K_f 分别为

$$K_i = \frac{l_1}{l_1 + l_2}, \quad K_f = \frac{l_2}{l_1 + l_2} \tag{7-104}$$

l_1，l_2 是相应的杠杆比，$l_1 = l_2$。

液压仿形刀架的结构、工作参数如下：

油源压力	$p_s = 2\text{MPa}$；	刀架等效粘性阻尼系数	$b = 0.06\text{N}\cdot\text{s/m}$；
切削负载力	$F_L = 3850\text{N}$；	刀架等效弹簧刚度	$k = 4\times10^7\text{N/m}$；
输入、反馈系数	$K_i = K_f = 0.5$；	液压缸有效工作面积	$A = 38.5\times10^{-4}\text{m}^2$；
液压油密度	$\rho = 0.86\times10^3\text{kg/m}^3$；	液压缸总泄漏系数	$k_1 = 3\times10^{-15}\text{m}^3/(\text{Pa}\cdot\text{s})$；
液压油动力粘度	$\mu = 1.4\times10^{-2}\text{Pa}\cdot\text{s}$；	活塞最大行程	$x_{\text{cmax}} = 0.11\text{m}$；
液压油体积模量	$\beta_e = 7\times10^8\text{Pa}$；	伺服阀面积梯度	$w = 9.4\times10^{-2}\text{m}$；
刀架运动速度	$v = 0.002\text{m/s}$；	伺服阀流量系数	$C_d = 0.6$；
刀架等效质量	$m = 20\text{kg}$；	伺服阀径向间隙	$C_r = 5\times10^{-6}\text{m}$。

考虑到伺服阀（零开口四边滑阀）工作在零位附近，由上述参数可以计算出

$$V = Ax_{\text{cmax}} = 38.5\times10^{-4}\times0.11\text{m}^3 = 4.235\times10^{-4}\text{m}^3$$

$$K_q = C_d w\sqrt{\frac{p_s}{\rho}} = 0.6\times9.4\times10^{-2}\sqrt{\frac{2\times10^6}{0.86\times10^3}}\text{m}^2/\text{s} = 2.72\text{m}^2/\text{s} \tag{7-105}$$

$$K_c = \frac{\pi w C_r^2}{32\mu} = \frac{\pi\times9.4\times10^{-2}\times25\times10^{-12}}{32\times1.4\times10^{-2}}\text{m}^3/(\text{Pa}\cdot\text{s}) = 1.65\times10^{-11}\text{m}^3/(\text{Pa}\cdot\text{s})$$

K_c 的计算值一般小于实验结果，在此取 $K_c = 2\times10^{-10}\text{m}^3/(\text{Pa}\cdot\text{s})$。把上述结果代入方程式（7-94）、式（7-100）、式（7-102）和式（7-103），整理后得该系统的运动微分方程

$$\dddot{x}_c + 1\,350\,\ddot{x}_c + 7\times10^6\dot{x}_c + 4.4\times10^9 x_c = 1.75\times10^9 x_i - 0.05\,\dot{F}_L - 65F_L \tag{7-106}$$

上式表明液压仿形刀架系统是一个多输入多输出线性定常系统。对它的分析可以应用线性叠加原理，即系统对多个不同输入的响应等于系统对每个输入响应之和。这给分析过程带来很多方便。同时还应注意到，该系统受两种输入的作用——杠杆触销的位移输入是工作信号，负载（包括它的变化率）则是扰动信号。

下面用状态空间方法对上述系统进行分析。

首先建立系统的动态方程（状态方程和输出方程）。按叠加原理，式（7-106）可以写成

$$\dddot{x}_{c1} + 1\,350\,\ddot{x}_{c1} + 7\times10^6\dot{x}_{c1} + 4.4\times10^9 x_{c1} = 1.75\times10^9 x_i \tag{7-107}$$

$$\dddot{x}_{c2} + 1\,350\,\ddot{x}_{c2} + 7\times10^6\dot{x}_{c2} + 4.4\times10^9 x_{c2} = -0.05\,\dot{F}_L - 65F_L \tag{7-108}$$

这两个方程解的代数和就是方程（7-106）的解。

对于式（7-107），选相变量为状态变量，x_{c1} 为相应的输出变量，即

$$x_{11} = x_{c1},\quad x_{12} = \dot{x}_{c1},\quad x_{13} = \ddot{x}_{c1},\quad x_{c1} = y_1 \tag{7-109}$$

则系统的动态方程为

$$\begin{aligned}\dot{\boldsymbol{x}}_1 &= \boldsymbol{A}_1\boldsymbol{x}_1 + \boldsymbol{B}_1 u_1\\ y_1 &= \boldsymbol{C}_1\boldsymbol{x}_1\end{aligned} \tag{7-110}$$

其中

$$\boldsymbol{A}_1 = \begin{pmatrix}0 & 1 & 0\\ 0 & 0 & 1\\ -4.4\times10^9 & -7\times10^6 & -1\,350\end{pmatrix},\ \boldsymbol{B}_1 = \begin{pmatrix}0\\ 0\\ 1.75\times10^9\end{pmatrix},\ \boldsymbol{C}_1 = [1\quad 0\quad 0],\ u_1 = x_i \tag{7-111}$$

式中　$\boldsymbol{x}_1$ 和 y_1——输入变量是 x_i 时的状态向量和输出变量。

方程（7-108）中带有输入变量的导数项，这是所不希望的。为消去 F_L 的导数项，可取状态变量为

$$x_{21}=x_{c2},\ x_{22}=\dot{x}_{c2},\ x_{23}=\ddot{x}_{c2}+0.05F_L,\ x_{c2}=y_2 \tag{7-112}$$

由此可得

$$\begin{aligned}\dot{\boldsymbol{x}}_2&=\boldsymbol{A}_2\boldsymbol{x}_2+\boldsymbol{B}_2u_2\\ y_2&=\boldsymbol{C}_2\boldsymbol{x}_2\end{aligned} \tag{7-113}$$

式中

$$\boldsymbol{A}_2=\begin{pmatrix}0&1&0\\0&0&1\\-4.4\times10^9&-7\times10^6&-1\,350\end{pmatrix},\ \boldsymbol{B}_2=\begin{pmatrix}0\\-0.05\\2.5\end{pmatrix},\ \boldsymbol{C}_2=[1\quad0\quad0],\ u_2=F_L \tag{7-114}$$

由线性叠加原理，式（7-110）和式（7-113）可以写成

$$\begin{aligned}\dot{\boldsymbol{x}}&=\begin{pmatrix}0&1&0\\0&0&1\\-4.4\times10^9&-7\times10^6&-1\,350\end{pmatrix}\boldsymbol{x}+\begin{pmatrix}0&0\\0&-0.05\\1.75\times10^9&2.5\end{pmatrix}\begin{pmatrix}x_i\\F_L\end{pmatrix}\\ y&=[1\quad0\quad0]\boldsymbol{x}\end{aligned} \tag{7-115}$$

式中，$\boldsymbol{x}=\boldsymbol{x}_1+\boldsymbol{x}_2$，$y=y_1+y_2$，并注意到状态变量第三个分量的叠加结果是刀架运动的加速度 $\ddot{x}_c$ 与 $0.05F_L$ 之和。

2. 控制系统性能分析

（1）系统的能控性和能观性　由前知，线性定常系统完全能控和完全能观的充要条件分别为

$$\text{rank}\boldsymbol{M}=\text{rank}[\boldsymbol{B}\quad \boldsymbol{AB}\cdots\boldsymbol{A}^{n-1}\boldsymbol{B}]=n$$

$$\text{rank}\boldsymbol{N}=\text{rank}\begin{pmatrix}\boldsymbol{C}\\\boldsymbol{CA}\\\vdots\\\boldsymbol{CA}^{n-1}\end{pmatrix}=n$$

式中，n 是系统的阶次。

对于式（7-115）所示系统，可调用 MATLAB 语言中的 rank（　）函数求其能控性矩阵和能观性矩阵的秩，即

```
A=[0, 1, 0; 0, 0, 1; -4.4*10^9, -7*10^6, -1350];
B=[0, 0; 0, -0.05; 1.75*10^9, 2.5]; C=[1, 0, 0]; D=[0];
rM=rank([B; A*B; A*A*B])
rN=rank([C; C*A; C*A*A]')
```

则得 rM = rN = n = 3。仿形刀架机液伺服系统是完全能控和完全能观的。

（2）稳定性、稳态精度与响应速度　在状态空间法分析中，利亚普诺夫稳定性理论是系统稳定性分析的基本方法，不仅如此，该方法还被广泛用于控制器、观测器和滤波器等动力学过程。对稳态精度与响应速度，这两项性能通常反映在泛函性能指标的组成上。由于这

些问题涉及较多相关理论，这里不做深入讨论。下面求出仿形刀架系统的时域响应，由此可以看出系统的上述性能。

在 MATLAB 语言中，面向状态方程的 SIMULINK 仿真模型如图 7-29 所示。这是一个有两个输入信号和一个输出信号的多变量控制系统。图 7-30 给出了该系统状态变量的单位阶跃响应（图 7-30a，b，c）和输出变量的正弦响应（图 7-30d）。从这些响应曲线可以看出，仿形刀架系统是稳定的，有较高的响应速度，并能以一定的稳态精度

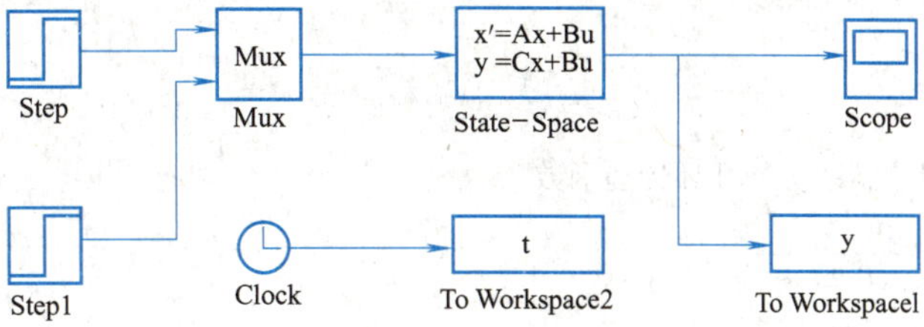

图 7-29　仿真模型

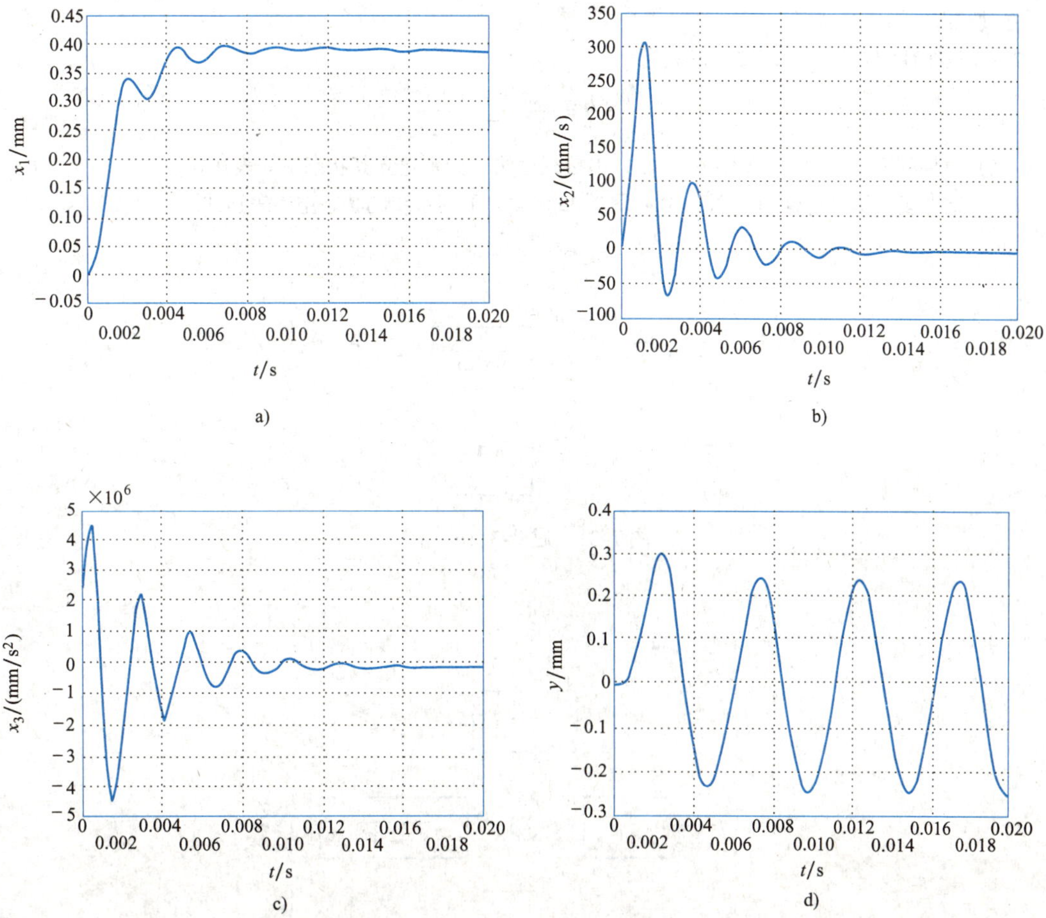

图 7-30　仿真曲线

跟踪阶跃输入，但过渡过程波动较大。仿真过程表明，粘性阻尼系数 b、液压缸的总泄漏系数 k_1 以及负载 F_L 的影响很小，可以忽略不计。刀架弹性的作用应该考虑。当然，系统中一些参数的选择不一定合适，计算结果只能定性说明一些问题，最终结论应该实验验证。

同所有科学方法一样，状态空间分析法也有它的局限性。在表达系统性能和结构参数的对应关系方面，状态空间方法不如经典的频域方法直观。因为状态方程中的系数是很多系统参数的组合数，这些系数和响应曲线特征的对应关系是不直观的。因此，很难确定调整哪些环节能够改善相应的系统性能。

习　题

7-1　已知单位反馈控制系统的开环传递函数为

1）$G(s)=\dfrac{10}{(0.1s+1)(0.5s+1)}$

2）$G(s)=\dfrac{7(s+3)}{s(s+4)(s^2+2s+2)}$

3）$G(s)=\dfrac{8(0.5s+1)}{s^2(0.2s+1)}$

试建立其状态空间表达式。

7-2　设线性定常系统闭环传递函数为

$$\frac{Y(s)}{U(s)}=\frac{s^2+3s+2}{s(s^2+7s+12)}$$

试按：1）直接程序法，2）并接程序法，3）串接程序法，分别建立其状态空间表达式。

7-3　试直接利用系统框图（图7-31～图7-33）建立下列系统的状态空间表达式：

1）

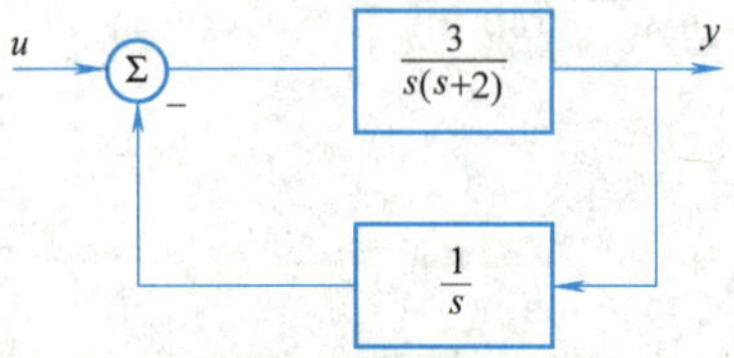

图7-31　题7-3（1）图

2）

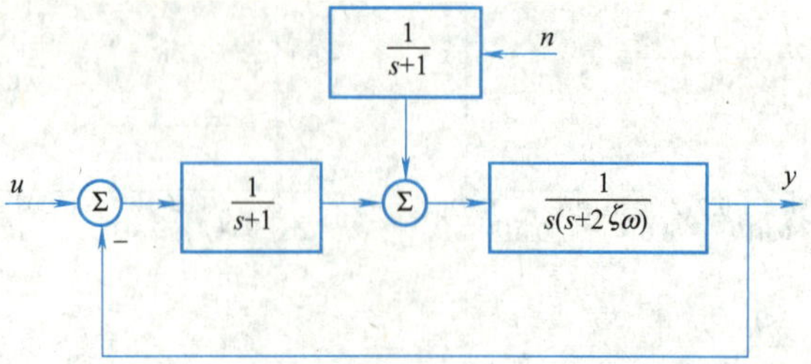

图7-32　题7-3（2）图

3）

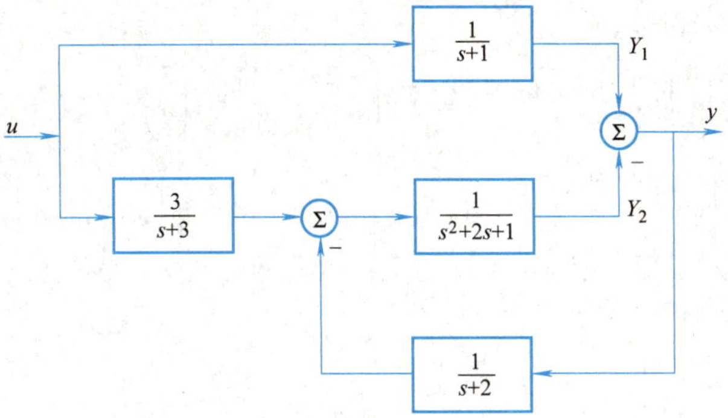

图 7-33　题 7-3（3）图

7-4　试求下列矩阵的 e^{At}

1）$A=\begin{pmatrix}0&1\\0&-2\end{pmatrix}$;　　2）$A=\begin{pmatrix}0&-2\\1&-3\end{pmatrix}$

3）$A=\begin{pmatrix}0&1\\-2&-3\end{pmatrix}$;　　4）$A=\begin{pmatrix}1&-1&0\\-1&1&0\\0&0&1\end{pmatrix}$

5）$A=\begin{pmatrix}0&1&0\\0&0&1\\1&-3&3\end{pmatrix}$;　　6）$A=\begin{pmatrix}2&2&1\\1&3&1\\1&2&2\end{pmatrix}$

7-5　已知线性定常系统

$$\dot{x}=\begin{pmatrix}0&-2\\1&-3\end{pmatrix}x+\begin{pmatrix}1\\1\end{pmatrix}u,\quad x(0)=\begin{pmatrix}1\\1\end{pmatrix}$$

试求当 $u=0$ 时的状态响应。

7-6　试求下列线性定常系统状态方程（$u(t)=1(t)$）的解

1）$\dot{x}=\begin{pmatrix}0&0\\-1&-2\end{pmatrix}x+\begin{pmatrix}0\\1\end{pmatrix}u$

2）$\dot{x}=\begin{pmatrix}0&1\\-2&-3\end{pmatrix}x+\begin{pmatrix}0\\1\end{pmatrix}u$

3）$\dot{x}=\begin{pmatrix}0&1&0\\0&0&1\\0&1&0\end{pmatrix}x+\begin{pmatrix}0\\0\\1\end{pmatrix}u$

7-7　试求下列系统

1）$\dot{x}=\begin{pmatrix}0&1\\0&0\end{pmatrix}x+\begin{pmatrix}0\\1\end{pmatrix}u,\qquad x(0)=\begin{pmatrix}1\\1\end{pmatrix}$

2）$\dot{x}=\begin{pmatrix}-12&\frac{2}{3}\\-36&-1\end{pmatrix}x+\begin{pmatrix}\frac{1}{3}\\1\end{pmatrix}u,\qquad x(0)=\begin{pmatrix}2\\1\end{pmatrix}$

当 $u(t)=1(t)$ 时状态方程的解

7-8　设线性定常系统的状态空间表达式为

$$\dot{x}=\begin{pmatrix}-1&-0.5\\1&0\end{pmatrix}x+\begin{pmatrix}0.5\\0\end{pmatrix}u,\qquad x(0)=\begin{pmatrix}0\\0\end{pmatrix},\qquad y=[1\quad 0]x$$

试求当 $u(t)=1(t)$ 时的系统输出响应。

7-9 试判定下列系统能控性

1) $\dot{x}=\begin{pmatrix}1 & 1\\ 0 & -1\end{pmatrix}x+\begin{pmatrix}0\\ 1\end{pmatrix}u$; 2) $\dot{x}=\begin{pmatrix}-2 & 0\\ 0 & -4\end{pmatrix}x+\begin{pmatrix}5\\ 2\end{pmatrix}u$

3) $\dot{x}=\begin{pmatrix}6 & 0 & 0\\ 0 & -4 & 0\\ 0 & 0 & 2\end{pmatrix}x+\begin{pmatrix}3 & 0\\ 0 & 2\\ 1 & 1\end{pmatrix}u$; 4) $\dot{x}=\begin{pmatrix}-2 & 1 & 0\\ 0 & -2 & 0\\ 0 & 0 & -3\end{pmatrix}x+\begin{pmatrix}3 & 4\\ 0 & 0\\ 5 & 0\end{pmatrix}u$

7-10 试判别下列系统的能观性

1) $\dot{x}=\begin{pmatrix}-4 & 0\\ 0 & -6\end{pmatrix}x+\begin{pmatrix}0\\ 1\end{pmatrix}u$, $y=[2\quad 5]\ x$

2) $\dot{x}=\begin{pmatrix}6 & 0 & 0\\ 0 & -4 & 0\\ 0 & 0 & 2\end{pmatrix}x+\begin{pmatrix}0\\ 0\\ 3\end{pmatrix}u$, $y=\begin{pmatrix}3 & 0 & 1\\ 0 & 2 & 0\end{pmatrix}x$

3) $\dot{x}=\begin{pmatrix}0 & 1 & 0\\ 0 & 0 & 1\\ -6 & -11 & -6\end{pmatrix}x+\begin{pmatrix}0\\ 0\\ 1\end{pmatrix}u$, $y=[4\quad 5\quad 1]\ x$

4) $\dot{x}=\begin{pmatrix}3 & 1 & 0\\ 0 & 3 & 1\\ 0 & 0 & 3\end{pmatrix}x+\begin{pmatrix}0\\ 0\\ 2\end{pmatrix}u$, $y=\begin{pmatrix}0 & 4 & 2\\ 0 & 3 & 1\end{pmatrix}x$

7-11 已知系统的状态方程为

$$\dot{x}=\begin{pmatrix}1 & -2\\ 3 & 4\end{pmatrix}x+\begin{pmatrix}1\\ 1\end{pmatrix}u$$

试判别系统能控性并将其状态方程转换成能控规范型。

7-12 已知系统状态空间表达式为

$$\dot{x}=\begin{pmatrix}1 & -1\\ 1 & 1\end{pmatrix}x+\begin{pmatrix}2\\ 1\end{pmatrix}u,\quad y=[-1\quad 1]x$$

试判别系统能观性并将其状态方程转换成能观规范型。

7-13 已知系统的状态方程为

$$\dot{x}=\begin{pmatrix}-1 & 2\\ 3 & -4\end{pmatrix}x$$

试求系统的平衡状态，并判别平衡状态的稳定性。

7-14 考虑由

$$\dot{x}=Ax$$

描述的系统，式中

$$A=\begin{pmatrix}0 & 1\\ -1 & -2\end{pmatrix}$$

试确定平衡状态 $x=0$ 的稳定性。

7-15 试确定下列系统平衡状态的稳定性

$$\begin{pmatrix}\dot{x}_1\\ \dot{x}_2\end{pmatrix}=\begin{pmatrix}-2 & -1-\mathrm{j}\\ -1+\mathrm{j} & -3\end{pmatrix}\begin{pmatrix}x_1\\ x_2\end{pmatrix}$$

7-16　考虑下式定义的系统

$$\dot{x} = Ax + Bu$$
$$y = Cx$$

式中

$$A = \begin{pmatrix} 0 & 1 \\ -2 & -3 \end{pmatrix},\ B = \begin{pmatrix} 0 \\ 2 \end{pmatrix},\ C = [1 \quad 0]$$

该系统的特征方程为

$$|\lambda I - A| = \begin{vmatrix} \lambda & -1 \\ 2 & \lambda+3 \end{vmatrix} = \lambda^2 + 3\lambda + 2 = (\lambda+1)(\lambda+2) = 0$$

矩阵 A 的特征值为 -1 和 -2。

采用状态反馈控制 $u = -Kx$，使期望特征值为 -3 和 -5，试确定必需的反馈增益矩阵 K 和控制信号 u。

7-17　线性定常系统状态方程为

$$\dot{x} = \begin{pmatrix} 1 & 1 \\ 0 & 1 \end{pmatrix} x + \begin{pmatrix} 1 \\ 1 \end{pmatrix} u$$

试求状态反馈矩阵 K，使闭环极点为 $p_1 = -2$，$p_2 = -3$。

7-18　线性定常系统的传递函数为

$$\frac{Y(s)}{U(s)} = \frac{10}{s(s+1)(s+2)}$$

试确定状态反馈矩阵 K（规范型），以使闭环系统的极点配置在 $p_1 = -2$，$p_{2,3} = -1 \pm j$ 位置上。

7-19　线性定常系统的传递函数为

$$\frac{Y(s)}{U(s)} = \frac{1}{s(s+6)}$$

试用状态反馈构成闭环系统，并计算当状态反馈系统具有阻尼比 $\zeta = \frac{1}{\sqrt{2}}$，及无阻尼固有频率 $\omega_n = 35\sqrt{2}\text{rad/s}$ 时的状态反馈矩阵 K（规范型）。

7-20　调节器系统具有如下调节对象的传递函数

$$\frac{Y(s)}{U(s)} = \frac{10}{(s+1)(s+2)(s+3)}$$

定义状态变量

$$x_1 = y,\ x_2 = \dot{x}_1,\ x_3 = \dot{x}_2$$

利用状态反馈控制 $u = -Kx$，希望把闭环极点配置到

$$p_1 = -2 + j2\sqrt{3},\qquad p_2 = -2 - j2\sqrt{3},\qquad p_3 = -10$$

试用 MATLAB 求所需的状态反馈矩阵 K。

7-21　在大功率高性能的摩托车中，常采用图 7-34 所示的弹簧-质量-阻尼器系统作为减振器。已知减振器的质量 $m = 1\text{kg}$，摩擦因数 $f = 9\text{kg}\cdot\text{m}\cdot\text{s}$，弹簧刚度 $k = 20\text{kg/m}$，$u(t)$ 为力输入，$y(t)$ 为位移输出。试完成：

1）选择状态变量 $x_1 = y$，$x_2 = \dot{y}$，列写系统的状态空间表达式。

2）计算系统的特征值及状态转移矩阵 $\boldsymbol{\Phi}(t)$。

3）若初始条件 $y(0) = 1$，$\dot{y}(0) = 2$，在 $0 \leqslant t \leqslant 2\text{s}$ 范围内，绘制系统零输入响应 $y(t)$ 及 $\dot{y}(t)$。

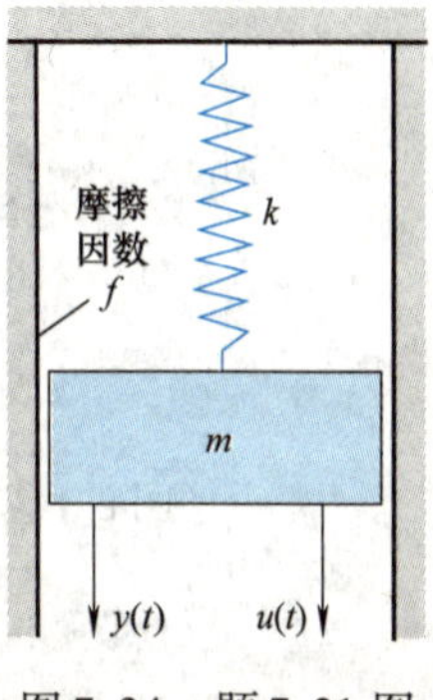

图 7-34　题 7-21 图

第八章　线性离散系统的分析与设计

第一节　离散系统概述

随着大规模集成电路和计算机技术的迅速发展，单片机以其低廉的价格和可靠的性能，使得计算机作为控制器在控制系统中的应用不断扩大。这种用计算机控制的系统是一类离散系统，它与前面所述的连续系统之间的根本区别在于：连续系统中的控制信号、反馈信号以及偏差信号都是连续的时间函数；而在离散系统中，控制信号是离散的时间函数 $r^*(t)$，所以取自控制系统输出端的负反馈信号在和上述离散控制信号进行比较时，也需要采用离散的时间函数 $b^*(t)$，于是比较后得到的偏差信号也将是离散时间函数 $\varepsilon^*(t)$，即

$$\varepsilon^*(t) = r^*(t) - b^*(t) \tag{8-1}$$

因此，在离散系统中，通过控制器对被控制对象进行控制的直接作用信号乃是离散的偏差信号 $\varepsilon^*(t)$。上述离散系统的框图如图 8-1 所示。

在图 8-1 中，离散的反馈信号 $b^*(t)$ 是由连续的时间函数 $b(t)$ 通过采样开关的采样而获得的。采样开关经一定时间 T_0 重复闭合，每次闭合时间为 h，且有 $h < T_0$，如图 8-2 所示。

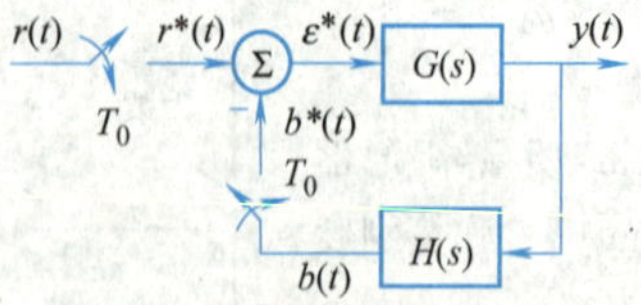

图 8-1　离散系统框图

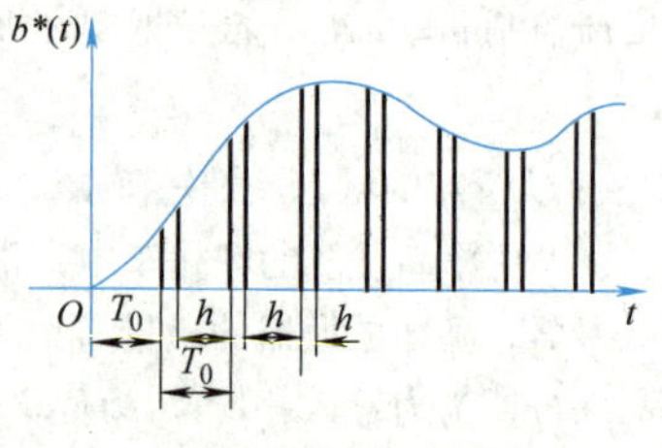

图 8-2　时间序列

在离散系统中，采样开关重复闭合的时间间隔 T_0 称为采样周期，而

$$f_s = \frac{1}{T_0} \tag{8-2}$$

及

$$\omega_s = \frac{2\pi}{T_0} \tag{8-3}$$

分别称为采样频率及采样角频率。采样开关用符号$\underset{T_0}{-\!/\!-}$来表示。连续时间函数经采样开关采样后变成重复周期等于采样周期的时间序列。该时间序列在连续时间函数上打＊号来表示，如图 8-2 所示。这种时间序列属于离散时间函数。

在图 8-1 中，两个采样开关的动作一般是同步的，因此，图 8-1 所示的离散系统框图可等效地简化成图 8-3。

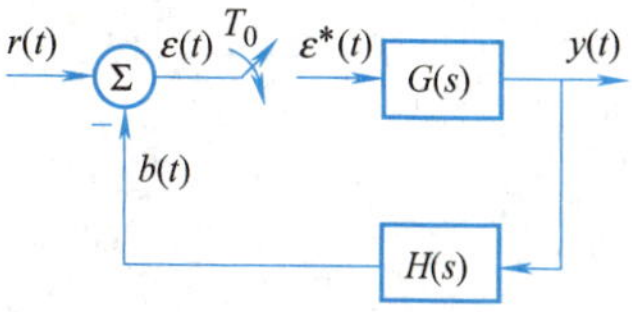

图 8-3　离散系统等效框图

下面举例说明离散控制系统的应用。

用计算机控制的系统是一种离散的控制系统，它包括工作于离散状态的计算机和具有连续工作状态的被控制对象两大部分，其框图如图 8-4 所示。图中，$D(z)$ 为用于控制目的的数字计算机，它构成控制系统的数字部分，通过这部分的信号均以离散形式出现。$G_0(s)$ 是系统的固有部分，它构成连续部分的主要成分。D/A、A/D 分别为数-模及模-数转换器。

图 8-4 所示的控制系统中，连续的被控制信号 $y(t)$ 经 $H(s)$ 由 A/D 转换成数字量 $b^*(t)$ 反馈到计算机与数字的控制信号 $r^*(t)$ 相比较，从而得到离散的偏差信号 $\varepsilon^*(t)$，即

$$\varepsilon^*(t)=r^*(t)-b^*(t)$$

离散的偏差信号 $\varepsilon^*(t)$ 经计算机处理后变换成数字信号 $u^*(t)$，$u^*(t)$ 再经 D/A 转换为连续信号 $u(t)$，馈送到连续部分的执行元件上去控制被控信号 $y(t)$。

由于图 8-4 所示控制系统中的采样开关是同步动作的，因此该系统的框图同样可以简化，简化后的框图如图 8-5 所示。

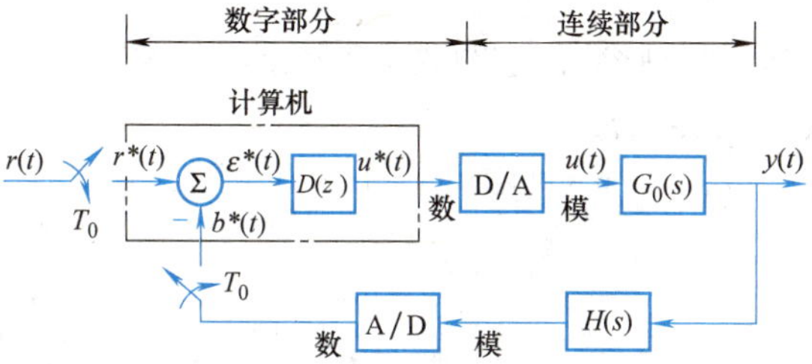

图 8-4　计算机控制系统框图

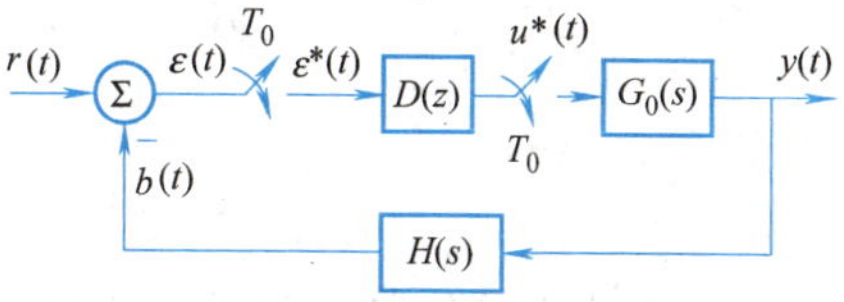

图 8-5　计算机控制系统等效框图

第二节　信号的采样与复现

一、信号采样

为了获取离散信号，在离散系统中必须有采样开关存在。在图 8-3 所示系统中，连续信号 $\varepsilon(t)$ 经采样开关后变成离散信号 $\varepsilon^*(t)$。$\varepsilon^*(t)$ 是周期为 T_0、持续时间为 h 的脉冲式时间序列（以下简称脉冲序列），如图 8-6a 所示。把连续信号变换成脉冲序列的过程称为采样过程。当脉冲序列的脉冲持续时间 h 极短，且在该时间间隔内连续信号 $\varepsilon(t)$ 变化甚微时，离散信号 $\varepsilon^*(t)$ 可用另一离散信号$\bar{\varepsilon}^*(t)$（图 8-6b）来近似，即

$$\bar{\varepsilon}^*(t)\approx\varepsilon^*(t) \tag{8-4}$$

从图 8-6b 可写出脉冲序列$\bar{\varepsilon}^*(t)$ 的表达式为

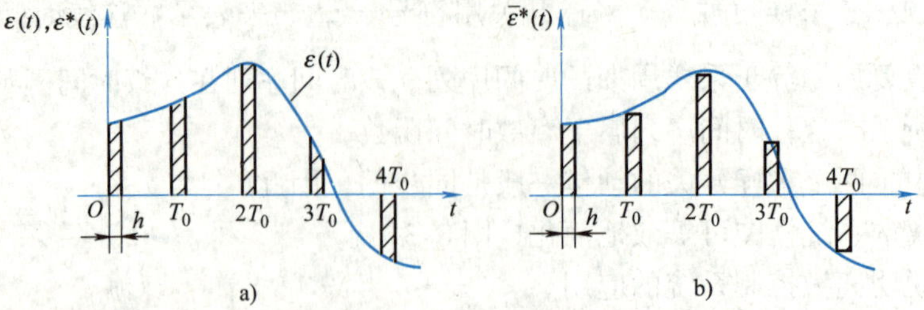

图8-6 信号采样过程

$$\bar{\varepsilon}^*(t) = \varepsilon(0)[1(t) - 1(t-h)] + \varepsilon(T_0)[1(t-T_0) - 1(t-T_0-h)] + \cdots$$
$$+ \varepsilon(nT_0)[1(t-nT_0) - 1(t-nT_0-h)] + \cdots$$
$$= \sum_{n=0}^{+\infty} \varepsilon(nT_0)[1(t-nT_0) - 1(t-nT_0-h)] \tag{8-5}$$

式中，$1(t-nT_0)-1(t-nT_0-h)$ 表示一个发生在 nT_0 时刻上宽度为 h、高度为1，即面积为 h 的方块波。

若上述方块波的持续时间 h 远小于采样周期 T_0，也远小于处于采样开关后面的低通滤波器（如离散系统中的连续部分）的时间常数，则在实际分析中，可近似地认为 h 趋近于零。在这种情况下，方波序列可以近似地用宽度为无穷小、幅度为无穷大、面积为1的理想单位脉冲序列来描述，即

$$\sum_{n=-\infty}^{+\infty} [1(t-nT_0) - 1(t-nT_0-h)] \approx \sum_{n=-\infty}^{+\infty} \delta(t-nT_0) \quad (h \to 0) \tag{8-6}$$

式中 $\delta(t-nT_0)$ 表示发生在 $t=nT_0$ 时刻上的理想单位脉冲，它的数学表达式可定义为

$$\delta(t-nT_0) \overset{\text{def}}{=\!=} \begin{cases} \infty & (t = nT_0) \\ 0 & (t \neq nT_0) \end{cases}$$
$$\int_{-\infty}^{+\infty} \delta(t-nT_0)\,\mathrm{d}t = 1 \tag{8-7}$$

式中 T_0——理想单位脉冲的重复周期。

将式（8-6）代入式（8-5），并考虑到实际系统的物理可实现性，即当 $n<0$ 时，$\varepsilon(nT_0)=0$，得

$$\bar{\varepsilon}^*(t) = \sum_{n=-\infty}^{+\infty} \varepsilon(nT_0)\delta(t-nT_0)$$

根据式（8-4），上式还可写成

$$\varepsilon^*(t) = \sum_{n=-\infty}^{+\infty} \varepsilon(nT_0)\delta(t-nT_0) \tag{8-8}$$

式（8-8）表明，离散的偏差信号 $\varepsilon^*(t)$ 由一系列脉冲组成，在数学上表示为两个函数的乘积，其中单位脉冲函数的面积为1，它不能表示采样脉冲的面积（或强度），只表示脉冲发生的时刻 $nT_0(-\infty \leqslant n \leqslant +\infty)$，而采样脉冲的面积（或强度）则由在采样时刻 nT_0 时的函数值 $\varepsilon(nT_0)$ 来确定。

考虑到式（8-7），式（8-8）还可改写成

$$\varepsilon^*(t)=\varepsilon(t)\sum_{n=-\infty}^{+\infty}\delta(t-nT_0)$$

上式说明，离散系统中的采样过程从物理意义上可理解为脉冲调制过程。在这里，采样开关起着理想脉冲发生器的作用，通过它将连续信号 $\varepsilon(t)$ 调制成脉冲序列 $\varepsilon^*(t)$。

二、采样定理

采样定理（Shannon 定理）给出了从采样的离散信号恢复到原连续信号所必需的最低采样频率，所以它在设计和控制离散系统时是很重要的。

设连续信号 $\varepsilon(t)$ 具有如图 8-7 所示的频谱。

从图 8-7 可见，$\varepsilon(t)$ 不包含任何大于 ω_{max} 的频率分量。因此，如果采样频率 $\omega_s=2\pi/T_0$ 大于或等于 $2\omega_{max}$，则采样的离散信号 $\varepsilon^*(t)$ 能无失真地恢复到原连续信号 $\varepsilon(t)$。这就是采样定理。

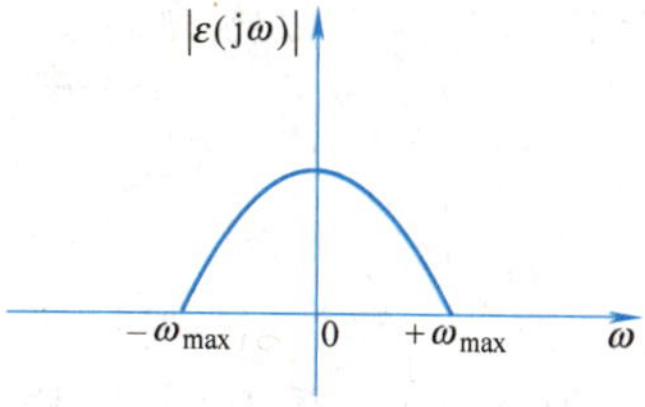

图 8-7　$\varepsilon(t)$ 的频谱

下面对采样定理作简要的说明。

由采样过程知，连续信号 $\varepsilon(t)$ 经采样后调制成离散信号 $\varepsilon^*(t)$，即

$$\varepsilon^*(t)=\varepsilon(t)\sum_{n=-\infty}^{+\infty}\delta(t-nT_0) \tag{8-9}$$

式中 $\sum_{n=-\infty}^{+\infty}\delta(t-nT_0)$ 是以 T_0 为周期的整个时间轴上的周期函数，故可以展开成复数形式的傅氏级数，即

$$\sum_{n=-\infty}^{+\infty}\delta(t-nT_0)=\sum_{n=-\infty}^{+\infty}A_n e^{jn\omega_s t} \tag{8-10}$$

其中 $\omega_s=2\pi/T_0$ 为采样角频率，A_n 为傅氏系数，可从下式求得

$$\begin{aligned}A_n&=\frac{1}{T_0}\int_{-\frac{T_0}{2}}^{\frac{T_0}{2}}\sum_{n=-\infty}^{+\infty}\delta(t-nT_0)e^{-jn\omega_s t}dt=\frac{1}{T_0}\int_{-\frac{T_0}{2}}^{\frac{T_0}{2}}\delta(t)e^{-jn\omega_s t}dt\\&=\frac{1}{T_0}\int_{-\infty}^{+\infty}\delta(t)e^{-jn\omega_s t}dt=\frac{1}{T_0}e^{jn\omega_s t}\bigg|_{t=0}=\frac{1}{T_0}\end{aligned} \tag{8-11}$$

于是式（8-10）变为

$$\sum_{n=-\infty}^{+\infty}\delta(t-nT_0)=\frac{1}{T_0}\sum_{n=-\infty}^{+\infty}e^{jn\omega_s t} \tag{8-12}$$

将式（8-12）代入式（8-9）得

$$\varepsilon^*(t)=\frac{1}{T_0}\sum_{n=-\infty}^{+\infty}\varepsilon(t)e^{jn\omega_s t} \tag{8-13}$$

对式（8-13）进行拉氏变换得

$$\mathcal{E}^*(s)=\frac{1}{T_0}\sum_{n=-\infty}^{+\infty}\mathcal{E}(s+jn\omega_s) \tag{8-14}$$

通常 $\mathcal{E}^*(s)$ 的全部极点均位于［s］平面的左半平面，因此，用 $j\omega$ 代替 s 可直接求得离散信号 $\varepsilon^*(t)$ 的傅氏变换，即

$$\mathcal{E}^*(j\omega)=\frac{1}{T_0}\sum_{n=-\infty}^{+\infty}\mathcal{E}[j(\omega+n\omega_s)] \tag{8-15}$$

根据式（8-15）可绘出离散信号 $\varepsilon^*(t)$ 的频谱 $|\mathcal{E}^*(j\omega)|$。一般说来，连续信号 $\varepsilon(t)$

的频谱是孤立的，其带宽是有限的，即上限频率为有限值 ω_{max}（如图 8-7 所示）。而离散信号 $\varepsilon^*(t)$ 则具有以采样频率 ω_s 为周期的无穷多个频谱，如图 8-8 所示。

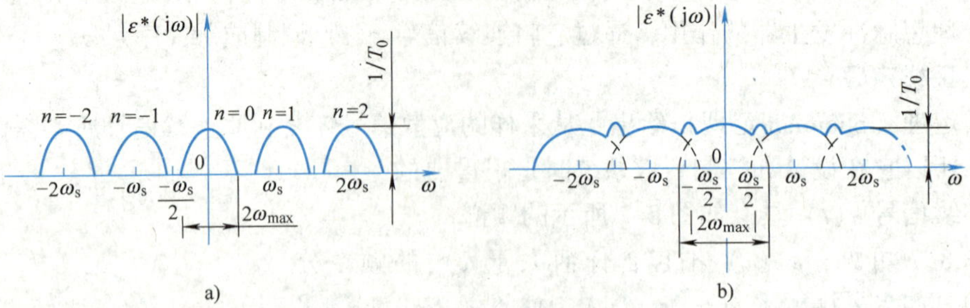

图 8-8 $\varepsilon^*(t)$ 的频谱

从图 8-8a 可见，当采样频率 ω_s 大于连续频率所含最高频率 ω_{max} 的两倍，即 $\omega_s>2\omega_{max}$ 时，离散信号 $\varepsilon^*(t)$ 的频谱 $|\varepsilon^*(j\omega)|$ 是由无穷多个孤立频谱组成的离散频谱，其中与 $n=0$ 对应的便是采样前原连续信号 $\varepsilon(t)$ 的频谱，只是幅度为原来的 $1/T_0$ 倍，其他与 $|n|\geqslant1$ 对应的各项频谱，都是由于采样而产生的高频频谱。对于图 8-8b 中 $\omega_s<2\omega_{max}$ 的情况来说，离散信号 $\varepsilon^*(t)$ 的频谱 $|\varepsilon^*(j\omega)|$ 不再由孤立谱构成，而是一种与原连续信号 $\varepsilon(t)$ 的频谱 $|\varepsilon(j\omega)|$ 毫不相似的连续谱。从图 8-8 可以明显地看到，为使与 $n=0$ 项对应的原连续信号频谱不发生畸变，须使采样频率 ω_s 足够高，以拉开各项频谱之间的距离，使其彼此之间不相互重叠。由图 8-8a 看出，相邻两频谱不相互重叠的条件是

$$\omega_s\geqslant2\omega_{max} \tag{8-16}$$

因此，采样定理得证。

式（8-16）表明，如果采样周期 $T_0\leqslant\dfrac{\pi}{\omega_{max}}$，当把采样后的离散信号 $\varepsilon^*(t)$ 加至具有图 8-9 所示的理想滤波特性的低通滤波器，则在滤波器输出端得到的频谱将准确地等于连续信号频谱 $|\varepsilon(j\omega)|$ 的 $1/T_0$ 倍。在这种情况下，再经过放大器对 $1/T_0$ 的补偿，便可无失真地将原连续信号完整地提取出来。

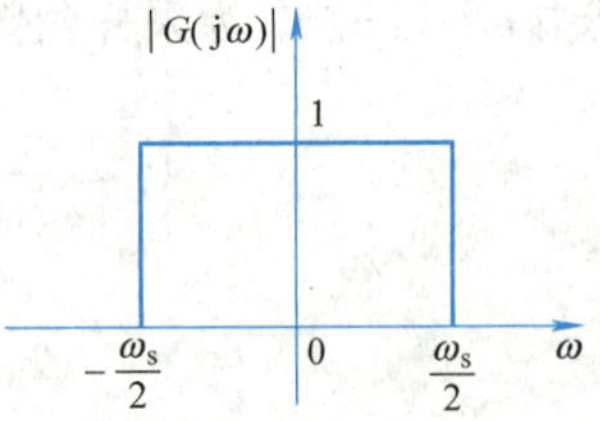

图 8-9 理想滤波器的特性

三、信号复现

依据采样定理，当采样频率高于或等于连续信号频谱中所含最高频率的两倍时，连续信号 $\varepsilon(t)$ 经采样开关采样后，在离散信号 $\varepsilon^*(t)$ 的频谱中除包含与连续信号频谱 $|\varepsilon(j\omega)|$ 对应的主要分量外，还有无穷多个附加的辅助分量（图 8-8a）。这些辅助分量在系统中相当于扰动信号，将起干扰的作用，它们会在被控制信号中引起额外的反应而产生误差。因此，希望将上述离散频谱中的辅助分量在到达系统输出端之前能全部滤掉。

在离散系统中，起上述滤波作用的可以是线性连续部分自身的低通滤波特性，或者是附加的低通滤波器。具有图 8-9 所示锐截止特性的理想滤波器，便能保留离散频谱中的主要分量而去除辅助分量，从离散信号 $\varepsilon^*(t)$ 中无失真地复现原连续信号 $\varepsilon(t)$。

具有图 8-9 所示锐截止特性的理想滤波器实际上是不存在的。因此，必须找出特性与理想滤波器相近的实际滤波器。广泛应用于离散系统中的保持器代表这样一类的实际滤波器。

保持器分为零阶、一阶、二阶保持器，它们分别具有常值、线性、二次函数型外推规律的特性。保持器在离散系统中的位置应处在采样开关之后，如图 8-10 所示。

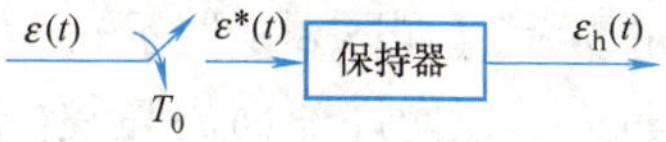

图 8-10 保持器在系统中的位置

如前所述，零阶保持器是一种按常值规律外推的保持器。它把前一个采样时刻 nT_0 的采样值 $\varepsilon(nT_0)$ 不增不减地保持到下一个采样时刻 $(n+1)T_0$。当下一个采样时刻 $(n+1)T_0$ 到来时应换新的采样值 $\varepsilon[(n+1)T_0]$ 继续外推。也就是说，nT_0 时刻的采样值只能保持一个采样周期 T_0，到下一采样时刻到来时应立即停止作用，下降到零。因此，零阶保持器的时域特性 $g_h(t)$ 如图 8-11a 所示。它是高度为 1、宽度为 T_0 的方波。高度等于 1，说明采样值经过保持器既不放大，也不衰减；宽度等于 T_0，说明零阶保持器对采样值只能不增不减地保存一个采样周期。

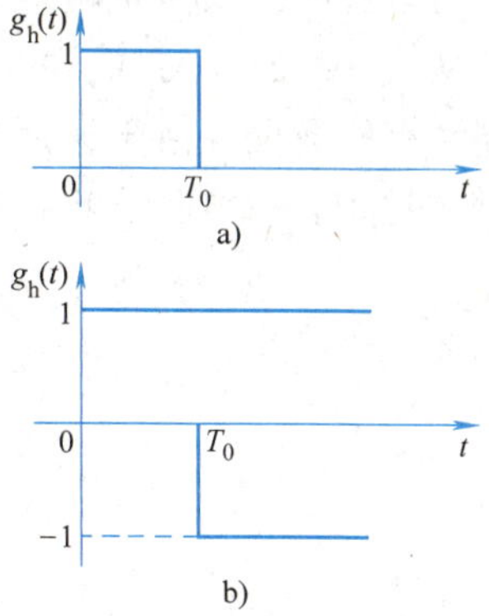

图 8-11 零阶保持器的时域特性

图 8-11a 所示的 $g_h(t)$ 可以分解成两个阶跃函数之和（图 8-11b）。根据图 8-11b 可写出零阶保持器的数学模型如下：

$$g_h(t)=1(t)-1(t-T_0) \tag{8-17}$$

由式（8-17）求得零阶保持器的传递函数为

$$G_h(s)=\frac{1-e^{-T_0 s}}{s} \tag{8-18}$$

以 $j\omega$ 代式（8-18）中的 s，得到零阶保持器的频率特性，即

$$G_h(j\omega)=\frac{1-e^{-j\omega T_0}}{j\omega} \tag{8-19}$$

或写成

$$G_h(j\omega)=|G_h(j\omega)|\angle G_h(j\omega)$$

式中 $|G_h(j\omega)|$——零阶保持器的幅频特性；

$\angle G_h(j\omega)$——零阶保持器的相频特性。

它们与频率 ω 的关系分别为

$$|G_h(j\omega)|=\frac{|1-e^{-j\omega T_0}|}{|j\omega|}=\left|\frac{\sin\omega T_0}{\omega}-j\frac{1-\cos\omega T_0}{\omega}\right|$$

$$=\frac{1}{\omega}\sqrt{2-2\cos\omega T_0}=T_0\frac{\sin\frac{\omega T_0}{2}}{\frac{\omega T_0}{2}} \tag{8-20}$$

$$\angle G_h(j\omega)=-\arctan\frac{\frac{1-\cos\omega T_0}{\omega}}{\frac{\sin\omega T_0}{\omega}}=-\frac{\omega T_0}{2} \tag{8-21}$$

从式（8-20）可见，零阶保持器的幅值随频率 ω 的增大而衰减，而且频率越高，衰减越烈（图 8-12），具有明显的低通滤波特性。但零阶保持器的频谱不像理想滤波器只有一个

截止频率（如图 8-9 所示），而具有无穷多个，所以零阶保持器除允许离散频谱的主要分量通过外，还允许辅助的高频分量部分地通过。因此，由零阶保持器复现的连续信号 $\varepsilon_h(t)$ 与原连续信号 $\varepsilon(t)$ 是有些差别的。主要表现为在 $\varepsilon_h(t)$ 中含有高频分量。另外，如图 8-13 所示，由零阶保持器复现的信号 $\varepsilon_h(t)$ 具有阶梯形状，从而形成 $\varepsilon_h(t)$ 与 $\varepsilon(t)$ 之间的差异。可以看出，采样周期 T_0 取得越小，上述差异也越小。

从式（8-21）可知，零阶保持器在离散系统中将引进附加的相位迟后，这将使系统的稳定性有所降低。由于迟后相移的存在，经零阶保持器复现的信号 $\varepsilon_h(t)$ 比原连续信号 $\varepsilon(t)$ 在时间上平均迟后半个采样周期，即 $T_0/2$，如图 8-13 所示。

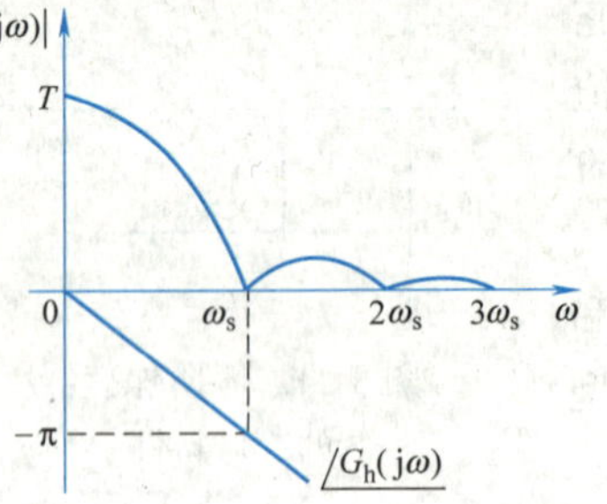

图 8-12　零阶保持器的频域特性

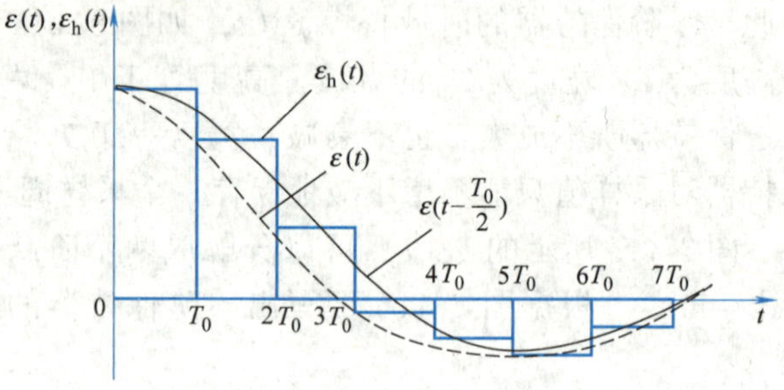

图 8-13　由零阶保持器复现的信号

各阶保持器都有在相位上产生迟后的现象。在各阶保持器中，零阶保持器具有最小的相位迟后，这是在闭环离散系统中，经常采用零阶保持器的主要原因之一。除此之外，零阶保持器自身也较简单，易于实现。由于离散系统中的连续部分一般具有低通滤波特性，通过零阶保持器的高频分量绝大部分将被这种低通滤波特性所抑制，所以这些高频分量对系统被控信号的影响并不大。因此，在离散系统中采用零阶保持器来复现离散信号通常已足够精确。这里对高阶保持器不再介绍。

第三节　Z 变换与 Z 反变换

线性连续系统的性能由线性微分方程来描述，并可应用拉氏变换法分析其稳态和动态特性。与此类似，线性离散系统的性能可由线性差分方程来描述，同样可应用 Z 变换方法分析其稳态和动态特性。Z 变换法可视为拉氏变换法的一种变形，它可由拉氏变换引出。

一、Z 变换

设连续时间函数 $x(t)$ 的拉氏变换为 $X(s)$。连续时间函数 $x(t)$ 经采样周期为 T_0 的采样开关后，变成离散时间函数 $x^*(t)$（参见式（8-8）），即

$$x^*(t) = \sum_{n=-\infty}^{+\infty} x(nT_0)\delta(t - nT_0)$$

考虑到当 $n<0$ 时，$x(nT_0)=0$，上式可改写成

$$x^*(t) = \sum_{n=0}^{\infty} x(nT_0)\delta(t - nT_0)$$

对上式进行拉氏变换，计及 $\mathscr{L}[\delta(t-nT_0)] = e^{-nT_0 s}$ 可得

$$\mathscr{L}[x^*(t)] = X^*(s) = \sum_{n=0}^{\infty} x(nT_0)\mathrm{e}^{-nT_0 s} \tag{8-22}$$

引进变量 z 为

$$z = \mathrm{e}^{T_0 s} \tag{8-23}$$

则式（8-22）可改写成如下形式

$$X(z) = \sum_{n=0}^{\infty} x(nT_0)z^{-n} \tag{8-24}$$

若式（8-24）的级数收敛，则称 $X(z)$ 为离散时间函数 $x^*(t)$ 的 Z 变换，记为$Z[x^*(t)] = X(z)$。

在 Z 变换中，由于只考虑连续时间函数在采样时刻时的采样值，因此，连续时间函数 $x(t)$ 与离散时间函数 $x^*(t)$ 具有相同的 Z 变换。即

$$Z[x(t)] = Z[x^*(t)] = X(z) = \sum_{n=0}^{\infty} x(nT_0)z^{-n} \tag{8-25}$$

求取离散时间函数的 Z 变换的方法有多种，但其中级数求和法、部分分式法、留数计算法是最常用的方法，下面作简单介绍。

（一）级数求和法

根据式（8-8），离散时间函数 $x^*(t)$ 可展开成如下形式

$$x^*(t) = x(0)\delta(t) + x(T_0)\delta(t - T_0) + x(2T_0)\delta(t - 2T_0) + \cdots + x(nT_0)\delta(t - nT_0) + \cdots \tag{8-26}$$

对上式逐项进行拉氏变换得

$$X^*(s) = x(0)\cdot 1 + x(T_0)\mathrm{e}^{-T_0 s} + x(2T_0)\mathrm{e}^{-2T_0 s} + \cdots + x(nT_0)\mathrm{e}^{-nT_0 s} + \cdots \tag{8-27}$$

用 $z = \mathrm{e}^{T_0 s}$代入上式得

$$X(z) = x(0)\cdot 1 + x(T_0)z^{-1} + x(2T_0)z^{-2} + \cdots + x(nT_0)z^{-n} + \cdots = \sum_{n=0}^{\infty} x(nT_0)z^{-n} \tag{8-28}$$

与式（8-25）具有相同的形式。显然，只要知道连续时间函数 $x(t)$ 在采样时刻 $nT_0(n = 0, 1, 2, \cdots, \infty)$ 上的采样值 $x(nT_0)$，就可以按式（8-28）求取其 Z 变换的级数展开式。由于级数展开式具有无穷多项，为了便于应用，需要将无穷级数写成闭式形式，这其中需要一定的技巧和经验。但无穷级数形式具有明显的物理意义，变量 $z^{-n}(n = 0, 1, 2, \cdots)$ 的系数直接表示连续时间函数在各采样时刻上的采样值，而其幂指数 $n(n = 0, 1, 2, \cdots)$ 表示从时间 $t = 0$ 开始，以采样周期 T_0 描述的采样时刻 nT_0。因此 z^{-n}可看成时间序列变量，Z 变换本身含有时间概念，可由连续时间函数 Z 变换的无穷级数清楚地看出连续时间函数在各采样时刻上的采样脉冲序列的分布情况。

下面举例说明求取已知函数 Z 变换的级数求和法。

例 8-1 试求单位阶跃函数 $1(t)$ 的 Z 变换。

解

单位阶跃函数 $1(t)$ 在任何采样时刻上的值均为 1，即

$$1(nT_0) = 1 \qquad (n = 0, 1, 2, \cdots)$$

将上式代入式（8-28）得

$$1(z)=1z^0+1z^{-1}+1z^{-2}+\cdots+1z^{-n}+\cdots \tag{8-29}$$

在式（8-29）中，若$|z|>1$，则式（8-29）便可缩写成如下的闭式形式，即

$$1(z)=\frac{1}{1-z^{-1}}=\frac{z}{z-1} \tag{8-30}$$

例 8-2 试求衰减的指数函数 e^{-at} （$a>0$）的 Z 变换。

解

将衰减的指数函数 $e^{-at}(a>0)$ 在各采样时刻上的采样值 e^{-aT_0}，e^{-2aT_0}，…，e^{-naT_0}，…（图 8-14）代入式（8-28）中，得

$$Z[e^{-at}]=1+e^{-aT_0}z^{-1}+e^{-2aT_0}z^{-2}+\cdots+e^{-naT_0}z^{-n}+\cdots \tag{8-31}$$

在式（8-31）中，若条件

$$|e^{aT_0}z|>1 \tag{8-32}$$

成立，则式（8-31）便可写成下列闭式形式，即

$$Z[e^{-at}]=\frac{1}{1-e^{-aT_0}z^{-1}}=\frac{z}{z-e^{-aT_0}} \tag{8-33}$$

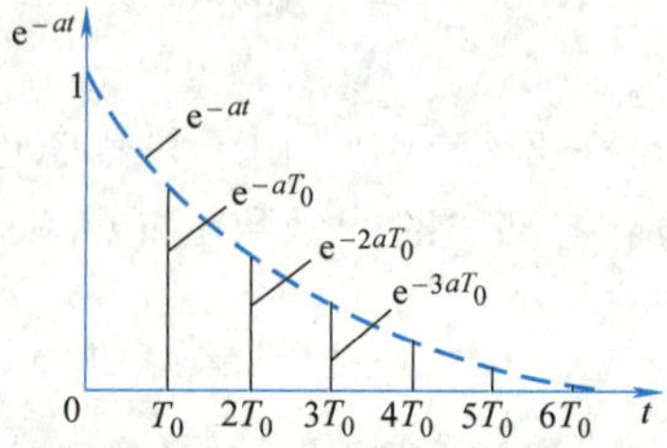

图 8-14 指数函数 $e^{-at}(a>0)$

式（8-33）便是衰减的指数函数 e^{-at} （$a>0$）的 Z 变换。

例 8-3 试求函数 $x(t)=a^n$ 的 Z 变换。

解

根据式（8-28）上述函数的 Z 变换为

$$Z[x(t)]=Z[a^n]=1+az^{-1}+a^2z^{-2}+\cdots+a^nz^{-n}+\cdots$$

写成闭式形式得

$$Z[a^n]=\frac{1}{1-az^{-1}}=\frac{z}{z-a}$$

（二）部分分式法

部分分式法的基本方法是将有理函数 $X(s)$ 展开成部分分式和的形式，通过逐项拉氏反变换，求得时间函数，根据所求的时间函数，写出相应的 Z 变换。

设连续时间函数 $x(t)$ 的拉氏变换 $X(s)$ 为有理函数，即

$$X(s)=\frac{M(s)}{D(s)} \tag{8-34}$$

式中 $M(s)$、$D(s)$——复变量 s 的多项式。

将 $X(s)$ 展开成部分分式和的形式可得

$$X(s)=\sum_{i=1}^{n}\frac{A_i}{s-p_i} \tag{8-35}$$

式中 p_i——$X(s)$ 的极点；

A_i——待定系数，即 $A_i=\left[(s-p_i)\frac{M(s)}{D(s)}\right]_{s=p_i}$。

由拉氏反变换可知，$\frac{A_i}{s-p_i}$的时间函数为 $A_ie^{p_it}$，根据例 8-2 可得$\frac{A_i}{s-p_i}$的 Z 变换为$A_i\frac{z}{z-e^{p_iT_0}}$。因此，$x(t)$ 的 Z 变换可由 $X(s)$ 求得，即

$$X(z)=\sum_{i=1}^{n}\frac{A_i z}{z-\mathrm{e}^{p_i T_0}} \tag{8-36}$$

下面举例说明根据部分分式法求取连续时间函数的 Z 变换。

例 8-4　试求正弦函数 $\sin\omega t$ 与余弦函数 $\cos\omega t$ 的 Z 变换。

解

已知 $\mathscr{L}[\sin\omega t]=\dfrac{\omega}{s^2+\omega^2}$，将$\dfrac{\omega}{s^2+\omega^2}$分解成部分分式和的形式，即

$$\mathscr{L}[\sin\omega t]=\frac{-\dfrac{1}{2\mathrm{j}}}{s+\mathrm{j}\omega}+\frac{\dfrac{1}{2\mathrm{j}}}{s-\mathrm{j}\omega}$$

根据式（8-36）可求得上式的 Z 变换

$$Z[\sin\omega t]=-\frac{1}{2\mathrm{j}}\frac{z}{z-\mathrm{e}^{-\mathrm{j}\omega T_0}}+\frac{1}{2\mathrm{j}}\frac{z}{z-\mathrm{e}^{\mathrm{j}\omega T_0}}=\frac{z\sin\omega T_0}{z^2-2z\cos\omega T_0+1} \tag{8-37}$$

同样方法可得

$$Z[\cos\omega t]=\frac{z(z-\cos\omega T_0)}{z^2-2z\cos\omega T_0+1} \tag{8-38}$$

例 8-5　试求具有拉氏变换为$\dfrac{8}{s(s+1)(s+2)(s+3)}$的连续时间函数 $x(t)$ 的 Z 变换。

解

先写出 $x(t)$ 的拉氏变换 $X(s)$ 的部分分式展开式，得

$$\frac{8}{s(s+1)(s+2)(s+3)}=\frac{A_1}{s}+\frac{A_2}{s+1}+\frac{A_3}{s+2}+\frac{A_4}{s+3}$$

其中，$A_1=\left[s\dfrac{8}{s(s+1)(s+2)(s+3)}\right]_{s=0}=\dfrac{4}{3}$

$$A_2=\left[(s+1)\frac{8}{s(s+1)(s+2)(s+3)}\right]_{s=-1}=-4$$

$$A_3=\left[(s+2)\frac{8}{s(s+1)(s+2)(s+3)}\right]_{s=-2}=4$$

$$A_4=\left[(s+3)\frac{8}{s(s+1)(s+2)(s+3)}\right]_{s=-3}=-\frac{4}{3}$$

将各待定系数代入上式得

$$\frac{8}{s(s+1)(s+2)(s+3)}=\frac{\dfrac{4}{3}}{s}-\frac{4}{s+1}+\frac{4}{s+2}-\frac{\dfrac{4}{3}}{s+3}$$

根据式（8-36）可得该连续时间函数 $x(t)$ 的 Z 变换为

$$X(z)=\frac{4z}{3(z-1)}-\frac{4z}{z-\mathrm{e}^{-T_0}}+\frac{4z}{z-\mathrm{e}^{-2T_0}}-\frac{4z}{3(z-\mathrm{e}^{-3T_0})}$$

（三）留数计算法

设连续时间函数 $x(t)$ 的拉氏变换式 $X(s)$ 及其全部极点 $p_i(i=1, 2, 3, \cdots, n)$ 为已知，则连续时间函数 $x(t)$ 的 Z 变换还可以由下述留数计算法求得，即

$$X(z) = \sum_{i=1}^{n} \text{res}\left[X(p_i)\frac{z}{z-e^{p_iT_0}}\right] = \sum_{i=1}^{n}\left\{\frac{1}{(r_i-1)!}\frac{d^{r_i-1}}{ds^{r_i-1}}\left[(s-p_i)^{r_i}X(s)\frac{z}{z-e^{sT_0}}\right]\right\}_{s=p_i} \tag{8-39}$$

式中　r_i——极点 p_i 的阶数；

T_0——采样周期。

下面举例说明利用留数计算法求连续时间函数的 Z 变换。

例 8-6　试利用留数计算法，求取连续时间函数 $x(t)=\begin{cases}0 & (t<0)\\ t & (t\geqslant 0)\end{cases}$ 的 Z 变换。

解

通过拉氏变换可得 $X(s)=\mathscr{L}[x(t)]=\dfrac{1}{s^2}$，由此可知，其极点为 $p_1=0$，该极点的阶数为 $r_1=2$。根据留数计算法公式（8-39）可得

$$X(z)=\frac{1}{(2-1)!}\frac{d}{ds}\left[s^2\frac{1}{s^2}\frac{z}{z-e^{sT_0}}\right]_{s=0}=\frac{T_0z}{(z-1)^2}$$

例 8-7　试求 $X(s)=\dfrac{s+3}{(s+1)(s+2)}$ 的原函数 $x(t)$ 的 Z 变换。

解

由 $X(s)$ 求得

$$p_1=-1,\ r_1=1$$
$$p_2=-2,\ r_2=1$$

因此，由式（8-39）计算得

$$X(z)=(s+1)\frac{s+3}{(s+1)(s+2)}\frac{z}{z-e^{sT_0}}\bigg|_{s=-1}+(s+2)\frac{s+3}{(s+1)(s+2)}\frac{z}{z-e^{sT_0}}\bigg|_{s=-2}$$
$$=\frac{2z}{z-e^{-T_0}}-\frac{z}{z-e^{-2T_0}}$$

经整理，最后有

$$X(z)=\frac{z[z+(e^{-T_0}-2e^{-2T_0})]}{z^2-(e^{-T_0}+e^{-2T_0})z+e^{-3T_0}}$$

常用的连续时间函数的 Z 变换列于附录 A 表中。

二、Z 变换的基本定理

Z 变换的基本定理与拉氏变换的基本定理有许多相似之处，这里不加证明地简述如下：

1. 线性定理

设连续时间函数 $x(t)$、$x_1(t)$、$x_2(t)$ 的 Z 变换分别为 $X(z)$、$X_1(z)$、$X_2(z)$，a 为常数或为与时间 t 及变量 z 无关的变量，则有

$$Z[ax(t)]=aX(z) \tag{8-40}$$

$$Z[x_1(t)\pm x_2(t)]=X_1(z)\pm X_2(z) \tag{8-41}$$

2. 迟后定理

设连续时间函数 $x(t)$ 当 $t<0$ 时为零，它的 Z 变换为 $X(z)$，则有

$$Z[x(t-kT_0)]=z^{-k}X(z) \tag{8-42}$$

3. 初值定理

设连续时间函数 $x(t)$ 的 Z 变换为 $X(z)$，且当 $t<0$ 时 $x(t)=0$，则有

$$\lim_{t\to 0}x(t)=\lim_{z\to\infty}X(z) \tag{8-43}$$

4. 终值定理

设连续时间函数 $x(t)$ 的 Z 变换为 $X(z)$，且 $X(z)$ 不含有 $z=1$ 的二重以上的极点及单位圆外无极点，则有

$$\lim_{t\to\infty}x(t)=\lim_{z\to 1}[(z-1)X(z)] \tag{8-44}$$

5. 超前定理

设 $X(z)=\sum_{n=0}^{\infty}x(nT_0)z^{-n}$，则

$$\sum_{n=0}^{\infty}x(nT_0+kT_0)z^{-n}=z^k[X(z)-\sum_{\gamma=0}^{k-1}x(\gamma T_0)z^{-\gamma}] \tag{8-45}$$

式中，$\gamma=n+k$。

若 $x(0)=x(T_0)=x(2T_0)=\cdots=x[(k-1)T_0]=0$ 时，则超前定理具有如下简单形式，即

$$\sum_{n=0}^{\infty}x(nT_0+kT_0)z^{-n}=z^kX(z) \tag{8-46}$$

三、Z 反变换

将连续时间函数 $x(t)$ 变换成以 $z=e^{T_0s}$ 为自变量的函数 $X(z)$ 的过程称为 Z 变换，相反将 $X(z)$ 变换成离散时间函数 $x^*(t)$ 的过程称为 Z 反变换。通过 Z 反变换得到的仅是连续时间函数在各采样时刻上的函数值，得不到两个采样时刻之间的连续时间函数值。根据已知函数 $X(z)$ 求取 Z 反变换的方法通常有：长除法、部分分式法和留数计算法。它们分别建立在无穷级数展开、部分分式展开和反演积分之上。在求 Z 反变换时，假定当 $t<0$ 时，时间序列 $x(nT_0)=0$。Z 反变换记为

$$Z^{-1}[X(z)]=x^*(t)$$

（一）长除法

长除法是将 $X(z)$ 展开成 z^{-1} 的收敛级数形式，即

$$X(z)=\sum_{n=0}^{\infty}x(nT_0)z^{-n}=x(0)+x(T_0)z^{-1}+x(2T_0)z^{-2}+\cdots+x(nT_0)z^{-n}+\cdots \tag{8-47}$$

则 $x(nT_0)$ 的值可以通过对照的办法来确定。设

$$X(z)=\frac{M(z)}{D(z)}$$

式中，$M(z)=b_0+b_1z^{-1}+\cdots+b_mz^{-m}$，$D(z)=a_0+a_1z^{-1}+\cdots+a_nz^{-n}$　$(n\geqslant m)$。

则通过用分母除以分子的长除法，可以得到如式（8-47）形式的无穷级数。如果该无穷级数收敛，则级数中 $z^{-n}(n=0, 1, 2, \cdots)$ 的系数 $x(nT_0)$ 即是离散时间函数 $x^*(t)$ 在各个采样时刻上的值。在用长除法求无穷级数式（8-47）时，需将有理函数 $D(z)$ 和 $M(z)$ 按 z^{-1} 升幂的形式排列。

例 8-8 试应用长除法求 $X(z)=\dfrac{10z}{(z-1)(z-2)}$ 的 Z 反变换 $x^*(t)$。

解

由 $X(z)=\dfrac{10z}{z^2-3z+2}=\dfrac{10z^{-1}}{1-3z^{-1}+2z^{-2}}$

应用长除法

$$
\begin{array}{r l}
 & 10z^{-1}+30z^{-2}+70z^{-3}+150z^{-4}+\cdots \\
1-3z^{-1}+2z^{-2} \,| & 10z^{-1} \\
 & \underline{10z^{-1}-30z^{-2}+20z^{-3}} \\
 & 30z^{-2}-20z^{-3} \\
 & \underline{30z^{-2}-90z^{-3}+60z^{-4}} \\
 & 70z^{-3}-60z^{-4} \\
 & \underline{70z^{-3}-210z^{-4}+140z^{-5}} \\
 & 150z^{-4}-140z^{-5} \\
 & \underline{150z^{-4}-450z^{-5}+300z^{-6}} \\
 & \cdots
\end{array}
$$

可得 $$X(z)=10z^{-1}+30z^{-2}+70z^{-3}+150z^{-4}+\cdots$$

上列无穷级数收敛，故有

$$x^*(t)=Z^{-1}\left[\frac{10z}{(z-1)(z-2)}\right]=10\delta(t-T_0)+30\delta(t-2T_0)+70\delta(t-3T_0)+150\delta(t-4T_0)+\cdots$$

例 8-9 试应用长除法求指数函数 e^{-at} 的 Z 变换 $\dfrac{z}{z-e^{-aT_0}}$ 的 Z 反变换，式中 $a=3$，$T_0=0.2$。

解

将 $X(z)=\dfrac{z}{z-e^{-aT_0}}=\dfrac{z}{z-0.55}$ 的分子、分母写成 z^{-1} 升幂形式，得

$$X(z)=\frac{1}{1-0.55z^{-1}}$$

通过长除法可将 $X(z)$ 写成无穷级数形式，即

$$X(z)=1+0.55z^{-1}+0.302\,5z^{-2}+0.166\,4z^{-3}+\cdots$$

可得 $x(0)=1$，$x(T_0)=0.55$，$x(2T_0)=0.302\,5$，$x(3T_0)=0.166\,4$，…，即

$$Z^{-1}\left[\frac{z}{z-0.55}\right]=\delta(t)+0.55\delta(t-T_0)+0.302\,5\delta(t-2T_0)+0.166\,4\delta(t-3T_0)+\cdots$$

（二）部分分式法

应用部分分式法求取 Z 反变换的过程与应用部分分式法求拉氏反变换是很相似的，它需先将 $\dfrac{X(z)}{z}$ 写成部分分式和的形式。根据拉氏反变换将拉氏变换 $X(s)$ 展开成部分分式和的形式，即

$$X(s)=\frac{A_1}{s-p_1}+\frac{A_2}{s-p_2}+\cdots \tag{8-48}$$

与它对应的时间函数为

$$x(t)=A_1e^{p_1t}+A_2e^{p_2t}+\cdots \tag{8-49}$$

式中 e^{p_it}的 Z 变换为

$$Z[e^{p_it}]=\frac{z}{z-e^{p_iT_0}}$$

所以 $x(t)$ 的 Z 变换为

$$Z[x(t)]=X(z)=\sum_{i=1}^{k}\frac{A_iz}{z-e^{p_iT_0}} \tag{8-50}$$

可得

$$\frac{X(z)}{z}=\frac{A_1}{z-e^{p_1T_0}}+\frac{A_2}{z-e^{p_2T_0}}+\cdots+\frac{A_i}{z-e^{p_iT_0}}+\cdots \tag{8-51}$$

展开部分分式后，等号两边同时乘以复变量 z，通过 Z 反变换求相应的时间函数 $A_ie^{p_inT_0}$（$i=1,2,\cdots,k$，$n=0,1,2,\cdots$），求和即得离散时间函数 $x^*(t)$。

例 8-10　试应用部分分式法求 $X(z)=\dfrac{10z}{(z-1)(z-2)}$的 Z 反变换。

解

先将$\dfrac{X(z)}{z}=\dfrac{10}{(z-1)(z-2)}$展开成部分分式之和，即

$$\frac{X(z)}{z}=\frac{-10}{z-1}+\frac{10}{z-2}$$

再在上式等号两边同乘以 z，得

$$X(z)=\frac{-10z}{z-1}+\frac{10z}{z-2}$$

由 Z 变换表查得

$$Z^{-1}\left[\frac{z}{z-1}\right]=1 \quad 及 \quad Z^{-1}\left[\frac{z}{z-2}\right]=2^n$$

因此

$$x^*(t)=\sum_{n=0}^{+\infty}[-10+10\times2^n]\delta(t-nT_0)=10\sum_{n=0}^{+\infty}(-1+2^n)\delta(t-nT_0)$$

根据上式可求得 $x^*(t)$ 在各采样时刻 nT_0 上的数值：

$$x(0)=0 \qquad x(T_0)=10$$
$$x(2T_0)=30 \qquad x(3T_0)=70$$
$$x(4T_0)=150 \qquad \cdots$$

显然，上述结果与例 8-8 中求得的 $x(nT_0)$ 是相同的。

（三）留数计算法

求取 Z 反变换的另一种方法是通过反演积分的留数计算法。若 $X(z)$ 的极点为 λ_i（$i=1,2,\cdots,k$），则根据复变函数积分中的留数定理，$x(nT_0)$ 可由下面公式给出

$$x(nT_0)=\sum_{i=1}^{k}\mathrm{res}[X(z)z^{n-1}]_{z=\lambda_i} \tag{8-52}$$

其中 $\mathrm{res}[X(z)z^{n-1}]_{z=\lambda_i}$表示函数 $X(z)z^{n-1}$在 λ_i 处的留数。

根据 $X(z)$ 的极点分布情况，其留数计算公式分别为

1）当 $X(z)$ 的极点 $z=\lambda_i$ 为单极点时，其留数计算公式为

$$\mathrm{res}[X(z)z^{n-1}]=[X(z)z^{n-1}(z-\lambda_i)]_{z=\lambda_i} \tag{8-53}$$

例 8-11 试应用留数计算法，求 $X(z)=\dfrac{z^2+2z}{(z+0.2)(z+0.8)(z-1)}$ 的 Z 反变换 $x^*(t)$。

解

根据式（8-52）和式（8-53）有

$$\begin{aligned}x(nT_0)&=\sum\mathrm{res}\left[\frac{z^2+2z}{(z+0.2)(z+0.8)(z-1)}z^{n-1}\right]\\&=\sum\mathrm{res}\left[\frac{z^n(z+2)}{(z+0.2)(z+0.8)(z-1)}\right]\\&=\left[\frac{z^n(z+2)}{(z+0.2)(z+0.8)(z-1)}(z+0.2)\right]_{z=-0.2}+\\&\quad\left[\frac{z^n(z+2)}{(z+0.2)(z+0.8)(z-1)}(z+0.8)\right]_{z=-0.8}+\\&\quad\left[\frac{z^n(z+2)}{(z+0.2)(z+0.8)(z-1)}(z-1)\right]_{z=1}\\&=-\frac{5}{2}(-0.2)^n+\frac{10}{9}(-0.8)^n+\frac{25}{18}\quad(n=0,1,2,\cdots)\end{aligned}$$

因此得 Z 反变换为

$$x^*(t)=\sum_{n=0}^{\infty}x(nT_0)\delta(t-nT_0)=\sum_{n=0}^{\infty}\left[-\frac{5}{2}(-0.2)^n+\frac{10}{9}(-0.8)^n+\frac{25}{18}\right]\delta(t-nT_0)$$

2）当 $X(z)$ 具有多重极点时，可按下述关系式计算其留数，即

$$\mathrm{res}[X(z)z^{n-1}]=\sum_{i=1}^{k}\frac{1}{(r-1)!}\frac{\mathrm{d}^{r-1}}{\mathrm{d}z^{r-1}}[X(z)z^{n-1}(z-\lambda_i)^r]_{z=\lambda_i} \tag{8-54}$$

式中　r——多重极点 λ_i 的阶数。

例 8-12 试求 $X(z)=\dfrac{z}{(z-a)(z-3)^2}$ 的 Z 反变换 $x^*(t)$。

解

$$x(nT_0)=\sum\mathrm{res}[X(z)z^{n-1}]$$

由 $X(z)=\dfrac{z}{(z-a)(z-3)^2}$ 得

$$\lambda_1=a,\ r_1=1,\ \lambda_2=3,\ r_2=2$$

$$x(nT_0)=\sum\mathrm{res}\left[\frac{z}{(z-a)(z-3)^2}z^{n-1}\right]=\left[\frac{z^n}{(z-a)(z-3)^2}(z-a)\right]_{z=a}+$$

$$\frac{1}{(2-1)!}\frac{\mathrm{d}}{\mathrm{d}z}\left[\frac{z^n}{(z-a)(z-3)^2}(z-3)^2\right]_{z=3}=\frac{a^n}{(a-3)^2}+\frac{\frac{1}{3}n3^n}{(3-a)}-\frac{3^n}{(3-a)^2}\ (n=0,\ 1,\ 2,\ \cdots)$$

所以

$$x^*(t)=\sum_{n=0}^{\infty}\left\{\frac{a^n}{(a-3)^2}+\left[\frac{n}{3(3-a)}-\frac{1}{(3-a)^2}\right]3^n\right\}\delta(t-nT_0)$$

以上介绍了 Z 反变换的三种方法，其中长除法是最常用的方法，但长除法是以开式形

式给出的，而后两种方法是以闭式形式给出的。

第四节　离散系统的数学模型

一、差分方程

与用微分方程描述连续系统相类似，差分方程是用来描述离散系统的一种数学模型。由于差分方程本身就是一种迭代方程，在数字计算机上很容易实现其动态特性的计算机仿真。

线性定常离散系统可以用如下 n 阶前向差分方程来描述：

$$\begin{aligned}&a_0y[(k+n)T_0]+a_1y[(k+n-1)T_0]+a_2y[(k+n-2)T_0]+\cdots+\\&\quad a_{n-1}y[(k+1)T_0]+a_ny[kT_0]\\&=b_0u[(k+m)T_0]+b_1u[(k+m-1)T_0]+b_2u[(k+m-2)T_0]+\cdots+\\&\quad b_{m-1}u[(k+1)T_0]+b_mu[kT_0]\qquad(n\geqslant m)\end{aligned}$$

式中　T_0——采样周期，单位为 s；

$y(kT_0)$——第 k 个采样时刻的系统输出；

$u(kT_0)$——第 k 个采样时刻的系统输入。

为了书写上方便，通常将采样周期 T_0 省略，这时上式可以写成如下形式

$$\begin{aligned}&a_0y(k+n)+a_1y(k+n-1)+a_2y(k+n-2)+\cdots+a_{n-1}y(k+1)+a_ny(k)\\&=b_0u(k+m)+b_1u(k+m-1)+b_2u(k+m-2)+\cdots+b_{m-1}u(k+1)+b_mu(k)\quad(n\geqslant m)\end{aligned}\tag{8-55}$$

控制工程中，常用的求解常系数线性差分方程的方法有迭代法和 Z 变换法。本节只介绍 Z 变换法。

例 8-13　设某控制系统，其闭环传递函数为 $\dfrac{Y(s)}{U(s)}=\dfrac{s+3}{(s+1)(s+2)}$，试求其差分方程。

解

根据 Z 变换方法可求得系统的 Z 变换为

$$\Phi(z)=\frac{Y(z)}{U(z)}=\frac{z^2+(e^{-T_0}-2e^{-2T_0})z}{z^2-(e^{-T_0}+e^{-2T_0})z+e^{-3T_0}}=\frac{b_0z^2+b_1z}{a_0z^2+a_1z+a_2}$$

式中，$b_0=1$，$b_1=(e^{-T_0}-2e^{-2T_0})$，$a_0=1$，$a_1=-(e^{-T_0}+e^{-2T_0})$，$a_2=e^{-3T_0}$。

则由 Z 反变换得差分方程

$$a_0y(k+2)+a_1y(k+1)+a_2y(k)=b_0u(k+2)+b_1u(k+1)$$

二、用 Z 变换法求解差分方程

用 Z 变换法求解差分方程，与用拉氏变换法求解微分方程类似，也是一种很有用的方法。采用 Z 变换法求解差分方程的实质是将差分方程变换成以 z 为变量的代数方程，通过该代数方程，获得差分方程的解。为了书写上的方便，下面将以简化符号 $x(k)$ 表示 $x(kT_0)$。

先来考虑 $x(k+1)$ 的 Z 变换。

设 $x(k)$ 的 Z 变换为 $Z[x(k)]=X(z)$，则 $x(k+1)$ 的 Z 变换为

$$Z[x(k+1)]=zX(z)-zx(0)\tag{8-56}$$

证明：根据 Z 变换定义 $Z[x(k+1)]=\sum_{k=0}^{\infty}x(k+1)z^{-k}$，令 $n=k+1$ 则有

$$Z[x(k+1)]=\sum_{n=1}^{\infty}x(n)z^{-n+1}=z\left[\sum_{n=0}^{\infty}x(n)z^{-n}-x(0)\right]=zX(z)-zx(0)$$

如果 $x(0)=0$，则 $Z[x(k+1)]=zZ[x(k)]=zX(z)$，因此，当 $x(0)=0$ 时，函数 $x(k)$ 的 Z 变换乘以 z，相当于时间超前一个采样周期。应用式（8-56）的关系，可以很容易得到如下结果：

$$Z[x(k+2)]=zZ[x(k+1)]-zx(1)=z[zX(z)-zx(0)]-zx(1)=z^2X(z)-z^2x(0)-zx(1)$$

同样，当 m 为正整数时，则有

$$Z[x(k+m)]=z^mX(z)-z^mx(0)-z^{m-1}x(1)-z^{m-2}x(2)-\cdots-zx(m-1) \tag{8-57}$$

应当指出，应用 Z 变换法，将差分方程变换成以 z 为变量的代数方程时，初始数据便自动包含在代数方程中。下面举例说明应用 Z 变换解差分方程的方法。

例 8-14 试用 Z 变换法，求解下列差分方程

$$y(k+2)-3y(k+1)+2y(k)=u(k)$$

式中，$y(k)=0\quad(k\leqslant 0)$，$u(0)=1$，$u(k)=0\quad(k<0,\ k>0)$。

解

将 $k=-1$ 代入上述方程中，得 $y(1)=0$，取给定系统方程的 Z 变换并考虑到初始条件，得

$$(z^2-3z+2)Y(z)=U(z)$$

式中系统输入函数 $u(k)$ 的 Z 变换为

$$U(z)=\sum_{k=0}^{\infty}u(k)z^{-k}=1$$

因此

$$Y(z)=\frac{1}{z^2-3z+2}=\frac{-1}{z-1}+\frac{1}{z-2}$$

利用 $Z[y(k+1)]=zY(z)-zy(0)=zY(z)\quad[y(0)=0]$，此时有 $zY(z)=\frac{-z}{z-1}+\frac{z}{z-2}$，根据 $Z^{-1}\left[\frac{z}{z-a}\right]=a^k$，则有

$$y(k+1)=-1+2^k\qquad(k=0,1,2,\cdots)$$

或

$$y(k)=-1+2^{k-1}\qquad(k=1,2,3,\cdots)$$

三、脉冲传递函数

分析线性离散系统时，脉冲传递函数是一个很重要的概念，它是描述线性离散系统动态特性的数学模型。

（一）脉冲传递函数的定义

图 8-15 所描述的是典型线性离散系统，图中 $G(s)$ 为该线性离散系统连续部分的传递函数。连续部分的控制输入是采样周期为 T_0 的脉冲序列 $\varepsilon^*(t)$，输出为脉冲序列 $y^*(t)$，其采样周期与输入的采样周期 T_0 相同，这里采样器为虚构采样器，输出脉冲序列 $y^*(t)$ 的物理意义是表示取连续函数 $y(t)$ 在采样时刻上的离散值。

当给离散系统连续部分输入脉冲序列 $\varepsilon^*(t)$ 时，其输出则是一系列脉冲响应函数之和。

因此，线性定常离散系统的脉冲传递函数定义为：零初始条件下，输出脉冲信号的 Z 变换与输入脉冲信号的 Z 变换之比，即

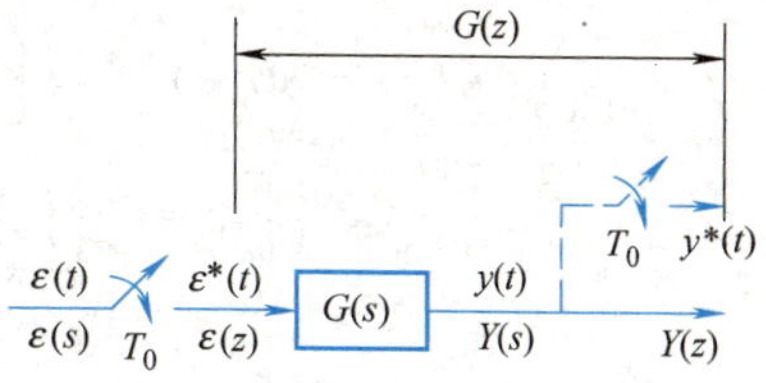

图 8-15　离散系统框图

$$G(z)=\frac{Y(z)}{\mathcal{E}(z)}=\frac{\sum\limits_{n=0}^{\infty}y(nT_0)z^{-n}}{\sum\limits_{n=0}^{\infty}\varepsilon(nT_0)z^{-n}}=\sum_{n=0}^{\infty}g(nT_0)z^{-n} \tag{8-58}$$

所谓零初始条件是指在 $t<0$ 时，输入脉冲序列 $\varepsilon(-T_0)$，$\varepsilon(-2T_0)$，…以及输出脉冲序列 $y(-T_0)$，$y(-2T_0)$，…均为零。

式（8-58）表明，如果已知 $\mathcal{E}(z)$ 和 $G(z)$，则在零初始条件下，线性定常离散系统的输出脉冲信号可以由下式求出

$$y^*(t)=Z^{-1}[Y(z)]=Z^{-1}[G(z)\mathcal{E}(z)] \tag{8-59}$$

脉冲传递函数可以根据下列步骤求得：

1）求出系统的传递函数 $G(s)$。

2）根据拉氏反变换，求脉冲响应函数 $g(t)$。

3）计算 $G(z)=\sum\limits_{n=0}^{\infty}g(nT_0)z^{-n}$。

必须指出：

1）脉冲传递函数是在两个采样开关之间定义的。

2）脉冲传递函数是系统单位脉冲响应序列的 Z 变换。

例 8-15　如图 8-15 所示，图中 $G(s)=\dfrac{1}{s+a}$，试求该环节的脉冲传递函数。

解

根据拉氏反变换，可得该环节的脉冲响应函数为

$$g(t)=\mathscr{L}^{-1}[G(s)]=\mathrm{e}^{-at}$$

因此脉冲响应序列为

$$g(nT_0)=\mathrm{e}^{-naT_0}\quad(n=0,\ 1,\ 2,\ \cdots)$$

故有

$$\begin{aligned}G(z)&=\sum_{n=0}^{\infty}g(nT_0)z^{-n}=g(0)+g(T_0)z^{-1}+g(2T_0)z^{-2}+\cdots+g(nT_0)z^{-n}+\cdots\\&=1+\mathrm{e}^{-aT_0}z^{-1}+\mathrm{e}^{-2aT_0}z^{-2}+\mathrm{e}^{-3aT_0}z^{-3}+\cdots+\mathrm{e}^{-naT_0}z^{-n}+\cdots\\&=\frac{1}{1-\mathrm{e}^{-aT_0}z^{-1}}=\frac{z}{z-\mathrm{e}^{-aT_0}}\end{aligned}$$

例 8-16　试求带有零阶保持器的离散系统开环传递函数 $G(s)=\dfrac{1-\mathrm{e}^{-s}}{s}\dfrac{1}{s(s+1)}$的脉冲传递函数。

解

由于 $G(s)=\dfrac{1-\mathrm{e}^{-s}}{s}\dfrac{1}{s(s+1)}=(1-\mathrm{e}^{-s})\dfrac{1}{s^2(s+1)}=(1-\mathrm{e}^{-s})\left(\dfrac{1}{s^2}-\dfrac{1}{s}+\dfrac{1}{s+1}\right)$，则脉冲传

递函数可通过 Z 变换直接获得，即

$$G(z)=[G(s)]^{*}=\left[(1-\mathrm{e}^{-s})\left(\frac{1}{s^{2}}-\frac{1}{s}+\frac{1}{s+1}\right)\right]^{*}$$

$$=(1-z^{-1})\left[\left(\frac{1}{s^{2}}-\frac{1}{s}+\frac{1}{s+1}\right)\right]^{*}$$

$$=(1-z^{-1})\left[\frac{T_0 z}{(z-1)^{2}}-\frac{z}{z-1}+\frac{z}{z-\mathrm{e}^{-T_0}}\right]=\frac{T_0}{z-1}-1+\frac{z-1}{z-\mathrm{e}^{-T_0}}$$

$$=\frac{T_0(z-\mathrm{e}^{-T_0})-(z-1)(z-\mathrm{e}^{-T_0})+(z-1)^{2}}{(z-1)(z-\mathrm{e}^{-T_0})}$$

$$=\frac{(T_0+\mathrm{e}^{-T_0}-1)z-(T_0\mathrm{e}^{-T_0}+\mathrm{e}^{-T_0}-1)}{z^{2}-(1+\mathrm{e}^{-T_0})z+\mathrm{e}^{-T_0}}$$

当 $T_0=1$ 时有

$$G(z)=\frac{\mathrm{e}^{-1}z+1-2\mathrm{e}^{-1}}{z^{2}-(1+\mathrm{e}^{-1})z+\mathrm{e}^{-1}}$$

（二）由差分方程求取脉冲传递函数

由式（8-55）知，线性定常离散系统的差分方程的一般形式为

$$a_0y(k+n)+a_1y(k+n-1)+a_2y(k+n-2)+\cdots+a_{n-1}y(k+1)+a_ny(k)$$
$$=b_0u(k+m)+b_1u(k+m-1)+b_2u(k+m-2)+\cdots+b_{m-1}u(k+1)+b_mu(k)\quad(n\geqslant m)$$

对上式取 Z 变换，并假定初始条件为零，则可得脉冲传递函数

$$G(z)=\frac{Y(z)}{U(z)}=\frac{b_0z^{m}+b_1z^{m-1}+b_2z^{m-2}+\cdots+b_{m-1}z+b_m}{a_0z^{n}+a_1z^{n-1}+a_2z^{n-2}+\cdots+a_{n-1}z+a_n}$$

$$=\frac{z^{-(n-m)}(b_0+b_1z^{-1}+b_2z^{-2}+\cdots+b_{m-1}z^{-(m-1)}+b_mz^{-m})}{a_0+a_1z^{-1}+a_2z^{-2}+\cdots+a_{n-1}z^{-(n-1)}+a_nz^{-n}}\quad(n\geqslant m)\tag{8-60}$$

例 8-17 某线性离散系统的差分方程为

$$y(k+3)+4y(k+2)-6y(k+1)+8y(k)=3u(k+1)+u(k)$$

试求该离散系统的脉冲传递函数。

解

已知：$n=3$，$m=1$；$a_0=1$，$a_1=4$，$a_2=-6$，$a_3=8$；$b_0=3$，$b_1=1$。

则由式（8-60）得脉冲传递函数

$$G(z)=\frac{Y(z)}{U(z)}=\frac{z^{-2}(3+z^{-1})}{1+4z^{-1}-6z^{-2}+8z^{-3}}$$

四、开环脉冲传递函数

线性离散系统的开环脉冲传递函数的定义与线性连续系统的开环传递函数的定义类似，是反馈信号与偏差信号的 Z 变换之比，即

$$Z[G(s)H(s)]=\frac{B(z)}{\varepsilon(z)}\tag{8-61}$$

式中 $Z[G(s)H(s)]$——开环脉冲传递函数；

$\varepsilon(z)$——偏差信号的 Z 变换；

$B(z)$——反馈信号的 Z 变换。

离散系统开环有两种结构，如图 8-16 所示。应当指出，图 8-16 所示两种结构的脉冲传递函数是不同的，对于图 8-16a 所示，开环脉冲传递函数为

$$Z[G(s)H(s)]=[G(s)H(s)]^{*}=GH(z)$$

而对于图 8-16b 所示的开环脉冲传递函数为

$$Z[G(s)H(s)]=[G(s)]^{*}[H(s)]^{*}=G(z)H(z)$$

即 $G(z)H(z)\neq GH(z)$。

例如在图 8-16 中，$G(s)=\dfrac{1}{s+a}$，$H(s)=\dfrac{1}{s+b}$，则对于图 8-16a 来说，其开环脉冲传递函数为

$$Z[G(s)H(s)]=[G(s)H(s)]^{*}=\left[\frac{1}{(s+a)(s+b)}\right]^{*}=\left[\left(\frac{1}{b-a}\right)\left(\frac{1}{s+a}-\frac{1}{s+b}\right)\right]^{*}$$

$$=\frac{1}{b-a}\left(\frac{z}{z-\mathrm{e}^{-aT_0}}-\frac{z}{z-\mathrm{e}^{-bT_0}}\right)=\frac{z(\mathrm{e}^{-aT_0}-\mathrm{e}^{-bT_0})}{(b-a)(z-\mathrm{e}^{-aT_0})(z-\mathrm{e}^{-bT_0})}$$

对于图 8-16b 来说，其开环脉冲传递函数为

$$Z[G(s)H(s)]=[G(s)]^{*}[H(s)]^{*}=\frac{z}{z-\mathrm{e}^{-aT_0}}\,\frac{z}{z-\mathrm{e}^{-bT_0}}=\frac{z^2}{(z-\mathrm{e}^{-aT_0})(z-\mathrm{e}^{-bT_0})}$$

综上所述，在串联环节之间有无同步采样器隔离，其开环脉冲传递函数是不同的，它们之间的差别在于其零点不同，而极点是相同的。

五、闭环脉冲传递函数

设有闭环离散反馈控制系统，其框图如图 8-17 所示。在该系统中，作用于连续部分的偏差信号是通过采样器采样的，由系统框图可得

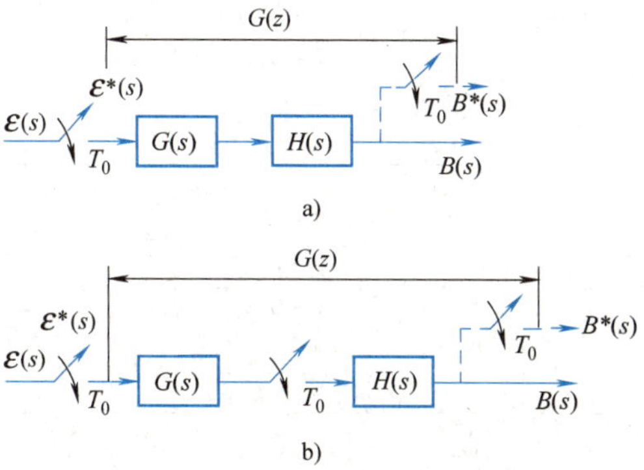

图 8-16　离散系统开环的两种结构

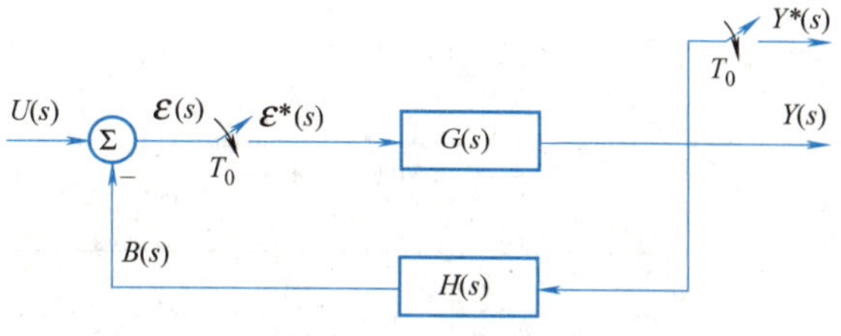

图 8-17　闭环离散反馈控制系统

$$\varepsilon(s)=U(s)-H(s)Y(s)$$

和

$$Y(s)=G(s)\varepsilon^{*}(s)$$

因此

$$\varepsilon(s)=U(s)-G(s)H(s)\varepsilon^{*}(s)$$

即

$$\varepsilon^{*}(s)=U^{*}(s)-GH^{*}(s)\varepsilon^{*}(s)$$

故有

$$\varepsilon^{*}(s)=\frac{U^{*}(s)}{1+GH^{*}(s)}$$

因为
$$Y^*(s)=G^*(s)\varepsilon^*(s)$$

所以有
$$Y^*(s)=\frac{G^*(s)U^*(s)}{1+GH^*(s)} \tag{8-62}$$

若以 Z 变换的形式表示，可得

$$Y(z)=\frac{G(z)U(z)}{1+GH(z)}$$

于是该闭环离散系统的脉冲传递函数为

$$\Phi(z)=\frac{Y(z)}{U(z)}=\frac{G(z)}{1+GH(z)} \tag{8-63}$$

对于单位反馈离散系统，即 $H(z)=1$，则闭环脉冲传递函数为

$$\Phi(z)=\frac{Y(z)}{U(z)}=\frac{G(z)}{1+G(z)} \tag{8-64}$$

应当指出，闭环脉冲传递函数的分母多项式 $1+GH(z)=0$ 是离散反馈系统的特征方程。表 8-1 列出了五种典型的闭环离散系统框图及其对应的输出 $Y(z)$。

表 8-1　五种典型的闭环离散系统框图及其对应的输出 $Y(z)$

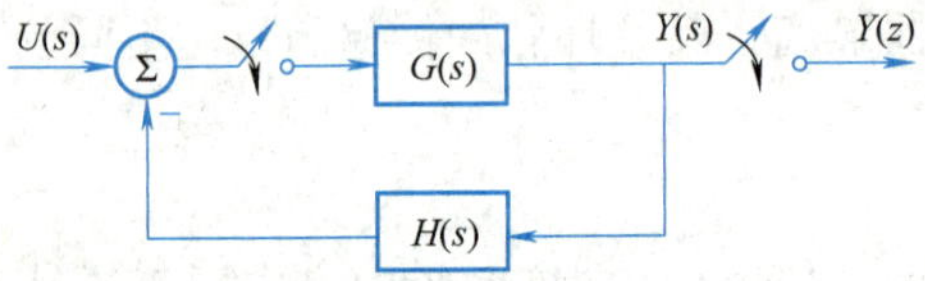	$Y(z)=\frac{G(z)U(z)}{1+GH(z)}$
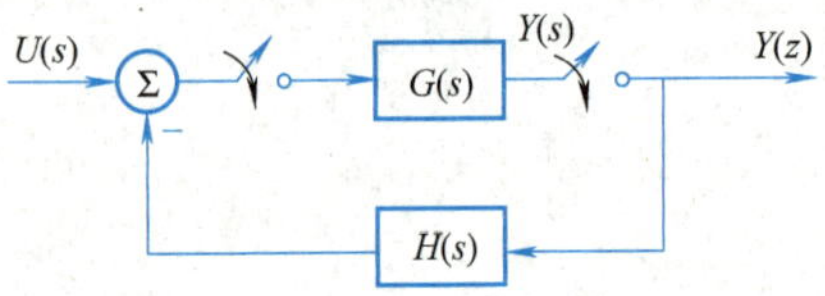	$Y(z)=\frac{G(z)U(z)}{1+G(z)H(z)}$
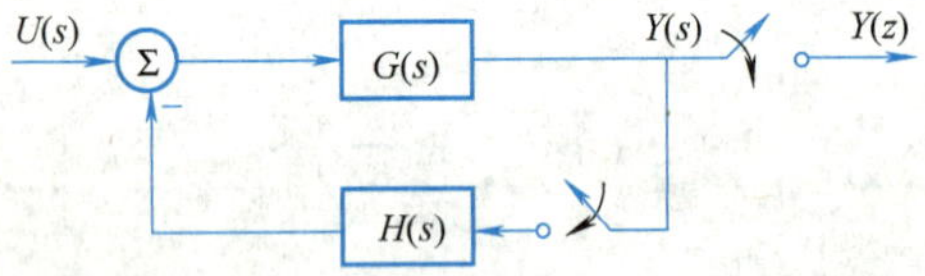	$Y(z)=\frac{UG(z)}{1+G(z)H(z)}$
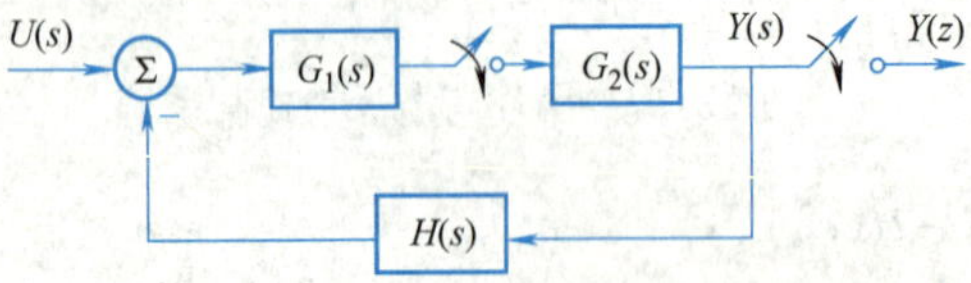	$Y(z)=\frac{G_2(z)UG_1(z)}{1+G_1(z)G_2H(z)}$
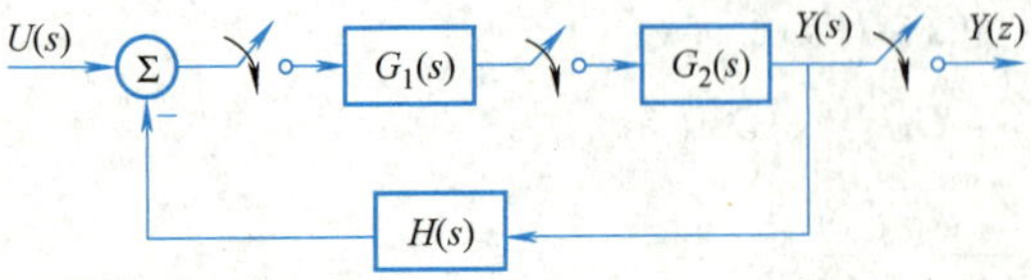	$Y(z)=\frac{G_1(z)G_2(z)U(z)}{1+G_1(z)G_2H(z)}$

例 8-18 试求图 8-18 所示的单位反馈离散控制系统的闭环脉冲传递函数。

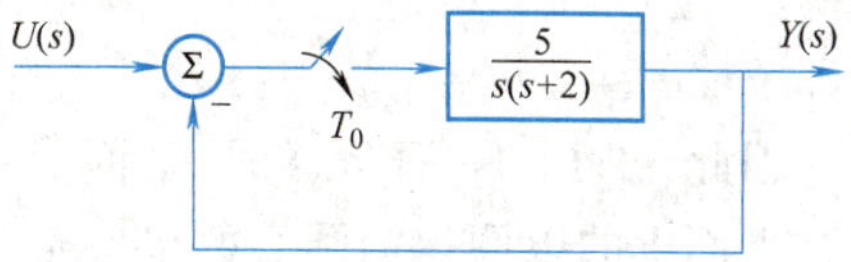

图 8-18 单位反馈离散控制系统框图

解

根据开环传递函数 $G(s)=\dfrac{5}{s(s+2)}$，可求得开环脉冲传递函数为

$$G(z)=G^*(s)=\left[\frac{5}{s(s+2)}\right]^*=\left[\frac{5/2}{s}-\frac{5/2}{s+2}\right]^*$$

$$=\frac{5}{2}\left[\frac{z}{z-1}-\frac{z}{z-\mathrm{e}^{-2T_0}}\right]=\frac{\frac{5}{2}z(1-\mathrm{e}^{-2T_0})}{(z-1)(z-\mathrm{e}^{-2T_0})}$$

式中 T_0——离散系统的采样周期。

由$\dfrac{Y(z)}{U(z)}=\dfrac{G(z)}{1+G(z)}$得离散系统闭环脉冲传递函数为

$$\Phi(z)=\frac{Y(z)}{U(z)}=\frac{2.5z(1-\mathrm{e}^{-2T_0})}{z^2+[2.5(1-\mathrm{e}^{-2T_0})-(1+\mathrm{e}^{-2T_0})]z+\mathrm{e}^{-2T_0}}$$

例 8-19 试求图 8-19 所示的单位反馈离散系统的闭环脉冲传递函数。

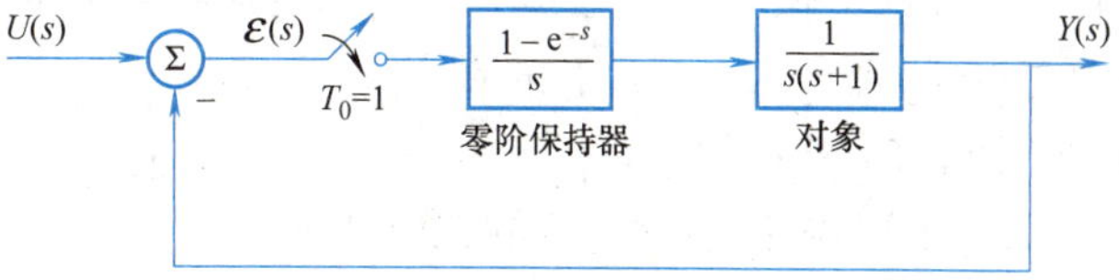

图 8-19 单位反馈离散控制系统框图

解

根据系统开环传递函数 $G(s)=\dfrac{(1-\mathrm{e}^{-T_0s})}{s^2(s+1)}$，可求得开环脉冲传递函数（$T_0=1$）为

$$G(z)=\frac{\mathrm{e}^{-1}z+1-2\mathrm{e}^{-1}}{z^2-(1+\mathrm{e}^{-1})z+\mathrm{e}^{-1}}=\frac{0.368z+0.264}{z^2-1.368z+0.368}$$

根据$\dfrac{Y(z)}{U(z)}=\dfrac{G(z)}{1+G(z)}$，可得离散系统闭环脉冲传递函数为

$$\Phi(z)=\frac{Y(z)}{U(z)}=\frac{0.368z+0.264}{z^2-z+0.632}$$

第五节 线性离散系统的性能分析

如同线性定常连续系统，对线性定常离散系统的性能分析也包括稳定性、稳态误差和过渡过程特性等。

一、线性离散系统的稳定性分析

在分析离散系统稳定性之前，先研究一下 [s] 平面与 [z] 平面之间的映射关系。

（一）[s] 平面与 [z] 平面之间的映射

根据 Z 变换的定义，复变量 s 与复变量 z 之间的关系为

$$z=\mathrm{e}^{T_0s} \tag{8-65}$$

式中 T_0——采样周期，$s=\sigma+\mathrm{j}\omega$。

所以 $$z = e^{T_0\sigma} \angle \omega T_0 \tag{8-66}$$

也即 $$|z| = e^{T_0\sigma}, \quad \angle z = \omega T_0$$

因此，[s] 平面与 [z] 平面有如图 8-20 所示的映射关系。[s] 平面的虚轴映射为 [z] 平面上的以原点为圆心的单位圆；[s] 平面的左半面映射为 [z] 平面上的以原点为圆心的单位圆的内部区域；[s] 平面的右半面映射为 [z] 平面上的以原点为圆心的单位圆之外的全部区域。

当 ω 从 $-\infty$ 变化到 $+\infty$ 时，角 $\angle z = \omega T_0$ 也从 $-\infty$ 变化到 $+\infty$。当 [s] 平面虚轴（jω 轴）上的点 a 沿 jω 轴从 $-\pi/T_0$ 变化到 π/T_0 时，则在 [z] 平面上相应得到 $|z|=1$，$\angle z$ 从 $-\pi$ 逆时针方向变化到 π；点 a 在 jω 轴上，从 π/T_0 变化到 $3\pi/T_0$ 时，[z] 平面上的相应点将逆时针方向沿单位圆转一圈。点 a 在 jω 轴上，从 $-\infty$ 变化到 $+\infty$ 时，[z] 平面上的相应点将逆时针方向沿单位圆转无穷多圈。

由以上分析可知，左半 [s] 平面上，每一条宽度为 $2\pi/T_0$ 的带，都映射到 [z] 平面上的单位圆内，如图 8-20 所示。

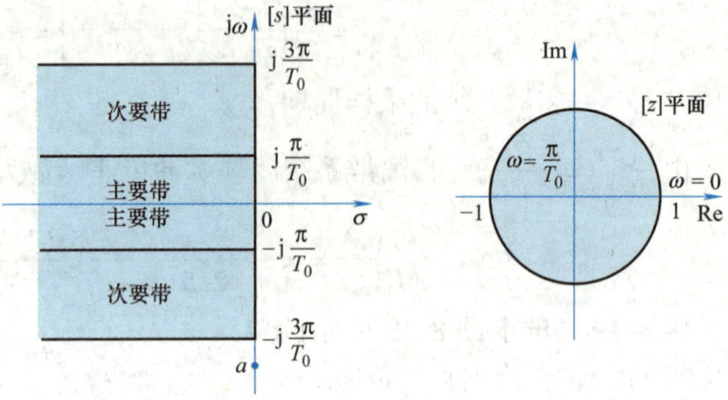

图 8-20 [s] 平面与 [z] 平面之间的映射关系

（二）线性离散系统稳定的充要条件

如图 8-3 所示，线性离散系统的闭环脉冲传递函数为

$$\Phi(z) = \frac{G(z)}{1 + GH(z)} \tag{8-67}$$

与连续系统类似，该系统的稳定性由系统特征方程

$$1 + GH(z) = 0 \tag{8-68}$$

根的分布情况确定。对于连续系统，要使系统稳定，其充要条件是特征方程 $1 + G(s)H(s) = 0$ 的根全部位于左半 [s] 平面内。根据 [s] 平面与 [z] 平面的映射关系可知，如果图 8-3 所示的系统是稳定的，则其特征方程式（8-68）的根都应分布在以 [z] 平面原点为圆心、以 1 为半径的单位圆内。由此可得线性离散系统稳定的充要条件为：

线性离散系统特征方程的根，或闭环脉冲传递函数的极点均应分布在 [z] 平面上以原点为圆心的单位圆内，也可以说，闭环脉冲传递函数极点的模均应小于 1。如果，闭环脉冲传递函数的极点位于单位圆外，或位于单位圆上，则闭环离散系统不稳定。

（三）线性离散系统稳定性的判别方法

判别特征方程式（8-68）是否含有位于单位圆外或单位圆上的根，最常用的方法是修正的劳思稳定判据。修正的劳思判据是通过下列变换实现的

$$z = \frac{w+1}{w-1} \tag{8-69}$$

或

$$w = \frac{z+1}{z-1} \tag{8-70}$$

上式中复变量 z 和 w 互为线性变换，称为双线性变换。

设

$$z = x + \mathrm{j}y \tag{8-71}$$

$$w = u + \mathrm{j}v \tag{8-72}$$

将式（8-71）代入式（8-70）中，得

$$w = u + \mathrm{j}v = \frac{(x^2 + y^2) - 1}{(x-1)^2 + y^2} - \mathrm{j}\frac{2y}{(x-1)^2 + y^2} \tag{8-73}$$

从上式实部可见：

对应于 $u=0$，即 $x^2+y^2=1$，将 [z] 平面单位圆映射到 [w] 平面的虚轴上；

对应于 $u<0$，即 $x^2+y^2<1$，将 [z] 平面单位圆内部映射到 [w] 的左半平面；

对应于 $u>0$，即 $x^2+y^2>1$，将 [z] 平面单位圆外映射到 [w] 的右半平面。

这样，只要把 [z] 平面上的离散系统特征方程经过双线性变换后，就可以直接应用修正的劳思稳定判据，与判断连续系统的稳定性一样，通过 w 多项式，判断离散系统的稳定性。下面举例说明。

例 8-20 试应用修正的劳思稳定判据判断闭环离散系统 $\Phi(z) = \dfrac{G(z)}{1+G(z)}$ 的稳定性。其中 $G(z) = \dfrac{10(1-\mathrm{e}^{-1})z}{(z-1)(z-\mathrm{e}^{-1})}$。

解

特征方程为 $1 + G(z) = (z-1)(z-\mathrm{e}^{-1}) + 10(1-\mathrm{e}^{-1})z = 0$

因为 $\mathrm{e}^{-1} = 0.368$，则特征方程为 $z^2 + 4.952z + 0.368 = 0$，根据式（8-69）令 $z = \dfrac{w+1}{w-1}$ 得

$$\left(\frac{w+1}{w-1}\right)^2 + 4.952\,\frac{w+1}{w-1} + 0.368 = 0$$

或

$$6.32w^2 + 1.26w - 3.584 = 0$$

根据劳思判据，其劳思阵列为

$$\begin{array}{lll} w^2 & 6.32 & -3.584 \\ w^1 & 1.26 & 0 \\ w^0 & -3.584 & \end{array}$$

由此可知，在劳思阵列的第一列中，有一次符号变化，说明特征方程有一个根在单位圆外，事实上，可以求得特征方程 $z^2 + 4.952z + 0.368 = 0$ 的根为 $z_1 = -0.076$，$z_2 = -4.870$，z_2 的模大于 1，因此该离散系统是不稳定的。

应当指出，当系统无采样器时，二阶系统总是稳定的，而当系统有采样器存在时，在大增益情况下，可能使系统变成不稳定系统，对于 $G(s) = \dfrac{K}{s(s+1)}$ 单位反馈闭环系统，只有当 $0 < K < 4.32$ 时，离散系统才是稳定的。

二、线性离散系统的稳态误差分析

线性连续系统的开环传递函数的零极点形式为

$$G(s)H(s) = \frac{K^* \prod\limits_{i=1}^{m}(s - z_i)}{s^{\nu}\prod\limits_{j=1}^{n-\nu}(s - p_j)} \quad (n \geqslant m) \tag{8-74}$$

式中 ν——系统中积分环节的个数，也即系统的型号数。

连续系统的开环增益为

$$K=\frac{K^*\prod_{i=1}^{m}(-z_i)}{\prod_{j=1}^{n-\nu}(-p_j)}$$

对于如图 8-21 所示的线性离散系统，可以类似地写出其开环脉冲传递函数如下

$$Z[G(s)H(s)]=GH(z)=\frac{K^*\prod_{i=1}^{m}(z-\theta_i)}{(z-1)^{\nu}\prod_{j=1}^{n-\nu}(z-\lambda_j)} \tag{8-75}$$

式中 θ_i——离散系统的开环零点，$\theta_i(i=1, 2, \cdots, m)$；

λ_j——离散系统的开环极点，$\lambda_j(j=1, 2, \cdots, n)$。

离散系统的开环增益为

$$K=\frac{K^*\prod_{i=1}^{m}(-\theta_i)}{\prod_{j=1}^{n-\nu}(-\lambda_j)}$$

由 $z=e^{T_0 s}$ 可知，[s] 平面上 $s=0$ 的点，与 [z] 平面上 $z=1$ 的点成映射关系。因此，同样可以定义线性离散系统的型号数 ν 为其开环脉冲传递函数 $GH(z)$ 在 $z=1$ 处的极点个数。

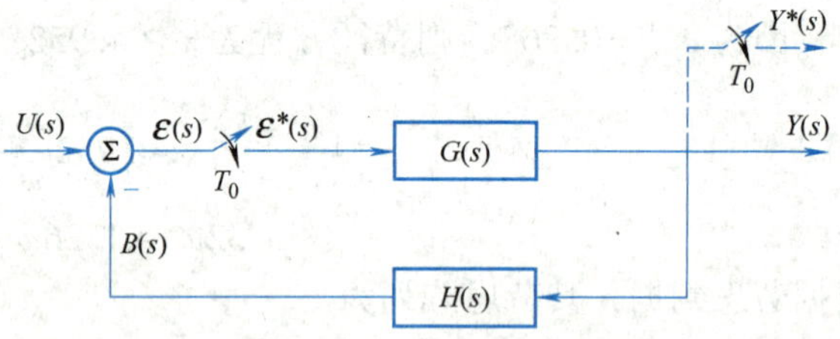

图 8-21 线性离散系统

在图 8-21 中，由于

$$\mathcal{E}(s)=U(s)-G(s)H(s)\mathcal{E}^*(s)$$

即 $$\mathcal{E}^*(s)=U^*(s)-GH^*(s)\mathcal{E}^*(s)$$

所以有

$$\mathcal{E}^*(s)=\frac{U^*(s)}{1+GH^*(s)}$$

或写成

$$\mathcal{E}(z)=\frac{U(z)}{1+GH(z)} \tag{8-76}$$

（一）单位反馈离散系统的稳态误差

由于单位反馈离散系统（$H(z)=1$）的误差 $E(z)$ 等于偏差 $\mathcal{E}(z)$，即

$$E(z)=\mathcal{E}(z)$$

因此有

$$E(z)=\frac{U(z)}{1+G(z)}$$

根据 Z 变换的终值定理，单位反馈离散系统的稳态误差为

$$e_{ss}=\lim_{z\to 1}(z-1)E(z)=\lim_{z\to 1}\frac{(z-1)U(z)}{1+G(z)} \tag{8-77}$$

（二）线性离散系统稳态误差系数

1. 单位阶跃输入

$$U(z)=\frac{z}{z-1}$$

$$e_{ss}=\lim_{z\to 1}\frac{z-1}{1+G(z)}\frac{z}{z-1}=\frac{1}{1+\lim\limits_{z\to 1}G(z)}$$

定义线性离散系统的稳态位置误差系数为

$$K_p=\lim_{z\to 1}G(z)$$

稳态误差

$$e_{ss}=\frac{1}{1+K_p}$$

对于0型系统，$\nu=0$，$K_p=K_0$，则 $e_{ss}=\dfrac{1}{1+K_0}$（K_0 为0型系统的开环增益）；

对于Ⅰ型系统，$\nu=1$，$K_p=\infty$，则 $e_{ss}=0$；

对于Ⅱ型系统，$\nu=2$，$K_p=\infty$，则 $e_{ss}=0$。

2. 单位速度输入

$$U(z)=\frac{T_0z}{(z-1)^2}$$

$$e_{ss}=\lim_{z\to 1}\frac{z-1}{1+G(z)}\frac{T_0z}{(z-1)^2}=\lim_{z\to 1}\frac{T_0z}{(z-1)+(z-1)G(z)}=\frac{T_0}{\lim\limits_{z\to 1}(z-1)G(z)}$$

定义线性离散系统稳态速度误差系数为

$$K_v=\lim_{z\to 1}\frac{1}{T_0}(z-1)G(z)$$

稳态误差

$$e_{ss}=\frac{1}{K_v}$$

对于0型系统，$\nu=0$，$K_v=0$，则 $e_{ss}=\infty$；

对于Ⅰ型系统，$\nu=1$，$K_v=\dfrac{K_{\mathrm{I}}}{T_0}$，则 $e_{ss}=\dfrac{T_0}{K_{\mathrm{I}}}$（$K_{\mathrm{I}}$ 为Ⅰ型系统的开环增益）；

对于Ⅱ型系统，$\nu=2$，$K_v=\infty$，则 $e_{ss}=0$。

3. 单位加速度输入

$$U(z)=\frac{T_0^2z(z+1)}{2(z-1)^3}$$

$$e_{ss}=\lim_{z\to 1}\frac{z-1}{1+G(z)}\frac{T_0^2z(z+1)}{2(z-1)^3}=\frac{T_0^2}{\lim\limits_{z\to 1}(z-1)^2G(z)}$$

定义线性离散系统稳态加速度误差系数为

$$K_a=\lim_{z\to 1}\frac{1}{T_0^2}(z-1)^2G(z)$$

稳态误差

$$e_{ss}=\frac{1}{K_a}$$

对于0型系统，$\nu=0$，$K_a=0$，则 $e_{ss}=\infty$；

对于Ⅰ型系统，$\nu=1$，$K_a=0$，则 $e_{ss}=\infty$；

对于Ⅱ型系统，$\nu=2$，$K_a=\frac{K_{\text{Ⅱ}}}{T_0^2}$，则 $e_{ss}=\frac{T_0^2}{K_{\text{Ⅱ}}}$（$K_{\text{Ⅱ}}$为Ⅱ型系统的开环增益）。

表8-2汇总了不同类型单位反馈离散系统在不同输入信号作用下的稳态误差。

表8-2 单位反馈离散系统在不同输入信号作用下的稳态误差

系统	单位阶跃输入	单位速度输入	单位加速度输入
0型	$\frac{1}{1+K_p}$	∞	∞
Ⅰ型	0	$\frac{1}{K_v}$	∞
Ⅱ型	0	0	$\frac{1}{K_a}$

例8-21 试求图8-22所示单位反馈离散系统在单位速度信号输入下的稳态误差。图中 $G_0(s)=\frac{20}{s(s+1)}$。

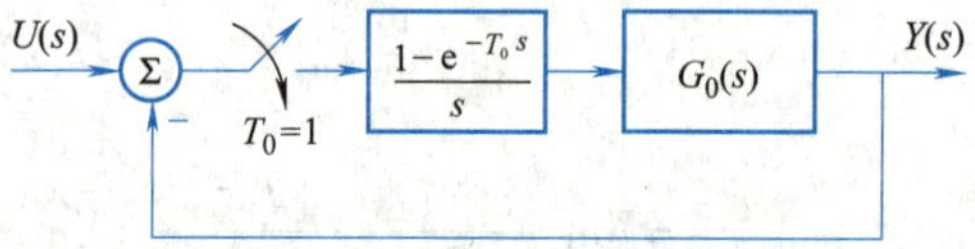

图8-22 例8-21的单位反馈离散系统

解

系统的开环脉冲传递函数为

$$G(z)=20Z\left[\frac{1-e^{-T_0 s}}{s^2(s+1)}\right]=\frac{20(z-1)}{z}Z\left[\frac{1}{s^2}+\frac{-1}{s}+\frac{1}{s+1}\right]$$

$$=\frac{20(z-1)}{z}\left[\frac{T_0 z}{(z-1)^2}+\frac{-z}{z-1}+\frac{z}{z-e^{-T_0}}\right]$$

$$=\frac{20[(e^{-T_0}+T_0-1)z+(1-e^{-T_0}-T_0e^{-T_0})]}{(z-1)(z-e^{-T_0})}$$

由上式可见，$G(z)$ 有一个极点在 $z=1$ 处，所以该离散系统是Ⅰ型系统，其稳态速度误差系数为

$$K_v=\lim_{z\to1}\frac{20[(e^{-T_0}+T_0-1)z+(1-e^{-T_0}-T_0e^{-T_0})]}{T_0(z-e^{-T_0})}=20$$

所以，系统对单位速度输入的稳态误差

$$e_{ss}=\frac{1}{K_v}=\frac{1}{20}$$

三、线性离散系统过渡过程特性分析

分析线性离散系统过渡过程特性的一般步骤是：

1）计算闭环脉冲传递函数 $\Phi(z)=\frac{Y(z)}{U(z)}$。

2）对给定的控制信号 $u(t)$（或 $u^*(t)$）求取 Z 变换得 $U(z)=Z[u(t)]$。

3）按 $Y(z)=\Phi(z)U(z)$ 求得 $Y(z)$。

4）对 $Y(z)$ 进行 Z 反变换，即可得到被控信号 $y(t)$ 的脉冲序列 $y(nT_0)$，此即离散系统的过渡过程。

线性离散系统的性能指标与线性连续系统相似，一般也是最大超调量 M_p，过渡过程时间 $t_s=kT_0$，稳态误差等。根据过渡过程 $y(nT_0)$ 或（$y^*(t)$），按性能指标，就可以来分析线性离散系统的动态和稳态性能。

例 8-22　试求图 8-22 所示单位反馈离散系统的过渡过程特性，并分析其动态及稳态性能。图中 $G_0(s)=\dfrac{1}{s(s+1)}$。

解

1）求离散系统连续部分的开环传递函数 $G(s)$。

$$G(s)=\frac{1-e^{-s}}{s^2(s+1)}=(1-e^{-s})\left(\frac{1}{s^2}-\frac{1}{s}+\frac{1}{s+1}\right)=\frac{1}{s^2}-\frac{1}{s}+\frac{1}{s+1}-\frac{e^{-s}}{s^2}+\frac{e^{-s}}{s}-\frac{e^{-s}}{s+1}$$

2）求与 $G(s)$ 对应的离散系统的开环脉冲响应函数 $g(t)$。

$$\begin{aligned}g(t)&=t1(t)-11(t)+e^{-t}1(t)-(t-1)1(t-1)+11(t-1)-e^{-(t-1)}1(t-1)\\&=(t-1+e^{-t})1(t)-[(t-1)-1+e^{-(t-1)}]1(t-1)\end{aligned}$$

用 nT_0 代替 t，可求得脉冲响应函数的脉冲序列 $g(nT_0)$，因为 $T_0=1\text{s}$，所以有

$$g(n)=(n-1+e^{-n})-(n-2+e^{-n+1})=1+e^{-n}-e^{-(n-1)}\quad(n=1,2,3,\cdots)\tag{8-78}$$

$$g(0)=0$$

3）求离散系统的开环脉冲传递函数 $G(z)$。

$$\begin{aligned}G(z)&=\sum_{n=0}^{+\infty}g(n)z^{-n}=\sum_{n=0}^{+\infty}(1+e^{-n}-e^{-(n-1)})z^{-n}+(e-2)\\&=\sum_{n=0}^{+\infty}z^{-n}+(1-e)\sum_{n=0}^{+\infty}e^{-n}z^{-n}+(e-2)=\frac{1}{1-z^{-1}}+\frac{1-e}{1-e^{-1}z^{-1}}+e-2\\&=\frac{e^{-1}z+1-2e^{-1}}{z^2-(1+e^{-1})z+e^{-1}}\end{aligned}\tag{8-79}$$

式（8-79）中的（e−2）项是为满足 $g(0)=0$ 而附加的。

4）求闭环脉冲传递函数 $\Phi(z)=\dfrac{Y(z)}{U(z)}$，考虑到 $H(s)=1$，则有

$$\Phi(z)=\frac{G(z)}{1+G(z)}=\frac{e^{-1}z+(1-2e^{-1})}{z^2-z+(1-e^{-1})}=\frac{0.368z+0.264}{z^2-z+0.632}\tag{8-80}$$

设系统的控制信号 $u(t)$ 为单位阶跃函数 $1(t)$，因此

$$U(z)=Z[1(t)]=\frac{z}{z-1}\tag{8-81}$$

5）求取被控信号 $y(t)$ 的 Z 变换 $Y(z)$。利用式（8-80）和式（8-81），有

$$\begin{aligned}Y(z)&=\Phi(z)U(z)=\frac{0.368z+0.264}{z^2-z+0.632}\times\frac{z}{z-1}=\frac{0.368z^2+0.264z}{z^3-2z^2+1.632z-0.632}\\&=\frac{0.368z^{-1}+0.264z^{-2}}{1-2z^{-1}+1.632z^{-2}-0.632z^{-3}}\end{aligned}\tag{8-82}$$

6）求离散系统的过渡过程 $y^*(t)$。对式（8-82）运用长除法，便有

$$Y(z)=0.368z^{-1}+z^{-2}+1.4z^{-3}+1.4z^{-4}+1.147z^{-5}+0.895z^{-6}+\cdots$$

根据 Z 变换的定义，即可求得离散系统的过渡过程 $y^*(t)$

$$y^*(t)=\sum_{n=0}^{+\infty}y(nT_0)\delta(t-nT_0)=0+0.368\delta(t-1)+1\delta(t-2)+1.4\delta(t-3)$$
$$+1.4\delta(t-4)+1.147\delta(t-5)+0.895\delta(t-6)+\cdots \tag{8-83}$$

按式（8-83）画出过渡过程曲线如图 8-23 所示。

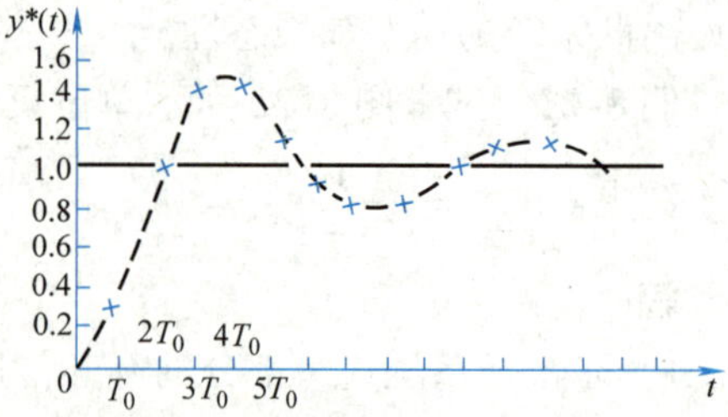

图 8-23　例 8-22 系统的过渡过程曲线

7）分析系统的动态及稳态性能。从图 8-23 可以看出，图 8-22 所示的线性离散反馈系统，对单位阶跃控制信号的响应具有衰减振荡形式，其最大超调量 $M_p=40\%$，过渡过程时间 $t_s=kT_0=12\text{s}$（误差 $<5\%$）。

线性离散系统的稳态误差除可从输出信号在各采样时刻上的数值 $y(nT_0)$，$(n=0,1,2,3,\cdots)$ 以及从过渡过程曲线 $y^*(t)$ 求取外，还可以应用 Z 变换的终值定理来计算。

下面应用终值定理计算本例题在不同输入信号作用下的系统稳态误差。

因为图 8-22 所示为单位反馈离散系统，所以，偏差 = 误差，因此有

$$\frac{E(z)}{U(z)}=\frac{\mathcal{E}(z)}{U(z)}=1-\frac{Y(z)}{U(z)}=\frac{z^2-1.368z+0.368}{z^2-z+0.632}$$

由上式求得

$$E(z)=\frac{z^2-1.368z+0.368}{z^2-z+0.632}U(z) \tag{8-84}$$

① 当 $u(t)=1(t)$，即 $U(z)=\dfrac{z}{z-1}$ 时，

由式（8-77）得

$$e_{ss}=\lim_{z\to1}(z-1)E(z)=\lim_{z\to1}\left[(z-1)\frac{z^2-1.368z+0.368}{z^2-z+0.632}\,\frac{z}{z-1}\right]=0$$

上式说明，图 8-22 所示离散系统在稳态能够准确地跟踪阶跃函数型控制信号。

② 当 $u(t)=t$，即 $U(z)=\dfrac{T_0z}{(z-1)^2}$　$(T_0=1\text{s})$ 时，

$$\begin{aligned}e_{ss}&=\lim_{z\to1}[(z-1)E(z)]\\&=\lim_{z\to1}\left[(z-1)\frac{z^2-1.368z+0.368}{z^2-z+0.632}\,\frac{z}{(z-1)^2}\right]\\&=\lim_{z\to1}\left\{\frac{\dfrac{d}{dz}(z^3-1.368z^2+0.368z)}{\dfrac{d}{dz}[(z^2-z+0.632)(z-1)]}\right\}=1\end{aligned}$$

上式说明，图 8-22 所示离散系统响应匀速信号的稳态误差等于常量，其值为 1。

③ 当 $u(t)=\dfrac{1}{2}t^2$，即 $U(z)=\dfrac{T_0^2z(z+1)}{2(z-1)^3}$　$(T_0=1\text{s})$ 时，

$$
\begin{aligned}
e_{ss} &= \lim_{z\to 1}[(z-1)E(z)] \\
&= \lim_{z\to 1}\left[(z-1)\frac{z^2-1.368z+0.368}{z^2-z+0.632}\frac{z(z+1)}{2(z-1)^3}\right] \\
&= \lim_{z\to 1}\left\{\frac{\frac{d}{dz}[(z^2-1.368z+0.368)z(z+1)]}{2\frac{d}{dz}[(z^2-z+0.632)(z-1)^2]}\right\}=\infty
\end{aligned}
$$

上式说明，图 8-22 所示离散系统响应加速度信号的稳态误差为无穷大，也就是说，被控信号不可能对输入的加速度信号进行跟踪。

第六节　线性离散系统的校正与控制

与线性连续系统一样，线性离散系统的校正的目的是在离散系统稳定的基础上，进一步提高系统的控制性能。

一、数字控制器的脉冲传递函数

如图 8-24 所示，在该线性数字控制系统中，数字控制器 $D(z)$ 将输入的脉冲序列 $\varepsilon^*(t)$，根据系统性能要求作适当的处理后，输出一个新的脉冲序列 $u^*(t)$ 直接控制数字控制系统的控制对象，使系统动态特性满足系统性能指标要求。那么，如何根据输入脉冲序列与输出脉冲序列，确定数字控制器脉冲传递函数 $D(z)$，是离散系统校正与控制的重要问题。

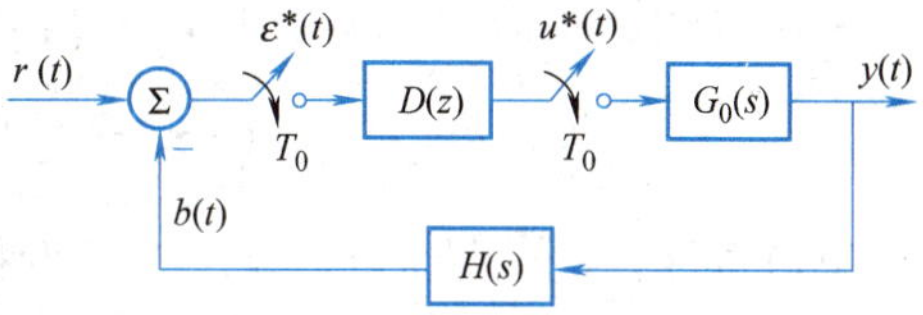

图 8-24　数字离散控制系统

确定数字控制器脉冲传递函数 $D(z)$ 时，假设控制器前后两个采样器的动作是同步的，即认为计算机的运算速度是很快的，输出对输入没有明显的迟后，如果计算迟后过大，可以通过附加一个延迟时间等于计算迟后时间的延迟环节。在这个假定下，数字控制器脉冲传递函数的一般表达式为

$$D(z)=\frac{b_0+b_1z^{-1}+b_2z^{-2}+\cdots+b_mz^{-m}}{1+a_1z^{-1}+a_2z^{-2}+\cdots+a_nz^{-n}} \tag{8-85}$$

式中　$a_j(j=1,2,\cdots,n)$，$b_i(i=0,1,2,\cdots,m)$——常系数。

为使数字控制器脉冲传递函数具有物理实现性，要求式（8-85）分子分母多项式的相对次数 $n-m\geqslant 0$。

在图 8-24 数字控制系统中，设反馈传递函数 $H(s)=1$，连续部分（包括保持器）的脉冲传递函数为 $G_0(z)$，则可求得单位反馈线性离散系统的闭环脉冲传递函数为

$$\frac{Y(z)}{U(z)}=\frac{D(z)G_0(z)}{1+D(z)G_0(z)} \tag{8-86}$$

及

$$\frac{\mathcal{E}(z)}{U(z)}=\frac{1}{1+D(z)G_0(z)} \tag{8-87}$$

若记

$$\frac{Y(z)}{U(z)}=\Phi(z) \tag{8-88}$$

及

$$\frac{\mathcal{E}(z)}{U(z)}=\Phi_{\varepsilon}(z) \tag{8-89}$$

则由上述方程可以求得数字控制器的脉冲传递函数为

$$D(z)=\frac{\Phi(z)}{G_0(z)[1-\Phi(z)]} \tag{8-90}$$

及

$$D(z)=\frac{1-\Phi_{\varepsilon}(z)}{G_0(z)\Phi_{\varepsilon}(z)} \tag{8-91}$$

上述二式描述了离散数字控制器的脉冲传递函数与线性离散系统连续部分的脉冲传递函数 $G_0(z)$、系统闭环脉冲传递函数 $\Phi(z)$ 及 $\Phi_{\varepsilon}(z)$ 之间的关系。若已知 $G_0(z)$，并根据系统性能指标确定出系统期望的闭环脉冲传递函数 $\Phi(z)$ 或 $\Phi_{\varepsilon}(z)$，就可以唯一地确定出数字控制器的脉冲传递函数 $D(z)$。

二、最少拍系统的设计与校正

在典型控制信号作用下无稳态误差，以及过渡过程能在最少个采样周期内结束响应的离散系统，称为最少拍系统。在离散（数字）控制过程中，一个采样周期称为一拍。

单位阶跃控制信号 $u(t)=1(t)$，其 Z 变换为

$$U(z)=Z[1(t)]=\frac{z}{z-1}=\frac{1}{1-z^{-1}} \tag{8-92}$$

单位速度控制信号 $u(t)=t$，其 Z 变换为

$$U(z)=Z(t)=\frac{T_0z}{(z-1)^2}=\frac{T_0z^{-1}}{(1-z^{-1})^2} \tag{8-93}$$

单位加速度控制信号 $u(t)=\frac{1}{2}t^2$，其 Z 变换为

$$U(z)=Z\left(\frac{1}{2}t^2\right)=\frac{T_0^2}{2}\frac{z(z+1)}{(z-1)^3}=\frac{T_0^2z^{-1}(1+z^{-1})}{2(1-z^{-1})^3} \tag{8-94}$$

式（8-93）及式（8-94）中，T_0 为采样周期。

可将式（8-92）、式（8-93）及式（8-94）归并成一个关于典型控制信号 Z 变换的统式，即

$$U(z)=\frac{A(z)}{(1-z^{-1})^{\nu}} \tag{8-95}$$

式中　$\nu=1,2,3$ 分别与单位阶跃输入、单位速度输入及单位加速度输入相对应。而 $A(z)$ 是不含因子（$1-z^{-1}$）的关于 z^{-1} 的多项式。

对于最少拍系统，为使响应典型输入时无稳态误差，即当

$$U(z)=\frac{A(z)}{(1-z^{-1})^{\nu}}$$

时，使单位反馈系统

$$\lim_{t\to\infty}e(t)=\lim_{t\to\infty}\varepsilon(t)=0$$

根据 Z 变换的终值定理，有

$$\lim_{t\to\infty}\varepsilon(t)=\lim_{z\to1}[(z-1)\mathcal{E}(z)]=\lim_{z\to1}[(1-z^{-1})zU(z)\Phi_{\varepsilon}(z)]$$

$$=\lim_{z\to 1}\left[(1-z^{-1})z\frac{A(z)}{(1-z^{-1})^{\nu}}\Phi_{\varepsilon}(z)\right]$$

所以，应使

$$\lim_{z\to 1}\left[(1-z^{-1})z\frac{A(z)}{(1-z^{-1})^{\nu}}\Phi_{\varepsilon}(z)\right]=0 \tag{8-96}$$

由式（8-96）可以看出，要使$\lim\limits_{t\to\infty}e(t)=0$，$\Phi_{\varepsilon}(z)$ 应具有 $(1-z^{-1})^{\nu}$ 的因子。为此，设

$$\Phi_{\varepsilon}(z)=(1-z^{-1})^{\nu}\varphi(z) \tag{8-97}$$

式中　$\varphi(z)$——在 $z=1$ 处无极点和零点的关于 z^{-1} 的有理分式。

对于单位反馈系统，因为 $\mathcal{E}(z)=U(z)-Y(z)$，所以由式（8-88）及式（8-89）求得

$$\Phi(z)=1-\Phi_{\varepsilon}(z) \tag{8-98}$$

由式（8-88）及式（8-98）可求得线性离散系统输出函数 $y(t)$ 的 Z 变换为

$$Y(z)=U(z)[1-\Phi_{\varepsilon}(z)] \tag{8-99}$$

将式（8-95）和式（8-97）代入式（8-99），便可得出稳态误差为零时系统输出函数 $y(t)$ 的 Z 变换，即

$$Y(z)=U(z)-A(z)\varphi(z) \tag{8-100}$$

为满足线性离散系统的过渡过程在最少拍内结束的要求，需使系统的闭环脉冲传递函数 $\Phi_{\varepsilon}(z)$ 及 $\Phi(z)$ 所含 z^{-1}项数最少。从式（8-97）可知，当取 $\varphi(z)=1$ 时，$\Phi_{\varepsilon}(z)$ 所含 z^{-1} 的项数为最少。因此

$$\Phi_{\varepsilon}(z)=(1-z^{-1})^{\nu} \tag{8-101}$$

和

$$\Phi(z)=1-(1-z^{-1})^{\nu} \tag{8-102}$$

是既保证在典型输入信号作用下无稳态误差，又能使过渡过程在最少拍内结束的线性离散系统的闭环脉冲传递函数。

所以，根据式（8-101）、(8-102）及式（8-100）就可求得在典型输入信号作用下最少拍系统的 $\Phi_{\varepsilon}(z)$、$\Phi(z)$ 及 $Y(z)$。

1）当输入为单位阶跃函数时，$\nu=1$，$U(z)=\dfrac{1}{1-z^{-1}}$，得

$$\Phi_{\varepsilon}(z)=1-z^{-1} \tag{8-103}$$

$$\Phi(z)=z^{-1} \tag{8-104}$$

$$Y(z)=z^{-1}+z^{-2}+z^{-3}+\cdots+z^{-n}+\cdots \tag{8-105}$$

2）当输入为单位速度函数时，$\nu=2$，$U(z)=\dfrac{T_0z^{-1}}{(1-z^{-1})^2}$，得

$$\Phi_{\varepsilon}(z)=(1-z^{-1})^2 \tag{8-106}$$

$$\Phi(z)=2z^{-1}-z^{-2} \tag{8-107}$$

$$Y(z)=2T_0z^{-2}+3T_0z^{-3}+\cdots+nT_0z^{-n}+\cdots \tag{8-108}$$

3）当输入为单位加速度函数时，$\nu=3$，$U(z)=\dfrac{T_0^2z^{-1}(1+z^{-1})}{2(1-z^{-1})^3}$，得

$$\Phi_{\varepsilon}(z)=(1-z^{-1})^3 \tag{8-109}$$

$$\Phi(z)=3z^{-1}-3z^{-2}+z^{-3} \tag{8-110}$$

$$Y(z)=1.5T_0^2z^{-2}+4.5T_0^2z^{-3}+8T_0^2z^{-4}+\cdots+\frac{n^2}{2}T_0^2z^{-n}\cdots \tag{8-111}$$

对式（8-105）、式（8-108）及式（8-111）取 Z 反变换，便可分别求得最少拍系统响应单位阶跃输入、单位速度输入及单位加速度输入信号时的过渡过程 $y^*(t)$，如图 8-25、图 8-26 及图 8-27 所示。

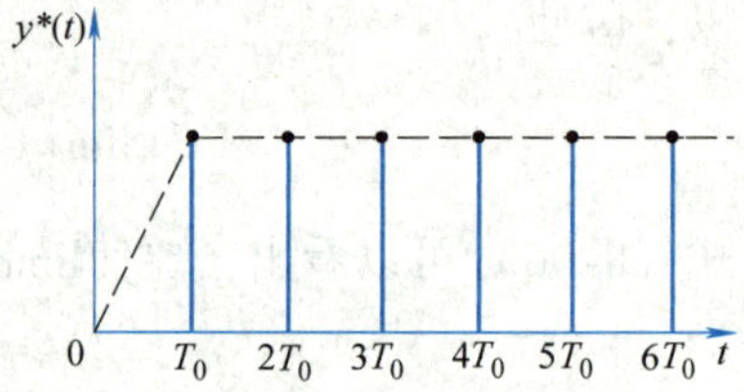

图 8-25　最少拍系统单位阶跃响应

从以上三图可见，具有式（8-101）或式（8-102）所示闭环脉冲传递函数的最少拍系统，响应单位阶跃输入、单位速度输入及单位加速度输入的过渡过程 $y^*(t)$ 分别在一拍、两拍及三拍内结束，并且均无稳态误差。

当线性离散系统的典型输入信号的形式确定后，便可由表 8-3 选取相应的最少拍系统的闭环脉冲传递函数。再将选定的 $\Phi(z)$（或 $\Phi_\varepsilon(z)$）代入式（8-90）（或式（8-91）），就可求得确保线性离散系统成为最少拍系统的数字控制器的脉冲传递函数 $D(z)$。

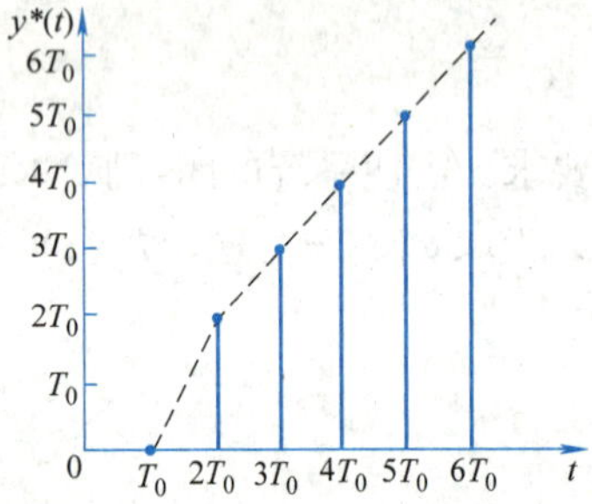

图 8-26　最少拍系统单位速度响应

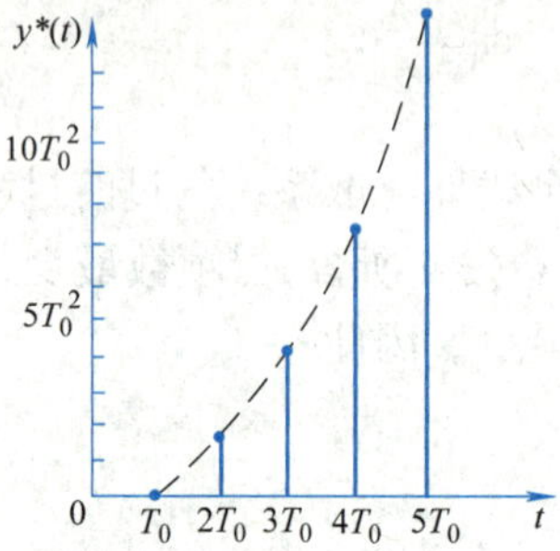

图 8-27　最少拍系统单位加速度响应

表 8-3　最少拍系统的闭环脉冲传递函数

典型输入		闭环脉冲传递函数	
$u(t)$	$U(z)$	$\Phi_\varepsilon(z)$	$\Phi(z)$
$1(t)$	$\frac{1}{1-z^{-1}}$	$1-z^{-1}$	z^{-1}
t	$\frac{T_0z^{-1}}{(1-z^{-1})^2}$	$(1-z^{-1})^2$	$2z^{-1}-z^{-2}$
$\frac{1}{2}t^2$	$\frac{T_0^2z^{-1}(1+z^{-1})}{2(1-z^{-1})^3}$	$(1-z^{-1})^3$	$3z^{-1}-3z^{-2}+z^{-3}$

例 8-23　设单位反馈线性离散系统的连续部分及零阶保持器的传递函数分别为 $G_o(s)=\frac{10}{s(s+1)}$和 $G_h(s)=\frac{1-e^{-s}}{s}$。试求取在单位速度输入信号 $u(t)=t$ 作用下，能使该系统成为最少拍系统的数字控制器的脉冲传递函数 $D(z)$。

解

根据给定的 $G_o(s)$ 和 $G_h(s)$ 求得开环脉冲传递函数，即

$$G(z)=Z[G_o(s)G_h(s)]=\frac{3.68z^{-1}(1+0.718z^{-1})}{(1-z^{-1})(1-0.368z^{-1})}$$

在表 8-3 中选取与 $u(t)=t$ 对应的最少拍系统的闭环脉冲传递函数为

$$\Phi(z)=2z^{-1}-z^{-2}$$

将选定的 $\Phi(z)$ 代入式（8-90）中，便可求得数字控制器的脉冲传递函数，即

$$D(z)=\frac{(1-z^{-1})(1-0.368z^{-1})}{3.68z^{-1}(1+0.718z^{-1})}\frac{2z^{-1}-z^{-2}}{1-2z^{-1}+z^{-2}}=\frac{0.543(1-0.368z^{-1})(1-0.5z^{-1})}{(1-z^{-1})(1+0.718z^{-1})}$$

经过数字校正后，该系统的开环脉冲传递函数为

$$D(z)G(z)=\frac{2z^{-1}-z^{-2}}{(1-z^{-1})^2}$$

该系统响应单位速度输入 $u(t)=t$ 的过渡过程 $y(t)$ 如图 8-26 所示。过渡过程在两拍内就结束了。

下面分析上述校正后的最少拍系统，在响应单位阶跃输入及单位加速度输入时的过渡过程。

1）当该系统受单位阶跃信号 $u(t)=1(t)$ 控制时，其输出信号 $y(t)$ 的 Z 变换 $Y(z)$ 为

$$Y(z)=(2z^{-1}-z^{-2})\frac{1}{1-z^{-1}}=2z^{-1}+z^{-2}+z^{-3}+\cdots+z^{-n}+\cdots$$

与上式对应的过渡过程 $y(t)$ 如图 8-28 所示。

从图 8-28 可见，该系统响应单位阶跃输入时的过渡过程时间 t_s 仍为两拍，稳态误差仍等于零，但在 $t=T_0=1\text{s}$ 时却出现了一个 100% 的超调。

2）当该系统受单位加速度信号 $u(t)=\frac{1}{2}t^2$ 控制时，其输出信号 $y(t)$ 的 Z 变换 $Y(z)$ 为

$$Y(z)=(2z^{-1}-z^{-2})\frac{z^{-1}(1+z^{-1})}{2(1-z^{-1})^3}=z^{-2}+3.5z^{-3}+7z^{-4}+11.5z^{-5}+\cdots$$

与上式对应的过渡过程 $y(t)$ 如图 8-29 所示。

从图 8-29 可见，该系统响应单位加速度输入时的过渡过程时间 t_s 仍为两拍，但出现了数值等于 1 的常值稳态误差。

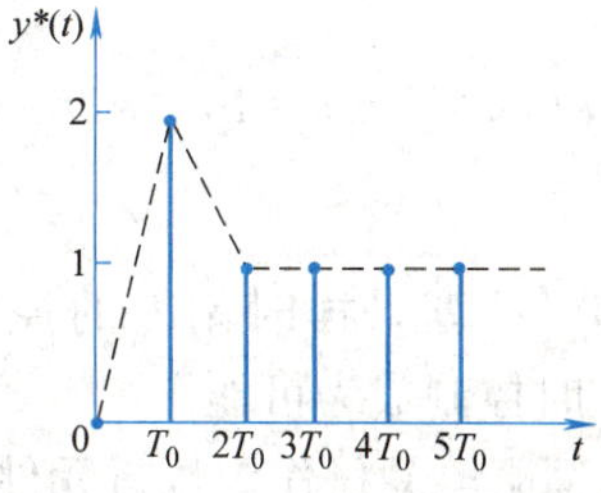

图 8-28　例 8-23 系统的单位阶跃响应

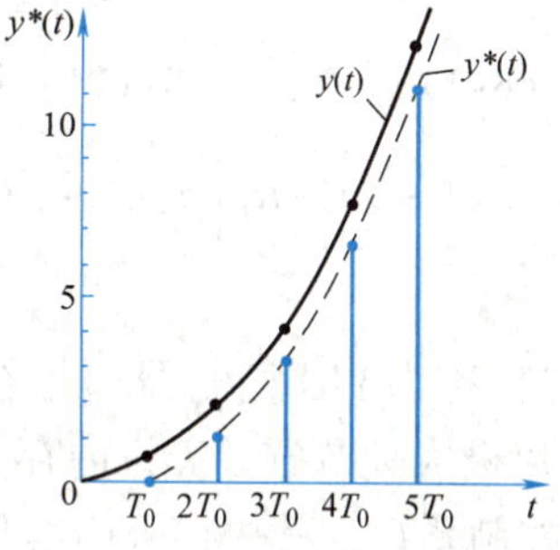

图 8-29　例 8-23 系统的单位加速度响应

从上面分析看出，如果线性离散系统是针对单位速度输入设计的最少拍系统，则它在响应单位阶跃输入时的过渡过程会出现 100% 的超调，而响应单位加速度输入时的过渡过程虽无超调现象，但系统将出现稳态误差。这说明最少拍系统对控制信号的适应性较差。

三、离散系统的 PID 控制

（一）PID 控制规律的离散化

如图 8-30 所示，在连续控制系统中，PID 的控制规律可以写成如下形式：

$$u(t)=K_p\left[\varepsilon(t)+\frac{1}{T_i}\int_0^t\varepsilon(t)\mathrm{d}t+T_d\frac{\mathrm{d}\varepsilon(t)}{\mathrm{d}t}\right] \tag{8-112}$$

式中 $u(t)$——PID 控制器的输出，也称为控制对象的控制输入；

$\varepsilon(t)$——偏差；

K_p——比例系数；

T_i——积分时间常数；

T_d——微分时间常数。

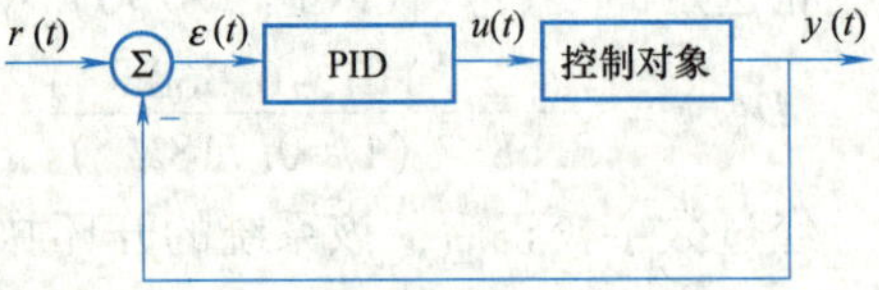

图 8-30 连续 PID 控制系统

为在数字控制系统上实现 PID 控制，需将连续 PID 控制规律离散化成离散型的 PID 控制规律，即用差分方程表示。为此，取 T_0 为采样周期，由于采样周期远小于信号变化的周期，可以用矩形面积求和的方法近似式（8-112）中的积分作用，用向后差分的方法近似微分作用，即

$$\int_0^t \varepsilon(t)\mathrm{d}t \approx \sum_{i=0}^{k} T_0 \varepsilon(k-i)$$

$$\frac{\mathrm{d}\varepsilon(t)}{\mathrm{d}t} \approx \frac{\varepsilon(k)-\varepsilon(k-1)}{T_0}$$

于是式（8-112）可以改写成如下差分方程的形式，即

$$u(k) = K_p\left[\varepsilon(k) + \frac{1}{T_i}\sum_{i=0}^{k} T_0\varepsilon(k-i) + T_d\frac{\varepsilon(k)-\varepsilon(k-1)}{T_0}\right] \tag{8-113}$$

由式（8-113）可知，控制量 $u(k)$ 是 PID 控制器的全量输出，它对应于被控对象每次采样时刻应达到的终值，因此，也称式（8-113）为 PID 位置控制算法。

应当指出，若按式（8-113）计算 $u(k)$，由于控制器的输出与过去的所有状态有关，计算时就要占用大量内存空间和计算时间，这对于实时控制是非常不利的。为此，需将式 (8-113)写成递推形式。

由式（8-113）写出第 $k-1$ 个采样时刻的控制器输出值，即

$$u(k-1) = K_p\left[\varepsilon(k-1) + \frac{1}{T_i}\sum_{i=0}^{k-1} T_0\varepsilon(k-1-i) + T_d\frac{\varepsilon(k-1)-\varepsilon(k-2)}{T_0}\right] \tag{8-114}$$

用式（8-113）减式（8-114）得

$$u(k) = u(k-1) + K_p\left\{\varepsilon(k) - \varepsilon(k-1) + \frac{T_0}{T_i}\varepsilon(k) + \frac{T_d}{T_0}[\varepsilon(k) - 2\varepsilon(k-1) + \varepsilon(k-2)]\right\} \tag{8-115}$$

式（8-115）称为 PID 控制器递推公式，应用式（8-115）计算采样时刻 k 的控制器输出 $u(k)$，可以极大地节省计算机内存空间和计算时间，使实时控制成为可能。

许多控制系统，其执行机构本身具有记忆功能，例如伺服电动机作为执行元件，具有保持历史位置的功能，当控制器给出一个增量信号时，执行机构在原来位置上移动某一定位置，达到新的平衡位置。在这种情况下，需要采用增量型 PID 控制算法。设被控对象的控制输入增量为 $\Delta u(t)$，即

$$\Delta u(k) = u(k) - u(k-1) = K_p\left\{\varepsilon(k) - \varepsilon(k-1) + \frac{T_0}{T_i}\varepsilon(k) + \frac{T_d}{T_0}[\varepsilon(k) - 2\varepsilon(k-1) + \varepsilon(k-2)]\right\} \tag{8-116}$$

式（8-116）称为增量型 PID 控制算法。

显然，增量型 PID 与位置 PID 控制算法，本质上是一样的，仅在计算方法上有所变化。但增量型 PID 控制算法具有如下优点：

1）增量型 PID 控制算法仅与最近几次采样偏差有关，无需进行累加，因而不易产生积累误差，控制效果好。

2）增量型 PID 控制算法只给出控制增量，因而误差动作小。

3）增量型 PID 控制算法，由于利用了执行机构的记忆功能，易于实现手动-自动控制的无扰动切换，且切换时易于实现平滑过渡。

（二）PID 控制器的脉冲传递函数

若对式（8-113）进行 Z 变换，得

$$U(z)=K_p\left\{\mathcal{E}(z)+\frac{T_0}{T_i}\frac{1}{1-z^{-1}}\mathcal{E}(z)+\frac{T_d}{T_0}\left[\mathcal{E}(z)-z^{-1}\mathcal{E}(z)\right]\right\}$$

于是可得 PID 控制器的脉冲传递函数为

$$D(z)=\frac{U(z)}{\mathcal{E}(z)}=\frac{b_0-b_1z^{-1}+b_2z^{-2}}{1-z^{-1}} \tag{8-117}$$

式中　$b_0=K_p\left(1+\frac{T_0}{T_i}+\frac{T_d}{T_0}\right)$，$b_1=K_p\left(1+2\frac{T_d}{T_0}\right)$，$b_2=K_p\frac{T_d}{T_0}$。

当 $T_d=0$，$T_i=\infty$ 时

$$D(z)=K_p \tag{8-118}$$

式（8-118）称为比例（P）数字控制器脉冲传递函数。

当 $T_d=0$ 时

$$D(z)=\frac{K_p\left(1+\frac{T_0}{T_i}\right)-K_pz^{-1}}{1-z^{-1}} \tag{8-119}$$

式（8-119）称为比例加积分（PI）数字控制器脉冲传递函数。

当 $T_i=\infty$ 时

$$D(z)=K_p\left(1+\frac{T_d}{T_0}\right)-K_p\frac{T_d}{T_0}z^{-1} \tag{8-120}$$

式（8-120）称为比例加微分（PD）数字控制器脉冲传递函数。

与连续系统一样，增大比例系数 K_p，将加快系统响应速度，减少系统稳态误差，但直接影响系统的稳定性。增大积分时间常数 T_i，有利于提高系统的稳定性，但同时也加大了系统消除稳态误差的调节时间。微分控制作用，将改善系统的动态性能。下面举例说明 PID 控制在数字控制系统中的作用。

例 8-24　某单位反馈数字控制系统可用下述框图表示

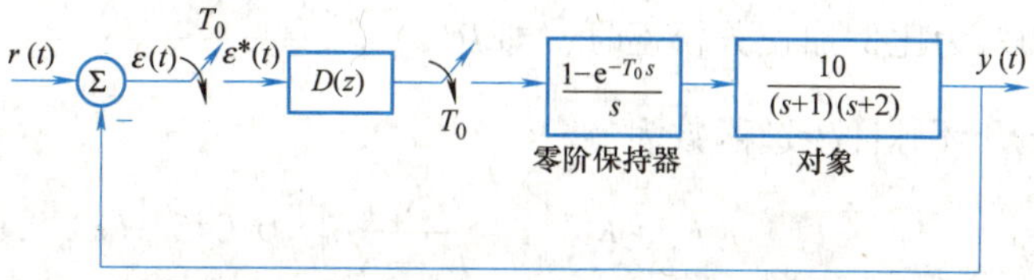

图 8-31　例 8-24 数字控制系统框图

图中采样周期 $T_0=0.1\text{s}$，试分别采用数字控制器 P、PI、PID 加以校正，并分析各控制作用对系统动态性能的影响。

解

通过 Z 变换，该数字控制系统连续部分的脉冲传递函数为

$$G_0(z)=\frac{0.0453(z+0.904)}{(z-0.905)(z-0.819)}$$

1）当数字控制器为比例校正时，即 $D(z)=K_p$，其闭环脉冲传递函数为

$$\frac{Y(z)}{R(z)}=\Phi(z)=\frac{D(z)G_0(z)}{1+D(z)G_0(z)}=\frac{0.0453K_p(z+0.904)}{z^2+(0.0453K_p-1.724)z+0.741+0.04095K_p}$$

当 $K_p=1$（无 PID 校正）时，其闭环脉冲传递函数为

$$\frac{Y(z)}{R(z)}=\frac{0.0453z+0.04095}{z^2-1.6787z+0.78195}$$

为进行数字控制系统动态分析，需将上式写成差分方程的形式，即

$$y(k+2)-1.6787y(k+1)+0.78195y(k)=0.0453r(k+1)+0.04095r(k)$$

利用数字计算机求解可得在无 PID 校正时，该数字控制系统在单位阶跃函数输入作用下，其时域特性曲线如图 8-32 所示。

当 $K_p=2$（P 校正）时，其闭环脉冲传递函数为

$$\frac{Y(z)}{R(z)}=\frac{0.0906z+0.0819}{z^2-1.6334z+0.8229}$$

写成差分方程的形式得

$$y(k+2)-1.6334y(k+1)+0.8229y(k)=0.0906r(k+1)+0.0819r(k)$$

其时域特性曲线如图 8-32 所示。

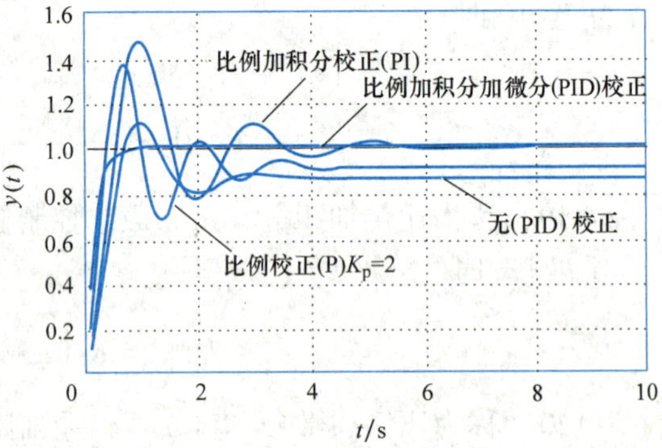

图 8-32 例 8-24 数字控制系统的输出响应曲线

根据 Z 变换终值定理，系统的稳态输出为

$$y(\infty)=\lim_{z\to 1}(z-1)\Phi(z)R(z)=\frac{0.08625K_p}{0.017+0.08625K_p}$$

当 $K_p=1$ 时，$y(\infty)=0.84$，稳态误差为 $e_{ss}=0.16$。

当 $K_p=2$ 时，$y(\infty)=0.91$，稳态误差为 $e_{ss}=0.09$。

由此可知，当 K_p 增大时，其稳态误差将减小，但不能彻底得到消除。为完全消除系统稳态误差，可加入积分校正环节。

2）当数字控制器为比例加积分校正时，即 $D(z)=\dfrac{(K_p+K_i)-K_pz^{-1}}{1-z^{-1}}$（其中 $K_i=K_pT_0/T_i$ 为积分系数），系统开环脉冲传递函数为

$$G(z)=D(z)G_0(z)=\frac{(K_p+K_i)\left(z-\dfrac{K_p}{K_p+K_i}\right)\times 0.0453(z+0.904)}{(z-0.905)(z-0.819)(z-1)}$$

由上式可知，由于积分校正的作用，系统开环传递函数增加了一个零点。为确定积分系数 K_i，提高系统的控制性能，可以考虑用零点 $\left(z-\dfrac{K_p}{K_p+K_i}\right)$ 去抵消极点（$z-0.905$），令

$$\frac{K_p}{K_p+K_i}=0.905$$

选择 $K_p=1$，得 $K_i=0.105$，此时数字控制器脉冲传递函数为

$$D(z)=\frac{1.105(z-0.905)}{z-1}$$

则经 PI 校正后的闭环脉冲传递函数为

$$\frac{Y(z)}{R(z)}=\frac{0.05z+0.0452}{z^2-1.769z+0.8642}$$

写成差分方程的形式得

$$y(k+2)-1.769y(k+1)+0.8642y(k)=0.05r(k+1)+0.0452r(k)$$

其时域特性曲线如图 8-32 所示。

系统的稳态输出为

$$y(\infty)=\lim_{z\to1}(z-1)\Phi(z)R(z)=1$$

其稳态误差等于零。可见，由于积分控制作用，消除了系统稳态误差，提高了系统控制精度。但系统的超调量相应增大了，如图 8-32 所示。为进一步提高系统的控制性能，还需加入微分校正。

3）当采用数字 PID 控制器校正时，其数字控制器脉冲传递函数为

$$D(z)=K_p+K_i\frac{1}{1-z^{-1}}+K_d(1-z^{-1})=\frac{(K_p+K_i+K_d)\left(z^2-\frac{K_p+2K_d}{K_p+K_i+K_d}z+\frac{K_d}{K_p+K_i+K_d}\right)}{z(z-1)}$$

式中，$K_d=K_p\frac{T_d}{T_0}$为微分系数。假定 $K_p=1$ 已选定，考虑到更有效地提高系统的控制性能，采用控制器 $D(z)$ 的两个零点抵消数字控制系统连续部分脉冲传递函数 $G_0(z)$ 的两个极点 $z=0.905$，$z=0.819$，即令

$$z^2-\frac{K_p+2K_d}{K_p+K_i+K_d}z+\frac{K_d}{K_p+K_i+K_d}=(z-0.905)(z-0.819)$$

用系数比较法求得 $K_i=0.069$，$K_d=3.062$，此时 PID 控制器的脉冲传递函数为

$$D(z)=\frac{4.131(z-0.905)(z-0.819)}{z(z-1)}$$

系统开环脉冲传递函数为

$$G(z)=D(z)G_0(z)=\frac{0.187(z+0.904)}{z(z-1)}$$

则经 PID 校正后的系统闭环脉冲传递函数为

$$\frac{Y(z)}{R(z)}=\frac{0.187(z+0.904)}{z(z-1)+0.187(z+0.904)}$$

写成差分方程的形式得

$$y(k+2)-0.813y(k+1)+0.169y(k)=0.187r(k+1)+0.169r(k)$$

其时域特性曲线如图 8-32 所示。

系统的稳态输出为

$$y(\infty)=\lim_{z\to 1}(z-1)\Phi(z)R(z)=1$$

系统的稳态误差为零。综上可知，系统在PID控制时，由于积分控制作用，使系统在单位阶跃函数作用下，其稳态误差为零。而微分控制作用，使系统的动态性能得到很大的改善，调节时间短，超调量小。

第七节　基于MATLAB与SIMULINK的离散系统分析

一、基于MATLAB的离散系统分析

（一）求函数的 Z 变换

命令格式：F = ztrans(f)

将函数 $f(t)$ 变换成函数 $F(z)$，z 变量为默认变量，可缺省。

（二）求函数的 Z 反变换

命令格式：f = iztrans(F)

将默认变量为 z 的函数 $F(z)$ 变换成默认变量为 n 的函数 $f(n)$。

（三）连续系统与离散系统之间的模型转换

命令格式：sysd = c2d(sys, Ts,'zoh')

将连续系统模型转换成离散系统模型。

命令格式：sys = d2c(sysd,'zoh')

将离散系统模型转换成连续系统模型。

以上 Ts 表示离散化采样时间；'zoh'表示采用零阶保持器，可缺省。

（四）建立离散系统的脉冲传递函数

命令格式：Gtf = tf(num, den, Ts)

其中 num、den 分别为连续部分传递函数分子和分母多项式系数，Ts 表示离散化采样时间。

（五）求离散系统的响应

求离散系统的脉冲、阶跃和任意输入时的响应的命令格式分别为：

dimpulse(num, den, n)

dstep(num, den, n)

dlsim(num, den, u, x0)

其中 n 为采样点数；u 为输入信号序列，其行数等于采样点数；x0 为初始状态。

二、基于SIMULINK的离散系统分析

下面将通过具体事例，说明直接利用SIMULINK进行离散系统的时域特性分析。

例 8-25　设有离散控制系统，可用下述差分方程描述。

$$5y(k+2)-9.16y(k+1)+4.33y(k)=4.128u(k+1)+0.4585u(k)$$

试利用SIMULINK仿真平台，求该离散系统的单位阶跃响应。

解

将系统差分方程改写成如下形式

$$y(k)=1.832y(k-1)-0.886y(k-2)+0.8256u(k-1)+0.0917u(k-2)$$

在SIMULINK平台上可以直接作出如图8-33所示仿真模型。其单位阶跃响应如图8-34所示。

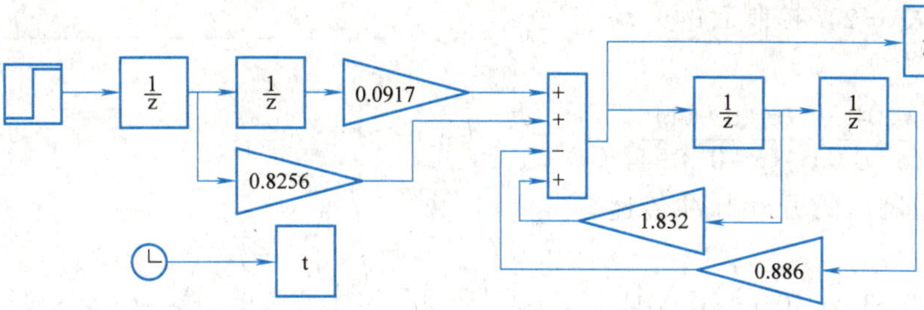

图 8-33　例 8-25 离散控制系统 SIMULINK 模型

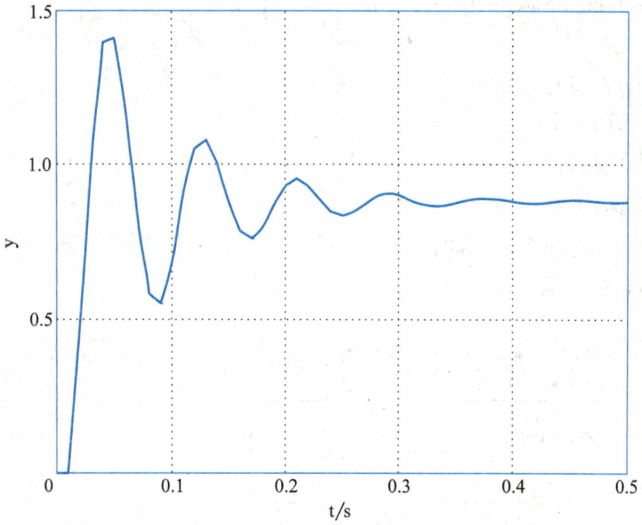

图 8-34　例 8-25 离散控制系统单位阶跃响应

例 8-26　设有单位反馈离散控制系统，其开环脉冲传递函数为

$$G(z)=\frac{0.465z+0.256}{z^2-1.9z+0.625}$$

试利用 SIMULINK 仿真平台，求该离散系统的单位阶跃响应。

解

根据给定系统的开环脉冲传递函数，可直接作出其 SIMULINK 模型如图 8-35 所示。

该模型是根据系统开环脉冲传递函数的分子分母多项式作出的，其单位阶跃响应如图 8-36 所示。

如果系统的开环脉冲传递函数是以零、极点形式给出的，也可以直接根据零、极点作出 SIMULINK 仿真模型，详见下例。

例 8-27　试利用 SIMULNIK 仿真平台，分析计算例 8-24 单位反馈离散系统加入 PID 控制后的时域特性。

解

由例 8-24 可知该数字控制系统开环脉冲传递函数为

$$G(z)=\frac{0.0453(z+0.904)}{(z-0.905)(z-0.819)}$$

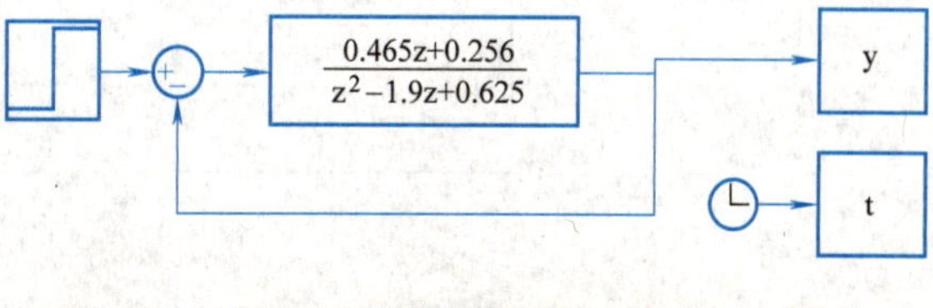

图 8-35　例 8-26 离散控制系统 SIMULINK 模型

加入 P（$K_p=2$）控制后的开环脉冲传递函数为

$$D(z)G(z)=\frac{0.0453K_p(z+0.904)}{(z-0.905)(z-0.819)}$$

加入 PI 控制后的开环脉冲传递函数为

$$D(z)G(z)=\frac{0.0453\times1.105(z+0.904)}{(z-0.819)(z-1)}$$

加入 PID 控制后的开环脉冲传递函数为

$$D(z)G(z)=\frac{0.187(z+0.904)}{z(z-1)}$$

根据上述四个开环脉冲传递函数，可作出 SIMULINK 仿真模型如图 8-37 所示。离散系统方波响应如图8-38所示，其响应特性与图 8-32 一致。

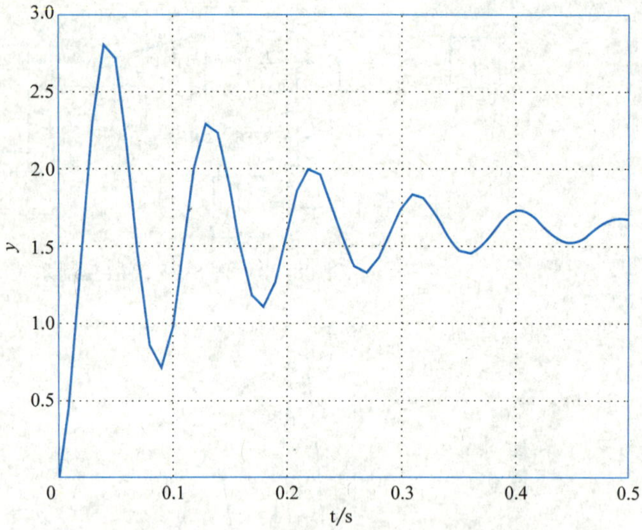

图 8-36　例 8-26 离散控制系统单位阶跃响应

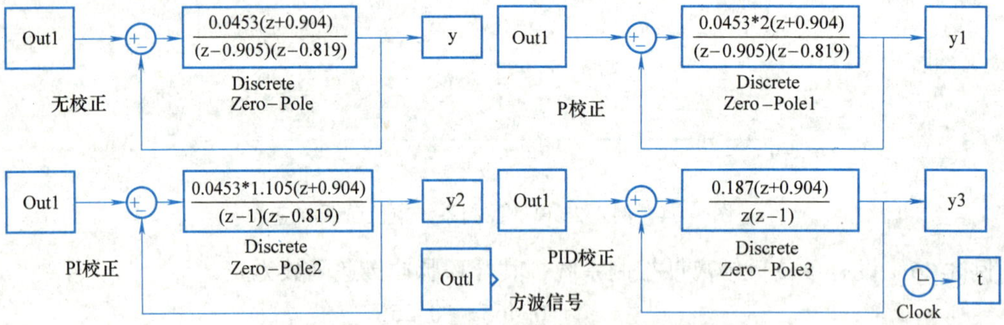

图 8-37　例 8-27 离散系统 SIMULNIK 仿真模型

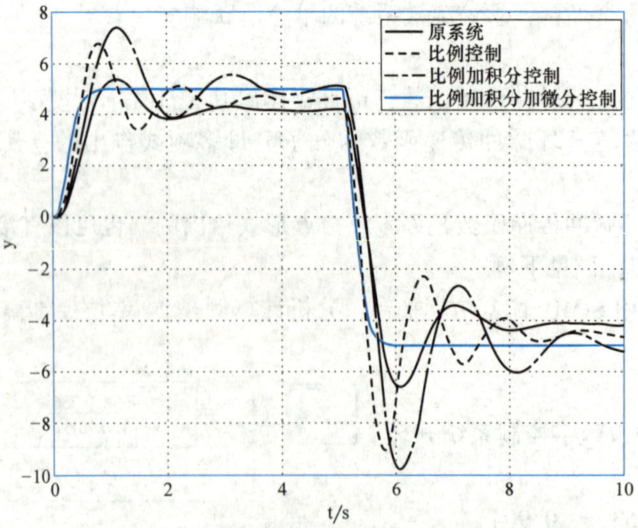

图 8-38　例 8-27 离散系统方波响应

习　题

8-1　试求下列函数的 Z 变换：

1）双曲正弦函数 $\sinh bt$ 和双曲余弦函数 $\cosh bt$

2）$\left[\dfrac{s+3}{(s+1)(s+2)}\right]^*$

3）$\left[\dfrac{a-b}{(s+a)(s+b)}\right]^*$

4）$\left[\dfrac{a}{s(s+a)(s+b)}\right]^*$

5）$f(t)=1-e^{-at}$

6）含衰减因子函数 $e^{-at}f(t)$

8-2　试求下列函数的 Z 反变换：

1）$X(z)=\dfrac{z}{z-e^{-aT_0}}$，式中 $e^{-aT_0}>0$

2）$X(z)=\dfrac{10z}{(z-1)(z-2)}$

3）$X(z)=\dfrac{z}{(z+1)(z+2)}$

4）$X(z)=\dfrac{2z^2}{(z+1)^2(z+2)}$

5）$X(z)=\dfrac{(1-e^{-aT_0})z}{(z-1)(z-e^{-aT_0})}$

8-3　试求下列函数的初值和终值：

1）$X(z)=\dfrac{1}{1-z^{-1}}$

2）$X(z)=\dfrac{T_0z^{-1}}{(1-z^{-1})^2}$

3）$X(z)=\dfrac{z^2(z^2+z+1)}{(z^2-0.8z+1)(z^2+z+0.8)}$

8-4　试用 Z 变换方法求解下列差分方程：

1）$y(k+2)-6y(k+1)+8y(k)=u(k)$，已知 $u(t)=1(t)$，$y(0)=0$，$y(T_0)=0$

2）$y(k+2)-3y(k+1)-10y(k)=u(k)$，已知 $u(t)=e^{-3t}$　$[u(t)=0,\ t<0]$，$T_0=1$，$y(0)=0$，$y(T_0)=0$

8-5　已知系统的开环脉冲传递函数为

$$G(z)=\frac{0.368z+0.264}{z^2-1.368z+0.368}$$

试判别单位反馈闭环系统的稳定性。

8-6　已知系统的特征方程为

$$z^2-0.632z+0.896=0$$

试判别系统的稳定性。

8-7　已知系统的开环脉冲传递函数为

$$G(z)=\frac{(z+0.7)}{(z-1)(z-0.368)}$$

试判别单位反馈闭环系统的稳定性。

8-8　设离散系统的开环脉冲传递函数为

$$G(z)=\frac{K[(aT_0-1+e^{-aT_0})z+(1-e^{-aT_0}-aT_0e^{-aT_0})]}{a^2(z-1)(z-e^{-aT_0})}$$

试求当 $a=1$，$T_0=1$ 时单位反馈闭环系统的临界稳定放大系数 K。

8-9　试求下述离散系统的临界稳定放大系数 K。

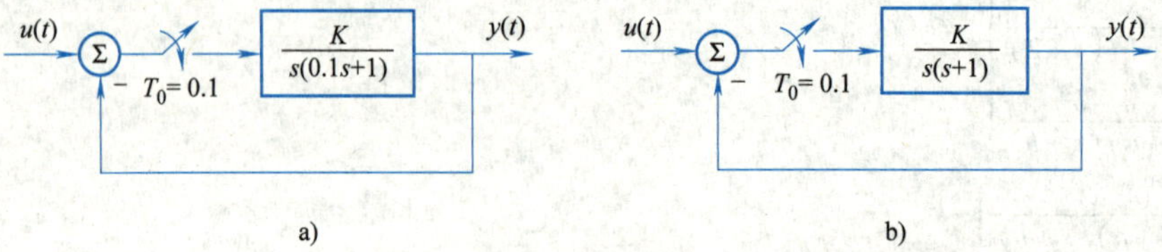

图 8-39　题 8-9 图

第九章　非线性控制系统

实际的工程控制系统都不同程度地存在非线性特性，只有在一定工作范围内，在某些限制条件下，才可以近似为线性系统。对于非线性程度比较严重，输入信号变化范围较大的系统，某些环节明显地工作在非线性范围。此时如果仍用线性理论进行分析与设计，将产生很大的误差，甚至会得出错误的结论。

控制系统中的环节不能用线性方程描述其特性时，称为非线性环节。含有一个或多个非线性环节的系统，则称为非线性控制系统。这种系统必须采用非线性理论来分析研究。分析非线性系统特性的方法有多种，本章主要介绍描述函数法。

第一节　非线性概述

非线性环节分为本质非线性和非本质非线性两类。后者的非线性特性是连续的，可以用第二章介绍的方法，在一定的条件下，或者缩小一些工作范围，将其线性化。而本质非线性，如饱和、死区、间隙、继电特性等，其非线性特性是不连续的，则在不连续点附近不能得出收敛的泰勒级数，就不能进行线性化，只能作为非线性问题处理。

此外，非线性环节还可分为固有非线性环节和人为非线性环节，前者是系统中不可避免地存在的，而后者则是为了改善系统的性能而人为加入的。

一、典型非线性特性

（一）饱和特性

饱和特性在控制系统中经常出现，它的变化规律是当输入信号较小时，即在一定范围内，饱和非线性环节的输出与输入呈线性关系；当输入信号超过该范围时，非线性环节的输出呈饱和状态。这种非线性特性称为饱和特性，典型饱和特性可用图 9-1 描述。

其数学表达式为

$$x=\begin{cases} Ka & \varepsilon > a \\ K\varepsilon & |\varepsilon| \leqslant a \\ -Ka & \varepsilon < -a \end{cases} \tag{9-1}$$

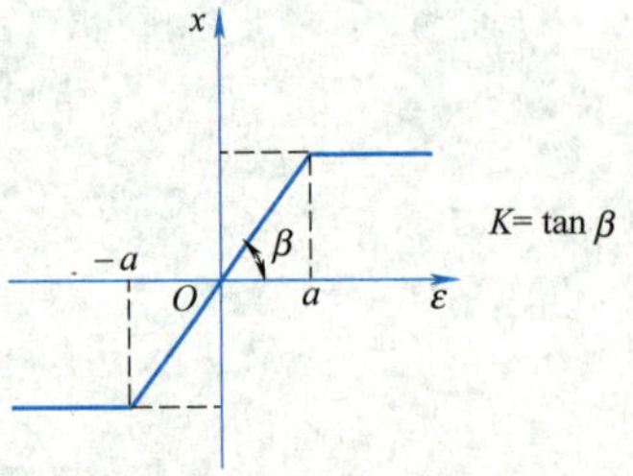

图 9-1 饱和特性

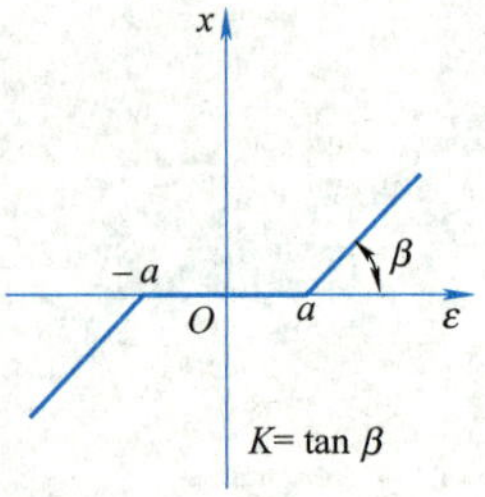

图 9-2 死区特性

（二）死区特性

死区特性是当输入信号较小时，死区特性的输出为零；当输入信号的绝对值大于等于某一定值时，死区特性的输出不为零，并与输入呈线性关系。典型的死区特性可用图 9-2 描述。

其数学表达式为

$$x=\begin{cases}K(\varepsilon-a) & \varepsilon>a\\ 0 & |\varepsilon|\leqslant a\\ K(\varepsilon+a) & \varepsilon<-a\end{cases} \tag{9-2}$$

（三）间隙特性

机械传动机构中的间隙是控制系统常见的非线性特性。例如运动件间的配合间隙、齿轮副间隙等，这些机构在作正反两个方向运动时形成了环状间隙特性。这个环状间隙特性可用图 9-3描述。

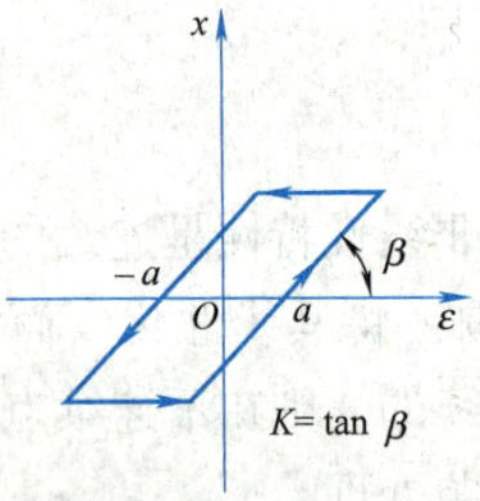

图 9-3 间隙特性

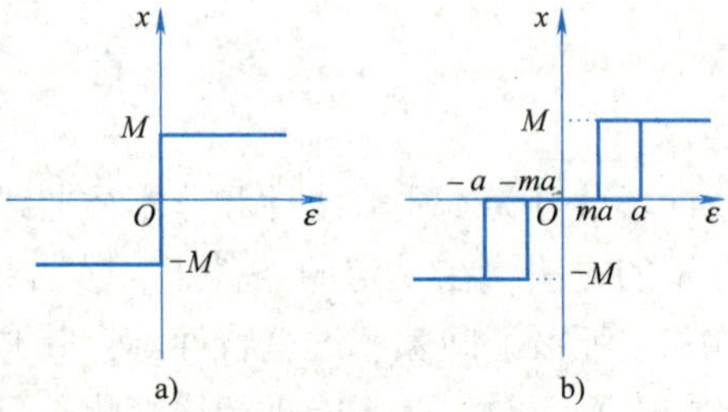

图 9-4 继电特性

其数学表达式为

$$x=\begin{cases}K(\varepsilon-a\operatorname{sgn}\dot{\varepsilon}) & \left|\dfrac{x}{K}-\varepsilon\right|>a\\ 0 & \left|\dfrac{x}{K}-\varepsilon\right|<a\end{cases} \tag{9-3}$$

式中

$$\operatorname{sgn}\dot{\varepsilon}=\begin{cases}1 & \dot{\varepsilon}>0\\ -1 & \dot{\varepsilon}<0\end{cases}$$

（四）继电特性

常见的继电特性如图 9-4 所示。其相应的数学模型分别如下：

图 9-4a 为理想继电特性，其数学模型为

$$x=\begin{cases} M & \varepsilon>0 \\ -M & \varepsilon<0 \end{cases} \tag{9-4}$$

图 9-4b 为一般继电特性，其数学模型为

$$x=\begin{cases} M & \begin{cases} \varepsilon>a & \\ \varepsilon>ma & \dot{\varepsilon}<0 \end{cases} \\ 0 & \begin{cases} -ma<\varepsilon<a & \dot{\varepsilon}>0 \\ -a<\varepsilon<ma & \dot{\varepsilon}<0 \end{cases} \\ -M & \begin{cases} \varepsilon<-a & \\ \varepsilon<-ma & \dot{\varepsilon}>0 \end{cases} \end{cases} \tag{9-5}$$

二、非线性系统的特点

非线性系统与线性系统相比，其根本区别在于能否应用叠加原理，线性系统可以应用叠加原理，而非线性系统则不能。非线性系统动态特性与线性系统有很大的区别，其主要表现在以下几方面。

（一）初始条件与输入量幅值对非线性系统的影响

线性系统的稳定性只取决于系统的结构和参数，与系统的初始状态无关。而非线性系统除与系统的结构、参数有关外，还与系统的初始状态有关，初始状态不同，非线性系统的稳定性可能不同。而且，对于非线性系统，不同幅值的输入量可能具有完全不同形状的响应曲线。

（二）自激振荡

当线性系统在虚轴上存在一对闭环共轭极点，而其他极点均处于左半［s］平面时，该线性系统将出现等幅周期振荡，但这种周期性的等幅振荡是不稳定的，它在外界扰动的作用下，其振荡频率和振荡幅值均要发生变化，等幅振荡可能变成为收敛振荡或发散振荡。而在非线性系统中，则可能出现稳定的周期性等幅振荡，这种周期性的等幅振荡称为自激振荡。当外界扰动在某一定范围内，这种自激振荡的振幅、频率将依靠系统内部的非线性特性的调节得以维持。

（三）非线性畸变

在正弦信号的输入下，线性系统的输出响应是同频率的正弦信号，仅其振幅和相位发生了变化。而非线性系统对正弦信号输入的输出响应是很复杂的，其输出量中包含有倍频和分频等谐波分量，有时可能出现跳跃或不连续现象。因此被认为发生了非线性畸变。

综上所述，非线性系统与线性系统相比有许多不同的特性，它们的主要区别见表 9-1。

表 9-1　线性与非线性系统的特性比较

特　性	线性系统	非线性系统
叠加原理	满足	不满足
稳定性	与初始条件、输入量幅值无关	与初始条件、输入量幅值有关
正弦信号输入	稳态输出信号与输入信号频率相同	输出信号总含有非输入频率分量，发生畸变
串联部件互换	不影响系统性能	影响系统性能
自激振荡（极限环）	不存在	可能存在，并有极限环稳定性问题

三、非线性系统的分析方法

（一）相平面法

相平面法是一种求解非线性微分方程的图解方法。该方法通过在相平面上绘制相轨迹曲线，确定非线性微分方程在不同初始条件下解的运动形式，从而分析系统的动静态性能。相平面法仅适用于二阶系统。

（二）描述函数法

描述函数法是一种基于非线性特性谐波线性化的图解分析方法，可视为频域分析法在非线性系统中的推广，它主要分析非线性系统的稳定性或自激振荡。由于描述函数法方法简单有效，且适用于任何阶次的非线性系统，所得结果与实际相近，因而获得广泛应用。

此外，还有波波夫法、利亚普诺夫直接法、微分几何法、逆系统法等，这里不一一列举。

第二节　描述函数分析法

描述函数法的基本做法是用输出信号中的基波分量代替非线性环节在正弦输入信号作用下的实际输出。

一、描述函数的基本概念

（一）基本思想

当系统满足一定的假设条件时，系统中非线性环节在正弦信号作用下的输出可用基波分量来近似，由此导出非线性环节的近似等效频率特性，即描述函数。这时非线性系统就近似等效为一个线性系统，并可应用线性系统理论中的频率法对系统进行频域分析。

（二）描述函数的定义

设一非线性控制系统，可用框图 9-5 描述。它是由线性部分、非线性部分构成。若非线性环节的输入 $\varepsilon(t)$ 为正弦函数，其输出 $x(t)$ 一般是一个非正弦周期函数，其周期与输入信号的周期相同。在描述函数法中，认为非线性环节的输出 $x(t)$ 中只有基波分量有意义，这种认为对一般系统是正确的。这是因为在非线性环节的输出中，高频谐波分量的振幅通常比基波分量的振幅要小，再加上非线性控制系统中的线性部分又大多具有低通滤波特性，当高频谐波分量通过线性部分时，将被衰减掉。此时可认为只有非线性环节输出 $x(t)$ 的基波分量沿闭环回路反馈到非线性环节的输入端，而高频谐波分量通过线性部分的低通滤波器后可以忽略，这种线性化的处理方法称为谐波线性化。

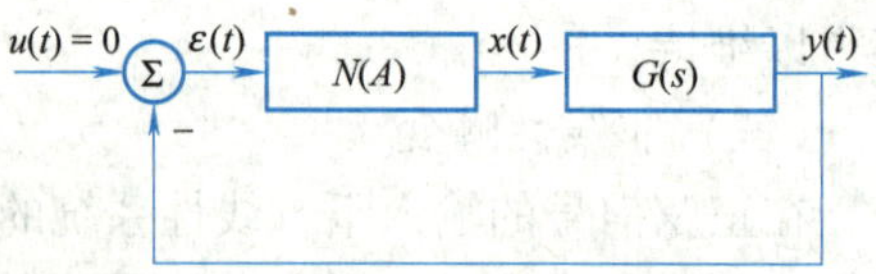

图 9-5　典型非线性控制系统框图

非线性特性在谐波线性化处理后，可仿照线性系统的频率特性定义非线性环节的频率特性，即非线性特性可用复函数描述。因此，描述函数定义为：非线性环节稳态输出的基波分量与正弦输入信号的复数比，即

$$N(A)=\frac{X_1}{A}e^{j\varphi_1} \tag{9-6}$$

式中　$N(A)$——非线性环节的描述函数；

A——正弦输入信号的振幅；

X_1——非线性环节输出信号基波分量振幅；

φ_1——输出信号基波分量相对正弦输入信号的相位差。

描述函数 $N(A)$ 表示它是输入信号振幅的函数。如果系统中包含有储能元件时，描述函数同时为输入信号振幅和频率的函数，此时描述函数记为 $N(A, \omega)$。

设输入信号 $\varepsilon(t)=A\sin\omega t$，则输出 $x(t)$ 为高次谐波组成的周期函数，可表示成下列傅氏三角级数（其中 A_0 为直流分量）

$$x(t)=A_0+\sum_{n=1}^{\infty}(A_n\cos n\omega t+B_n\sin n\omega t)=A_0+\sum_{n=1}^{\infty}X_n\sin(n\omega t+\varphi_n) \tag{9-7}$$

式中

$$A_n=\frac{1}{\pi}\int_0^{2\pi}x(t)\cos n\omega t\,\mathrm{d}(\omega t)$$

$$B_n=\frac{1}{\pi}\int_0^{2\pi}x(t)\sin n\omega t\,\mathrm{d}(\omega t)$$

$$X_n=\sqrt{A_n^2+B_n^2}$$

$$\varphi_n=\arctan\left(\frac{A_n}{B_n}\right)$$

由此可得非线性环节的描述函数为

$$N(A,\omega)=\frac{X_1}{A}\mathrm{e}^{\mathrm{j}\varphi_1}=\frac{\sqrt{A_1^2+B_1^2}}{A}\mathrm{e}^{\mathrm{j}\arctan\left(\frac{A_1}{B_1}\right)} \tag{9-8}$$

二、非线性特性的描述函数

（一）典型非线性特性的描述函数

1. 饱和特性

设输入 $\varepsilon(t)=A\sin\omega t$，当正弦信号的振幅 $A<a$ 时，工作在线性区，没有非线性影响。只有 $A\geqslant a$ 时，才进入非线性区，即

$$x(t)=KA\sin\omega t \qquad (A<a)$$

$$x(t)=\begin{cases}KA\sin\omega t & 0\leqslant\omega t\leqslant\alpha\\ Ka & \alpha\leqslant\omega t\leqslant\pi-\alpha\\ KA\sin\omega t & \pi-\alpha\leqslant\omega t\leqslant\pi\end{cases} \qquad (A>a)$$

由图 9-6 可知，因为 $\varepsilon=A\sin\omega t$，则当 $\varepsilon=a$ 时，必有 $\omega t=\alpha$。所以上式中，$\alpha=\arcsin(a/A)$。

因为输出 x 为奇函数，相应傅氏三角级数中

$$A_1=0，所以\ \varphi_1=0$$

说明饱和特性没有引起输入输出之间产生相位差。

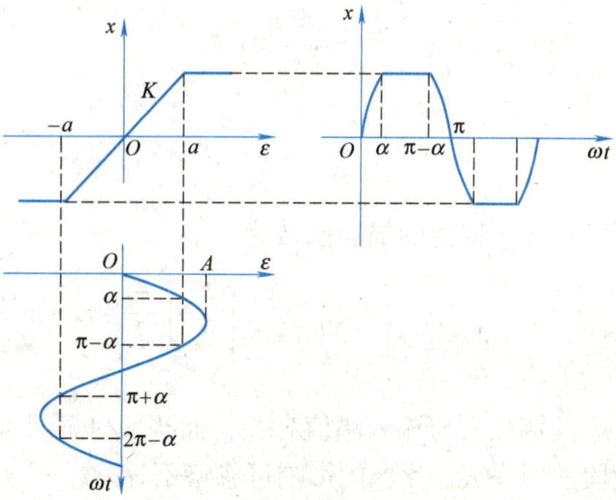

图 9-6　饱和特性及输入输出波形

$$B_1 = \frac{2}{\pi}\int_0^{\alpha} KA\sin^2\omega t\mathrm{d}(\omega t) + \frac{2}{\pi}\int_{\alpha}^{\pi-\alpha} Ka\sin\omega t\mathrm{d}(\omega t) + \frac{2}{\pi}\int_{\pi-\alpha}^{\pi} KA\sin^2\omega t\mathrm{d}(\omega t)$$
$$= \frac{2}{\pi}KA\left[\arcsin\frac{a}{A} + \frac{a}{A}\sqrt{1-\left(\frac{a}{A}\right)^2}\right]$$

$$X_1 = \sqrt{A_1^2 + B_1^2} = B_1$$

根据描述函数的定义，可得饱和特性的描述函数为

$$N(A,\omega) = \begin{cases} \frac{2}{\pi}K\left[\arcsin\frac{a}{A} + \frac{a}{A}\sqrt{1-\left(\frac{a}{A}\right)^2}\right] & (A > a) \\ K & (A \leqslant a) \end{cases} \tag{9-9}$$

由式（9-9）可知，$N(A,\omega) = N(A)$与频率无关。环节相当于一个可变比例环节，其传递系数与正弦输入的幅值有关，当$A > a$时，等效传递系数总是小于线性段的斜率K。

2. 死区特性

同样设输入正弦函数为$\varepsilon(t) = A\sin\omega t$，若$A > a$，则如图 9-7 所示，输出的第一半波为

$$x(t) = \begin{cases} 0 & 0 \leqslant \omega t \leqslant \alpha \\ K(A\sin\omega t - a) & \alpha \leqslant \omega t \leqslant \pi - \alpha \\ 0 & \pi - \alpha \leqslant \omega t \leqslant \pi \end{cases}$$

式中，$\alpha = \arcsin(a/A)$，而且$A_1 = 0$，$\varphi_1 = 0$，不引起输出相位差，故

$$X_1 = B_1 = \frac{2}{\pi}\int_{\alpha}^{\pi-\alpha} K(A\sin\omega t - a)\sin\omega t\mathrm{d}(\omega t) = \frac{2}{\pi}KA\left[\frac{\pi}{2} - \arcsin\frac{a}{A} - \frac{a}{A}\sqrt{1-\left(\frac{a}{A}\right)^2}\right]$$

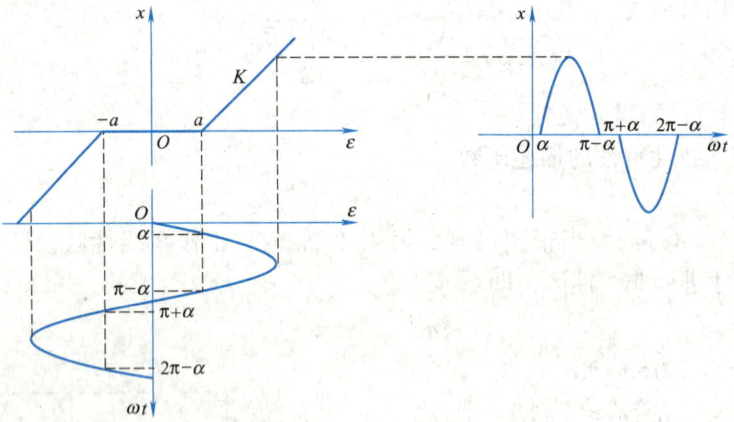

图 9-7 死区特性及输入输出波形

所以，死区特性的描述函数为

$$N(A,\omega) = N(A) = \begin{cases} \frac{2}{\pi}K\left[\frac{\pi}{2} - \arcsin\frac{a}{A} - \frac{a}{A}\sqrt{1-\left(\frac{a}{A}\right)^2}\right] & (A > a) \\ 0 & (A \leqslant a) \end{cases} \tag{9-10}$$

其特性只与输入幅值有关，而当a/A很小时，$N(A)/K \to 1$，此时可认为描述函数为线性段的斜率K，死区的影响可忽略不计。

3. 间隙特性

当输入正弦信号 $\varepsilon(t)=A\sin\omega t$ 时，若 $A>a$，则如图 9-8 所示，输出第一半波为

$$x(t)=\begin{cases}K(A\sin\omega t-a) & 0\leqslant\omega t\leqslant\pi/2\\ K(A-a) & \pi/2\leqslant\omega t\leqslant\pi-\alpha\\ K(A\sin\omega t+a) & \pi-\alpha\leqslant\omega t\leqslant\pi\end{cases}$$

式中 $\alpha=\arcsin[(A-2a)/A]$。

间隙特性曲线中两条线性变化直线间的距离为 $a-(-a)=2a$。

输出波形既非奇函数也非偶函数，A_1、B_1 均存在，求取如下：

$$A_1=\frac{2}{\pi}\int_0^{\frac{\pi}{2}}K(A\sin\omega t-a)\cos\omega t\mathrm{d}(\omega t)+\frac{2}{\pi}\int_{\frac{\pi}{2}}^{\pi-\alpha}K(A-a)\cos\omega t\mathrm{d}(\omega t)+$$

$$\frac{2}{\pi}\int_{\pi-\alpha}^{\pi}K(A\sin\omega t+a)\cos\omega t\mathrm{d}(\omega t)=\frac{4KA}{\pi}\left[\left(\frac{a}{A}\right)^2-\frac{a}{A}\right]$$

$$B_1=\frac{2}{\pi}\int_0^{\frac{\pi}{2}}K(A\sin\omega t-a)\sin\omega t\mathrm{d}(\omega t)+\frac{2}{\pi}\int_{\frac{\pi}{2}}^{\pi-\alpha}K(A-a)\sin\omega t\mathrm{d}(\omega t)+$$

$$\frac{2}{\pi}\int_{\pi-\alpha}^{\pi}K(A\sin\omega t+a)\sin\omega t\mathrm{d}(\omega t)$$

$$=\frac{KA}{\pi}\left[\frac{\pi}{2}+\arcsin\frac{A-2a}{A}+2\left(\frac{A-2a}{A}\right)\sqrt{\frac{a}{A}-\left(\frac{a}{A}\right)^2}\right]$$

$$X_1=\sqrt{A_1^2+B_1^2},\ \varphi_1=\arctan(A_1/B_1)$$

所以，间隙特性的描述函数为

$$N(A)=\frac{X_1}{A}\mathrm{e}^{\mathrm{j}\varphi_1}=\sqrt{\frac{A_1^2+B_1^2}{A}}\mathrm{e}^{\mathrm{j}\varphi_1} \tag{9-11}$$

它仍与频率无关，由于间隙非线性的多值性质，使得 $\varphi_1\neq0$，输入输出间产生了相位差，故此时 $N(A)$ 为一复数。

4. 理想继电特性

当输入正弦信号 $\varepsilon(t)=A\sin\omega t$ 时，输出如图 9-9 所示，为奇函数，故

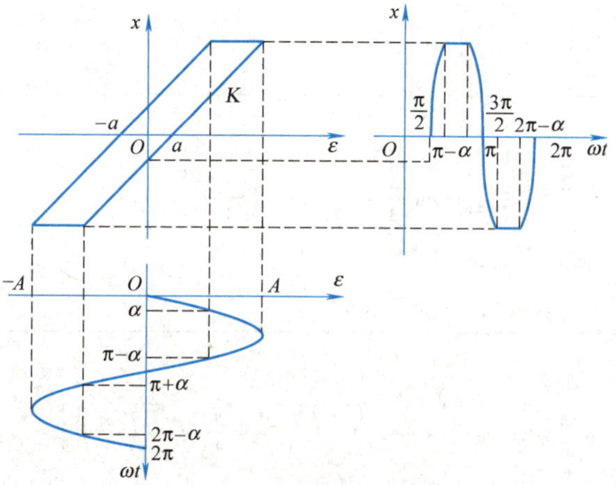

图 9-8 间隙特性在正弦输入作用下的输出波形

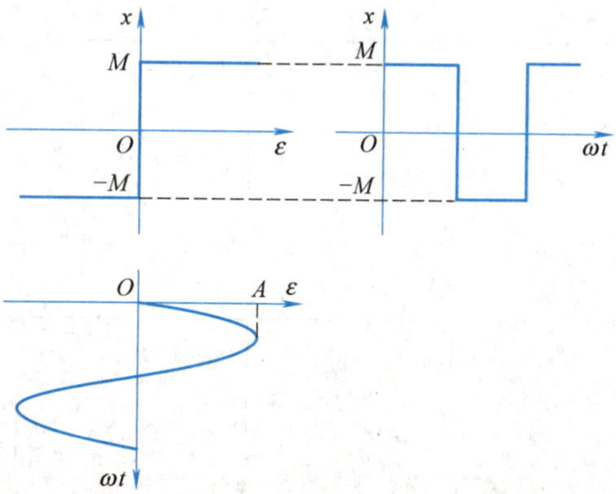

图 9-9 理想继电特性在正弦输入作用下的输出波形

$$A_1 = 0,\ \varphi_1 = 0$$

所以

$$B_1 = \frac{2}{\pi}\int_0^{\pi} M\sin\omega t\,\mathrm{d}(\omega t) = \frac{4}{\pi}M$$

其描述函数为

$$N(A) = \frac{4M}{\pi A} \tag{9-12}$$

可知，$N(A)$ 与$\frac{M}{A}$成比例关系。

表 9-2 列出了常见非线性特性及其描述函数。由表 9-2 可知，若非线性是单值函数，则 $A_1 = 0$，$N(A)$ 是实数，若非线性特性是多值函数，则 $A_1 \neq 0$，$N(A)$ 是复数。

表 9-2　常见非线性特性及其描述函数

非线性特性	描述函数 $N(A)$
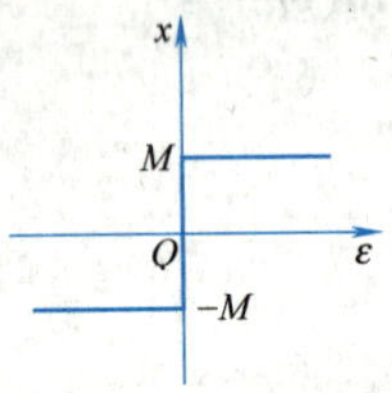	$N(A) = \frac{4M}{\pi A}$
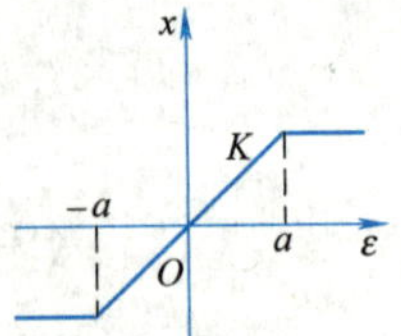	$N(A) = \frac{2}{\pi}K\left[\arcsin\frac{a}{A} + \frac{a}{A}\sqrt{1-\left(\frac{a}{A}\right)^2}\right]$ $(A \geqslant a)$
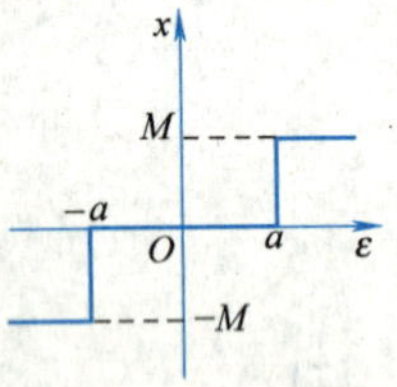	$N(A) = \frac{4M}{\pi A}\sqrt{1-\left(\frac{a}{A}\right)^2}$ $(A \geqslant a)$
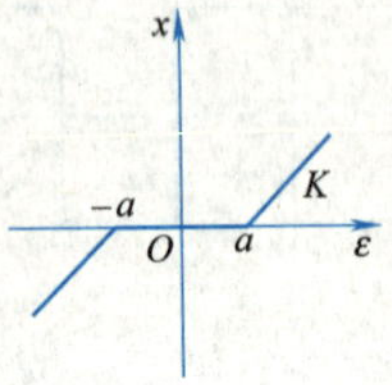	$N(A) = \frac{2}{\pi}K\left[\frac{\pi}{2} - \arcsin\frac{a}{A} - \frac{a}{A}\sqrt{1-\left(\frac{a}{A}\right)^2}\right]$ $(A \geqslant a)$
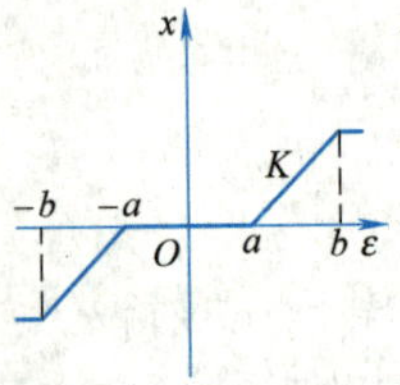	$N(A) = \frac{2}{\pi}K\left[\arcsin\frac{b}{A} - \arcsin\frac{a}{A} + \frac{b}{A}\sqrt{1-\left(\frac{b}{A}\right)^2} - \frac{a}{A}\sqrt{1-\left(\frac{a}{A}\right)^2}\right]$ $(A \geqslant b)$

（续）

非线性特性	描述函数 $N(A)$
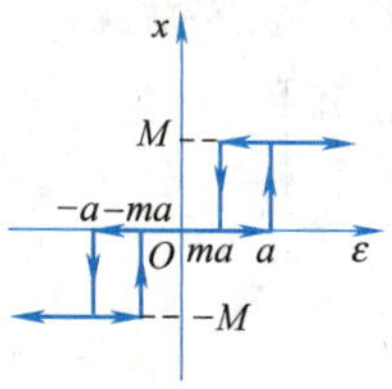	$N(A)=\frac{2M}{\pi A}\left[\sqrt{1-\left(\frac{ma}{A}\right)^2}+\sqrt{1-\left(\frac{a}{A}\right)^2}\right]+\mathrm{j}\frac{2Ma}{\pi A^2}(m-1)$ $(A\geqslant a)$
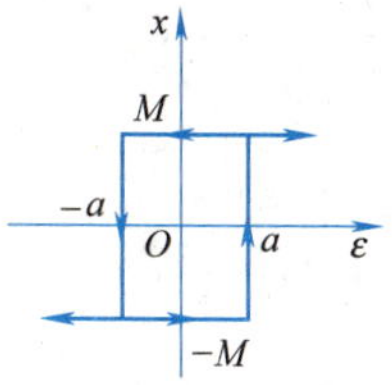	$N(A)=\frac{4M}{\pi A}\left[\sqrt{1-\left(\frac{a}{A}\right)^2}\right]-\mathrm{j}\frac{4Ma}{\pi A^2}$ $(A\geqslant a)$
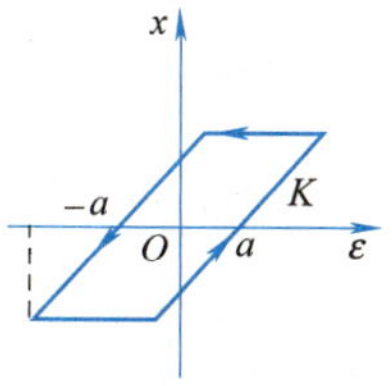	$N(A)=\frac{K}{\pi}\left[\frac{\pi}{2}+\arcsin\left(\frac{A-2a}{A}\right)+2\left(\frac{A-2a}{A}\right)\sqrt{\frac{a}{A}\left(\frac{A-a}{A}\right)}\right]+\mathrm{j}\frac{4K}{\pi}\frac{a(a-A)}{A^2}$ $(A\geqslant a)$
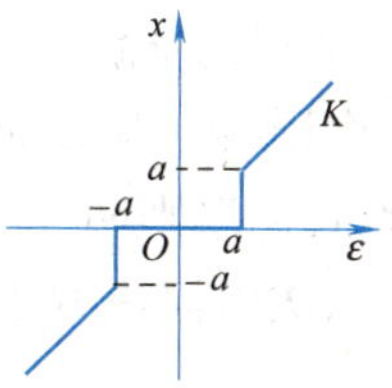	$N(A)=K-\frac{2K}{\pi}\arcsin\frac{a}{A}+\frac{(4-2K)a}{\pi A}\sqrt{1-\left(\frac{a}{A}\right)^2}$ $(A\geqslant a)$
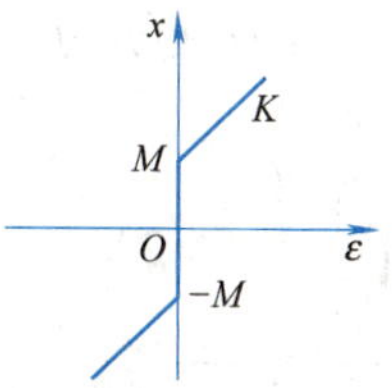	$N(A)=K+\frac{4M}{\pi A}$
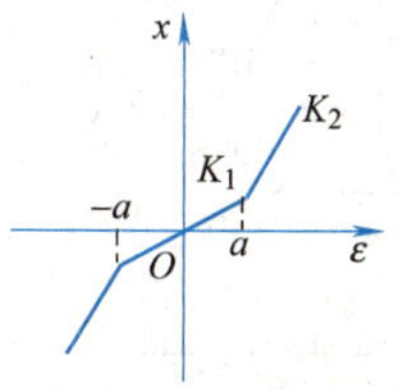	$N(A)=K_2+\frac{2(K_1-K_2)}{\pi}\left[\arcsin\frac{a}{A}+\frac{a}{A}\sqrt{1-\left(\frac{a}{A}\right)^2}\right]$ $(A\geqslant a)$

（二）组合非线性特性的描述函数

当系统由多个非线性环节组成时，在一定条件下，可以通过等效变换，使系统的非线性特性得以简化。常用的变换方式有：非线性特性的并联或串联。

1. 非线性特性的并联

与线性系统中环节并联后总的传递函数等于各环节传递函数之和相似，非线性环节并联后总的描述函数等于各非线性环节的描述函数之和。

图9-10所示为一个死区非线性环节与一个具有死区的继电非线性环节相并联，并联后的等效描述函数为

$$N(A)=\frac{4M}{\pi A}\sqrt{1-\left(\frac{a}{A}\right)^2}+\frac{2K}{\pi}\left[\frac{\pi}{2}-\arcsin\frac{a}{A}-\frac{a}{A}\sqrt{1-\left(\frac{a}{A}\right)^2}\right]$$

$$=K-\frac{2K}{\pi}\arcsin\frac{a}{A}+\frac{4M-2Ka}{\pi A}\sqrt{1-\left(\frac{a}{A}\right)^2}\quad (A\geqslant a)$$

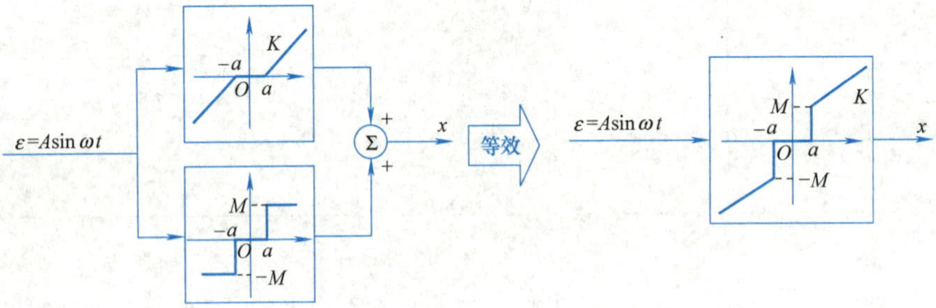

图9-10　两个非线性环节并联及其等效的非线性特性

2. 非线性特性的串联

在线性系统中，环节串联后总的传递函数等于各环节传递函数之乘积；但在非线性系统中却不同。当非线性环节串联时，其总的描述函数不等于非线性环节描述函数的乘积，而是需要通过图解方法进行折算。应该指出，如果两个非线性环节的前后次序调换，等效的非线性特性并不相同，总的描述函数也不一样，这一点也与线性环节串联的简化法则明显不同。另外，对于多个非线性环节串联，可按两个非线性环节串联简化方法，依次由前往后逐一加以简化。

图9-11所示为一个死区非线性环节与一个饱和非线性环节相串联，等效变换为一个既有死区又有饱和的非线性环节，其总的描述函数为

$$N(A)=\frac{4}{\pi}\left[\arcsin\frac{2}{A}-\arcsin\frac{1}{A}+\frac{2}{A}\sqrt{1-\left(\frac{2}{A}\right)^2}-\frac{1}{A}\sqrt{1-\left(\frac{1}{A}\right)^2}\right]\quad (A\geqslant 2)$$

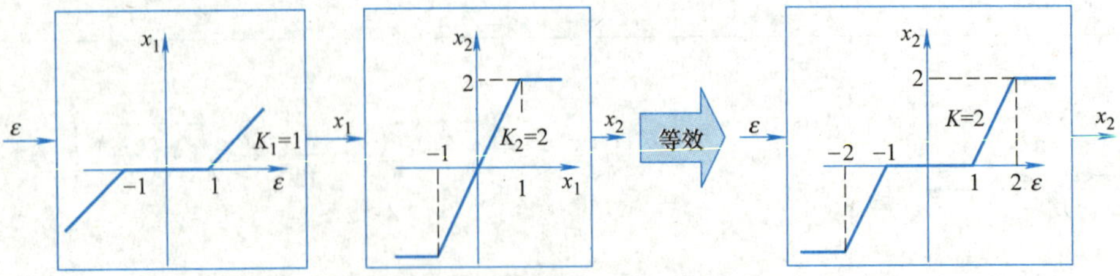

图9-11　两个非线性环节串联及其等效非线性特性

第三节　非线性系统的描述函数法分析

如前所述，描述函数法主要用于分析非线性系统的稳定性以及自激振荡性能。为方便讨论，限定下面一些假设条件：

1）系统由非线性环节和线性环节串联构成。

2）环节的非线性特性是斜对称的。

3）非线性环节只有一个正弦信号输入。

4）非线性环节输出中的高次谐波幅值小于基波幅值。

5）线性环节的低通滤波效应较好。

一、稳定性分析

基于上述假设条件，可以考察图 9-12 所示的非线性控制系统。图中 $N(A)$ 为非线性环节的描述函数；$G(s)$ 为线性环节的传递函数。

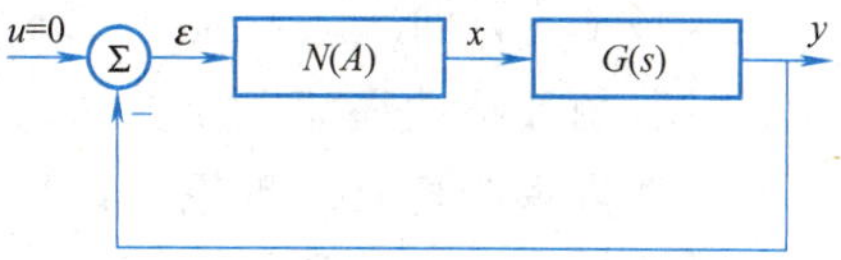

图 9-12 非线性控制系统框图

由图 9-12 可求得非线性控制系统的闭环频率特性为

$$\frac{Y(j\omega)}{U(j\omega)}=\frac{N(A)G(j\omega)}{1+N(A)G(j\omega)} \tag{9-13}$$

其特征方程为

$$1+N(A)G(j\omega)=0 \tag{9-14}$$

或写成

$$G(j\omega)=-\frac{1}{N(A)} \tag{9-15}$$

式中 $-1/N(A)$——非线性特性的负倒描述函数。

根据尼氏稳定性判据，如果线性闭环系统处于临界稳定的持续振荡状态，则其开环幅相频率特性曲线应穿过［GH］平面上的（-1，j0）点，即在这一点上开环幅相频率特性等于-1，对于单位反馈控制系统表示为

$$G(j\omega)=-1 \tag{9-16}$$

比较式（9-15）和式（9-16）可知，式（9-15）就是非线性系统具有持续振荡的周期运动的等效条件，而 $-1/N(A)$ 则相当于线性系统中［GH］平面上的（-1，j0）点。

由此可以得出在尼奎斯特图上分析非线性控制系统的稳定判据如下：

1）当 ω 由 0 变化到∞时，在［GH］平面上，$-1/N(A)$ 曲线没有被 $G(j\omega)$ 曲线所包围，即 $-1/N(A)$ 曲线始终位于 $G(j\omega)$ 曲线的左侧，如图 9-13a 所示，则此时非线性控制系统是稳定的。

2）在［GH］平面上，如果 $-1/N(A)$ 曲线被 $G(j\omega)$ 曲线包围，如图 9-13b 所示，则

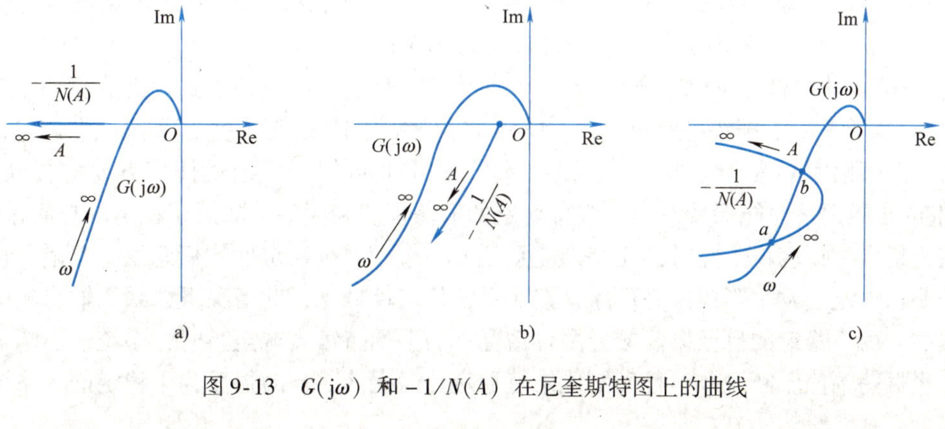

图 9-13 $G(j\omega)$ 和 $-1/N(A)$ 在尼奎斯特图上的曲线

此时非线性控制系统是不稳定的。系统在外界干扰作用下，系统的输出将随时间的推移而无限增加，直至系统被破坏。

3）在［GH］平面上，如果 $-1/N(A)$ 曲线与 $G(\mathrm{j}\omega)$ 曲线相交，如图 9-13c 所示，则此时非线性控制系统的输出可能出现持续振荡，即极限环，这种振荡可用正弦振荡近似描述。持续振荡的振幅和频率可以用交点处 $-1/N(A)$ 曲线上对应的幅值 A 和 $G(\mathrm{j}\omega)$ 曲线上对应的 ω 值来表征。

二、自激振荡分析

由 $-1/N(A)$ 曲线与 $G(\mathrm{j}\omega)$ 曲线相交情况可知，非线性系统在此情况下将产生持续的振荡，这种由非线性环节造成的持续振荡称为自激振荡，是非线性系统特有的现象。如果自激振荡受到干扰后仍能维持振荡幅值和频率不变，则称为稳定自激振荡；如果自激振荡受到干扰后不能维持其振荡幅值和频率，则称为不稳定自激振荡。因此，应对 $-1/N(A)$ 曲线与 $G(\mathrm{j}\omega)$ 曲线相交情况进一步分析，考察其自激振荡的稳定性能。

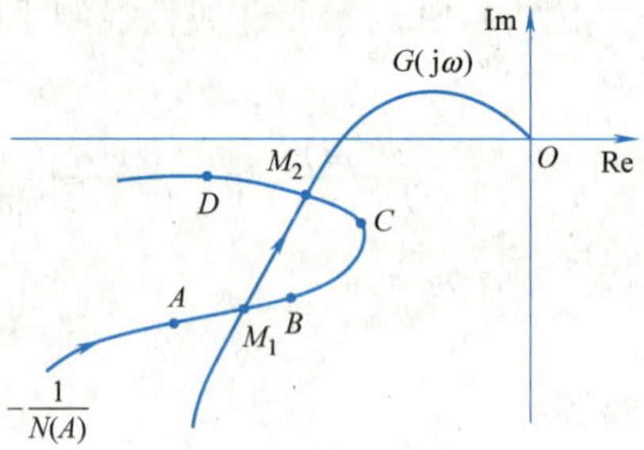

图 9-14 非线性系统的自激振荡分析

已知单位反馈非线性系统描述函数负倒幅特性和开环频率特性如图 9-14 所示，若有一组参数满足

$$G(\mathrm{j}\omega_0) = -\frac{1}{N(A_0)}$$

则系统处于等幅振荡状态，振幅 A_0 和频率 ω_0 就是系统振荡的参数。若存在两个交点 M_1、M_2，则系统对应存在两个自激振荡状态。现在来分析两个自激振荡状态的稳定情况。

设交点 M_1 处振荡频率为 ω_1，振荡幅值为 A_1，系统输出响应以正弦形式等幅振荡，即

$$y(t) = A_1\sin\omega_1 t$$

若在某种干扰作用下，使振荡幅值减小，则 $-1/N(A)$ 曲线离开负倒幅特性曲线上 M_1 点，退至 A 点，此时系统稳定，振荡将不断衰减直至系统自激振荡消失；但若干扰作用使得振荡幅值增大，即变化到 $-1/N(A)$ 曲线的 B 点，又由于该点被包围在尼氏曲线内部，系统处于不稳定状态，输出响应振荡幅值从 A_1 不断发散增大，振荡进一步加剧，可认为系统性能恶化。

通过分析可以发现，在 M_1 点，稍有任何扰动影响都会使得自激振荡不能维持在平衡点 M_1 的振幅和频率上，不是衰减就是发散，属于不稳定的自激振荡。

同样的分析再看交点 M_2，此时振荡频率为 ω_2，振荡幅值为 A_2，系统输出响应为

$$y(t) = A_2\sin\omega_2 t$$

受干扰影响振幅略有增加，则 $-1/N(A)$ 曲线从 M_2 变化至 D 点，这将造成振荡减弱，振幅降回 M_2 点的 A_2；若振幅有所减小，$-1/N(A)$ 曲线由 M_2 退至 C 点，又因该点被包在尼氏曲线内，振荡幅值必然又要加大，又回到 A_2 值。由此可知，无论受任何方向的扰动影响，M_2 点上的自激振荡总能保持不变，维持稳定的振荡幅值和频率，故属于稳定的自激振荡。

在分析自激振荡稳定性时，应特别注意不要与整个系统稳定性的概念发生混淆。稳定的自激振荡，肯定会发生等幅振荡现象，按照系统稳定性概念，此情况下，系统输出响应却是不稳定的。而不稳定的自激振荡又分两种情况，当振幅持续衰减至零时，系统输出响应是稳定的；当振荡幅值不断发散，且又不能维持稳定自激振荡，自激振荡为不稳定的，系统输出

响应亦不稳定。

第四节 典型非线性特性的描述函数法分析

下面通过实例进行分析。

一、饱和非线性特性的描述函数法分析

例 9-1 具有饱和特性的非线性系统如图 9-15 所示，其中 $a=1$，$M=2$，试求该系统处于稳定临界状态时，系统线性部分临界开环放大系数 K_c 的值。

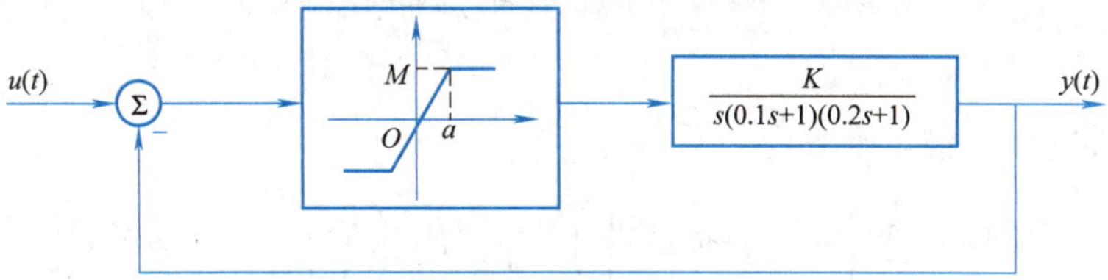

图 9-15 例 9-1 具有饱和特性的非线性系统框图

解

饱和特性的描述函数为

$$N(A)=\frac{2M}{\pi a}\left[\arcsin\frac{a}{A}+\frac{a}{A}\sqrt{1-\left(\frac{a}{A}\right)^2}\right]\quad(A\geqslant a)$$

将 $a=1$，$M=2$ 代入上式，得

$$-\frac{1}{N(A)}=\frac{-\pi}{4\left[\arcsin\frac{1}{A}+\frac{1}{A}\sqrt{1-\left(\frac{1}{A}\right)^2}\right]}$$

当 $A=a=1$ 时，$-\frac{1}{N(A)}=-\frac{1}{2}$；当 $A\to\infty$ 时，$-\frac{1}{N(A)}\to-\infty$。

因此，$-1/N(A)$ 是负实轴上从 $-1/2$ 移向 $-\infty$ 的轨迹。

由图 9-16 可知，系统稳定的临界点是其线性部分 $G(j\omega)$ 与非线性 $-1/N(A)$ 曲线起点的相交处（-0.5，$j0$）。临界开环放大系数 K_c 可按下式求得：

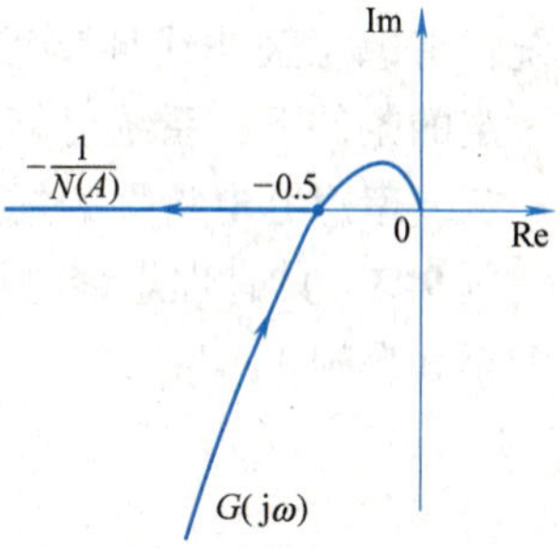

图 9-16 例 9-1 系统的幅相频率特性曲线

$$G(j\omega)=\frac{K}{j\omega(0.1j\omega+1)(0.2j\omega+1)}$$

$$=\frac{-0.3K}{1+0.05\omega^2+0.0004\omega^4}+j\frac{-K(1-0.02\omega^2)/\omega}{1+0.05\omega^2+0.0004\omega^4}$$

令 $\text{Im}[G(j\omega)]=0$，得 $\omega_0=\sqrt{50}$。所以

$$\text{Re}[G(j\omega)]_{\omega=\sqrt{50}}=-\frac{0.3K}{4.5}$$

系统稳定时

$$\text{Re}[G(j\omega)]_{\omega=\sqrt{50}}=-0.5=-\frac{0.3K}{4.5}。$$

所以，此系统临界开环放大系数 $K_c=7.5$。

二、死区非线性特性的描述函数法分析

例 9-2 具有死区特性的非线性系统框图如图 9-17 所示，其中 $k=1$，试分析该系统的稳定性。

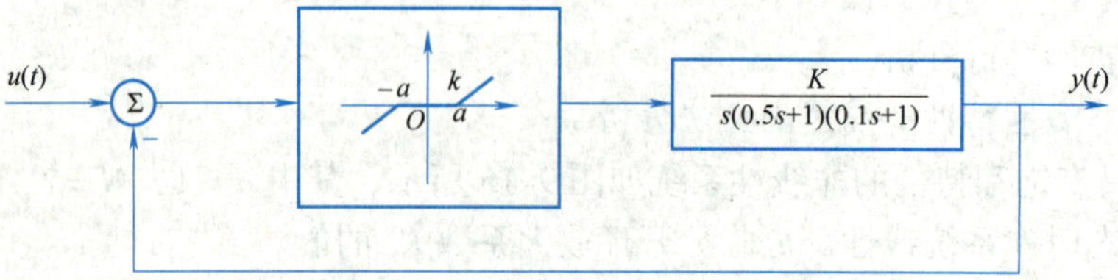

图 9-17 例 9-2 具有死区特性的非线性系统框图

解

死区非线性特性的描述函数为

$$N(A)=\frac{2}{\pi}k\left[\frac{\pi}{2}-\arcsin\left(\frac{a}{A}\right)-\frac{a}{A}\sqrt{1-\left(\frac{a}{A}\right)^2}\right] \qquad (A\geqslant a)$$

将 $k=1$ 代入上式可得

$$-\frac{1}{N(A)}=-\frac{1}{1-\frac{2}{\pi}\left[\arcsin\left(\frac{a}{A}\right)-\frac{a}{A}\sqrt{1-\left(\frac{a}{A}\right)^2}\right]}$$

当 $A=a$ 时，有 $a/A=1$，$N(A)=0$，$-1/N(A)=-\infty$；当 $A\to\infty$ 时有 $a/A=0$，$N(A)\to1$，$-1/N(A)\to-1$。$G(\mathrm{j}\omega)$ 曲线和 $-1/N(A)$ 曲线如图 9-18 所示。

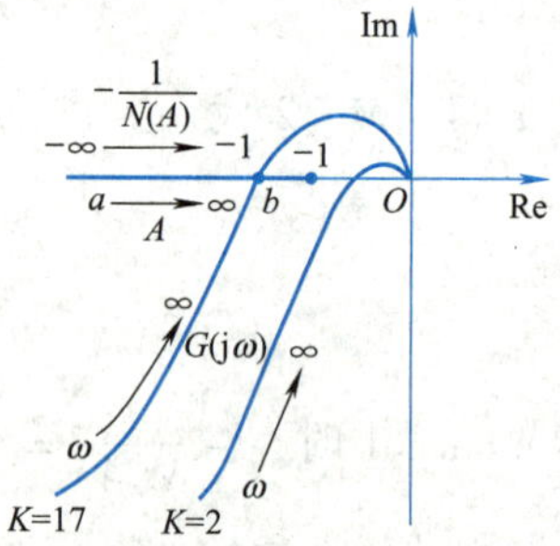

图 9-18 例 9-2 系统的幅相频率特性曲线

由图 9-18 可知，当 $K=2$ 时，非线性控制系统是稳定的。当 $K=17$ 时，由于 $G(\mathrm{j}\omega)$ 轨迹线包围了点（-1，j0），并与 $-1/N(A)$ 轨迹线相交于点 b（此时$\frac{a}{A}=0.09$），容易看出，b 为不稳定的工作点。若未考虑死区非线性特性，系统为不稳定系统；考虑死区非线性特性，系统将存在不稳定的自激振荡，在一定的条件下，系统可能发散至 $A\to\infty$，可能收敛于 $A\to a$。

三、理想继电特性的描述函数法分析

例 9-3 具有理想继电特性的非线性系统框图如图 9-19 所示，试确定该系统自激振荡的频率和振幅。

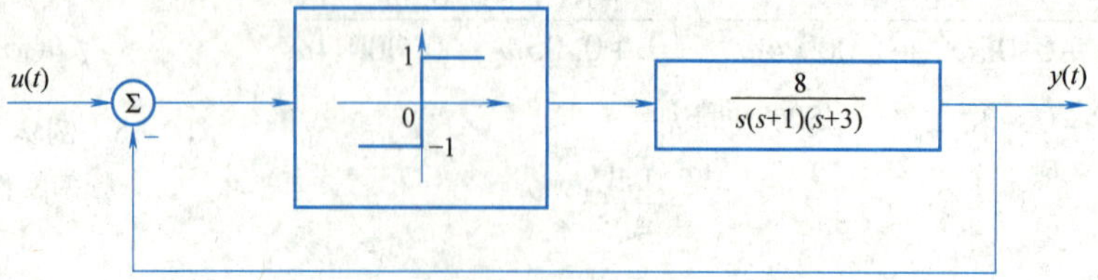

图 9-19 例 9-3 具有理想继电特性的非线性系统框图

解

理想继电特性的描述函数为

$$N(A)=\frac{4M}{\pi A}$$

当 $M=1$ 时，$N(A)=\frac{4}{\pi A}$，$-1/N(A)=-\frac{\pi A}{4}$；当 $A=0$ 时有 $-1/N(A)=0$；当 $A\to\infty$ 时有 $-\frac{1}{N(A)}\to-\infty$，即 $-\frac{1}{N(A)}$曲线为整个负实轴。

由线性部分的传递函数可得

$$G(s)=\frac{8}{s(s+1)(s+3)}=\frac{8}{s^3+4s^2+3s}$$

$$G(j\omega)=\frac{8}{\omega[-4\omega+j(3-\omega^2)]}=\frac{-32\omega-j8(3-\omega^2)}{\omega(\omega^4+10\omega^2+9)}=-\frac{32}{\omega^4+10\omega^2+9}-j\frac{8(3-\omega^2)}{\omega(\omega^4+10\omega^2+9)}$$

为求得 $G(j\omega)$ 曲线与负实轴的交点坐标，令 $\text{Im}G(j\omega)=\frac{8(3-\omega^2)}{\omega(\omega^4+10\omega^2+9)}=0$，得 $3-\omega^2=0$，故 $G(j\omega)$ 曲线与负实轴交点处的频率为 $\omega=\sqrt{3}$，代入 $G(j\omega)$ 的实部，得

$$\text{Re}G(j\omega)\Big|_{\omega=\sqrt{3}}=-\frac{32}{\omega^4+10\omega^2+9}\Big|_{\omega=\sqrt{3}}=-\frac{2}{3}$$

即 $G(j\omega)$ 曲线与负实轴交点坐标为 $(-\frac{2}{3}, j0)$，由此可知 $G(j\omega)$ 曲线与 $-\frac{1}{N(A)}$ 曲线相交于点 $(-\frac{2}{3}, j0)$ 处，令

$$-\frac{1}{N(A)}=-\frac{\pi A}{4}=-\frac{2}{3}$$

可求得

$$A=\frac{8}{3\pi}=0.848\ 8$$

则该非线性系统的自激振荡频率 $\omega=\sqrt{3}$，振幅 $A=0.848\ 8$，如图 9-20 所示。

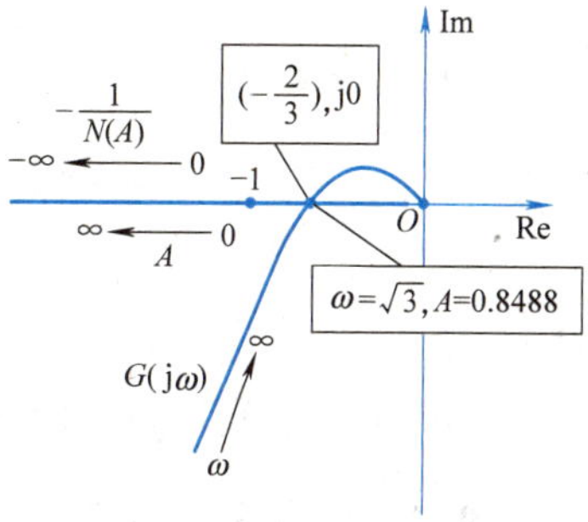

图 9-20　例 9-3 系统的幅相频率特性曲线

第五节　基于 SIMULINK 的非线性系统性能分析

SIMULINK 中提供了一些常用的非线性特性仿真模块（如图 9-21 所示），利用这些模块可以方便直观地建立非线性系统的数学模型，并得到系统的时域响应。下面举例说明仿真方法。

例 9-4　如图 9-22 所示的非线性系统，其中饱和特性的输入和输出满足下式：

$$x=\begin{cases}k & \varepsilon\geqslant 1\\ k\varepsilon & |\varepsilon|<1\\ -k & \varepsilon\leqslant -1\end{cases}$$

试利用 SIMULINK 仿真平台分析该非线性系统的动态响应。

解

图 9-21　非线性特性仿真模块

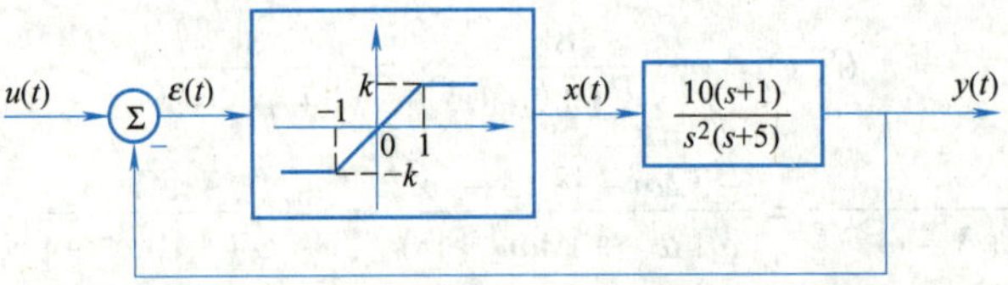

图 9-22　例 9-4 具有饱和特性的非线性系统框图

针对上述非线性系统可以建立 SIMULINK 仿真模型如图 9-23 所示。采用该模型进行仿真可以得到各种情况下的系统响应，例如当 k 取 0.2、0.5 和 1 时得到输出响应分别如图 9-24所示。可见，k 值越小，系统的响应速度越慢，但是超调在一定程度上得到了抑制。

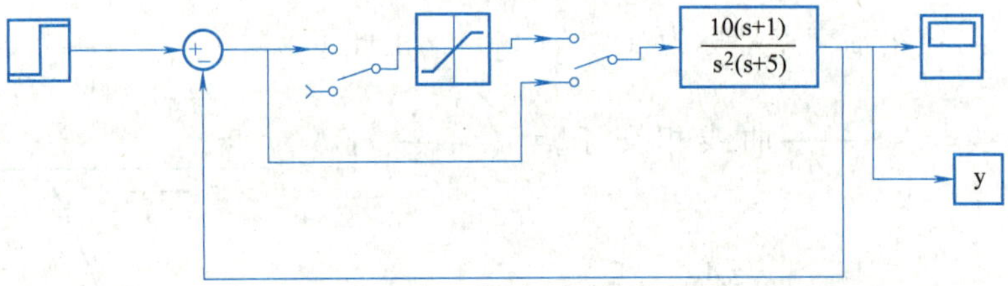

图 9-23　例 9-4 具有饱和特性的非线性系统 SIMULINK 仿真模型

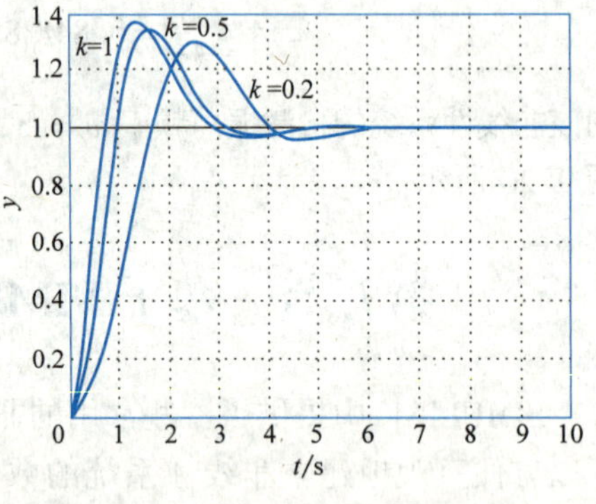

图 9-24　例 9-4 参数 k 分别取 0.2、0.5 和 1 时的系统单位阶跃响应

例 9-5　具有间隙特性的非线性系统框图如图 9-25所示。

$$间隙特性数学模型为\ x=\begin{cases}\varepsilon-0.5 & \dot{x}>0\\ 0.5\,\mathrm{sgn}\varepsilon & \dot{x}=0\\ \varepsilon-0.5 & \dot{x}<0\end{cases}$$

试利用 SIMULINK 仿真平台分析该非线性系统的动态特性。

解

根据图 9-25 可以直接作出该系统 SIMULINK 仿真模型（$K=25$ 时）如图 9-26 所示。

其仿真结果如图 9-27 所示，其中图 9-27a 为不考虑间隙特性且 $K=25$ 时系统仿真曲线；图 9-27b 为考虑间隙特性且 $K=25$ 时系统仿真曲线；图 9-27c 为不考虑间隙特性且 $K=36.6$ 时系统仿真曲线；图 9-27d 为考虑间隙特性且 $K=36.6$ 时系统仿真曲线。

分析图 9-27 可知，具有间隙特性的非线性系统，当不考虑间隙特性且 $K=25$ 时，系统

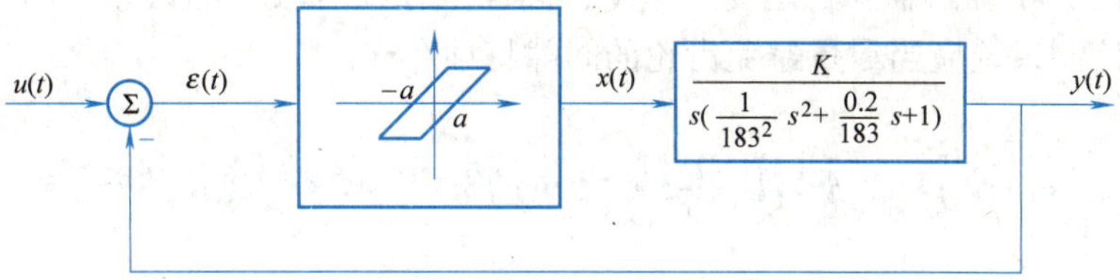

图 9-25　例 9-5 具有间隙特性的非线性系统框图

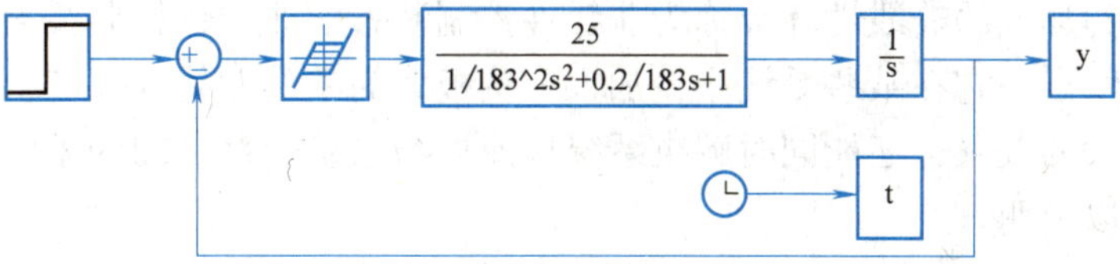

图 9-26　例 9-5 具有间隙特性的非线性系统 SIMULINK 仿真模型

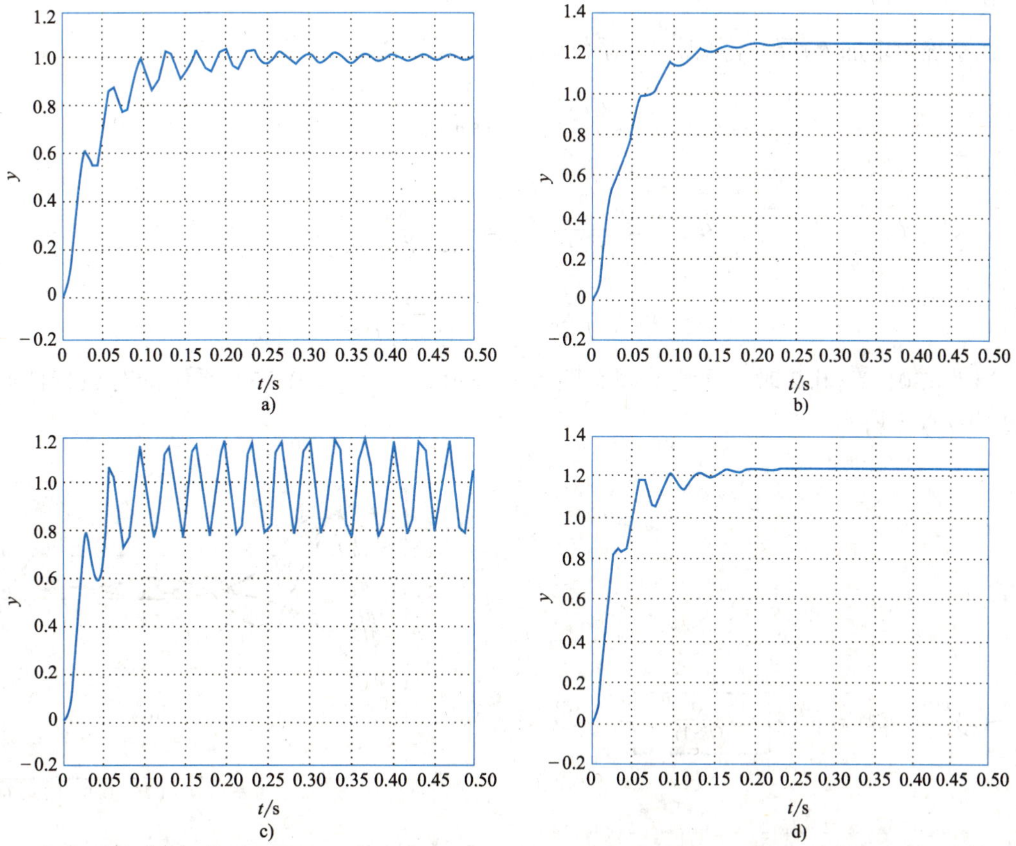

图 9-27　例 9-5 具有间隙特性的非线性系统时域特性曲线

a）不存在间隙特性且 $K=25$　b）存在间隙特性且 $K=25$

c）不存在间隙特性且 $K=36.6$　d）存在间隙特性且 $K=36.6$

是一阶无差稳定系统；考虑间隙特性时，系统虽然也是稳定的，但存在较大的误差，系统失去了控制的意义。当不考虑间隙特性且 $K=36.6$ 时，系统处于临界稳定状态；考虑间隙特

性且 $K=36.6$ 时，系统由临界稳定变为稳定，同样也存在有较大的误差。因此，对于机械、液压和气动等控制系统应当尽量避免齿轮的间隙特性存在。

第六节　利用非线性特性改善系统的性能

在控制系统中，如果存在非线性因素，一般情况下会对系统的控制性能产生不良的影响。但是，在控制系统中人为地加入一些特定的非线性因素，将可能使系统的控制性能得以改善。这里将人为加入的非线性环节称为非线性控制装置。非线性控制装置和线性控制装置相比有其明显的特点，它在某些系统中，加入一些极为简单的非线性环节，就可能使系统的控制性能得以极大的改善，还能同时解决系统快速性与系统振荡之间的矛盾。下面列举两个典型应用实例加以说明。

例 9-6　某控制系统框图如图 9-28 所示。

试通过在前向通道上串入非线性控制器，提高系统的性能。

解

在系统中未加入任何控制器时，系统的开环传递函数为

$$G(s)=\frac{K}{s(Ts+1)}$$

其闭环传递函数为

$$\Phi(s)=\frac{K}{Ts^2+s+K}=\frac{\omega_n^2}{s^2+2\zeta\omega_n s+\omega_n^2}$$

式中

$$\omega_n=\sqrt{\frac{K}{T}}\qquad \zeta=\frac{1}{2\sqrt{TK}}$$

当 $K=20$，$T=0.2$ 时，系统的固有频率 $\omega_n=10\text{rad/s}$，$\zeta=0.25$，系统的时域特性如图 9-29 中曲线 1 所示。

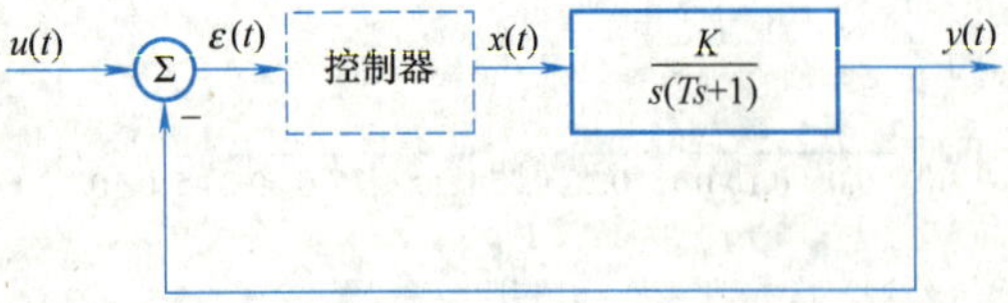

图 9-28　例 9-6 控制系统框图

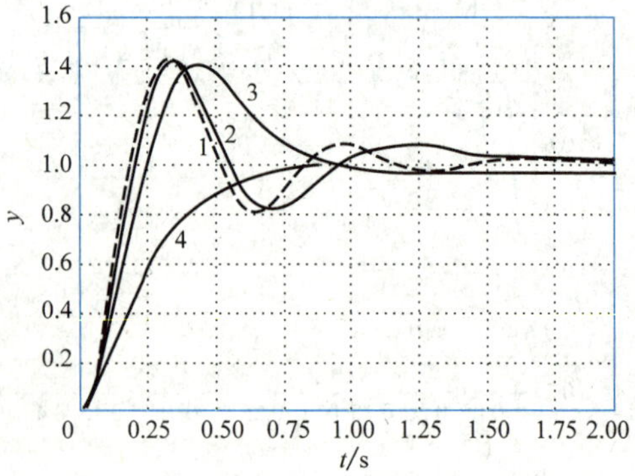

图 9-29　例 9-6 控制系统的输出曲线

由前述可知，当系统中存在死区非线性时，系统的稳定性得到提高，但会给系统带来一定的误差。如果人为地加入死区非线性控制器，并适当调整死区特性的死区宽度，不仅能提高系统稳定性，还可以进一步提高系统的控制精度。图 9-30 为加入死区非线性控制器后的系统框图。

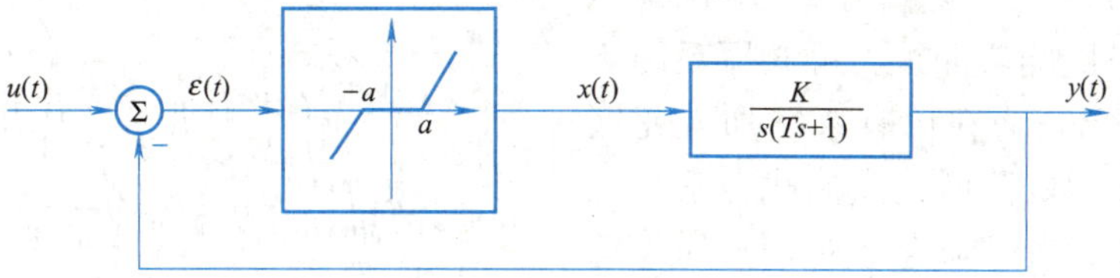

图 9-30　例 9-6 加入死区非线性控制器后的系统框图

它的 SIMULINK 仿真模型如图 9-31 所示。

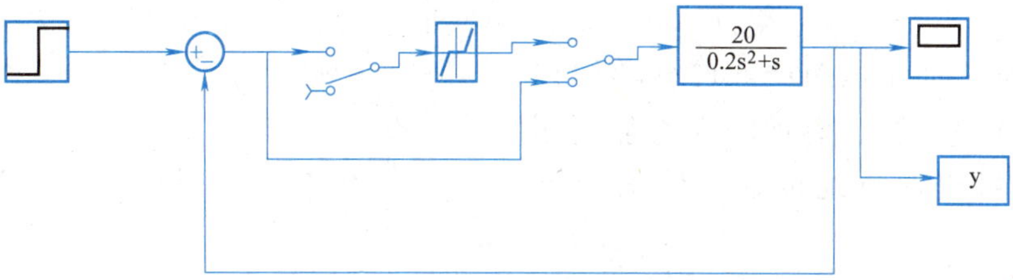

图 9-31　例 9-6 加入死区非线性控制器后系统仿真模型

选择不同的死区特性的死区宽度 a，可得到不同控制效果。其仿真结果如图 9-29 中曲线 2、3、4 所示。曲线 2 的死区宽度 $|a|=0.1$，系统快速性几乎不受影响，稳定性也得到一定的提高；曲线 3 的死区宽度 $|a|=0.21$，系统稳定性得到很大的提高，但快速性、控制精度都受到影响；曲线 4 的死区宽度 $|a|=0.555$，系统稳定性得到极大的提高，但快速性也受到很大的影响，系统控制精度几乎不受影响。由上述曲线可以看出，死区非线性控制器提高了系统的稳定性，但对系统的快速性和精确性会有不同程度的影响。

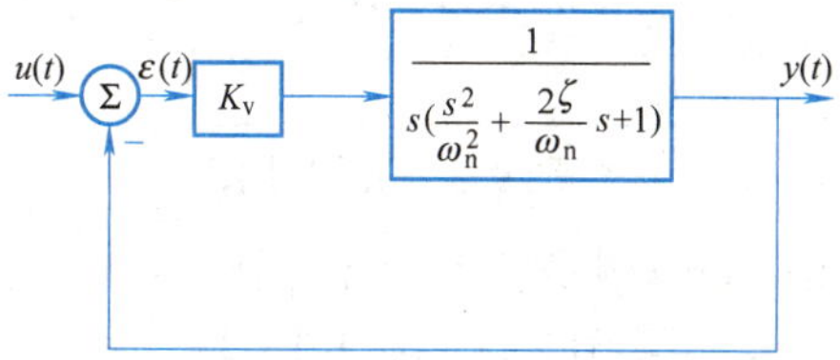

图 9-32　例 9-7 控制系统框图

例 9-7　某控制系统框图如图 9-32 所示。图中，速度放大系数 $K_v=45s^{-1}$，固有频率 $\omega_n=206\ rad/s$，阻尼比 $\zeta=0.1$。试对系统进行时域特性分析，并用非线性校正装置进行校正，使系统稳态误差小于 5%。

解

由系统开环传递函数可知，该控制系统为 I 型系统。根据系统稳定条件，当 $K_v=45s^{-1}>2\zeta\omega_n=41.2s^{-1}$时，系统不稳定。

为使系统稳定，可以在前向通道串联死区非线性校正装置。但死区非线性校正装置的串入，可能使系统额外增加一些稳态误差，这个问题可以通过调整速度放大系数得以解决。在 SIMULINK 仿真平台上根据系统框图可直接作出其仿真模型如图 9-33 所示。

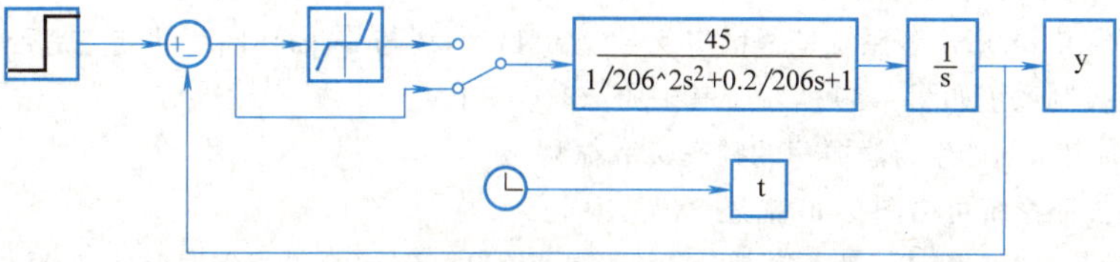

图 9-33　例 9-7 控制系统 SIMULINK 仿真模型

仿真结果如图 9-34 所示。图中虚线(1)为原系统阶跃响应曲线，可知原系统不稳定；点画线（2）为在原有系统加入死区非线性校正装置后的阶跃响应曲线，系统稳定性得以极大地改善，但存在有较大的稳态误差；实线（3）是在点画线（2）的基础上调整速度放大系数，使 $K_v = 80s^{-1}$，系统稳定且稳态误差在允许的范围内，稳态特性得以满足。

上面列举了两个简单的非线性控制器在控制系统中的应用，它说明人为加入非线性控制器可以有效地改善系统的控制性能。

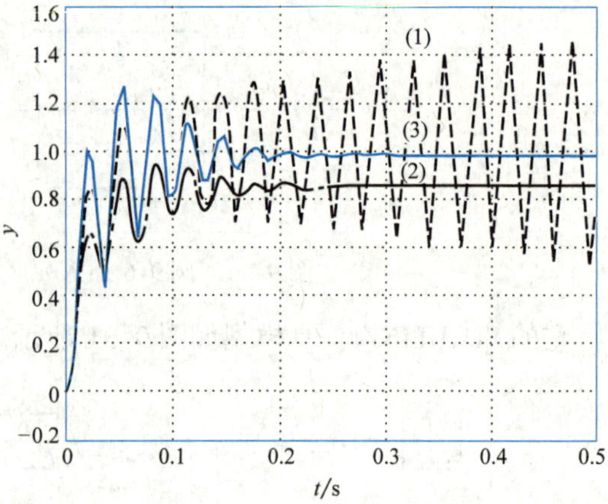

图 9-34 例 9-7 控制系统仿真曲线

习 题

9-1 非线性控制系统如图 9-35 所示。

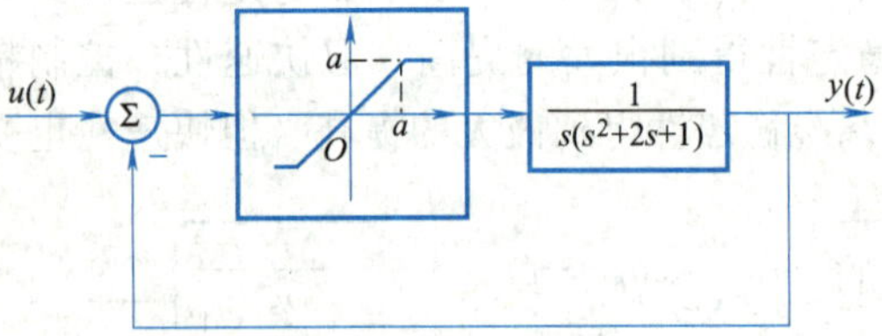

图 9-35 题 9-1 图

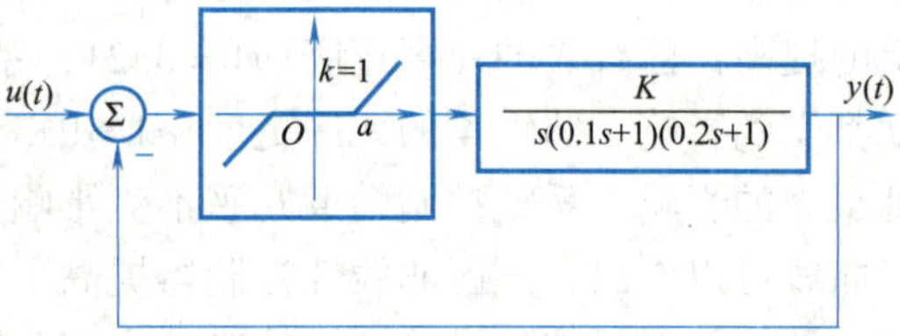

图 9-36 题 9-2 图

试用描述函数法分析系统的稳定性。

9-2 非线性控制系统如图 9-36 所示。

试用描述函数法确定系统处于临界稳定时的 K 值。

9-3 非线性控制系统如图 9-37 所示。

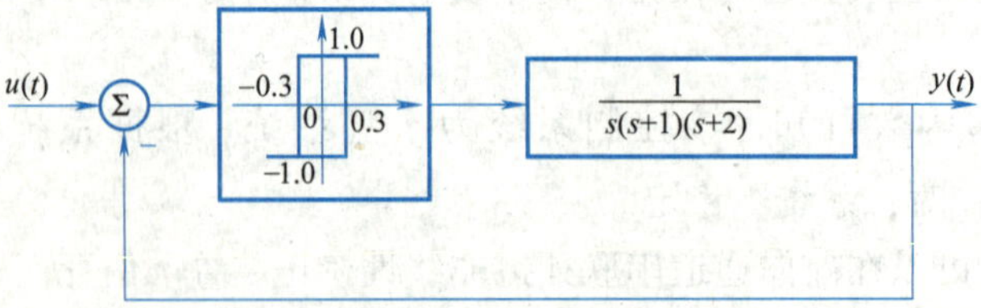

图 9-37 题 9-3 图

试用描述函数法分析系统的稳定性。

9-4 试判断图 9-38 所示各系统是否稳定，$-1/N(A)$ 曲线与 $G(j\omega)$ 曲线的交点是否为稳定工作点。

9-5 非线性控制系统如图 9-39 所示，其中 $M=3$，$a=1$。

试用描述函数法确定系统产生自激振荡的频率 ω 和振幅 A。

9-6 非线性控制系统可由图 9-40 描述。

试用描述函数法分析（1）$K>0$，$T_1>0$，$T_2>0$；（2）$K>0$，$T_1>0$，$T_2=0$ 是否存在自激振荡，并计算自激振荡的振幅 A 和频率 ω，分析 K 对系统稳定性的影响。

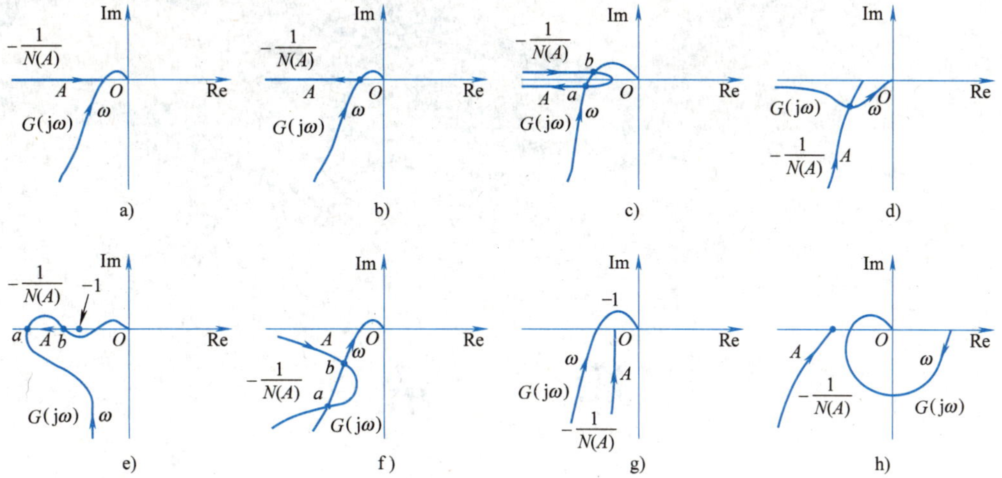

图 9-38　题 9-4 图

9-7　非线性控制系统如图 9-41 所示。图中：$A \geqslant a$。

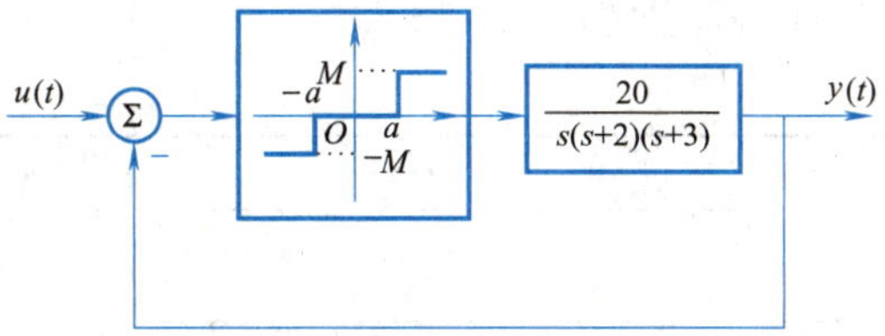

图 9-39　题 9-5 图

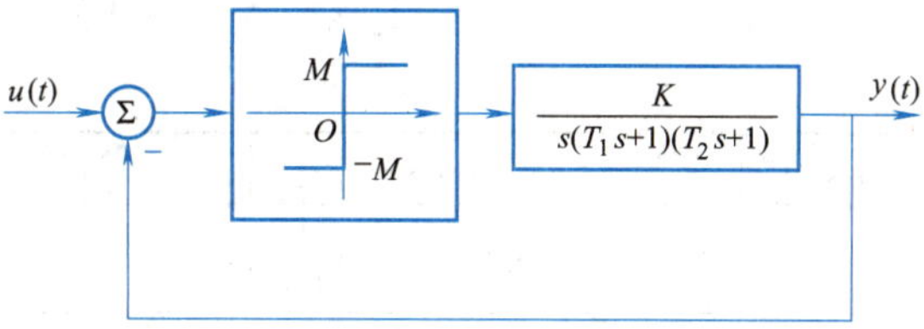

图 9-40　题 9-6 图

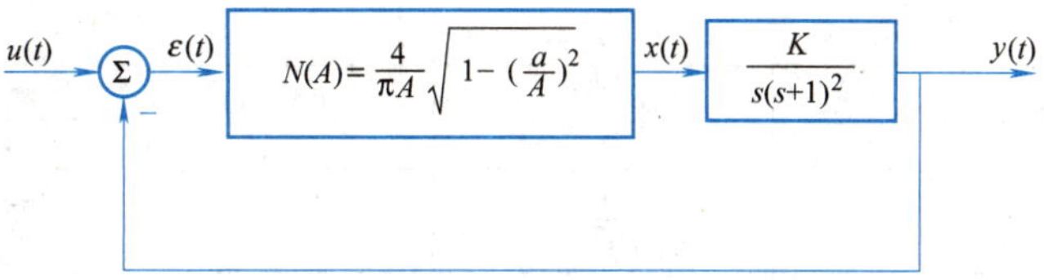

图 9-41　题 9-7 图

试用描述函数法，求系统产生自激振荡时的 a 和 K 的关系式。

9-8　非线性控制系统如图 9-42 所示。

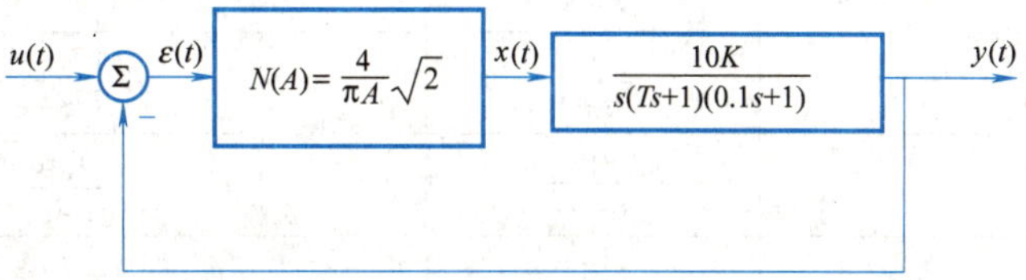

图 9-42　题 9-8 图

试用描述函数法，求系统产生自激振荡振幅 $A = 0.1$，频率 $\omega = 10\text{rad/s}$ 时的 T 和 K 的值。

附 录

附录 A 拉氏变换和 Z 变换表

序 号	$x(t)$或$x(n)$	$X(s)$	$X(z)$
1	$\delta(t)$	1	z^{-0}
2	$\delta(t-nT_0)$	e^{-nT_0s}	z^{-n}
3	$1(t)$	$\frac{1}{s}$	$\frac{z}{z-1}$
4	$1(t-nT_0)$	$\frac{e^{-nT_0s}}{s}$	$\frac{z^{-(n-1)}}{z-1}$
5	t	$\frac{1}{s^2}$	$\frac{T_0z}{(z-1)^2}$
6	t^2	$\frac{2}{s^3}$	$\frac{T_0^2z(z+1)}{(z-1)^3}$
7	$t^n,\ n=1,2,\cdots$	$\frac{n!}{s^{n+1}}$	$\lim_{a\to 0}(-1)^n\frac{\partial^n}{\partial a^n}\left(\frac{z}{z-e^{-aT_0}}\right)$
8	e^{-at}	$\frac{1}{s+a}$	$\frac{z}{z-e^{-aT_0}}$
	$\frac{1}{T}e^{-t/T}$	$\frac{1}{Ts+1}$	$\frac{1}{T}\frac{z}{z-e^{-T_0/T}}$
9	te^{-at}	$\frac{1}{(s+a)^2}$	$\frac{T_0ze^{-aT_0}}{(z-e^{-aT_0})^2}$
10	$t^ne^{-at},\ n=1,2,\cdots$	$\frac{n!}{(s+a)^{n+1}}$	$(-1)^n\frac{\partial^n}{\partial a^n}\left(\frac{z}{z-e^{-aT_0}}\right)$
11	$1-e^{-at}$	$\frac{a}{s(s+a)}$	$\frac{z(1-e^{-aT_0})}{(z-1)(z-e^{-aT_0})}$
	$1-e^{-t/T}$	$\frac{1}{s(Ts+1)}$	$\frac{z(1-e^{-T_0/T})}{(z-1)(z-e^{-T_0/T})}$
12	$1-\frac{T_2-T_1}{T_2}e^{-t/T_2}$	$\frac{T_1s+1}{s(T_2s+1)}$	$\frac{z(T_1z+T_2-T_1-T_2e^{-T_0/T_2})}{T_2(z-1)(z-e^{-T_0/T_2})}$

（续）

序　号	$x(t)$或$x(n)$	$X(s)$	$X(z)$
13	$\frac{1}{T_1-T_2}(e^{-t/T_1}-e^{-t/T_2}),\ T_1\neq T_2$	$\frac{1}{(T_1s+1)(T_2s+1)}$	$\frac{1}{T_1-T_2}\frac{z(e^{-T_0/T_1}-e^{-T_0/T_2})}{(z-e^{-T_0/T_1})(z-e^{-T_0/T_2})}$
	$\frac{1}{b-a}(e^{-at}-e^{-bt}),\ a\neq b$	$\frac{1}{(s+a)(s+b)}$	$\frac{1}{b-a}\frac{z(e^{-aT_0}-e^{-bT_0})}{(z-e^{-aT_0})(z-e^{-bT_0})}$
	$e^{-bt}-e^{-at},\ a\neq b$	$\frac{a-b}{(s+a)(s+b)}$	$\frac{z(e^{-bT_0}-e^{-aT_0})}{(z-e^{-aT_0})(z-e^{-bT_0})}$
14	$\frac{1}{a}(at-1+e^{-at})$	$\frac{a}{s^2(s+a)}$	$\frac{T_0z}{(z-1)^2}-\frac{z(1-e^{-aT_0})}{a(z-1)(z-e^{-aT_0})}$
15	$1+\frac{1}{T_2-T_1}(T_1e^{-t/T_1}-e^{-t/T_2})$，$T_1\neq T_2$	$\frac{1}{s(T_1s+1)(T_2s+1)}$	$\frac{z}{z-1}+\frac{1}{T_2-T_1}\frac{z(e^{-T_0/T_1}-T_1e^{-T_0/T_2})-z^2(1-T_1)}{(z-e^{-T_0/T_1})(z-e^{-T_0/T_2})}$
	$\frac{1}{ab}+\frac{1}{b-a}\left(\frac{e^{-bt}}{b}-\frac{e^{-at}}{a}\right),\ a\neq b$	$\frac{1}{s(s+a)(s+b)}$	$\frac{z}{ab(z-1)}+\frac{1}{b-a}\frac{z[z(a-b)-ae^{-aT_0}+be^{-bT_0}]}{ab(z-e^{-aT_0})(z-e^{-bT_0})}$
	$1-\frac{be^{-at}-ae^{-bt}}{b-a}$	$\frac{ab}{s(s+a)(s+b)}$	$\frac{z}{z-1}+\frac{z(be^{-bT_0}-ae^{-aT_0})-z^2(b-a)}{(b-a)(z-e^{-aT_0})(z-e^{-bT_0})}$
16	$1-\frac{T+t}{T}e^{-t/T}$	$\frac{1}{s(Ts+1)^2}$	$\frac{z}{z-1}+\frac{z(1-T_0)e^{-T_0/T}-z^2}{(z-e^{-T_0/T})^2}$
17	$\sin\omega t$	$\frac{\omega}{s^2+\omega^2}$	$\frac{z\sin\omega T_0}{z^2-2z\cos\omega T_0+1}$
18	$\cos\omega t$	$\frac{s}{s^2+\omega^2}$	$\frac{z(z-\cos\omega T_0)}{z^2-2z\cos\omega T_0+1}$
19	$e^{-at}\sin\omega t$	$\frac{\omega}{(s+a)^2+\omega^2}$	$\frac{ze^{-aT_0}\sin\omega T_0}{z^2-2ze^{-aT_0}\cos\omega T_0+e^{-2aT_0}}$
20	$e^{-at}\cos\omega t$	$\frac{s+a}{(s+a)^2+\omega^2}$	$\frac{z(z-e^{-aT_0}\cos\omega T_0)}{z^2-2ze^{-aT_0}\cos\omega T_0+e^{-2aT_0}}$
21	$1-\cos\omega t$	$\frac{\omega^2}{s(s^2+\omega^2)}$	$1-\cos\omega T_0\frac{z(z+1)}{(z-1)(z^2-2z\cos\omega T_0+1)}$
22	$1-e^{-at}\sec\varphi\cos(\omega t+\varphi)$ $\varphi=\arctan\left(-\frac{a}{\omega}\right)$	$\frac{a^2+\omega^2}{s[(s+a)^2+\omega^2]}$	$\frac{z}{z-1}-\frac{z^2-ze^{-aT_0}\sec\varphi\cos(\omega T_0-\varphi)}{z^2-2ze^{-aT_0}\cos\omega T_0+e^{-2aT_0}}$
23	$\frac{\omega}{\sqrt{1-\zeta^2}}e^{-\zeta\omega t}\sin\omega\sqrt{1-\zeta^2}t$	$\frac{\omega^2}{s^2+2\zeta\omega s+\omega^2}$	$\frac{\omega}{\sqrt{1-\zeta^2}}\frac{ze^{-\zeta\omega T_0}\sin\omega\sqrt{1-\zeta^2}T_0}{z^2-2ze^{-\zeta\omega T_0}\cos\omega\sqrt{1-\zeta^2}T_0+e^{-2\zeta\omega T_0}}$
24	$\left(\cos\omega t-\frac{a}{\omega}\sin\omega t\right)e^{-at}$	$\frac{s}{(s+a)^2+\omega^2}$	$\frac{z(z-e^{-aT_0}\cos\omega T_0)-\frac{a}{\omega}ze^{-aT_0}\sin\omega T_0}{z^2-2ze^{-aT_0}\cos\omega T_0+e^{-2aT_0}}$
25	$\frac{1}{\omega^2}t-\frac{1}{\omega^3}\sin\omega t$	$\frac{1}{s^2(s^2+\omega^2)}$	$\frac{zT_0}{\omega^2(z-1)^2}-\frac{z\sin\omega T_0}{\omega^3(z^2-2z\cos\omega T_0+1)}$
26	$\frac{-1}{\sqrt{1-\zeta^2}}e^{-\zeta\omega t}\sin(\omega\sqrt{1-\zeta^2}t-\varphi)$ $\varphi=\arctan\frac{\sqrt{1-\zeta^2}}{\zeta}$	$\frac{s}{s^2+2\zeta\omega s+\omega^2}$	

（续）

序　号	$x(t)$或$x(n)$	$X(s)$	$X(z)$
27	$1-\frac{1}{\sqrt{1-\zeta^2}}e^{-\zeta\omega t}\sin(\omega\sqrt{1-\zeta^2}t+\varphi)$ $\varphi=\arctan\frac{\sqrt{1-\zeta^2}}{\zeta}$	$\frac{\omega^2}{s(s^2+2\zeta\omega s+\omega^2)}$	
28	$t-\frac{2\zeta}{\omega}+\frac{1}{\omega\sqrt{1-\zeta^2}}e^{-\zeta\omega t\sin(\omega\sqrt{1-\zeta^2}t-\varphi)}$ $\varphi=2\arctan\left(\frac{\sqrt{1-\zeta^2}}{-\zeta}\right)$	$\frac{\omega^2}{s^2(s^2+2\zeta\omega s+\omega^2)}$	
29	a^n		$\frac{z}{z-a}$
30	$a^n\cos n\pi$		$\frac{z}{z+a}$
31	$e^{-anT_0}\cos n\pi$		$\frac{z}{z+e^{-aT_0}}$

附录 B　常用校正装置

附表 1　无源电网络校正装置及其特性

类型	电　路　图	传 递 函 数	对数幅频特性
超前校正	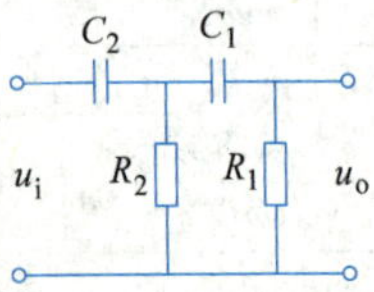	$G_c(s)=\frac{U_o}{U_i}=\frac{T_1T_2s^2}{T_1T_2s^2+\left[T_1\left(1+\frac{R_2}{R_1}\right)+T_2\right]s+1}$ $T_1=R_1C_1,\ T_2=R_2C_2$	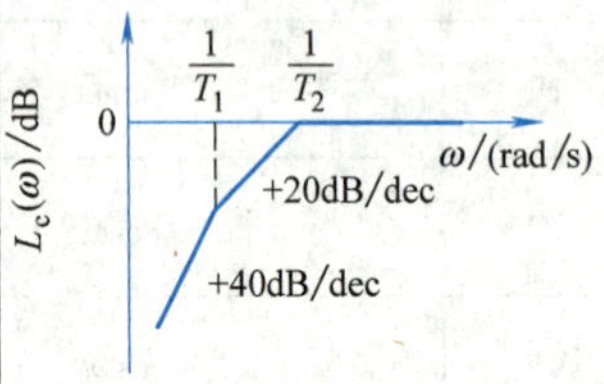
滞后校正	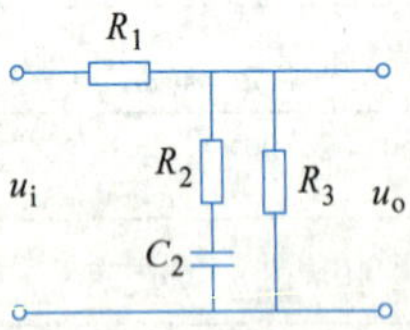	$G_c(s)=\frac{U_o}{U_i}=\frac{K(\tau s+1)}{Ts+1}$ $\tau=R_2C_2,\ T=[(R_3/R_1)+R_2]C_2$ $K=\frac{R_3}{R_1+R_3}$	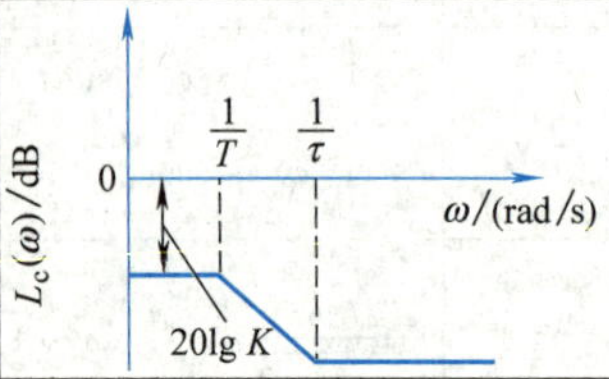
滞后-超前校正	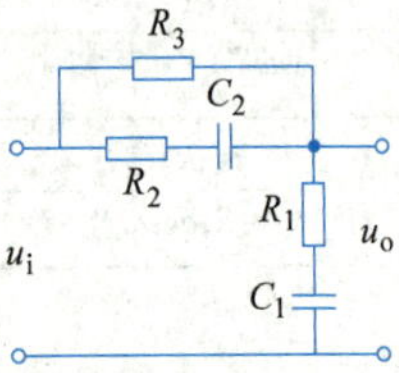	$G_c(s)=\frac{U_o}{U_i}=$ $\frac{(T_1s+1)(T_2s+1)}{T_1T_2\left[1+\frac{R_2R_3}{R_1(R_2+R_3)}\right]s^2+\left[T_1\left(1+\frac{R_2}{R_1}\right)+T_2\right]s+1}$ $T_1=R_1C_1,\ T_2=(R_2+R_3)C_2$ $K_1=\frac{T_1+T_2}{T_1\left(1+\frac{R_2}{R_1}\right)+T_2}$ $K_2=\frac{R_1(R_2+R_3)}{R_1(R_2+R_3)+R_2R_3}$	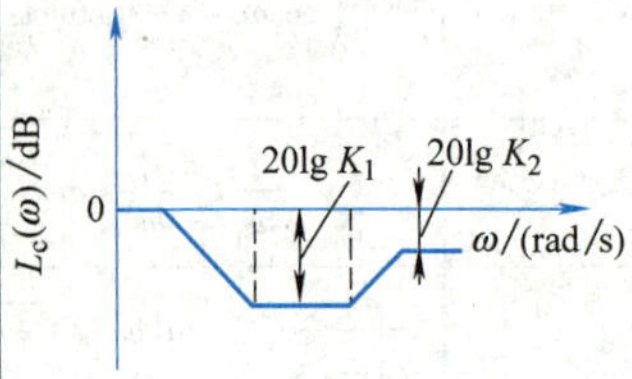

附表 2　有源电网络校正装置及其特性

类型	电　路　图	传 递 函 数	对数幅频特性
PD 校正	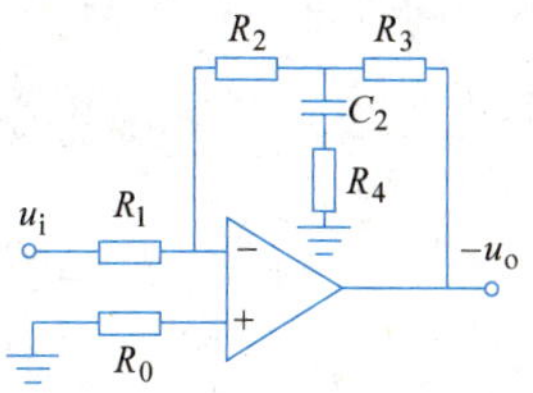	$G_c(s)=\frac{U_o}{U_i}=-\frac{K(\tau s+1)}{Ts+1}$ $K=\frac{R_2+R_3}{R_1}$, $\tau=\left(\frac{R_2R_3}{R_2+R_3}+R_4\right)C_2$ $T=R_4C_2$, $R_0=R_1$	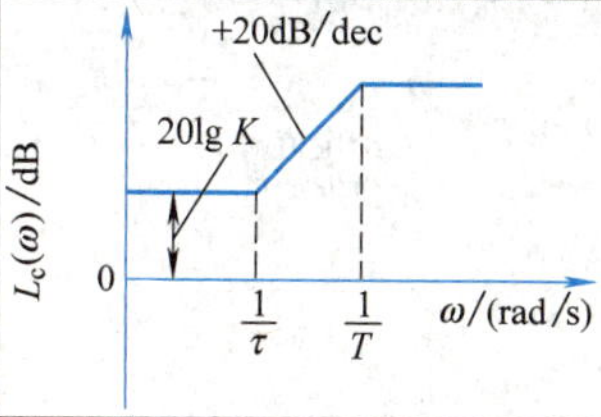
PI 校正	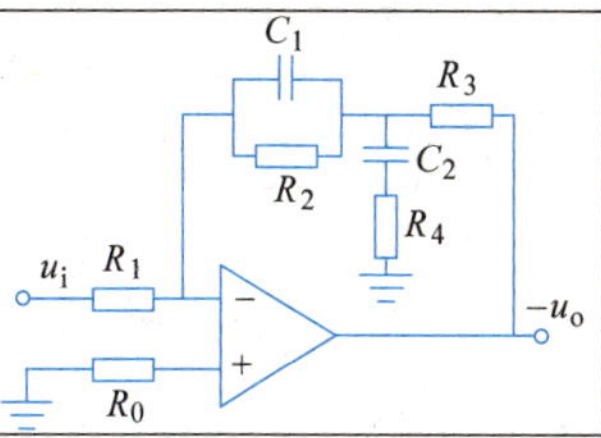	$G_c(s)=\frac{U_o}{U_i}=-\frac{K(\tau s+1)}{(T_1s+1)(T_2s+1)}$ $K=\frac{R_2}{R_1}$, $\tau=(R_3+R_4)C_2$, $T_1=R_2C_1$ $T_2=R_1C_2$, $R_1\gg R_3$, $R_0=R_1$	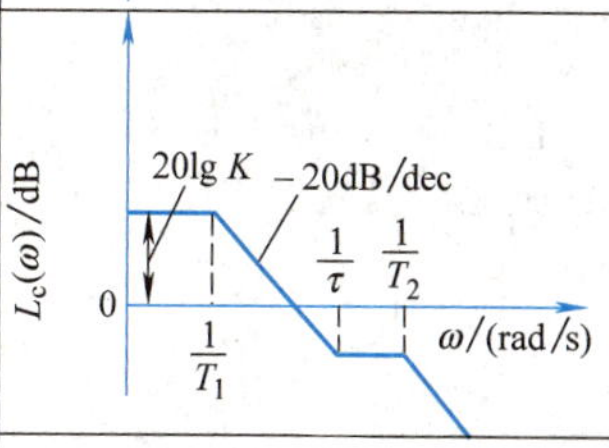
PID 校正	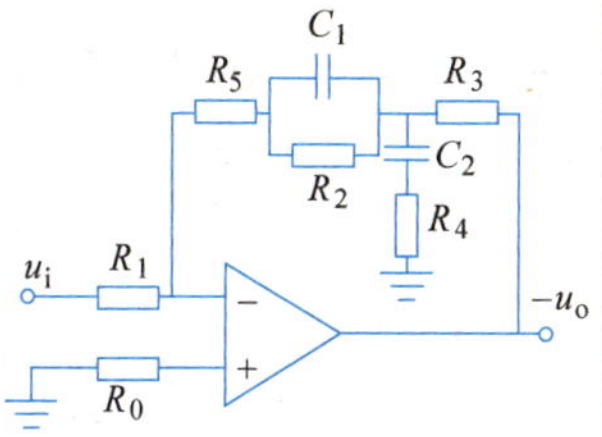	$G_c(s)=\frac{U_o}{U_i}=-\frac{K(\tau_1 s+1)(\tau_2 s+1)}{(T_1s+1)(T_2s+1)}$ $K=\frac{R_2+R_3}{R_1}$, $\tau_1=\frac{R_2R_3}{R_2+R_3}C_1$ $\tau_2=(R_3+R_4)C_2$, $T_1=R_2C_1$ $T_2=R_1C_2$, $R_1\gg R_3$, $R_1=R_0$	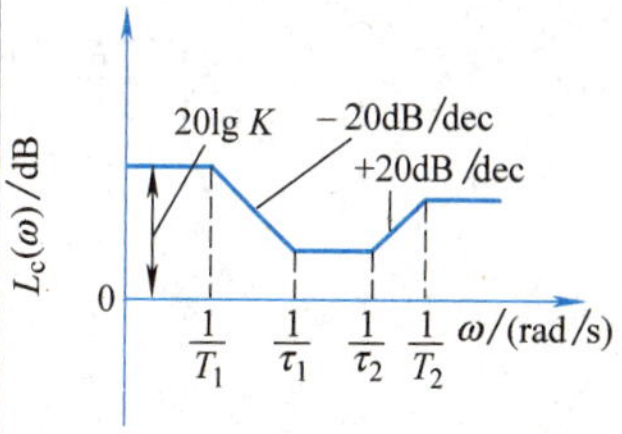

附录 C　习题参考答案

第　一　章

1-1

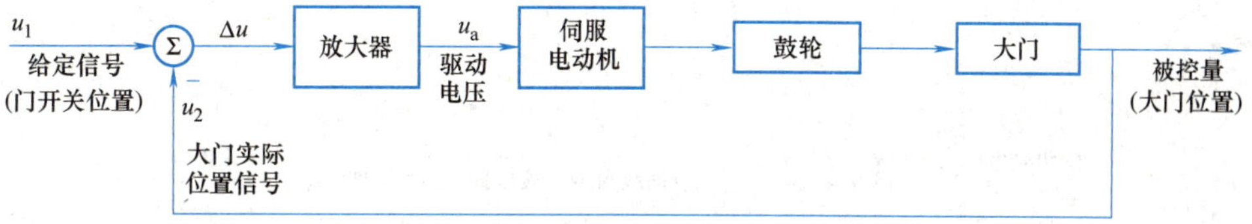

习答图 1　题 1-1 解图

1-2

a)

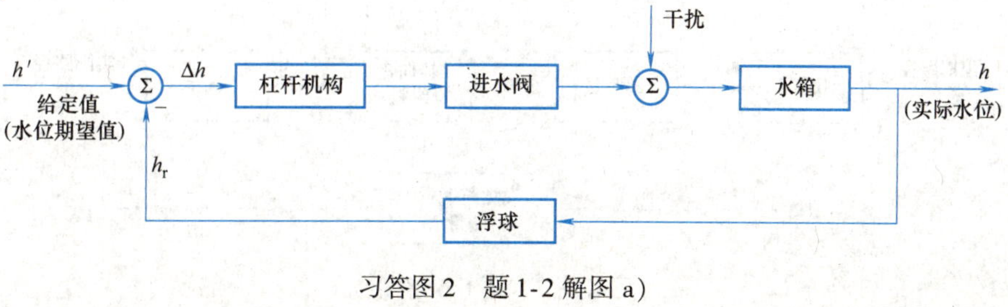

习答图 2　题 1-2 解图 a)

b)

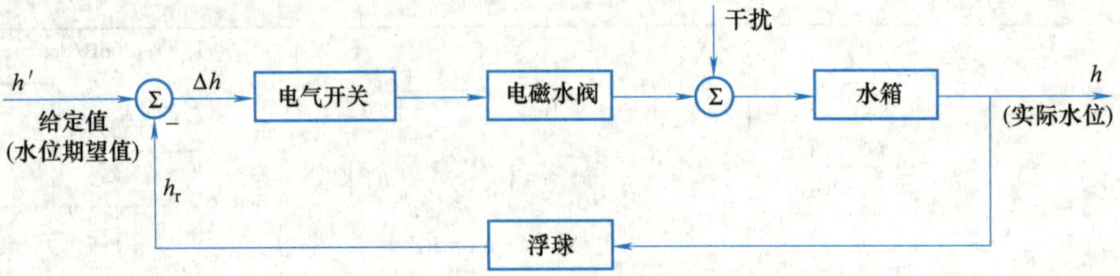

习答图 3 题 1-2 解图 b)

1-3

$$\frac{y}{u}=\frac{b}{a}$$

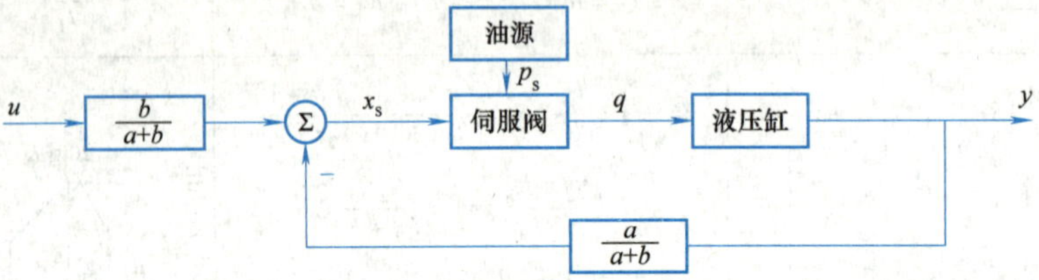

习答图 4 题 1-3 解图

1-4

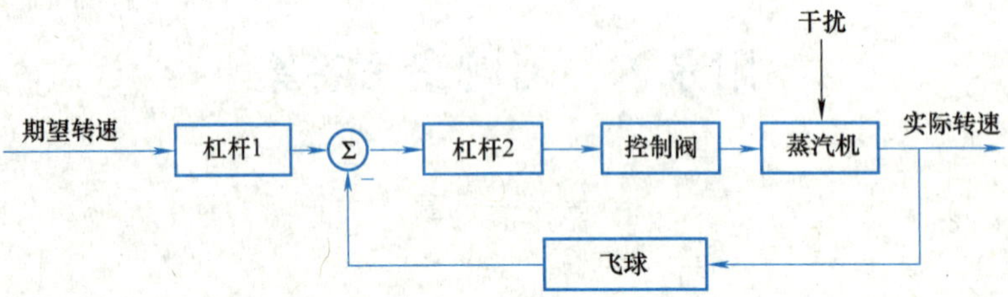

习答图 5 题 1-4 解图

1-5

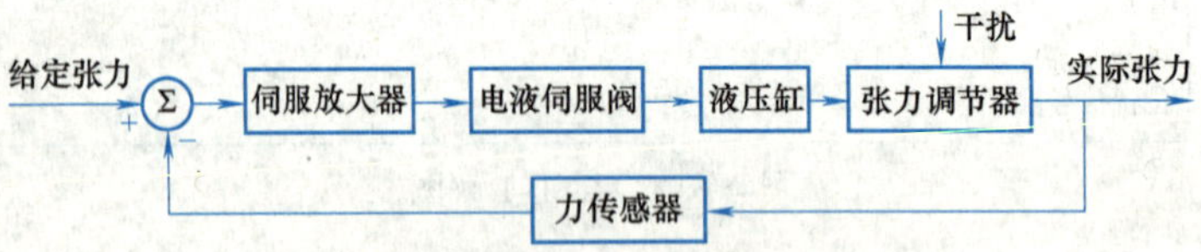

习答图 6 题 1-5 解图

1-6

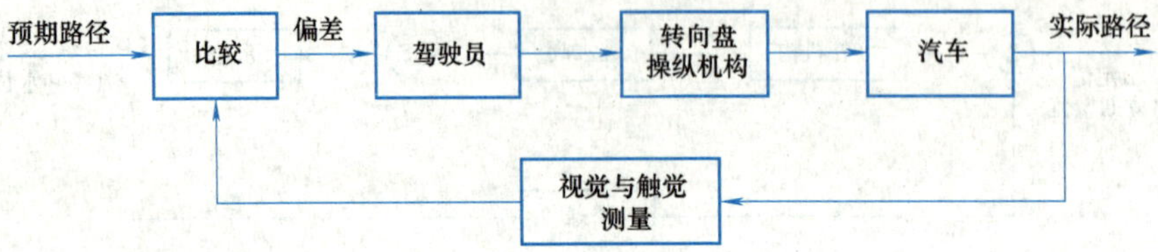

习答图 7 题 1-6 解图

1-7

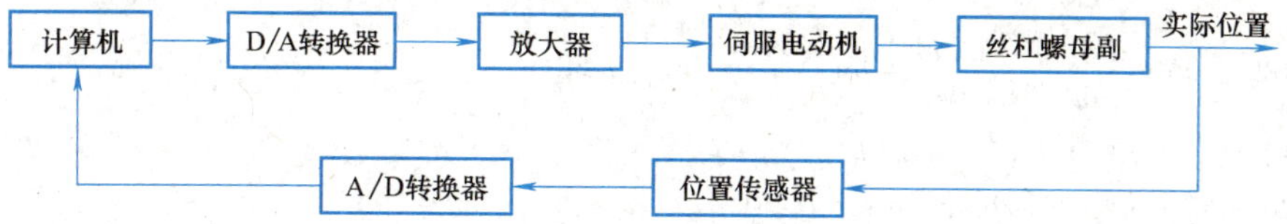

习答图 8　题 1-7 解图

第　二　章

2-1　a) $\frac{\mathrm{d}u_2}{\mathrm{d}t}+\frac{1}{CR}u_2=\frac{\mathrm{d}u_1}{\mathrm{d}t}$；b) $\frac{\mathrm{d}x_2}{\mathrm{d}t}+\frac{k}{b}x_2=\frac{\mathrm{d}x_1}{\mathrm{d}t}$；c) $CR_2\frac{\mathrm{d}u_2}{\mathrm{d}t}+\left(\frac{R_2}{R_1}+1\right)u_2=CR_2\frac{\mathrm{d}u_1}{\mathrm{d}t}+\frac{R_2}{R_1}u_1$；

d) $b\frac{\mathrm{d}x_2}{\mathrm{d}t}+(k_1+k_2)x_2=\frac{b\mathrm{d}x_1}{\mathrm{d}t}+k_1x_1$；e) $(R_1+R_2)\frac{\mathrm{d}u_2}{\mathrm{d}t}+\frac{1}{C}u_2=R_2\frac{\mathrm{d}u_1}{\mathrm{d}t}+\frac{1}{C}u_1$；

f) $b\left(1+\frac{k_1}{k_2}\right)\frac{\mathrm{d}x_2}{\mathrm{d}t}+k_1x_2=\frac{bk_1}{k_2}\frac{\mathrm{d}x_1}{\mathrm{d}t}+k_1x_1$

2-2　$m_1m_2\frac{\mathrm{d}^4x_2}{\mathrm{d}t^4}+(b_1m_2+b_2m_1+b_3m_1+b_3m_2)\frac{\mathrm{d}^3x_2}{\mathrm{d}t^3}+(k_1m_2+k_2m_1+b_1b_2+b_1b_3+b_2b_3)\frac{\mathrm{d}^2x_2}{\mathrm{d}t^2}+(k_1b_2+k_2b_1+k_1b_3+k_2b_3)\frac{\mathrm{d}x_2}{\mathrm{d}t}+k_1k_2x_2=b_3\frac{\mathrm{d}f}{\mathrm{d}t}$

2-3　1) $g(t)=\frac{a}{a+b}\mathrm{e}^{-at}+\frac{b}{a+b}\mathrm{e}^{bt}$，$t\geqslant0$

2) $g(t)=2\mathrm{e}^{-t}-\mathrm{e}^{-2t}$，$t\geqslant0$

3) $g(t)=\frac{c-a}{(a-b)^2}\mathrm{e}^{-at}+\frac{c-b}{a-b}t\mathrm{e}^{-bt}+\frac{a-c}{(a-b)^2}\mathrm{e}^{-bt}$，$t\geqslant0$

4) $g(t)=\frac{1}{9}\mathrm{e}^{-4t}+\frac{1}{3}t\mathrm{e}^{-t}-\frac{1}{9}\mathrm{e}^{-t}$，$t\geqslant0$

5) $g(t)=\mathrm{e}^{-t}(2-t)-2\mathrm{e}^{-2t}$，$t\geqslant0$

6) $g(t)=\frac{5}{2}-2\mathrm{e}^{-t}-\frac{1+2\mathrm{j}}{4}\mathrm{e}^{-2\mathrm{j}t}-\frac{1-2\mathrm{j}}{4}\mathrm{e}^{2\mathrm{j}t}=\frac{5}{2}-2\mathrm{e}^{-t}-\frac{1}{2}\cos2t-\sin2t$，$t\geqslant0$

7) $g(t)=\frac{2}{3}+\frac{1}{12}\mathrm{e}^{-3t}-\frac{1}{2}t\mathrm{e}^{-t}-\frac{3}{4}\mathrm{e}^{-t}$，$t\geqslant0$

8) $g(t)=1-2\mathrm{e}^{-2t}+\mathrm{e}^{-t}\cos\sqrt{3}t$，$t\geqslant0$

9) $g(t)=\frac{d}{abc}-\frac{d-a}{a(b-a)(c-a)}\mathrm{e}^{-at}-\frac{d-b}{b(a-b)(c-b)}\mathrm{e}^{-bt}-\frac{d-c}{c(a-c)(b-c)}\mathrm{e}^{-ct}$，$t\geqslant0$

10) $g(t)=\frac{1}{a^2}[aa_1-a_2+aa_2t+(a^2-aa_1+a_2)\mathrm{e}^{-at}]$，$t\geqslant0$

11) $g(t)=\frac{1}{2}-\frac{1}{2\sqrt{7}}\mathrm{e}^{-\frac{1}{2}t}\sin\frac{\sqrt{7}}{2}t-\frac{1}{2}\mathrm{e}^{-\frac{1}{2}t}\cos\frac{\sqrt{7}}{2}t$，$t\geqslant0$

12) $g(t)=1-\mathrm{e}^{-\frac{1}{2}t}\cos\frac{\sqrt{7}}{2}t+\frac{3}{\sqrt{7}}\mathrm{e}^{-\frac{1}{2}t}\sin\frac{\sqrt{7}}{2}t$，$t\geqslant0$

13) $g(t)=\frac{1}{\omega^2}(1-\cos\omega t)$，$t\geqslant0$

14) $g(t)=5\mathrm{e}^{-t}\sin2t+2\mathrm{e}^{-t}\cos2t$，$t\geqslant0$

15) $g(t)=(1+t^2)\mathrm{e}^{-t}$，$t\geqslant0$

16) $g(t)=\frac{\mathrm{d}\delta(t)}{\mathrm{d}t}+9\delta(t)+24\mathrm{e}^{-t}-6\mathrm{e}^{-2t}$，$t\geqslant0$

17) $g(t)=\dfrac{\mathrm{d}\delta(t)}{\mathrm{d}t}+2\delta(t)+2\mathrm{e}^{-t}-\mathrm{e}^{-2t}$, $t\geqslant 0$

18) $g(t)=\dfrac{\mathrm{d}^2\delta(t)}{\mathrm{d}t^2}+\dfrac{\mathrm{d}\delta(t)}{\mathrm{d}t}+2\delta(t)+5-3\mathrm{e}^{-t}$, $t\geqslant 0$

2-4 1) $x(t)=(2a+b)\mathrm{e}^{-t}-(a+b)\mathrm{e}^{-2t}$, $t\geqslant 0$

2) $x(t)=\mathrm{e}^{-t}+\mathrm{e}^{t}-2\sin t-\cos 2t$, $t\geqslant 0$

3) $x(t)=\dfrac{3}{5}-\dfrac{3}{10}\mathrm{e}^{-t}\sin 2t-\dfrac{3}{5}\mathrm{e}^{-t}\cos 2t$, $t\geqslant 0$

4) $x(t)=\dfrac{2\sqrt{3}}{\sqrt{5}}\mathrm{e}^{-1.5t}\sin\left(\dfrac{\sqrt{15}}{2}t\right)$, $t\geqslant 0$

5) $x(t)=1-\dfrac{1}{2}t^2\mathrm{e}^{-t}-t\mathrm{e}^{-t}-\mathrm{e}^{-t}$, $t\geqslant 0$

2-5 1) 极点：0, 0, −2, −5；零点：−1, ∞, ∞, ∞

2) 极点：−2, −1, −2；零点：0, 0, −1

3) 极点：0, $\dfrac{-1+\mathrm{j}\sqrt{3}}{2}$, $\dfrac{-1-\mathrm{j}\sqrt{3}}{2}$；零点：−2, ∞, ∞

4) 极点：−1, −2, −∞（无穷多个极点）；零点：在∞处有无穷多个零点。

2-6 $G(s)=\dfrac{T_1T_2s^2+(T_1+T_2)s+1}{T_1T_2s^2+(T_1+T_2+T_3)s+1}$

a) $T_1=R_1C_1$, $T_2=R_2C_2$, $T_3=R_1C_2$;

b) $T_1=\dfrac{b_1}{k_1}$, $T_2=\dfrac{b_2}{k_2}$, $T_3=\dfrac{b_1}{k_2}$

2-7 $T_m=\left[J_1+\left(\dfrac{z_1}{z_2}\right)^2J_2+\left(\dfrac{z_1z_3}{z_2z_4}\right)^2J_3\right]\ddot{\theta}_1$

2-8 略。

2-9 a) $G(s)=\dfrac{1}{Ts}$, $T=R_0C$;

b) $G(s)=K(Ts+1)$, $K=\dfrac{R_1+R_2}{R_0}$, $T=\dfrac{R_1R_2}{R_1+R_2}C$

c) $G(s)=\dfrac{K}{Ts+1}$, $K=\dfrac{R_1}{R_0}$, $T=R_1C$;

d) $G(s)=K\dfrac{(T_1s+1)(T_2s+1)}{T_1s}$, $K=\dfrac{R_1}{R_0}$, $T_1=R_1C_1$, $T_2=R_0C_0$

2-10 a) $G(s)=K\dfrac{T_2s+1}{T_1s+1}$, $K=\dfrac{R_3}{R_1+R_3}$, $T_1=\left(R_2+\dfrac{R_1R_3}{R_1+R_3}\right)C$, $T_2=R_2C$

b) $G(s)=\dfrac{T_1T_2s^2+(T_1+T_2)s+1}{T_1T_2s^2+\left[T_2\left(1+\dfrac{R_1}{R_2}\right)+T_1\right]s+1}$, $T_1=R_1C_1$, $T_2=R_2C_2$

c) $$G(s)=\frac{1}{T_1T_2s^2+\left[T_2\left(1+\dfrac{R_1}{R_2}\right)+T_1\dfrac{R_2+R_3+R_4}{R_4}\right]s+K}$$

$T_1=R_1C_1$, $T_2=\dfrac{R_3+R_4}{R_4}R_2C_2$, $K=\dfrac{R_1+R_2+R_3+R_4}{R_4}$

d) $$G(s)=\frac{T_1T_2s^2+T_2s+1}{T_1T_2s^2+\left[T_1\left(1+\dfrac{R_1}{R_2}\right)+T_2\right]s+1}$$

$$T_1=\frac{R_1R_2}{R_1+R_2}C_2, T_2=(R_1+R_2)C_1$$

2-11　a) $\frac{Y(s)}{U(s)}=G_4+\frac{G_1G_2G_3}{1+G_2G_3H_2+G_2H_1(1-G_1)}$

b) $\frac{Y(s)}{U(s)}=\frac{G_1(G_2G_3+G_4)}{1+(G_2G_3+G_4)(G_1-H_2)+G_1G_2H_1}$

c) $\frac{Y(s)}{U(s)}=\frac{(G_1G_3+G_2G_4)G_5}{1+G_3H+G_4H+(G_1G_3+G_2G_4)G_5}$

2-12　$\frac{Y_1(s)}{U_1(s)}=\frac{G_1G_2G_3(1+G_4)}{1+G_1G_2+G_4-G_1H_2G_4G_5H_1+G_1G_2G_4}$

$\frac{Y_2(s)}{U_1(s)}=\frac{G_1H_2G_4G_5G_6}{1+G_1G_2+G_4-G_1H_2G_4G_5H_1+G_1G_2G_4}$

$\frac{Y_1(s)}{U_2(s)}=\frac{G_4G_5H_1G_1G_2G_3}{1+G_1G_2+G_4-G_1H_2G_4G_5H_1+G_1G_2G_4}$

$\frac{Y_2(s)}{U_2(s)}=\frac{G_4G_5G_6(1+G_1G_2)}{1+G_1G_2+G_4-G_1H_2G_4G_5H_1+G_1G_2G_4}$

2-13　$\frac{Y(s)}{U(s)}=\frac{abc}{1-(bg+f+ch+bce+abcd)}$

2-14　$\frac{Y(s)}{U(s)}=\frac{\tau s+K}{(s+1)(Ts+1)+K}$

$\frac{Y(s)}{N(s)}=\frac{2(s+1)(Ts+1)}{(s+1)(Ts+1)+K}$

2-15　1) $\frac{Y(s)}{U(s)}=\frac{K_1K_2K_3}{Ts^2+s+K_1K_2K_3}$

$$\frac{Y(s)}{N(s)}=\frac{K_1K_2K_3\left[G_o(s)-\frac{K_4}{K_1K_2}s\right]}{Ts^2+s+K_1K_2K_3}$$

2) $G_o(s)=\frac{K_4}{K_1K_2}s$

2-16　$\frac{Y(s)}{U(s)}=\frac{0.083333(s+1)^2(s+2)(s^2+1)}{(s+10.12)(s+2.44)(s+2.349)(s+1)(s^2+1.176s+1.023)}$

2-17　$\frac{\Theta(s)}{R(s)}=\frac{(N_1/N_2)K_mK_1K_2K_p}{\tau_Ls^2+s+(N_1/N_2)K_mK_1K_2K_p}$

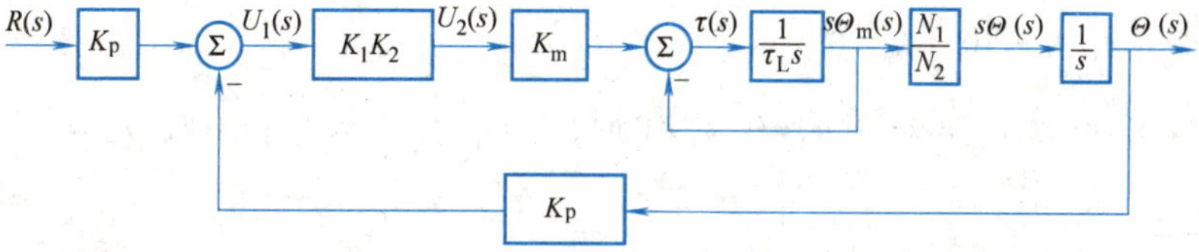

a)

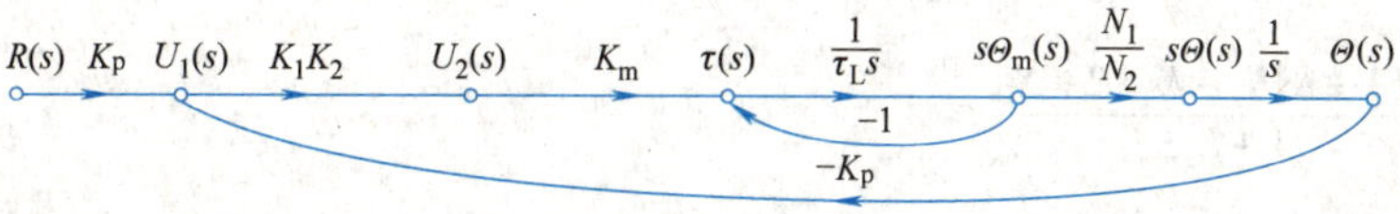

b)

习答图 9　题 2-17 解图

a) 系统框图　b) 信号流程图

2-18 1)

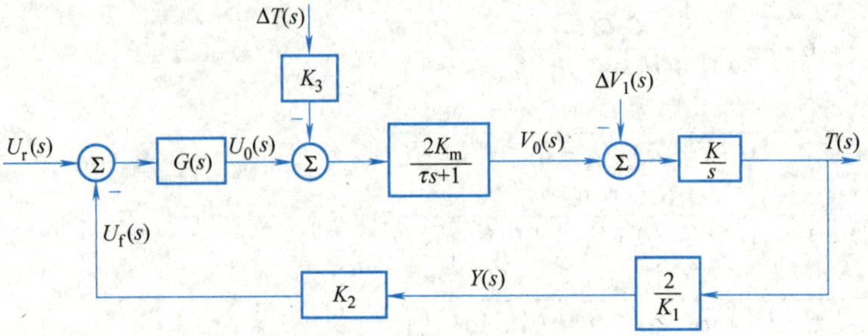

习答图 10 题 2-18 解图

2) $T(s)=\dfrac{2K_1K_mKG(s)U_r(s)-K_1K(\tau s+1)\Delta V_1(s)-2KK_1K_3K_m\Delta T(s)}{K_1s(\tau s+1)+4G(s)K_2K_mK}$

第 三 章

3-1 $T=0.256\text{min}$；2.56℃

3-2 $G(s)=\dfrac{2s+42}{s(s+6)}$

3-3 $y(t)=\dfrac{13}{30}-\dfrac{13}{5}e^{-5t}+\dfrac{13}{6}e^{-6t}$

3-4 $y(t)=1-\dfrac{4}{3}e^{-t}+\dfrac{1}{3}e^{-4t}$，$y(t)=\dfrac{4}{3}e^{-t}-\dfrac{4}{3}e^{-4t}$

3-5 1) $\dfrac{Y(s)}{U(s)}=\dfrac{600}{(s+60)(s+10)}$

2) $\omega_n=24.5\text{rad/s}$，$\zeta=1.43$

3-6 $t_r=2.42\text{s}$，$t_p=3.63\text{s}$，$t_s=8\text{s}$，$M_p=16.3\%$

3-7 $K=12.5\text{rad}^2/\text{s}^2$，$K_h=0.178\text{s}$，$t_r=0.65\text{s}$，$t_s=2.48\text{s}(\Delta=0.02)$

3-8 $K=200$ 时，$t_p=0.12\text{s}$，$t_s=0.174\text{s}(\Delta=0.05)$，$M_p=13\%$

$K=1500$ 时，$t_p=0.037\text{s}$，$t_s=0.174\text{s}(\Delta=0.05)$，$M_p=52.7\%$

3-9 $\dfrac{1}{21}$，∞，∞

3-10 0，$\dfrac{2\zeta}{\omega}$，∞

3-11 1) $K_p=\infty$，$K_v=100$，$K_a=0$

2) 当 $a_2\neq0$ 时，$e_{ss}=\infty$；当 $a_2=0$，$a_1\neq0$ 时，$e_{ss}=\dfrac{a_1}{100}$；当 $a_2=a_1=0$ 时，$e_{ss}=0$

3-12 $-\dfrac{1}{K_1}$

3-13 1) 18°

2) $e_{ss}=\dfrac{(1+K_1K_a-K_a)R-N}{1+K_1K_a}$

3) $\dfrac{\theta_b}{\theta_k}\approx\dfrac{1}{1+K_1K_a}$

3-14 稳定

3-15 稳定

3-16 1）不稳定；2）稳定；3）稳定；4）不稳定；5）稳定

3-17 1）$0<K<\frac{109}{121}$；2）不稳定；3）$K>\frac{-1+\sqrt{201}}{4}$；4）不稳定；5）$K>0.5$

3-18 $\begin{cases} T_1>0 \\ T_2>0 \\ KK_1K_2K_h>0 \\ \frac{b}{\Delta}<KK_1K_2K_h<\frac{T_1+T_2}{T_1T_2} \end{cases}$

3-19 略

3-20 1）

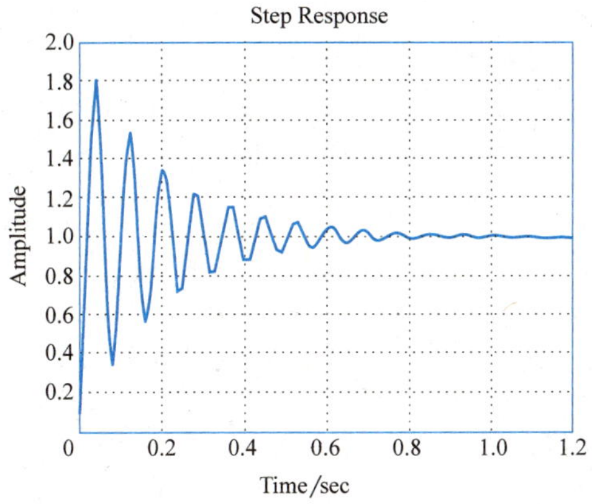

习答图 11 题 3-20 解图之一机器人手爪控制系统单位阶跃响应曲线（MATLAB）

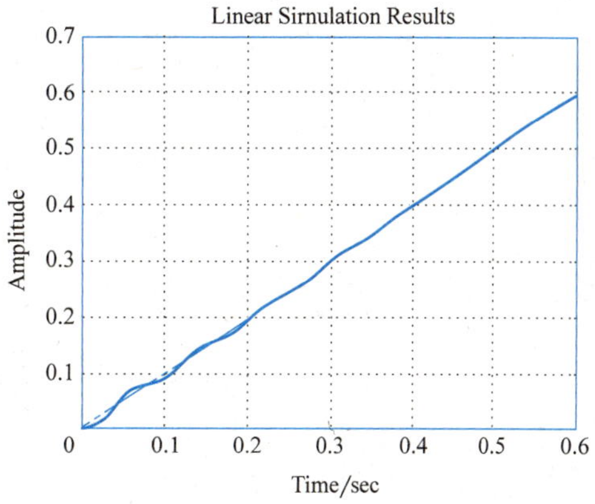

习答图 12 题 3-20 解图之二机器人手爪控制系统单位速度响应曲线（MATLAB）

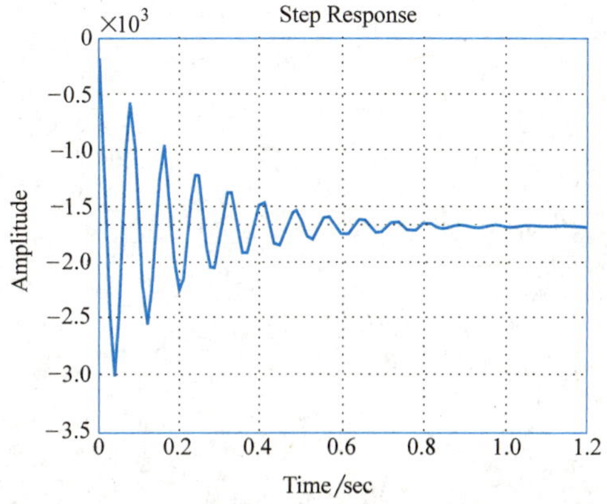

习答图 13 题 3-20 解图之三机器人手爪控制系统单位阶跃扰动响应曲线（MATLAB）

2）$e_{ssn}=\frac{1}{600}$，干扰输入幅值在输出端被削弱 600 倍

3）$e_{ss}=\frac{1}{600}$

第 四 章

4-1 略

4-2 圆心为（$-z$, j0）

半径为 $\sqrt{z(z-p)}$

4-3 略

4-4 $\omega=+1.61$, $K_R=7$

$\omega=-1.61$, $K_R=7$

4-5 1）略；2）$K\approx0.95$

4-6 1）系统不稳定；2）系统稳定；3）系统不稳定

4-7 $K>16.37$

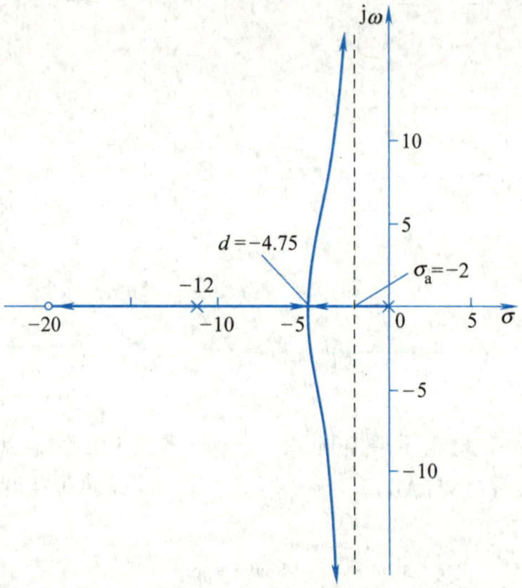

习答图 14 题 4-7 解图

4-8 $0.5<K<137$

$$G(s)=\frac{K(s^2+1.5s+0.5)}{100s^3+215s^2+30.5s+1}$$

MATLAB 命令：

```
G = tf([1  1.5  0.5], [100  215  30.5  1]);
figure(1)
rlocus(G)
```

第 五 章

5-1 $T=1\text{s}$, $K=12$

5-2 $|x(t)|=\sqrt{\dfrac{k^2+(b\omega)^2}{[k-m\omega^2]^2+(b\omega)^2}}Y$

5-3 $y(t)=\dfrac{\sqrt{2}}{4}\sin\left(\dfrac{2}{3}t\right)$

5-4 1）$0.9\sin(t+24.8°)$

2) $\frac{4}{5}\sqrt{5}\cos(2t-55.3°)$

3) $0.9\sin(t+24.8°)-\frac{4}{5}\sqrt{5}\cos(2t-55.3°)$

5-5　$30.3\sin(2\pi t-72.5°)$

5-6　$A(\omega)=\frac{36}{\sqrt{(\omega^2+16)(\omega^2+81)}}$

$\varphi(\omega)=-\arctan\frac{\omega}{4}-\arctan\frac{\omega}{9}$

5-7　$k=4$, $b=1$

5-8　1) $\frac{\sqrt{10}}{4}\sin(2t-18.4°)$

2) $\frac{5}{\sqrt{29}}\sin(2t-21.8°)$

3) $\frac{\sqrt{5}}{5}\sin(2t-10.3°)$

5-9　1) $U(\omega)=\frac{5}{900\omega^2+1}$, $V(\omega)=\frac{-150\omega}{900\omega^2+1}$

$A(\omega)=\frac{5}{\sqrt{900\omega^2+1}}$, $\varphi(\omega)=-\arctan 30\omega$

2) $U(\omega)=\frac{-0.1}{0.01\omega^2+1}$, $V(\omega)=\frac{-1}{\omega(0.01\omega^2+1)}$

$A(\omega)=\frac{1}{\omega\sqrt{0.01\omega^2+1}}$, $\varphi(\omega)=-90°-\arctan 0.1\omega$

5-10　略

5-11　略

5-12　略

5-13　略

5-14　1）不稳定；2）稳定；3）不稳定；4）稳定；5）不稳定；6）稳定；7）稳定；8）稳定；9）不稳定；10）不稳定

5-15　$K_h=0.1$

5-16　$0<K_v<2\zeta\omega_n$

5-17　1）1.12；2）0.57；3）1.1

5-18　$a=\sqrt{0.707}$

5-19　不稳定

5-20　稳定

5-21　$\gamma=55°$ or $56.778°$；$K_g=12$dB or 9.469dB

5-22　$\gamma=42°$（手工作图）or $41.187°$（MATLAB 作图）；$K_g=17$dB or 15.233dB

5-23　$G(s)H(s)=\frac{31.65}{s(0.031s+1)}$, $M(\omega_r)=1.15$, $\omega_r=22.38$rad/s

5-24　$G(s)H(s)=\frac{1}{0.5s^3+2.6s^2+11.2s+16}$

5-25　1) $\gamma(\omega_c)=56.3°$; $K_g=16.5$dB

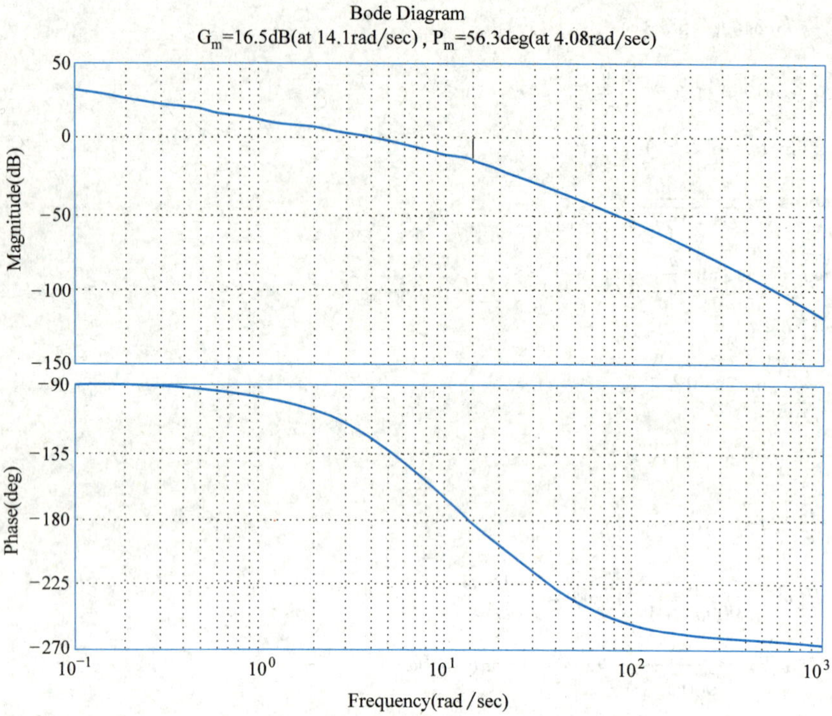

习答图 15　题 5-25 解图

2）$\omega_b = 7.39\text{rad/s}$

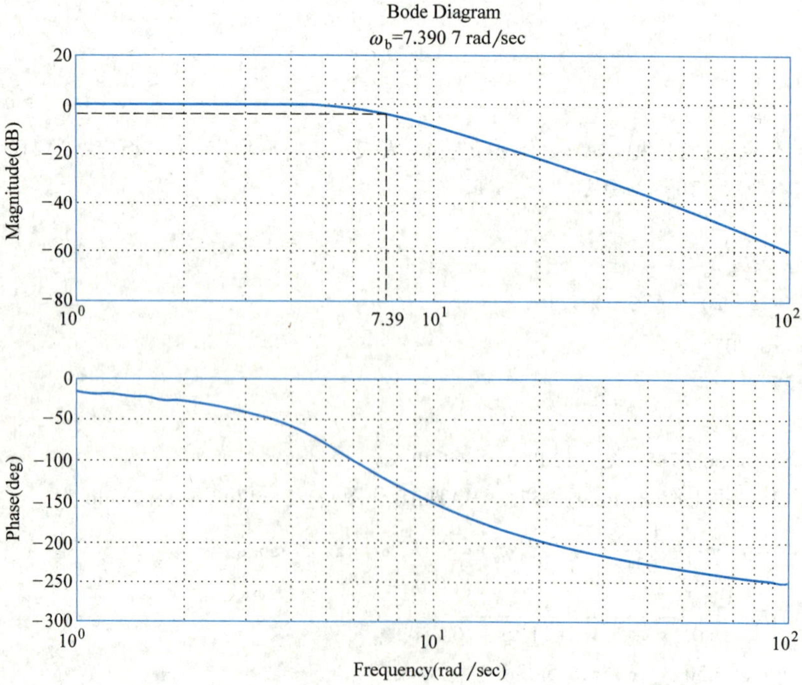

习答图 16　题 5-25 解图

3）$t_s = 0.88s$

5-26　1）

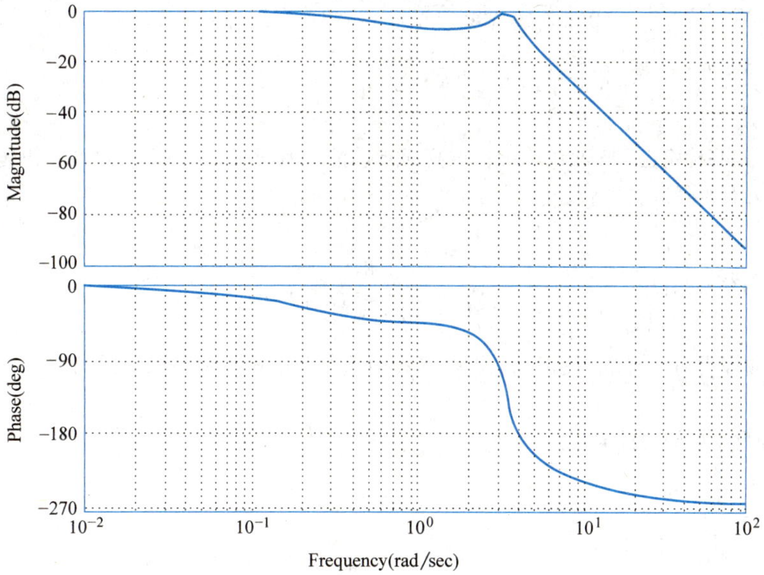

习答图 17　题 5-26 解图（$K=20$）

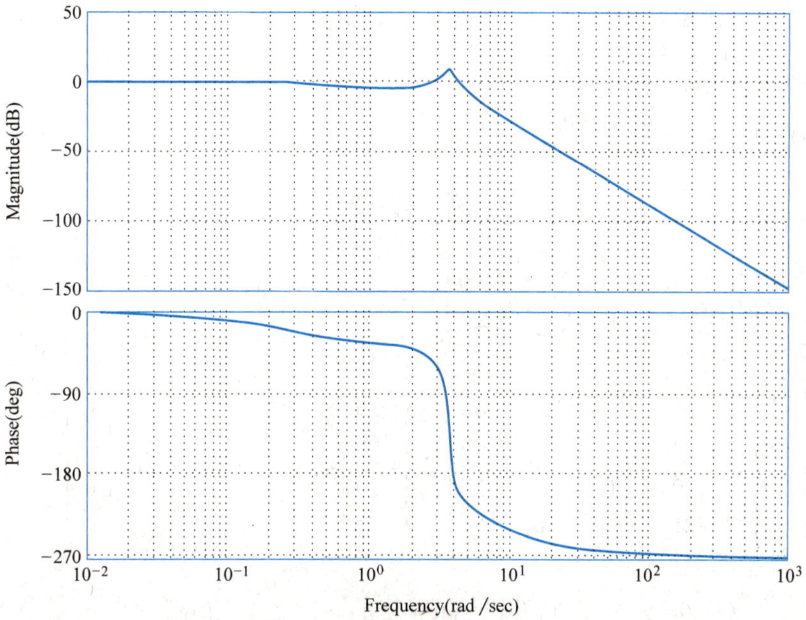

习答图 18　题 5-26 解图（$K=40$）

2）① $K=20$ 时，$M_r=0$；ω_r 不存在；$\omega_b=3.62\text{rad/s}$

② $K=40$ 时，$M_r=9.58\text{dB}$；$\omega_r=3.68\text{rad/s}$；$\omega_b=4.59\text{rad/s}$

第　六　章

6-1　1）PI 控制。

2）动态性能；可以。

3）快速性有充分余地时，用牺牲快速性来提高稳定性。

6-2 1）a）$G(s)G_c(s)=\dfrac{20}{s(0.1s+1)}\dfrac{s+1}{10s+1}$；

b）$G(s)G_c(s)=\dfrac{20}{s(0.1s+1)}\dfrac{0.1s+1}{0.01s+1}$

2）略。

3）a）提高稳定性，降低快速性；抗高频干涉能力有所提高；b）稳定性、快速性都得以改善；但抗高频干涉能力有所降低。

6-3 1）略

2）$G(s)G_c(s)=\dfrac{K_1}{\left(\dfrac{s}{\omega_1}+1\right)\left(\dfrac{s}{\omega_2}+1\right)\left(\dfrac{s}{\omega_3}+1\right)}\dfrac{K_2(T_2s+1)(T_3s+1)}{(T_1s+1)(T_4s+1)}$

3）低频段提高了增益，使稳态性能提高；中频段斜率从 -40dB/dec 提高到 -20dB/dec，改善了系统的动态性能。

6-4 第二种校正后稳定性最好。

6-5 $G_c(s)=\dfrac{\dfrac{1}{30}s+1}{\dfrac{1}{120}s+1}$

6-6 滞后校正。

6-7 滞后-超前校正。因为未校正系统不稳定，且在 ω_c 处 $\varphi(\omega)$ 衰减最大，一级超前校正不能解决问题。滞后校正虽可保证稳定裕量，但 ω_c 不能满足要求，故采用滞后-超前校正。

6-8 $G_c(s)=\dfrac{40(0.2075s+1)}{0.066s+1}$

6-9 $G_c(s)=452.4\dfrac{s+6}{s+19.2}\dfrac{s+0.1}{s+0.028}$

第七章

7-1 1）$\begin{pmatrix}\dot{x}_1\\ \dot{x}_2\end{pmatrix}=\begin{pmatrix}0 & 1\\ -220 & -12\end{pmatrix}\begin{pmatrix}x_1\\ x_2\end{pmatrix}+\begin{pmatrix}0\\ 200\end{pmatrix}u,\ y=[1\quad 0]\begin{pmatrix}x_1\\ x_2\end{pmatrix}$

2）$\begin{pmatrix}\dot{x}_1\\ \dot{x}_2\\ \dot{x}_3\\ \dot{x}_4\end{pmatrix}=\begin{pmatrix}0 & 1 & 0 & 0\\ 0 & 0 & 1 & 0\\ 0 & 0 & 0 & 1\\ -21 & -15 & -10 & -6\end{pmatrix}\begin{pmatrix}x_1\\ x_2\\ x_3\\ x_4\end{pmatrix}+\begin{pmatrix}0\\ 0\\ 0\\ 1\end{pmatrix}u,\ y=[21\quad 7\quad 0\quad 0]\begin{pmatrix}x_1\\ x_2\\ x_3\\ x_4\end{pmatrix}$

3）$\begin{pmatrix}\dot{x}_1\\ \dot{x}_2\\ \dot{x}_3\end{pmatrix}=\begin{pmatrix}0 & 1 & 0\\ 0 & 0 & 1\\ -40 & -20 & -5\end{pmatrix}\begin{pmatrix}x_1\\ x_2\\ x_3\end{pmatrix}+\begin{pmatrix}0\\ 0\\ 1\end{pmatrix}u,\ y=[40\quad 20\quad 0]\begin{pmatrix}x_1\\ x_2\\ x_3\end{pmatrix}$

7-2 1）$\begin{pmatrix}\dot{x}_1\\ \dot{x}_2\\ \dot{x}_3\end{pmatrix}=\begin{pmatrix}0 & 1 & 0\\ 0 & 0 & 1\\ 0 & -12 & -7\end{pmatrix}\begin{pmatrix}x_1\\ x_2\\ x_3\end{pmatrix}+\begin{pmatrix}0\\ 0\\ 1\end{pmatrix}u,\ y=[2\quad 3\quad 1]\begin{pmatrix}x_1\\ x_2\\ x_3\end{pmatrix}$

2) $\begin{pmatrix}\dot{x}_1\\ \dot{x}_2\\ \dot{x}_3\end{pmatrix}=\begin{pmatrix}0&0&0\\0&-3&0\\0&0&-4\end{pmatrix}\begin{pmatrix}x_1\\x_2\\x_3\end{pmatrix}+\begin{pmatrix}1\\1\\1\end{pmatrix}u,\ y=\begin{bmatrix}\frac{1}{6}&-\frac{2}{3}&\frac{3}{2}\end{bmatrix}\begin{pmatrix}x_1\\x_2\\x_3\end{pmatrix}$

3) $\begin{pmatrix}\dot{x}_1\\ \dot{x}_2\\ \dot{x}_3\end{pmatrix}=\begin{pmatrix}-4&-1&1\\0&-3&1\\0&0&0\end{pmatrix}\begin{pmatrix}x_1\\x_2\\x_3\end{pmatrix}+\begin{pmatrix}1\\1\\1\end{pmatrix}u,\ y=\begin{bmatrix}1&0&0\end{bmatrix}\begin{pmatrix}x_1\\x_2\\x_3\end{pmatrix}$

7-3 1) $\begin{pmatrix}\dot{x}_1\\ \dot{x}_2\\ \dot{x}_3\end{pmatrix}=\begin{pmatrix}0&1&0\\0&-2&-3\\1&0&0\end{pmatrix}\begin{pmatrix}x_1\\x_2\\x_3\end{pmatrix}+\begin{pmatrix}0\\3\\0\end{pmatrix}u,\ y=\begin{bmatrix}1&0&0\end{bmatrix}\begin{pmatrix}x_1\\x_2\\x_3\end{pmatrix}$

2) $\begin{pmatrix}\dot{x}_1\\ \dot{x}_2\\ \dot{x}_3\\ \dot{x}_4\end{pmatrix}=\begin{pmatrix}-1&0&-1&0\\0&-1&0&0\\0&0&0&1\\1&1&0&-2\zeta\omega\end{pmatrix}\begin{pmatrix}x_1\\x_2\\x_3\\x_4\end{pmatrix}+\begin{pmatrix}1&0\\0&1\\0&0\\0&0\end{pmatrix}\begin{pmatrix}u\\n\end{pmatrix},\ y=\begin{bmatrix}0&0&1&0\end{bmatrix}\begin{pmatrix}x_1\\x_2\\x_3\\x_4\end{pmatrix}$

3) $\begin{pmatrix}\dot{x}_1\\ \dot{x}_2\\ \dot{x}_3\\ \dot{x}_4\\ \dot{x}_5\end{pmatrix}=\begin{pmatrix}0&1&0&0&0\\-1&-2&1&0&-1\\0&0&-3&0&0\\0&0&0&-1&0\\1&0&0&-1&-2\end{pmatrix}\begin{pmatrix}x_1\\x_2\\x_3\\x_4\\x_5\end{pmatrix}+\begin{pmatrix}0\\0\\3\\1\\0\end{pmatrix}u,\ \begin{pmatrix}y\\y_{\mathrm{m}}\end{pmatrix}=\begin{pmatrix}1&0&0&0&0\\0&0&0&1&0\end{pmatrix}\begin{pmatrix}x_1\\x_2\\x_3\\x_4\\x_5\end{pmatrix}$

7-4 1) $\mathrm{e}^{At}=\begin{pmatrix}1&\frac{1}{2}(1-\mathrm{e}^{-2t})\\0&\mathrm{e}^{-2t}\end{pmatrix}$

2) $\mathrm{e}^{At}=\begin{pmatrix}2\mathrm{e}^{-t}-\mathrm{e}^{-2t}&-2\mathrm{e}^{-t}+2\mathrm{e}^{-2t}\\\mathrm{e}^{-t}-\mathrm{e}^{-2t}&-\mathrm{e}^{-t}+2\mathrm{e}^{-2t}\end{pmatrix}$

3) $\mathrm{e}^{At}=\begin{pmatrix}2\mathrm{e}^{-t}-\mathrm{e}^{-2t}&\mathrm{e}^{-t}-\mathrm{e}^{-2t}\\-2\mathrm{e}^{-t}+2\mathrm{e}^{-2t}&-\mathrm{e}^{-t}+2\mathrm{e}^{-2t}\end{pmatrix}$

4) $\mathrm{e}^{At}=\begin{pmatrix}\frac{1}{2}+\frac{1}{2}\mathrm{e}^{2t}&\frac{1}{2}-\frac{1}{2}\mathrm{e}^{2t}&0\\\frac{1}{2}-\frac{1}{2}\mathrm{e}^{2t}&\frac{1}{2}+\frac{1}{2}\mathrm{e}^{2t}&0\\0&0&\mathrm{e}^{t}\end{pmatrix}$

5) $\mathrm{e}^{At}=\begin{pmatrix}\mathrm{e}^{t}-t\mathrm{e}^{t}+\frac{1}{2}t^2\mathrm{e}^{t}&t\mathrm{e}^{t}-t^2\mathrm{e}^{t}&\frac{1}{2}t^2\mathrm{e}^{t}\\\frac{1}{2}t^2\mathrm{e}^{t}&\mathrm{e}^{t}-t\mathrm{e}^{t}-t^2\mathrm{e}^{t}&t\mathrm{e}^{t}+\frac{1}{2}t^2\mathrm{e}^{t}\\t\mathrm{e}^{t}+\frac{1}{2}t^2\mathrm{e}^{t}&-3t\mathrm{e}^{t}-t^2\mathrm{e}^{t}&\mathrm{e}^{t}+2t\mathrm{e}^{t}+\frac{1}{2}t^2\mathrm{e}^{t}\end{pmatrix}$

6) $e^{At}=\begin{pmatrix} \frac{3}{4}e^{t}+\frac{1}{4}e^{5t} & -\frac{1}{2}e^{t}+\frac{1}{2}e^{5t} & -\frac{1}{4}e^{t}+\frac{1}{4}e^{5t} \\ -\frac{1}{4}e^{t}+\frac{1}{4}e^{5t} & \frac{1}{2}e^{t}+\frac{1}{2}e^{5t} & -\frac{1}{4}e^{t}+\frac{1}{4}e^{5t} \\ -\frac{1}{4}e^{t}+\frac{1}{4}e^{5t} & -\frac{1}{2}e^{t}+\frac{1}{2}e^{5t} & \frac{1}{4}e^{t}+\frac{1}{4}e^{5t} \end{pmatrix}$

7-5 $\boldsymbol{x}(t)=\begin{pmatrix} e^{-2t} \\ e^{-2t} \end{pmatrix}$

7-6 1) $\boldsymbol{x}(t)=\begin{pmatrix} 1 & 0 \\ -\frac{1}{2}+\frac{1}{2}e^{-2t} & e^{-2t} \end{pmatrix}\boldsymbol{x}(0)+\begin{pmatrix} 0 \\ \frac{1}{2}-\frac{1}{2}e^{-2t} \end{pmatrix}$

2) $\boldsymbol{x}(t)=\begin{pmatrix} 2e^{-t}-e^{-2t} & e^{-t}-e^{-2t} \\ -2e^{-t}+2e^{-2t} & -e^{-t}+2e^{-2t} \end{pmatrix}\boldsymbol{x}(0)+\begin{pmatrix} -e^{-t}+\frac{1}{2}e^{-2t}+\frac{1}{2} \\ e^{-t}-e^{-2t} \end{pmatrix}$

3) $\boldsymbol{x}(t)=\begin{pmatrix} 1 & \frac{1}{2}(e^{t}-e^{-t}) & \frac{1}{2}(e^{t}+e^{-t})-1 \\ 0 & \frac{1}{2}(e^{t}+e^{-t}) & \frac{1}{2}(e^{t}-e^{-t}) \\ 0 & \frac{1}{2}(e^{t}-e^{-t}) & \frac{1}{2}(e^{t}+e^{-t}) \end{pmatrix}x(0)+\begin{pmatrix} \frac{1}{2}(e^{t}-e^{-t})-t \\ \frac{1}{2}(e^{t}+e^{-t})-1 \\ \frac{1}{2}(e^{t}-e^{-t}) \end{pmatrix}$

7-7 1) $\boldsymbol{x}(t)=\begin{pmatrix} 1+t+\frac{t^2}{2} \\ 1+t \end{pmatrix}$;

2) $\boldsymbol{x}(t)=\begin{pmatrix} \frac{1}{36}-\frac{21}{20}e^{-4t}+\frac{136}{15}e^{-9t} \\ -\frac{36}{5}e^{-4t}+\frac{68}{5}e^{-9t} \end{pmatrix}$

7-8 $\boldsymbol{x}(t)=\begin{pmatrix} e^{-0.5t}\sin 0.5t \\ -e^{-0.5t}(\cos 0.5t+\sin 0.5t)+1 \end{pmatrix}$, $y(t)=e^{-0.5t}\sin 0.5t$

7-9 1) 不能控；2) 能控；3) 能控；4) 不能控

7-10 1) 能观；2 能观；3) 不能观；4) 不能观

7-11 能控。能控规范型：$\dot{\bar{\boldsymbol{x}}}=\begin{pmatrix} 0 & 1 \\ -10 & 5 \end{pmatrix}\bar{\boldsymbol{x}}+\begin{pmatrix} 0 \\ 1 \end{pmatrix}u$

7-12 能观。能观规范型：$\dot{\tilde{\boldsymbol{x}}}=\begin{pmatrix} 0 & 1 \\ -2 & 2 \end{pmatrix}\tilde{\boldsymbol{x}}+\begin{pmatrix} -1 \\ 2 \end{pmatrix}u$

7-13 原点 $\boldsymbol{x}_e=0$ 是系统唯一的平衡状态；系统的原点平衡状态是不稳定的

7-14 渐近稳定

7-15 渐近稳定

7-16 $\boldsymbol{K}=[6.5\quad 2.5]$；$u=-\boldsymbol{K}\boldsymbol{x}=-[6.5\quad 2.5]\begin{pmatrix} x_1 \\ x_2 \end{pmatrix}$

7-17 $[k_1\quad k_2]=[-6\quad 12]$

7-18 $\boldsymbol{K}=[4\quad 4\quad 1]$

7-19 $\boldsymbol{K}=[64\quad 206\quad 6]$

7-20 $\boldsymbol{K}=[15.4000\quad 4.5000\quad 0.8000]$

7-21 1) $\dot{x}(t)=\begin{pmatrix} 0 & 1 \\ -20 & -9 \end{pmatrix}x(t)+\begin{pmatrix} 0 \\ 1 \end{pmatrix}u(t)$；$y(t)=[1\quad 0]x(t)$

2) $\Phi(t)=\begin{pmatrix}5e^{-4t}-4e^{-5t} & e^{-4t}-e^{-5t}\\ 20e^{-5t}-20e^{-4t} & 5e^{-5t}-4e^{-4t}\end{pmatrix}$

3) $y(t)=7e^{-4t}-6e^{-5t}$; $\dot{y}(t)=30e^{-5t}-28e^{-4t}$

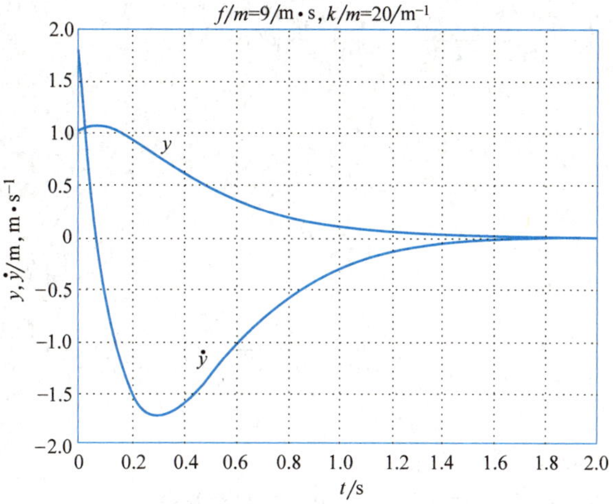

习答图 19　题 7-21 解图

第　八　章

8-1　1) $Z[\sinh bt]=\dfrac{z\sinh bT_0}{z^2-2z\cosh bT_0+1}$

$Z[\cosh bt]=\dfrac{z(z-\cosh bT_0)}{z^2-2z\cosh bT_0+1}$

2) $\left[\dfrac{s+3}{(s+1)(s+2)}\right]^*=\dfrac{z^2-z[2e^{-2T_0}-e^{-T_0}]}{(z-e^{-T_0})(z-e^{-2T_0})}$

3) $\left[\dfrac{a-b}{(s+a)(s+b)}\right]^*=\dfrac{z}{z-e^{-bT_0}}-\dfrac{z}{z-e^{-aT_0}}$

4) $\left[\dfrac{a}{s(s+a)(s+b)}\right]^*=\dfrac{z}{b(z-1)}+\dfrac{1}{a-b}\dfrac{z}{z-e^{-aT_0}}-\dfrac{a}{b(a-b)}\dfrac{1}{z-e^{-bT_0}}$

5) $Z[1-e^{at}]=\sum\limits_{n=0}^{\infty}(z^{-n}-e^{-aT_0}z^{-n})$

6) $Z[e^{-at}f(t)]=F(e^{aT_0}z)$

8-2　1) $Z^{-1}\left[\dfrac{z}{z-e^{-aT_0}}\right]=\sum\limits_{n=0}^{n}e^{-anT_0}\delta(t-nT_0)$

2) $Z^{-1}\left[\dfrac{10z}{(z-1)(z-2)}\right]=\sum\limits_{n=0}^{\infty}10(2^n-1)\delta(t-nT_0)$

3) $Z^{-1}\left[\dfrac{z}{(z+1)(z+2)}\right]=\sum\limits_{n=0}^{\infty}[(-1)^n-(-2)^n]\delta(t-nT_0)$

4) $Z^{-1}\left[\dfrac{2z^2}{(z+1)^2(z+2)}\right]=2\sum\limits_{n=0}^{\infty}(-1)^{n+1}[2(2^n-1)-n]\delta(t-nT_0)$

5) $Z^{-1}\left[\dfrac{(1-e^{-aT_0})z}{(z-1)(z-e^{-aT_0})}\right]=\sum\limits_{n=0}^{\infty}(1-e^{-anT_0})\delta(t-nT_0)$

8-3　1) $x(0)=1$, $x(\infty)=1$

2）$x(0)=0$，$x(\infty)=\infty$

3）$x(0)=1$，$x(\infty)=0$

8-4 1）$y^*(t)=\sum_{n=0}^{\infty}\left(-2^{n-1}+\frac{4^n}{6}+\frac{1}{3}\right)\delta(t-nT_0)=\delta(t-2T_0)+7\delta(t-3T_0)+35\delta(t-4T_0)+\cdots$

2）$y^*(t)=\sum_{n=0}^{\infty}\left[\frac{5^n}{34.65}+\frac{(-2)^n}{14.35}-\frac{(0.05)^n}{10.15}\right]\delta(t-nT_0)$

8-5 稳定

8-6 稳定

8-7 不稳定

8-8 $K=2.39$

8-9 1）$K=4.32$

2）$K=38$

第 九 章

9-1 系统稳定

9-2 $K=15$ 时系统临界稳定；$K<15$ 时系统稳定

9-3 系统将产生振幅为 $A\approx0.6$，振荡频率 $\omega\approx0.8$ 的自激振荡

9-4 a）交点为不稳定工作点；b）交点为稳定工作点；c）交点 a 为稳定工作点，交点 b 为不稳定工作点；d）交点为稳定工作点；e）交点 a 为稳定工作点，交点 b 为不稳定工作点；f）交点 a 为稳定工作点，交点 b 为不稳定工作点；g）系统不稳定；h）系统稳定

9-5 $\omega=\sqrt{6}$；$A=2.3$

9-6 当 $K>0$，$T_1>0$，$T_2>0$ 时，系统存在振幅为 $A=\frac{4MT_1T_2K}{T_1+T_2}$，频率为 $\omega=\frac{1}{\sqrt{T_1T_2}}$的自激振荡，$K$ 越大自振振幅越大。当 $K>0$，$T_1>0$，$T_2=0$，系统始终稳定，不受 K 值的影响。

9-7 $K\geqslant\pi a$

9-8 $T=0.1$，$K=0.111$

参 考 文 献

[1] Richard C Dorf, Robert H Bishop. Modern Control Systems [M]. 9th ed. 北京：科学出版社，2002.
[2] Ogata K. Modern Control Engineering [M]. 4th ed. Boston：Prentice Hall，2002.
[3] 胡寿松. 自动控制原理简明教程 [M]. 2 版. 北京：科学出版社，2008.
[4] 柳洪义，罗忠，王菲. 现代机械工程自动控制 [M]. 北京：科学出版社，2008.
[5] 张若青，罗学科，王民. 控制工程基础及 MATLAB 实践 [M]. 北京：高等教育出版社，2008.
[6] 王显正，莫锦秋，王旭永. 控制理论基础 [M]. 2 版. 北京：科学出版社，2007.
[7] 田作华，陈学中，翁正新. 工程控制基础 [M]. 北京：清华大学出版社，2007.
[8] 刘丁. 自动控制理论 [M]. 北京：机械工业出版社，2006.
[9] 董景新，赵长德，熊沈蜀，等. 控制工程基础 [M]. 2 版. 北京：清华大学出版社，2003.
[10] 王积伟，吴振顺. 控制工程基础 [M]. 北京：高等教育出版社，2001.
[11] 王积伟. 机电控制工程 [M]. 北京：机械工业出版社，1995.
[12] 刘豹，唐万生. 现代控制理论 [M]. 3 版. 北京：机械工业出版社，2006.
[13] 王积伟，陆一心，吴振顺. 现代控制理论与工程 [M]. 北京：高等教育出版社，2003.
[14] 薛定宇. 控制系统计算机辅助设计——MATLAB 语言与应用 [M]. 2 版. 北京：清华大学出版社，2006.
[15] 楼顺天，于卫. 基于 MATLAB 的系统分析与设计——控制系统 [M]. 西安：西安电子科技大学出版社，1999.
[16] 吴振顺，张健成. 控制理论基础与应用 [M]. 哈尔滨：哈尔滨工业大学出版社，2007.
[17] 胡寿松. 自动控制原理题海大全 [M]. 北京：科学出版社，2008.
[18] 史忠科，卢京潮. 自动控制原理常见题型解析及模拟题 [M]. 2 版. 西安：西北工业大学出版社，2001.
[19] 王积伟，张祖顺，王蕊. 控制工程基础学习指导与习题详解 [M]. 北京：高等教育出版社，2004.
[20] 王积伟，章宏甲，黄谊. 液压传动 [M]. 2 版. 北京：机械工业出版社，2006.